高等职业院校精品教材系列

电子电路分析制作与调试

（第2版）

夏敏磊　主编
王　燕　朱咏梅　副主编

電子工業出版社
Publishing House of Electronics Industry
北京·BEIJING

内 容 简 介

本书在第1版得到广泛使用的基础上，充分听取多位骨干院校教师意见后进行修改和补充而成。内容按照最新的职业教育教学改革要求，结合国家示范院校建设项目成果及作者多年的校企合作经验进行编写。本书注重职业素养和专业技能培养，从应用电子电路分析入手，涵盖了数字电子技术和模拟电子技术的基本内容。主要项目包括三位简易抢答器电路、叫号显示器电路、计数器电路、数字钟电路、直流稳压电源、电子秤压力信号放大电路、变速运动小车功率放大电路、可燃气体报警器、电子秤低通滤波电路、数字语音回放系统、水温控制系统的分析、制作与调试，等等。

本书突出电路分析、电路设计能力的培养，在传统枯燥的电子技术理论知识中融入大量的案例分析、图解剖析、小知识学习、问题思考等环节，可以提高学生的学习兴趣，强化学生自主思考、自主设计的积极性，培养学生的创新能力。

本书内容新颖实用、实践性强、易于教学，为高职高专院校电子信息类各专业相应课程的教材，也可作为应用型本科、成人教育、自学考试、电视大学、中职学校的教材，同时也是电子工程技术人员的一本好参考书。

本书提供免费的电子教学课件、练习题参考答案和**精品课网站**，详见前言。

图书在版编目(CIP)数据

电子电路分析制作与调试/夏敏磊主编．—2版．—北京：电子工业出版社，2012.6（2022.6重印）
高等职业院校精品教材系列
ISBN 978-7-121-16962-5

Ⅰ．①电… Ⅱ．①夏… Ⅲ．①电子电路-电路分析-高等职业教育-教材 ②电子电路-调试方法-高等职业教育-教材 Ⅳ．①TN710

中国版本图书馆CIP数据核字(2012)第088226号

策划编辑：陈健德(chenjd@phei.com.cn)
责任编辑：陈健德
印　　刷：涿州市般润文化传播有限公司
装　　订：涿州市般润文化传播有限公司
出版发行：电子工业出版社
　　　　　北京市海淀区万寿路173信箱　邮编100036
开　　本：787×1092　1/16　印张：22.5　字数：576千字
版　　次：2010年10月第1版
　　　　　2012年6月第2版
印　　次：2022年6月第15次印刷
定　　价：53.00元

凡所购买电子工业出版社图书有缺损问题，请向购买书店调换。若书店售缺，请与本社发行部联系，联系及邮购电话：(010)88254888,88258888。

质量投诉请发邮件至zlts@phei.com.cn，盗版侵权举报请发邮件至dbqq@phei.com.cn。

本书咨询联系方式：chenjd@phei.com.cn。

职业教育　继往开来(序)

自我国经济在21世纪快速发展以来，各行各业都取得了前所未有的进步。随着我国工业生产规模的扩大和经济发展水平的提高，教育行业受到了各方面的重视。尤其对高等职业教育来说，近几年在教育部和财政部实施的国家示范性院校建设政策鼓舞下，高职院校以服务为宗旨、以就业为导向，开展工学结合与校企合作，进行了较大范围的专业建设和课程改革，涌现出一批示范专业和精品课程。高职教育在为区域经济建设服务的前提下，逐步加大校内生产性实训比例，引入企业参与教学过程和质量评价。在这种开放式人才培养模式下，教学以育人为目标，以掌握知识和技能为根本，克服了以学科体系进行教学的缺点和不足，为学生的顶岗实习和顺利就业创造了条件。

中国电子教育学会立足于电子行业企事业单位，为行业教育事业的改革和发展，为实施“科教兴国”战略做了许多工作。电子工业出版社作为职业教育教材出版大社，具有优秀的编辑人才队伍和丰富的职业教育教材出版经验，有义务和能力与广大的高职院校密切合作，参与创新职业教育的新方法，出版反映最新教学改革成果的新教材。中国电子教育学会经常与电子工业出版社开展交流与合作，在职业教育新的教学模式下，将共同为培养符合当今社会需要的、合格的职业技能人才而提供优质服务。

近期由电子工业出版社组织策划和编辑出版的“全国高职高专院校规划教材·精品与示范系列”，具有以下几个突出特点，特向全国的职业教育院校进行推荐。

(1) 本系列教材的课程研究专家和作者主要来自于教育部和各省市评审通过的多所示范院校。他们对教育部倡导的职业教育教学改革精神理解得透彻准确，并且具有多年的职业教育教学经验及工学结合、校企合作经验，能够准确地对职业教育相关专业的知识点和技能点进行横向与纵向设计，能够把握创新型教材的出版方向。

(2) 本系列教材的编写以多所示范院校的课程改革成果为基础，体现重点突出、实用为主、够用为度的原则，采用项目驱动的教学方式。学习任务主要以本行业工作岗位群中的典型实例提炼后进行设置，项目实例较多，应用范围较广，图片数量较大，还引入了一些经验性的公式、表格等，文字叙述浅显易懂。增强了教学过程的互动性与趣味性，对全国许多职业教育院校具有较大的适用性，同时对企业技术人员具有可参考性。

(3) 根据职业教育的特点，本系列教材在全国独创性地提出“职业导航、教学导航、知识分布网络、知识梳理与总结”及“封面重点知识”等内容，有利于老师选择合适的教材并有重点地开展教学过程，也有利于学生了解该教材相关的职业特点和对教材内容进行高效率的学习与总结。

(4) 根据每门课程的内容特点，为方便教学过程对教材配备相应的电子教学课件、习题答案与指导、教学素材资源、程序源代码、教学网站支持等立体化教学资源。

职业教育要不断进行改革，创新型教材建设是一项长期而艰巨的任务。为了使职业教育能够更好地为区域经济和企业服务，殷切希望高职高专院校的各位职教专家和老师提出建议和撰写精品教材（联系邮箱：chenjd@phei.com.cn，电话：010－88254585），共同为我国的职业教育发展尽自己的责任与义务！

中国电子教育学会

前　言

本书在第1版得到广泛使用的基础上，充分听取多位骨干院校教师意见后进行修改和补充而成。全书以理论讲述与实践操作相结合的方式进行设计，经过大量的企业调研与论证，确立了本专业的工作任务与职业能力分析表，明确了课程实施的总体设计思路：以典型电子电路设计、制作的工作任务为中心，以多模块应用为切入点，引入对学生创新能力的培养，让学生在具体应用电路的设计制作过程中开发创新思维，完成相应工作任务，并构建相关理论知识，提高职业素养与专业技能。

本书设计了10个项目，围绕多个工作任务所对应的单元电路制作与调试过程，开发学生的创新性思维模式，并以满足产品的功能实现为基本任务进行电子电路的分析、设计与制作，最后给出学生完成综合实训的项目建议。书中各工作任务技术指标的确定是以电子产品典型单元电路为载体，以典型且具有明显不同特征的电子技术基础知识领域为划分点的。

本书在编写过程中，尽可能全面地介绍数字电路和模拟电路的经典电路，同时注重电路的分析过程和设计过程，力争使学生建立起对电子产品的立体感官效果。本书的编写具有以下特点。

1. 力求从实例中得出规律，以增强学生对电路概念的理解和记忆。

2. 兼顾高职学生的生源差异。对已经有一定专业基础的中职学生，在经过一系列逻辑代数基础的考核后，可直接进入电子电路分析过程；而对没有相应基础的普高毕业生，可选择对附录中的“逻辑代数”等环节进行教学后再开始电子电路分析。

3. 关注初学者的学习规律与特点，力求从元器件、芯片应用的角度引导学生学习，减少对内部繁杂原理的分析，从而为学生学习创建轻松的环境。

4. 通过案例分析、图解剖析、小知识学习、问题思考等环节的连贯学习，让学生能够置身其中，主动思考问题，解决问题。

5. 面向企业岗位需求，结合对各项目任务的学习，突出职业能力培养。

6. 以典型电子产品为载体实施教学，增强学生的学习兴趣。本书选择了竞赛抢答器、LED数字显示器、运动小车、计数器、数字钟、电子秤、水温控制器、可燃气体报警器、稳压电源等常见的、学生易于接受的电子产品作为设计分析的对象，使学生很容易进入电路分析的氛围中，同时有利于学生形成个性化的设计方案，为培养学生参加各级技能大赛打好基础。

7. 各项目的重点突出，能力培养有所侧重。项目任务的设置依托了数字电路和模拟电路的各关键知识点，教学安排不仅考虑到了本课程在专业课程体系中的位置，同时以电路分析、设计能力，电路接线、制版能力，技术指标分析、方案编制能力为能力培养的主线，力求从浅入深、由易至难、循序渐进地培养学生的全面技能。

8. 在工作任务实施过程中，可促进学生的自主创新意识，并在相应的知识领域中引导学生进行自主性的电子产品单元电路设计、制作与调试。授课教师应把握学生设计思路的难易程度、理论范围，充分体现学生的创新思想，丰富学生制作的多样性，提升学生设计制作的兴趣和积极性，加强学生的制作技能、团队配合能力和个体表达能力等。

本书内容新颖实用、实践性强、易于教学，为高职高专院校电子信息类各专业相应课程的教材，也可作为应用型本科、成人教育、自学考试、电视大学、中职学校的教材，同时也是电子工程技术人员的一本好参考书。

本教材由浙江机电职业技术学院夏敏磊任主编，浙江机电职业技术学院王燕和上海电子信息职业技术学院朱咏梅任副主编。具体分工为：夏敏磊编写项目1～4，王燕编写项目5～9，朱咏梅编写项目10，夏敏磊、朱咏梅负责统稿。在编写过程中，浙江求是科教仪器有限公司总工程师张伟及其他合作企业的多位专家提供了宝贵意见，同时本书还参考了大量的书刊资料，在此一并表示由衷的感谢。

由于编者水平有限，书中难免有疏漏和不足之处，敬请广大读者批评指正。

为了方便教师教学及学生学习，本书配有免费的电子教学课件、练习题参考答案，请有需要的教师及学生登录华信教育资源网（www.hxedu.com.cn）免费注册后再进行下载，有问题时请在网站留言或与电子工业出版社联系（E-mail：gaozhi@phei.com.cn）。读者也可通过该精品课网站（http://jp.zime.edu.cn:8080/2010/dzjs/）浏览和参考更多的教学资源。

编　者

目　录

绪论　我们要学些什么？

自从英国物理学家麦克斯韦（J. C. Maxwell）于1865年发表了第一篇关于电磁场的论文和德国物理学家赫兹（H. R. Hertz）于1887年用实验验证了电磁波的存在以后，一门新兴的学科——无线电电子学（简称电子学）就诞生了。在随之而来的一个多世纪里，研究和应用电子学的电子技术得到了突飞猛进的发展，我们的生活和工作已经离不开电子技术。

图0-1中的各种产品你或多或少都见过，这些产品功能的实现都与电子电路有着密切的联系。

（a）电源适配器

（b）调光台灯

（c）手机

（d）洗衣机

（e）笔记本计算机

（f）飞机

（g）船舰

图0-1　各种与电子电路有关的产品

电源适配器插头引入的是220 V、50 Hz的交流电，但其输出接口送出的却是低电压直流信号，其间经过了变压、整流、滤波、稳压等信号处理过程。调光台灯是利用调压电路来实现灯光亮度调节的，可适应看书、看电视等不同场合的需要。洗衣机经历了机械控制、电子线路板控制到电脑板智能控制的发展过程，电子电路对洗衣机智能化水平的提高有着不可磨灭的贡献。手机、计算机、智能电饭煲、飞机、船舰，乃至已飞入外太空的飞行器中，到处都存在着电子电路。可以说，电子技术是高新技术发展的基石。

0.1　“电子技术”与“专业”有什么关系？

任何一种产品的设计并不是基于单一专业知识的。当爱迪生发明了灯泡，家家户户开始用电线给灯泡供电，我们远离了煤油灯、蜡烛照明的年代，有一盏能够照明的灯具，已是心满意足。而如今的灯具，不仅具有各种不同的功能，还具有能满足不同人群需求的外形，装饰着我们多彩的生活，这不仅要求进行电路的不断完善，同时还需要外形设计专业人员进行包装。当打开电脑的机箱盖后，我们看到了各种电路的集合，而按下电脑的电源开关，再与因特网连接，呈现在我们面前的则是丰富的虚拟世界。这样一个产品，已远不是计算机或控制一个专业的技术人员能够完成的设计，它需要多个专业团队的配合。对一些注重硬件电路设计的专业，需要对“电子技术”有熟练的了解，甚至深入到每个元器件的特性；而对计算机专业而言，可能只需要了解“电子技术”的一些基本概念和属性。对与“电”相关的专业，“电子技术基础”是专业学习的基础，是后续课程学习的必不可少的一环。

0.2 “输入”、“输出”与“功能”

当我们一想到电子产品，必然容易产生疑问，在“电子技术”的教学中，碰到了各式各样的电路，这些又跟平时接触的电子产品有什么关系？

可以这么说，在无数前辈的努力下，我们周围已经充满了各种设计成熟的电子产品，它们功能各异，对我们而言，要想有所创新，当前急需解决的是设法了解它们的性能，通过使用、分析，逐渐掌握它们的特性，在需要的时候进行改造和调整，并在自身经验和能力增长到一定程度时，创造出一种新的产品。

故事的一环套着一环，能创造出跌宕起伏的剧情，而电子产品功能单元的层层搭建，亦能获得非同寻常的效果。以家中常见的温度计为例，如图0-2所示，图（a）的水银式温度计为纯物理结构，价格便宜，易消毒，但携带不便、读数不易。图（b）的接触式电子式温度计利用热敏元件检测温度信号，变换为电信号，再经过电子芯片运算处理，在液晶屏上显示出当前的温度值，这里不仅要考虑温度信号向电信号的转换，同时还要关注电信号与温度的对照、电信号的模数转换、示值的显示等功能的实现。当把整个信号处理过程分解之后，每个功能的实现就简单了，只要分清楚各个功能单元的“输入”信号和“输出”信号，再进行独立设计，各单元的功能实现后就可以进行系统联调了。作为人体测温的检测元件，热敏电阻在直接接触时测温效果好，但是有检测时间长的缺点，随着红外技术的发展，当红外检测技术引入人体测温，非接触式人体测温计的快捷、卫生等优点，使它迅速出现在医院、学校、机场等人流量大的场所。图（b）和（c）中产品的区别，只在于最前端的检测单元不同，却有着截然不同的测量效果。

（a）水银温度计　　（b）接触式电子温度计　　（c）非接触式电子测温计

图0-2　温度计

正如企业在进行专业面试时常说：“只要电工、电子两门课程学得好就没问题”。电子技术的传统理论随着科学技术日新月异的发展产生了一些变化，但是体系仍然没有改变，电子电路仍存在于现代产品的各个部位。因此，我们要了解典型电子电路的功能，明确输入信号和输出信号的类型，才能更好地应用电路技术，调整和创新电路，为我们的产品服务。

0.3 “模电”与“数电”

在电子电路中，产生、传递、加工和处理的信号可以被分为模拟信号和数字信号两大类。

模拟量是指在时间和数值上都连续的一类物理量，我们把表示模拟量的信号称为模拟信号，如房间温度、管道压力等。用以传递、加工和处理模拟信号的电子电路称为模拟电路。

图 0-3 中的几种家电产品大家一定见过或用过，其中音量的调节功能较好地诠释了“连续”这个概念。我们可以通过旋钮把音量调整到不同场合需要的大小，而不必担心开关一打开，如轰雷般的声音瞬间传出。这里对声音信号进行处理调节的电路就是模拟电路，简称“模电”。

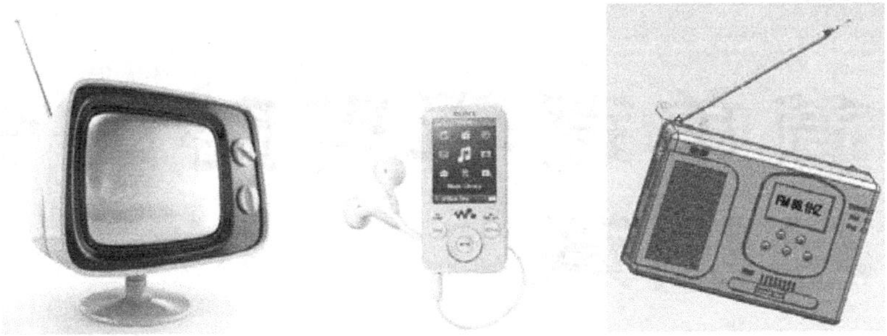

图 0-3　常用家电产品

在时间和数值上均离散的物理量称为数字量，用来表示数字量的信号称为数字信号。用以传送、加工和处理数字信号的电子电路称为数字电路，简称“数电”。

如图 0-4 所示为常见的蓄水箱水位控制系统，该系统利用进水阀控制进水，利用出水阀控制出水，a、b 两电极用于提供判断水位高低的信号。进水阀和出水阀只有“开阀”和“关阀”两种状态，电极利用水的导电性指示“水位比电极高”或“水位比电极低”两种状态，因此，该系统中需要处理的信号均为数字信号。这里对数字信号的处理电路就是数字电路。

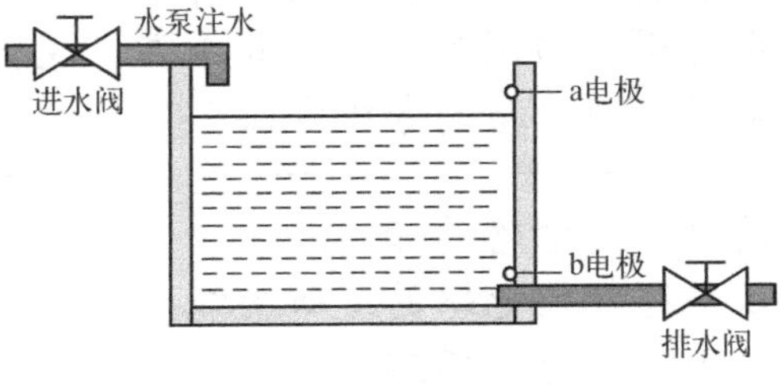

图 0-4　常见的蓄水箱水位控制系统

0.4　怎样学本课程?

“数电”主要看重逻辑分析，“模电”则偏重参数计算，无论是哪一类电路，识图分析总是第一步。能进行电路的分析设计，终要落到实践，只有电路功能真正实现后才说明专业实力。

做题、实验验证、电路制作调试、仪器仪表使用……，诸多能力的学习似乎很难完成，事实上，“尽力”能收获更多。“60 分”不应成为止步的理由，任何一个产品都不能容忍 40% 的缺陷，“用心”才是硬道理。

项目1 简单逻辑电路的分析与调试

学习要求

知识要求	(1) 熟练掌握数制、码制、逻辑代数的相关知识。 (2) 熟悉常用逻辑门的逻辑符号、真值表、逻辑功能。 (3) 掌握简单逻辑门电路的分析方法。
技能要求	(1) 能进行简单逻辑电路的读图。 (2) 能分析基本逻辑门电路的逻辑功能。 (3) 能正确使用常见逻辑门芯片。 (4) 能使用万用表进行电路参数的测量。 (5) 能按照简单逻辑电路图进行电路的搭建、测试。

项目分析与资讯 1

我们经常在电视上看到一些电视问答、知识竞赛节目中，每个选手通过按动面前的按键进行抢答，这可比主持人用话筒喊："我说'开始'后请大家举手，谁先举手，就由谁来回答问题。"公平多了。

你有没有想过自己做一个抢答器，用在小型的知识竞赛上呢？在单元主要通过"三位简易抢答器电路的分析与调试"等项目任务，来学习简单逻辑电路的分析与调试方法。下面来分析一下抢答器的制作需要考虑哪些问题。抢答的基本目标是当主持人宣布"开始"并合上抢答开关，且选手按下面前的按键后，指示灯应指示出最先按下按键的选手。抢答器系统示意图如图 1–1 所示。

呈现在观众面前的只有裁判开关、选手按键和选手答题指示灯，但抢答器功能的实现完全取决于后台运行的抢答器电路。连接按键和指示灯的抢答器电路，需要反映出裁判的主控作用和选手的"抢先"效果，以及对其他选手的按键信号的封锁作用。如何实现这些功能？我们先从逻辑电路的分析开始吧！

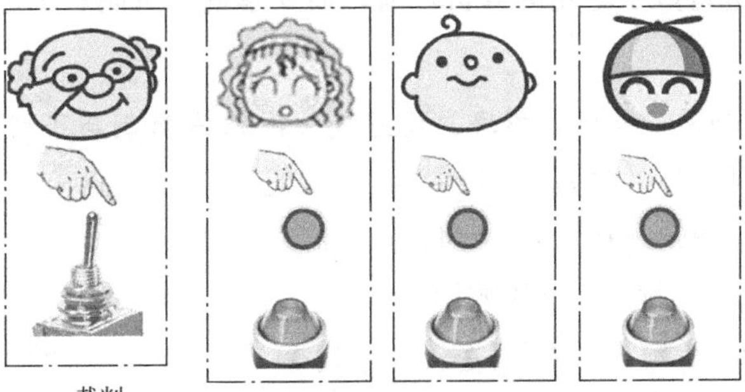

图 1–1　抢答器系统示意图

1.1　数字电路的二值逻辑

数字信号指信号的幅度的取值是离散的，而幅值表示被限制在有限个数值之内。图 1–2 所示为生活中常见的数字输入输出设备，按键只有"按下"、"松开"两种状态，红绿灯和霓虹灯除了逻辑顺序不同外，对任意一盏灯，也只有"亮"、"灭"两种状态。而在电路元件的选择上，拥有两种状态的器件随处可见，并且可达到极高的集成度。因此，数字电路广泛采用二值逻辑来表示数字电路中传送的各类数据和信息。

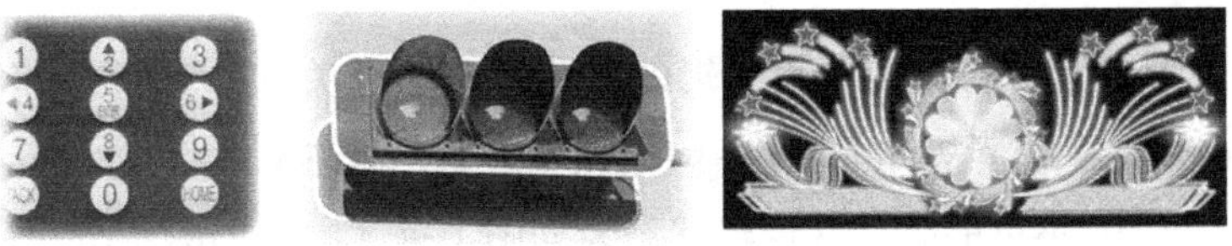

(a) 按键面板　(b) 红绿灯　(c) 霓虹灯

图 1–2　常见的数字输入输出设备

“二值逻辑”是指对任何命题只有“是”和“否”的两种可能，为便于运算，数字电路中用二进制的“0”和“1”来表示“二值逻辑”，即各类数据和信息均用“逻辑 0”和“逻辑 1”的组合表现出来，电路中的“0”和“1”仅是两种状态的表示符号，无大小之分。

在数字电路中，无论是输入信号还是输出信号，往往在瞬间都表现为某一电压数值，实际电路利用电平的高低来可靠区分“0”和“1”两种状态。一般用高电平表示“逻辑 1”，用低电平表示“逻辑 0”，这种表示方法被称为正逻辑，反之则成为负逻辑，如图 1-3 所示。

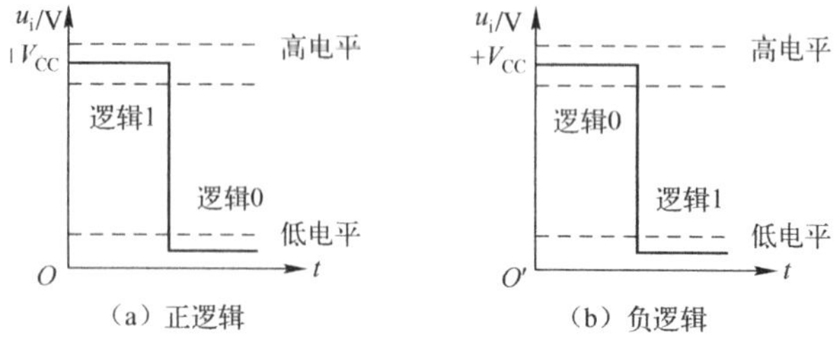

图 1-3　高、低电平的逻辑赋值

数字电路以二进制形式对信息进行逻辑分析，生活中最熟悉、应用最广泛的计数方法却为十进制，因此，在进行数字电路的分析之前，需要掌握二进制、十进制等常用数制和 BCD 码等常用码制的关系。

测试： 以下问题如果不能顺利解决，请完成“附录 A 数制与码制”的教学。

(1) 十进制转二进制：$(38)_{10}$ = (　　　　　)$_2$

(2) 二进制转十进制：$(10110)_2$ = (　　)$_{10}$

(3) 二进制转十六进制：$(10110001)_2$ = (　　)$_{16}$

(4) 十六进制转二进制：$(507)_{16}$ = (　　)$_2$

(5) 8421BCD 码转二进制：$(38)_{8421码}$ = (　　　)$_2$

(6) 二进制转 8421BCD 码：$(10010001)_2$ = (　　　　　)$_{8421码}$

1.2　基本逻辑门和复合逻辑门

通常称事物间存在的因果关系为逻辑关系。在数字电路中，门电路是最基本的逻辑元件，它是实现输入信号与输出信号之间逻辑关系的电路。最基本的逻辑关系只有与、或、非三种，其他任何复杂的逻辑关系都可以用这三种逻辑关系来表示。

1.2.1　与门

图 1-4（a）是表示了一个简单与逻辑的电路图。当开关 SA_A 和 SA_B 串联时，必须同时合上开关 SA_A 和 SA_B，电源 V 才能向灯泡 HL 供电；若开关 SA_A 和 SA_B 有一个不接通或二者均不接通时，灯泡 HL 不可能亮，其逻辑状态表如图 1-4（b）所示。

若把灯泡 HL 亮视为逻辑事件 Y，把开关 SA_A 和 SA_B 分别视为使事件成立的逻辑条件 A 和 B，则图 1-4（a）的逻辑关系可描述为：只有当事件 Y 的两个逻辑条件 A、B 均成立时，逻辑事件才能成立，这种关系就叫做与逻辑关系。其逻辑表达式描述为：

$$Y = A \cdot B \tag{1-1}$$

式中，小圆点“·”表示 A、B 的与运算，又称逻辑乘。在不致引起混淆的前提下，乘号“·”可被省略。与逻辑关系可以推广到多个逻辑变量的情况，因此有 $Y = ABCD\cdots$

将逻辑关系采用图1-4（b）的状态表形式描述，当逻辑变量增多时就显得非常麻烦了，因此，我们采用真值表的形式，把事件成立（HL亮）和条件具备（开关闭合）用“1”表示，把事件不成立（HL不亮）和条件不具备（开关断开）用“0”表示，代入状态表，由此便可得到如图1-4（c）所示的真值表。

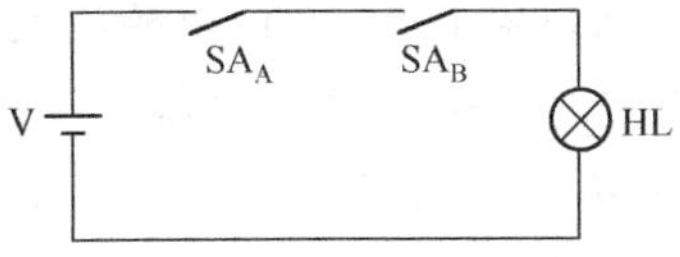

（a）电路图

SA_A	SA_B	HL
不通	不通	不亮
不通	通	不亮
通	不通	不亮
通	通	亮

（b）与逻辑状态表

A	B	$Y=A\cdot B$
0	0	0
0	1	0
1	0	0
1	1	1

（c）用0、1表示的真值表

图1-4　与逻辑运算

> **[1] 真值表的绘制原则**
>
> 真值表的左侧应列出所有逻辑条件的全部取值组合，取值组合的数量取决于逻辑条件的数量，对于 n 个变量，应该有 2^n 种取值组合；右侧应列出逻辑输出变量的逻辑结果。

两输入与门逻辑符号如图1-5（a）、（b）所示，本书采用图（a）所示符号。在绘制逻辑原理图时，两输入与门的逻辑符号表述了 A、B 两条件与逻辑结果 Y 之间的基本逻辑关系。如果想把逻辑关系表述到电路中并观察效果，就需要关注与门对应的芯片了。如图1-5（c）所示为常见的集成[2]两输入与门的芯片74LS08引脚图，可以看到，在74LS08芯片上，共有四个两输入与门，在正确连接芯片7脚的接地“GND”和14脚的电源“V_{CC}”后，四个与门可独立工作。

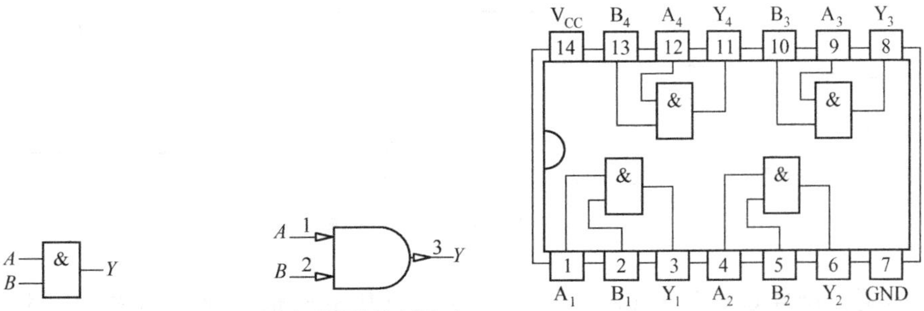

（a）与门逻辑符号（国标）　（b）与门逻辑符号（美标）　（c）四个两输入与门74LS08的引脚图

图1-5　与门逻辑符号和芯片引脚图

注[1]：此图标表示后续内容必须认真阅读。

注[2]：考虑到开关元件特性尚未介绍，这里仅对集成芯片应用进行教学。

可以从元器件手册中查到：如果需要三输入与门，可选择74LS11或74HC11；若有四个逻辑条件，可选择74LS21或74HC21。在实际应用时，应根据不同的逻辑要求进行芯片选择。

“国标”和“美标”

“国标”就是国际电工委员会（International Electrotechnical Commission，IEC）制定的国际标准，“美标”就是美国国家标准学会（American National Standards Institute，ANSI）制定的美国标准，用Protel软件绘制电路原理图时，从元件库中引入的与门都采用的是美国标准，我们还曾用不加“&”符号的矩形框来表示“与门”。绘图用哪种标准并不重要，关键在于统一。本书均采用“国标”符号进行绘图。对于没见过的符号，应抱着“好奇”之心寻找答案，不能“置之高阁”。比如图1-5（b）中的输入端和输出端分别出现了空心三角箭头，“箭头”方向是否正好与信号的流向保持了一致？想想看，“◁▷”符号又代表了端子的什么属性？把“箭头”旁标注的数字与引脚图对比一下，有什么发现？

1.2.2 或门

如果把图1-4（a）的电路图中两个开关的连接方式由串联改为并联，如图1-6（a）所示，则只要合上开关SA_A和SA_B中的任一个，电源V与灯泡HL之间的电流回路就连通了，此时灯泡与开关之间的逻辑状态表如图1-6（b）所示。

同样把灯泡HL亮视为逻辑事件Y，把开关SA_A和SA_B分别视为使事件成立的逻辑条件A和B，则图1-6（a）的逻辑关系可描述为：只要事件Y的两个逻辑条件A、B中的任一个条件成立，逻辑事件就成立，这种关系称为或逻辑关系。其逻辑表达式描述为：

$$Y=A+B \tag{1-2}$$

式中，符号“+”表示A、B的或运算，又称逻辑加。同样，或逻辑关系也可推广到多个逻辑变量，即$Y=A+B+C+D\cdots$

或逻辑的真值表如图1-6（c）所示。

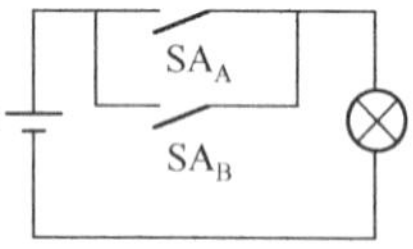

（a）电路图

SA_A	SA_B	HL
不通	不通	不亮
不通	通	亮
通	不通	亮
通	通	亮

（b）或逻辑的状态表

A	B	$Y=A+B$
0	0	0
0	1	1
1	0	1
1	1	1

（c）或逻辑的真值表

图1-6　或逻辑运算

或门逻辑符号如图1-7（a）、（b）所示，常用的两输入或门芯片74LS32的引脚图如图1-7（c）所示。同样，在74LS32芯片中，带有四个独立的两输入或门。

1.2.3 非门

在很多场合下，都会出现完全对立的两种逻辑状态。如图1-8（a）所示，电源V通过继电器KA的常闭触点向灯泡HL供电，当继电器线圈回路通电后，其常闭触点断开，随即

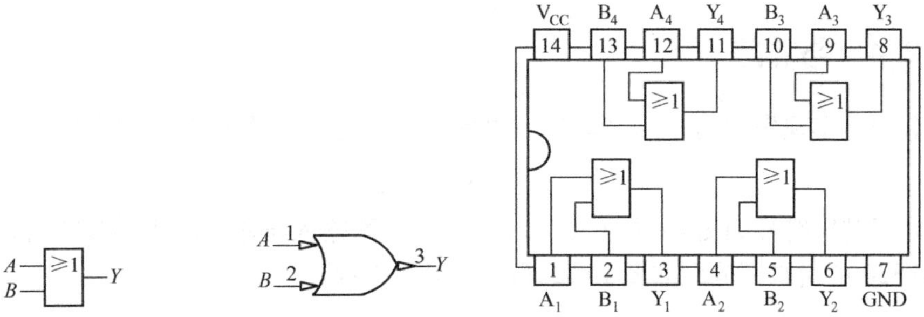

（a）或门逻辑符号（国标）　（b）或门逻辑符号（美标）　（c）四个两输入或门 74LS32 的引脚图

图 1-7　或门逻辑符号和芯片引脚图

会断开灯泡 HL 的电流回路，则灯灭。其逻辑状态表如图 1-8（b）所示。

若把灯泡 HL 亮视为逻辑事件 Y 成立，把继电器 KA 得电视为逻辑条件 A 成立，则图 1-8（b）的逻辑关系描述为：当逻辑条件具备时，事件不成立；反之事件成立。这种关系称为非逻辑关系。其逻辑表达式描述为：

$$Y=\overline{A} \tag{1-3}$$

式中，字母 A 上方的短横线“ - ”表示非运算，读“非”。

非逻辑的真值表如图 1-8（c）所示。

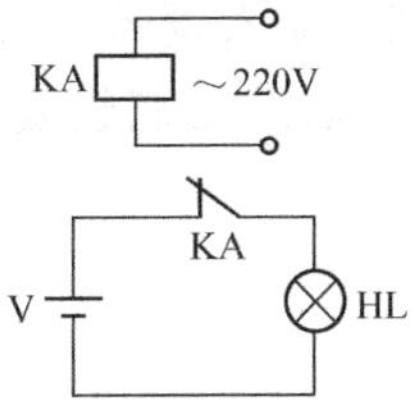

（a）电路图

继电器KA	灯HL
不通电	亮
通电	不亮

（b）非逻辑状态表

A	$Y=\overline{A}$
0	1
1	0

（c）真值表

图 1-8　非逻辑运算

非门逻辑符号如图 1-9（a）、（b）所示，常用的非门芯片 74LS04 的引脚图如图 1-9（c）所示。

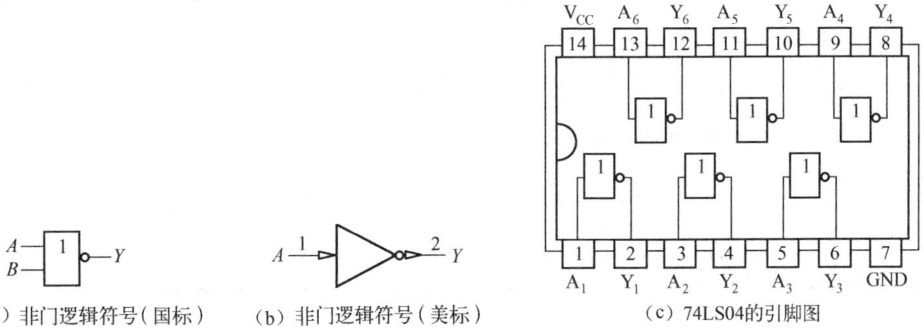

（a）非门逻辑符号（国标）　（b）非门逻辑符号（美标）　（c）74LS04的引脚图

图 1-9　非门逻辑符号和常用芯片引脚图

在数字电路中，常用的逻辑门还有与非门、或非门、与或非门、异或门和同或门等，这些门都可以用三种基本逻辑门组合实现，并且有自己的表示方式。

1.2.4 与非门

与非门是实现先“与”后“非”的数字逻辑电路，两输入的与非门逻辑表达式为：

$$Y=\overline{A\cdot B} \tag{1-4}$$

与非门逻辑符号如图1-10（a）、（b）所示，两输入与非门芯片74LS00和四输入与非门芯片74LS20的引脚图分别如图1-10（c）、（d）所示。

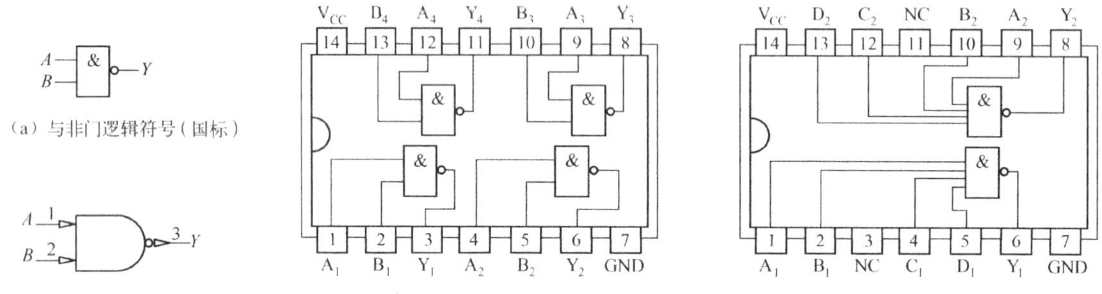

（a）与非门逻辑符号（国标）

（b）与非门逻辑符号（美标）

（c）两输入与非门74LS00的引脚图

（d）四输入与非门74LS20的引脚图

图1-10 与非门逻辑符号和常用芯片引脚图

表1-1为与非门的真值表。可以看到，复合逻辑门的真值表的绘制依据是逻辑门的逻辑运算顺序，与非门的逻辑关系是先“与”后“非”，因此，先得到两输入逻辑变量的“与”关系真值表，再对“与”的结果取“非”即得到最终结果。这也是后续绘制较复杂逻辑表达式对应真值表的基本方法。

表1-1 与非门的真值表

A	B	$Y_1=A\cdot B$	$Y=\overline{A\cdot B}$
0	0	0	1
0	1	0	1
1	0	0	1
1	1	1	0

逻辑运算的运算顺序

先“非”后“与”再“或”，若有括号先进行括号内运算，若括号与“非”号下的变量一致，括号可以省略。例如：（1）$Y=\overline{A}\cdot B+C$ 的运算顺序为：①$\overline{A}$；②$\overline{A}\cdot B$；③$\overline{A}\cdot B+C$。（2）$Y=\overline{\overline{A}\cdot\overline{BC}+CD}$ 的运算顺序为：①$\overline{A}$；②BC；③$\overline{BC}$；④$\overline{A}\cdot\overline{BC}$；⑤$CD$；⑥$\overline{A}\cdot\overline{BC}+CD$；⑦$\overline{\overline{A}\cdot\overline{BC}+CD}$。

1.2.5 或非门

或非门是实现先“或”后“非”的数字逻辑电路，两输入的或非门逻辑表达式为：

$$Y=\overline{A+B} \tag{1-5}$$

或非门逻辑符号如图1-11（a）、（b）所示，两输入或非门芯片74LS02和CD4001的引脚图分别如图1-11（c）、（d）所示。

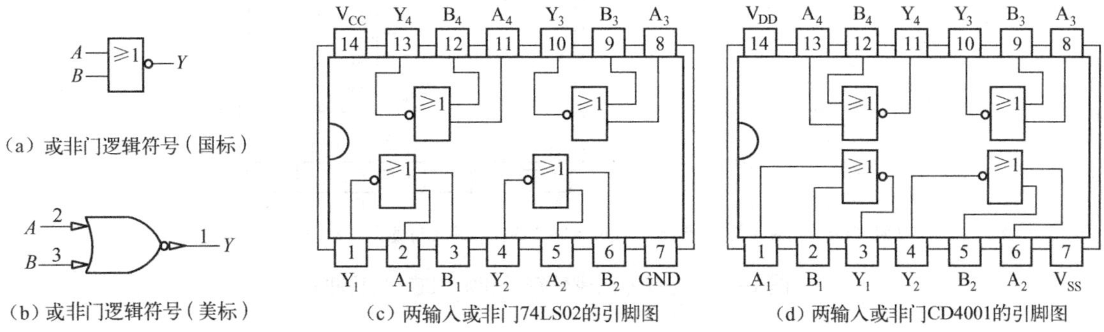

（a）或非门逻辑符号（国标）

（b）或非门逻辑符号（美标）

（c）两输入或非门74LS02的引脚图

（d）两输入或非门CD4001的引脚图

图1-11　或非门逻辑符号和常用芯片引脚图

?[3] 请根据与非门真值表的推导方法推导出或非门的真值表。

! V_{CC}、V_{DD}和V_{SS}

把图1-11（d）和图1-11（c）对比就能发现，原来标注为电源、地的引脚变成了V_{DD}和V_{SS}，它们究竟有什么不同？集成芯片由不同器件集中制成，V_{CC}指双极型器件的正极，V_{DD}则指单极型器件的正极，V_{SS}则指单极型器件的零极即地。因此，只要把V_{CC}脚和V_{DD}脚接电源正极，V_{SS}脚和GND脚一起接电源地即可。

1.2.6　其他常用复合逻辑门

1）与或非门

2路双输入与或非门的逻辑表达式为：

$$Y=\overline{A\cdot B+C\cdot D} \tag{1-6}$$

其逻辑符号如图1-12（a）所示。74LS50芯片为带有两个2路双输入与或非门，而74LS55芯片为4路2-3-3-2输入与或非门，74LS55的引脚图如图1-12（b）所示。2路双输入与或非门的真值表推导过程如表1-2所示。

2）异或门

异或门的逻辑表达式为：

$$Y=A\oplus B=A\overline{B}+\overline{A}B \tag{1-7}$$

其逻辑符号如图1-13（a）、（b）所示。2输入异或门芯片74HC86的引脚图如图1-13（c）所示。异或门真值表如表1-3所示，“⊕”为异或运算符号。

注[3]：此图标表示需要思考才能获得答案。

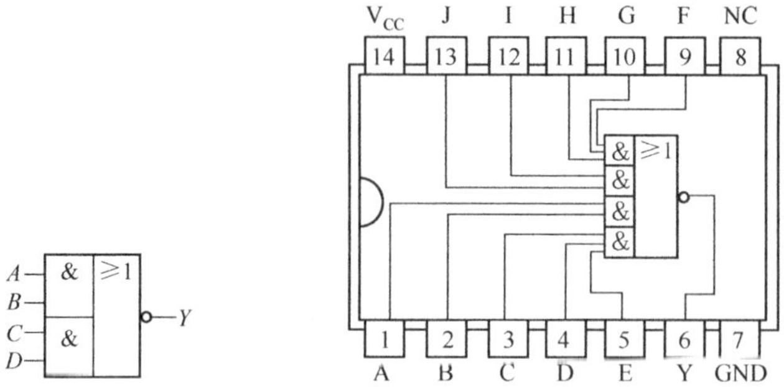

（a）与或非门逻辑符号（国标）（b）4路2–3–3–2输入与或非门74LS55的引脚图

图1–12　与或非门逻辑符号和常用芯片引脚图

表1–2　与或非门的真值表

A	B	C	D	$Y_1=A\cdot B$	$Y_2=C\cdot D$	$Y_3=A\cdot B+C\cdot D$	$Y=\overline{A\cdot B+C\cdot D}$
0	0	0	0	0	0	0	1
0	0	0	1	0	0	0	1
0	0	1	0	0	0	0	1
0	0	1	1	0	1	1	0
0	1	0	0	0	0	0	1
0	1	0	1	0	0	0	1
0	1	1	0	0	0	0	1
0	1	1	1	0	1	1	0
1	0	0	0	0	0	0	1
1	0	0	1	0	0	0	1
1	0	1	0	0	0	0	1
1	0	1	1	0	1	1	0
1	1	0	0	1	0	1	0
1	1	0	1	1	0	1	0
1	1	1	0	1	0	1	0
1	1	1	1	1	1	1	0

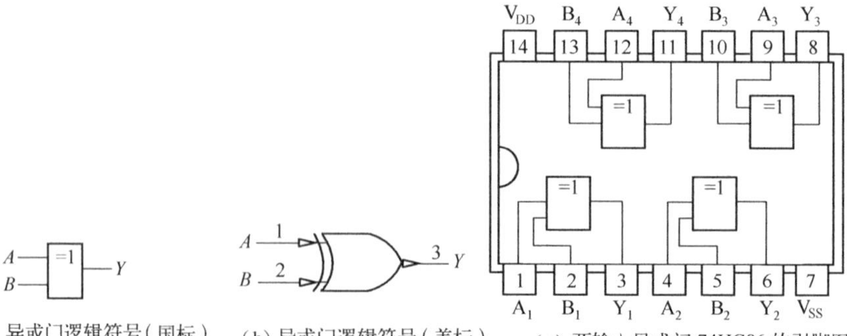

（a）异或门逻辑符号（国标）（b）异或门逻辑符号（美标）（c）两输入异或门74HC86的引脚图

图1–13　异或门逻辑符号和常用芯片引脚图

3）同或门

同或门的逻辑表达式为：

$$Y=A\odot B=AB+\overline{A}\,\overline{B} \tag{1-8}$$

其逻辑符号如图1-14（a）、（b）所示。2输入同或门芯片CD4077的引脚图如图1-14（c）所示。同或门真值表如表1-4所示，“⊙”为同或运算符号。

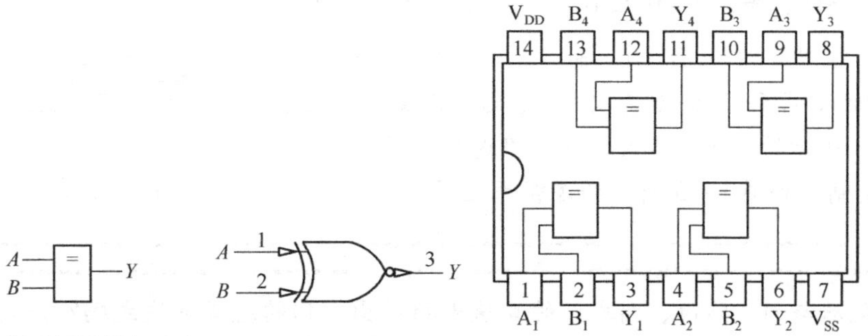

（a）同或门逻辑符号（国标）（b）同或门逻辑符号（美标）（c）两输入同或门CD4077的引脚图

图1-14　同或门逻辑符号和常用芯片引脚图

表1-3　异或门的真值表

A	B	$Y=A\oplus B=A\overline{B}+\overline{A}B$
0	0	0
0	1	1
1	0	1
1	1	0

表1-4　同或门的真值表

A	B	$Y=A\odot B=AB+\overline{A}\,\overline{B}$
0	0	1
0	1	0
1	0	0
1	1	1

观察表1-3和表1-4，你能用文字表述出异或门和同或门的逻辑关系吗？$Y=A\oplus B=\overline{A\odot B}$，你发现了吗？

1.3　逻辑函数的几种表示方法

不同数字电路的输入与输出信号之间具有各异的逻辑关系，具体表现为输入与输出的逻辑函数关系，即：

$$Y=f\ (A,\ B,\ C\cdots)$$

在电路分析过程中，逻辑函数关系常常表示成真值表、逻辑表达式、逻辑原理图等便于分析的方式。

逻辑关系、真值表、逻辑表达式和逻辑原理图

真值表是根据逻辑关系的分析，把输入变量的各种可能取值与相对应的输出函数值，用表格的形式一一列举出来的逻辑表示方式；**逻辑表达式**则是用逻辑运算符如“与”、“或”、“非”等，按逻辑关系将逻辑输入量连接起来的式子；**逻辑原理图**则是用逻辑符号对逻辑表达式的直观表示。以异或门为例，异或门的输入输出逻辑关系（又称逻辑功能）可表述为“输入状态相同时输出不成立，输入状态不同时输出成立”。逻辑关系可直观地从表1-3所示的真值表看出来，同时，输出只在“$A=0$ 且 $B=1$”

或"A=1 且 B=0"时为"1"，从真值表的逻辑组合能够推断：当"A=0 且 B=1"时，$Y=\overline{A}B=\overline{0}\cdot 1=1$，当"A=1 且 B=0"时，$Y=A\overline{B}=1\cdot\overline{0}=1$，由于输入两种组合都存在，因此，得到了如式(1-7)所示的逻辑表达式。并根据逻辑表达式运算顺序绘制了如图1-15所示的逻辑原理图。

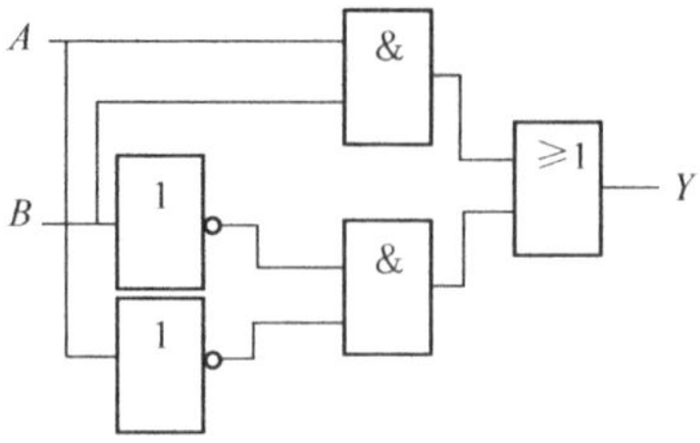

图1-15 "异或"逻辑原理图

你能从与门、非门、同或门的真值表推导出它们的逻辑表达式吗？能用同样的方式从或门、与非门、与或非门的真值表直接推导出逻辑表达式吗？

实例1-1 某控制系统的逻辑函数表示法

下面通过一个简单电路设计实例说明逻辑函数的应用方法。如图1-16所示为某逻辑关系未知的控制系统（设该电路为基本逻辑电路，不存在信号反馈回路），该系统有三个控制逻辑条件，经逻辑电路运算输出后通过信号灯显示当前控制系统状态。可以根据三个按键动作的状态组合填写系统逻辑真值表，即将按键按下视为"1"，将按键未按下视为"0"，则三个按键可能出现的操作有八种。输出结果由信号灯显示，将信号灯亮视为逻辑"1"，将灯灭视为逻辑"0"。假设真值表如表1-5所示，信号灯状态即为Y的状态。

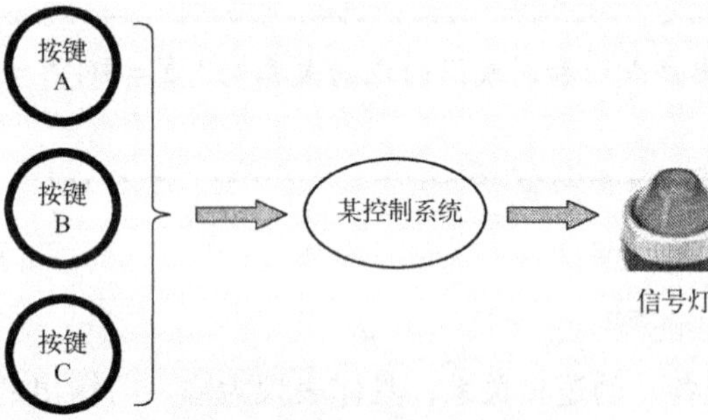

图1-16 某控制系统示意图

表1-5 某控制系统真值表

A	B	C	Y
0	0	0	0
0	0	1	0
0	1	0	0
0	1	1	1
1	0	0	0
1	0	1	1
1	1	0	1
1	1	1	1

从真值表可以看到，只有至少两个输入按键按下时，输出信号灯才会亮。下面来建立输入与输出的逻辑表达式。以真值表中实线框标注的状态为例，当按键A没有按下（即为"0"），按键B、C同时按下（即为"1"）时，信号灯Y为"1"，这是"与"逻辑关系，因此可以认为$Y=\overline{A}BC$，即A不满足条件，同时B、C满足条件时事件Y成立。同理可知，信号灯在另外三种按键输入信号组合的情况下也能亮，分别是$A\overline{B}C$、$AB\overline{C}$和ABC。因此，总共有四种使信号灯亮的输入信号组合，任意一种的存在都能让信号灯亮，它们之间的关系为"或"逻辑关系。最终使信号灯亮的逻辑表达式为：

$$Y=\overline{A}BC+A\overline{B}C+AB\overline{C}+ABC \tag{1-9}$$

根据逻辑表达式，选择合适的逻辑门绘制逻辑电路原理图，结果如图1-17（a）所示。

有了逻辑电路原理图，似乎这个控制系统只要把按键和信号灯加上就没有问题了。下面来看一下这个电路需要的元器件。根据我们前面对芯片的了解，这个逻辑电路需要选择非门、与门、或门三种芯片。由于74LS04上集成了六个非门，所以选择一片74LS04就足够使用了。逻辑图中有四个三输入与门，由于74LS11上集成了三个三输入与门，74LS21上集成了两个四输入与门，所以这里需要选择两片74LS11或74LS21。最后的或门可选择CD4072双四输入或门。由此可知整个逻辑电路需要三种类型的芯片共四片。

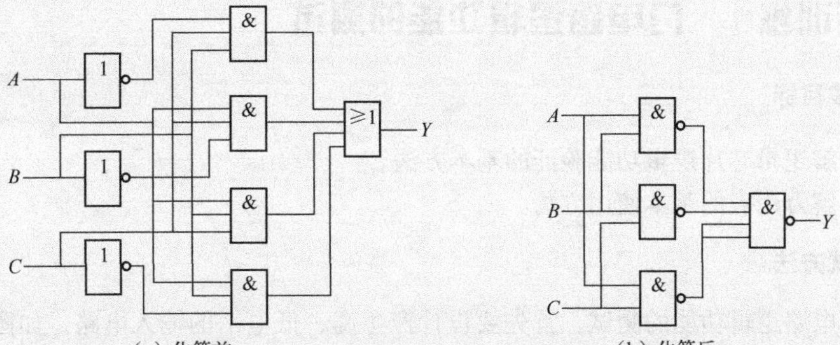

(a) 化简前　　(b) 化简后

图1-17　某控制系统逻辑电路原理图

在大多数情况下，逻辑表达式都可以依据逻辑代数的相关运算法则进行化简，从而获得更简洁的表达式，使得逻辑电路选用的芯片类型尽可能少，数量也尽可能少。式（1-9）经过化简可表示为：

$$Y = BC + AC + AB = \overline{\overline{BC} \cdot \overline{AC} \cdot \overline{AB}}$$

这样，只需要选择两片74LS20或74LS20、74LS00各一片即可实现图1-17（a）的功能了。化简后的逻辑电路图如图1-17（b）所示，电路是不是简便了很多？

逻辑表达式的化简方法请阅读“附录B 逻辑代数”。

芯片“多余”输入端的处理

在实际连接电路时，常常会碰到芯片逻辑输入端没用完的情况，如在图1-17（b）所示的最后一级中，该逻辑电路只需要使用四输入与非门中的三个输入端，自然空出了一个输入端来，该图采用了把“多余”的输入端与其他输入信号并接的处理方式。

当输入端悬空时，理论上悬空相当于逻辑1，但在实际应用中，悬空的引脚极有可能是后续逻辑输出不正常的“罪魁祸首”，因此，我们需根据不同的逻辑状态对多余的输入端进行处理。

与门和与非门的多余输入端应接到电源或高电平上，如图1-18（a）所示；或门和或非门的多余输入端应接到GND端或低电平上，如图1-18（b）所示；如果电路的工作速度不高，不需要特别考虑功耗，也可以将多余输入端与使用端并联起来，如图1-18（c）所示。

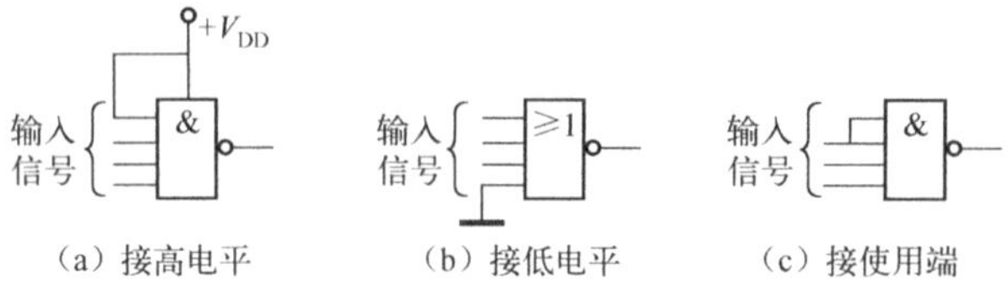

图 1-18　芯片“多余”输入端的处理

技能训练 1　门电路逻辑功能的测试

1. 实践目标

（1）了解逻辑芯片逻辑功能验证的基本方法。
（2）了解万用表的基本使用方法。

2. 测试方法

进行门电路逻辑功能的测试，首先要设计产生高、低电平的输入电路，如图 1-19 所示的电路可达到此目标。当开关 SA 打开时，输出端电压为 0 V；当开关闭合后，输出端电压为 V_{CC}。

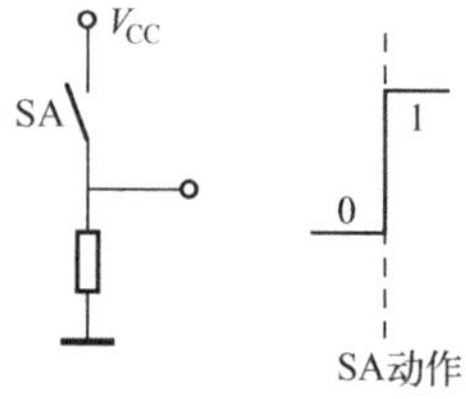

图 1-19　电平输入电路

我们可以选择任一逻辑门芯片进行逻辑功能的测试，这里选择四输入与非门芯片 74LS20 进行测试（若无 74LS20 芯片可用 74HC20 芯片代替。如果条件许可，可以一半学生用 74LS20，一半学生用 74HC20，两种芯片的区别请阅读本章的“课外阅读 2”部分），测试使用“数电实验箱”，本书所涉及实践环境介绍见“附录 D 实践环境”。

测试芯片时只需选择一组与非门进行。如图 1-20 所示为 74LS20 逻辑功能测试电路，测试芯片前首先要连接好芯片的“电源”（14 号脚）和“地”（7 号脚），再把选中的与非门的输入端分别接到如图 1-19 所示的电平输入电路上或实验箱开关电路的输出插孔，与非门的输出端则利用发光二极管来指示状态。从图 1-20 可以看到，输出端经限流电阻接发光二极管的阳极，发光二极管的阴极接地。因此，当输出端为高电平时，发光二极管正向导通发光；当输出端为低电平时，发光二极管因正向压降太低而不亮。

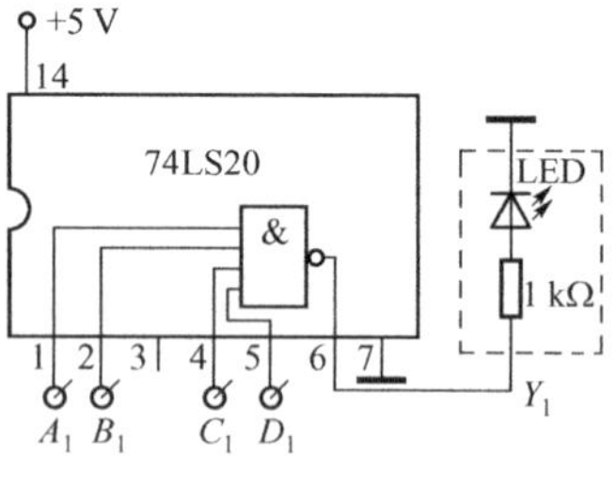

图 1-20　74LS20 逻辑功能测试电路

如果要求在开关闭合时产生“1”到“0”的电平变化，图 1-19 的电路应如何调整？

3. 测试数据

1）真值表

利用开关顺次改变输入端 A_1、B_1、C_1、D_1 的逻辑电平，把开关闭合视为逻辑“1”，把开关打开视为逻辑“0”，观察输出端所接发光二极管的状态。把发光二极管亮视为逻辑“1”，把发光二极管不亮视为逻辑“0”。将测试结果记入表1-6中。

按照与非门的逻辑关系推导一下，你的与非门是好的吗？

表1-6 与非门的真值表

输入				输出	输入				输出
A_1	B_1	C_1	D_1	Y_1	A_1	B_1	C_1	D_1	Y_1
0	0	0	0		1	0	0	0	
0	0	0	1		1	0	0	1	
0	0	1	0		1	0	1	0	
0	0	1	1		1	0	1	1	
0	1	0	0		1	1	0	0	
0	1	0	1		1	1	0	1	
0	1	1	0		1	1	1	0	
0	1	1	1		1	1	1	1	

2）输出电压的测量

使用万用表分别测量发光二极管亮时的输出端 Y_1 的电压（即 U_{OH}）和发光二极管不亮时的输出端 Y_1 的电压（即 U_{OL}），记录下来：U_{OH} = ________ V；U_{OL} = ________ V。

在本章“课外阅读2”部分，你可以了解到74LS20和74HC20两种芯片的部分技术指标，对其中的 U_{OHmin}、U_{OLmax} 和 U_{IHmin}、U_{ILmax} 之间的关系有什么想法？结合高、低电平的概念和门电路的前后级想想看。

在数字电路的分析过程中，逻辑芯片的管脚图、逻辑功能表、基本技术指标是我们要面对的问题，因此，我们要学会如何去查找并阅读芯片资料。

项目实施1 三位简易抢答器电路的分析与调试

1. 实践目标

（1）了解逻辑原理图的基本识图方法。

（2）了解由逻辑原理图选择芯片的基本原则。

（3）练习逻辑电路的连线和通电调试。

2. 电路原理分析

如图1-21所示为三位简易抢答器电路，虚线框中的部分为逻辑电路。开关 SA_1 由裁判使用，开关 SA_2、SA_3、SA_4 分别属于选手A、B、C，四个开关的初始位置均在常闭位，即给逻辑电路送入低电平信号。

三个与非门的四个输入端信号分别来自裁判主控、对应选手控制、其他两个选手对应与非门输出信号的反馈，因此，在电路没有开关动作的初始状态，裁判的主控信号送入低电平，根据与非门的逻辑特性，输出必定为高电平，即反馈信号均为高电平，而与非门的高电平经非门送到输出端，Y_A、Y_B、Y_C 表现为低电平状态，三个发光二极管均不亮。若裁判的主控开关没有动作，任一选手按下开关，与非门仍保持当前状态；当裁判控制主控开关 SA_1 动作时，往 D 端送入高电平信号，最先按下开关的选手将向对应的与非门送入高电平信号，使与非门状态反转为低电平，此时该与非门反馈到其他两个与非门输入端的低电平信号立即让另两个与非门输出高电平，后按下开关的选手送入的信号将无法改变对应与非门的状态。从图 1–21 可以看到，只有当与非门输出为“0”时发光二极管才能顺利发光，从而指示出最先按下开关的选手来。

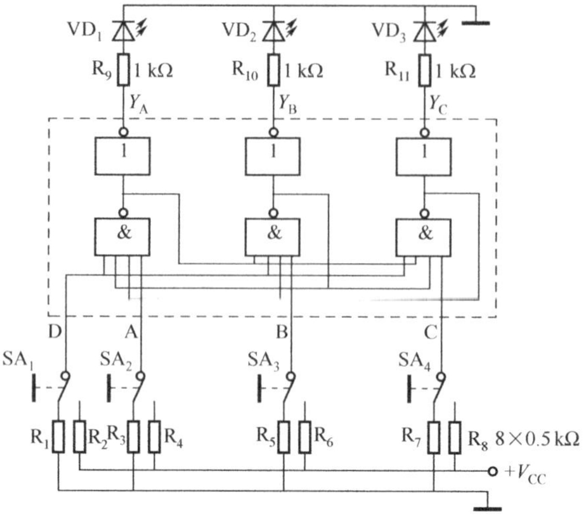

图 1–21　三位简易抢答器电路

3. 电路调试和改进

（1）确定搭建电路所需的逻辑芯片型号。

（2）根据原理图绘制接线图。

（3）按照接线图连接电路。此时可能存在的问题有：芯片电源线未接上；芯片引脚识别错误（74HC20 芯片有空脚）；芯片插反。

（4）未通电时的检查：利用万用表欧姆挡，遵照从输入到输出的顺序逐条检查线路的正确性（并确认导线连接良好）。

（5）通电测试逻辑状态：①SA_1 未动作，任意按下两个或三个选手开关，无输出指示；②SA_1 动作，任意按下两个或三个选手开关，有且仅有最先按下的开关对应的输出指示。

（6）在抢答的过程中，无论是裁判还是选手，操纵按钮比操纵开关感觉更好一些，这样一来，图 1–21 中的输入电路就需要进行改进了，想想看，可以怎么改？现在竞赛场合使用的抢答器可以进行分值的显示，可以进行加分、扣分的操作，功能多了很多，电路自然也变复杂了，在后续知识的学习过程中，动动脑筋，对我们的抢答器进行改造吧！

如果按下裁判开关和一个选手开关，对应发光二极管有指示，而另一选手开关接着按下时指示灯发生变动，故障会出在哪里？

项目拓展1　举重裁判电路的设计与调试

举重比赛有三名裁判，他们的判决根据少数服从多数的原则成为最终判决。裁判长坐在举重台前方，其左右各坐有一名裁判员。当两名或以上裁判同时判决选手试举成功时立即会有一声喇叭响起，若用信号灯代替喇叭，你能否设计出对应的逻辑电路？

提示：研究一下表 1–5 的真值表，与本设计要求有什么差别？

实践目标：（1）绘制完整的逻辑电路原理图；
（2）进行芯片的选型和电路的连接；
（3）进行电路的不带电检查和带电逻辑测试。

思考与练习题1

一、选择题

1. 一位十六进制数可以用（　　）位二进制数来表示。

A. 1　　B. 2　　C. 4　　D. 16

2. 以下表达式中符合逻辑运算法则的是（　　）。

A. $C \cdot C = C^2$　　B. $1+1=10$　　C. $0<1$　　D. $A+1=1$

3. 当逻辑函数有 n 个变量时，共有（　　）种变量取值组合？

A. n　　B. $2n$　　C. n^2　　D. 2^n

4. 逻辑函数 $F=A\oplus(A\oplus B)=$（　　）。

A. B　　B. A　　C. $A\oplus B$　　D. $\overline{\bar{A}\oplus B}$

5. 在（　　）输入情况下，“与非”运算的结果是逻辑0。

A. 全部输入是0　　B. 任一输入是0

C. 仅一输入是0　　D. 全部输入是1

6. 将CMOS或非门按如图1-22所示连接，其输出 $F=$（　　）。

A. $F=1$　　B. $F=0$　　C. $F=\bar{A}$

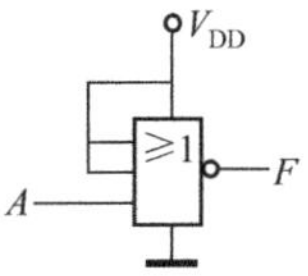

图1-22

7. 有一个两输入端 A、B 的门电路，当控制端 $A=1$ 时，门输出为 $\bar{B}$；当控制端 $A=0$ 时，门输出为 B，这个门是（　　）。

A. 与非门　　B. 异或门　　C. 或非门　　D. 同或门

8. TTL与非门的输入端在下列情况下属于逻辑1的是（　　）。

A. 输入端接地　　B. 输入端通过500 Ω电阻接地

C. 输入端接1.8 V的电源　　D. 输入端悬空

9. 下列逻辑函数式，正确的是（　　）。

A. $ABC+BCD=ABCD$　　B. $AB+CD+1=ABCD$

C. $B+C=\overline{BC}$　　D. $ABCD+\overline{ABCD}=1$

10. TTL或非门闲置端应（　　）。

A. 接地　　B. 悬空　　C. 接电源　　D. 接高电平

11. 逻辑函数 $F=AB+B\bar{C}$ 的对偶式 $F'=$（　　）。

A. $(\bar{A}+\bar{B})(\bar{B}+C)$　　B. $(A+B)(B+\bar{C})$

C. $\bar{A}+\bar{B}+\bar{C}$　　D. $\bar{A}\bar{B}+\bar{B}C$

12. 根据反演规则，$Y=(\bar{A}+C)\cdot(C+DE)+\bar{E}$ 的反函数为（　　）。

A. $\bar{Y}=[A\bar{C}+\bar{C}(\bar{D}+\bar{E})]\cdot E$　　B. $\bar{Y}=A\bar{C}+\bar{C}(\bar{D}+\bar{E})\cdot E$

C. $\bar{Y}=(A\bar{C}+\bar{C}\bar{D}+\bar{E})\cdot E$　　D. $\bar{Y}=\bar{A}C+C(D+E)\cdot\bar{E}$

13. 四变量逻辑函数 $Y(ABCD)$ 的最小项 m_8 为（　　）。

A. $ABC\overline{D}$　　B. $\overline{A}BC\overline{D}$　　C. $A\overline{B}\,\overline{C}\,\overline{D}$　　D. $ABCD$

14. 二输入或门输入端之一作为控制端，接低电平，另一输入端作为数字信号输入端。则输出（　　）。

A. 与另一输入相同　　B. 与另一输入相反

C. 高电平　　D. 低电平

15. 两个输入信号相同时，输出为0；两个输入信号相反时，输出为1。该逻辑关系属于（　　）电路。

A. 或非门　　B. 与或非门　　C. 异或门　　D. 同或门

16*[4]. 如图1-23所示为某三态门的逻辑符号，当EN端为高电平时，AB端状态为“01”，则Z为（　　）。

A. 1　　B. 0　　C. 高阻态

17*. 图1-24所示电路的输出函数式为（　　）。

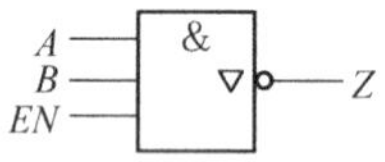

图1-23

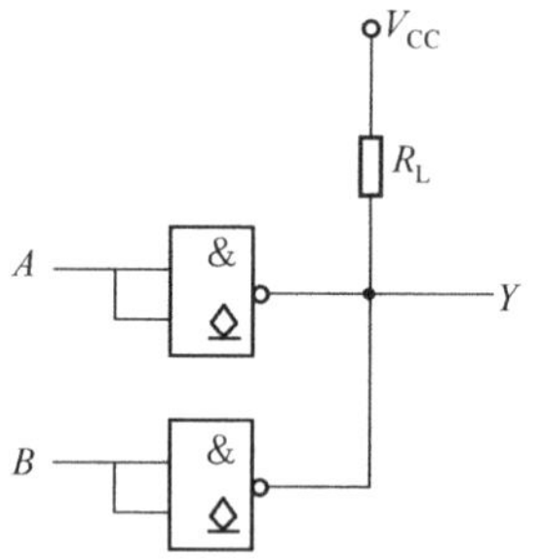

图1-24

A. $Y=AB$　　B. $Y=\overline{A}+\overline{B}$　　C. $Y=A+B$　　D. $Y=\overline{A}\cdot\overline{B}$

二、判断题（正确的打“√”，错误的打“×”）

18. 数字电路中用“1”和“0”分别表示两种状态，二者无大小之分。（　　）

19. 所谓的8421BCD码其实就是4位的二进制代码且符合“逢二进一”的规律。（　　）

20. 在时间和幅度上都断续变化的信号是数字信号，语音信号不是数字信号。（　　）

21. 逻辑变量的取值，1比0大。（　　）

22. 异或函数与同或函数在逻辑上互为反函数。（　　）

23. 若两个函数具有相同的真值表，则两个逻辑函数必然相等。（　　）

24. 因为逻辑表达式 $A+B+AB=A+B$ 成立，所以 $AB=0$ 成立。（　　）

25. 若两个函数具有不同的逻辑函数式，则两个逻辑函数必然不相等。（　　）

26. 因为逻辑表达式 $A\overline{B}+\overline{A}B+AB=A+B+AB$ 成立，所以 $A\overline{B}+\overline{A}B=A+B$ 成立。（　　）

27. 8421码、2421码、5421码均属有权码。（　　）

28. 真值表能反映逻辑函数最小项的所有取值。（　　）

29. 任意一个逻辑函数都可以用与非门实现，也可以用或非门实现。（　　）

注[4]：这类题目需要到“课外阅读”里去寻找答案哦！

三、填空题

30. 逻辑函数 $F=\bar{A}\,\bar{B}\,\bar{C}\,\bar{D}+A+B+C+D=$______________。(化简)

31. 逻辑函数 $F=\overline{A\bar{B}+\bar{A}B}+\bar{A}\,\bar{B}+AB=$______________。(化简)

32. $A\oplus 1=$________；$A\odot 1=$________。

33. 如果输入与输出的关系是“有0出1，全1出0”，这是________逻辑运算。“全0出0，有1出1”，这是________逻辑运算。

34. 将下列十进制数转换为二进制数和8421BCD码。

(1) $(19)_{10}=$　　　　(2) $(43)_{10}=$

(3) $(255)_{10}=$

35. 将下列各数转换为十进制数。

(1) $(10101011)_2=$　　　　(2) $(1100011)_2=$

(3) $(179)_{16}=$　　　　(4) $(27)_{16}=$

36. 将下列各数转换为二进制数。

(1) $(9A3)_{16}=$　　　　(2) $(101)_{16}=$

(3) $(C00)_{16}=$

37. 将下列各数转换为十六进制数。

(1) $(10011110010)_2=$　　　　(2) $(11011111101)_2=$

(3) $(110001010010)_2=$

38. 已知 $A=(1011010)_2$，$B=(111101)_2$，$C=(1010)_2$，试求（结果请用二进制表示）：

(1) $A+B=$

(2) $A-B=$

(3) $B\times C=$

(4) $A\div C=$

39. 用代数法将下列各逻辑式化简成最简与或式。

(1) $Y=AB\,(BC+A)$

(2) $Y=(A+B)\cdot A\bar{B}$

(3) $Y=A+ABC+\overline{ABC}+CB+C\bar{B}$

(4) $Y=AB+A\bar{B}$

(5) $Y=\bar{A}B+AB\bar{C}+\bar{B}\cdot\bar{C}$

40. 写出下列函数的最小项表达式。

(1) $Y=A\bar{C}+\bar{B}C$

(2) $Y=A\bar{B}\,\bar{C}D+CD$

(3) $Y=A+B+C$

41. 用卡诺图法将下列各逻辑式化简成最简与或式。

(1) $Y(A,B,C)=A\,(B\bar{C}+\bar{B}C)+A\,(B+C)+A\bar{B}\,\bar{C}+\bar{A}\,\bar{B}C$

(2) $Y=\overline{\overline{AC+\bar{A}BC}+\bar{B}\,\bar{C}}$

(3) $Y(A, B, C)=AC+\overline{B}\cdot\overline{C}+AB\overline{C}$

(4) $Y(A, B, C)=\sum m(0, 3, 6, 7)$

(5) $Y(A, B, C, D)=\sum m(0, 4, 6, 8, 12, 14)$

(6) $Y(A, B, C, D)=\sum m(0, 1, 2, 3, 4, 7, 15)+\sum d(8, 9, 10, 11, 12, 13)$（$\sum d$ 为约束条件）

42. 求出如图 1-25 所示卡诺图的最简与或式。

（1）

AB \ CD	00	01	11	10
00	1	1		1
01	1			
11	1		1	
10	1	1		1

（2）

AB \ CD	00	01	11	10
00		1	1	
01	1	1	1	
11	1			1
10				1

（3）

AB \ CD	00	01	11	10
00			1	1
01	1	1		1
11	×	×	×	×
10			×	×

（×为约束项）

图 1-25

四、应用题

43. 分析并写出如图 1-26 所示电路的输出函数表达式。

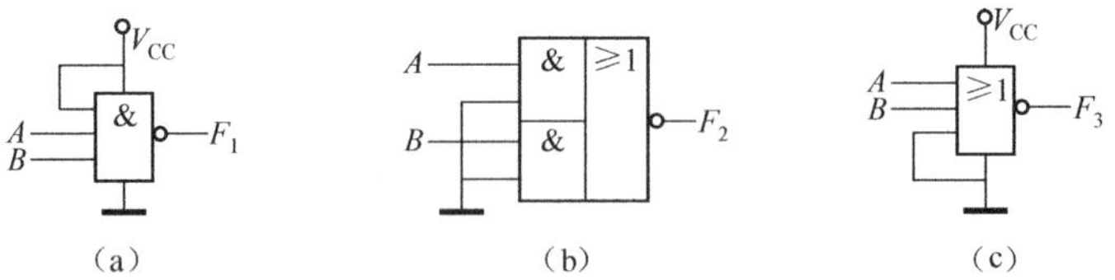

图 1-26

44. 试画出如图 1-27（a）、（b）、（c）所示各门电路在输入如波形图所示信号时的输出波形。

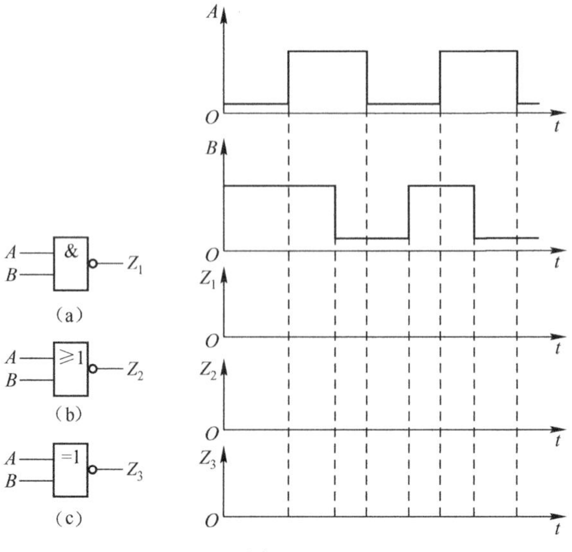

图 1-27

45. 写出如图 1-28 所示电路的逻辑函数表达式，并列出真值表。

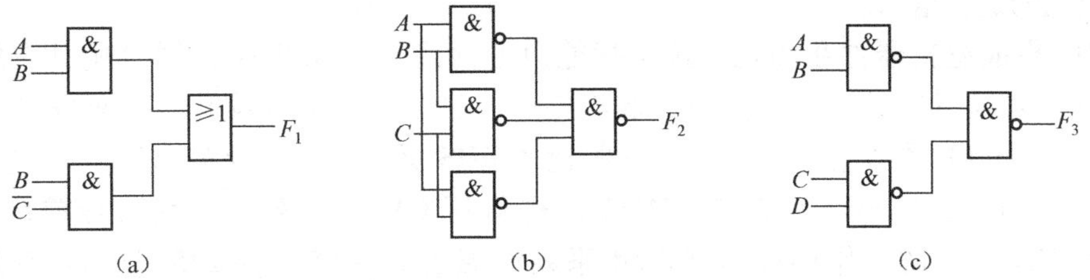

图 1-28

46. 已知楼道照明灯电路如图 1-29 所示，用两个单刀双掷开关控制楼道灯，无论在楼上楼下，均能控制灯亮灯灭。设 A、B 开关接至上方时为 1，接至下方时为 0；F 灯亮为 1，灯灭为 0。试列出楼道灯亮灭的真值表，并写出其逻辑表达式，画出能实现上述功能的逻辑电路图。

47. 写出如图 1-30（a）、（b）所示的 TTL 电路的逻辑表达式？

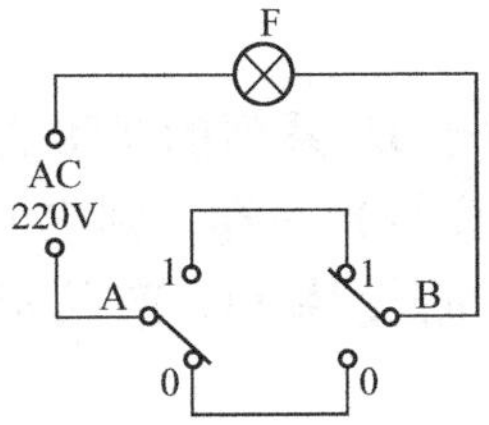

图 1-29

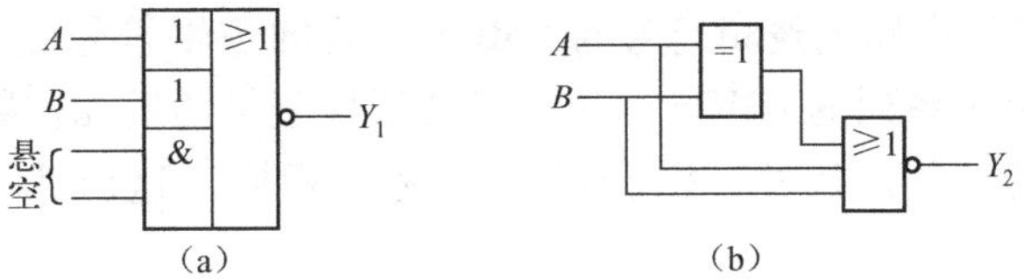

图 1-30

48. 根据图 1-31 所示逻辑图写出相应的逻辑表达式并化简。

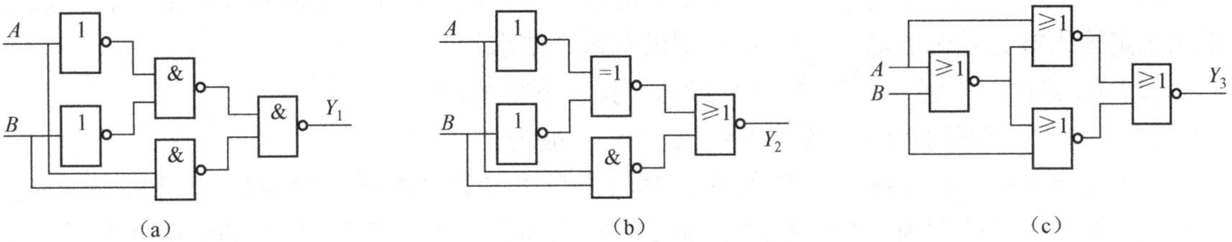

图 1-31

49. 输入波形如图 1-32 所示，试画出下列各表达式对应的输出波形。

（1）$Y_1 = \overline{A + B}$　　（2）$Y_2 = \overline{AB}$

（3）$Y_3 = A\overline{B} + \overline{A}B$

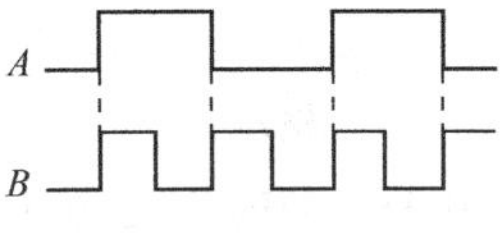

图 1-32

50. 根据下列各逻辑表达式画出相应的逻辑图。

（1）$Y_1 = AB + AC$　　（2）$Y_2 = \overline{AB} + A\,\overline{C}$

课外阅读 1　LS 系列和 HC 系列芯片的区别

目前使用较多的集成逻辑门电路有两大类，一类的内部用三极管集成，称为三极管—三极管逻辑电路，简称TTL电路；另一类是由CMOS器件（互补对称式金属－氧化物－半导体器件）组成的逻辑电路。

CMOS集成逻辑器件在功耗、抗干扰能力方面优于TTL电路，同时还具有结构相对简单、便于大规模集成、制造费用较低等特点。目前已有的标准化、系列化的CMOS集成电路有：4000系列、HC/HCT——高速CMOS系列、AHC/AHCT——改进的高速CMOS系列、LVC/ALVC——低压CMOS/改进低压CMOS系列。各系列号前均标有54/74，分别表示不同的工作环境温度，54系列的温度为－55～＋125℃，74系列的温度为－40～＋85℃。除4000系列外的其他系列，只要最后数码相同，则均表示为同一种逻辑门电路。

TTL电路中目前使用较多的是54/74S、54/74LS、54/74AS、54/74ALS、54/74F等系列。54/74S和54/74LS系列采用了抗饱和三极管，并引入了有源泄放电路，使工作速度明显提高；54/74AS系列属于54/74S系列的改进型，但其功耗指标比54/74S系列略大；54/74ALS系列是54/74LS系列的改进型，电路采用了较高阻值的电阻，同时缩小了内部各器件的尺寸，获得了减小功耗、缩短延迟时间的双重效果；74F（快速TTL）系列在速度和功耗方面处于74AS和74ALS之间。

TTL电路的逻辑符号与CMOS电路的逻辑符号完全相同。对于LS系列的TTL器件和HC/HCT系列的CMOS器件，只要器件型号的后几位数码（功能序号）一样，则它们的逻辑功能、外形尺寸、引脚排列就完全相同，这就为用CMOS产品代替TTL产品提供了方便。

在实际使用中，还需要注意两大系列器件的以下区别。

（1）LS系列的速度比HC系列略快。

（2）LS输入开路为高电平，HC输入不允许开路。HC系列一般都要求有上拉、下拉电阻来确定输入端无效时的电平，LS系列却没有这个要求。

（3）LS输出下拉强、上拉弱，HC输出上拉、下拉相同。

（4）工作电压不同：LS只能用5V，而HC一般为2～6V。

（5）电平不同。LS系列是TTL电平，其输出低电平和高电平分别为0.8V和2.4V，输入低电平和高电平分别为0.8V和2V；而CMOS系列在工作电压为5V时的输出低电平和高电平分别为0.1V和4.9V，输入低电平和高电平分别为0.9V和3.15V。因此，CMOS系列可以驱动TTL系列，但反过来不行。

（6）驱动能力不同，一般LS的高电平驱动能力为5mA，低电平为20mA；而CMOS的高低电平驱动能力均为5mA。

（7）CMOS器件的抗静电能力差，易发生栓锁问题，因此CMOS的输入脚不能直接接电源。

课外阅读2　74LS20和74HC20的技术参数比较

1. 74LS20

（1）推荐工作条件，如下表所示。

符　号	参数名称	74LS20 参数值			单　位
		最　小	典　型	最　大	
V_{CC}	电源电压	4.75	5	5.25	V
U_{IH}	输入高电平电压	2			V
U_{IL}	输入低电平电压			0.8	V
I_{OH}	输出高电平电流			-400	μA
I_{OL}	输出低电平电流			8	mA
T_A	工作环境温度	-40		85	℃

（2）电性能（除特别说明外，均为全温度范围），如下表所示。

符　号	参数名称	测试条件	74LS20 参数值			单　位
			最　小	典　型	最　大	
U_{IK}	输入钳位电压	V_{CC} = 最小，I_I = -18 mA			-1.5	V
U_{OH}	输出高电平电压	V_{CC} = 最小　U_{IL} = 最大 U_{OH} = 最大	2.7			V
U_{OL}	输出低电平电压	V_{CC} = 最小 U_{IH} = 2 V　I_{OL} = 最大			0.5	V
I_I	输入电流 （最大输入电压时）	V_{CC} = 最大　U_I = 7 V			0.1	mA
I_{IH}	输入高电平电流	V_{CC} = 最大　U_I = 2.7 V			20	μA
I_{IL}	输入低电平电流	V_{CC} = 最大　U_I = 0.4 V			-0.4	mA
I_{OS}	输出短路电流	V_{CC} = 最大　U_O = 0 V	-20		-100	mA
I_{CCH}	高电平电源电流	V_{CC} = 最大　U_I = 0 V			0.8	mA
I_{CCL}	低电平电源电流	V_{CC} = 最大　输入开路			2.2	mA

注：所有典型值均在 V_{CC} = 5.0 V，T_A = 25 ℃下测得。

（3）交流（开关）参数（V_{CC} = 5.0 V，T_A = 25 ℃），如下表所示。

符　号	参数名称	从（输入）	到（输出）	测试条件	参数值			单　位
					最　小	典　型	最　大	
t_{PLH}	传输延迟	A、B、C、D	Y	C_L = 15 pF		9	15	ns
t_{PHL}	传输延迟		Y	R_L = 2 kΩ		10	15	ns

2. 74HC20

（1）推荐工作条件，如下表所示。

符　　号	参数名称	参数值	单　　位
V_{DD}	电源电压	2～6	V
U_{IHmin}	输入高电平电压	3.15	V
U_{ILmax}	输入低电平电压	0.9	V

（2）电性能，如下表所示。

符　　号	参数名称	参数值	单　　位
U_{OHmin}	输出高电平电压	V_{CC} - 0.1	V
U_{OLmax}	输出低电平电压	0.1	V
I_{IH}	输入高电平电流	1	μA
I_{IL}	输入低电平电流	-1	μA

课外阅读3　发光二极管和限流电阻

发光二极管（简称LED）是生活中常见的一种发光器件，它广泛应用在电源指示、状态指示、LED屏显示等场合。与普通二极管一样，发光二极管具有单向导电性。如图1-33（a）所示为常见的发光二极管外形，在电路原理图中绘制的是发光二极管的图形符号，如图1-33（b）所示，文字符号用“VD”表示，从图形符号的箭头方向，可以形象地理解使发光二极管导通的压降方向。其伏安特性如图1-33（c）所示，可以看到，当 U_F 未达到开启电压时，正向电流 I_F 几乎为零。电压一旦超过开启电压，则电流急剧上升，此时电流、电压几乎呈线性关系，即发光二极管呈欧姆导通特性。当给发光二极管施加正向电压时，其开启电压通常称为正向工作电压，它的大小取决于制作材料。例如，GaAsP红色LED约为1.7 V，而GaP绿色LED约为2.3 V。LED的反向击穿电压一般大于5 V，但为使器件长时间稳定而又可靠地工作，安全使用电压多选择在5 V以下。

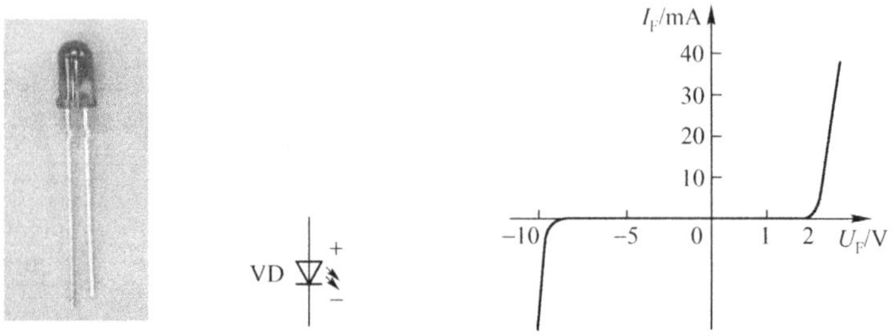

（a）外形　（b）图形符号　（c）伏安特性曲线

图1-33　发光二极管的外形、图形符号和伏安特性曲线

发光二极管可按颜色、外形、尺寸进行分类，实际应用时可根据要求具体选择。

要使发光器件发光，就必须对其施加一定的驱动电源。发光二极管的供电电源既可以是直流的，也可以是交流的。必须指出，发光二极管是一种电流控制器件。因此，对发光二极管来说，不管供电电压如何，在正向偏置的情况下只要流过发光二极管的正向工作电流在规定的范围之内，发光二极管就能发光。如图1-34所示为直流驱动电路，流过LED的正向工作电流 I_F 由电源电压 V_{CC} 经限流电阻R获得，若发光二极管的正向管压降为 U_F，选择合适的电源电压 V_{CC} 和电阻R，满足正向工作电流 I_F 不超过最大工作电流的要求，就能保证LED稳定工作。限流电阻的阻值估算公式为：

$$R=\frac{V_{CC}-U_F}{I_F} \tag{1-10}$$

式中，U_F 为LED的正向电压，发光二极管类型不同，U_F 数值不同，一般取1～2 V；I_F 为正向工作电流；U_F 与 I_F 可从产品手册中查得。

课外阅读4　“OC门”和“OD门”

TTL电路中把输出级做成集电极开路的门电路，简称OC门（Open Collector），这种门在正常工作时需要在输出端与电源之间加负载电阻，该电阻称为上拉电阻。OC 门可实现“线与”功能。集电极开路与非门的逻辑符号如图 1-35（a）、（b）所示，OC 门直接连接即为“与”逻辑关系，但输出须接上拉电阻，如图 1-35（c）所示。

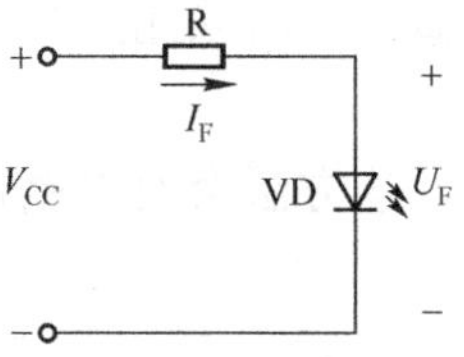

图 1-34　直流驱动电路

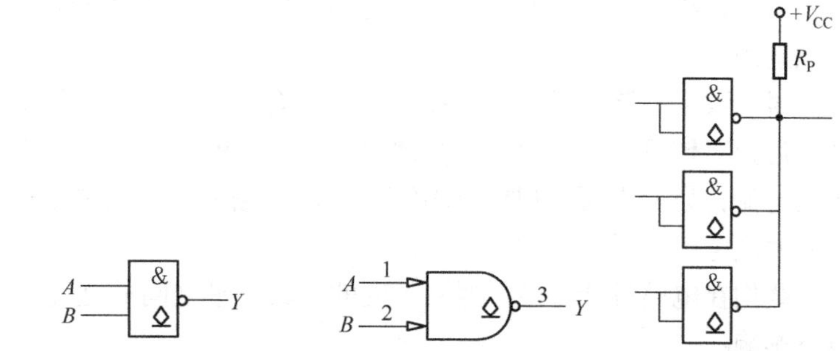

（a）与非门（OC 门）（美标）　（b）与非门（OC 门）（国际）　（c）OC 门的线与

图 1-35　OC 门

在 CMOS 电路中采用漏极开路结构（Open-Drain）解决线与问题，简称 OD 门，OD 门的逻辑符号和“线与”接线方式与 OC 门相同。“◇”就是 OC 门、OD 门和普通与非门的区别。

由于特殊的结构，OC 门和 OD 门可利用外部电路的驱动能力，减少 IC 内部的驱动；还可以利用改变上拉电源的电压，改变传输电平。

课外阅读5　三态门

在数字电路中，三态逻辑允许输出端在 0 和 1 两种逻辑电平之外呈现高阻态，因此三态门电路是一种重要的总线接口电路，具有正常的高、低电平状态和输出电阻极高的高阻状态。三态与非门的逻辑符号和真值表如图 1-36 所示。

三态输出在寄存器、总线以及 7400 系列、4000 系列等各型号的逻辑电路芯片中发挥着重要的作用，并常常内置在其他各种集成电路（IC）中。除此之外，三态逻辑的典型应用还包括微处理器、存储设备、外设的内部和外部总线。许多设备提供一个 OE（Output Enable）用于在低电平时才令输出使能，而在不使能时保持高阻态。

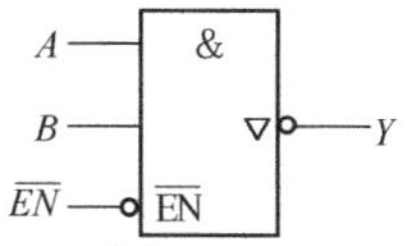

$\overline{EN}$	$A \cdot B$	Y
1	×	Z
0	0	1
0	1	0

图 1-36　三态与非门逻辑符号及真值表

课外阅读6　不同逻辑电平器件的互连

在不同逻辑电平器件之间进行互连时主要考虑以下几点。

（1）电平关系：必须保证在各自的电平范围内工作，否则，不能满足正常逻辑功能，严重时会烧毁芯片。

（2）驱动能力：必须根据器件的特性参数仔细考虑，并计算和试验，否则很可能造成隐患，在电源波动或受到干扰时系统就会崩溃。

（3）时延特性：在高速信号进行逻辑电平转换时，会带来较大的延时，设计时一定要充分考虑其容限。

选用电平转换逻辑芯片时应慎重考虑，反复对比。通常逻辑电平转换芯片为通用转换芯片，可靠性高，设计方便，简化了电路，但对于具体的设计电路一定要考虑以上三种情况，合理选用。

对于数字电路来说，各种器件所需的输入电流、输出驱动电流不同，为了驱动大电流器件、远距离传输、同时驱动多个器件，都需要审查电流驱动能力：输出电流应大于负载所需输入电流；另一方面，TTL、CMOS、ECL 等输入、输出电平标准不一致，同时采用上述多种器件时应考虑电平之间的转换问题。

我们在电路设计中经常遇到不同的逻辑电平之间的互连，不同的互连方法会对电路造成以下影响：

（1）对逻辑电平的影响。应保证合格的噪声容限（$U_{OHmin}-U_{IHmin}\geqslant 0.4\,V$，$U_{ILmax}-U_{OLmax}\geqslant 0.4\,V$），并且输出电压不超过输入电压允许范围。

（2）对上升/下降时间的影响。应保证 t_{PLH} 和 t_{PHL} 满足电路时序关系的要求和 EMC 的要求。

（3）对电压过冲（指实际电压超过电路或设备的正常工作电压）的影响。过冲不应超出器件允许电压的绝对最大值，否则有可能导致器件损坏。

资料检索1[5]

（1）阅读《常用电子元器件简明手册》，熟悉与、或、非等逻辑门的芯片结构。

（2）TTL 系列芯片与 CMOS 系列芯片特性有何区别？

（3）何为“OC 门”和“OD 门”？

（4）什么情况下需要加“上拉电阻”？

（5）“三态门”有什么特性？

教学安排建议1

序号	知识单元	项目资讯	项目实践	主要技能目标	学时	备注
1	基本逻辑关系	基本逻辑门和复合逻辑门	门电路逻辑功能测试	1. 芯片的识别； 2. 万用表的使用	4	附录 A 数制和码制
2	较复杂逻辑函数	逻辑函数的几种表示方法	三位简易抢答器电路的分析与调试	1. 芯片选择； 2. 按图接线； 3. 简单故障排除	4	附录 B 逻辑代数

注[5]：这部分内容需要自学哦，理解不了再找老师吧！

项目2 组合逻辑电路的设计与调试

学习要求

知识要求	(1) 熟练掌握组合逻辑电路的分析方法。 (2) 理解组合逻辑电路的设计步骤。 (3) 熟悉常见组合逻辑电路集成芯片，并理解芯片逻辑功能的分析方法。
技能要求	(1) 能进行组合逻辑电路图的分析。 (2) 能根据逻辑要求进行组合逻辑电路的设计。 (3) 能应用常见组合逻辑电路集成芯片。 (4) 能进行简单电路的焊接与调试。 (5) 能进行简单技术文档的编写。

项目分析与资讯 2

本单元主要通过“血型匹配指示器电路的分析与调试”、“三位加法器电路的设计与调试”、“叫号显示器电路的设计与调试”项目任务，来学习组合逻辑电路的设计与分析方法。

1. 血型匹配指示器

每个人都拥有各不相同的血型，但并不是谁都清楚自己能接受哪些血型的人献血，自己能献血给哪些需要的人。血型匹配指示器能够在操作人按下自己血型的对应按钮后，通过指示灯显示出他的血能为哪些血型的人群服务；同时，操作人也可以知道自己能接受哪种血型，当按下某一个按钮时，若自己血型对应的指示灯亮了，意味着自己能接受此按钮对应血型的人群献血。其功能示意图如图 2-1 所示。好像有点难？当你找到了规律，就会发现实现该功能轻而易举。

2. 三位全加器

当被问到“1 加 1 等于几?”时，每个人都会觉得太小儿科了，甚至不屑于回答，但是如果让你用电路来实现一位二进制数相加的功能，恐怕就需要仔细思索一下了。我们在前面的内容中了解到，数字电路中的数据是以二进制的形式传输的。实际上，二进制数的乘法也表现为多组二进制数相加的形式，因此，一位全加器可以说是计算机运算的基本单元。三位全加器是在一位全加器基础上构成的。

全加器是相对半加器而言的，半加器仅进行两个一位二进制数的相加，全加器则考虑了进位的处理，全加器的工作示意图如图 2-2 所示。被加数 A、加数 B、进位 C_i 可能出现的组合有哪些？按照加的算法得到的结果会是什么？有没有一点思路了？

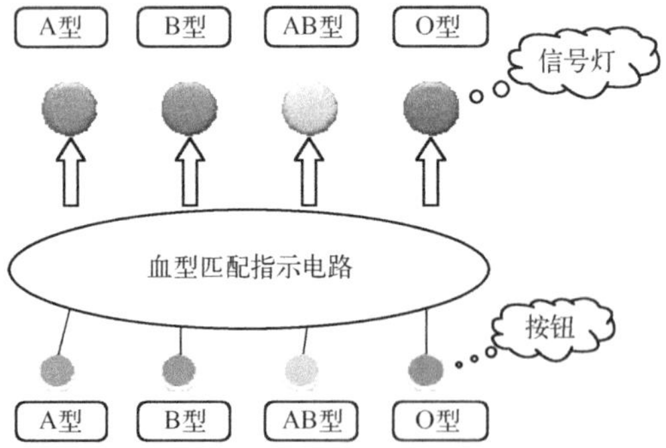

图 2-1　血型匹配指示器的功能示意图

图 2-2　全加器的工作示意图

3. 叫号显示器

在生意火暴的餐馆里，慕名而来的食客在翘首等待，手中捏着一张排队的号码；在医院门诊处，病人手持病历，焦急地等着自己的编号在屏幕上显示出来。这些叫号系统往往用计算机与显示大屏幕联系起来了。有没有想过自己做一个简单的叫号显示器？如图 2-3 所示是叫号显示器示意图，操作者按下某一数字对应的按键，显示器上就会显示对应的数字。一起来看看怎么做吧！

2.1　组合逻辑电路的分析

从上面的项目功能分析可以看到，这 3 个项目具有一个明显的特点：输出与输入的关系具有即时性，电路在任意时刻的输出状态只取决于该时刻的输入状态，而与该时刻前的电路状态无关，这样的数字电路就叫做组合逻辑电路，简称组合电路。

组合电路可以有一个或多个输入端，也可以有一个或多个输出端，其示意框图如图 2-4 所示。

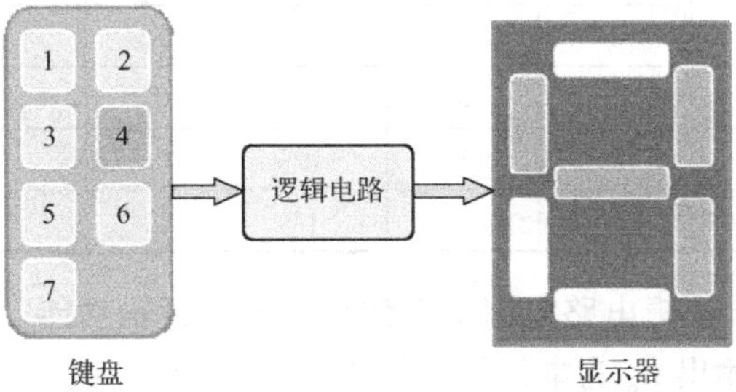

图 2-3　叫号显示器示意图

图 2-4　组合逻辑电路示意框图

在组合电路中，数字信号是单向传递的，即只有从输入到输出的传递，没有从输出到输入的反传递，因此各输出只与各输入的实时状态有关，没有存储记忆功能。输出函数表达式可用式（2-1）表示：

$$\begin{cases} Y_0 = f_0\ (X_0,\ X_1,\ \cdots,\ X_n) \\ Y_1 = f_1\ (X_0,\ X_1,\ \cdots,\ X_n) \\ \vdots \\ Y_m = f_m\ (X_0,\ X_1,\ \cdots,\ X_n) \end{cases} \tag{2-1}$$

如图 2-5 所示为某未知功能的组合逻辑电路，通过逐级分析门电路的输入、输出关系，可以列出它的输出逻辑函数表达式，如式（2-2）所示：

$$Z_1 = \overline{A},\ Z_2 = \overline{B},\ Z_3 = \overline{\overline{A}B},\ Z_4 = \overline{A\overline{B}},\ Z = \overline{\overline{\overline{A}B}\ \overline{A\overline{B}}} \tag{2-2}$$

化简得：

$$Z = \overline{\overline{\overline{A}B}\ \overline{A\overline{B}}} = \overline{\overline{\overline{A}B}} + \overline{\overline{A\overline{B}}} = \overline{A}B + A\overline{B} = A \oplus B \tag{2-3}$$

也就是说，这是由五个基本门电路组成的异或门。

如图 2-6 所示为另一个某未知功能的组合逻辑电路，通过逐级分析门电路的输入、输出关系，可列出它的输出逻辑函数表达式，如式（2-4）所示：

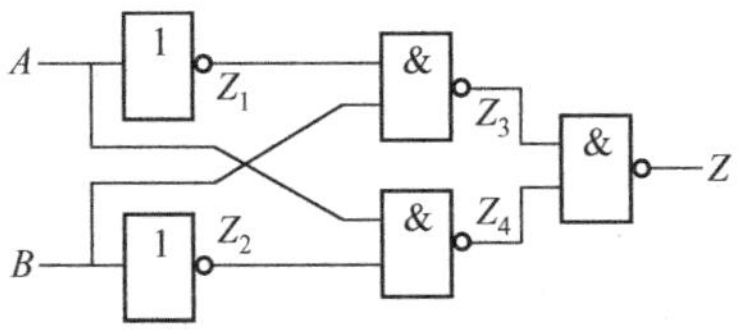

图 2-5　某未知功能的组合逻辑电路

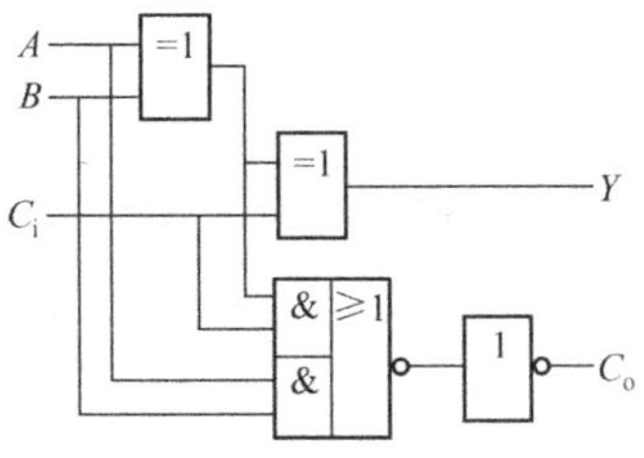

图 2-6　某未知功能的组合逻辑电路

$$\begin{cases} Y = A \oplus B \oplus C_i \\ C_o = AB + C_i\ (A \oplus B) \end{cases} \tag{2-4}$$

上式虽然为最简逻辑表达式，但是无法直观地看出输入条件与输出的逻辑关系，因此需列出真值表，如表2-1所示。

表2-1　真值表

输入			输出		输入			输出	
A	B	C_i	Y	C_o	A	B	C_i	Y	C_o
0	0	0	0	0	1	0	0	1	0
0	0	1	1	0	1	0	1	0	1
0	1	0	1	0	1	1	0	0	1
0	1	1	0	1	1	1	1	1	1

仔细观察真值表后，可以发现这个组合逻辑电路实现了1位全加器的逻辑功能，其中输出Y为输入A、B与低位进位值C_i之和，输出C_o为本位的进位值。

通过上述案例的分析，可总结出组合逻辑电路的基本分析步骤如下：

（1）根据给定逻辑电路写出对应的逻辑函数表达式，方法是从输入到输出（或从输出到输入）逐级分析；如果写出的逻辑函数式不是最简形式，要进行逻辑化简，以得到最简函数表达式。最后根据最简函数表达式分析电路功能。

（2）如果从最简函数表达式无法看出电路功能，则应根据最简式列出函数真值表，依据真值表确定电路的功能。

（3）组合逻辑电路的电路逻辑功能往往与实际的控制要求有关，在很多情况下，还需要考虑电路控制的实际情况，以求在杂乱无章的真值表中寻找出规律。

2.2　组合逻辑电路的设计

组合逻辑电路的设计，自然是组合逻辑电路分析的逆过程，即从给定的逻辑关系入手，最终获得最简洁的逻辑电路。

1. 一位全加器的设计

当知道图2-6可以实现一位全加器的逻辑功能时，你有没有想过它是如何设计出来的？下面来看一下表2-1的真值表，对输出Y而言，在A、B、C_i的“001，010，100，111”四种输入情况下的输出Y状态为“1”，由此列出使Y成立的逻辑表达式为：

$$Y = \bar{A}\bar{B}C_i + \bar{A}B\bar{C_i} + A\bar{B}\bar{C_i} + ABC_i \tag{2-5}$$

对式（2-5）进行化简可得：

$$\begin{aligned} Y &= \bar{A}\bar{B}C_i + \bar{A}B\bar{C_i} + A\bar{B}\bar{C_i} + ABC_i \\ &= (\bar{A}\bar{B} + AB)C_i + (\bar{A}B + A\bar{B})\bar{C_i} \\ &= \overline{A \oplus B}C_i + A \oplus B\,\bar{C_i} \end{aligned} \tag{2-6}$$

$$=A \oplus B \oplus C_i$$

输出进位 C_o 的逻辑状态仍由 A、B、C_i 的输入状态决定，C_o 的逻辑表达式为：

$$C_o = \overline{A}BC_i + A\overline{B}C_i + AB\overline{C}_i + ABC_i \tag{2-7}$$

对式（2–7）进行化简可得：

$$\begin{aligned} C_o &= \overline{A}BC_i + A\overline{B}C_i + AB\overline{C}_i + ABC_i \\ &= (\overline{A}B + A\overline{B})C_i + AB \\ &= A \oplus BC_i + AB \end{aligned} \tag{2-8}$$

化简结果与图2–6的逻辑电路相符。

2. 血型匹配指示器的设计

血型匹配原则（稀有血型除外）为：同型输血；无同型血时，O 血型可输给 A、B 血型；AB 血型可接受 A、B、O 血型（注意：输血前必须进行交叉配血试验！）。由此列出的输血者和受血者的血型关系表如表2–2所示。

表2–2　血型关系表

输血者				受血者			
A血型	B血型	AB血型	O血型	A血型	B血型	AB血型	O血型
√				√		√	
	√				√	√	
		√				√	
			√	√	√	√	√

对输入按键和输出信号灯进行编号，将“A血型”按键设为变量 I_A，将“B血型”按键设为变量 I_B，将“AB血型”按键设为变量 I_{AB}，将“O血型”按键设为变量 I_O；将输出信号灯分别编号为 Y_A、Y_B、Y_{AB}、Y_O，根据表2–2列出真值表，如表2–3所示。

表2–3　血型匹配指示器的真值表

I_A	I_B	I_{AB}	I_O	Y_A	Y_B	Y_{AB}	Y_O
1				1		1	
	1				1	1	
		1				1	
			1	1	1	1	1

从表2–3可以看到，对 Y_A 变量来说，只有在 I_A 为“1”，I_B、I_{AB}、I_O 均为“0”；或 I_O 为“1”，I_A、I_B、I_{AB} 均为“0”时才输出“1”，因此，其逻辑表达式为：

$$Y_A = I_A\overline{I}_B\overline{I}_{AB}\overline{I}_O + \overline{I}_A\overline{I}_B\overline{I}_{AB}I_O$$

同理可推出其他三个输出变量的逻辑关系表达式，为：

$$Y_B = \overline{I}_A I_B\overline{I}_{AB}\overline{I}_O + \overline{I}_A\overline{I}_B\overline{I}_{AB}I_O$$

$$Y_{AB} = I_A\overline{I}_B\overline{I}_{AB}\overline{I}_O + \overline{I}_A I_B\overline{I}_{AB}\overline{I}_O + \overline{I}_A\overline{I}_B I_{AB}\overline{I}_O + \overline{I}_A\overline{I}_B\overline{I}_{AB}I_O$$

$$Y_O = \overline{I}_A\overline{I}_B\overline{I}_{AB}I_O$$

根据逻辑关系表达式可适当化简，从而得到逻辑电路原理图。（具体化简过程见“项目实施2 血型匹配指示器电路的分析与调试”。）

通过上述项目的分析，可以总结出组合逻辑电路的设计步骤如下：

（1）确定输入变量和输出变量。通过对设计要求的分析，明确系统的外部控制条件，将其定为输入量；确定系统的结果，将其定为输出量。

（2）约定输入与输出的逻辑状态。用二值逻辑的“0”、“1”两种状态分别表示输入变量和输出变量的两种不同逻辑状态。

（3）根据系统给定的功能叙述列出对应真值表。

（4）根据真值表写出对应的逻辑函数表达式，并对需要进行化简的逻辑函数表达式进行化简，直到获得最简逻辑表达式为止。对于一些复杂的系统设计场合，可以对逻辑函数表达式进行变换，以直接利用一些现成的组合逻辑电路芯片（如数据选择器、译码器等）进行设计。

（5）根据最简逻辑表达式画出逻辑电路图，进而画出完整的电子电路。

3. 三变量奇校验电路的设计

逻辑要求：当输入的三个变量中有奇数个为1时，输出为1，否则为0。

> **奇偶校验**
>
> 奇偶校验是一种校验代码传输正确性的方法，常用在数据通信的逻辑设计中。它是根据被传输的一组二进制代码的数位中“1”的个数是奇数或偶数来进行校验的。采用奇数的称为奇校验，反之，称为偶校验。

三变量奇校验电路的设计步骤如下：

（1）确定该电路的输入输出量。根据功能要求，确定有三个输入量，分别用A、B、C表示；一个输出量，用Y表示。

（2）根据要求直接列出真值表，如表2-4所示。

表2-4　三变量奇校验电路真值表

输入			输出
A	B	C	Y
0	0	0	0
0	0	1	1
0	1	0	1
0	1	1	0
1	0	0	1
1	0	1	0
1	1	0	0
1	1	1	1

（3）根据真值表写出逻辑函数表达式。

$$Y = \sum m(1,2,4,7) = \bar{A}\,\bar{B}C + \bar{A}B\bar{C} + A\bar{B}\,\bar{C} + ABC \tag{2-9}$$

（4）化简式（2-9）得：

$$Y = A \oplus B \oplus C \tag{2-10}$$

（5）根据式（2-10）画出逻辑电路图，如图2-7所示。

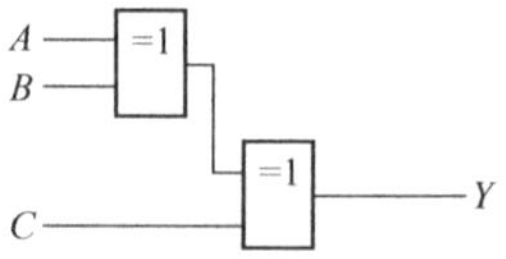

图2-7　三变量奇校验电路的逻辑电路图

2.3　常见集成组合逻辑器件及其应用

有些组合逻辑电路在各类数字系统中经常被大量使用。为了使用方便，集成芯片生产厂家已将这些电路制成了标准的中、小规模集成器件，这些器件具有通用性强、可靠性高、兼容性好等优点，这不仅提高了电路设计的质量，同时把我们的学习重心转移到了器件的灵活应用上。

2.3.1　编码器及其应用

在生产生活中，编码随处可见。在马路上的路灯杆、电线杆上，管理部门为定位安装、维护进行了特定的编码；电话运营公司为每部电话设置了独一无二的编码；如图2-8所示，在集装箱仓库里，为便于吊装、定位运输，每个集装箱位同样也拥有特定的编码。

编码就是用文字、符号或者数码表示特定信息的过程，而能够实现编码功能的电路就叫做编码器。在数字系统中是采用一组若干位的二进制码0和1进行编码来表示某一特定信息的。要表示的信息越多，二进制代码的位数越多。

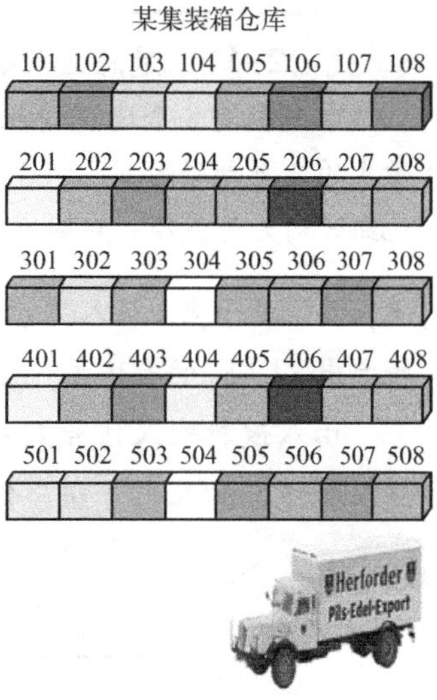

图2-8　集装箱仓库编码示意图

> 如果有15条信息需要进行编码，至少需要几位二进制代码才能实现？

n 位二进制代码有 2^n 个状态，可以表示 2^n 个信息。对 N 个信号进行编码时，应按公式 $2^n \geq N$ 来确定需要使用的二进制代码的位数 n。

1. 8线—3线编码器的设计

设计要求：用3位二位制数的输出分别代表输入的8个信号，输入低电平有效。

8线—3线编码器的设计步骤如下：

（1）确定输入变量和输出变量。8个输入逻辑变量 $\overline{I}_0 \sim \overline{I}_7$ 为低电平有效，3位输出逻辑变量为 Y_2、Y_1、Y_0，高电平有效。

（2）列出真值表，如表2-5所示。

表2-5　8线—3线编码器的真值表

输入								输出		
$\overline{I}_7$	$\overline{I}_6$	$\overline{I}_5$	$\overline{I}_4$	$\overline{I}_3$	$\overline{I}_2$	$\overline{I}_1$	$\overline{I}_0$	Y_2	Y_1	Y_0
1	1	1	1	1	1	1	0	0	0	0
1	1	1	1	1	1	0	1	0	0	1
1	1	1	1	1	0	1	1	0	1	0
1	1	1	1	0	1	1	1	0	1	1
1	1	1	0	1	1	1	1	1	0	0
1	1	0	1	1	1	1	1	1	0	1
1	0	1	1	1	1	1	1	1	1	0
0	1	1	1	1	1	1	1	1	1	1

（3）根据真值表写出逻辑函数表达式，为：

$$\begin{cases} Y_2 = \overline{\overline{I}_4\,\overline{I}_5\,\overline{I}_6\,\overline{I}_7} \\ Y_1 = \overline{\overline{I}_2\,\overline{I}_3\,\overline{I}_6\,\overline{I}_7} \\ Y_0 = \overline{\overline{I}_1\,\overline{I}_3\,\overline{I}_5\,\overline{I}_7} \end{cases} \tag{2-11}$$

式（2-11）是怎么来的？

编码器有8个逻辑输入端，理论上存在256种变量组合，但根据编码器的逻辑要求，输出的二进制码的不同组合只对应于某一输入端，因此除表2-5中的8种变量组合外的其他组合均为无关项。对输出Y_2而言，只有在I_4、I_5、I_6或I_7有输入信号时，Y_2才输出高电平，其他端子应无输入信号，因此，$Y_2 = I_4 + I_5 + I_6 + I_7 = \overline{\overline{I_4}} + \overline{\overline{I_5}} + \overline{\overline{I_6}} + \overline{\overline{I_7}} = \overline{\overline{I_4}\,\overline{I_5}\,\overline{I_6}\,\overline{I_7}}$。同理可推导出$Y_1$、$Y_0$的表达式。利用卡诺图也能推导出相同的结果。

由八逻辑输入信号$I_0 \sim I_7$可绘制如图2－9所示的16×16的卡诺图，根据编码器逻辑功能，输入信号组合仅有八个逻辑最小项，其余项均为逻辑无关项。

	I_4I_5	00				01				11				10			
I_0I_1	I_2I_3 \ I_6I_7	00	01	11	10	00	01	11	10	00	01	11	10	00	01	11	10
00	00	×		×			×	×	×	×	×	×	×		×	×	×
	01		×	×	×	×	×	×	×	×	×	×	×	×	×	×	×
	11	×	×	×	×	×	×	×	×	×	×	×	×	×	×	×	×
	10		×	×	×	×	×	×	×	×	×	×	×	×	×	×	×
01	00		×	×	×	×	×	×	×	×	×	×	×	×	×	×	×
	01	×	×	×	×	×	×	×	×	×	×	×	×	×	×	×	×
	11	×	×	×	×	×	×	×	×	×	×	×	×	×	×	×	×
	10	×	×	×	×	×	×	×	×	×	×	×	×	×	×	×	×
11	00	×	×	×	×	×	×	×	×	×	×	×	×	×	×	×	×
	01	×	×	×	×	×	×	×	×	×	×	×	×	×	×	×	×
	11	×	×	×	×	×	×	×	×	×	×	×	×	×	×	×	×
	10	×	×	×	×	×	×	×	×	×	×	×	×	×	×	×	×
10	00		×	×	×	×	×	×	×	×	×	×	×	×	×	×	×
	01	×	×	×	×	×	×	×	×	×	×	×	×	×	×	×	×
	11	×	×	×	×	×	×	×	×	×	×	×	×	×	×	×	×
	10	×	×	×	×	×	×	×	×	×	×	×	×	×	×	×	×

图2-9　八变量逻辑卡诺图

根据表2-5编码器的真值表直接写出Y_0的逻辑表达式如下：

$$Y_0 = \overline{I_0}I_1\overline{I_2}\,\overline{I_3}\,\overline{I_4}\,\overline{I_5}\,\overline{I_6}\,\overline{I_7} + \overline{I_0}\,\overline{I_1}\,\overline{I_2}\,\overline{I_3}I_4\overline{I_5}\,\overline{I_6}\,\overline{I_7} + \overline{I_0}\,\overline{I_1}\,\overline{I_2}I_3\overline{I_4}\,\overline{I_5}\,\overline{I_6}\,\overline{I_7} + \overline{I_0}\,\overline{I_1}\,\overline{I_2}\,\overline{I_3}\,\overline{I_4}\,\overline{I_5}\,\overline{I_6}I_7$$

在卡诺图中把对应项标注为“1”，其余项空白，根据带逻辑无关项的卡诺图化简原则对Y_0的每一项进行化简，如图2－10所示，为便于识别，图（a）对$\overline{I_0}I_1\overline{I_2}\,\overline{I_3}\,\overline{I_4}\,\overline{I_5}\,\overline{I_6}\,\overline{I_7}$一项进行化简，图（b）对$\overline{I_0}\,\overline{I_1}\,\overline{I_2}\,\overline{I_3}I_4\overline{I_5}\,\overline{I_6}\,\overline{I_7}$一项进行化简，图（c）对$\overline{I_0}\,\overline{I_1}\,\overline{I_2}I_3\overline{I_4}\,\overline{I_5}\,\overline{I_6}\,\overline{I_7}$一项进行化简，图（d）对$\overline{I_0}\,\overline{I_1}\,\overline{I_2}\,\overline{I_3}\,\overline{I_4}\,\overline{I_5}\,\overline{I_6}I_7$一项进行化简。在卡诺图上选择了合适的包围圈，从图（a）看到，纵向的$I_4I_5I_6I_7$全部约去，横向八格非常有规律，仔细观察即知I_0、I_2、I_3被约去，只余I_1一项；在图（b）中，也能利用逻辑无关项约去$I_0I_1I_2I_3I_4I_6I_7$七项，

只余 I_5 一项；图（c）中，明显无法找到（a)、(b）图中的包围圈，但是从前两图约去的变量着手，再观察$\overline{I_0}\,\overline{I_1}\,\overline{I_2}I_3\,\overline{I_4}\,\overline{I_5}\,\overline{I_6}\,\overline{I_7}$ 表达式，可以认为这里需要约去 $I_0I_1I_2I_4I_5I_6I_7$ 七项，其中纵向变量需全部约去，横向需把 $I_0I_1I_2$ 三个变量约去，这就意味着每个包围圈横向应占 16 格，纵向应包括 $I_0I_1I_2$ 的八种组合，由此在卡诺图中选择如图（c）所示的包围圈，明确此时约去七项，只余 I_3 一项；同理在图（d）中确定了卡诺图的包围圈，约去 $I_0I_1I_2I_3I_4I_5I_6$ 七项，只余 I_7 一项。由此推出：

$$Y_0 = \overline{I_0}I_1\,\overline{I_2}\,\overline{I_3}\,\overline{I_4}\,\overline{I_5}\,\overline{I_6}\,\overline{I_7} + \overline{I_0}\,\overline{I_1}\,\overline{I_2}\,\overline{I_3}\,\overline{I_4}I_5\,\overline{I_6}\,\overline{I_7} + \overline{I_0}\,\overline{I_1}\,\overline{I_2}I_3\,\overline{I_4}\,\overline{I_5}\,\overline{I_6}\,\overline{I_7} + \overline{I_0}\,\overline{I_1}\,\overline{I_2}\,\overline{I_3}\,\overline{I_4}\,\overline{I_5}\,\overline{I_6}I_7$$

$$= I_1 + I_5 + I_3 + I_7 = \overline{\overline{I_1}\,\overline{I_5}\,\overline{I_3}\,\overline{I_7}}$$

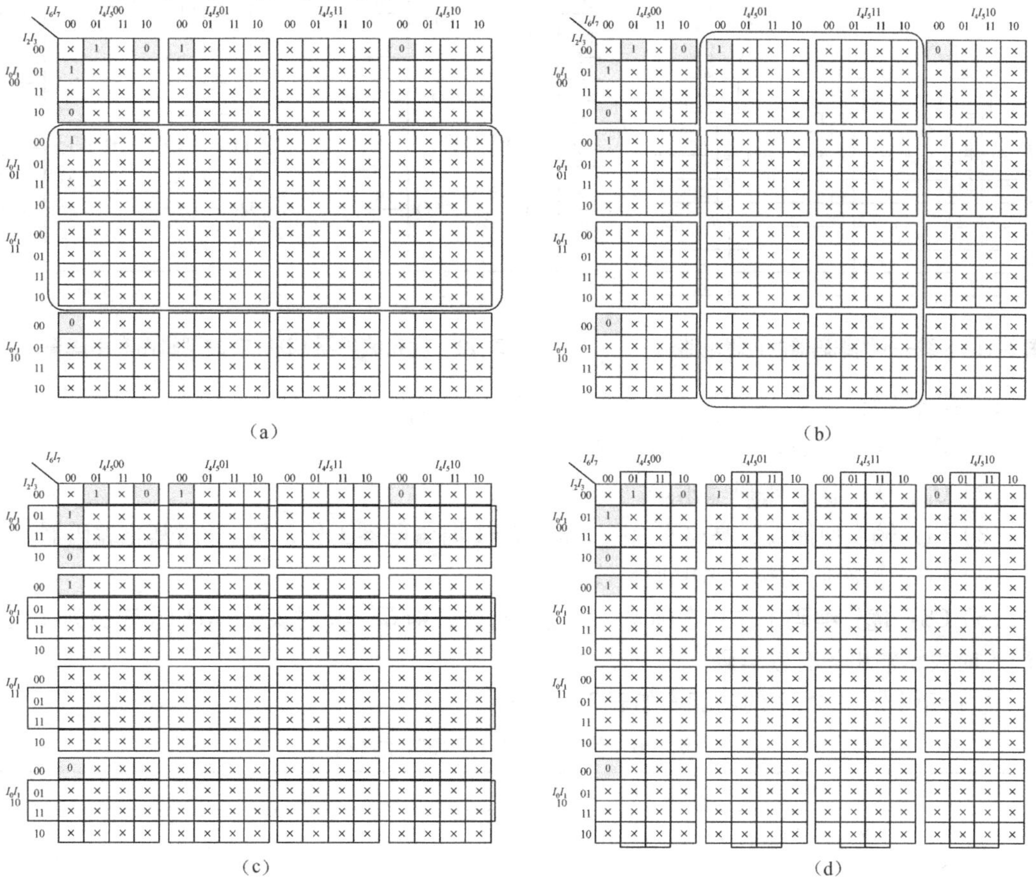

图 2-10　Y_0 的卡诺图化简

Y_1、Y_2 的表达式也可以用类似的原则来推导。

你能不能从血型匹配指示器的逻辑化简结论和编码器的逻辑化简结论推出一些规律？

这里需要说明的是，并不是要求每个人都弄懂 256 格卡诺图的画法，逻辑化简方式繁多，电路设计方案各异，了解思路为己所用，才是发展的硬道理。

（4）根据式（2-11）画出逻辑电路图，如图2-11所示。

从图2-11可以看到，8线—3线编码器要求输入量具有排他性，即每次只能有一个输入端为低电平，从而保证输出编码的唯一性。如果同时有两个或两个以上的输入信号要求编码，则输出端必然发生混乱。

2. 16线—4线优先编码器的设计

优先编码器是相对于普通二进制编码而言的，它的功能是允许几个输入端同时输入信号，编码器按预先排定的优先顺序，只对同时输入的几个信号中优先权最高的一个进行编码。常用的8线—3线优先编码器有74LS148、CD4532等，下面介绍8线—3线优先编码器CD4532的应用。如图2-12（a）、（b）所示分别是CD4532的逻辑图和引脚图。

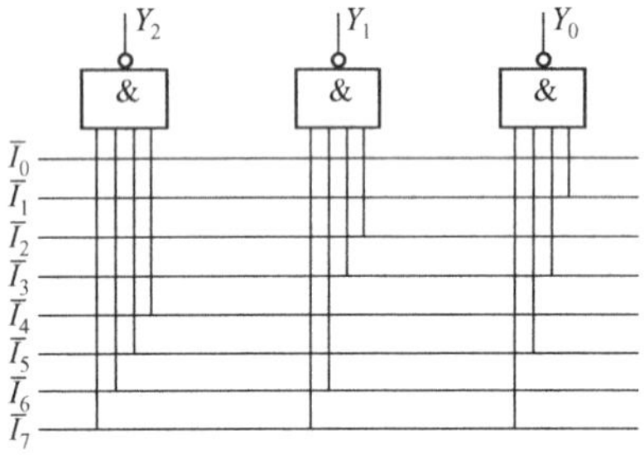

图2-11　8线—3线编码器的逻辑电路图

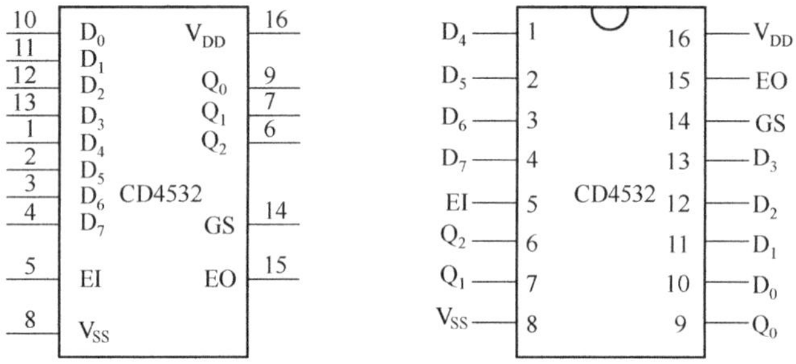

（a）逻辑图　（b）引脚图

图2-12　优先编码器CD4532的逻辑图和引脚图

1）引脚功能

（1）D_0、D_1、…、D_7：信号输入端。

（2）Q_0、Q_1、Q_2：编码输出端。

（3）EI：输入使能端，高电平有效，即$EI=1$时编码器工作，$EI=0$时禁止编码器工作。

（4）EO：扩展使能端，高电平有效。

（5）GS：优先编码工作状态标志，高电平有效，即$GS=0$时表示$Q_2Q_1Q_0$输出为无效码，$GS=1$时表示输出为有效编码。

优先编码器CD4532的功能表如表2-6所示。

表2-6　优先编码器CD4532的功能

输入									输出				
EI	D_7	D_6	D_5	D_4	D_3	D_2	D_1	D_0	Q_2	Q_1	Q_0	GS	EO
0	×	×	×	×	×	×	×	×	0	0	0	0	0
1	0	0	0	0	0	0	0	0	0	0	0	0	1
1	1	×	×	×	×	×	×	×	1	1	1	1	0
1	0	1	×	×	×	×	×	×	1	1	0	1	0
1	0	0	1	×	×	×	×	×	1	0	1	1	0
1	0	0	0	1	×	×	×	×	1	0	0	1	0
1	0	0	0	0	1	×	×	×	0	1	1	1	0
1	0	0	0	0	0	1	×	×	0	1	0	1	0
1	0	0	0	0	0	0	1	×	0	0	1	1	0
1	0	0	0	0	0	0	0	1	0	0	0	1	0

注：1——高电平；0——低电平；×——任意电平。

从功能表可读出以下信息：

(1) 输入和输出均为高电平有效，而输入优先级别从高到低的顺序依次为 D_7、D_6、…、D_0。

(2) 当 $EI=0$ 时，禁止编码器工作，此时不论8个输入端为何种状态，$Q_2Q_1Q_0$ 输出端均为低电平，且 GS 和 EO 均为低电平，$GS=0$，由此表示 $Q_2Q_1Q_0=000$ 为非编码状态。

(3) 在 $EI=1$ 的条件下，如果所有输入 $D_7 \sim D_0$ 均为低电平，则 EO 为1，输出扩展控制信号，$Q_2Q_1Q_0=000$，此时虽然允许编码器工作，但各输入无要求，输出的“000”为无效码，因此 $GS=0$。

(4) 当 $EI=1$ 时，若 $D_7 \sim D_0$ 中至少有一个输入端为高电平信号输入，则 GS 为1，EO 为0，编码器处于工作状态禁止扩展芯片工作。

从(3)、(4)可以发现，在 $EI=1$ 的条件下，若有输入信号，则 EO 为0；若无输入信号，则 EO 为1。这个特性能否用于芯片的级联呢？

若用EO去控制相连的下一级CD4532的EI，将允许下一级级联芯片进行编码，从而为组成更多输入端的优先编码器进行片间级联提供了方便。

2) 设计思路

按照输入优先级 I_{15} 最高，I_0 最低的原则，每八位一组做出十六位输入信号的编码表，如表2-7所示。

表2-7　十六位输入信号的编码

输入								输出			
I_7	I_6	I_5	I_4	I_3	I_2	I_1	I_0	Y_3	Y_2	Y_1	Y_0
0	0	0	0	0	0	0	1	0	0	0	0
0	0	0	0	0	0	1	×	0	0	0	1
0	0	0	0	0	1	×	×	0	0	1	0
0	0	0	0	1	×	×	×	0	0	1	1
0	0	0	1	×	×	×	×	0	1	0	0
0	0	1	×	×	×	×	×	0	1	0	1
0	1	×	×	×	×	×	×	0	1	1	0
1	×	×	×	×	×	×	×	0	1	1	1
I_{15}	I_{14}	I_{13}	I_{12}	I_{11}	I_{10}	I_9	I_8	Y_3	Y_2	Y_1	Y_0
0	0	0	0	0	0	0	1	1	0	0	0
0	0	0	0	0	0	1	×	1	0	0	1
0	0	0	0	0	1	×	×	1	0	1	0
0	0	0	0	1	×	×	×	1	0	1	1
0	0	0	1	×	×	×	×	1	1	0	0
0	0	1	×	×	×	×	×	1	1	0	1
0	1	×	×	×	×	×	×	1	1	1	0
1	×	×	×	×	×	×	×	1	1	1	1

对比两组编码，可以发现低三位编码顺序完全相同，唯独在 $I_0 \sim I_7$ 有输入时，最高位输出 Y_3 输出0；而在 $I_8 \sim I_{15}$ 有输入时，Y_3 输出1。

16线—4线优先编码电路需要选择两片8线—3线优先编码器，$I_0 \sim I_7$ 和 $I_8 \sim I_{15}$ 分别通过一片CD4532输出。每片的输出即为实际4线输出的低3位，最高位在 $I_0 \sim I_7$ 有输入时为0，在 $I_8 \sim I_{15}$ 有输入时为1，可以考虑用 GS 表示。高8位对低8位的优先级可以利用使能端来实现控制。具体电路如图2-13所示。

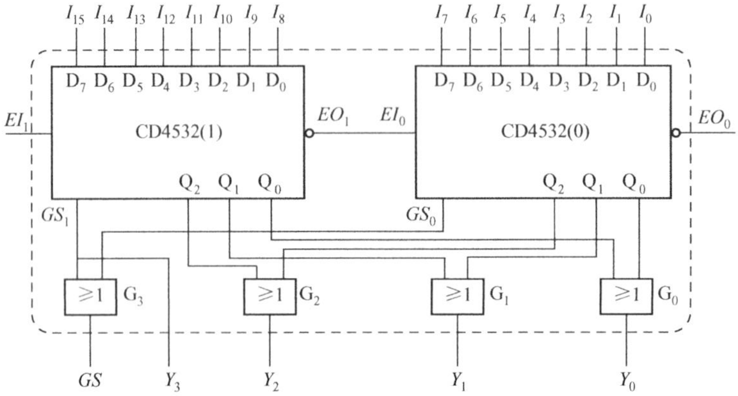

图2-13　16线—4线优先编码电路

8线—3线优先编码器74LS148的逻辑图和引脚图如图2-14（a）、（b）所示，功能表如表2-8所示，仿照上例设计一个16线—4线优先编码电路。

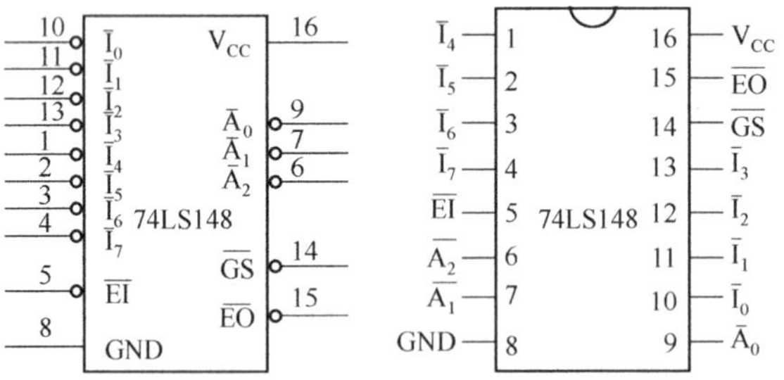

（a）逻辑图　　（b）引脚图

图2-14　优先编码器74LS148的逻辑图和引脚图

表2-8　8线—3线优先编码器74LS148的功能

输入									输出				
$\overline{EI}$	$\overline{I_0}$	$\overline{I_1}$	$\overline{I_2}$	$\overline{I_3}$	$\overline{I_4}$	$\overline{I_5}$	$\overline{I_6}$	$\overline{I_7}$	$\overline{A_2}$	$\overline{A_1}$	$\overline{A_0}$	$\overline{GS}$	$\overline{EO}$
H	×	×	×	×	×	×	×	×	H	H	H	H	H
L	H	H	H	H	H	H	H	H	H	H	H	H	L
L	×	×	×	×	×	×	×	L	L	L	L	L	H
L	×	×	×	×	×	×	L	H	L	L	H	L	H
L	×	×	×	×	×	L	H	H	L	H	L	L	H
L	×	×	×	×	L	H	H	H	L	H	H	L	H

续表

输　入									输　出				
$\overline{EI}$	$\overline{I_0}$	$\overline{I_1}$	$\overline{I_2}$	$\overline{I_3}$	$\overline{I_4}$	$\overline{I_5}$	$\overline{I_6}$	$\overline{I_7}$	$\overline{A_2}$	$\overline{A_1}$	$\overline{A_0}$	$\overline{GS}$	$\overline{EO}$
L	×	×	×	L	H	H	H	H	H	L	L	L	H
L	×	×	L	H	H	H	H	H	H	L	H	L	H
L	×	L	H	H	H	H	H	H	H	H	L	L	H
L	L	H	H	H	H	H	H	H	H	H	H	L	H

注：H——高电平；L——低电平；×——任意电平。

"高电平有效"和"低电平有效"

"高电平有效"指信号为"1"视为有效信号，而"低电平有效"则指信号为"0"视为有效信号，CD4532各端子均为"高电平有效"端，而74LS148则多为"低电平有效"端。对单一属性的端子容易理解与区别，如使能端，"EI"为高电平有效，只有置高电平时芯片可进行编码；而对"$\overline{EI}$"则为低电平时芯片可进行编码。若对多位二进制数组成的编码而言，理解起来就要费些心思了，如CD4532芯片输入端D_1为高电平（D_2～D_7均应为低电平）时，芯片将输出"1"对应的编码，其高电平有效的输出端$Q_2Q_1Q_0$将获得"低低高"（001）的输出电平；而74LS148芯片输入端I_1为低电平（同时I_2～I_7均应为高电平）时，芯片才会对"1"进行编码，由于其输出为低电平有效，输出端$A_2A_1A_0$将输出"高高低"（110）的电平而不是正常"1"的二进制编码。

2.3.2　二进制译码器及其应用

译码是编码的反过程，用于将给定的二进制代码翻译成编码时赋予的原意，即将每一组输入的二进制代码译成相应特定的输出高、低电平信号，完成这种功能的电路称为二进制译码器。译码器是多输入、多输出的组合逻辑电路。

如表2-9和表2-10所示分别为输出高电平有效和低电平有效的二进制译码器功能表。从中可以理解译码器的工作效果。

表2-9　输出高电平有效二进制译码器功能

译码输入		译 码 输 出			
A_1	A_0	Y_0	Y_1	Y_2	Y_3
0	0	1	0	0	0
0	1	0	1	0	0
1	0	0	0	1	0
1	1	0	0	0	1

表2-10　输出低电平有效二进制译码器功能

译码输入		译 码 输 出			
A_1	A_0	$\overline{Y_0}$	$\overline{Y_1}$	$\overline{Y_2}$	$\overline{Y_3}$
0	0	0	1	1	1
0	1	1	0	1	1
1	0	1	1	0	1
1	1	1	1	1	0

在中规模组合逻辑电路产品中，常用的二进制译码器有双2线—4线的54/74HC139、54 /74LS139；3线—8线的54/74HC138、54/74LS138；4线—16线的54/74HC154、54/74HC4514、54/74LS154等；二—十进制译码器有54/74HC42、54/74LS42等。

1. 单片机外部程序存储器扩展电路的设计

如图2-15所示为单片机外部程序存储器扩展电路。该单片机外部需扩展16 KB的程序存储器（ROM），因器件原因，需扩展2 KB容量的程序存储器8片，每片ROM的$\overline{CS}$端为允许工作的使能端。为正确访问到外部程序存储器的相关地址，可选择3线—8线译码器74HC138进行地址译码。

如图2-16（a）、（b）所示分别是74HC138的逻辑图和引脚图。

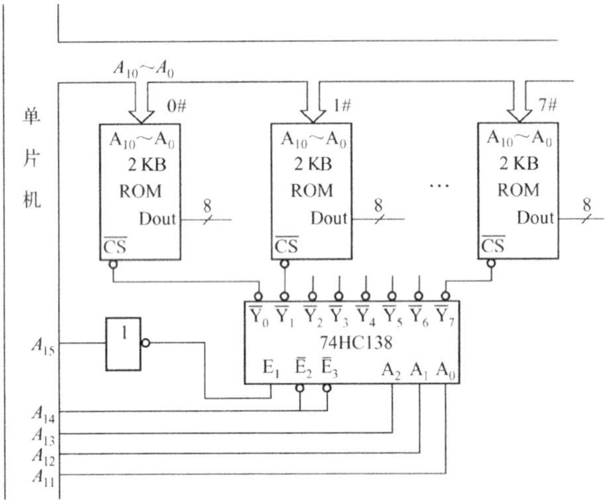

图2-15　单片机外部程序存储器扩展电路

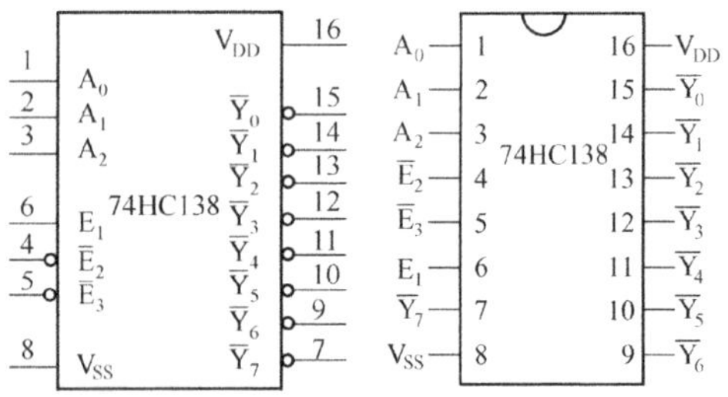

（a）逻辑图　　（b）引脚图

图2-16　3线—8线译码器74HC138的逻辑图和引脚图

> **存储器的存储容量**
>
> 16 KB和2 KB都是指存储器存储字节的数量。在数据访问过程中，单片机只有为每个存储单元分配了唯一的单元地址后才能正确访问到对应的数据。单片机总共有16根地址线，把A_0～A_{10}这低11位接到每个芯片的地址端，由此就为每个2 KB容量的存储器的单元分配了唯一的地址编号。接下来的问题就是如何区分扩展的每一片存储器了。还剩下5根地址线，如果每个存储器接一根地址线，单片机的地址线必然不够用，这时就要借助译码器来分配地址单元了。因为5根地址线实际上有32种不同的状态组合，所以只需要选择其中的8种就可以了。

引脚功能如下所示。

（1）A_0、A_1、A_2：信号输入端。

（2）$\overline{Y}_0$、$\overline{Y}_1$、…、$\overline{Y}_7$：译码输出端。

（3）E_1、$\overline{E}_2$、$\overline{E}_3$：选通输入端，当E_1端为高电平、$\overline{E}_2$和$\overline{E}_3$端为低电平时器件被选通。

3线—8线译码器74HC138的功能如表2-11所示。

表2-11 3线—8线译码器74HC138的功能

输入						输出							
E_1	$\overline{E}_2$	$\overline{E}_3$	A_2	A_1	A_0	$\overline{Y}_0$	$\overline{Y}_1$	$\overline{Y}_2$	$\overline{Y}_3$	$\overline{Y}_4$	$\overline{Y}_5$	$\overline{Y}_6$	$\overline{Y}_7$
×	H	×	×	×	×	H	H	H	H	H	H	H	H
×	×	H	×	×	×	H	H	H	H	H	H	H	H
L	×	×	×	×	×	H	H	H	H	H	H	H	H
H	L	L	L	L	L	L	H	H	H	H	H	H	H
H	L	L	L	L	H	H	L	H	H	H	H	H	H
H	L	L	L	H	L	H	H	L	H	H	H	H	H
H	L	L	L	H	H	H	H	H	L	H	H	H	H
H	L	L	H	L	L	H	H	H	H	L	H	H	H
H	L	L	H	L	H	H	H	H	H	H	L	H	H
H	L	L	H	H	L	H	H	H	H	H	H	L	H
H	L	L	H	H	H	H	H	H	H	H	H	H	L

注：H——高电平；L——低电平；×——任意电平。

从功能表可读出以下信息。

（1）当E_1为高电平、$\overline{E}_2$和$\overline{E}_3$为低电平时器件被选通。输出低电平有效，对于E_1、$\overline{E}_2$、$\overline{E}_3$的其他任何组合，$\overline{Y}_0$～$\overline{Y}_7$均为高电平。

（2）输入高电平有效，当器件被选通时，A_0～A_2的编码可唯一确定$\overline{Y}_0$～$\overline{Y}_7$中的一个以低电平呈现。

再来看如图2-15所示的单片机外部程序存储器扩展电路，单片机的最高两位地址线A_{15}和A_{14}用于译码器的选通控制，且A_{15}和A_{14}均为低电平时译码器才能进行译码工作。A_{13}、A_{12}和A_{11}连接到译码器的输入端，译码器的输出端分别接到了8片程序存储器的$\overline{CS}$端上，$\overline{CS}$为低电平有效端口，若系统需要访问第“0”片程序存储器，只需要令$A_{13}A_{12}A_{11}$为“000”即可。由此可以推断，第“0”片程序存储器的地址区间为0000H～07FFH。

你可以推导一下第1、2、3、4、5、6、7片程序存储器的地址区间吗？

2. 4线—16线译码器的设计

实现4线—16线译码需要选用两片3线—8线译码器，译码器扩展方式如图2-17所示。对第“1”片和第“0”片译码器来说，关键在于输入端I_3的状态，如I_3为“0”，则第“0”片译码器工作；若I_3为“1”，则第“1”片译码器工作。因此，只要正确处理好选通端的连接即可实现功能。实际电路如图2-18所示。

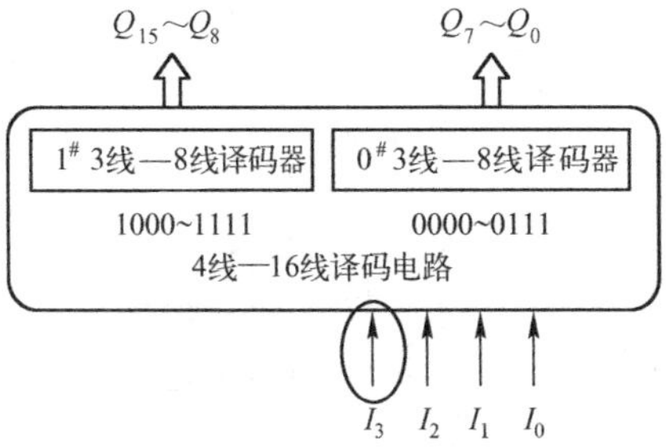

图2-17 译码器扩展方式

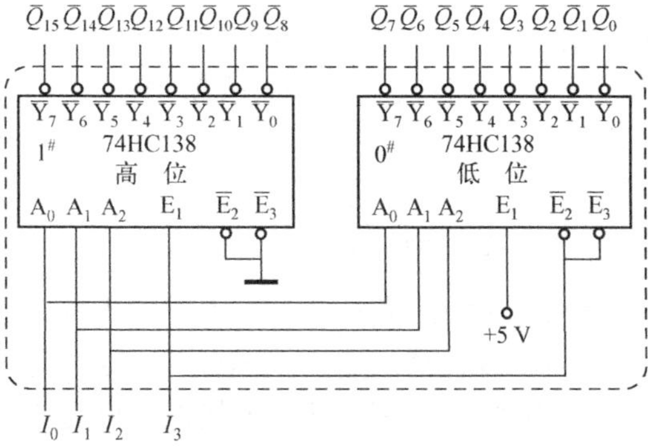

图2-18 由两片74HC138组成的4线—16线译码器的实际电路

你能用 4 片 74HC138 连接成一个 5 线—32 线译码器吗？

3. 数据分配器

在数据传输系统中，经常需要将总线中的数据传输到多个支路中的一路上去，传到哪一条支路通过唯一的通道编码来确定，这样的电路称为数据分配器。其功能示意图如图 2-19 所示。当我们把选通端作为总线数据输入端，将通道编码利用输入端写入时，问题就迎刃而解了。实际逻辑电路图如图 2-20 所示。总线数据由选通端 E_1 输入，选通端$\overline{E}_2$和$\overline{E}_3$接低电平。当通道编码由输入端 A_0～ A_2输入时，若总线数据为“1”，则对应输出端呈现低电平；若总线数据为“0”，则对应输出端没有输出，呈现高电平，即总线数据以反码的形式从通道编码对应的输出端送出。若要得到原码，在输出端加一反相器或选择输出端高电平有效的译码器即可。

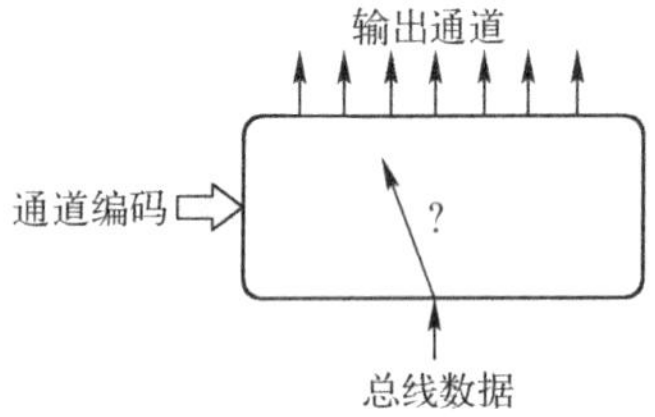

图 2-19　数据分配器功能示意图

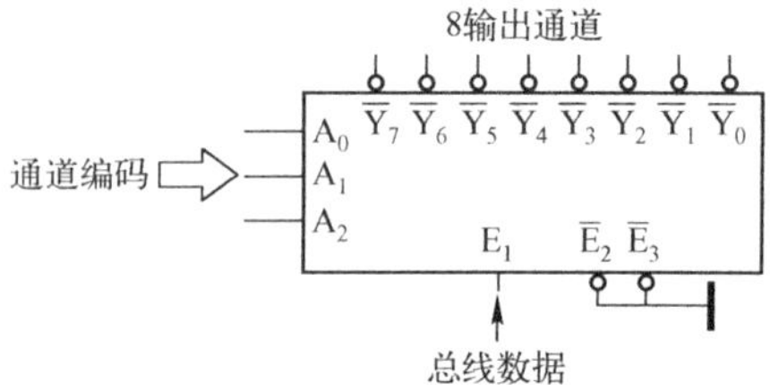

图 2-20　数据分配器的实际逻辑电路图

4. 组合逻辑电路的设计

已知如式（2-12）所示的两输出逻辑函数表达式，要求用 3 线—8 线译码器 74HC138 实现逻辑电路。

$$\begin{cases} Z_1 = \overline{A}B\,\overline{C} + A\,\overline{B} \\ Z_2 = \overline{A}\,\overline{B}\,\overline{C} + \overline{B}C + ABC \end{cases} \quad (2\text{-}12)$$

分析步骤如下。

（1）将式（2-12）中各表达式变换为最小项之和的形式，得：

$$\begin{cases} Z_1 = \overline{A}B\,\overline{C} + A\,\overline{B}\,\overline{C} + A\,\overline{B}C = m_2 + m_4 + m_5 \\ Z_2 = \overline{A}\,\overline{B}\,\overline{C} + \overline{A}\,\overline{B}C + A\,\overline{B}C + ABC = m_0 + m_1 + m_5 + m_7 \end{cases} \quad (2\text{-}13)$$

（2）因 74HC138 译码器输出低电平有效，所以利用摩根定理将式（2-13）变换为：

$$\begin{cases} Z_1 = \overline{\overline{m_2}\,\overline{m_4}\,\overline{m_5}} \\ Z_2 = \overline{\overline{m_0}\,\overline{m_1}\,\overline{m_5}\,\overline{m_7}} \end{cases} \quad (2\text{-}14)$$

（3）分析表达式，若把 A、B、C 三输入变量分别送入 74HC138 的输入端 A_2、A_1、A_0，则在输出端选择对应的端子，用与非门连接即可得到函数表达式的输出了。逻辑电路图如图 2-21 所示。

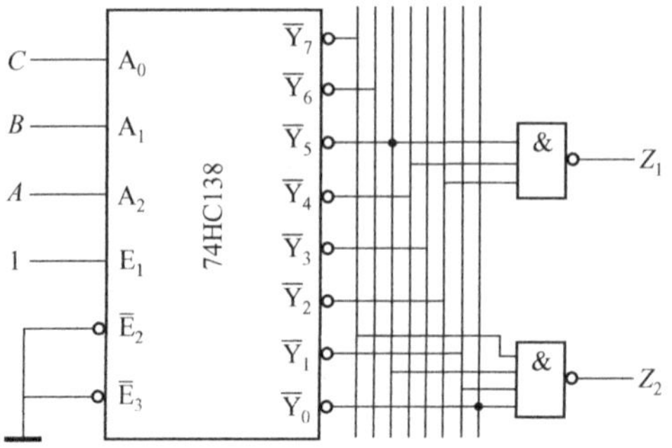

图 2-21　式（2-12）的逻辑电路图

3线—8线译码器74HC238的逻辑图和引脚图如图2-22（a）、（b）所示，其功能如表2-12所示，试分析实现式（2-12）的逻辑电路。

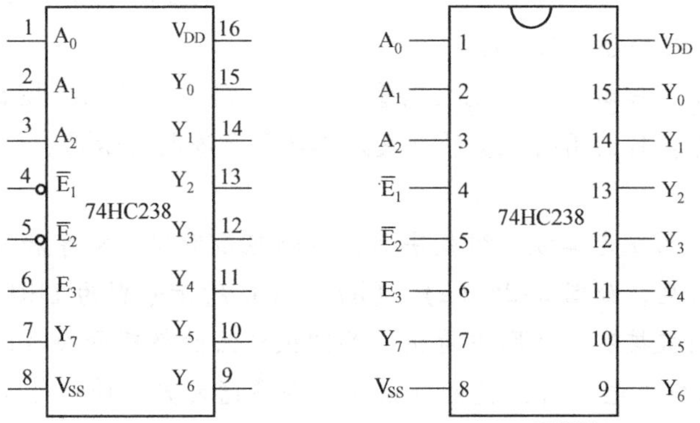

（a）逻辑图　　（b）引脚图

图2-22　3线—8线译码器74HC238的逻辑图和引脚图

表2-12　3线—8线译码器74HC238的功能

输入						输出							
$\overline{E}_1$	$\overline{E}_2$	E_3	A_0	A_1	A_2	Y_0	Y_1	Y_2	Y_3	Y_4	Y_5	Y_6	Y_7
H	×	×	×	×	×	L	L	L	L	L	L	L	L
×	H	×	×	×	×	L	L	L	L	L	L	L	L
×	×	L	×	×	×	L	L	L	L	L	L	L	L
L	L	H	L	L	L	H	L	L	L	L	L	L	L
L	L	H	H	L	L	L	H	L	L	L	L	L	L
L	L	H	L	H	L	L	L	H	L	L	L	L	L
L	L	H	H	H	L	L	L	L	H	L	L	L	L
L	L	H	L	L	H	L	L	L	L	H	L	L	L
L	L	H	H	L	H	L	L	L	L	L	H	L	L
L	L	H	L	H	H	L	L	L	L	L	L	H	L
L	L	H	H	H	H	L	L	L	L	L	L	L	H

2.3.3　显示译码器

在数字测量仪表和各种数字系统中，都需要将数字量直观地显示出来。数字显示电路是许多数字设备不可缺少的组成部分。数字显示电路通常由计数器（对脉冲个数进行计数，输出BCD码）、译码器、驱动器和显示器等部分构成，如图2-23所示。我们现在关注的是获得BCD码后，如何在显示器上实现对应的显示符号。

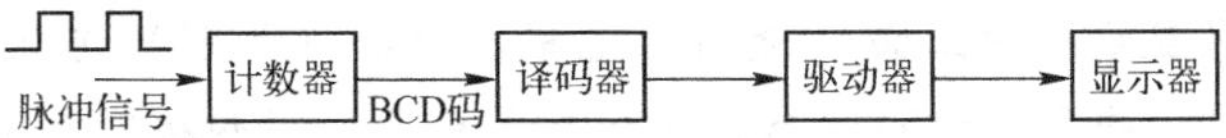

图2-23　数字显示电路的构成

字符显示器

十进制数码目前广泛采用七段字符显示器直观显示。如图2–24所示，七段字符显示器由编号分别为a、b、c、d、e、f、g的七段可发光线段组成，若需要显示小数点，则增加一段h（有些场合标为dp）。

常见的显示器有白炽灯、辉光数码管、荧光数码管、发光二极管（LED）和液晶显示器（LCD）等。目前用得较多的是发光二极管和液晶显示器。

1）LED数码管

LED数码管是用发光二极管组成字形，从而显示数字、文字和符号的。LED字型以七段显示器为常见，如图2–25（a）、（b）、（c）所示分别为LED数码管的引脚图、共阳极接法与共阴极接法。从图中看出，共阳极接法的数码管公共端应接高电平，当a、b、…、g各脚接低电平时，发光二极管才会导通发光，因此这个数码管可用输出低电平有效的译码器来驱动；共阴极接法的数码管正好相反，公共端接低电平，其余各脚接高电平，可用输出高电平有效的译码器驱动。

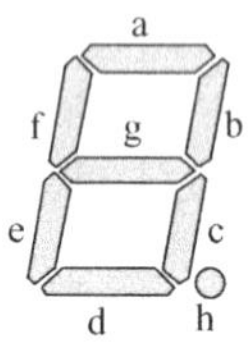

图2–24　字符显示器的段码示意图

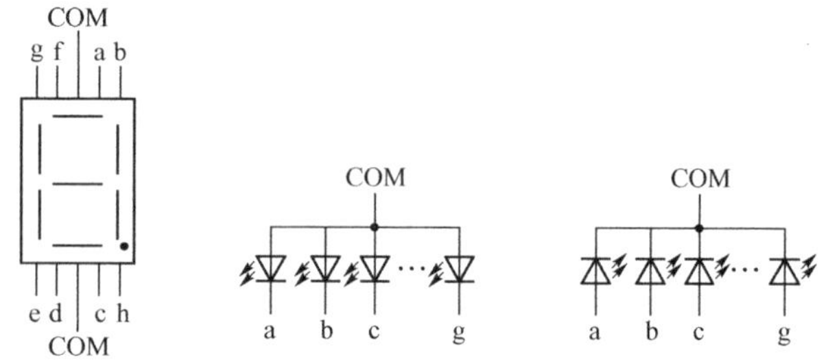

（a）引脚图　（b）共阳极接法　（c）共阴极接法

图2–25　LED数码管

LED数码管的型号繁多，常用的共阴极显示器有BS201、BS202、BS207、LC－5011、LC－5021、LC5031等；常用的共阳极显示器有BS204、BS206、LA－5011、LA－5021、LA－5031等。选用数码管时需根据译码器的类型选择正确的型号。在实际设计中，还应根据应用场合的需求选择数码管的尺寸、发光二极管的颜色及合适的限流电阻，并在绘制PCB图时关注数码管的封装。

LED数码管的主要优点是工作电压低、体积小、寿命长、响应时间短、可靠性高、亮度也较高，主要缺点是工作电流比较大。

2）液晶显示器

液晶是一种既具有液体的流动性，又具有晶体光学特性的有机化合物。它的透明度和显示的颜色受外加电场的控制，利用这一特点，人们制成了液晶显示器，也即LCD数码管。液晶显示器由正面（透明）电极和公共（反射）电极组成，如图2–26所示。不加电压时，液晶为透明状态，显示器呈白色；当两极间加交变电压时，液晶呈暗灰色。

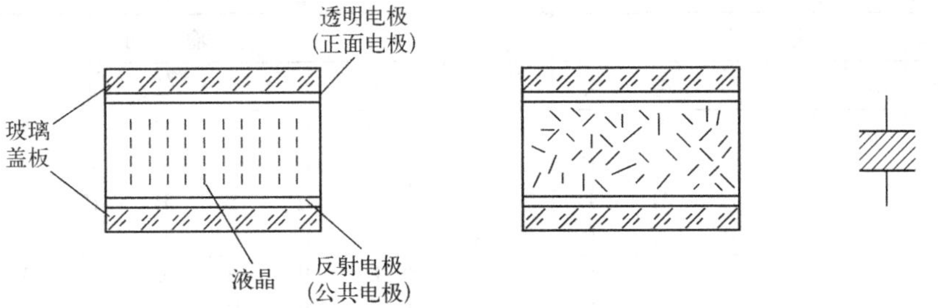

（a）未加电场时　　（b）加电场以后　　（c）符号

图 2-26　液晶显示器的结构和符号

把七段透明的正面电极排列成段码“8”字形，而背面电极呈“日”字形，就成了 LCD 数码管（液晶显示器）。给对应段码加上电压，LCD 数码管便会显示出需要的数码字形。

LCD 数码管的字形编号与 LED 数码管一致，但封装的引脚排列还需查看具体型号。

液晶显示器的最大优点是工作电压低，在 1 V 以下也能工作；功耗极小（在 1 μW/cm^2 以内），从而使它在小型计算机、便携式仪器仪表中得到了广泛应用。它的缺点是亮度较差、响应速度慢。

由于数码管数段显示的特殊结构，使得无论是编码产生的二进制信号或 BCD 码信号，还是译码器产生的输出信号，都不能直接在数码管上显示出对应的数码。为此，需要使用显示译码器将 BCD 代码译成数码管所需要的字形编码，从而驱动对应字段显示出 BCD 代码所代表的数值来。

1. LED 数码管显示译码器

LED 数码管显示译码器分驱动共阴极数码管和驱动共阳极数码管两类，常用的共阴极七段数码管显示译码器有 4513、54/74HC4511、74LS48、74LS248 等，其功能大同小异；74 系列共阳极数码管显示译码器有 7447、5447、74LS247 等。这里以 74LS48 为例来说明。

74LS48 为内部带上拉电阻的 BCD 输入四线—七段显示译码/驱动器，其逻辑图和引脚图如图 2-27（a）、（b）所示，功能如表 2-13 所示。

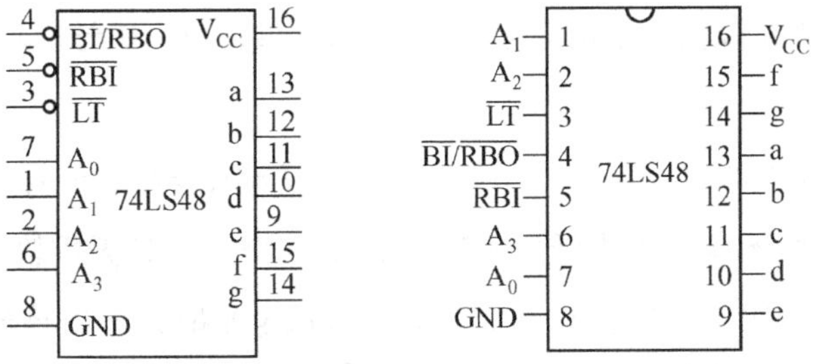

（a）逻辑图　　（b）引脚图

图 2-27　74LS48 逻辑图和引脚图

表2-13　四线—七段显示译码/驱动器74LS48的功能

十进数或功能	输入						$\overline{BI}/\overline{RBO}$	输出							字形
	$\overline{LT}$	$\overline{RBI}$	A_3	A_2	A_1	A_0		a	b	c	d	e	f	g	
0	H	H	L	L	L	L	/H	H	H	H	H	H	H	L	0
1	H	×	L	L	L	H	H	L	H	H	L	L	L	L	1
2	H	×	L	L	H	L	H	H	H	L	H	H	L	H	2
3	H	×	L	L	H	H	H	H	H	H	H	L	L	H	3
4	H	×	L	H	L	L	H	L	H	H	L	L	H	H	4
5	H	×	L	H	L	H	H	H	L	H	H	L	H	H	5
6	H	×	L	H	H	L	H	L	L	H	H	H	H	H	6
7	H	×	L	H	H	H	H	H	H	H	L	L	L	L	7
8	H	×	H	L	L	L	H	H	H	H	H	H	H	H	8
9	H	×	H	L	L	H	H	H	H	H	L	L	H	H	9
10	H	×	H	L	H	L	H	L	L	L	H	H	L	H	⊏
11	H	×	H	L	H	H	H	L	L	H	H	L	L	H	⊐
12	H	×	H	H	L	L	H	L	H	L	L	L	H	H	⊔
13	H	×	H	H	L	H	H	H	L	L	H	L	H	H	⊆
14	H	×	H	H	H	L	H	L	L	L	H	H	H	H	⊑
15	H	×	H	H	H	H	H	L	L	L	L	L	L	L	
消隐	×	×	×	×	×	×	L/	L	L	L	L	L	L	L	
灭零	H	L	L	L	L	L	/L	L	L	L	L	L	L	L	
灯测试	L	×	×	×	×	×	H/	H	H	H	H	H	H	H	8

引脚含义如下所示。

（1）A_3、A_2、A_1、A_0：BCD码输入端，高电平有效。

（2）a ～ g：字形码输出端，高电平有效。

（3）$\overline{LT}$：灯测试端，低电平有效，用于测试各码段的好坏，优先级仅次于“消隐”功能。

（4）$\overline{BI}/\overline{RBO}$：消隐输入端，低电平有效，优先级最高；/灭零输出端，低电平有效。

（5）$\overline{RBI}$：灭零输入端，低电平有效，在“消隐”、“灯测试”、“灭零”三功能中优先级最低，且$\overline{BI}/\overline{RBO}$端应做输出端用。

从功能表可以看出以下几点。

（1）消隐输入端优先级最高，当$\overline{BI}=0$时，不管其他输入状态如何，输出的a ～ g均为低电平，即无任何输出。

（2）灯测试端的优先级仅次于消隐输入端。当$\overline{BI}=1$，$\overline{LT}=0$时，a ～ g均为高电平，显示字型“8”。

（3）若灯测试端不在测试状态，即$\overline{LT}=1$时，$\overline{RBI}=0$，输入端A_3、A_2、A_1、A_0也输入低电平，此时输出的“a～ g”均为低电平，不显示字型，同时灭零输出端$\overline{RBO}$的信号也变为低电平。当$\overline{RBI}=1$，输入端A_3、A_2、A_1、A_0输入低电平时，输出将显示“0”。因此，所谓“灭零”，就是数学中高位“0”无效的概念体现，当最高位为“0”时可设置为不显示。

（4）对BCD码而言，输入端A_3、A_2、A_1、A_0为“1010 ～ 1111”时已无意义，译码显示芯片输出特定的符号。

74LS248 芯片的引脚排列、功能和电特性与 74LS48 均相同，仅在显示 6 和 9 的字型方面有差异。

> 74LS48 芯片的 4 号脚为双功能端，并且不像一些芯片用电平高低来区分不同功能，它特殊在于作为“消隐”功能时，它为输入端，作为“灭零”功能时，它为输出端，在实际应用中应考虑如何接线？

常用的译码显示芯片还有很多，每种芯片的逻辑功能都有一定差异，在使用前一定要仔细分析逻辑功能表，确定其特殊的功能，并加以利用。

2. LCD 数码管显示译码器

常用 LCD 七段数码管显示译码器有 4543、4055B、54/74HC/HCT4543 等。这些器件也可用于共阳极或共阴极 LED 七段数码管的译码显示。4543 的功能如表 2-14 所示。

表 2-14　4543 的功能

BI	$\overline{LE}$	M	$D_3D_2D_1D_0$	功能（$Y_a \sim Y_g$）
1	×	*	×	消隐
0	1	*	0000～1001	显示 0～9
0	1	*	1010～1111	不显示
0	0	*	×	锁存

其引脚含义如下所示。

（1）D_3、D_2、D_1、D_0：BCD 码输入端，高电平有效。

（2）$Y_a \sim Y_g$：字形码输出端，高电平有效。

（3）BI：消隐输入端，高电平有效。

（4）$\overline{LE}$：输出使能端，低电平有效。

（5）M：显示方式控制端。当 $M=0$ 时，用于驱动共阴极 LED 数码管，译码输出为高电平；当 $M=1$ 时，用于驱动共阳极 LED 数码管，译码输出为低电平；当用于液晶显示器时，将从 M 端加 30 ～ 200 MHz 方波，输出为反相方波，而 M 端同时与 LCD 公共电极相连，从而驱动 LCD 段码显示。

在实际的控制系统中，显示电路是系统数据处理的最后一环，其功能为把系统经过运算后获得的结果显示出来，为操作人员提供直观的印象，从而为进一步控制提供依据。显示电路从前端电路获得相应的 BCD 码后，只要适当选择译码驱动芯片和显示器，即可实现数据的显示了。

项目实施 2　血型匹配指示器电路的分析与调试

1. 实践目标

（1）理解逻辑表达式化简与电路芯片选型之间的关系。

（2）熟悉逻辑电路逻辑功能的测试方法。

（3）理解电路外包装的思路。

2. 逻辑表达式的化简

在进行组合逻辑电路的设计时，我们已经获得了血型匹配指示器各输出的逻辑关系表达式（见 2.2 节），整理如下：

$$
\begin{aligned}
Y_A &= I_A \bar{I}_B \bar{I}_{AB} \bar{I}_O + \bar{I}_A \bar{I}_B \bar{I}_{AB} I_O \\
Y_B &= \bar{I}_A I_B \bar{I}_{AB} \bar{I}_O + \bar{I}_A \bar{I}_B \bar{I}_{AB} I_O \\
Y_{AB} &= I_A \bar{I}_B \bar{I}_{AB} \bar{I}_O + \bar{I}_A I_B \bar{I}_{AB} \bar{I}_O + \bar{I}_A \bar{I}_B I_{AB} \bar{I}_O + \bar{I}_A \bar{I}_B \bar{I}_{AB} I_O \\
Y_O &= \bar{I}_A \bar{I}_B \bar{I}_{AB} I_O
\end{aligned}
\tag{2-15}
$$

若直接选择非门和与非门芯片，则式（2-15）需做如下变化：

$$Y_A = \overline{\overline{I_A \bar{I}_B \bar{I}_{AB} \bar{I}_O} \cdot \overline{\bar{I}_A \bar{I}_B \bar{I}_{AB} I_O}}$$

$$Y_B = \overline{\overline{\bar{I}_A I_B \bar{I}_{AB} \bar{I}_O} \cdot \overline{\bar{I}_A \bar{I}_B \bar{I}_{AB} I_O}}$$

$$Y_{AB} = \overline{\overline{I_A \bar{I}_B \bar{I}_{AB} \bar{I}_O} \cdot \overline{\bar{I}_A I_B \bar{I}_{AB} \bar{I}_O} \cdot \overline{\bar{I}_A \bar{I}_B I_{AB} \bar{I}_O} \cdot \overline{\bar{I}_A \bar{I}_B \bar{I}_{AB} I_O}}$$

$$Y_O = \overline{\overline{\bar{I}_A \bar{I}_B \bar{I}_{AB} I_O}}$$

整个电路需要选择一片非门芯片（74LS04）和四片双四输入与非门（74LS20）。

可以利用卡诺图对式（2－15）进行化简，因血型匹配指示器逻辑的特殊性，除 $I_A \bar{I}_B \bar{I}_{AB} \bar{I}_O$、$\bar{I}_A I_B \bar{I}_{AB} \bar{I}_O$、$\bar{I}_A \bar{I}_B I_{AB} \bar{I}_O$、$\bar{I}_A \bar{I}_B \bar{I}_{AB} I_O$ 四项外的其他最小项与输出值无关，为无关项，化简方格群后如图2-28所示。

由图2-28可得：

$$
\begin{aligned}
Y_A &= I_A + I_O \\
Y_B &= I_B + I_O \\
Y_{AB} &= 1 \\
Y_O &= I_O
\end{aligned}
\tag{2-16}
$$

式（2-16）与式（2-15）相比，是不是简单了很多？研究一下，现在还需要哪些芯片？

3. 电路设计

血型匹配指示器可选择点动按键输入信号，而输出可以选择驱动发光二极管或信号灯，输入电路与逻辑电路的连接及输出驱动电路如图2-29所示。

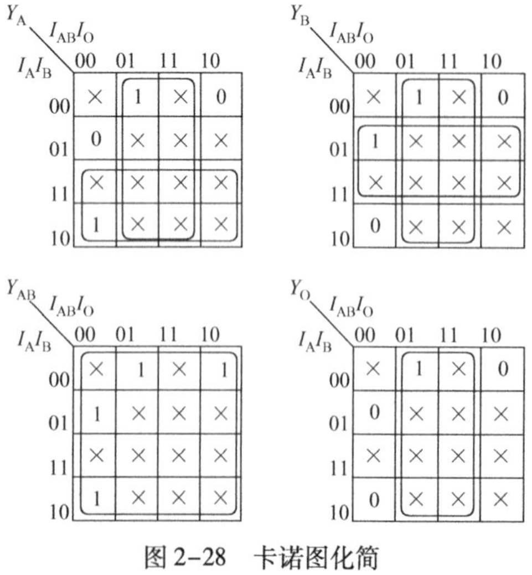

图2-28　卡诺图化简

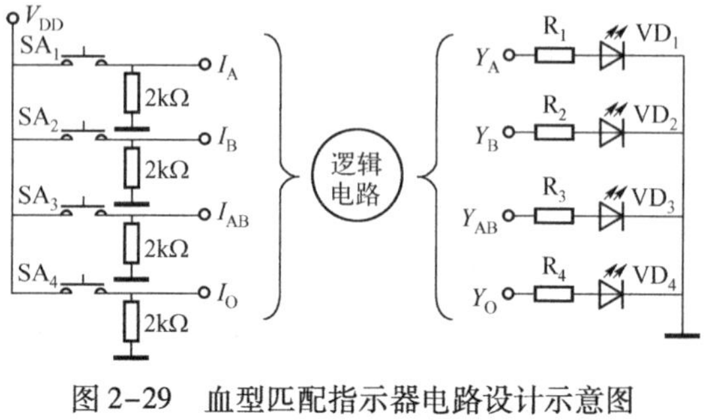

图2-29　血型匹配指示器电路设计示意图

4. 外形设计

当电路制作完成后，能够露在外面的仅有按键和发光二极管的发光部分，因此，需要考虑如何让使用者明确了解各元件的功能，并能够正确使用。想想看，应该如何设计电路的外包装面板和使用说明？

项目实施3　三位加法器电路的设计与调试

1. 实践目标

（1）理解集成组合逻辑电路芯片全加器74LS183的应用。
（2）熟练逻辑电路的接线和逻辑调试。
（3）掌握用万用表排除逻辑电路故障的基本思路。

2. 芯片功能分析

中规模集成全加器74LS183的引脚图如图2-30所示，其内部集成了两个一位全加器，全加器的功能如表2-15所示。

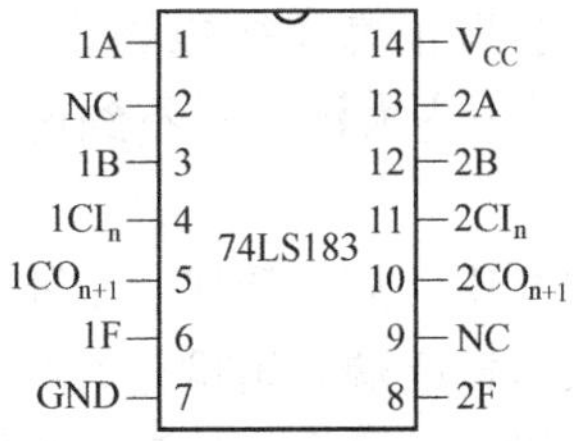

图2-30　74LS183的引脚图

表2-15　全加器的功能

输　入			输　出	
CI_n	B	A	F	CO_{n+1}
L	L	L	L	L
L	L	H	H	L
L	H	L	H	L
L	H	H	L	H
H	L	L	H	L
H	L	H	L	H
H	H	L	L	H
H	H	H	H	H

通常芯片的功能表在没有特殊说明的情况下都是按正逻辑填写的，因此，“H”表示逻辑“1”，“L”表示逻辑“0”，把它改写成真值表是不是更容易看懂？

3. 电路设计

三位加法器意味着被加数有三位，设其为$A_2A_1A_0$，其中A_2为高位；其加数也有三位，设为$B_2B_1B_0$，其中B_2为高位。三位加法器的工作示意图如图2-31所示。

全加器74LS183上已带有两个一位全加器，因此，需要利用门电路实现一位半加器的功能，即A_0和B_0相加获得和S_0与相应的进位C_0的基本逻辑，对应真值表如表2-16所示。

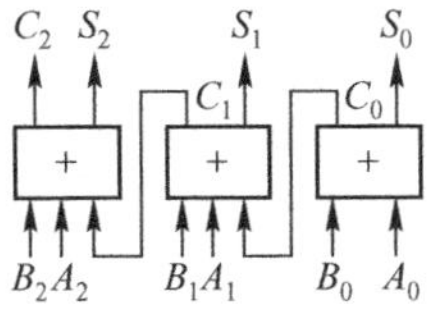

图2-31　三位加法器的工作示意图

表2-16　一位半加器的逻辑真值表

A_0	B_0	C_0	S_0
0	0	0	0
0	1	0	1
1	0	0	1
1	1	1	0

观察表2-16可直接写出输出的逻辑表达式，为：

$$S_0=\overline{A_0}B_0+A_0\overline{B_0}=A_0\oplus B_0$$

$$C_0=A_0\cdot B_0$$

选择一片与门芯片和一片异或门芯片或者用非门和与非门的组合加上全加器芯片即可实现我们需要的功能，并可画出逻辑原理图了。

如果需要进行逻辑验证，则输入电路和输出指示电路是必需的，可以仿照图2-29的输入、输出进行设计。

4. 电路调试

逻辑原理图并不等于接线图，往往看起来简单的原理在进行连线时会因为引脚的特殊位置，使导线出现跨接的问题。因此，在还没有进行电子电路布线设计的学习之前，我们需要学会在接线前根据原理图和实际选择的元器件引脚情况绘制电路接线图。在接线图中应尽可能避免跨线。大家只有多练习，才能绘出高质量的接线图来。

调试电路之前首先要确保接线的完整性和正确性，不会发生少线和接错引脚的情况。因此，应按照逻辑信号传输的顺序，仔细检查电路。注意芯片电源的极性和芯片的放置方向，这是初学者经常会遇到的问题。

接下来就可以通电测试了，如果连接了输入电路和输出指示电路，可以直接通过观察输入逻辑变化引起的输出指示状态来进行电路逻辑的验证。逻辑正确往往能够让人松一口气，但是结果却往往会出人意料：明明正确连线了，但忙得出了一头大汗也看不到输出指示！问题出在哪里？怎么检查呢？

我们要抓住一点，那就是信号在从输入向输出传输的过程中，只要任何一个环节的信号漏掉了，就会影响输出结果。因此，可以选择从输入端开始或从输出端开始检查，切忌一会儿查输入端，一会儿又去输出端看看。在带电情况下，只要没有发生电路短路情况，都可以直接用万用表的直流电压挡进行测量。以三位加法器电路为例，在测量过程中应关注以下问题：

（1）芯片（这里包括全加器芯片和门电路芯片）的电源是否全部正常；

（2）按键电路是否正常发出了高、低电平信号；

（3）门电路芯片在输入信号变化时是否如期产生了输出端逻辑变化；

（4）门电路的输出信号是否正常传送到了加法器的输入端，即检查芯片间的传输导线是否断开；

（5）如果信号到加法器的输入端都是正常的，并且输出的发光二极管在用导线加高电平点触会亮，此时嫌疑最大的就是加法器了。

项目实施4 叫号显示器电路的设计、制作与调试

1. 实践目标

（1）掌握集成组合逻辑电路芯片编码器和译码器的应用。

（2）掌握电路接线图绘制的基本方法。

（3）练习电路焊接的基本技能。

（4）掌握用万用表进行电路不带电和带电状态检查的方法。

（5）掌握编写简单的电路设计说明书的基本方法。

2. 电路设计

叫号显示器的工作示意图已经在图 2-3 中看到了，通过对集成组合逻辑电路芯片的学习，我们了解到要想使数码管获得相应的数字显示，需要在其前端连接译码显示芯片，而译码显示芯片的输入信号为二进制信号，如果电子产品需要使用者都掌握二进制编码，那么如此下去，人人都被培养成专家了。我们在设计产品的过程中应从日常使用方式出发，也就是说为每个号码提供一个按键，这样使用者只需要按下按键就可以获得对应的二进制编码了。这就是编码器的基本功能！你现在对需要选择的集成芯片类型有没有想法了？其实，实际电路的设计就是按键、编码、译码、显示的基本过程。

有一点需要注意，在数字信号处理的过程中，往往“0”是传输信号状态的一个，但是生活中从来不会说“请第 0 号……”，因此，在设计过程中需要把“0”屏蔽掉，不显示出来。仔细研究一下芯片功能，这是很容易做到的。

如果感觉自己设计电路有难度，到“课外阅读 10　叫号显示电路的设计思路”里去看看吧。

3. 电路制作

（1）电路制作的第一步是根据元器件引脚特性绘制电路接线图。大家看到的引脚图都是从芯片的背面往下看的俯视图，实际连接据此绘制的电路接线图时就要有一双能“透视”的眼睛了，因为我们需要从图纸的背面透过图纸看接线。一开始大家使用的都是单面板，即元件放在印制板的一面，而导线连接在另一面。因此，如果可以，尽量尝试着反过来画一张接线图。

（2）电路焊接需要掌握基本的焊接方法，如果从来没有使用过电烙铁，请阅读“课外阅读 8　电路焊接的基本方法”部分。

（3）在还没有学习“直流电源的制作”之前，我们所制作的电路所需要的电源均来自实训平台，因此，我们需要在电路板上焊接连接电源插头用的插座。同时，为了避免电路通电后被工具等短路，需要把电路板四个角钻孔后用支撑脚撑起来。

（4）电路焊接好之后，首先要用万用表的欧姆挡检查线路是否有短路情况，电源连接是否正确，按键按下后是否有短路情况，然后才能通电检测。

（5）通电调试时大多选择从输入端开始检查。在这个电路中，很多人会不小心把七个输入按键全部连在一起，这意味着一个按键按下去，七个端子都有输入信号了，电路怎么能够智能地判断出故障所在呢？自然显示就会出错了。同样，因为第一次焊接时，虚焊点是极多的，学生除了应加强练习焊接技能外，“耐心”在检查电路的过程中也是非常重要的。如果半途而废将意味着永远无法知道自己的问题在哪里。

（6）电路调试完成后，总结一下关于这个电路你所了解的、所学到的东西吧！说明书的具体要求请阅读“课外阅读 12　设计说明书的写作”。

思考与练习题 2

一、填空题

1. 一个班级有 64 名学生，现采用二进制编码器对每位学生进行编码，则编码器输出至少需要 ________ 位才能满足要求。

2. 一般编码器有 n 个输入端，m 个输出端，若输入低电平有效，则在任意时刻，只有 ________ 个输入端为 0，________ 个输入端为 1。

3. 译码器有多个输入端和多个输出端，每输入一组二进制代码，只有 ________ 个输出端有效；n 个输入端最多可有 ________ 个输出端。

4. 使用共阴极接法的 LED 数码管时，“COM” 端应接 ________，a ～ g 应接输出 ________ 有效的显示译码器；使用共阳极接法的 LED 数码管时，“COM” 端应接 ________，a ～ g应接输出 ________ 有效的显示译码器，这样才能显示 0 ～ 9 十个数字。

二、选择题

5. 组合逻辑电路的特点是：电路在任一时刻的输出信号稳态值由（　　）决定，与（　　）无关，属于（　　）记忆逻辑电路。

A. 该时刻电路输入信号　　B. 信号输入前电路原状态

C. 该时刻前电路输出信号　　D. 有

E. 非

6. 在下列逻辑电路中，不是组合逻辑电路的有（　　）。

A. 译码器　　B. 编码器　　C. 全加器　　D. 寄存器

7. 某译码电路需要有四种不同的输出状态，那么输入信号至少应有（　　）。

A. 2 个　　B. 4 个　　C. 3 个　　D. 5 个

8. 如图 2.32 所示逻辑电路的逻辑表达式为（　　）。

A. $P=\overline{\overline{AB}AB}$　　B. $P=\overline{\overline{\overline{A}B}\,\overline{A\overline{B}}}$　　C. $P=\overline{A\,\overline{B}\,\overline{A}B}$　　D. $P=\overline{\overline{A\,\overline{B}}\,\overline{\overline{A}B}}$

9. 组合逻辑电路设计的结果一般是要得到（　　）。

A. 逻辑电路图　　B. 电路的逻辑功能　　C. 电路的真值表　　D. 逻辑函数式

10. 分析图 2.33 所示电路的逻辑功能应为（设输出 $Y=1$ 有效）（　　）。（提示：列出逻辑表达式，填入真值表）

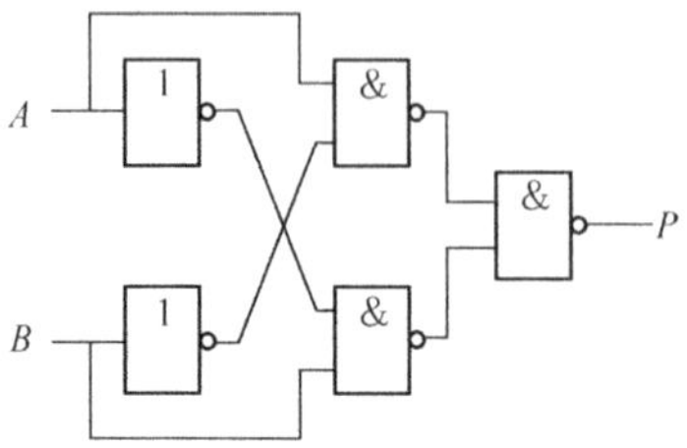

图 2.32

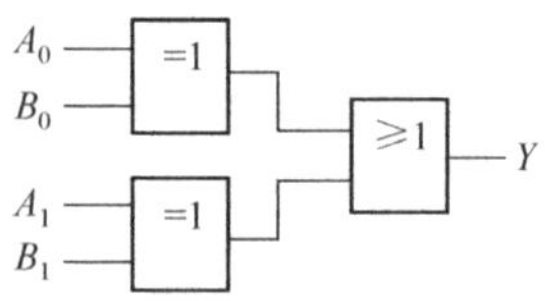

图 2.33

A. 两个两位二进制数相加的和　　B. 两个两位二进制数相减的差

C. 两个两位二进制数不同判断　　D. 两个两位二进制数相同判断

11. 在 8 线—3 线优先编码器 74HC148 的输入端加入如图 2.34 所示信号时，输出端 $\overline{A}_2$、$\overline{A}_1$、$\overline{A}_0$、$\overline{GS}$ 和 $\overline{EO}$ 的信号分别为（　　）。

A. 01001　　B. 01101　　C. 01010　　D. 01110

12. 全加器的输入端有加数、被加数和（　　）。

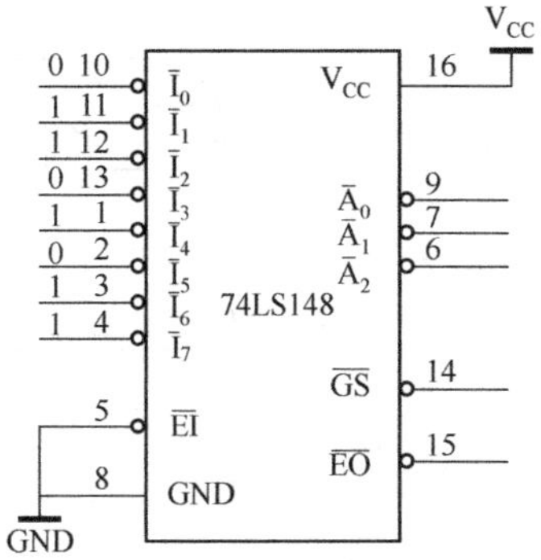

图2.34

A. 低位和　　　　　　　B. 本位和

C. 低位向本位的进位　D. 本位向高位的进位

13. 输入高电平有效、输出高电平有效的3线—8线译码器在 $A_0A_1A_2$ 端输入110时，输出端 Y_6 为（　　）。

A. 0　　　B. 1　　　C. 2　　　D. 3

14. 显示译码器的输出端abcdefg为1111001，要驱动共阴极接法的数码管，则数码管会显示（　　）。

A. H　　　B. 1　　　C. 2　　　D. 3

三、判断题

15. 组合电路没有记忆功能。（　　）

16. 竞争冒险现象是可以消除的。（　　）

17. 半加器与全加器的主要区别为是否考虑来自低位的进位。（　　）

18. 组合逻辑电路是由逻辑门电路组成的，没有记忆单元，没有从输出到输入端的反馈回路。（　　）

19. 当使能端 $E_1=1$、$\overline{E}_2=\overline{E}_3=0$ 时，74LS138（3线－8线译码器）处于译码工作状态。（　　）

20. 为了防止二极管过流而损坏，使用LED数码管时，在每个二极管支路中应串接100 Ω左右的限流电阻。（　　）

21. 只用七段笔画就可以显示出十进制数中的任意一个数字。（　　）

22. 优先编码器的编码信号是互相排斥的，不允许多个编码信号同时有效。（　　）

23. 液晶显示器可以在完全黑暗的工作环境中使用。（　　）

24. 二进制译码器相当于一个最小项发生器，便于实现组合逻辑电路。（　　）

四、应用题

25. 试分析图2-35中各逻辑电路的逻辑功能。

26. 试根据如图2-36所示波形确定逻辑函数关系。

27. 分析如图2-37所示逻辑电路，完成以下任务：

（1）列真值表；（2）写出逻辑表达式；（3）分析说明其逻辑功能。

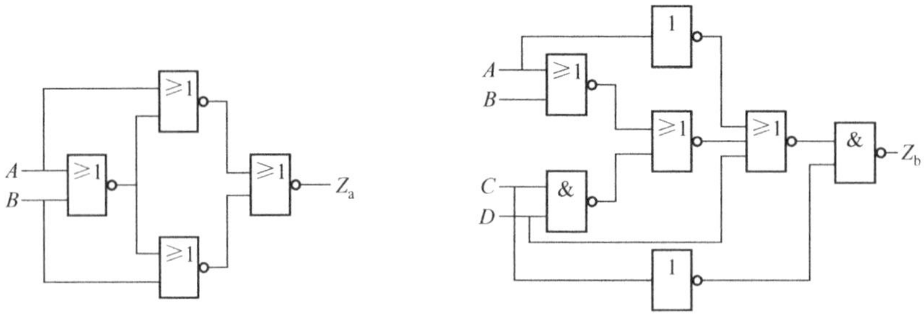

（a）　　　　（b）

图 2-35

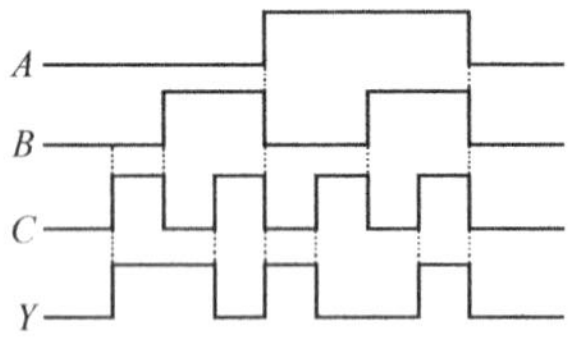

图 2-36

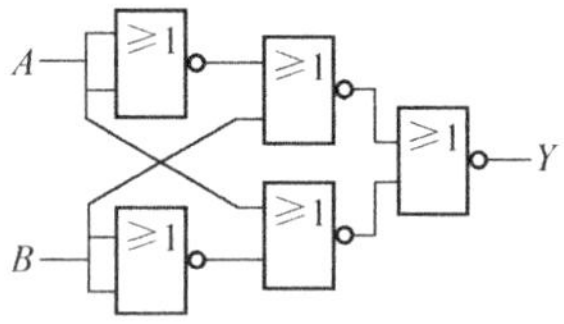

图 2-37

28. 有一组合逻辑电路如图 2-38（a）所示，其输入信号 A、B 的波形如图 2-38（b）所示。要求：

（1）写出逻辑表达式并化简；

（2）列出真值表；

（3）画出输出波形；

（4）描述该电路的逻辑功能。

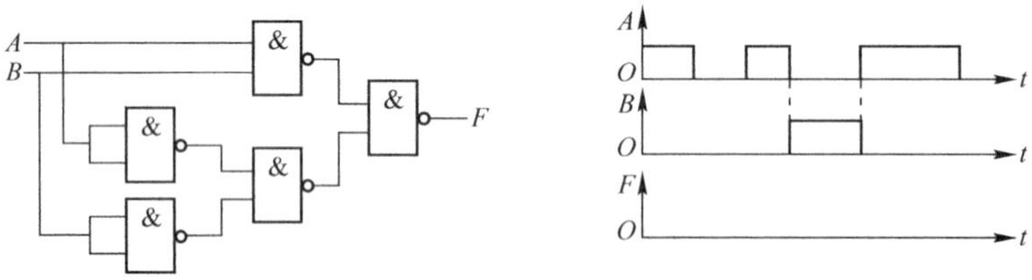

（a）　　　　（b）

图 2-38

29. 分析图 2-39 电路的逻辑功能，写出逻辑函数式，列出真值表，指出电路完成什么逻辑功能。

30. 在如图 2-40 所示电路中，C_1 和 C_2 为使能端，试分析在 C_1 和 C_2 的不同组合下电路都具备什么样的逻辑功能。

31. 一个三变量奇偶检测电路，当三变量中有偶数个 1 时输出为 1，否则输出为 0。试分析、绘制逻辑电路来实现其功能。

32. 试用门电路设计一个两位二进制数相乘的乘法电路，要求：

（1）列出真值表；

（2）分析求解逻辑函数表达式；

（3）画出逻辑电路图。

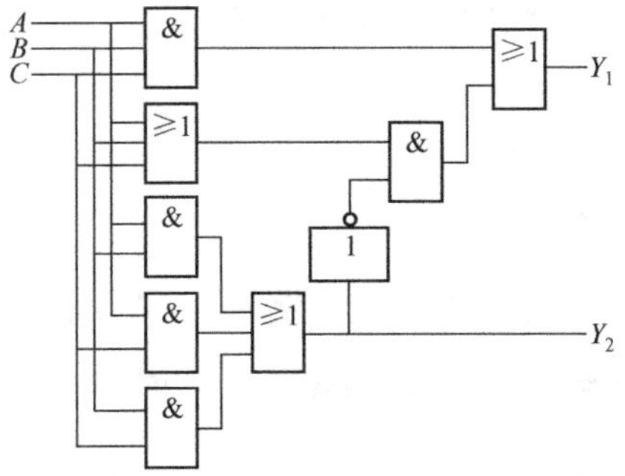

图2-39

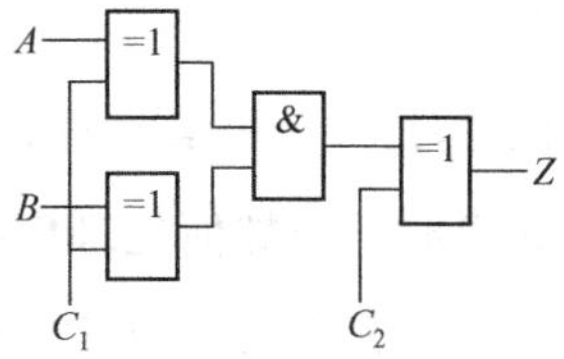

图2-40

33. 请选用3线—8线译码器和少量门器件实现逻辑函数 $F(C,B,A) = \sum m(0,3,6,7)$ 功能。

34. 试用3线—8线译码器74LS138和少量门电路实现如下多输出逻辑函数功能。

$$Z_1 = AC$$

$$Z_2 = \overline{A}\,\overline{B}C + A\,\overline{B}\,\overline{C} + BC$$

$$Z_3 = \overline{B}\,\overline{C} + AB\,\overline{C}$$

35. BCD七段译码/驱动器74LS247的逻辑功能如表2-17所示，仔细分析并回答下列问题。

表2-17 74LS247逻辑功能

十进制数或功能	输入						$\overline{BI}/\overline{RBO}$	输出							字形
	$\overline{LT}$	$\overline{RBI}$	A_3	A_2	A_1	A_0		$\overline{Y_a}$	$\overline{Y_b}$	$\overline{Y_c}$	$\overline{Y_d}$	$\overline{Y_e}$	$\overline{Y_f}$	$\overline{Y_g}$	
0	1	1	0	0	0	0	1	0	0	0	0	0	0	1	
1	1	×	0	0	0	1	1	1	0	0	1	1	1	1	
2	1	×	0	0	1	0	1	0	0	1	0	0	1	0	
3	1	×	0	0	1	1	1	0	0	0	0	1	1	0	
4	1	×	0	1	0	0	1	1	0	0	1	1	0	0	
5	1	×	0	1	0	1	1	0	1	0	0	1	0	0	
6	1	×	0	1	1	0	1	0	1	0	0	0	0	0	
7	1	×	0	1	1	1	1	0	0	0	1	1	1	1	
8	1	×	1	0	0	0	1	0	0	0	0	0	0	0	
9	1	×	1	0	0	1	1	0	0	0	0	1	0	0	
10	1	×	1	0	1	0	1	1	1	1	0	0	1	0	
11	1	×	1	0	1	1	1	1	1	0	0	1	1	0	
12	1	×	1	1	0	0	1	1	0	1	1	1	0	0	
13	1	×	1	1	0	1	1	0	1	1	0	0	0	0	
14	1	×	1	1	1	0	1	1	1	1	0	0	0	0	
15	1	×	1	1	1	1	1	1	1	1	1	1	1	1	
消隐	×	×	×	×	×	×	0	1	1	1	1	1	1	1	
灭零	1	0	0	0	0	0	0	1	1	1	1	1	1	1	
试灯	0	×	×	×	×	×	1	0	0	0	0	0	0	0	

（1）要 a ～ g 某一段点亮时，相应的 Y_a～ Y_g端应输出什么电平？

（2）按照输出状态填写表中的“字形”栏。

（3）* 74LS247 是否有拒伪码能力？

（4）正常显示时，$\overline{LT}$、$\overline{BI}/\overline{RBO}$端分别为什么电平？

（5）要试灯时，希望七段全亮，应如何处理$\overline{LT}$端？对数据输入端 A_0 ～ A_3 端有什么要求？

（6）要灭零时，应如何处理$\overline{RBI}$端？当$\overline{RBI}=0$，但输入数据不为 0 时，七段字码显示器是否正常显示？当灭零时，$\overline{BI}/\overline{RBO}$端输出什么电平？

（7）74LS247 适合与哪一类显示器配合使用（共阳极还是共阴极）？

36. 试写出如图 2-41 所示电路的输出函数 Z_1 和 Z_2 的逻辑函数表达式。

37. 由 3 线—8 线译码器 74LS138 所组成的电路如图 2-42 所示，试写出该电路的输出逻辑表达式，并列出真值表。

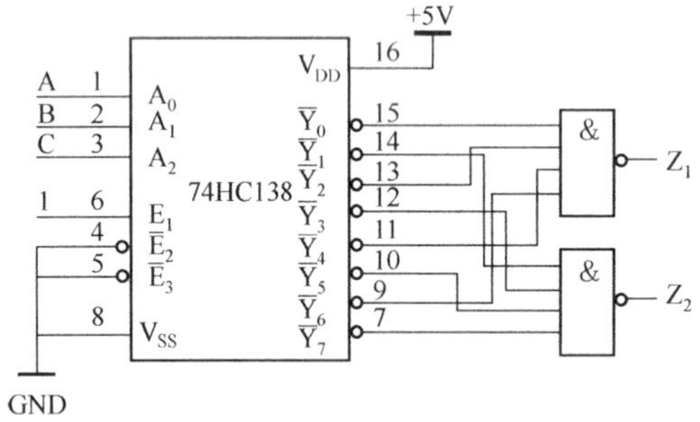

图 2-41

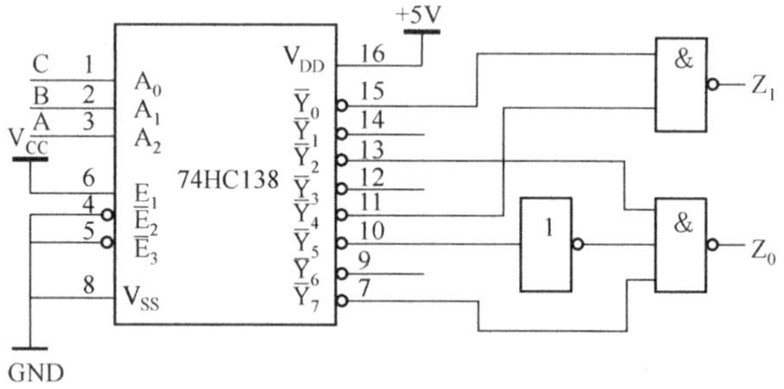

图 2-42

38*. 试判断如图 2-43 所示的两个组合逻辑电路是否存在竞争—冒险现象？

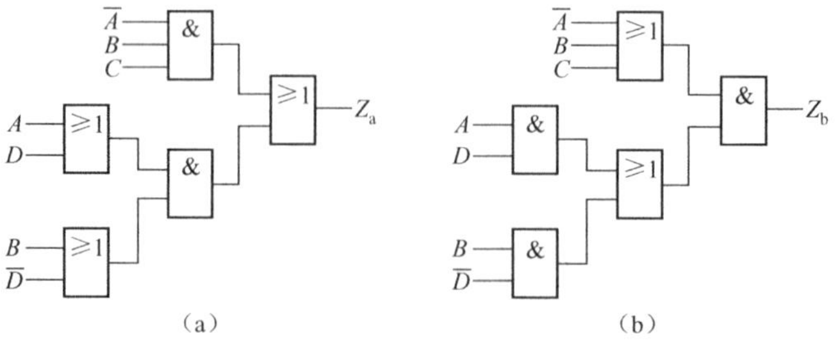

图 2-43

39. 试设计一个路灯控制逻辑电路，要求在 4 个不同的地方都能独立地控制路灯的开关。

40. 某个车间有红、黄两个故障指示灯，用来表示 3 台设备的工作情况。如一台设备出现故障，则黄灯亮；如两台设备出现故障，则红灯亮；如三台设备同时出现故障，则红灯和黄灯都亮。试用与非门和异或门设计一个能实现此功能的逻辑电路。

（1）列出真值表；　　　　（2）写出逻辑表达式；

（3）根据表达式特点化简；　　（4）根据最简函数表达式画出逻辑图。

41. 设计一个3输入（I_0、I_1、I_2）、3输出（L_0、L_1、L_2）的信号排队电路。它的功能是：当输入I_0为1时，无论I_1和I_2为1还是0，输出L_0为1，L_1和L_2为0；当I_0为0且I_1为1时，无论I_2为1还是0，输出L_1为1，其余两个输出为0；当I_2为1且I_0和I_1均为0时，输出L_2为1，其余两个输出为0。如I_0、I_1、I_2均为0，则L_0、L_1、L_2也均为0。

（1）列出真值表；　　（2）写出逻辑函数表达式；

（3）将表达式化成与非式；　　（4）根据与非式画出逻辑图。

42. 在举重比赛中有A、B、C三名裁判，A为主裁判，当两名以上裁判（必须包括主裁判）认为运动员上举杠铃合格时，按动按钮可发出裁决合格信号，请设计该逻辑电路。

43. 如图2-44所示电路中，若地址输入端$A_2A_1A_0$连续地输入000～111代码，问发光二极管将如何指示？若发现仅与1、3、5、7相连的发光二极管发亮，其余的发光二极管均不亮，试问这是什么原因造成的？设74LS138和发光二极管均是质量好的。

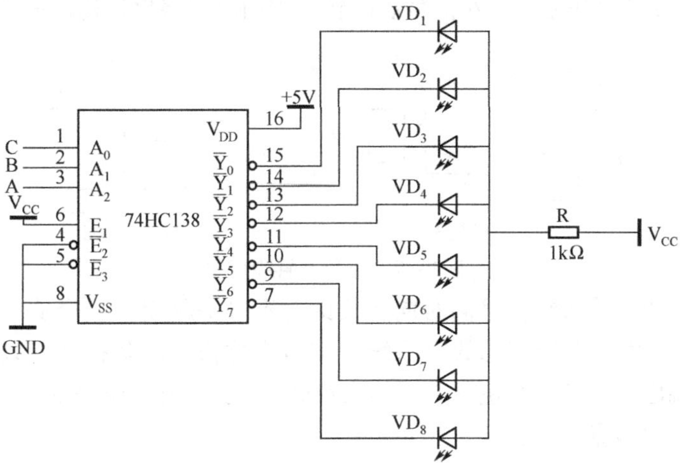

图2-44

44*. 电路如图2-45所示，DM54153是双四选一数据选择器，试写出输出端Z的最简与或式。

45*. 试用图2-46所示八选一数据选择器74LS151产生逻辑函数$Z = AB\overline{C} + \overline{A}BC + \overline{A}B$。

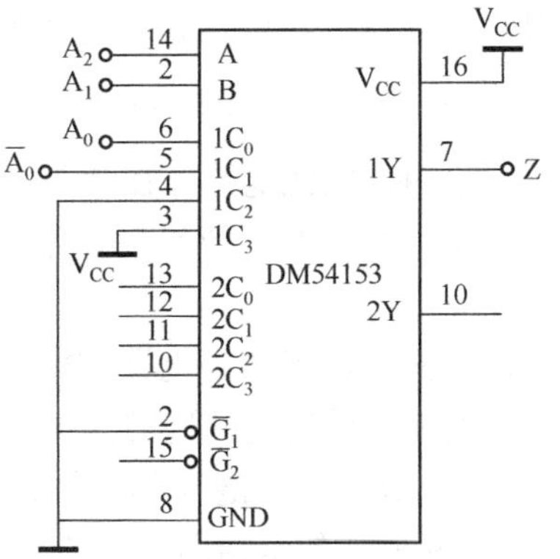

图2-45

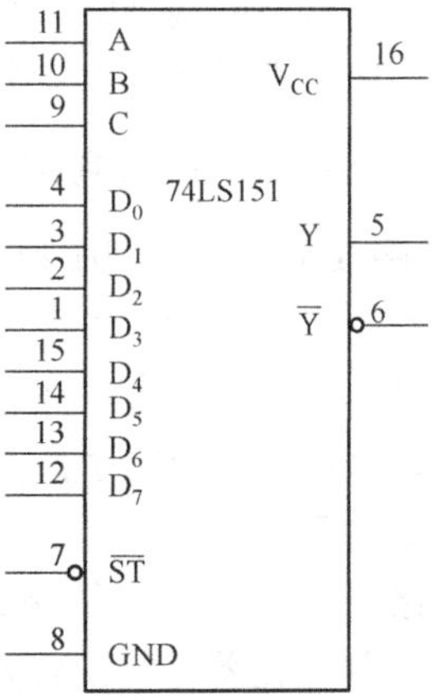

图2-46

课外阅读7　竞争—冒险现象

由于信号转换瞬间电路传递信号的速度（平均传输延迟时间）的影响，有些电路往往会在瞬间变化时产生违反常规逻辑的干扰输出（电压毛刺），甚至会造成系统中的某些环节误动作，从而产生错误的结果。图2-47清晰说明了门电路出现竞争—冒险现象的原因。在如图2-47（a）所示的逻辑电路中，输入端同时输入信号 a、b、c、d，通过两路逻辑电路运算后输出，当信号到达输入端与门时，A 段信号和 B 段信号将会由于前级电路不同产生不同的延迟。若某一瞬间正常逻辑运算 A 信号应由高电平变低电平，而 B 信号应由低电平变高电平，由于电路延迟，A 信号翻转滞后 B 信号发生，则输出 Y 端将会出现如图2-47（b）所示的瞬态尖脉冲。这种违背稳态逻辑关系的瞬态尖脉冲又称电压毛刺或噪声。如果前级电路延迟效果正好相反，A 信号先翻转，B 信号后翻转，则门电路将出现稳定的输出 Y。

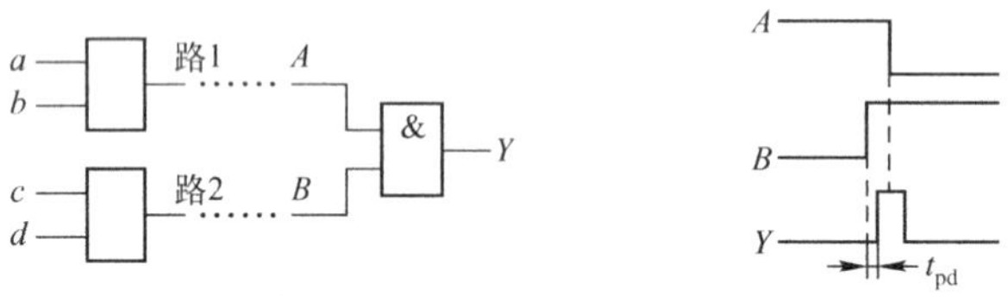

（a）逻辑电路　　（b）波形图

图2-47　竞争—冒险现象

我们把门电路两个输入端信号同时向相反的逻辑电平跳变（一个从0跳1，另一个从1跳0）的现象叫做竞争。由于实际数字系统中信号变化快慢的随机性，只要存在竞争现象，就有可能在输出端出现违背正常逻辑关系的尖峰脉冲。这种由于竞争而在电路输出端可能出现尖峰脉冲的现象叫做竞争—冒险。

1. 竞争—冒险的识别方法

（1）代数法判断：在输入逻辑变量每次只有一个改变状态的简单情况下，可通过函数式来判断电路是否存在竞争—冒险。

假如输出端门电路的两个输入是 A 和 $\overline{A}$ 经过不同门电路的传输延迟时间，那么当变量 A 的状态突变时，输出端必然存在竞争—冒险，因此，只要输出函数在一定条件下能出现 $Y=A+\overline{A}$ 或 $Y=A\cdot\overline{A}$ 的形式，就可判定该电路存在竞争—冒险。如图2-48所示，当电路中的 $B=C=1$ 时，电路处于稳态，则函数 $Y_a=AB+\overline{A}C=A+\overline{A}$，因此电路存在竞争—冒险。

（2）用实验的方法判断：可在电路输入端加入所有可能发生的状态变化的波形，观察输出端是否有尖峰脉冲，这个方法比较直观可靠。

（3）使用计算机辅助分析手段判断：通过在计算机上运行数字电路的模拟程序，能够迅速查出电路是否由于竞争—冒险而输出尖峰脉冲。目前可供选用的这类程序已有很多。

（4）用卡诺图法判断：凡是函数卡诺图中存在相切而不相链（相交）的包围圈（方格群）的逻辑函数都存在着竞争—冒险现象。如图2-49所示的卡诺图是与图2-48中的逻辑电路对应的。可以看到，卡诺图中存在相切而不相交的方格群。

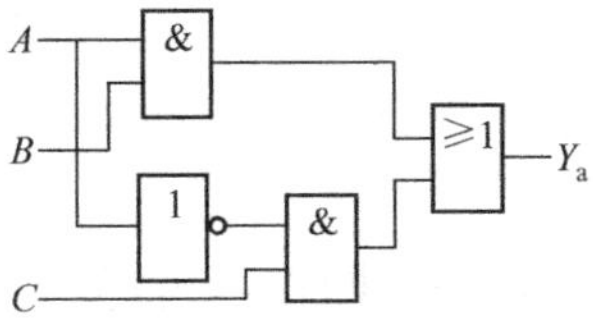

图 2-48　竞争—冒险的判断

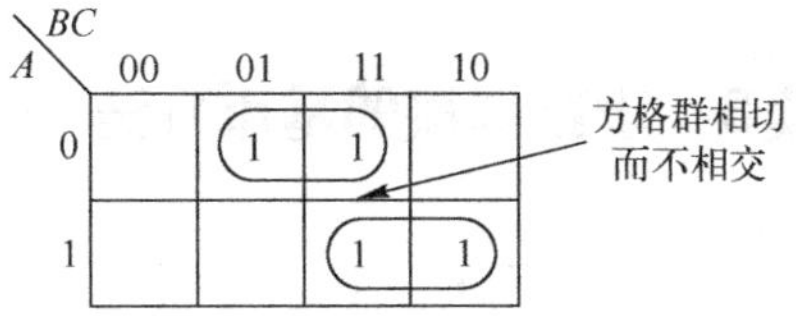

图 2-49　图 2-48 的卡诺图

2. 消除竞争—冒险的方法

(1) 引入封锁脉冲：在输入信号状态转换的时间内，把可能产生尖峰脉冲输出的门封锁。如图 2-50（a）中的负脉冲 P_1 就是这样的封锁脉冲。封锁脉冲要与输入信号的状态转换同步，其脉宽要大于电路的状态转换时间。

(2) 引入选通脉冲：如图 2-50（a）中的 P_2，当信号进入稳态时，在选通脉冲高电平期间它可使门电路有正常的输出。

(3) 接滤波电容：因为尖峰脉冲一般很窄（几十纳秒数量级），所以在门的输出端并接一只几百皮法的电容，就可把尖峰脉冲的幅度削弱至门电路的阈值电压以下，如图 2-50（a）中的 C_f。

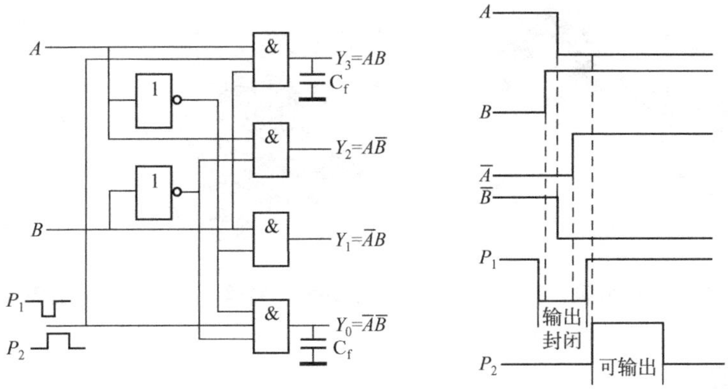

（a）电路　　（b）波形

图 2-50　消除竞争—冒险的几种方法

(4) 修改逻辑设计：对于如图 2-48 所示的电路，若给函数式 $Y=AB+\overline{A}C$ 增加冗余项 BC，变换为 $Y=AB+\overline{A}C+BC$，那么当 $B=C=1$ 时，无论 A 如何改变，Y 将始终为 1，不会因 A 的变化引起竞争—冒险。这一方法反映在卡诺图中，就是将原来相切的两个方格群用一个多余的方格群链起来，如图 2-51 所示。

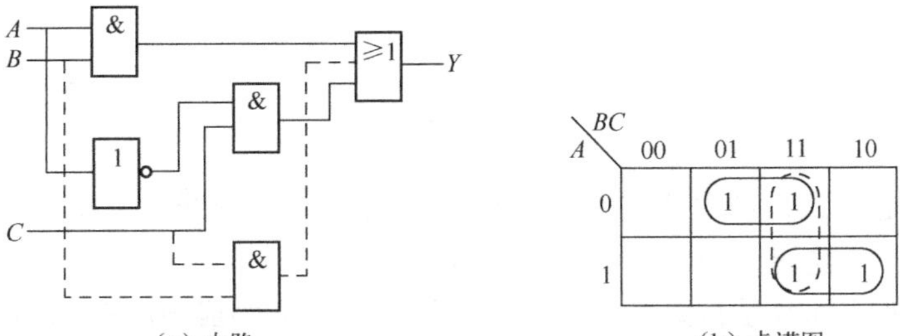

（a）电路　　（b）卡诺图

图 2-51　逻辑设计修改

课外阅读8　电路焊接的基本方法

电烙铁是焊接中最常用的工具，如图2-52所示，电烙铁的作用是把电能转换成热能对焊接点部位进行加热，焊接是否成功在很大程度上要看对它的操控怎么样。一般来说，电烙铁的功率越大，热量越大，烙铁头的温度也越高。电子电路焊接常选用20 W的内热式电烙铁，因为其使用功率过大容易烧坏元件，一般二极管、三极管在结点温度超过200℃后就会烧坏。值得注意的是在焊接时，时间不能太长也不能太短，时间过长容易损坏被焊元件，而时间太短则焊锡不能充分熔化，会造成焊点不光滑不牢固，还可能产生虚焊。一般最恰当的是在1.5～4 s内完成焊接。

焊接电路少不了焊料，焊料是一种易熔金属，最常用的是锡丝，如图2-53所示。焊料的作用是使元件引脚与印制电路板的连接点连接在一起，焊料的选择对焊接质量有很大的影响。助焊剂能使焊锡和元件更好地焊接，一般采用得最多的是松香，如图2-54所示。目前很多焊锡中已含松香，可以直接进行焊接。

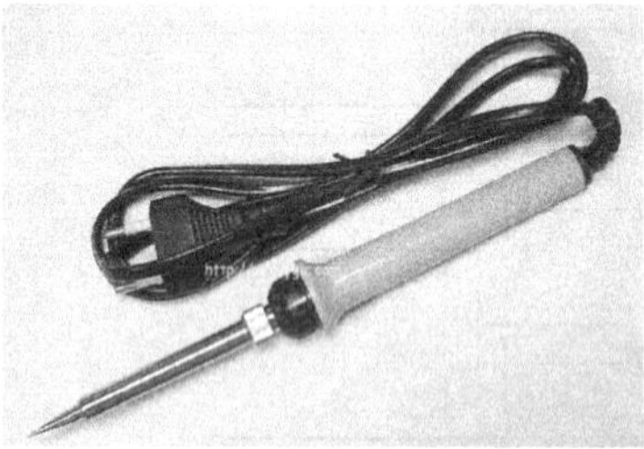

图2-52　电烙铁

图2-53　锡丝

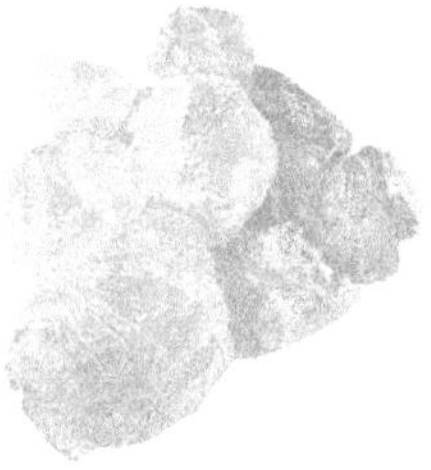

图2-54　松香

1. 焊接过程

焊接过程如图2-55所示，基本步骤如下。

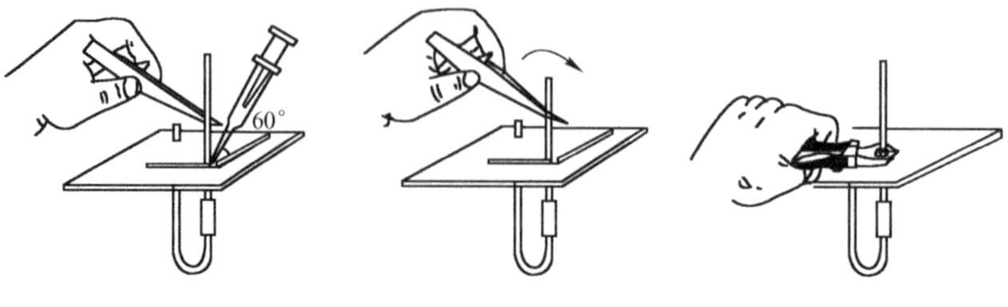

图2-55　焊接过程

（1）右手持电烙铁，左手用尖嘴钳或镊子夹持元件或导线。焊接前，电烙铁要充分预热。烙铁头刃面上要吃锡，即带上一定量焊锡。

（2）将烙铁头刃面紧贴在焊点处，电烙铁与水平面大约成60°角，以便于熔化的锡从烙铁头上流到焊点上。烙铁头在焊点处停留的时间控制在2～3 s。

（3）抬开烙铁头，左手仍持元件不动，待焊点处的锡冷却凝固后，方可松开左手。

（4）用镊子转动引线，确认不松动后再用斜口钳剪去多余的引线。

2. 焊接质量

进行焊接时，要保证每个焊点焊接牢固、接触良好，即要保证焊接质量。焊接质量的检查如图2-56所示。

如图2-56（a）所示为锡点光亮，圆滑而无毛刺，锡量适中。

锡和被焊物应融合牢固，不应有虚焊和假焊。虚焊是指焊点处只有少量锡焊住，造成接触不良，时通时断。假焊是指表面上好像焊住了，但实际上并没有焊上，有时用手一拔，引线就可以从焊点中拔出。

焊接电路板时，一定要控制好时间。时间太长时，电路板将被烧焦，或造成铜箔脱落。从电路板上拆卸元件时，可将电烙铁头贴在焊点上，待焊点上的锡熔化后，再将元件拔出。

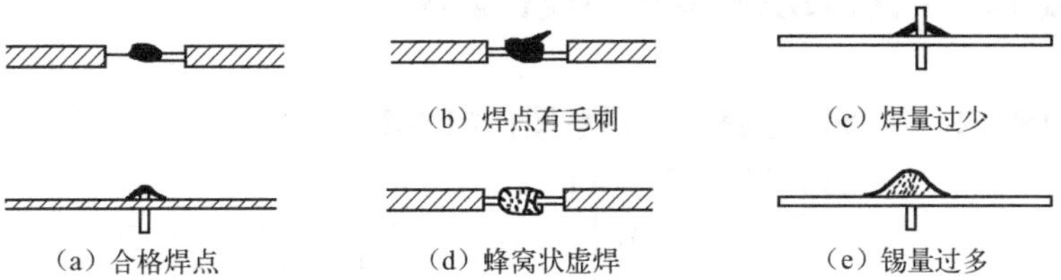

图2-56 焊接质量的检查

课外阅读9 数据选择器（MUX）

在多路数据传送过程中，能够根据需要将其中任意一路选出来的电路，就叫做数据选择器，也称多路选择器或多路开关，有2选1、4选1、8选1和16选1等类型。如图2-57所示为4选1数据选择器原理示意图。若给 A_1A_0 送入信号“10”，其二进制编码对应“2”，也就相当于选通了 D_2 这个输入端，这时输出 Y 送出的就是 D_2 端信号。实际上，输出逻辑表达式为：

$$Y = \overline{A}_1\overline{A}_0D_0 + \overline{A}_1A_0D_1 + A_1\overline{A}_0D_2 + A_1A_0D_3。$$

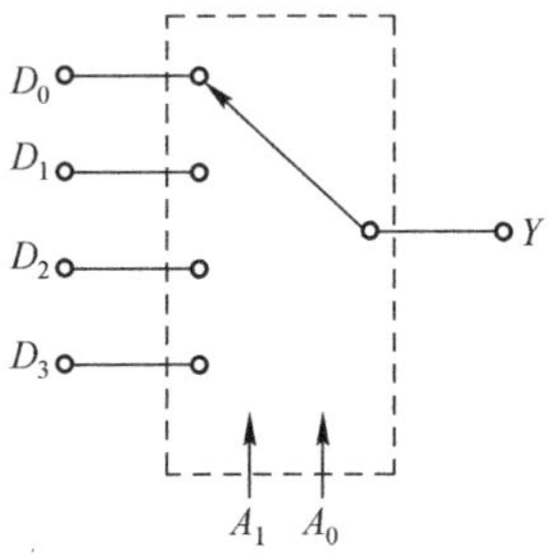

图2-57 4选1数据选择器原理示意图

如图2-58所示为4选1数据选择器DM54153的逻辑图，该芯片只有一组选择输入端A、B，利用 $\overline{G}_1$、$\overline{G}_2$ 两个选通端分别控制了两组数据输入端和输出端的选择效果。若有函数 $Z = AB\overline{C} + \overline{A}BC$，选择1组数据选择器进行电路设计，可绘制原理图如图2-59所示。[6]

注[6]：集成组合逻辑芯片的种类繁多，只要理解了逻辑功能，就能灵活应用。

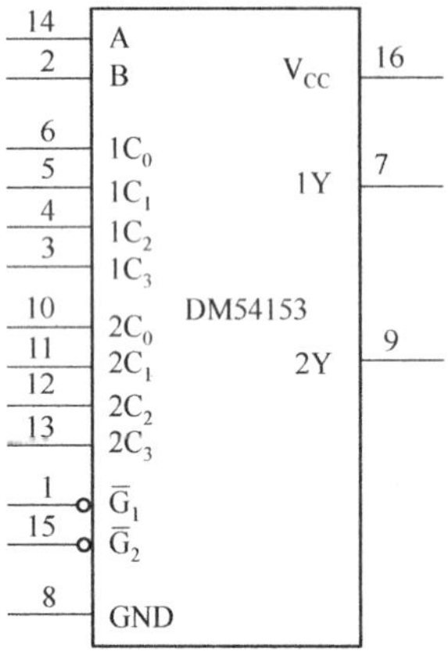

图2-58　4选1数据选择器DM54153逻辑图

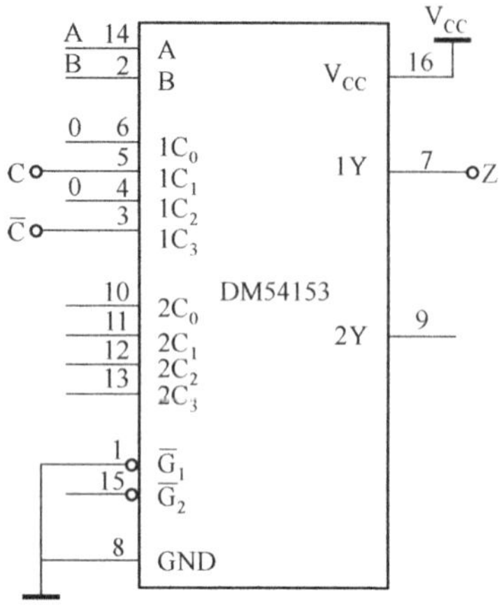

图2-59　用数据选择器实现组合逻辑函数

课外阅读10　叫号显示器电路的设计思路

方案1：CD4532＋74LS48电路设计示意图，如图2-60所示。

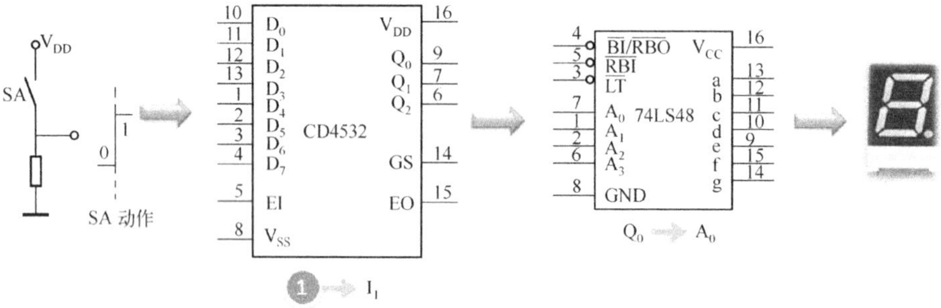

图2-60　“CD4532＋74LS48”电路设计

方案2：74LS148＋非门＋74LS48电路设计示意图，如图2-61所示。

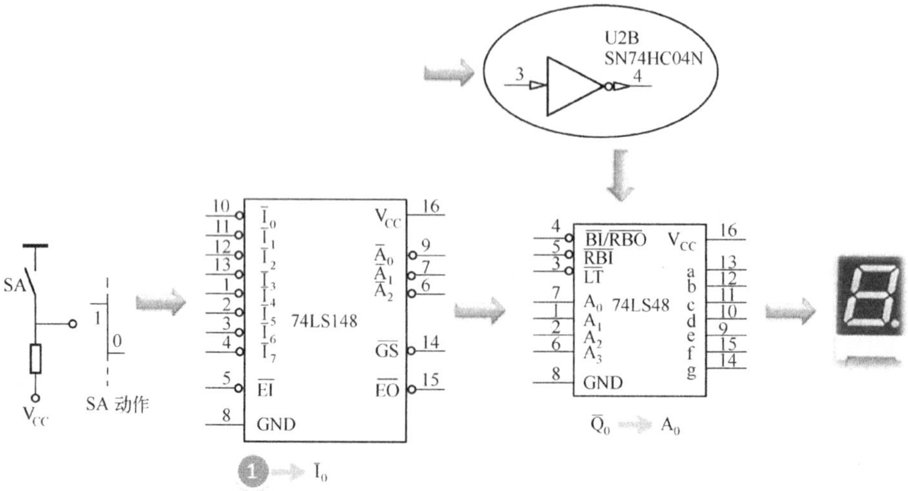

图2-61　“74LS148＋非门＋74LS48”电路设计

方案 3：74LS148 +74LS48 电路设计示意图，如图 2-62 所示。

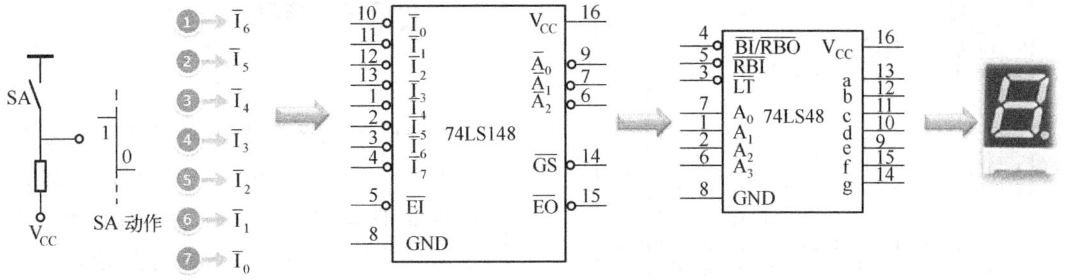

图 2-62　“74LS148 +74LS48”电路设计

课外阅读 11　74HC147 和 CC4511 芯片功能

1. 74HC147——10 线—4 线优先编码器（BCD 输出）

74HC147 的逻辑图和引脚图如图 2-63 所示，九个输入四个输出，输入、输出均低电平有效，只需将全部输入均接高电平，即输出“0”，其逻辑功能见表 2-18。

表 2-18　74HC147 逻辑功能

输　入									输　出			
$\overline{A_1}$	$\overline{A_2}$	$\overline{A_3}$	$\overline{A_4}$	$\overline{A_5}$	$\overline{A_6}$	$\overline{A_7}$	$\overline{A_8}$	$\overline{A_9}$	$\overline{Y_3}$	$\overline{Y_2}$	$\overline{Y_1}$	$\overline{Y_0}$
H	H	H	H	H	H	H	H	H	H	H	H	H
×	×	×	×	×	×	×	×	L	L	H	H	L
×	×	×	×	×	×	×	L	H	L	H	H	H
×	×	×	×	×	×	L	H	H	H	L	L	L
×	×	×	×	×	L	H	H	H	H	L	L	H
×	×	×	×	L	H	H	H	H	H	L	H	L
×	×	×	L	H	H	H	H	H	H	L	H	H
×	×	L	H	H	H	H	H	H	H	H	L	L
×	L	H	H	H	H	H	H	H	H	H	L	H
L	H	H	H	H	H	H	H	H	H	H	H	L

2. CC4511——4 线—7 段锁存译码/驱动器

CC4511 的逻辑图和引脚图如图 2-64 所示，其逻辑功能见表 2-19。特殊点：无“灭零”功能，可通过 LE 端实现锁存控制，具有“拒伪码”能力。

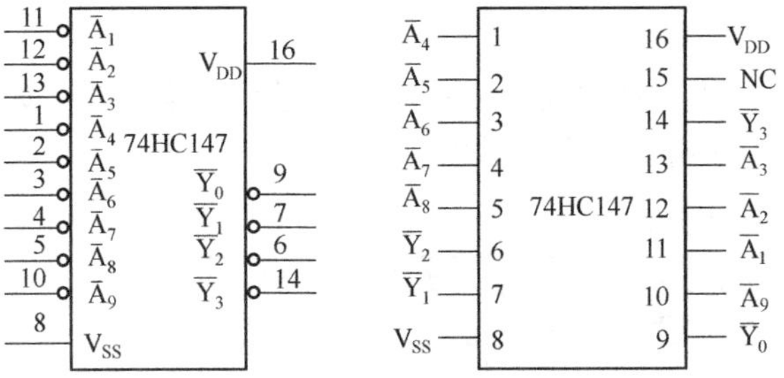

（a）逻辑图　（b）引脚图

图 2-63　74HC147 的逻辑图和引脚图

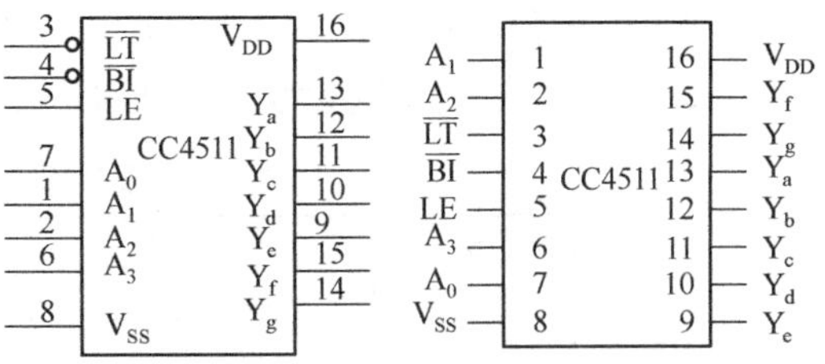

（a）逻辑图　（b）引脚图

图 2-64　CC4511 的逻辑图和引脚图

表2－19　CC4511逻辑功能表

输入							输出						
LE	$\overline{BI}$	$\overline{LT}$	A_3	A_2	A_1	A_0	Y_a	Y_b	Y_c	Y_d	Y_e	Y_f	Y_g
×	×	L	×	×	×	×	H	H	H	H	H	H	H
×	L	H	×	×	×	×	L	L	L	L	L	L	L
L	H	H	L	L	L	L	H	H	H	H	H	H	L
L	H	H	L	L	L	L	L	H	H	L	L	L	L
L	H	H	L	L	H	L	H	H	L	H	H	H	H
L	H	H	L	L	H	H	H	H	H	H	L	L	H
L	H	H	L	H	L	L	L	H	H	L	L	H	H
L	H	H	L	H	L	H	H	L	H	H	L	H	H
L	H	H	L	H	H	L	L	L	H	H	H	H	H
L	H	H	L	H	H	H	H	H	H	L	L	L	H
L	H	H	H	L	L	L	H	H	H	H	H	H	H
L	H	H	H	L	L	H	H	H	H	L	L	H	L
L	H	H	H ⋮ H	L ⋮ H	H ⋮ H	L ⋮ H	L	L	L	L	L	L	L
H	H	H	×	×	×	×	*	*	*	*	*	*	*

"拒伪码"能力

七段显示译码器对输入的"0000"～"1001"信号能输出对应字形码，以在数码管等显示器上获得对应的数字字形显示，而对"1010"～"1111"这六个非BCD码信号，不同芯片的处理方式不同，前面学过的74LS48会显示不同的图形，而CC4511芯片则不输出任何信号，即输入非BCD码时显示器上不显示。因此说，CC4511具有"拒伪码"能力，74LS48则不具有"拒伪码"能力。

课外阅读12　设计说明书的写作

1. 设计说明书的写作内容

（1）系统技术指标。

（2）设计方案（思路）、系统框图。

（3）单元电路设计方案、元器件选型方法。

（4）元器件清单。

（5）完整电路图及主要工作原理。

（6）电路安装测试过程记录及疑难解决记录。

（7）小结：收获、体会、建议。

（8）主要参考文献。

2. 设计说明书个别条目的写作格式

（1）元器件选型的说明。元器件选型时，不仅要结合单元电路的设计方案中的控制要求和工作要求来考虑，同时要考虑到实际应用环境，一些电路原理中未标示的问题（如接插件、开关、电源等）也要考虑在内。

（2）元器件清单格式。元器件应该在充分完成设计后先列入清单，再进行成本估算。如表2-20所示的格式仅做参考，设计时应按照实际情况填写、增删。

表2-20　元器件清单样式

序号	元件名称	型号与规格	单位	数量	备注
1	电阻（R_1、R_2、R_3、R_4）	200 k，1/8 W	只	4	
…					

（3）电路图的绘制要求。绘制电路原理图时须考虑所选择芯片的形式，尤其是集成逻辑门芯片。当多个门电路集成在一片芯片上，设计的同时就要考虑到芯片选择的便利性。如有

可能，应尽量完成电路接线图的绘制，以利于电路的焊接。

（4）电路测试过程记录的书写格式。对逻辑状态的测试可以使用表格或状态图的形式进行记录，标准的测试应该完整反映所有可能出现的状态差异，从而可对设计方案的正确与否进行验证。

（5）参考文献的书写格式。说明书中应详细列出所使用的相关参考文献，参考文献自然有一定的格式，要求按下例格式写作。

举例：

［1］王静霞. 单片机应用技术（C 语言版）. 北京：电子工业出版社，2012.

3. 需关注的重点问题

电路设计说明书要求至少完成以下项目：系统技术指标（电路实现功能）、设计方案（电路框图）、元器件清单、完整电路图及工作原理、电路调试的收获体会、参考文献资料。

资料检索2

（1）查找资料，至少记录一种本章节未介绍的优先编码器、译码器、译码显示器芯片的引脚图、逻辑功能。

（2）查找资料，了解在芯片驱动能力不足的情况下，电路如何调整以驱动更大功率负载？

（3）查找 LCD 显示电路的相关技术资料。

教学安排建议2

序号	知识单元	项目资讯	项目实践	主要技能目标	学时	备注
1	组合逻辑电路分析方法	组合逻辑电路：异或门、一位全加器			2	
2	组合逻辑电路设计方法	一位全加器、血型匹配指示器、三变量奇校验电路	血型匹配指示器电路调试	1. 逻辑电路设计； 2. 逻辑函数化简； 3. 逻辑芯片选择及接线。	4	三位加法器电路的设计与调试
3	集成编码器	8线—3线编码器设计、16线—4线优先编码器设计	CD4532、74LS148芯片功能比较	1. 集成组合逻辑电路接线调试； 2. “高电平有效”和“低电平有效”信号引入和测量。	4	
4	集成译码器	单片机外部程序存储器扩展电路设计、4线—16线译码器设计	74LS138 芯片功能测试	1. 芯片功能测试目标确定； 2. 按图接线的规律提炼。	2	
5	集成显示译码器	字符显示器、LED 数码管、LCD 数码管	74LS48、4543 芯片功能测试	1. 理解“消隐”、“灭零”、“灯测试”功能及测试方法； 2. 显示译码器与显示器的连接。	4	叫号显示器电路设计制作及调试课余完成

项目 3 时序逻辑电路的设计与调试

学习要求

知识要求	(1) 理解触发器的概念，熟悉常见触发器的功能和应用方法。 (2) 理解用触发器进行时序逻辑电路设计的基本方法。 (3) 掌握常见集成计数器芯片的功能和应用方法。 (4) 理解 555 定时器芯片的功能和应用方法。 (5) 掌握时序逻辑电路的设计思路。
技能要求	(1) 能进行典型时序逻辑电路的读图。 (2) 能利用触发器进行时序逻辑电路的设计。 (3) 能正确使用常见时序逻辑芯片。 (4) 能正确进行 555 定时器电路的读图。 (5) 能使用示波器进行逻辑状态的观察分析。 (6) 能进行时序逻辑电路的制作调试。 (7) 能进行相关技术文档的总结、撰写，并能进行制作成果的展示。

项目分析与资讯3

本单元先通过“水箱水位控制电路”、“八位抢答器电路”、“一位八进制计数器”等应用实例，学习触发器、寄存器、计数器、脉冲发生器等的功能与应用方法，最后完成“八位抢答器电路”、“计数器电路”、“双音报警声响器电路”的制作与调试项目任务，掌握时序逻辑电路的设计与调试方法。

1. 水箱水位控制电路

在很多生产场合都会有蓄水水箱，而对水箱水位的控制可以利用电极和数字电路配合实现。如图3-1所示为简易水箱水位控制示意图，水箱水位的检测由a、b两电极的电位状态来判断。当水位低于b点时，控制电路控制水泵向水箱注水；当水位高于a点时，控制电路控制水泵停止向水箱注水。电路设计的关键在于如何把a电极和b电极的动作与水泵的状态联系起来。

2. 一位八进制计数器

如果你去参加一些限制人数的展会，在检票口往往能够看到工作人员手持一个如比赛场合中裁判用秒表形状的计数器，每进入一人，工作人员按一下按键，计数器的显示屏上就会显示出当前已进入人数。如图3-2所示为一个八进制计数器的工作示意图。如果一次计数完毕，应该用一个复位按钮让计数器清零。

在这个电路中，电路必须要及时保存按键按下之前的计数状态，也就是说，电路必须具有记忆功能。

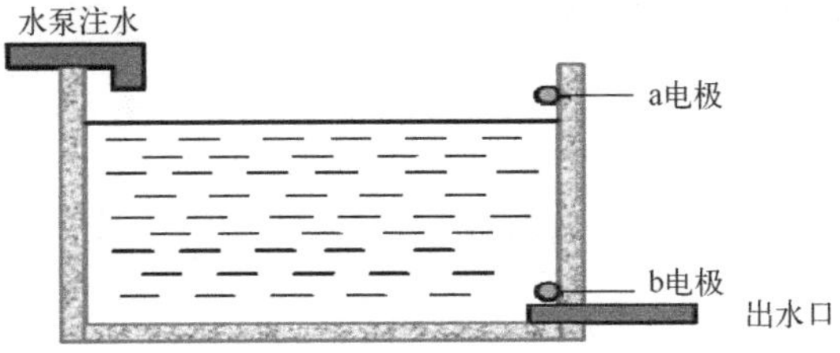

图3-1　水箱水位控制示意图

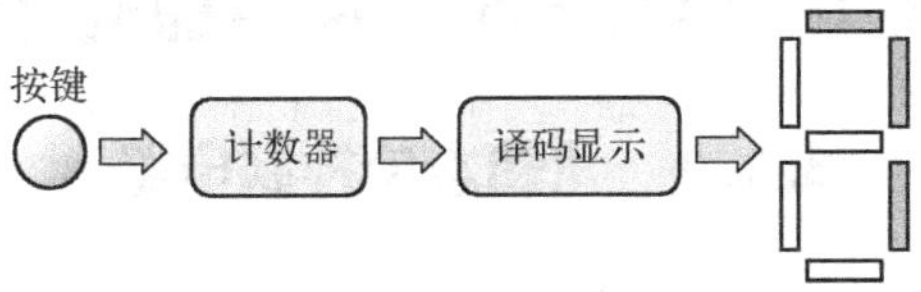

图3-2　一个八进制计数器工作示意图

3. 秒脉冲发生器

如果你常看篮球赛，一定对如图3-3所示的球场边的24秒倒计时器不陌生，持球一方需在24秒内投篮，否则会被判违例。这个小小的计时器随时准备着从24秒处开始倒数，其数值变化的速度需要用精确的秒脉冲来控制。也许你会说，拿个秒表来计时不就行了吗？如果是机械式的秒表，怎样才能和电子电路相连呢？电子电路如何能制成秒脉冲发生器？这些问题都值得研究哦！

4. 数字钟

如图3-4所示的数字钟在我们的生活中已经很普及了，有没有想过自己做一个数字钟？

图 3-3　倒计时器

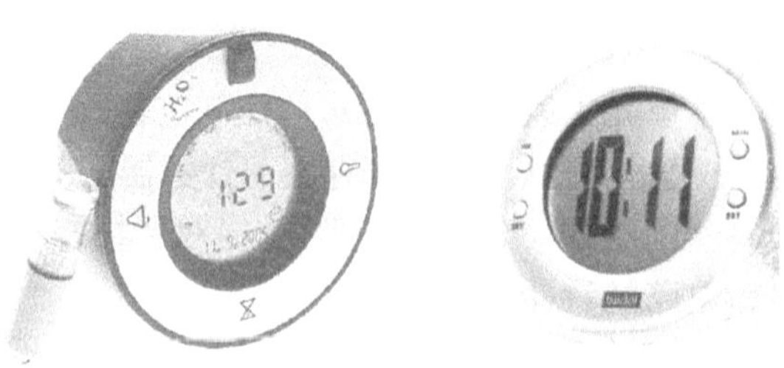

图 3-4　数字钟

有了秒发生器和计数器，就有望用它们来设计数字钟了。设计数字钟，首要考虑的是设计一个精准的秒发生器，把“秒脉冲”引入六十进制的计数器，其高位即可进位产生“分脉冲”。同样把“分脉冲”引入六十进制的计数器，可获得“时脉冲”，将“时脉冲”引入二十四进制的计数器，一天的计时就完成了。数字钟的工作原理框图如图 3-5 所示。想想看，你能实现吗?

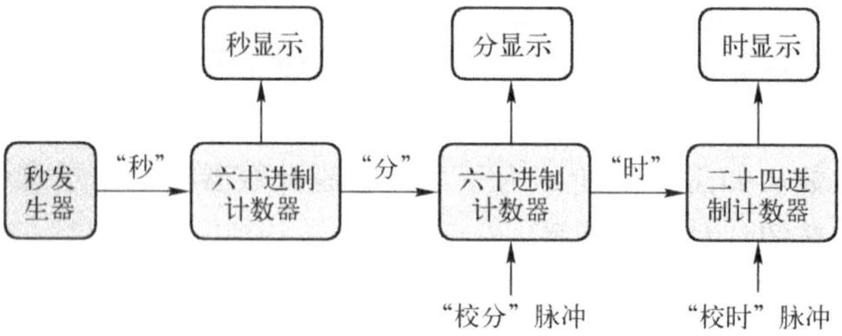

图 3-5　数字钟的工作原理框图

3.1　基本 RS 触发器的应用

3.1.1　水箱水位控制电路

在了解水箱水位控制电路前，先来看看如图 3-6 所示的基本 RS 触发器。

在图 3-6 中，$\overline{R}$ 和 $\overline{S}$ 为两个输入端，两个输出端分别标注为 $\overline{Q}$ 和 Q，以 Q 这个输出端的状态为触发器的状态。下面分析一下这个电路的逻辑功能，由于图中与非门的输出端信号分别被引入另一个与非门输入端，无法用常规的方法来分析，所以可采用假设的方法。对输出端 Q 来说，其状态只能为“1”或“0”。我们可以分别分析 Q 为其中一种状态时，在不同输入情况下的输出的变化，从而可得到如表 3-1 所示的真值表。

从表 3-1 可以看到，对低电平有效的两个输入端 $\overline{R}$ 和 $\overline{S}$ 来说，当任一输入端均无信号输入时，输出端将呈现不变的稳定状态；当仅 $\overline{S}$ 端有低电平信号输入时，无论输出端原状态如何，输出 Q 端都将保持为高电平，$\overline{Q}$ 端状态则与之相反；同样，当仅 $\overline{R}$ 端有低电平信号输入时，输出端 Q 仍将保持为低电平，$\overline{Q}$ 端状态则同样与之相反；若 $\overline{R}$ 端和 $\overline{S}$ 端同时输入低电平信号，则输出端 Q 和 $\overline{Q}$ 将无法保持原有的反相状态，将同时输出高电平，这时触发器处于失

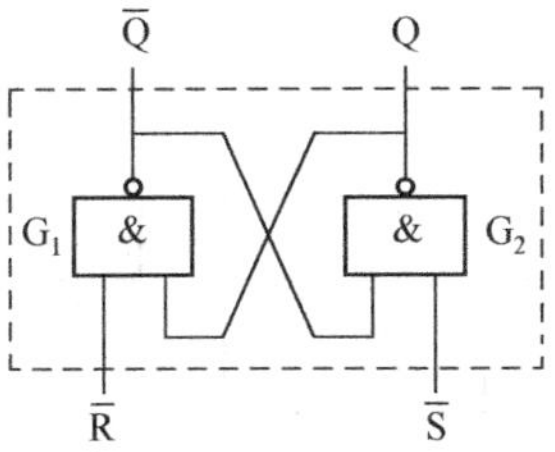

图3-6　基本 RS 触发器

表3-1　由与非门组成的基本 RS 触发器的真值表

$\overline{R}$	$\overline{S}$	Q 原状态	$\overline{Q}$ 原状态	Q 现状态	$\overline{Q}$ 现状态
1	1	1	0	1	0
1	1	0	1	0	1
1	0	1	0	1	0
1	0	0	1	1	0
0	1	1	0	0	1
0	1	0	1	0	1
0	0	1	0	1	1
0	0	0	1	1	1

效状态。

若把 $\overline{\mathrm{R}}$ 端视为“复位”端，$\overline{\mathrm{S}}$ 端视为“置位”端，从上述信息可归纳出电路的以下特点。

（1）当 $\overline{R}=0$，$\overline{S}=1$ 时，触发器输出 $Q=0$，$\overline{\mathrm{R}}$ 端称为“复位”端或“置0”端（Reset）。

（2）当 $\overline{S}=0$，$\overline{R}=1$ 时，触发器输出 $Q=1$，$\overline{\mathrm{S}}$ 端称为“置位”端或“置1”端（Set）。

（3）由于在无低电平输入信号时，输出端 Q 和 $\overline{\mathrm{Q}}$ 无论处于哪个状态都是稳定的，所以触发器具有两个稳态，故又称之为双稳态触发器。同时，这一特性也反映了基本 RS 触发器在输入 $\overline{R}=\overline{S}=1$ 时，对输出端 Q 的状态具有保持记忆（锁存）功能。

由与非门组成的基本 RS 触发器的逻辑符号如图3-7所示，图中输入端的 $\overline{\mathrm{R}}$、$\overline{\mathrm{S}}$ 的“非线”和输入端上的“小圆圈”都表示此种触发器的触发信号是低电平有效。

真值表3-1又可以表述为表3-2的形式。$\overline{S}=0$、$\overline{R}=0$ 的状态相当于同时向触发器发出了复位和置位请求，因此在使用中应该避免出现这种情况。

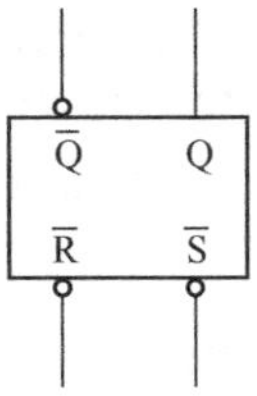

图3-7　由与非门组成的基本 RS 触发器的逻辑符号

表3-2　基本 RS 触发器的真值表

输入信号		输出状态		功能说明
$\overline{S}$	$\overline{R}$	Q	$\overline{Q}$	
1	1	不	变	保持（记忆）
1	0	0	1	置0
0	1	1	0	置1
0	0	不	定	失效（不允许使用）

在实际操作中，可通过在对应输入端送入有效信号的方式获得稳定状态的翻转，如使 $\overline{S}=1$，$\overline{\mathrm{R}}$ 端加“由1→0，再由0→1”的负脉冲“⌐⌙⌐”，触发器即稳定输出0；使 $\overline{R}=\mathbf{1}$，$\overline{\mathrm{S}}$ 端加“由1→0，再由0→1”的负脉冲“⌐⌙⌐”，触发器即稳定输出1。

基本 RS 触发器对触发信号的要求不是很严格，只要负脉冲的持续时间大于两个门的传输延迟时间，待两个输出端的信号 Q 和 $\overline{\mathrm{Q}}$ 都翻转完毕，电路就会稳定在新的状态。当触发信号消失（即 $\overline{R}=\overline{S}=1$）后，电路仍可以靠两个门的输出端对输入端的互锁反馈稳定在新状态上，这就是触发器具有记忆功能的根本原因。

时序图和不定态

触发器的输出状态不仅取决于输入信号，同时还与信号输入之前的输出状态有关，因此，其工作情况又可以用时序图来表示。一般先设初始状态Q为0（也可以设为1），然后根据给定输入信号波形，相应画出输出端Q的波形，如图3-8所示为由与非门组成的基本RS触发器的时序波形图。在时序图中，可清楚看出为什么$\overline{R}$和$\overline{S}$端不能同时置“0”。

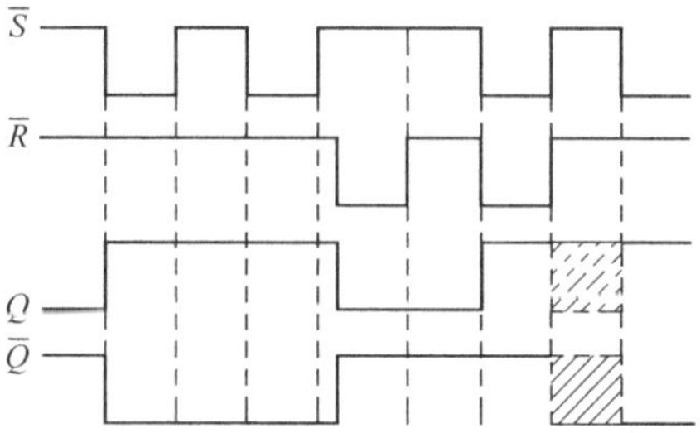

图3-8　由与非门组成的基本RS触发器的时序波形图

图中，当$\overline{R}=\overline{S}=0$时，输出端的信号$Q$和$\overline{Q}$均为1，若此后$\overline{\mathrm{R}}$和$\overline{\mathrm{S}}$信号同时消失，则Q和$\overline{\mathrm{Q}}$为何状态就完全取决于两与非门的传输延迟时间了，该时间短的与非门状态先翻转为“0”，同时使另一与非门锁为“1”，因此，可用斜实线或虚线注明它们，以表示触发器无法确定状态的处于失效状态，直至下一个$\overline{\mathrm{S}}$或$\overline{\mathrm{R}}$使输出有确定的状态为止。

如果用或非门替代与非门来交叉耦合组成如图3-9所示的逻辑电路，也能组成基本RS触发器，你能否仿照用与非门构成的基本RS触发器的方法分析：R端和S端是低电平有效还是高电平有效？逻辑真值表应如何填写？逻辑符号如何绘制？

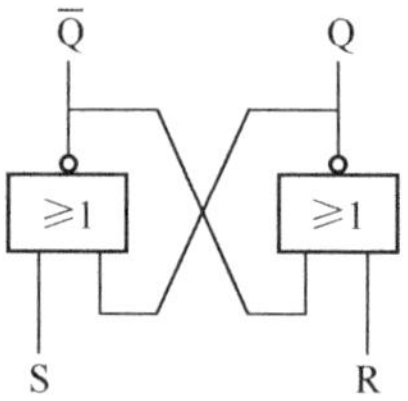

图3-9　由或非门组成的基本RS触发器

如图3-10所示为水箱水位控制电路的原理图，水箱外壳可靠接地，a电极和b电极通过电阻R_1、R_2接入电路。

若水位低于b点，如图3-10（a）所示，两电极所在回路均无电流通过（电极不入水时应有足够大的绝缘电阻），门G_1、G_3的输入端由电源V_{CC}经电阻R_3、R_4确定为高电平，门G_3的输入端信号$\overline{\mathrm{R}}=1$，门G_1的输出端及门G_2的输入端信号$\overline{\mathrm{S}}=0$，基本RS触发器输出端的信号Q置1，三极管VT导通，电流流过继电器线圈，其常开触点闭合，通过继电器使电动机运转，水泵向水箱注水。

随着水位的上涨，当电极b浸入水中时，G_1的输入端为低电平，$\overline{\mathrm{S}}$端变为1，而电极a仍然为高阻态，$\overline{\mathrm{R}}$端仍为1，Q的状态不变，仍为1，水泵继续往水箱中注水。

当水位超过电极a时，如图3-10（b）所示，$\overline{S}=1$，$\overline{\mathrm{R}}$端变为0，Q端置0，三极管VT截止，KA断电，其触点断开使电动机停止运转，水泵停止注水。

若因用户用水使水位低于电极a，$\overline{\mathrm{R}}$和$\overline{\mathrm{S}}$端的状态均为1，水泵保持当前状态直到水位低于电极b时，RS触发器才会产生状态翻转，水泵重新注水。

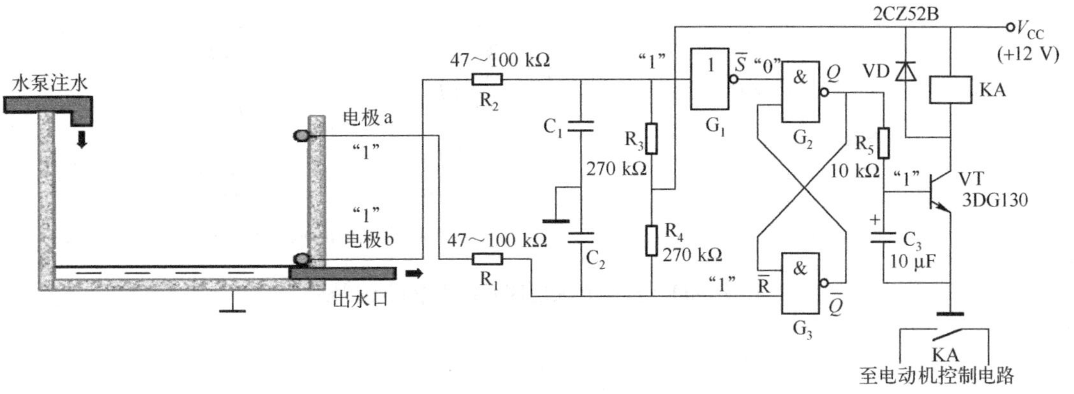

（a）“少水”状态

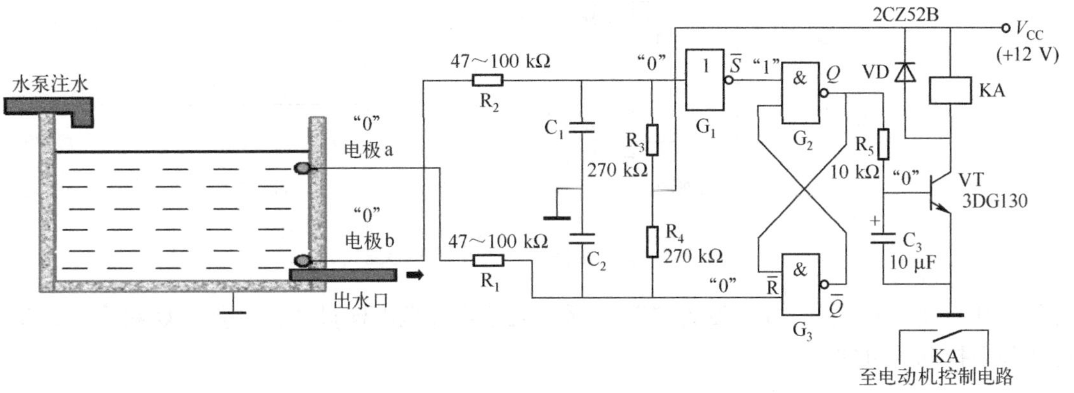

（b）“水满”状态

图 3-10　水箱水位控制电路的原理图

电路中的 R_1 ～ R_4 为门电路 G_1、G_3 输入端的限流电阻，可保证电极 a、b 的电流及门 G_1、G_3 的输入端电流在 50 ～ 100 μA 范围内（G_1、G_2、G_3 为 CMOS 门）；电容 C_1、C_2、C_3 在电路中起去耦抗干扰作用，保证 RS 触发器和三极管 VT 输入电压的稳定；R_5 为 VT 的基极限流电阻；三极管 VT 选用 3DG130 以满足驱动继电器 KA 线圈的需要；二极管 VD 构成 KA 断电瞬间的续流回路，防止出现过高的感应电压。

3.1.2　无抖动开关

在如图 3-11（a）所示的开关电路中，按键开关在按下和释放时，通常伴随着一定时间的触点抖动，抖动后才能稳定下来，抖动的效果如图 3-11（b）所示，这样的抖动将直接造成逻辑电路的误动作。

在很多电子电路中，常把双稳态触发器加入到开关电路中以抑制其逻辑信号的抖动，无抖动开关及其波形图如图 3-12 所示，图中所用的是一个单刀双掷开关，这种开关有一个常开触点和一个常闭触点，它总是处于两种状态之一。当开关从常闭打向常开方向时，常闭一端产生后沿抖动，而常开一端则产生前沿抖动，RS 触发器 Q 端原为“1”。由于开关从常闭

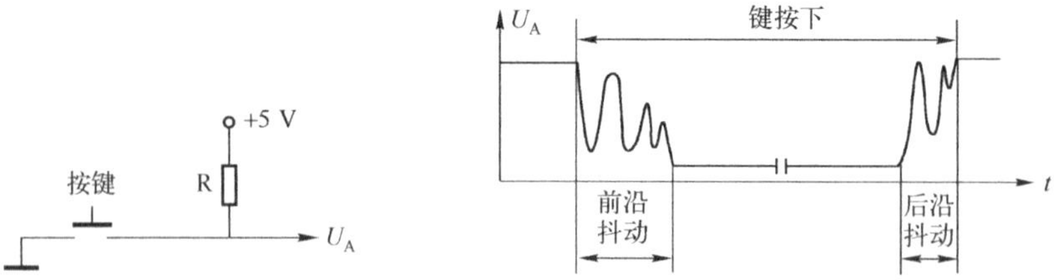

（a）开关电路　　（b）按键的前沿抖动和后沿抖动

图3-11　按键开关电路及产生的机械抖动

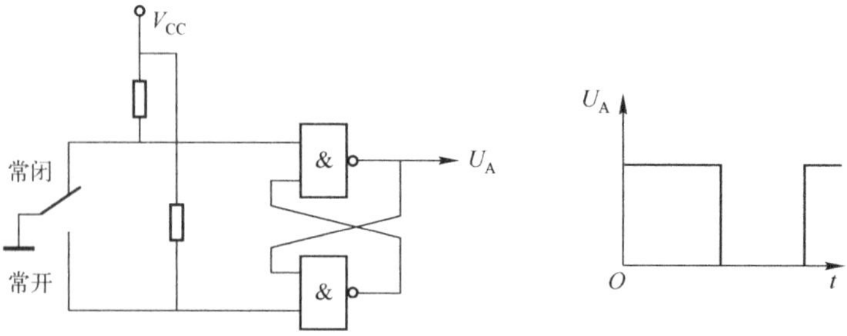

（a）无抖动开关　　（b）波形图

图3-12　无抖动开关及其波形图

打到常开，使得Q端从“1”变为“0”，所以无论常开端怎样抖动，总会使Q端为低，从而可达到去抖动的目的。

3.1.3　八位抢答器电路

我们曾在项目实施1中用门电路直接搭建了一个三位的简易抢答器，但它无论在选手的数量上，还是在状态的显示上，都有很大的局限性。当我们能够显示出数字，能够进行状态的锁定后，可否尝试着设计一个功能更全面的八位抢答器？八位抢答器的工作示意图如图3-13所示。

我们在第2.3.1节中曾经了解了八位优先编码器芯片CD4532的逻辑功能，可以使用该芯片对选手的按键输入信号进行编码，同时利用芯片的输出使能端信号使某选手抢答成功后及时控制芯片锁存编码，而后来选手的抢答信号无效。在编码过程中，应该意识到芯片输出编码为“000”～“111”，但由于生活中不会有“0”号选手存在，所以需要利用芯片对编码进行调整，这里可以采用加法器，对每个编码采取“加1”操作即可。到这一步，主体功能已经实现了，接下来只需要设计电路的译码显示和音响指示电路即可。

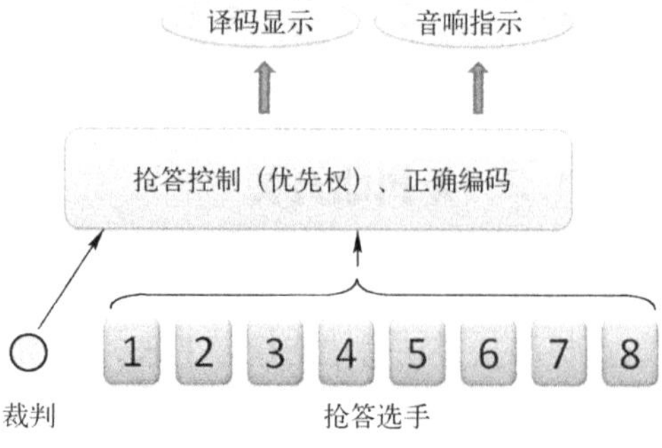

图3-13　八位抢答器的工作示意图

八位抢答器的参考电路如图3-14所示。该电路利用八位优先编码器CD4532、或非门基

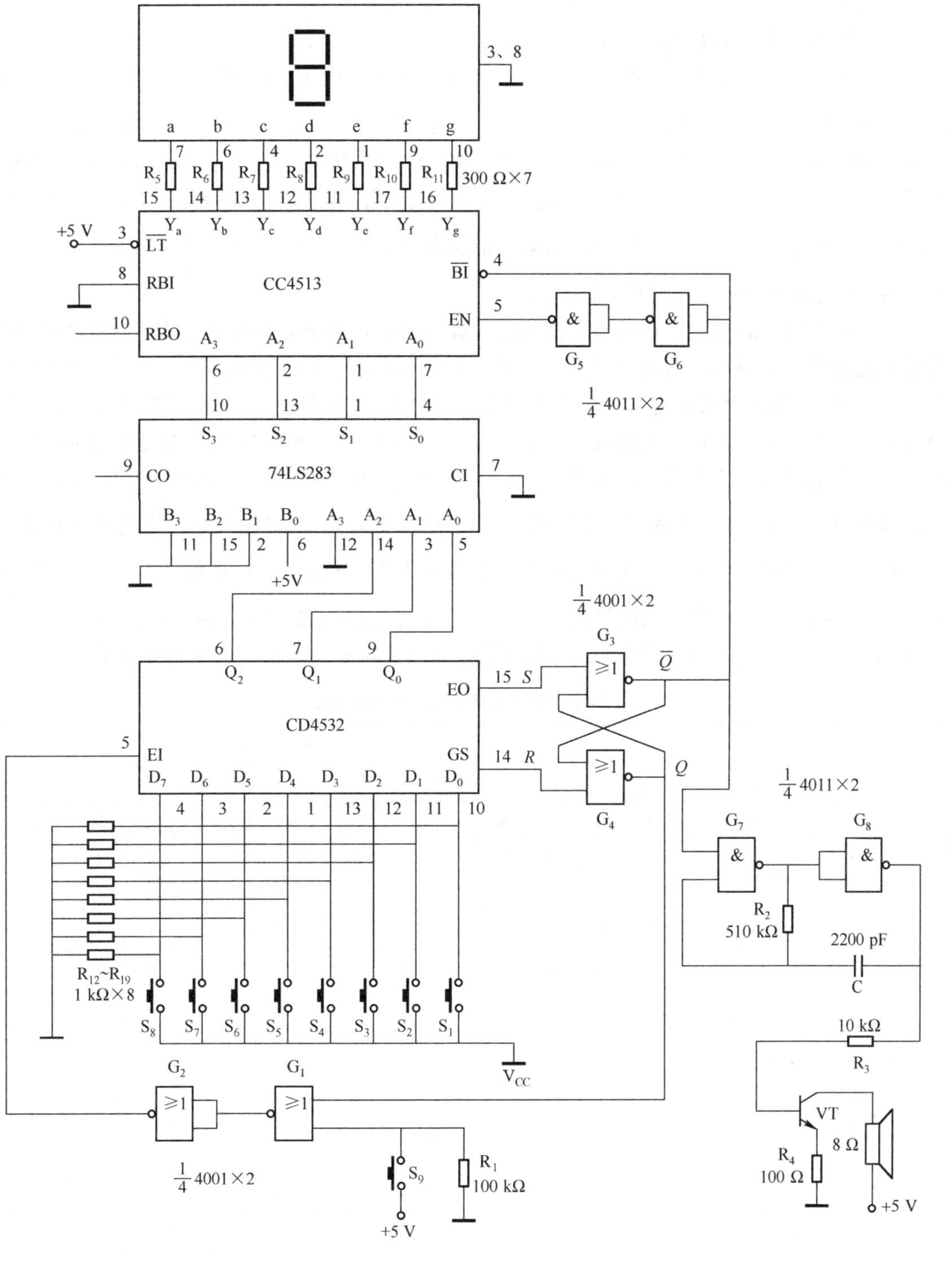

图 3-14　八位抢答器的参考电路

本 RS 触发器构成了抢答选手锁定的主体电路，用 74LS283 超前进位全加器对编码进行了修正，用 CC4513 七段码译码/锁存/驱动器和共阴极 LED 数码管组成了译码显示电路，用与非门组成多谐振荡器送三极管放大后经喇叭发出了声响。

在抢答器电路中需要关注以下几个小问题。

（1）灭零：当还没有开始抢答时，数码管应不显示。如表3-3所示为译码芯片CC4513的真值表，CC4513中的$\overline{LT}$端为灯测试端，$\overline{BI}$端为消隐输入端，RBI端为灭零输入端，EN端为数据锁存输入端，正常数据显示时EN端应为低电平。从电路需求来看，裁判按下按钮而未开始抢答前，无论什么数据都不应该显示出来，因此，在电路中裁判按下按钮S_9后会使CD4532的EI端置1。优先编码器在无输入的情况下，有$GS=0$，$EO=1$，则$Q=1$，$\overline{Q}=0$，使CC4513的消隐端$\overline{BI}=0$，数码管不显示。

（2）抢答信号的锁定：正确显示最先抢答者的信息是本电路设计的重点。优先编码器具有输入使能端EI，该端为高电平有效，当出现抢答信号后可以使该端置0，禁止优先编码器工作。同时CC4513具有锁存功能，在实现显示后可及时锁存信号。当按下按钮S_9（为1）时，EI端置1，由于优先编码器无输入，使$EO=1$，$GS=0$，由RS触发器Q端送出高电平锁住EI端，裁判松开按钮对电路状态也不影响。当选手按下任一按键时，$GS=1$，$EO=0$，使RS触发器的$Q=0$，$\overline{Q}=1$，经两级或非门延迟后，CD4532的EI端置低电平，编码功能被禁止，任何略迟按下按键的选手都无法再把自己的信号送入CD4532，而$\overline{Q}$端的“1”送至CC4513的$\overline{BI}$端，撤销了消隐功能，同时经两级门延迟，在优先编码器的选手编号经全加器“加1”送至CC4513后，锁存了选手编号，使数码管在裁判重新复位前始终显示当前选手编号。

表3-3　译码芯片CC4513的真值表

序号	输入								输出								显示
	RBI	EN	$\overline{BI}$	$\overline{LT}$	A_3	A_2	A_1	A_0	RBO	Y_a	Y_b	Y_c	Y_d	Y_e	Y_f	Y_g	
1	×	×	×	0	×	×	×	×	△	1	1	1	1	1	1	1	8
2	×	×	0	1	×	×	×	×	△	0	0	0	0	0	0	0	
3	1	0	1	1	0	0	0	0	1	0	0	0	0	0	0	0	
4	0	0	1	1	0	0	0	0	0	1	1	1	1	1	1	0	0
5	×	0	1	1	0	0	0	1	0	0	1	1	0	0	0	0	1
6	×	0	1	1	0	0	1	0	0	1	1	0	1	1	0	1	2
7	×	0	1	1	0	0	1	1	0	1	1	1	1	0	0	1	3
8	×	0	1	1	0	1	0	0	0	0	1	1	0	0	1	1	4
9	×	0	1	1	0	1	0	1	0	1	0	1	1	0	1	1	5
10	×	0	1	1	0	1	1	0	0	1	0	1	1	1	1	1	6
11	×	0	1	1	0	1	1	1	0	1	1	1	0	0	0	0	7
12	×	0	1	1	1	0	0	0	0	1	1	1	1	1	1	1	8
13	×	0	1	1	1	0	0	1	0	1	1	1	1	0	1	1	9
14	×	0	1	1	1 ⋮ 1	0 ⋮ 1	1 ⋮ 1	0 ⋮ 1	0	0	0	0	0	0	0	0	
15	×	1	1	1	×	×	×	×	△	由前一时刻（$EN=0$）的输出状态决定							

3.2 同步触发器功能分析

1. 同步 RS 触发器功能的分析

从水位控制电路对基本 RS 触发器的需求可以看到，基本 RS 触发器具备了记忆功能，但其稳态的变化需要完全的外部触发，如果要求电路的功能具有周期性的特点，则需要在原有电路的基础上进行一定的改变。

如图3-15（a）所示为由与非门构成的同步 RS 触发器的内部电路，可以看到它在原有基本 RS 触发器电路的基础上增加了一组与非门，从而在原有输入信号的基础上引入了一个 CP 端。只有在 CP 端为高电平的情况下，置0端 R 和置1端 S 才能有效工作。我们把 CP 端称为时钟信号端，又可表示为 CLK。同步 RS 触发器的逻辑符号如图3-15（b）所示。同样可以分析出其真值表，如表3-4 所示。可以看到，其功能与基本 RS 触发器相同，但只在 $CP=1$ 信号到来时其状态才能翻转。

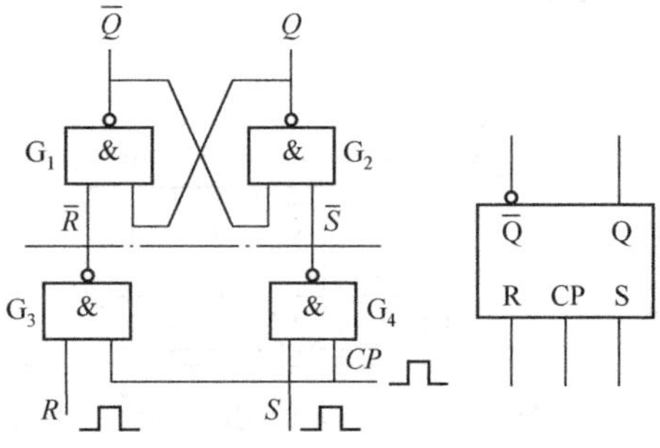

（a）内部电路　　（b）逻辑符号

图3-15　由与非门构成的同步 RS 触发器

时钟端的加入给我们对逻辑电路的分析增加了两种新的方法。

1）特性方程

同步 RS 触发器的输出特性不仅取决于输入端 R 和 S 的状态，同时还决定于输出端 Q 在输入信号来临前的状态，因此，按照表3-4 所示的真值表，将 Q^{n+1} 作为输出变量，将 S、R 和 Q^n 作为输入变量填入卡诺图，如图3-16 所示，经化简后可得出特性方程，为：

$$\begin{cases}Q^{n+1}=S+\overline{R}Q^n \\ S\cdot R=0\ （约束条件）\end{cases} \tag{3-1}$$

其中约束条件的出现，来源于触发器输出端 Q 和 $\overline{\text{Q}}$ 的反相状态保持要求。

表3-4　由与非门构成的同步 RS 触发器的真值表

时钟信号 CP	输入 S	输入 R	初态 Q^n	次态 Q^{n+1}	功能说明
1	0 0	0 0	0 1	0 1	$Q^{n+1}=Q^n$ （保持）
1	0 0	1 1	0 1	0 0	$Q^{n+1}=0$ （置0）
1	1 1	0 0	0 1	1 1	$Q^{n+1}=1$ （置1）
1	1 1	1 1	0 1	不定 不定	× （不定）
0	×	×	Q^n	Q^n	不动作 （保持）

注：CP 作用前触发器的原状态称为初态，用 Q^n 表示；CP 作用后触发器的新状态称为次态，用 Q^{n+1} 表示。

对于由或非门组成的同步 RS 触发器，其约束性条件应该是什么？

2）状态转换图

将触发器的两个稳态 0 和 1 用两个圆圈表示，用箭头表示由初态到次态的转换方向，在箭头旁边用文字符号及其相应信号表示实现转换所必备的输入条件，称这种图为状态转换图。其实，它与真值表是统一的，是真值表的直观形象表示。由与非门组成的同步 RS 触发器的状态转换图如图 3-17 所示。

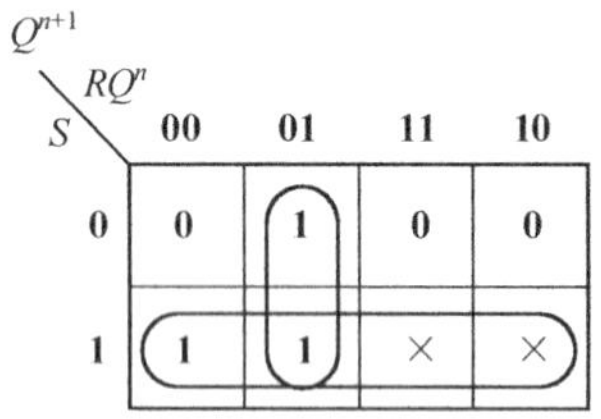

图 3-16　由与非门构成的同步 RS 触发器的卡诺图

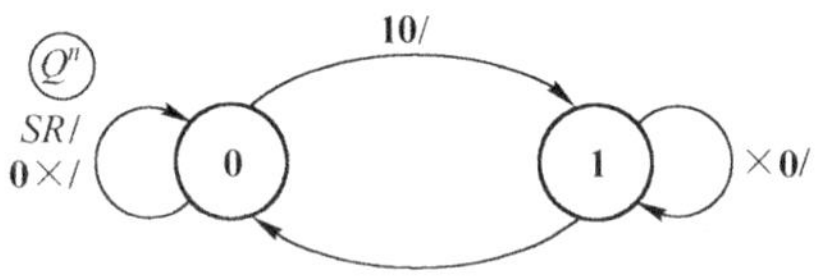

图 3-17　由与非门组成的同步 RS 触发器的状态转换图

值得关注的是，同步触发器不仅存在着工作的约束条件，同时在 $CP=1$ 期间，若 R、S 的状态多次发生变化，则触发器输出的状态也将随之多次翻转，这称为空翻现象。而触发器保存的只是 CP 回到 0 前的瞬间状态，这就降低了触发器的抗干扰能力。因此，一般不允许在 $CP=1$ 期间改变 R 和 S 的状态从而避免空翻。

2. 约束条件的解除——同步 D 触发器

在同步 RS 触发器电路中，输入状态需要严格进行论证，避免 R 和 S 两个信号同时输入。在实际工作中，在图 3-15（a）的电路中加入一个反相器，用它的输入 D 和输出 $\overline{D}$ 来代替 S 和 R，就构成了如图 3-18（a）所示的同步 D 触发器，其逻辑符号如图 3-18（b）所示。

显而易见，在 $CP=1$ 时，当 $D=1$，相当于同步 RS 触发器的 $S=1$，$R=0$，则 $Q=1$；反之，当 $D=0$时，则相当于 $S=0$，$R=1$，因此 $Q=0$。这样在 $CP=1$作用后，其次态 Q^{n+1}与 D 的状态相同，从而避免了同步 RS 触发器$R=S=1$ 的不定状态。

现用真值表、特性方程和状态转换图来表示同步 D 触发器在 $CP=1$ 期间的逻辑功能。

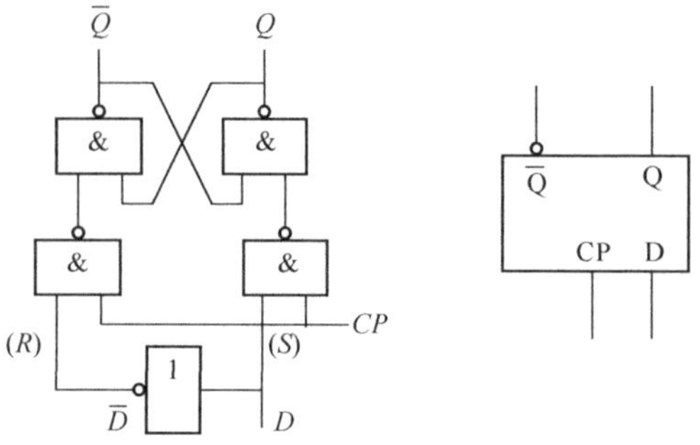

（a）内部电路　　（b）逻辑符号

图 3-18　同步 D 触发器

如表 3-5 所示为同步 D 触发器的真值表。由真值表可得到同步 D 触发器的特性方程为：

$$Q^{n+1}=D \tag{3-2}$$

表3-5　同步D触发器的真值表

时钟信号 CP	输入 D	初态 Q^n	次态 Q^{n+1}	功能说明
1	0	0	0	$Q^{n+1}=0$
	0	1	0	(与D同状态)
1	1	0	1	$Q^{n+1}=1$
	1	1	1	(与D同状态)
0	×	0	0	$Q^{n+1}=Q^n$
		1	1	(保持状态)

同步D触发器的状态转换图如图3-19所示。

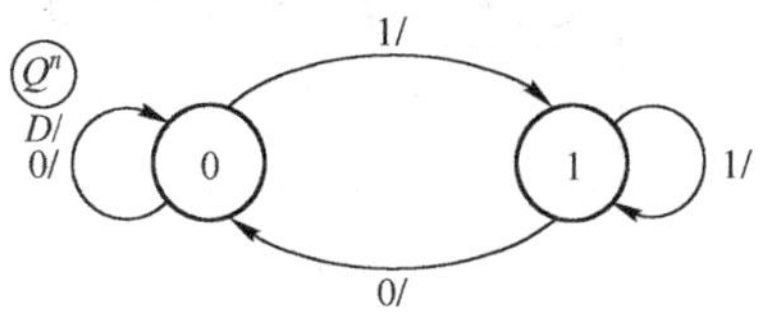

图3-19　同步D触发器的状态转换图

由于在 $CP=1$ 期间，其输出状态总是随输入 D 的状态而变并与其保持相同，故又称之为“透明的D型锁存器”，八D型透明锁存器产品型号有：533、573；三态输出的有268（六D），373和374（八D）；CMOS 4000系列有4042四D锁存器等。

应用芯片时，首先要看懂芯片的真值表，理解其特性方程或状态转换图，这是我们在选择芯片前必须做的功课。

3.3　边沿触发的JK触发器应用——一位八进制计数器

同步触发器始终存在着空翻现象。在实际应用中，为确保状态翻转的瞬时稳定性，可选择利用时钟脉冲的边沿触发的形式。

> **时钟脉冲的边沿触发**
>
> 在进行电路设计时，使次态 Q^{n+1} 随每一个 CP 脉冲的上升沿或下降沿的瞬间作用前的输入信号而变，而以后在这个 CP 脉冲周期内，Q^{n+1} 状态不再随输入信号改变状态，这就是时钟脉冲的边沿触发。可以想见，触发器采用边沿触发可以避免空翻现象。

1. CD4013上升沿触发型双D触发器

CD4013中带两个独立的上升沿触发型D触发器，如图3-20（a）、（b）所示分别为D触发器的逻辑符号和CD4013的引脚图。从逻辑符号可以看出，CP脉冲的上升沿触发用“>”

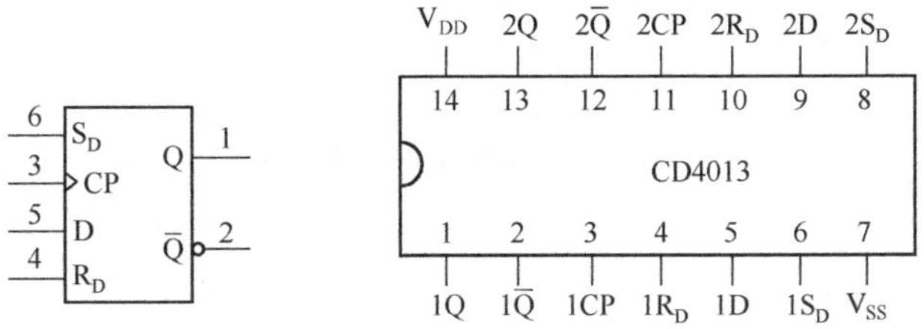

（a）逻辑符号　　（b）引脚图

图3-20　双D触发器的逻辑符号和CD4013引脚图

表示。若触发方式为下降沿触发，则在引脚处加“。”。你能在网上搜索到下降沿触发的触发器的逻辑符号吗？找找看？

CD4013双D触发器的真值表如表3-6所示，从表中可以看到以下特性。

（1）S_D 和 R_D 为异步直接置位（置1）和复位（置0）端，高电平有效，且优先级最高。

（2）在 S_D 和 R_D 端无信号输入的情况下，若无CP脉冲，触发器处于稳定状态。

（3）在 S_D 和 R_D 端无信号输入的情况下，在CP脉冲上升沿时刻，无论输出端初态如何，输出的次态都将决定于脉冲上升沿瞬间D端的状态，即 $D=1$ 时，输出端置1；$D=0$ 时，输出端置0。

表3-6　CD4013 D触发器的真值表

复位 R_D	置位 S_D	输入 D	时钟信号 CP	初态 Q^n	次态 Q^{n+1}	功能说明
1	0	×	×	×	0	异步直接置 0
0	1	×	×	×	1	异步直接置 1
0	0	×	0	0	0	$Q^{n+1}=Q^n$ 维持不变
				1	1	
0	0	1*	↑	0	1	$Q^{n+1}=1$ 置1
				1	1	
0	0	0*	↑	0	0	$Q^{n+1}=0$ 置0
				1	0	

*注：输入 D 为1或0，为CP触发脉冲上升沿到来前的瞬间状态。

上升沿触发型D触发器的特性方程与式（3-2）相同，为 $Q^{n+1}=D$。其状态转换图与图3-19相同。

CMOS型D触发器具有功耗低、抗干扰能力强、电源范围大等特点，因此它得到了广泛应用。常用的CMOS边沿D触发器还有74HC74、74HCT74等。此外，还有174六上升沿D触发器（Q输出、公共清零）、175四上升沿D触发器（互补输出、公共清零）、39四D触发器（互补输出、公共时钟、公共允许）等。

2. 74LS112下降沿触发型双JK触发器

74LS112中也带两个独立的下降沿触发型JK触发器，如图3-21所示为JK触发器的逻辑符号和74LS112的引脚图。时钟脉冲符号 $\overline{CP}$ 和端子上的小圆圈均表示下降沿有效。

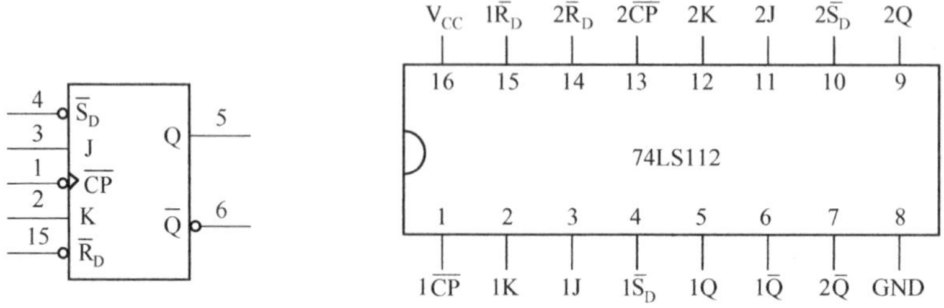

（a）逻辑符号　　（b）引脚图

图3-21　下降沿触发型双JK触发器的逻辑符号和74LS112引脚图

表3-7列出了74LS112 JK触发器的真值表，从表中可以看到以下特性：

（1）$\overline{S}_D$和$\overline{R}_D$为异步直接置位（置1）和复位（置0）端，低电平有效，且优先级最高。

（2）在$\overline{S}_D$和$\overline{R}_D$端无信号输入（高电平）的情况下，CP脉冲下降沿有效，触发器输出状态由输入端J、K的不同状态组合决定：当$J=0$、$K=0$时，输出状态保持初态不变；当$J=0$、$K=1$时，无论Q端初态如何，其次态均为0；当$J=1$、$K=0$时，无论Q端初态如何，其次态均为1；当$J=1$、$K=1$时，Q端将发生状态翻转，即初态为0时，其次态为1，初态为1时，其次态则为0。

表3-7　74LS112下降沿触发型双JK触发器的真值表

$\overline{R}_D$	$\overline{S}_D$	$\overline{CP}$	J	K	Q^n	Q^{n+1}	功能说明
0 1	1 0	× ×	× ×	× ×	× ×	0 1	异步置0 异步置1
1 1	1 1	↓	0 0	0 0	0 1	0 1	$Q^{n+1}=Q^n$ 保持
1 1	1 1	↓	0 0	1 1	0 1	0 0	$Q^{n+1}=0$ 置0
1 1	1 1	↓	1 1	0 0	0 1	1 1	$Q^{n+1}=1$ 置1
1 1	1 1	↓	1 1	1 1	0 1	1 0	$Q^{n+1}=\overline{Q}^n$ 翻转

根据特性方程的列式原则，将表3-7中各端子的状态填入卡诺图，如图3-22所示，即可求得JK触发器特性方程式，为：

$$Q^{n+1}=J\overline{Q}^n+\overline{K}Q^n \tag{3-3}$$

JK触发器的状态转换图如图3-23所示。

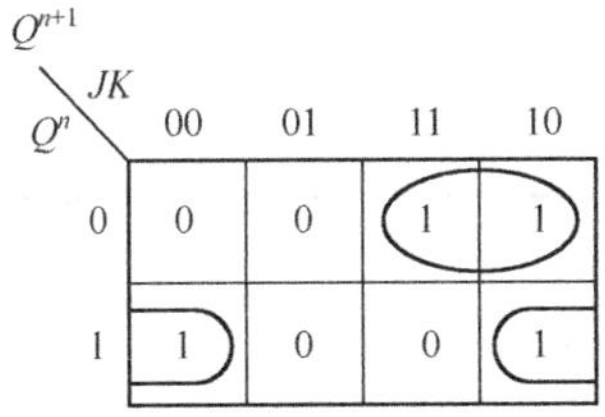

图3-22　JK触发器的卡诺图

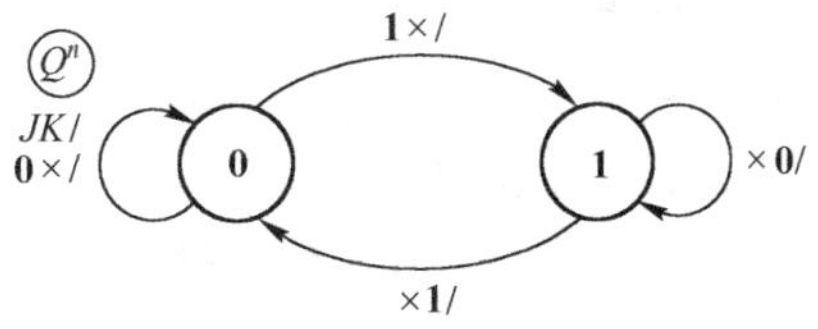

图3-23　JK触发器的状态转换图

常用的边沿JK触发器产品还有74F112、54/74HC112、54HC103、74LS103、74S113、54/74HC113等。此外，也有在CP脉冲上升沿时刻使输出状态翻转的CMOS电路边沿JK触发器，如54HCT109等，这种逻辑符号在CP处不画小圆圈，且CP上不加非号。

通过对上述边沿触发器工作过程的分析，可以看出它们具有共同的动作特点，就是触发器的次态仅取决于时钟信号的上升沿或下降沿到达前一瞬间输入信号的逻辑状态，而在这个时刻以前或以后，输入信号的变化对触发器输出的状态没有影响。这一特点有效地提高了触发器的抗干扰能力，也提高了电路的工作可靠性。

对八进制计数器而言，译码显示已不是问题，关键在于对按键所产生的脉冲的记录。把按键产生脉冲后电路中所传递的计数信息按照二进制方式列入图 3-24 中，Q_2、Q_1、Q_0 为通过二进制计数后获得的二进制编码，Q_2 为高位，Q_0 为低位，从图 3-24 看到，对 Q_0 来说，每送入一个 CP 脉冲信号，Q_0 翻转一次；而 Q_1 则在每次 Q_0 从 1 向 0 跳变时翻转一次；Q_2 则在每次 Q_1 从 1 向 0 跳变时翻转一次。分析边沿触发器工作特性可知，我们需要一个下降沿触发的触发器，同时该触发器应具有稳定状态的翻转功能。因此，可选择下降沿触发 JK 触发器，JK 触发器应工作在 $J=1$、$K=1$ 的状态，同时 Q_0 对应的 JK 触发器的 CP 脉冲来自计数按键，每按一次，输出状态翻转一次；而 Q_1 对应的 JK 触发器的 CP 脉冲来自 Q_0 输出；Q_2 对应的 JK 触发器的 CP 脉冲来自 Q_1 输出。由此获得八进制计数器的计数逻辑电路如图 3-25 所示。计数逻辑电路输出的逻辑编码直接送入如图 2-27 所示的 74LS48 或 74LS248 进行译码驱动后，即可在共阴极的数码管上显示出对应的数值了。

CP的顺序	现态			次态		
	Q_2^n	Q_1^n	Q_0^n	Q_2^{n+1}	Q_1^{n+1}	Q_0^{n+1}
1	0	0	0	0	0	1
2	0	0	1	0	1	0
3	0	1	0	0	1	1
4	0	1	1	1	0	0
5	1	0	0	1	0	1
6	1	0	1	1	1	0
7	1	1	0	1	1	1
8	1	1	1	0	0	0

图 3-24　八进制计数器的计数状态

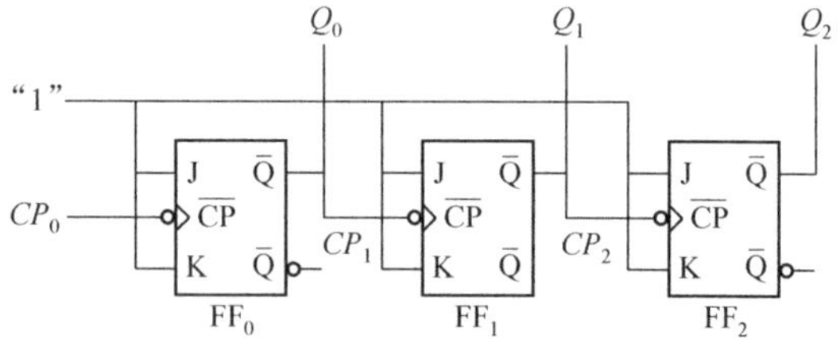

图 3-25　八进制计数器的计数逻辑电路

(1) 你能利用上升沿触发的 D 触发器完成八进制计数器设计吗？
(2) 如果需要完成十六进制的计数，电路需要做怎样的改变？

3.4　T 触发器和 T′触发器的实现

1. T 触发器

什么是 T 触发器？

T 触发器是一种可控翻转触发器。在 CP 脉冲的作用下，根据输入信号 T 情况的不同（T 为 1 或 0），决定触发器是否翻转。当 $T=0$、CP 脉冲作用沿到来时，触发器并不翻转，保持原状态；当 $T=1$、作用沿到来时，触发器将发生翻转。

其真值表如表 3-8 所示。由此表可得 T 触发器的特征方程为：

$$Q^{n+1}=T\oplus Q^n \quad (3-4)$$

表 3-8　T 触发器的真值表

T	Q^n	Q^{n+1}	功能说明
0	0	0	不变
0	1	1	
1	0	1	翻转
1	1	0	

对JK触发器而言，当$J=1$、$K=1$时，触发器发生翻转；当$J=0$、$K=0$时，触发器保持原状态不变。令$J=K=T$，即可实现T触发器的功能，电路图如图3-26所示。

若用D触发器来实现T触发器的功能（如图3-27所示），设计时可以利用真值表来分析。如图3-28所示为用D触发器实现T触发器功能的示意图，关键在于T输入端到D端间转换电路的逻辑关系。这里列出了D触发器的真值表，如表3-29所示，并根据T触发器的状态要求确定了转换过程中D端的实际状态，如表3-10所示。由此可见，D端状态由T输入端和Q端的初态Q^n共同决定。列出转换电路特性方程，为：

$$D=T\oplus Q^n=T\overline{Q^n}+\overline{T}Q^n \tag{3-5}$$

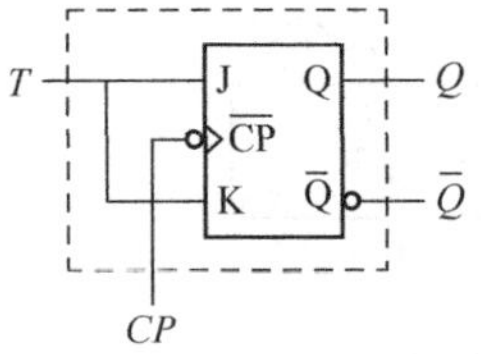

图3-26　用JK触发器制成T触发器

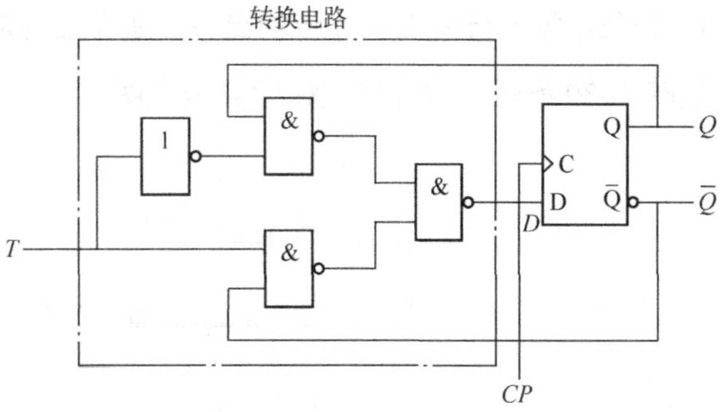

图3-27　用D触发器制成T触发器

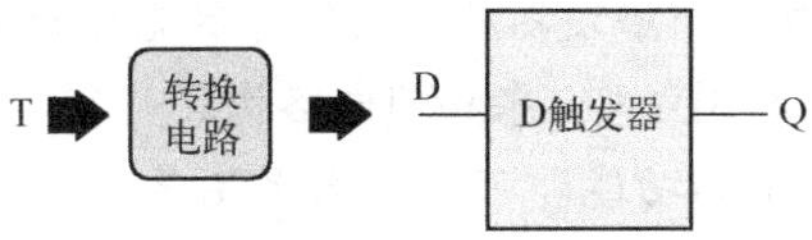

图3-28　T触发器功能实现

表3-9　D触发器的真值表

D	Q^n	Q^{n+1}
1	0	1
1	1	1
0	0	0
0	1	0

表3-10　T触发器的真值表

T	Q^n	Q^{n+1}	D
0	0	0 ⇨	0
0	1	1 ⇨	1
1	1	0 ⇨	0
1	0	1 ⇨	1

2. T′触发器

什么是T′触发器？

T′触发器是一种翻转触发器，当CP脉冲作用沿到来时，其状态一定发生翻转，因此它就是令$T=1$的T触发器。

见识过计数器，自然对如何用JK触发器实现T′触发器的方法不陌生了，只要令$J=K=1$，就可制成T′触发器，如图3-29（a）所示。用D触发器实现时，令$D=\overline{Q^n}$就可以了，其电路如图3-29（b）所示。

T′触发器实际上是一个二进制计数器，也称二分频器。因为每来一次CP脉冲T'的状态都会翻转一次（由0翻1或由1翻0），相当于进行二进制加（或减）计数，所以其Q端变化的频率为CP脉冲频率的1/2。

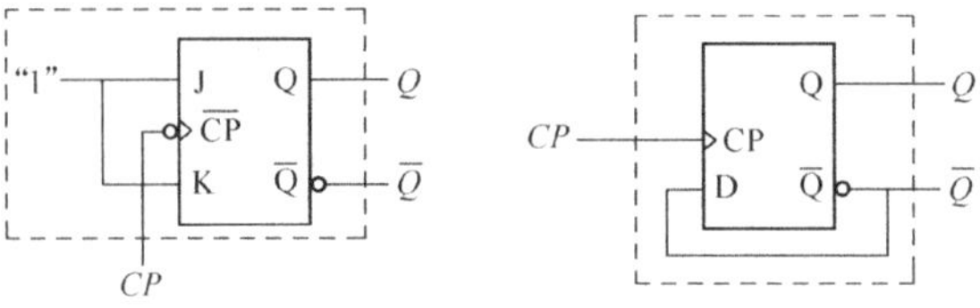

（a）用JK触发器制成T′触发器　　（b）用D触发器制成T′触发器

图 3-29　T′触发器电路

3.5　寄存器和移位寄存器的应用

1. 四位数据并行输入、并行输出——寄存器的应用

如图 3-30 所示为寄存器工作效果示意图。

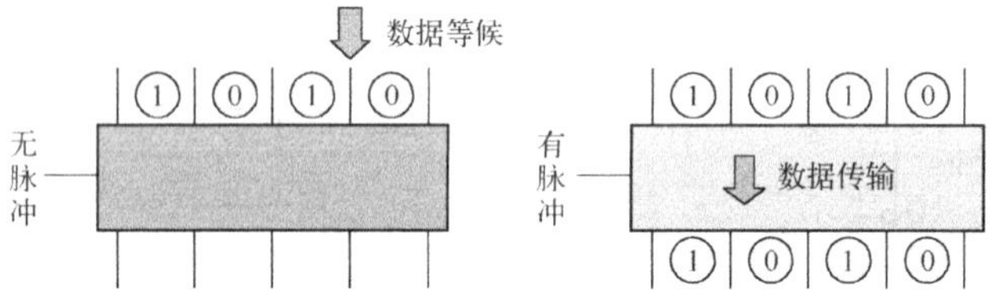

（a）数据等候状态　　（b）数据输入状态

图 3-30　寄存器工作效果示意图

什么是寄存器?

寄存器的功能是存储二进制代码，它由具有存储功能的触发器构成。因为一个触发器只有0和1两个状态，只能存储1位二值代码，所以由 N 个触发器构成的寄存器能存储 N 位二值代码。寄存器还应有执行数据接收的控制电路，控制电路一般由门电路构成。

对寄存器中的触发器，只要求它们具有置0、置1的功能即可，因而无论是用电平触发的触发器，还是用脉冲边沿触发的触发器，都可以构成寄存器。

并行输入、并行输出的数据传输方式要求数据既能同时到达寄存器的接收端，又能在脉冲作用下并行出现在输出端，根据已经学到的触发器的知识，如选用一个边沿触发 D 触发器即可实现一位数据的传输。四位数据的并行传输关键是在四个 D 触发器的脉冲端同步引入 CP 脉冲，其逻辑电路图如图 3-31 所示，触发器具有统一的异步清零端 $\overline{R}_D$，它通过反相器控制触发器异步置 0 端 R_D。CP 作为统一的寄存指令，由同相缓冲器引入到各触发器的时钟控制端。当时钟脉冲 CP 上升沿到达瞬间，数据 $D_3D_2D_1D_0$ 就寄存到 $Q_3Q_2Q_1Q_0$ 端了（$Q_3^{n+1}Q_2^{n+1}Q_1^{n+1}Q_0^{n+1}=D_3D_2D_1D_0$）。

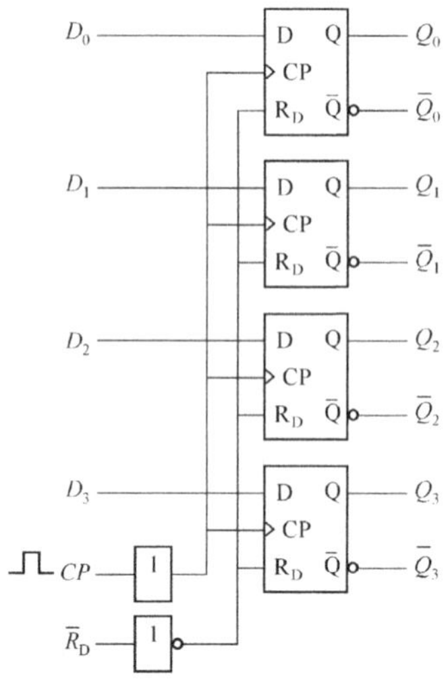

图 3-31　四位寄存器的逻辑电路图

74HC175 就是这样的一个四位寄存器，又称四 D

触发器，它的逻辑符号和引脚图如图 3-32 所示，其真值表如表 3-11 所示，当直接连接输入、输出端，并从 CP 端送入脉冲时，数据就得到了有效的寄存。

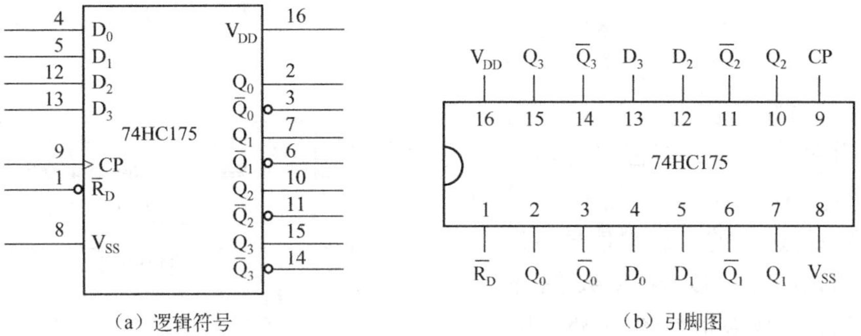

图 3-32　74HC175 的逻辑符号和引脚图

表 3-11　74HC175 的真值表

输入						输出			
R_D	CP	D_3	D_2	D_1	D_0	Q_3	Q_2	Q_1	Q_0
L	×	×	×	×	×	L	L	L	L
H	↑	D_3	D_2	D_1	D_0	D_3	D_2	D_1	D_0
H	H	×	×	×	×	保持			
H	L	×	×	×	×	保持			

2. 彩灯控制——移位寄存器的应用

以四组灯带的闪烁过程为例，彩灯控制的效果图如图 3-33 所示。如何实现彩灯的周期性变换效果？

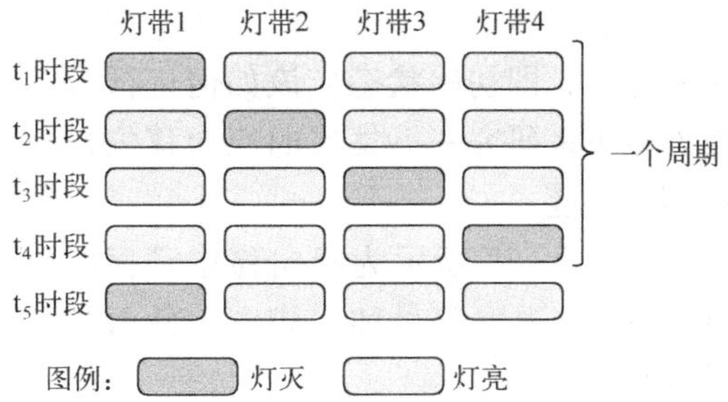

图 3-33　彩灯控制的效果图

什么是移位寄存器？

移位寄存器不但具有存储代码的功能，而且具有移位功能。移位功能就是使寄存器里存储的代码在移位指令脉冲的作用下左移或右移。移位寄存器可以用于存储代码，也可用于数据的串行 - 并行转换、数据的运算和数据的处理等。

单向移位寄存器的主要功能为数据的单向传输存储，其工作原理示意图如图 3-34 所示，可以看到，对单一的寄存器单元来说，其功能非常单一，就是在 CP 脉冲到来时，把等待在输入端的信号原封不动地送到输出端。因此，可以选择 D 触发器或 JK 触发器作为寄存器单元来组成单向移位寄存器。

1）数据单向移位设计方案1：用D触发器实现

如图3-35（a）所示为由四个D触发器组成的四位单向右移移位寄存器，在同步的移位脉冲作用下，D_0端送入的串行信号将依次右移进入电路，经四个CP脉冲作用后，四位串行输入信号将在Q_0、Q_1、Q_2、Q_3端并行输出，同时第一位送入的二进制信号将出现在串行输出端。以输入数据串“1101”为例，工作波形如图3-35（b）所示。如图3-35（a）所示电路又可称为串行输入、串行输出与并行输出移位寄存器。

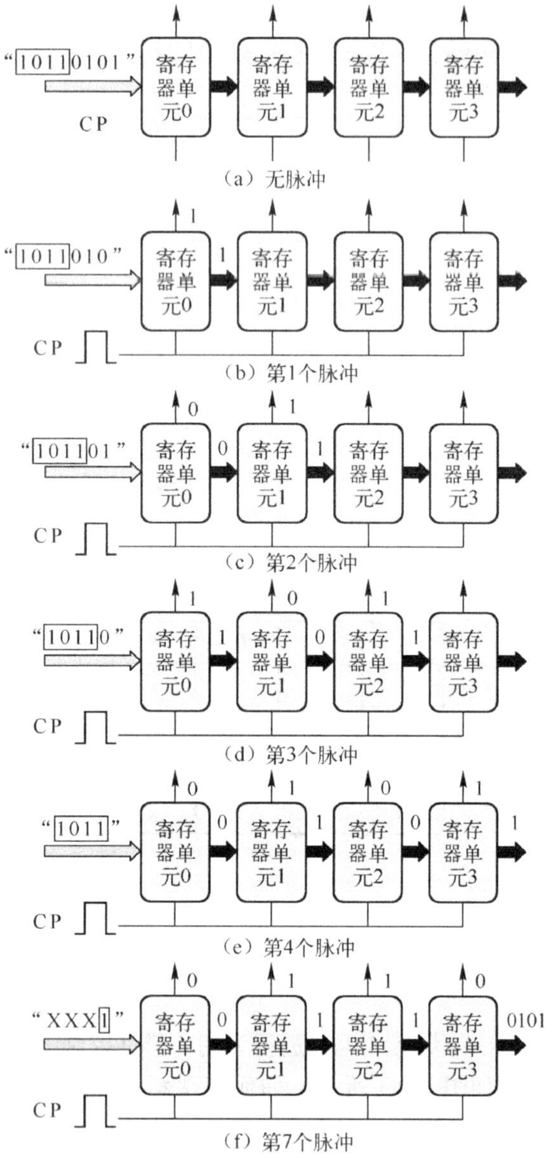

图3-34　单向移位寄存器的工作原理示意图

2）数据单向移位设计方案2：用JK触发器实现

JK触发器若要实现D触发器的效果，需满足$J=D$、$K=\overline{D}$的条件，由此得到的右移移位寄存器如图3-36所示。

实现了单向移位，与实现彩灯的移位效果已经接近了很多，但是还存在一定的差异，即初始状态应该如何进行设置？接下来研究一下集成的双向移位寄存器的功能。

如图3-37所示为双向移位寄存器74LS194的逻辑符号和引脚图，各引脚功能如下。

（1）CP：时钟输入端，上升沿有效。

（2）$\overline{CR}$：清零端，低电平有效。

（3）D_0～D_3：并行数据输入端。

（4）D_{SL}：左移串行数据输入端。

（5）D_{SR}：右移串行数据输入端。

（6）M_0、M_1：工作方式选择端。

（7）Q_0～Q_3：数据输出端。

74LS194的功能表如表3-12所示，仔细观察功能表，可知以下特性。

（1）芯片具有异步清零功能，且$\overline{CR}$优先级最高。

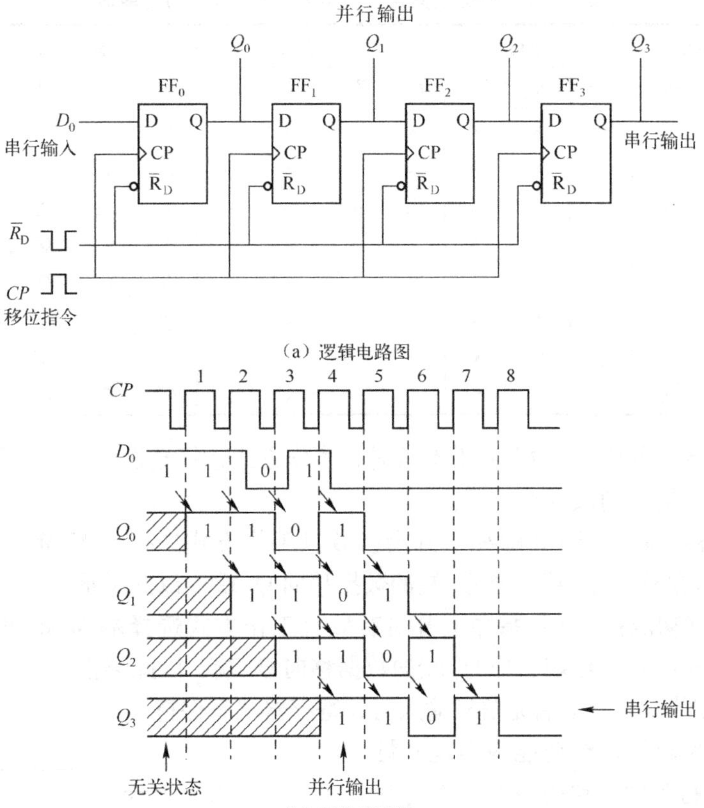

（b）工作波形图

图3-35　四位单向右移移位寄存器

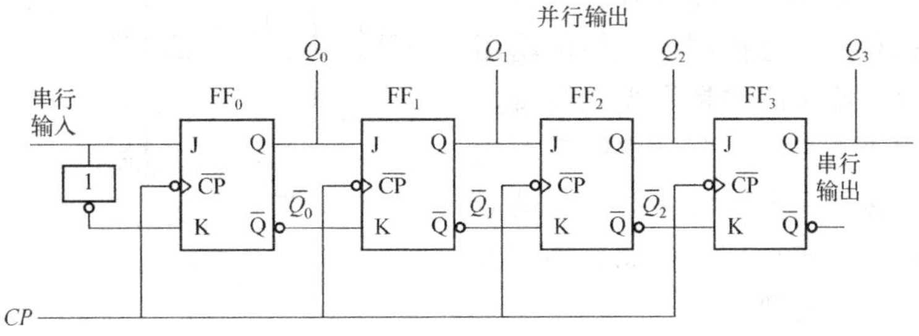

图3-36　由JK触发器构成的右移移位寄存器

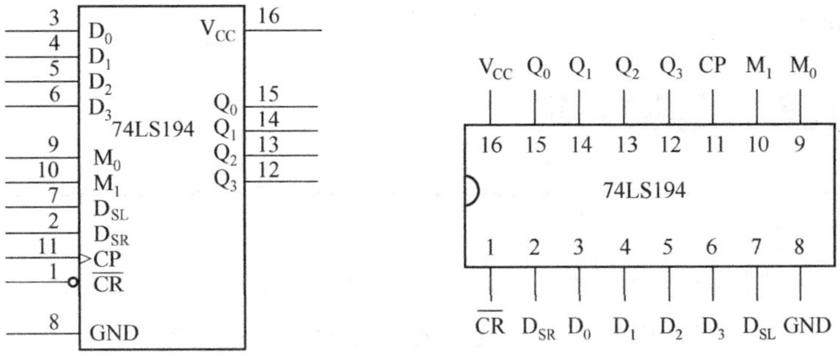

（a）逻辑符号　（b）引脚图

图3-37　74LS194的逻辑符号和引脚图

表3-12 四位双向移位寄存器74LS194的功能表

序号	清零	控制信号		时钟	串行输入		并行输入				输出				功能
	$\overline{CR}$	M_1	M_0	CP	D_{SL}	D_{SR}	D_0	D_1	D_2	D_3	Q_0	Q_1	Q_2	Q_3	
1	0	×	×	×	×	×	×	×	×	×	0	0	0	0	清零
2	1	×	×	0	×	×	×	×	×	×	Q_0^n	Q_1^n	Q_2^n	Q_3^n	保持
3	1	1	1	↑	×	×	d_0	d_1	d_2	d_3	d_0	d_1	d_2	d_3	置数
4	1	0	1	↑	×	1	×	×	×	×	1	Q_0^n	Q_1^n	Q_2^n	右移
5	1	0	1	↑	×	0	×	×	×	×	0	Q_0^n	Q_1^n	Q_2^n	右移
6	1	1	0	↑	1	×	×	×	×	×	Q_1^n	Q_2^n	Q_3^n	1	左移
7	1	1	0	↑	0	×	×	×	×	×	Q_1^n	Q_2^n	Q_3^n	0	左移
8	1	0	0	×	×	×	×	×	×	×	Q_0^n	Q_1^n	Q_2^n	Q_3^n	保持

（2）置数功能：当CP脉冲上升沿有效时，工作方式选择端设置为“11”，并行输入端的数据 D_0 ～ D_3 将直接送到数据输出端。

（3）数据右移功能：当CP脉冲上升沿有效且工作方式选择端 M_1M_0 设置为“01”时，从 D_{SR} 端送入的数据移至 Q_0 端，原 Q_0 端的数据移向 Q_1 端，以此类推。

（4）数据左移功能：当CP脉冲上升沿有效且工作方式选择端 M_1M_0 设置为“10”时，从 D_{SL} 端送入的数据移至 Q_3 端，原 Q_3 端的数据移向 Q_2 端，以此类推。

（5）当CP端或 M_0、M_1 端无信号输入时，寄存器状态保持。

双向移位寄存器的置数功能为实现彩灯的控制提供了便利条件。利用74LS194芯片的置数和右移功能，在置数端 D_0 ～ D_3 送入“0111”，再将移位数据的最高位 Q_3 送入 D_{SR} 端，即能产生循环。彩灯控制的逻辑电路图如图3-38所示。若采用的是发光二极管显示，则芯片输出可直接连接限流电阻后驱动发光二极管；若采用220 V灯带显示，则需利用三极管、继电器进行功率驱动，实现方法将在后续项目中了解到。

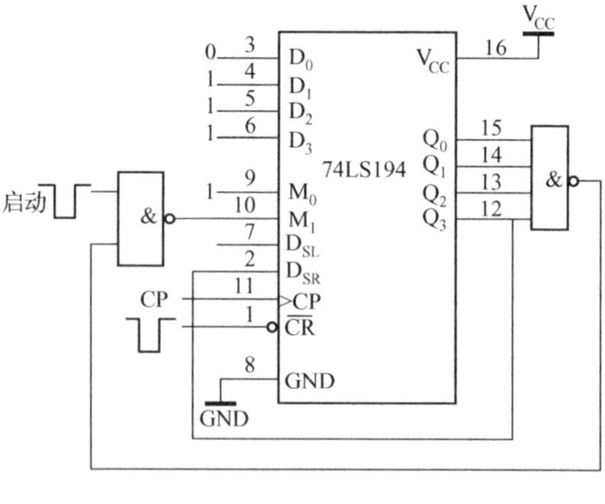

图3-38 彩灯控制的逻辑电路图

从图3-38可以看到，除了逻辑功能的联系外，还需要设计负脉冲产生电路、CP脉冲生成电路。同时，改变预置数可获得不同的输出效果。

3.6 时序逻辑电路的分析

什么是时序电路？

任意时刻电路的输出信号不仅取决于当时的输入信号，而且还取决于电路原来的状态，或者说还与以前的输入有关，这样的电路称为时序电路。

从结构上来说，时序电路有两个特点：第一，时序电路往往包含组合电路和存储电路两部分，而存储电路是必不可少的；第二，存储电路输出的状态必须反馈到输入端，与输入信号一起共同决定组合电路的输出。时序电路的方框图可画成如图3-39所示的普遍形式。图中的 $X(x_1,x_2,\cdots,x_i)$ 代表输入信号，$Y(y_1,y_2,\cdots,y_j)$ 代表输出信号，$Z(z_1,z_2,\cdots,z_k)$ 代表存储电路的输入信号，$Q(q_1,q_2,\cdots,q_l)$ 代表存储电路的输出。这些信号之间的关系可以用三个向量函数来表示：

$$Y(t_n)=F[X(t_n),Q(t_n)] \quad (3-6)$$

$$Q(t_{n+1})=G[X(t_n),Q(t_n)] \quad (3-7)$$

$$Z(t_n)=H[X(t_n),Q(t_n)] \quad (3-8)$$

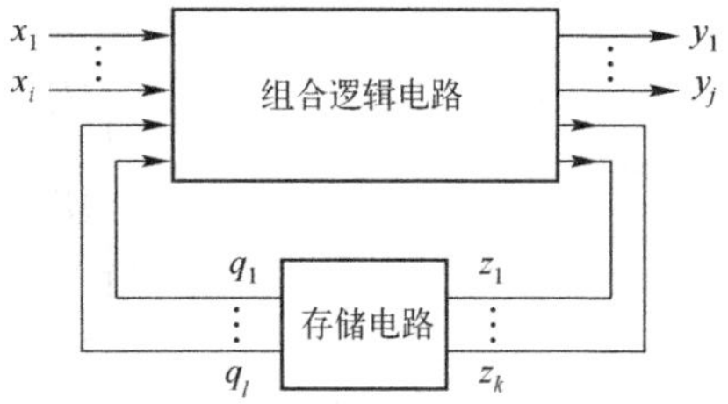

图3-39　时序电路的方框图

式中，t_n、t_{n+1} 表示相邻的两个离散时间。存储电路的输出 Q 称为状态向量。

式（3-6）称为输出方程，式（3-7）称为状态方程，式（3-8）称为驱动方程。

1. 同步时序逻辑电路的分析

如图3-40所示为某同步时序逻辑电路，能够看到它是由JK触发器和基本逻辑门组成的，如何了解它的逻辑功能?

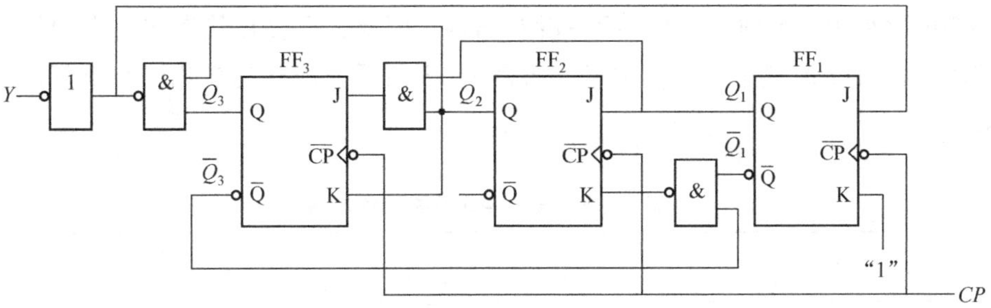

图3-40　某同步时序逻辑电路

同步时序电路和异步时序电路

根据存储电路（即触发器）状态变化方式的不同，时序电路分为同步时序电路和异步时序电路两大类。在同步时序电路中，所有存储单元状态的变化都是在同一时钟信号操作下同时发生的。而在异步时序电路中，存储单元状态的变化不是同时发生的。在异步时序电路中，可能有一部分电路有公共的时钟信号，也可能完全没有公共的时钟信号。

从图3-40可看出，FF_1、FF_2 和 FF_3 为下降沿触发的 JK 触发器，根据逻辑电路列出驱动方程：

$$\begin{cases}J_1=\overline{Q_3Q_2},K_1=1\\J_2=Q_1,K_2=\overline{\overline{Q_3}\,\overline{Q_1}}\\J_3=Q_2Q_1,K_3=Q_2\end{cases}\tag{3-9}$$

将式（3-9）的驱动方程代入 JK 触发器的特性方程 $Q^{n+1}=J\overline{Q^n}+\overline{K}Q^n$ 中去，得到电路的状态方程为：

$$\begin{cases}Q_1^{n+1}=\overline{Q_3^nQ_2^n}\,\overline{Q_1^n}\\Q_2^{n+1}=\overline{Q_2^n}Q_1^n+\overline{Q_3^n}Q_2^n\,\overline{Q_1^n}\\Q_3^{n+1}=\overline{Q_3^n}Q_2^nQ_1^n+Q_3^n\,\overline{Q_2^n}\end{cases}\tag{3-10}$$

由逻辑图直接写出输出方程：

$$Y=Q_2Q_3\tag{3-11}$$

从输出方程和状态方程大多无法直接看出电路的逻辑功能，因此还需要列出对应的状态转换表或状态转换图。

根据式（3-10）和式（3-11），从初态 $Q_3^nQ_2^nQ_1^n=000$ 开始计算次态，按状态转换的顺序列入表 3-13，可以发现当状态转换到“110”时，在 CP 脉冲作用下，次态直接恢复到“000”，状态转换发生了循环。

在初态的序列中，唯独“111”状态没有出现，因此，需要在状态转换表中另外补充计算初态 $Q_3^nQ_2^nQ_1^n=111$ 时状态的转换顺序，如表 3-13 所示。因状态变化已有重复，所以不再往下计算。

表 3-13　图 3-40 电路的状态转换

CP 的顺序	初态 Q_3^n	初态 Q_2^n	初态 Q_1^n	次态 Q_3^{n+1}	次态 Q_2^{n+1}	次态 Q_1^{n+1}	输出 Y
0	0	0	0	0	0	1	0
1	0	0	1	0	1	0	0
2	0	1	0	0	1	1	0
3	0	1	1	1	0	0	0
4	1	0	0	1	0	1	0
5	1	0	1	1	1	0	1
6	1	1	0	0	0	0	0
7	0	0	0	0	0	1	0
0	1	1	1	0	0	0	0
1	0	0	0	0	0	1	0

根据状态转换表可以画出更为直观的状态转换图，如图 3-41 所示，状态转换图表述了在 CP 脉冲作用下电路的状态变化和输出值变化。我们可以根据图例的描述清晰地把状态转换图与状态转换表对应起来。图 3-41 的圆圈中填写的是 $Q_3^nQ_2^nQ_1^n$ 的状态，状态转变同时输出 Y 的变化同样表述在图中斜线下方（斜线上方标注输入信号状态，本电路无外输入信号，时钟信号只是触发控制信号，不是输入逻辑变量）。对 $Q_3^nQ_2^nQ_1^n$ 的八种状态而言，有七种都会在电路中出现，并且顺序变化产生循环，因此电路对时钟信号有计数功能，计数

容量为7，即 $N=7$，这个电路又称七进制计数器。对 $Q_3^nQ_2^nQ_1^n=111$ 这一状态，在CP脉冲的作用下，能自动进入有效状态的循环中，称其为可自启动状态。

时序电路的功能不仅能通过公式计算获得，也可以利用示波器观察电路状态，记录下波形图来了解。图3-40电路的时序图如图3-42所示，状态的周期循环一目了然。

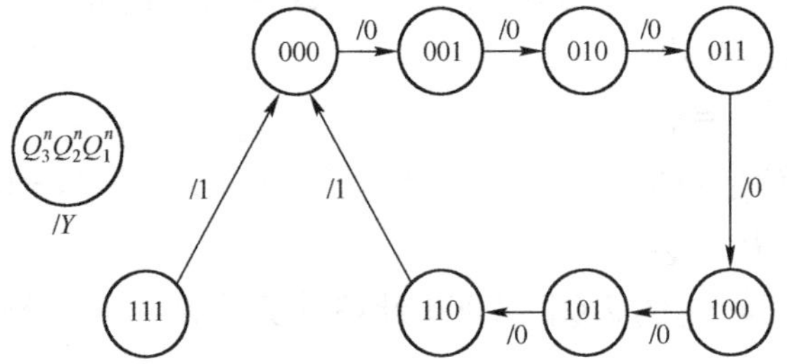

图3-41　图3-40电路的状态转换

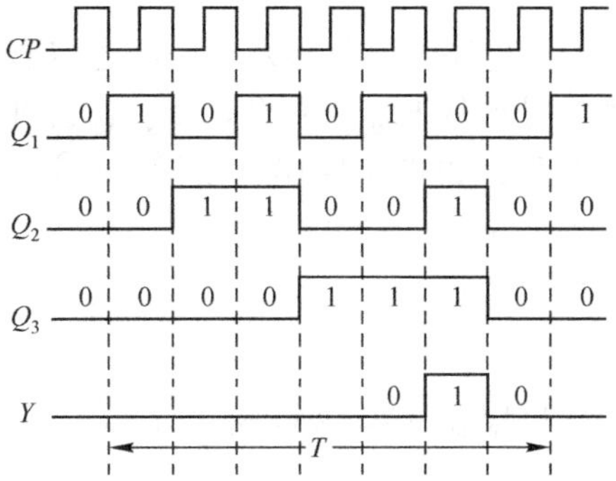

图3-42　图3-40电路的时序图

2. 异步时序逻辑电路的分析

如图3-43所示为某异步时序逻辑电路，下面来看看能否用与同步时序逻辑电路类似的方法了解它的逻辑功能？

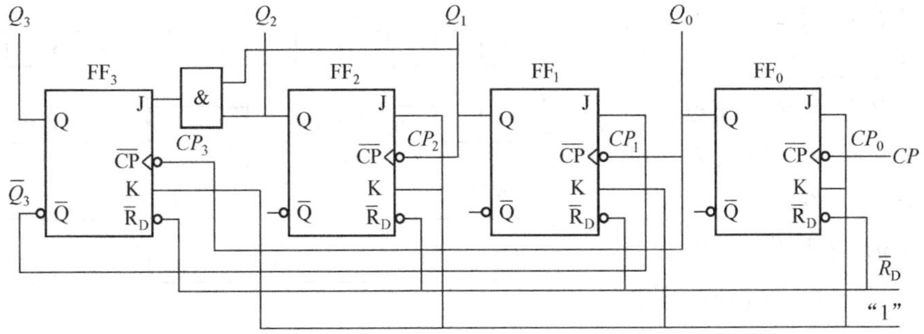

图3-43　某异步时序逻辑电路

从图3-43可看出，FF_0、FF_1、FF_2 和 FF_3 为下降沿触发的JK触发器，根据逻辑电路列出驱动方程：

$$\begin{cases} J_0=1,\ K_0=1 \\ J_1=\overline{Q}_3,\ K_1=1 \\ J_2=1,\ K_2=1 \\ J_3=Q_2Q_1,\ K_3=1 \end{cases} \tag{3-12}$$

将式（3-12）的驱动方程代入触发器的特性方程 $Q^{n+1}=J\overline{Q^n}+\overline{K}Q^n$ 中去，得到电路的状态方程为：

$$\begin{cases} Q_0^{n+1}=\overline{Q_0^n} \\ Q_1^{n+1}=\overline{Q_3^n}\cdot\overline{Q_1^n} \\ Q_2^{n+1}=\overline{Q_2^n} \\ Q_3^{n+1}=\overline{Q_3^n}Q_2^nQ_1^n \end{cases} \tag{3-13}$$

因电路为异步触发，所以还需要列出 CP 时钟方程。从图 3-43 看到，FF_1 和 FF_3 的时钟信号均从 FF_0 的输出 Q_0 端引入，FF_2 的时钟信号从 FF_1 的输出 Q_1 端引入，由此列出时钟方程，如式（3-14）所示，信号在下降沿有效。

$$\begin{cases} CP_1=Q_0 \\ CP_2=Q_1 \\ CP_3=Q_0 \end{cases} \tag{3-14}$$

根据式（3-13）和式（3-14），从初态 $Q_3^nQ_2^nQ_1^nQ_0^n=0000$ 开始计算次态，并绘制时序图。

对异步时序逻辑电路的分析从与外部时钟直接连接的触发器开始，如图 3-44 所示，在 CP 脉冲作用下，FF_0 的输出信号 Q_0 在脉冲下降沿发生状态翻转；Q_0 的波形下降沿信号将直接送到 FF_1 和 FF_3，由 FF_1 的状态方程 $Q_1^{n+1}=\overline{Q_3^n}\cdot\overline{Q_1^n}$分析，知在 $Q_3^n=0$ 时，$Q_1^{n+1}=\overline{Q_1^n}$，因此，在图 3-44 中的①、②、③、④点，$Q_1$ 发生状态翻转。$Q_2^{n+1}=\overline{Q_2^n}$，因此在 Q_1 的波形下降沿即②、④点，Q_2 发生状态翻转。而在 FF_3 的状态方程中，$Q_3^{n+1}=\overline{Q_3^n}Q_2^nQ_1^n$，只有在$Q_2^n=1$ 且 $Q_1^n=1$ 时，Q_3^{n+1} 才会翻转为高电平，因此，在图中的①、②、③点，虽然 FF_3 有触发信号，但只有在④点才满足条件，$Q_3^{n+1}=1$；在下一个 Q_0 波形的下降沿来临时（即⑤点），$Q_3^n=1$ 的信号作用在 FF_1 的输入端，令 $Q_1^{n+1}=0$；此时 Q_3^{n+1} 也由于 $Q_2^n=0$ 和 $Q_1^n=0$ 而将状态翻转为 0；而 FF_2 此时无脉冲信号，状态不改变。从时序图可以看到，当 $Q_3^nQ_2^nQ_1^nQ_0^n=1001$ 时，下一个 CP 脉冲将使所有输出为 0，电路状态发生循环。因此，如图 3-43 所示电路为十进制异步计数器。

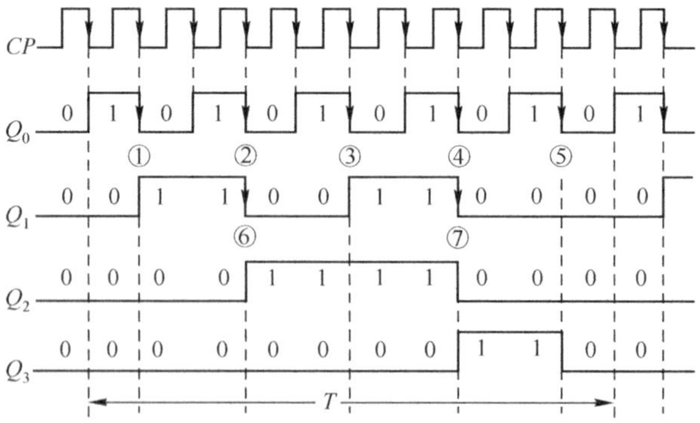

图 3-44　图 3-43 时序逻辑电路的时序图

根据时序图列出状态转换表，如表 3-14 所示。$Q_3^nQ_2^nQ_1^nQ_0^n$ 的“1010”，“1011”，“1100”，“1101”，“1110”，“1111” 六个状态并未在时序图中反映出来，因此，在状态转换表中以初态的形式进行计算，并将结果列入状态转换表中。可以看到在 CP 脉冲的作用下，六个状态最终都能进入有效状态的循环。根据状态表画出的状态转换图如图 3-45 所示。图 3-43电路中没有输入信号和输出信号，因此，状态转换图中不需标注输入、输出的状态变化。

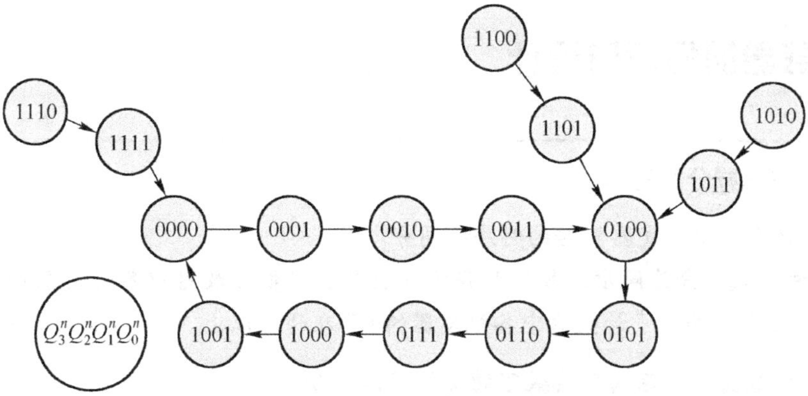

图 3-45 图 3-43 电路的状态转换

表 3-14 图 3-43 逻辑电路的状态转换表

CP_3	CP_2	CP_1	CP_0	Q_3^n	Q_2^n	Q_1^n	Q_0^n	Q_3^{n+1}	Q_2^{n+1}	Q_1^{n+1}	Q_0^{n+1}
			↓	0	0	0	0	0	0	0	1
↓		↓	↓	0	0	0	1	0	0	1	0
			↓	0	0	1	0	0	0	1	1
↓	↓	↓	↓	0	0	1	1	0	1	0	0
			↓	0	1	0	0	0	1	0	1
↓		↓	↓	0	1	0	1	0	1	1	0
			↓	0	1	1	0	0	1	1	1
↓	↓	↓	↓	0	1	1	1	1	0	0	0
			↓	1	0	0	0	1	0	0	1
↓		↓	↓	1	0	0	1	0	0	0	0
			↓	1	0	1	0	1	0	1	1
↓	↓	↓	↓	1	0	1	1	0	1	0	0
			↓	0	1	0	0	0	1	0	1
			↓	1	1	0	0	1	1	0	1
↓		↓	↓	1	1	0	1	0	1	0	0
			↓	1	1	1	0	1	1	1	1
↓	↓	↓	↓	1	1	1	1	0	0	0	0

通过上述案例的分析，可总结出时序逻辑电路的分析步骤如下：

（1）根据给定逻辑电路图写出驱动方程，即触发器输入信号的逻辑函数式，对异步时序电路还需列出 CP 脉钟方程。

（2）把驱动方程代入触发器的特性方程，求出各触发器及其他电路的输出方程。

（3）进行计算，列出状态转换表，或画出时序图和状态转换图，确定电路的逻辑功能。

3.7 计数器的分析与设计

计数器是怎样分类的?

1）按计数器中触发器翻转的时序异同分

按这种方式可分为同步计数器和异步计数器。同步计数器中各触发器均采用同一个CP脉冲触发，而异步计数器中各触发器的CP在两个以上。

2）按计数器的功能（即其数字的变化规律）分

按这种方式可分为加法（递增）计数器、减法（递减）计数器和可逆（加法、减法）计数器。

3）按计数体制分

按这种方式可分为二进制计数器、二—十进制计数器（或称十进制计数器）、任意进制（或称N进制）计数器。如果构成计数器的触发器个数为n，则二进制计数器在计数脉冲作用下的有效循环的状态数为2^n个；十进制计数器有效循环的状态数为10个；状态数不等于2^n和10的，就是任意进制了。

3.7.1 三位异步二进制减法计数器的设计

往往一涉及电路设计，大家心里总会有些忐忑，会担心自己有没有这个能力去设计一些电路？实际上，只要你多付出些耐心，你就会获得在其他场合难以得到的成就感。一起来试试看吧！

首先从初态列出三位异步二进制减法计数器的计数状态表，如表3-15所示。

表3-15 三位异步二进制减法计数器的计数状态表

CP	Q_2^n	Q_1^n	Q_0^n	Q_2^{n+1}	Q_1^{n+1}	Q_0^{n+1}
1	0	0	0	1	1	1
2	1	1	1	1	1	0
3	1	1	0	1	0	1
4	1	0	1	1	0	0
5	1	0	0	0	1	1
6	0	1	1	0	1	0
7	0	1	0	0	0	1
8	0	0	1	0	0	0

“000-1”不够减，需向相邻高位借“1”得“111”

从表3-15可以看到，对Q_0而言，在CP脉冲的作用下，每来一个脉冲，Q_0反转一次；对Q_1而言，在Q_0从0翻转为1时，Q_1发生了状态翻转；同样，Q_2的状态翻转在Q_1从0翻转为1时发生。因此，选择上升沿触发的D触发器构成的三位异步二进制减法计数器如图3-46所示，每个D触发器接成了T′触发器的形式，FF_1的触发脉冲来自Q_0，FF_2的触发脉冲则来自Q_1。

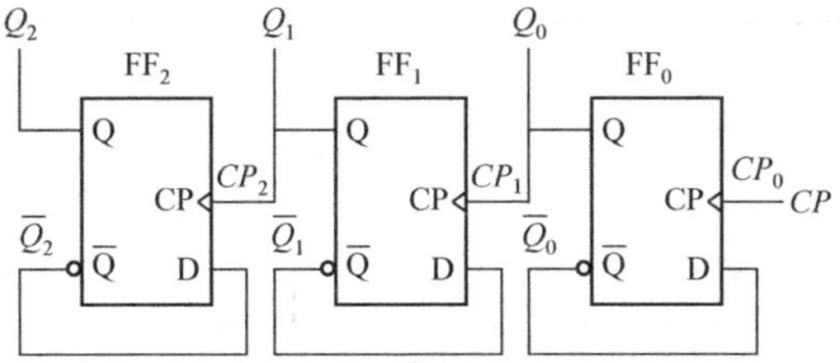

图3-46　由上升沿动作触发的D触发器构成的三位异步二进制减法计数器

如果选择下降沿触发的JK触发器，如何实现异步二进制减法计数器的功能？

提示：我们对表3-15进行了进一步的分析，列出了$\overline{Q}_0^{n+1}$和$\overline{Q}_1^{n+1}$的状态，如表3-16所示。可以发现在$\overline{Q}_0$由1到0的下降沿变化过程中，Q_1的状态发生了翻转；在$\overline{Q}_1$由1到0的下降沿变化过程中，Q_2的状态发生了翻转。JK触发器在怎样的组合下可以实现状态翻转，每个JK触发器的CP脉冲又应该从哪里引过来？知道该怎么做了吗？

表3-16　异步二进制减法计数器的状态表

CP	Q_2^n	Q_1^n	Q_0^n	Q_2^{n+1}	Q_1^{n+1}	Q_0^{n+1}	$\overline{Q}_1^{n+1}$	$\overline{Q}_0^{n+1}$
1	0	0	0	1	1	1	0	0
2	1	1	1	1	1	0	0	1
3	1	1	0	1	0	1	1	0
4	1	0	1	1	0	0	1	1
5	1	0	0	0	1	1	0	0
6	0	1	1	0	1	0	0	1
7	0	1	0	0	0	1	1	0
8	0	0	1	0	0	0	1	1

如果需要设计四位乃至五位、八位的二进制减法计数器，应该也不难了吧？

三位异步二进制减法计数器的理论推导

步骤1：寻找各触发器的触发脉冲。

仔细观察表3-15的计数状态表，可知Q_0在每个计数脉冲来临时均发生状态翻转，因此选$CP_0=CP$；而Q_1共翻转4次，而且都在Q_0由“0”到“1”瞬间翻转，因此可取Q_0的上升沿作为Q_1的触发边沿，即$CP_1=Q_0$；Q_2共翻转2次，都在Q_1由“0”到“1”瞬间翻转，因此取Q_1的上升沿作为Q_2的触发边沿，即$CP_2=Q_1$。

步骤2：按触发信号作用确定各输出的真值表并求解状态方程。

Q_0在外脉冲作用下的真值表如图3-47（a）所示，进行卡诺图化简如图3-47（b）所示，可求得：$Q_0^{n+1}=\overline{Q}_0^n$。

Q_1在Q_0上升沿作用下的真值表如图3-48（a）所示，进行卡诺图化简如图3-48（b）所示，可求得：$Q_1^{n+1}=\overline{Q}_1^n$。

CP	Q_2^n	Q_1^n	Q_0^n	Q_0^{n+1}
1	0	0	0	1
2	1	1	1	0
3	1	1	0	1
4	1	0	1	0
5	1	0	0	1
6	0	1	1	0
7	0	1	0	1
8	0	0	1	0

（a）真值表

Q_0^{n+1} (Q_2^n \ $Q_1^nQ_0^n$)	00	01	11	10
0	1			1
1	1			1

（b）Q_0卡诺图

图3-47　Q_0 的化简

Q_0上升沿	Q_2^n	Q_1^n	Q_1^{n+1}
1	0	0	1
2	1	1	0
3	1	0	1
4	0	0	0

（a）真值表

Q_1^{n+1} (Q_2^n \ Q_1^n)	0	1
0	1	
1	1	

（b）Q_1卡诺图

图3-48　Q_1 的化简

同理可得到 Q_2 在 Q_1 上升沿作用的逻辑表达式 $Q_2^{n+1}=\overline{Q}_2^n$。

步骤3：确定触发器的类型，根据特性方程推导驱动方程。

（1）选择D触发器：D触发器的特性方程为 $Q^{n+1}=D$，且触发方式为上升沿触发，因此可知：

$$\text{脉冲方程}\begin{cases}CP_0=CP\\CP_1=Q_0\\CP_2=Q_1\end{cases}\qquad\text{驱动方程}\begin{cases}D_0=\overline{Q}_0\\D_1=\overline{Q}_1\\D_2=\overline{Q}_2\end{cases}$$

（2）选择JK触发器：JK触发器的特性方程为 $Q^{n+1}=J\overline{Q}^n+\overline{K}Q^n$，因触发方式为下降沿触发，脉冲由反相端取，因此有：

$$\text{脉冲方程}\begin{cases}CP_0=CP\\CP_1=\overline{Q}_0\\CP_2=\overline{Q}_1\end{cases}\qquad\text{驱动方程}\begin{cases}J_0=K_0=1\\J_1=K_1=1\\J_2=K_2=1\end{cases}$$

步骤4：验证逻辑关系后按驱动方程和触发脉冲方程连线。（略）

3.7.2　异步十进制加法计数器的设计

十进制的编码方式很多，其计数器的种类也很多，因为其读出结果都是BCD码，所以十进制计数器也称二—十进制计数器。以三位二进制加法计数器为基础，可进行四位二进制加法计数器的设计。在二进制计数中，“1001”状态在脉冲作用下将翻转到“1010”状态，而十进制计数在“1001”状态后，应循环翻转回“0000”状态，其计数状态表如表3-17所示。

可以看到，Q_0 的状态变化仍然取决于输入的CP脉冲。来一个脉冲，Q_0 的状态翻转一次；Q 看起来在 Q_0 从0到1的下降沿来临时发生翻转，但在第10个CP脉冲作用于 Q_0，使 Q_0 产生0到1的下降沿时，Q_1 并没有发生状态翻转，而是保持了“0”状态；对 Q_2 来说，很明显，Q_1 产生1到0的下降沿时，Q_2 发生了状态翻转；而 Q_3 也没有直接考虑用 Q_2 做它的时钟脉冲，因为 Q_2 的输出状态无法产生 Q_3 在一个周期中的第二次状态跳变时需要的脉冲。

表3-17　异步十进制加法计数器的计数状态表

CP	Q_3^n	Q_2^n	Q_1^n	Q_0^n	Q_3^{n+1}	Q_2^{n+1}	Q_1^{n+1}	Q_0^{n+1}
1	0	0	0	0	0	0	0	1
2	0	0	0	1	0	0	1	0
3	0	0	1	0	0	0	1	1
4	0	0	1	1	0	1	0	0
5	0	1	0	0	0	1	0	1
6	0	1	0	1	0	1	1	0
7	0	1	1	0	0	1	1	1
8	0	1	1	1	1	0	0	0
9	1	0	0	0	1	0	0	1
10	1	0	0	1	0	0	0	0

我们仍然选择下降沿触发的JK触发器进行计数器的设计。对Q_0而言，在CP脉冲的作用下，只需要一个$J=K=1$的状态翻转过程；而Q_1输出的产生略为复杂，注意第1～7个CP脉冲的作用过程对Q_1而言，可以视为$J=K=1$的状态翻转过程，而第8、9个CP脉冲作用时，JK触发器处于“置0”的状态，即$J=0$、$K=1$的状态，由于$\overline{Q}_3$的状态与我们需要的J端的状态完全相同，所以在用Q_0的输出信号作为Q_1对应的触发器的时钟信号时，还需要引进$\overline{Q}_3$作为其J端信号；从状态表可以看到，Q_2的状态翻转完全由Q_1的下降沿决定，因此，直接用Q_1作为Q_2触发器的时钟输入端，将该触发器设置在状态翻转状态就可以了；Q_3对应的触发器需要从Q_0处引入时钟脉冲，从而满足Q_3两次状态翻转的需要，这时就需要考虑如何在Q_0的前三次脉冲下降沿避免Q_3对应的触发器动作了，也就是在这个时候必须让$J=0$。由于计数器不可能人为地在需要的时刻送入对应的电平信号，所以需要在电路现成的状态端口中寻找需要的条件，这里选择了用Q_1和Q_2的输出信号相与的方式。从状态表看到，在第1～5个CP脉冲作用时，Q_1和Q_2相与，如愿以偿地产生了“0”，在Q_0的下降沿状态，对应的触发器都为“置0”状态，在第7、8个CP脉冲作用时，Q_1和Q_2相与产生的“1”使Q_3状态翻转，而第9、10个脉冲作用时，触发器又处于“置0”状态，从而获得了Q_3所需要的输出效果。由JK触发器组成的异步十进制加法计数器的逻辑电路如图3-49所示。

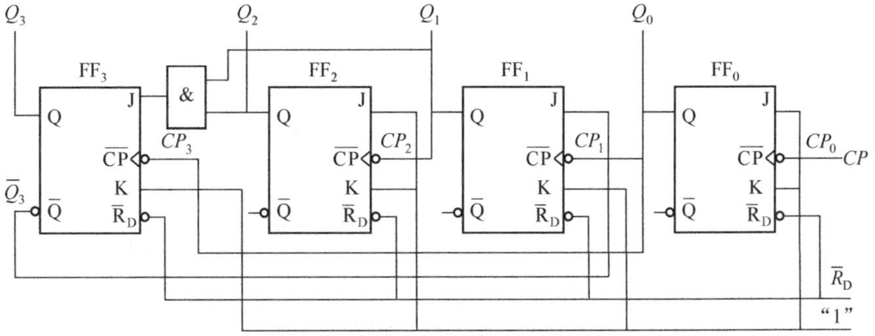

图3-49　由JK触发器组成的异步十进制加法计数器的逻辑电路

从状态表3-17可以看到，十进制计数器是在4位二进制的16个组合状态中除去 $Q_3Q_2Q_1Q_0=1010\sim1111$ 这6个状态后构成的。其时序图和状态转换图分别如图3-50和图3-51所示（MSB：最高有效位；LSB：最低有效位）。

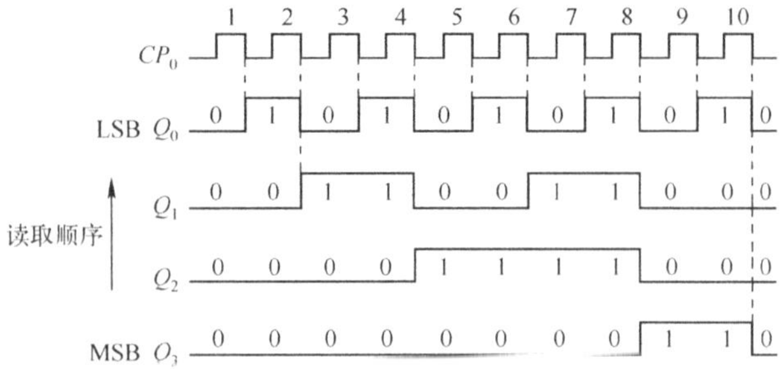

图3-50　十进制加法计数器的时序图

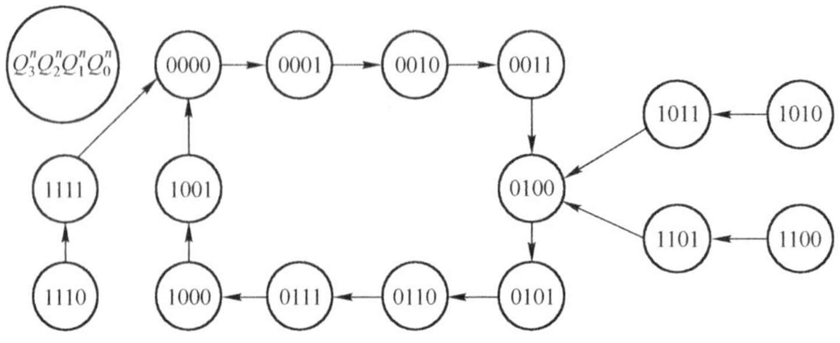

图3-51　十进制加法计数器的状态转换图

异步十进制加法计数器的理论推导

步骤1：寻找各触发器的触发脉冲。

触发脉冲选择原则："触发脉冲"的边沿的跳变应覆盖需触发对象的各状态变化，且以状态翻转次数最接近为宜，例如，Q_0 的脉冲应选外部 CP；Q_1 共翻转4次，每次翻转时 Q_1 的状态均为下降沿，因此选 Q_1 比用外部 CP 更合适；同理可知 Q_2 的脉冲虽可选 Q_0 或 Q_1，但 Q_1 更合适；而 Q_3 的脉冲只能选 Q_0。

步骤2：按触发信号作用确定各输出的真值表并求解状态方程。

Q_0 在外脉冲作用下的真值表如图3-52（a）所示，进行卡诺图化简如图3-53（b）所示，其中"1010～1111"六种状态属于无关项，经化简可求得：$Q_0^{n+1}=\overline{Q_0^n}$。

CP	Q_3^n	Q_2^n	Q_1^n	Q_0^n	Q_0^{n+1}
1	0	0	0	0	1
2	0	0	0	1	0
3	0	0	1	0	1
4	0	0	1	1	0
5	0	1	0	0	1
6	0	1	0	1	0
7	0	1	1	0	1
8	0	1	1	1	0
9	1	0	0	0	1
10	1	0	0	1	0

（a）真值表

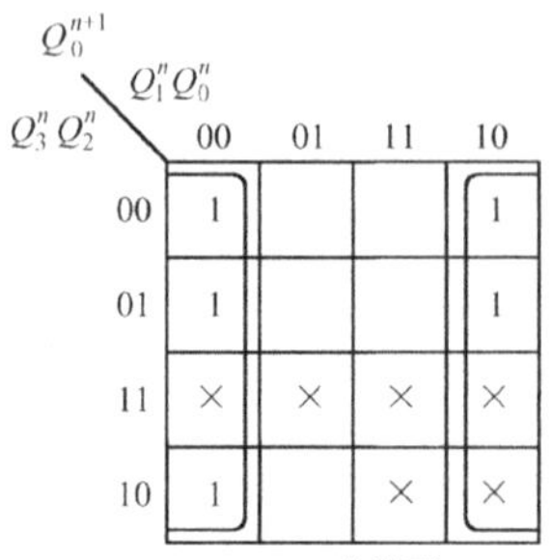

（b）卡诺图

图3-52　Q_0 的化简

在 Q_0 的下降沿作用下，绘出 Q_1 的真值表和卡诺图如图 3-53 所示。由卡诺图化简可得：$Q_1^{n+1}=\overline{Q}_3^n\cdot\overline{Q}_1^n$。

在 Q_1 的下降沿作用下，绘出 Q_2 的真值表和卡诺图如图 3-54 所示。Q_2 的真值表由图 3-53（a）真值表推出，其中 Q_3Q_2 由“01”转“10”后，Q_3 的翻转已与 Q_2 无关，因此 Q_3Q_2 的“10”状态亦属无关项，由卡诺图化简可得：$Q_2^{n+1}=\overline{Q}_2^n$。

Q_0^n	Q_3^n Q_2^n Q_1^n	Q_1^{n+1}
1	0　0　0	1
2	0　0　1	0
3	0　1　0	1
4	0　1　1	0
5	1　0　0	0

（a）真值表

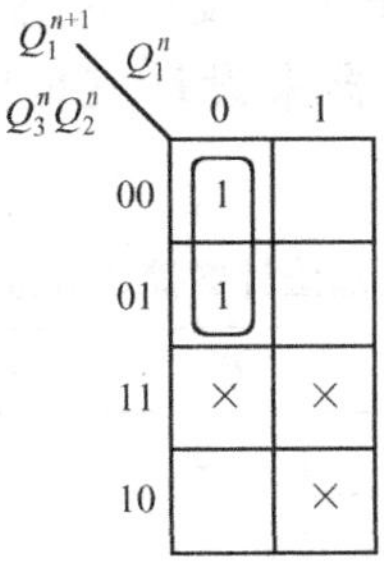

（b）卡诺图

图 3-53　Q_1 的化简

Q_1^n	Q_3^n Q_2^n	Q_2^{n+1}
1	0　0	1
2	0　1	0

（a）真值表

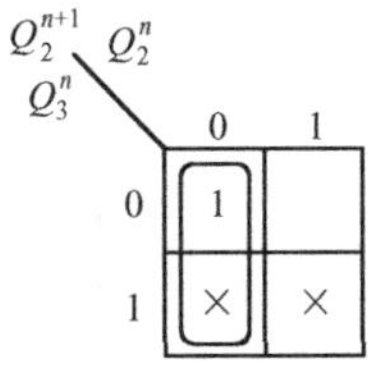

（b）卡诺图

图 3-54　Q_2 的化简

Q_3 的触发脉冲只能由 Q_0 产生，由此绘制真值表如图 3-55 所示，并根据卡诺图获得状态方程：$Q_3^{n+1}=\overline{Q}_3^nQ_2^nQ_1^n$。（此处不一定要化简，与驱动方程有关，请自行分析）

Q_0^n	Q_3^n Q_2^n Q_1^n	Q_3^{n+1}
1	0　0　0	0
2	0　0　1	0
3	0　1　0	0
4	0　1　1	1
5	1　0　0	0

（a）真值表

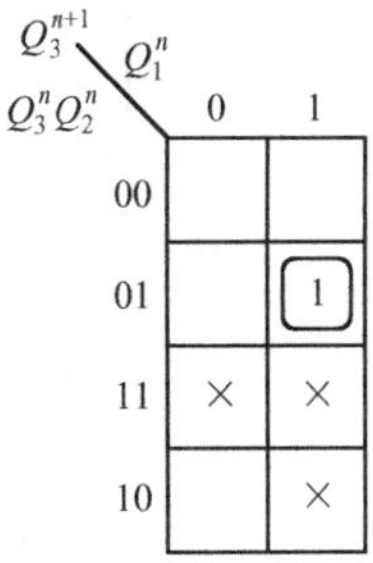

（b）卡诺图

图 3-55　Q_3 的化简

步骤 3：根据特性方程推导驱动方程如下。

$$\begin{cases}J_0=1,\ K_0=1\\ J_1=\overline{Q}_3,\ K_1=1\\ J_2=1,\ K_2=1\\ J_3=Q_2Q_1,\ K_3=1\end{cases}$$

步骤 4：验证逻辑关系的正确性。（略）

3.7.3　同步二进制加法计数器的设计

异步计数器电路较为简单，但由于它的进位（或借位）信号是逐级传递的，所以使其计数速度受到限制，工作频率不能太高。而由于同步计数器的时钟脉冲同时触发计数器中的全部触发器，各个触发器的翻转与时钟脉冲同步，所以其工作速度较快，工作频率较高。

表3-18为三位同步二进制加法计数器的计数状态表，同步计数器的特点决定了各触发器均由同一时钟脉冲输入。从表中可以看到，对 Q_0 而言，在CP脉冲的作用下，每来一个脉冲，Q_0 翻转一次，因此，Q_0 所对应的触发器功能设计只需要考虑脉冲作用下的状态翻转功能；而 Q_1、Q_2 在CP脉冲的作用下，并没有产生非常一致的工作状态，有时状态得以保持，有时状态又发生了翻转，如何确定触发器的设计思路？当我们把 Q_1、Q_2 状态翻转点在表3-18中标注出来后发现，当 Q_0 为0时，Q_1 在CP脉冲作用下保持了原状态，只有在 Q_0 为1时，下一个脉冲作用将使 Q_1 发生状态的翻转；而在 Q_0、Q_1 同时为1的状态发生后，Q_2 才会在CP脉冲作用下发生状态翻转，也即满足 $Q_0 \cdot Q_1 = 1$ 的条件。由此，可选择下降沿触发的JK触发器来设计三位同步二进制加法计数器，如图3-56所示。

表3-18　三位同步二进制加法计数器的计数状态

CP	Q_2^n	Q_1^n	Q_0^n	Q_2^{n+1}	Q_1^{n+1}	Q_0^{n+1}
1	0	0	0	0	0	1
2	0	0	1	0	1	0
3	0	1	0	0	1	1
4	0	1	1	1	0	0
5	1	0	0	1	0	1
6	1	0	1	1	1	0
7	1	1	0	1	1	1
8	1	1	1	0	0	0

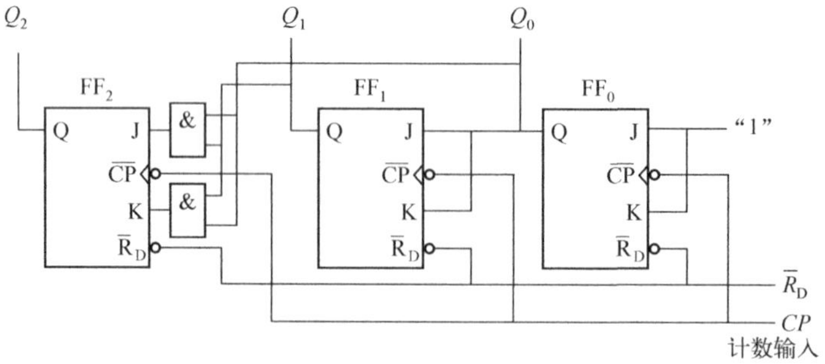

图3-56　三位同步二进制加法计数器的逻辑电路图

同步二进制加法计数器的理论推导

因本电路为同步触发，不需考虑各触发器的脉冲来源。

步骤1：绘制各输出的卡诺图并求解状态方程。按表3-18绘制卡诺图如图3-57所示。

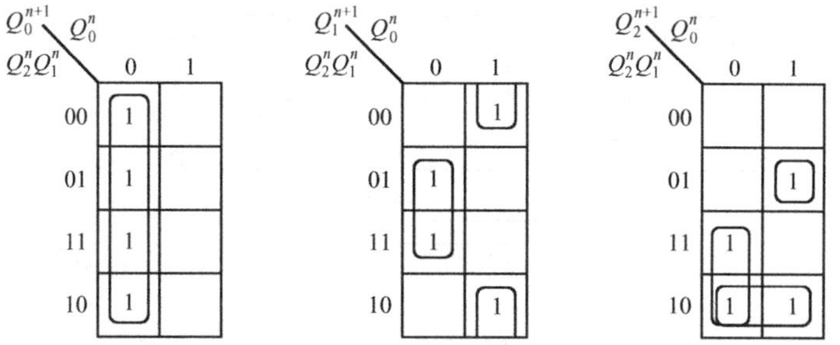

(a) Q_0的卡诺图　(b) Q_1的卡诺图　(c) Q_2的卡诺图

图 3-57　同步二进制加法计数器卡诺图化简

由图 3-57 进行卡诺图化简得状态方程：

$$\begin{cases} Q_0^{n+1} = \overline{Q}_0^n \\ Q_1^{n+1} = Q_1^n\overline{Q}_0^n + \overline{Q}_1^n Q_0^n \\ Q_2^{n+1} = Q_2^n\overline{Q}_0^n + Q_2^n\overline{Q}_1^n + \overline{Q}_2^n Q_1^n Q_0^n \end{cases}$$

步骤 2：选择触发器，与特性方程对比获得驱动方程，这里选择 JK 触发器，其特性方程为 $Q^{n+1} = J\overline{Q}^n + \overline{K}Q^n$，推导出驱动方程如下：

$$\begin{cases} J_0 = 1,\ K_0 = 1 \\ J_1 = K_1 = Q_0 \\ J_2 = K_2 = Q_1 Q_0 \end{cases}$$

这个结论与前面推导的结论一致吗？

你能用 D 触发器完成三位同步二进制加法计数器的设计吗？如果要求把三位同步二进制加法计数器的计数结果显示在数码管上，后续电路如何设计？你能设计一个四位同步二进制加法计数器吗？

3.7.4　同步二进制减法计数器的设计

表 3-19 为三位同步二进制减法器的计数状态表。从表中可以看到，与加法器相同，Q_0 在每个 CP 脉冲的作用下均发生状态的翻转；Q_1 则在 Q_0 为 0 且脉冲来临时发生状态翻转。若 Q_0 为 1，Q_1 状态保持；Q_2 则在 Q_0、Q_1 同时为 0 且脉冲来临时发生状态翻转，否则状态保持。Q_1 和 Q_2 状态变化条件与加法器设计中的条件极为相似，唯独有 0 和 1 的差异。考虑到触发器的反相输出端 $\overline{Q}_0$ 和 $\overline{Q}_1$，问题可迎刃而解。用 JK 触发器设计的三位同步减法计数器的逻辑电路图如图 3-58 所示。

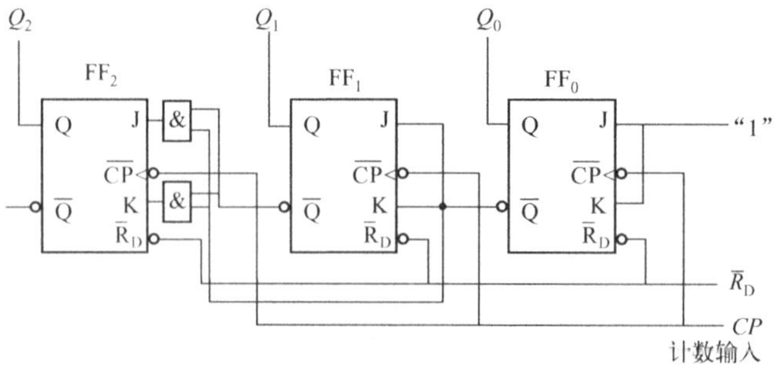

图 3-58　三位同步减法计数器的逻辑电路图

> 能根据前述理论推导方法推出图 3-58 的逻辑电路图吗?

表 3-19　三位同步二进制减法器的计数状态表

CP	Q_2^n	Q_1^n	Q_0^n	Q_2^{n+1}	Q_1^{n+1}	Q_0^{n+1}
1	0	0	0	1	1	1
2	1	1	1	1	1	0
3	1	1	0	1	0	1
4	1	0	1	1	0	0
5	1	0	0	0	1	1
6	0	1	1	0	1	0
7	0	1	0	0	0	1
8	0	0	1	0	0	0

3.7.5　周期性特殊时序电路的设计

很多生产控制过程都是周期性的，但是往往很难与加法器或减法器的逻辑联系到一起，这时用观察的方法无法直接获得控制逻辑关系，下面用卡诺图分析的方法来看看对没有明显相关性的周期性时序如何进行设计。

如图 3-59 所示为某工程控制系统中各设备的工作时序图，从时序图可知，该系统的各设备工作呈周期性，且仅有 $Q_4Q_3Q_2Q_1$ = 0100、0111、0001、1000 四个状态。画出对应的状

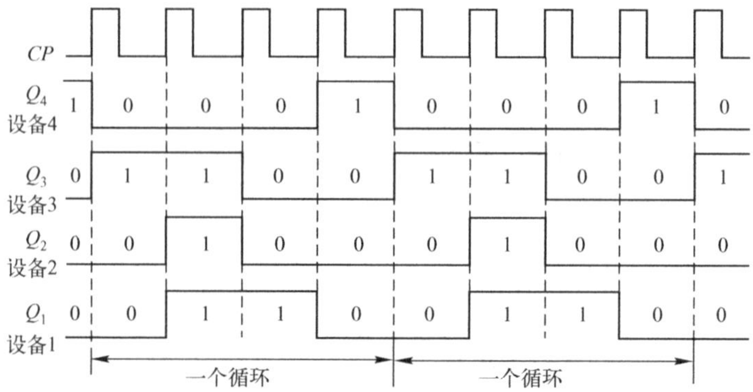

图 3-59　某工程控制系统中各设备的工作时序图

态转换表，如表3-20所示。这里采用同步触发控制方式，电路的输出次态取决于初态的状态，因此，画出各输出的对应卡诺图，如图3-60所示，其中该系统不可能出现的 $Q_4Q_3Q_2Q_1$ 的十二种组合作为约束项处理，在卡诺图中用“×”表示。若使用JK触发器进行设计，结合JK触发器的特征方程 $Q^{n+1}=J\overline{Q^n}+\overline{K}Q^n$ 进行卡诺图化简，可得到电路的状态方程为：

$$\begin{aligned}
Q_4^{n+1}&=\overline{Q_2^n}Q_1^n\overline{Q_4^n}\\
Q_3^{n+1}&=\overline{Q_1^n}Q_3^n+\overline{Q_1^n}\,\overline{Q_3^n}\\
Q_2^{n+1}&=Q_3^n\overline{Q_2^n}\\
Q_1^{n+1}&=Q_3^n\overline{Q_1^n}+Q_3^nQ_1^n
\end{aligned}\tag{3-15}$$

表3-20 设备的工作状态转换表

CP	状态顺序	状态编码							
	S_i	Q_4^n	Q_3^n	Q_2^n	Q_1^n	Q_4^{n+1}	Q_3^{n+1}	Q_2^{n+1}	Q_1^{n+1}
1	S_0	1	0	0	0	0	1	0	0
2	S_1	0	1	0	0	0	1	1	1
3	S_2	0	1	1	1	0	0	0	1
4	S_3	0	0	0	1	1	0	0	0

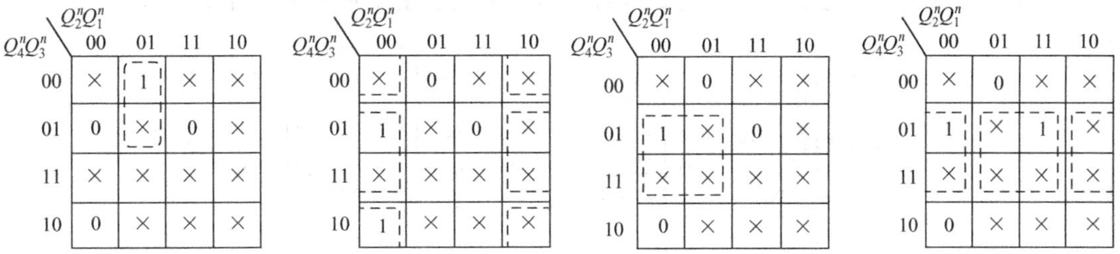

（a）Q_4^{n+1}　（b）Q_3^{n+1}　（c）Q_2^{n+1}　（d）Q_1^{n+1}

图3-60 各输出对应的卡诺图

对特征方程进行相应分析，即得到各触发器的驱动方程为：

$$\begin{aligned}
&J_4=\overline{Q_2}Q_1,\ K_4=1\\
&J_3=\overline{Q_1},\ K_3=Q_1\\
&J_2=Q_3,\ K_2=1\\
&J_1=Q_3,\ K_1=\overline{Q_3}
\end{aligned}\tag{3-16}$$

对应的控制逻辑电路如图3-61所示。

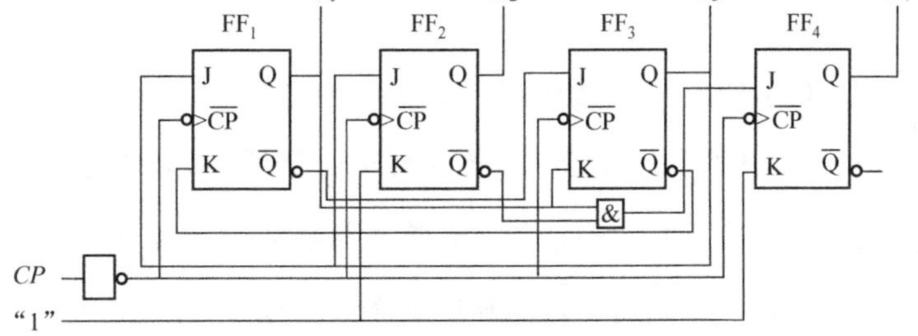

图3-61 控制逻辑电路图

在设计的最后，需要把系统中 $Q_4Q_3Q_2Q_1$ 不可能出现的12种状态组合代入电路进行验证，获得的状态转换图如图3-62所示。由此可见，无论何种状态，最终都进入了稳态循环。

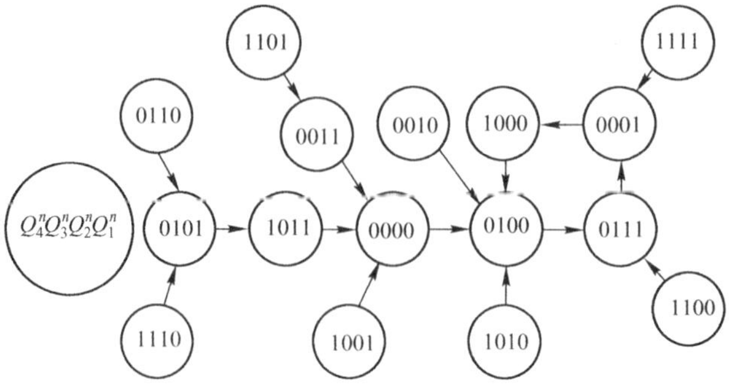

图3-62　控制系统的状态转换图

3.7.6　集成异步计数器的应用——百进制计数器的设计

为使用便利，计数器电路往往被集成化，且功能各异。下面来了解利用一些典型的集成计数器芯片进行计数电路设计的方法。

可预置的二—五—十进制异步加法计数器74LS196

如图3-63所示为74LS196的逻辑符号和引脚图，其引脚功能如下。

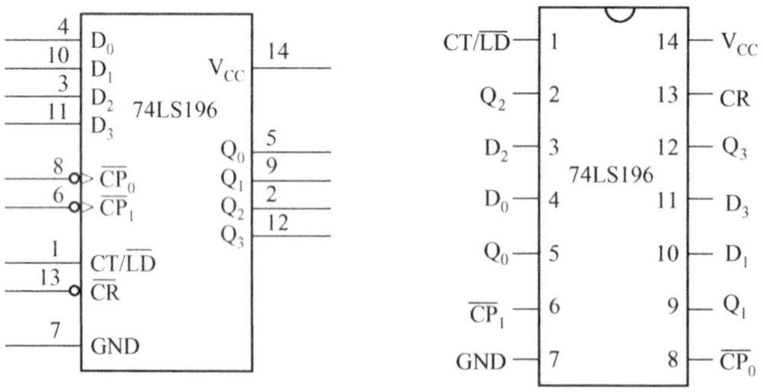

（a）逻辑符号　（b）引脚图

图3-63　74LS196的逻辑符号和引脚图

（1）$\overline{CR}$：异步清除端，低电平有效。

（2）$CT/\overline{LD}$：计数/置数控制端。当$CT/\overline{LD}$为低电平时，不管时钟端的$\overline{CP}_0$、$\overline{CP}_1$状态如何，输出Q_3～Q_0即可预置成与数据输入端D_3～D_0的状态相一致；当$CT/\overline{LD}$为高电平时，在$\overline{CP}_0$、$\overline{CP}_1$端脉冲下降沿进行计数操作。

（3）D_3～D_0：数据输入端。

（4）$Q_3 \sim Q_0$：数据输出端。

（5）$\overline{CP}_0$、$\overline{CP}_1$：时钟脉冲端，低电平有效。

74LS196 二—五—十进制计数器的功能，如表 3-21 所示。

表 3-21　74LS196 二—五—十进制计数器的功能

输入								输出			
$\overline{CR}$	$CT/\overline{LD}$	$\overline{CP}_0$	$\overline{CP}_1$	D_0	D_1	D_2	D_3	Q_0	Q_1	Q_2	Q_3
0	×	×		×	×	×	×	0	0	0	0
1	0	×		d_0	d_1	d_2	d_3	d_0	d_1	d_2	d_3
1	1	↓	×	×	×	×	×	二分频	×	×	×
1	1	×	↓	×	×	×	×	×	五分频		

从表中可以看到：

（1）$\overline{CR}$优先级最高；

（2）在$\overline{CR}=1$、$\overline{LD}$低电平有效的情况下，芯片起到预置数的效果，直接把 $D_3 \sim D_0$ 端的数据送到 $Q_3 \sim Q_0$ 端；

（3）当计数脉冲由$\overline{CP}_0$输入，则 Q_0 端得到二分频输出；当另一个计数脉冲由$\overline{CP}_1$端输入时，则 $Q_1 \sim Q_3$ 端得到五分频输出。

（4）当计数脉冲由$\overline{CP}_0$输入，Q_0 端的输出接到$\overline{CP}_1$端时，其电路图如图 3-64（a）所示，相应的计数时序图如图 3-64（b）所示，此时 74LS196 构成了 $Q_3Q_2Q_1Q_0$ 为 8421 码的十进制计数方式。

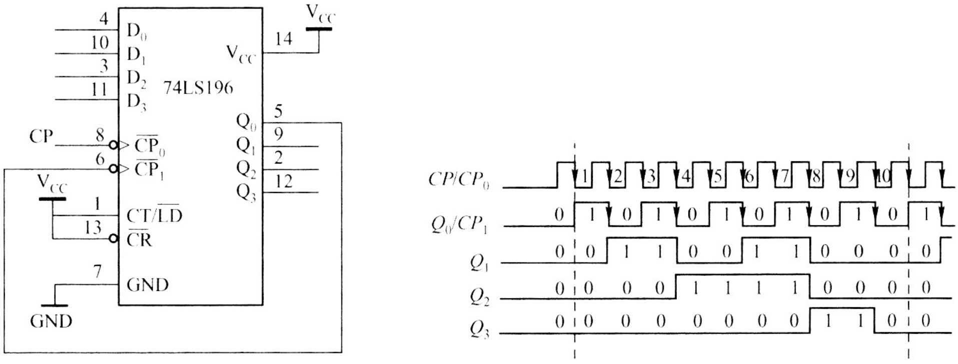

（a）电路图　　（b）计数时序图

图 3-64　由 74LS196 构成的 8421 码十进制计数器

（5）当计数脉冲由$\overline{CP}_1$端输入，Q_3 端的输出接到$\overline{CP}_0$端时，其电路图如图 3-65（a）所示，相应的计数时序图如图 3-65（b）所示，此时 74LS196 构成了 $Q_0Q_3Q_2Q_1$ 为 5421 码的十进制计数方式。

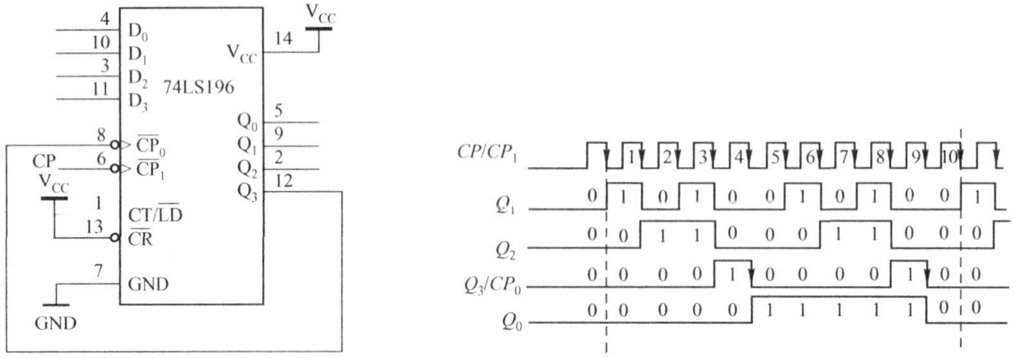

（a）电路图　　（b）计数时序图

图3-65　由74LS196构成的5421码十进制计数器

构成百进制计数器时，需要0～99的计数，因此，74LS196芯片应连接成8421码的进位形式，即选择图3-64所示的连接方式，同时两片芯片级联，将低位芯片的 Q_3 端与高位芯片的 $\overline{CP_0}$ 端相连，如图3-66所示。

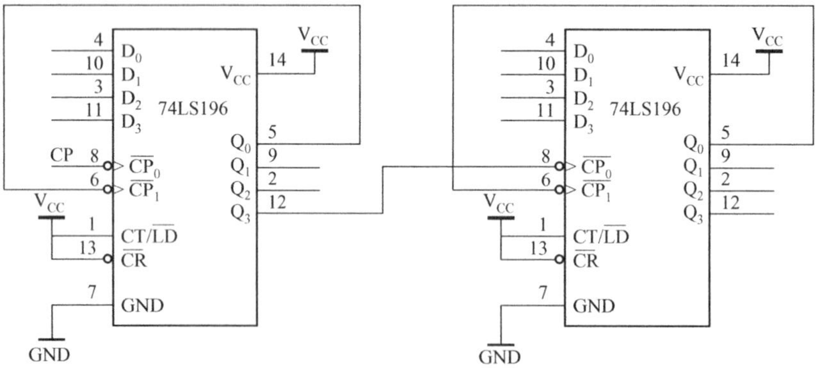

图3-66　用两片74LS196构成的百进制计数器

如果需要设计一个0～999的计数器，对输入脉冲进行计数，需要如何设计？

3.7.7　可预置同步二进制加法计数器的应用——十二进制加法计数器设计

可预置同步二进制加法计数器74LS163

74LS163的逻辑符号如图3-67（a）所示，引脚图如图3-67（b）所示，其引脚功能如下。

(1) D_0 ～ D_3：四位并行预置数据输入端。D_0 端为数据低位端，D_3 端为数据高位端。

(2) Q_0 ～ Q_3：四位二进制计数输出端。Q_0 端为数据低位端，Q_3 端为数据高位端。

(3) CP：时钟输入端。

(4) EP、ET：计数允许控制端。

(5) $\overline{CR}$：清零端，低电平有效。

(6) $\overline{LD}$：预置数据控制端，低电平有效。

(7) CO：进位输出端。

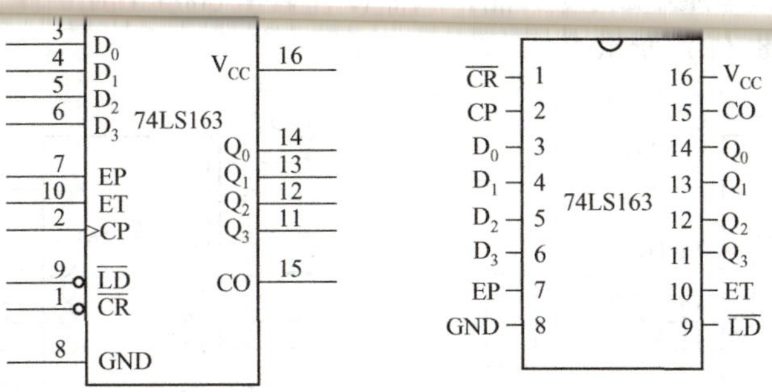

（a）逻辑符号　　（b）引脚图

图 3-67　74LS163 的逻辑符号和引脚图

74LS163 的功能，如表 3-22 所示。

表 3-22　74LS163 的功能

序号	输入									输出			
	清零 $\overline{CR}$	使能 EP	使能 ET	置数 $\overline{LD}$	时钟 CP	并行输入 D_0	D_1	D_2	D_3	Q_0	Q_1	Q_2	Q_3
1	0	×	×	×	↑	×	×	×	×	0	0	0	0
2	1	×	×	0	↑	d_0	d_1	d_2	d_3	d_0	d_1	d_2	d_3
3	1	1	1	1	↑	×	×	×	×	加法计数			
4	1	0	×	1	×	×	×	×	×	保持			
5	1	×	0	1	×	×	×	×	×	保持			

从功能表可知：

(1) 清零的优先级最高，且为同步清零，即 $\overline{CR}=0$ 且在 CP 脉冲上升沿时计数器清零；

(2) 当 $\overline{CR}=1$ 时，$\overline{LD}$ 具有次优先权，当 $\overline{LD}=0$ 且在 CP 脉冲上升沿时，计数器置数，即 $Q_3Q_2Q_1Q_0=D_3D_2D_1D_0$；

(3) 当 $\overline{CR}=\overline{LD}=1$，且优先级别最低的使能端 $EP=ET=1$ 时，在 CP 脉冲上升沿触发下，计数器进行计数，$CO=Q_3\cdot Q_2\cdot Q_1\cdot Q_0$；

(4) 当 $\overline{CR}=\overline{LD}=1$，且 EP 和 ET 中至少有一个为 0 时，CP 脉冲将不起作用，计数器保持原状态不变。

四位二进制数可表示十六种状态，设计十二进制计数器只用到其中的十二种，因此可以采用以下两种设计方式。

1. 反馈清零方式

74LS163 芯片的计数周期为“0000 ～ 1111”，十二进制的计数要求从 0000 计数到 1011 后重新从 0000 开始，即当 $Q_3Q_2Q_1Q_0$ 为“1011”时，下一个脉冲作用下的状态将翻转为“0000”，这对 74LS163 芯片来说就是“同步清零”的效果，因此，可考虑从输出端 $Q_3Q_1Q_0$ 引信号通过与非门到 $\overline{CR}$ 端实现清零功能，从而使计数从 0000 开始。十二进制加法计数器的电路原理图如图 3-68（a）所示。

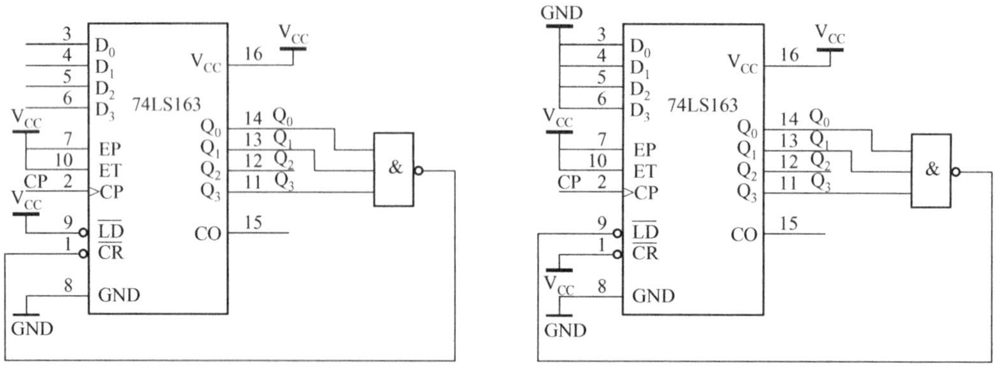

（a）反馈清零方式　　（b）反馈置数方式

图 3-68　十二进制加法计数器的逻辑电路图

这种利用计数器清零端的清零作用，截取计数过程中的某一个中间状态控制清零端，使计数器由此状态返回到零重新开始计数的计数器设计方式称为反馈清零方式。

2. 反馈置数方式

如果利用 74LS163 的置数控制端 $\overline{LD}$，在 $Q_3Q_2Q_1Q_0$ 从“1011”转“0000”的过程中，令 $\overline{LD}=0$，从置数端送入“0000”，同样能够达到与反馈清零方式相同的效果，其逻辑原理图如图 3-68（b）所示。

> 如果需要设计一个计数器，从“0001”计数到“1100”，参考图 3-68（b）进行设计能否实现这个功能？

3.7.8　可预置同步十进制计数器的应用——六十进制加法计数器设计

1. 可预置同步十进制加法计数器 74LS160

如图 3-69 所示为可预置同步十进制加法计数器 74LS160 的逻辑符号和引脚图，其引脚功能如下。

（1）$P_0 \sim P_3$：四位并行预置数据输入端。P_0 端为数据低位端，P_3 端为数据高位端。

（2）$Q_0 \sim Q_3$：四位 BCD 码计数输出端。Q_0 端为数据低位端，Q_3 端为数据高位端。

（3）CP：时钟输入端。

（4）CEP、CET：计数允许控制端。

（5）$\overline{CR}$：清零端，低电平有效。

（6）$\overline{PE}$：并行输入使能端，低电平有效。

（7）TC：进位输出端。

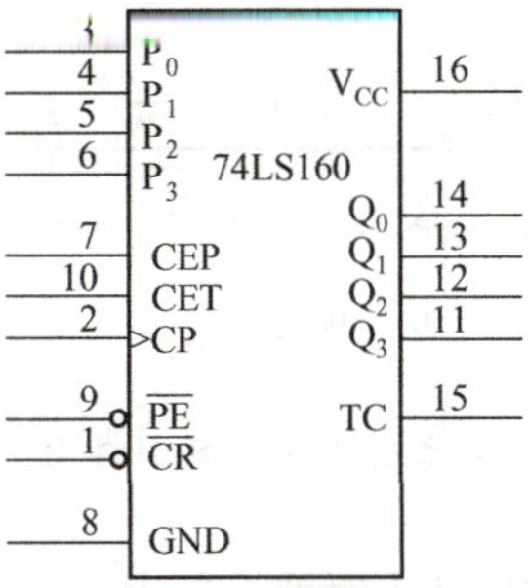

（a）逻辑符号

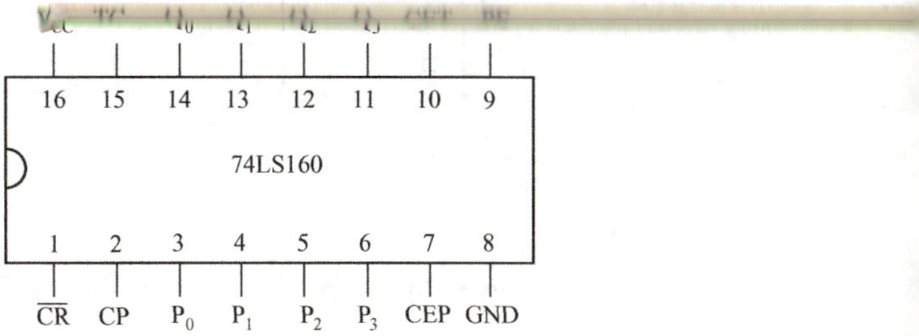

（b）引脚图

图 3-69　可预置同步十进制加法计数器 74LS160 的逻辑符号和引脚图

74LS160 的功能，如表 3-23 所示。

表 3-23　可预置同步十进制加法计数器 74LS160 的功能

输入									输出					注
$\overline{CR}$	$\overline{PE}$	CEP	CET	CP	P_3	P_2	P_1	P_0	Q_3	Q_2	Q_1	Q_0	TC	
0	×	×	×	×	×	×	×	×	0	0	0	0	0	清零
1	0	×	×	↑	d_3	d_2	d_1	d_0	d_3	d_2	d_1	d_0		置数 $TC = CET \cdot Q_3 \cdot Q_0$
1	1	1	1	↑	×	×	×	×	计数					$TC = Q_3 \cdot Q_0$
1	1	0	×	×	×	×	×	×	保持					$TC = CET \cdot Q_3 \cdot Q_0$
1	1	×	0	×	×	×	×	×	保持				0	

从功能表可知：

（1）清零的优先级最高，且为异步清零，即$\overline{CR}=0$ 时，计数器立即清零；

（2）当$\overline{CR}=1$ 时，$\overline{PE}$具有次优先权，当$\overline{PE}=0$ 且 CP 为上升沿时，计数器置数，即 $Q_3Q_2Q_1Q_0 = P_3P_2P_1P_0$；若 $P_3P_2P_1P_0$ 为“1001”且 CET 为1，则 TC 端输出高电平；

（3）当$\overline{CR}=\overline{PE}=1$，且优先级别最低的使能端 $CEP=CET=1$时，在 CP 脉冲上升沿触发下，计数器进行计数；当 $Q_3Q_2Q_1Q_0=1001$ 时，TC 端输出高电平，下一个 CP 脉冲来临时，输出端清零；

（4）当$\overline{CR}=\overline{PE}=1$，且 CEP 和 CET 中至少有一个为0 时，CP 脉冲将不起作用，计数器保持原状态不变。

2. 可预置同步十进制可逆计数器74HC192

如图3-70所示为可预置同步十进制可逆计数器74HC192的逻辑符号和引脚图，其引脚功能如下。

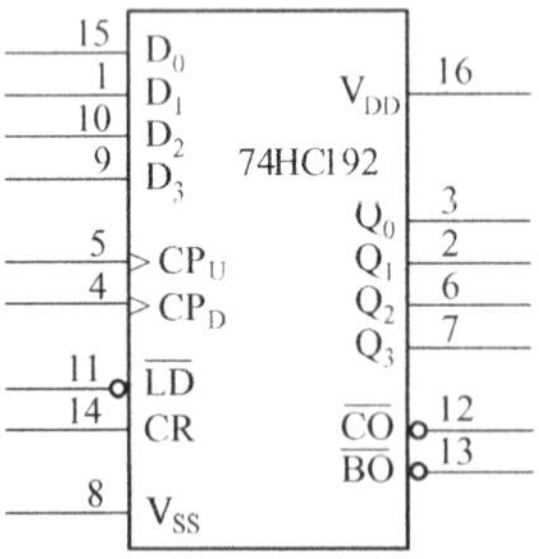

（a）逻辑符号

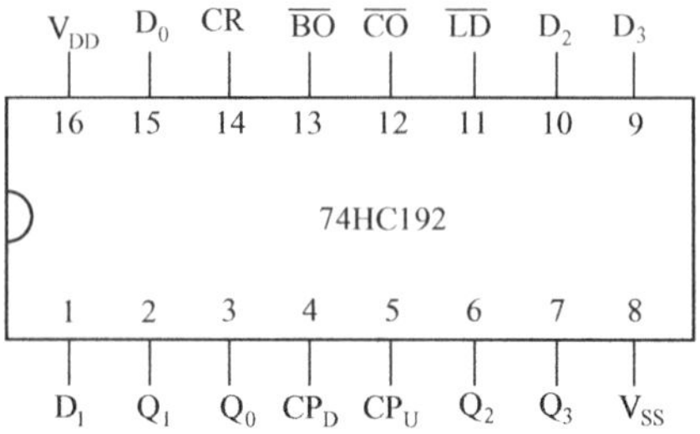

（b）引脚图

图3-70　可预置同步十进制可逆计数器74HC192的逻辑符号和引脚图

（1）D_0～D_3：四位并行预置数据输入端。D_0端为数据低位端，D_3端为数据高位端。

（2）Q_0～Q_3：四位二进制计数输出端。Q_0端为数据低位端，Q_3端为数据高位端。

（3）CP_D：减计数时钟输入端。

（4）CP_U：加计数时钟输入端。

（5）CR：清零端，高电平有效。

（6）$\overline{LD}$：预置数据控制端，低电平有效。

（7）$\overline{CO}$：进位输出端，低电平有效。

（8）$\overline{BO}$：借位输出端，低电平有效。

74HC192的功能，如表3-24所示。

表3-24　可预置同步十进制可逆计数器74HC192的功能

输入								输出			
CR	$\overline{LD}$	CP_U	CP_D	D_3	D_2	D_1	D_0	Q_3	Q_2	Q_1	Q_0
1	×	×	×	×	×	×	×	0	0	0	0
0	0	×	×	d_3	d_2	d_1	d_0	d_3	d_2	d_1	d_0
0	1	↑	1	×	×	×	×	递增计数			
0	1	1	↑	×	×	×	×	递减计数			
0	1	1	1	×	×	×	×	保持			

从功能表可知：

（1）清零的优先级最高，且为异步清零，高电平有效，即$CR=1$时，计数器立即清零；

（2）当$CR=0$时，$\overline{LD}$具有次优先权；当$\overline{LD}=0$时，计数器异步置数，即$Q_3Q_2Q_1Q_0=D_3D_2D_1D_0$；

（3）当$CR=0$和$\overline{LD}=1$时，若减计数时钟输入端CP_D置高电平，加计数时钟输入端CP_U送入计数脉冲，脉冲上升沿进行加法计数；若加计数时钟输入端CP_U置高电平，减计数时钟

输入端 CP_D 送入计数脉冲，脉冲上升沿进行减法计数；若两个端子均为高电平，状态保持。

我们需要关注的是进位输出端和借位输出端的状态。74LS192 的工作时序图如图 3-71 所示，加法时的进位输出条件为 $\overline{CO}=\overline{\overline{CP_U}Q_3Q_0}$；减法时借位输出条件为 $\overline{BO}=\overline{\overline{CP_D}\,\overline{Q_3}\,\overline{Q_2}\,\overline{Q_1}\,\overline{Q_0}}$。

也就是说，进行加计数，当 Q_3Q_0 均为 1、$CP_U=0$，即计数状态为1001时，给出一进位信号；进行减计数，当 $Q_3Q_2Q_1Q_0$ 均为 0 且 $CP_D=0$，即计数状态为0000时，给出一借位信号。

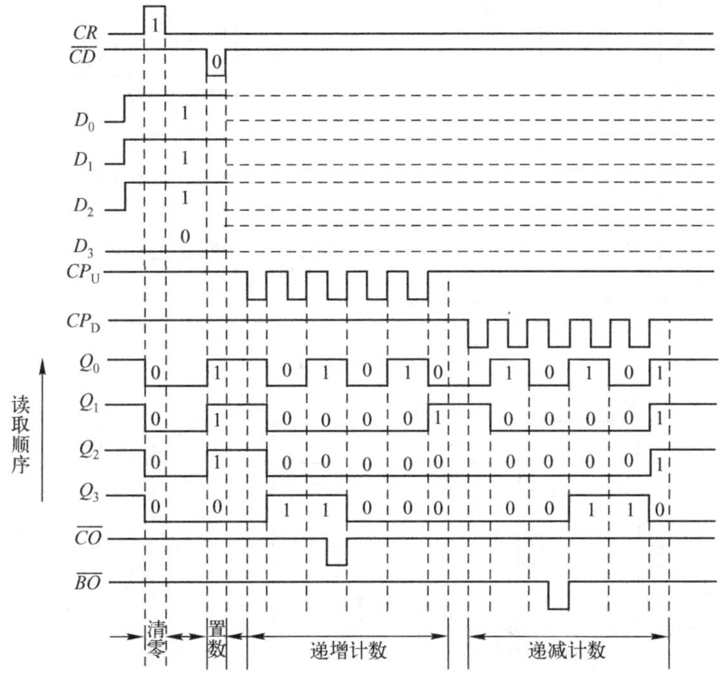

图 3-71　74HC192 的工作时序

3. 六十进制加法计数器的设计

设计六十进制加法计数器，可用以下两种方法来实现。

1）用 74LS160 实现

六十进制计数器中出现的最大数是 $(59)_{10}$，显然需要用两片 74LS160 才能实现相应功能。从六十进制的个位对应的功能可以看到，这里需要的是一个完整的十进制加法计数器，设计的关键在于"个位"向"十位"的进位信号的产生和计满 59 后的清零问题。74LS160 芯片带进位端 TC，当"个位"的 $Q_3Q_2Q_1Q_0=1001$ 时，对应 TC 端将输出高电平，由于 74LS160 上升沿计数的特性，所以不能把"个位"的进位信号作为"十位"的 CP 脉冲信号，而是把进位信号送入"十位"芯片的使能端 CEP 和 CET。两片芯片采用同步触发的形式，在下一个 CP 脉冲作用下，低位清零，高位计数加一，逻辑电路图如图 3-72（a）所示。74LS160 芯片的清零信号为异步清零，因此不能采用在计数到"59"时取对应位状态产生清零信号的方式，而需要在计数到"60"的瞬间取清零信号。

2）用 74HC192 实现

使用 74HC192 芯片进行设计时需注意减计数端的处理。同时，从图 3-71 可以看到，在加计数状态，当“个位”的计数状态为 1001 时，其$\overline{CO}$端获得了一个脉冲信号，恰好可以作为“十位”的计数脉冲，因此，只需要将“个位”的$\overline{CO}$端接到“十位”的 CP_U 端就可以了。逻辑电路图如图 3-72（b）所示。

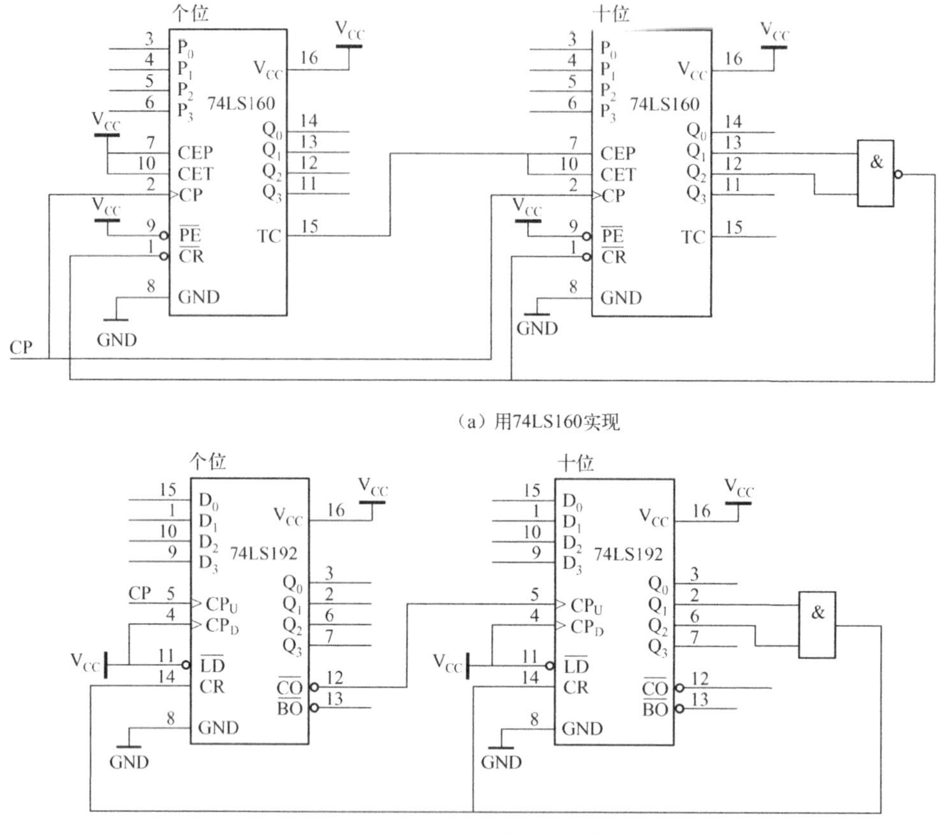

（a）用74LS160实现

（b）用74HC192实现

图 3-72　六十进制计数的逻辑电路图

至此可以看到，只要把芯片的逻辑功能分析清楚，就可以轻松地进行各种时序逻辑控制系统的设计了。

3.8　基准脉冲发生器的设计

3.8.1　基于 555 定时器的秒脉冲发生器

555 定时器

555 定时器内部是模拟—数字混合的中规模集成电路，只要外接少量的阻容元件，就可以很方便地构成单稳态触发器、多谐振荡器和施密特触发器，因而它在信号的产生与变换、自动检测及控制、定时和报警，以及家用电器、电子玩具等方面得到了极为广泛的应用。

555定时器根据内部器件类型不同可分为双极型（TTL型）和单极型（CMOS型），它们均有单或双定时器电路。双极型定时器型号为555（单）和556（双），电源电压使用范围为5～16 V，输出最大负载电流可达200 mA。单极型定时器型号为7555（单）和7556（双），电源电压使用范围为3～18 V，但输出最大负载电流为4 mA。

如图3-73（a）、（b）所示分别为555定时器的逻辑符号和引脚图，各引脚功能如下。

（1）$\overline{R}_D$：清零端，低电平有效。

（2）TH：阈值输入端。

（3）TR：触发输入端。

（4）DIS：放电端。

（5）V_C：控制电压端。

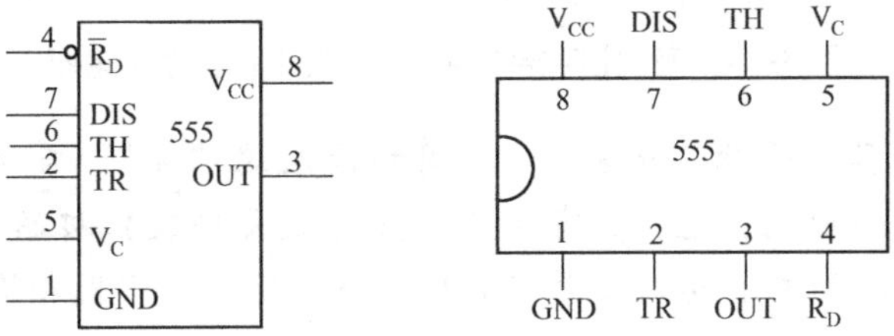

（a）逻辑符号　　（b）引脚图

图3-73　555定时器的逻辑符号和引脚图

（6）OUT：输出端。

如表3-25所示为V_C端无外加固定电压时555定时器的功能表。

表3-25　555定时器的功能

$\overline{R}_D$	TH	TR	OUT	放电管VT
1	$>\frac{2}{3}V_{CC}$	$>\frac{1}{3}V_{CC}$	0	导通
1	$<\frac{2}{3}V_{CC}$	$>\frac{1}{3}V_{CC}$	原态	原态
1	×	$<\frac{1}{3}V_{CC}$	1	截止
0	×	×	0	导通

如何理解555定时器的逻辑功能？我们需要看一下它的内部构造，如图3-74（a）所示对555定时器做了清楚的剖析。这里涉及到了两个模拟电路的器件——三极管和集成运算放大器，具体的结构在后续教学中将陆续学到，我们先简单了解一下这两个器件的特性。

三极管有基极（b）、集电极（c）、发射极（e）三个极，当基极接高电平时，集电极与发射极间将形成电流通路，电流方向如图3-74（b）所示；当基极接低电平时，集电极与发射极间将阻断，电流无法通过，如图3-74（c）所示。

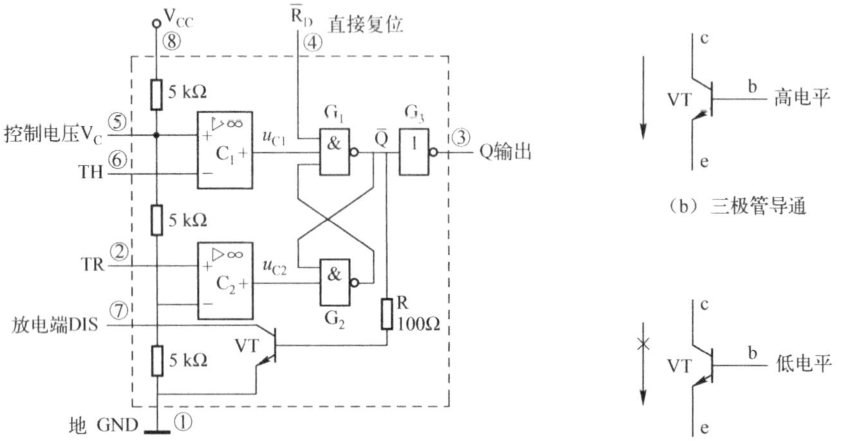

（a）555定时器内部结构　（b）三极管导通　（c）三极管截止

图3-74　555定时器结构和三极管工作特性示意图

集成运算放大器（简称“运放”）有同相输入端“+”、反相输入端“-”两个输入端，有一个输出端，运放具有开环增益（放大倍数）极高、入端电阻极大的特性，在图3-74（a）中，运放工作在开环状态，因此，当同相输入端电压u_+略大于反相输入端电压u_-，运放输出端即输出高电平，如图3-75（a）所示；当同相输入端电压u_+略小于反相输入端电压u_-，运放输出端即输出低电平，如图3-75（b）所示。

（a）$u_+>u_-$　（b）$u_+<u_-$

图3-75　运算放大器工作特性示意图

我们再回到555定时器的内部，555的内部由两个独立的运放分别对②、⑥号脚输入信号进行判断，后续接一个RS触发器。由于运放的输入电阻极大，输入端可视为电流为零，分析电路可知，在⑤脚悬空的情况下，运放C_1的同相输入端电位为$\frac{2}{3}V_{CC}$，运放C_2的反相输入端电位为$\frac{1}{3}V_{CC}$，对运放C_1而言，若⑥脚的电压大于$\frac{2}{3}V_{CC}$，u_{C1}为低电平，若⑥脚的电压小于$\frac{2}{3}V_{CC}$，u_{C1}为高电平；而对运放C_2则正好相反，若②脚的电压大于$\frac{1}{3}V_{CC}$，u_{C2}为高电平，若②脚的电压小于$\frac{1}{3}V_{CC}$，u_{C2}为低电平。从前面对RS触发器的学习已知，与非门组成的RS触发器，输入端低电平有效。对三极管VT来说，当$\overline{Q}$端为高电平时，三极管可提供导电通道，当$\overline{Q}$端为低电平时，三极管将阻断，⑦脚与①脚间将完全隔离。现在我们再来看看表3-25中的功能。

当⑥脚的电压大于$\frac{2}{3}V_{CC}$、②脚的电压大于$\frac{1}{3}V_{CC}$时，u_{C1}为低电平，u_{C2}为高电平，$\overline{Q}=1$，三极管具备导通前提，而定时器输出端③脚为低电平；当⑥脚的电压小于$\frac{2}{3}V_{CC}$、②脚的电压大于$\frac{1}{3}V_{CC}$时，u_{C1}为高电平，u_{C2}也为高电平，触发器状态不翻转，三极管和定时器输出都将保持原态；当⑥脚的电压小于$\frac{2}{3}V_{CC}$、②脚的电压也小于$\frac{1}{3}V_{CC}$时，u_{C1}为高电平，u_{C2}则为低电平，此时$\overline{Q}=0$，三极管截止，而定时器输出端③脚则为高电平。

当然，如果⑥脚的电压大于$\frac{2}{3}V_{CC}$、②脚的电压小于$\frac{1}{3}V_{CC}$时，u_{C1}为低电平，u_{C2}也为低电平，此时也有$\overline{Q}=0$，三极管截止，而定时器输出端③脚为高电平，但是从外电路电压调整的角度来说较少使用这一电压组合。

到此为止，我们分析的前提都是⑤脚无外加固定电压的情况，仔细观察图3-74(a)，若在⑤脚外加一个控制电压，由于运放的输入端电流几乎为零，此电压把运放C_1的同相输入端电压钳制在V_C，而运放C_2的反相输入端电压则为$\frac{V_C}{2}$，由此可见，⑤脚加控制电压影响的仅是②、⑥脚的比较电压值。

从功能表可以看到，要想在输出端获得状态的周期性翻转，关键是在直流电源供电的前提下产生一个变化的波形，自然就可联想到电容的充放电特性。如果输入端输入大于$\frac{2}{3}V_{CC}$的电压，则输出电压持续为“0”态；如果输入小于$\frac{1}{3}V_{CC}$的电压，则输出电压持续为“1”态。电路如图3-76（a）所示，在电源送电瞬间，电容C上的电压为零，阈值输入端TH和触发输入端TR的电压均为零，OUT端输出“1”；随着电容充电过程的延续，电容电压逐渐升高，②脚、⑥脚上的电压大于$\frac{1}{3}V_{CC}$时，OUT端保持为“1”，同时放电管保持截止状态，直到电容充电电压超过$\frac{2}{3}V_{CC}$，OUT端输出置“0”，同时放电管导通。由于电路的特殊性，所以电容将通过DIS端放电；当电容端电压下降到低于$\frac{1}{3}V_{CC}$时，OUT端重新置为“1”，放电管重新截止，电容恢复充电过程。V_C端通过耦合电容接地，不产生控制作用。可以看到，电容充电的速度由电容C_2、电阻R_1和R_2的参数决定，而电容放电的过程则由电容C_2和电阻R_2决定。电容端电压（即②、⑥号引脚的电压）和输出电压波形图如图3-76（b）所示。

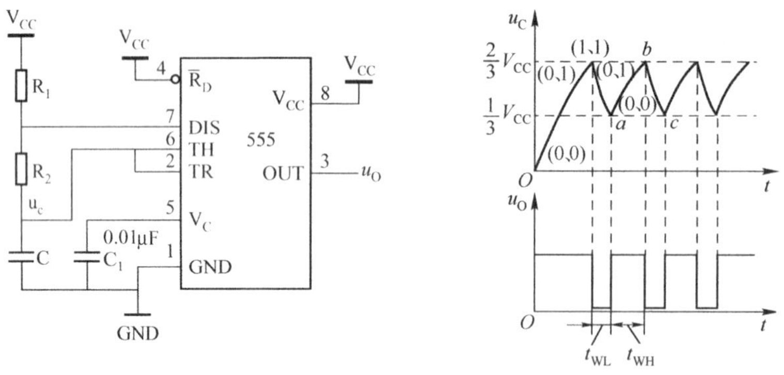

（a）多谐振荡器电路图　　（b）波形图

图 3-76　由 555 定时器组成的多谐振荡器电路

多谐振荡器

图 3-76 所示的定时器电路在施加电源 V_{CC}后，在电容、电阻和 555 定时器的共同作用下，输出端产生了周期性的矩形波，此时，高电平状态和低电平状态都会在一定时间后自动转换，都属于“暂稳态”，因此，我们把该电路称为无稳态电路，又叫多谐振荡器。

与之对应的“单稳态电路”指的是该电路的输出信号只能在一种状态（逻辑高或低）下是稳定的，而当电路的输出处在另一种状态下时不能稳定地保持住，会自动地回到稳定的状态。该电路一般用作固定脉冲宽度整形。

而“双稳态电路”则有两个稳定状态，在没有外来触发信号的作用下。电路始终处于原来的稳定状态。在外加输入触发信号作用下，双稳态电路从一个稳定状态翻转到另一个稳定状态。双稳态电路在自动化控制中有着广泛的应用。RS 触发器、JK 触发器、D 触发器等都属于双稳态触发器。

从电容充放电回路可以确定输出波形的脉宽，其中充电时间（即 t_{WH}）为：

$$t_{WH}=(R_1+R_2)C\ln\frac{V_{CC}-\frac{1}{3}V_{CC}}{V_{CC}-\frac{2}{3}V_{CC}}=0.7(R_1+R_2)C \tag{3-17}$$

放电时间（即 t_{WL}）为：

$$t_{WL}=R_2C\ln\frac{0-\frac{2}{3}V_{CC}}{0-\frac{1}{3}V_{CC}}=0.7R_2C \tag{3-18}$$

因此，振荡频率为：

$$f=\frac{1}{t_{WH}+t_{WL}}=\frac{1}{0.7(R_1+2R_2)C} \tag{3-19}$$

由式（3-17）和式（3-18）可知，电容充电时间必定始终大于放电时间，因此矩形波的占空比为：

$$q=\frac{t_{WH}}{t_{WH}+t_{WL}}=\frac{R_1+R_2}{R_1+2R_2}>50\% \tag{3-20}$$

若要与CMOS电路的输入高电平相匹配，可在输出端和电源间连接一个1 kΩ的上拉电阻。

若需要实现秒脉冲发生器，由式（3-19）如何获得 R_1、R_2 和 C 的参数？如果在充放电回路中串入可调电位器，有什么发现？你能列出相应的输出波形的 t_{WH}、t_{WL}、f 吗？尝试一下把 $R_1=R_2=51\,k\Omega$、$C=10\,\mu F$ 这组参数代入电路，并在 R_1、R_2 和⑦号脚之间加一个 $R_P=100\,k\Omega$ 的电位器后，再来看看？

3.8.2 基于施密特触发器的多谐振荡器

集成施密特触发器

在了解集成施密特触发器之前，先来了解两个概念：电压传输特性和阈值电压。

在一开始使用门电路芯片时，我们就了解到这样一个常识：门电路有一个临界电压，当输入电压从低电平上升到临界电压或从高电平下降到临界电压时电路的状态将发生变化。下面先看一下CMOS反相器的电压传输特性和阈值电压。

电压传输特性是指输出电压随输入电压变化的曲线，即 $u_O=f(u_I)$。CMOS反相器的电压传输特性曲线如图3-77所示。可以看到，当输入电压 $u_I<\frac{1}{2}V_{DD}$ 时，输出电压 u_O 为高电平 V_{DD}（即10 V）；当输入电压 $u_I>\frac{1}{2}V_{DD}$ 时，输出电压 $u_O\approx 0\,V$，输出电压的高低电平转折区中点所对应的输入电压称为阈值电压 U_{TH}。阈值电压可以说是输出电压电平翻转的临界点。

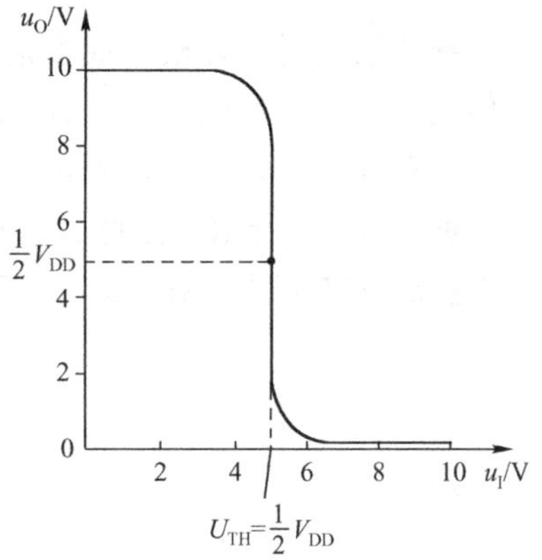

图3-77 CMOS反相器的电压传输特性曲线

施密特触发器是一种特殊的门电路。与普通的门电路不同，施密特触发器有两个阈值电压，分别称为正向阈值电压和负向阈值电压。在输入信号从低电平上升到高电平的过程中，使电路状态发生变化的输入电压称为正向阈值电压 U_{T+}；在输入信号从高电平下降到低电平的过程中，使电路状态发生变化的输入电压称为负向阈值电压 U_{T-}。正向阈值电压与负向阈值电压之差称为回差电压 ΔU_H。如图3-78（a）所示为用CMOS反相器构成的施密特触发器，根据不同引出端可分别获得同相输出和反相输出的施密特触发器，其图形符号如图3-78（b）、（c）所示，对应的电压传输特性曲线如图3-79（a）、（b）所示。

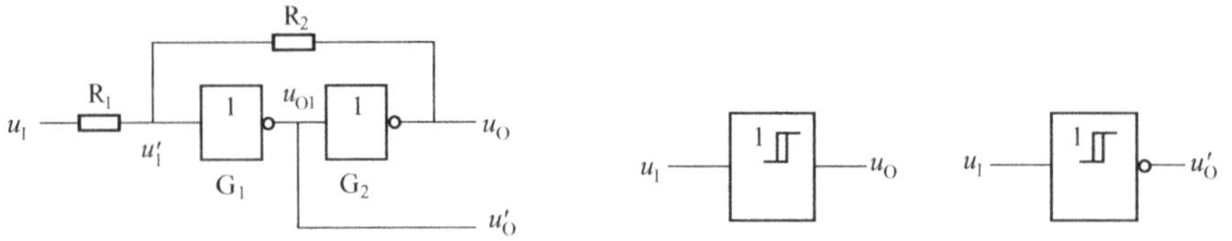

（a）施密特触发器电路　　（b）同相输出图形符号　　（c）反相输出图形符号

图 3-78　用 CMOS 组成的施密特触发器

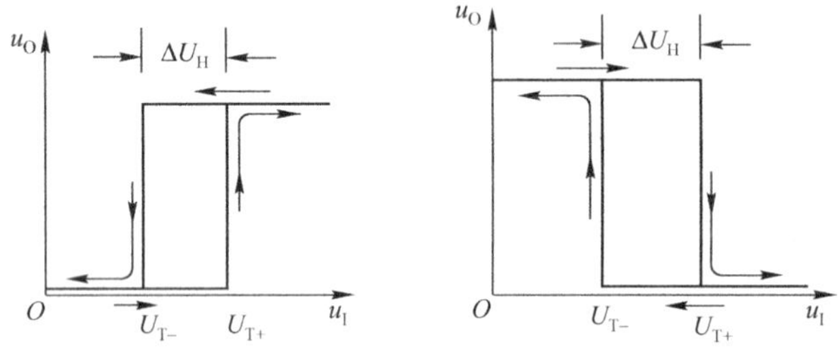

（a）同相输出的传输特性　　（b）反相输出的传输特性

图 3-79　施密特触发器的传输特性

利用施密特触发器可轻松组成多谐振荡器。这里选择了 40106 六施密特触发器，其逻辑符号和传输特性分别如图 3-80（a）、（b）所示。值得注意的是，器件在加不同电源电压时传输特性存在差异，且正向阈值电压 U_{T+}、负向阈值电压 U_{T-} 和回差电压均有一定的变化范围，如表 3-26 所示，因此，在选定集成芯片后需通过实测来确定 U_{T+}、U_{T-} 的具体数值。多谐振荡电路如图 3-81（a）所示，图 3-81（b）所示为电容端电压 u_C 和输出电压 u_O 的波形。

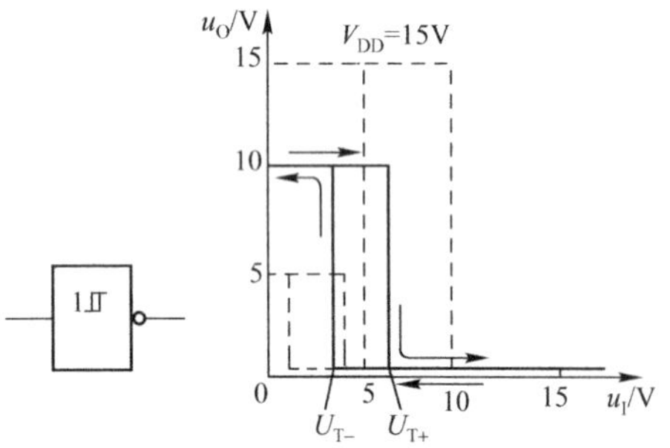

（a）逻辑符号　　（b）传输特性

图 3-80　40106 六施密特触发器

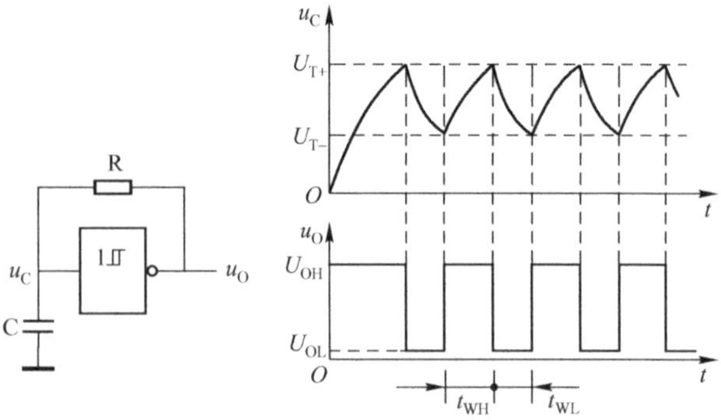

（a）电路图　　（b）波形图

图 3-81　由施密特触发器组成的多谐振荡器

根据施密特触发器的迟滞特性和电容的充放电特性，当电源合上时，因电容电压 u_C = 0V，则输出电压 u_O 输出高电平 U_{OH}，该电压通过电阻 R 对电容充电，电容电压按指数规律上升，当 $u_C > U_{T+}$ 时，u_O 翻转为低电平 U_{OL}，因 $U_{OL} < U_{T+}$，电容开始通过电阻放电，当 u_C

表3-26　40106施密特触发器的阈值电压

电源电压 V_{DD}/V	U_{T+}/V		U_{T-}/V		ΔU_H/V	
	最大值	最小值	最大值	最小值	最大值	最小值
5	3.6	2.2	2.8	0.9	1.6	0.3
10	7.1	4.6	5.2	2.5	3.4	1.2
15	10.8	6.8	7.4	4	5.0	1.6

下降至小于 U_{T-} 时，u_O 又翻转为高电平，此时，充放电过程开始周期性重复，从而产生了振荡信号。

40106是基于CMOS电路的施密特触发器，因此有 $U_{OH}\approx V_{DD}$，$U_{OL}\approx 0\,V$。

根据对RC电路过渡过程的分析可以计算出电容的充放电时长和振荡周期，公式如下。在这里重点结合计算结果进行分析。

$$t_{WH}=RC\ln\frac{V_{DD}-U_{T-}}{V_{DD}-U_{T+}} \tag{3-21}$$

$$t_{WL}=RC\ln\frac{0-U_{T+}}{0-U_{T-}}=RC\ln\frac{U_{T+}}{U_{T-}} \tag{3-22}$$

振荡周期为：

$$T=t_{WH}+t_{WL}=RC\ln\left(\frac{V_{DD}-U_{T-}}{V_{DD}-U_{T+}}\cdot\frac{U_{T+}}{U_{T-}}\right) \tag{3-23}$$

改变RC即可调节振荡周期。

3.8.3　基于石英晶体振荡器的秒脉冲信号发生电路

石英晶体振荡器

由于石英晶体振荡频率的稳定性高，选频特性好，所以由石英晶体器件组成的多谐振荡器具有很高的频率稳定性。它在电子手表、计算机中常用于产生高精度的时间节拍信号。如图3-82（a）、（b）所示为石英晶体的符号和电抗频率特性。分析电抗频率特性可知，若使晶体工作在略高于 f_S 的呈感性的频段，石英晶体可以与电容配合组成LC并联谐振电路，如图3-82（c）所示，此时振荡频率取决于晶体的谐振频率，其值约在 f_S 和 f_P 之间。而石英晶体的 $f_S\approx f_P$，可用电容 C_S 微调振荡频率使其接近于 f_S。

（a）图形符号

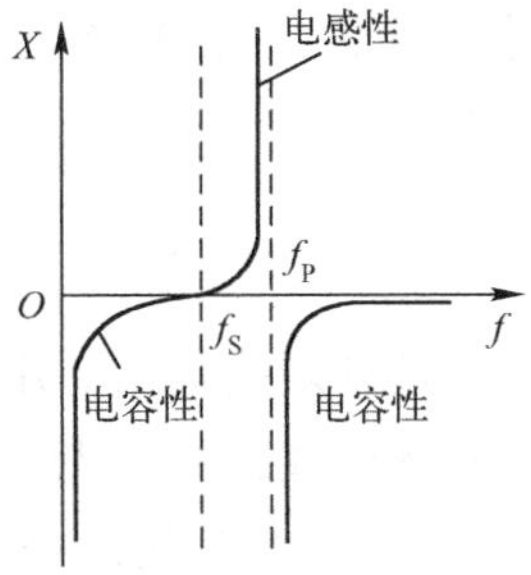

（b）电抗频率特性

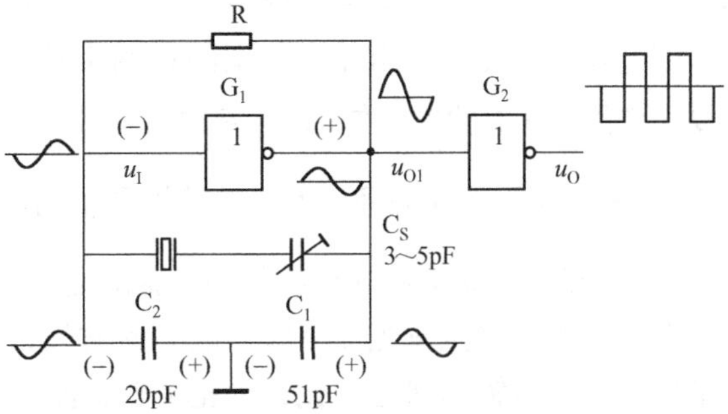

（c）并联型石英晶体振荡器

图3-82　石英晶体的符号、电抗频率特性和石英晶体振荡器

当选择谐振频率为$f=32.768\ kHz$的石英晶体（又称晶振）与CD4060十四级二进制计数/分频/振荡器芯片配合时，可获得高精度和稳定性较高的秒脉冲时基信号。其秒脉冲发生电路如图3-83所示，CD4060芯片的引脚图如图3-84所示。

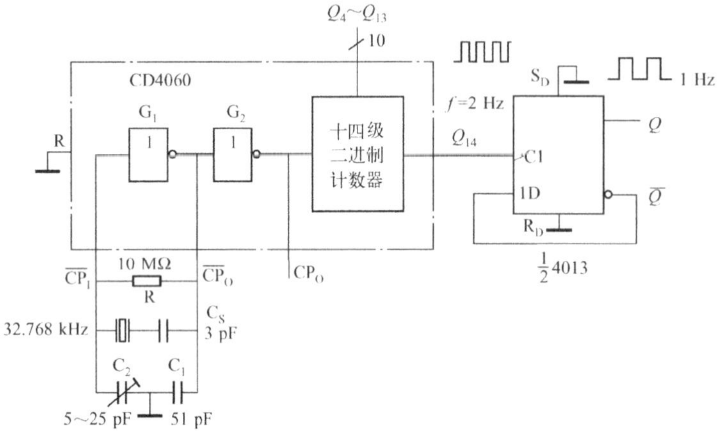

图3-83　秒脉冲发生电路

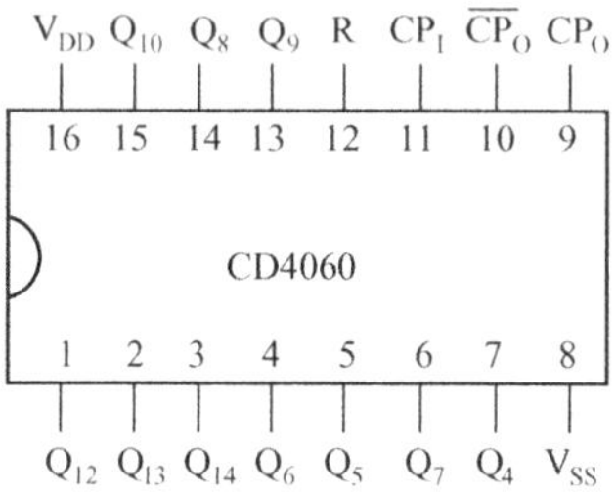

图3-84　CD4060芯片的引脚排列图

技能训练2　RS触发器与同步RS触发器的功能验证

1. 实践目标

（1）理解RS触发器的置位、复位效果。

（2）理解同步RS触发器的时钟控制效果。

（3）理解由与非门构成的RS触发器与由或非门构成的RS触发器的区别。

（4）了解示波器的使用方法。

2. 由与非门组成的RS触发器逻辑功能的验证

（1）选择两输入与非门芯片，按图3-6连接组成RS触发器，此时输入低电平有效，因此先给两个输入端送入高电平信号，输出接至发光二极管，观察效果；再改变输入信号状态，观察输出信号，最后编写逻辑真值表，与表3-1对比。

（2）用示波器的两组探头分别测量两个输出端信号，观察Q与$\overline{Q}$端的反相效果和$\overline{R}$端的复位作用、$\overline{S}$端的置位作用。（示波器的使用方法见附录C）

3. 由与非门组成的同步RS触发器逻辑功能的验证

（1）按图3-15（a）连接同步RS触发器，R、S、CP端分别接至三个开关，开关打至断开状态，输出端接至发光二极管。因为此时输入信号高电平有效，所以先给R、S端送入高电平信号，观察输出状态变化，再把CP端置“1”，分别在R、S端送入高电平信号，观察输出状态变化，体验时钟信号CP的作用。

（2）选择非门芯片按图3-18（a）所示接线，用示波器同时观察D端和输出Q端的同步状态，理解门电路特性适应电路需求的应用方法。

4. 由或非门组成的 RS 触发器逻辑功能的验证

选择两输入或非门芯片按照图 3-9 所示接线，输入接开关，输出接发光二极管，设计测试方法，编写逻辑真值表。

项目实施5　八位抢答器电路的制作与调试

1. 实践目标

（1）掌握相关集成芯片的使用方法。
（2）巩固并掌握接线图的绘制方法。
（3）理解八位抢答器电路的工作原理。
（4）熟练电路焊接技巧，并练习使用万用表排除故障。
（5）理解电路说明书的写作思路。

2. 电路设计

仔细分析图 3-14 的八位抢答器参考电路，根据元器件库存情况对电路元件进行调整，如重新选择与非门、或非门、译码显示芯片等的型号，并列出元器件清单。不少按键仅提供一对常开触点，使用时应注意触点的接法。元器件清单参考表头如表 3-27 所示，在进行成本估算时，带“＊”项目必填。

表 3-27　元器件清单参考表头

元件名称	元器件代号	规格型号	数　量	＊单价	＊总价	备　注
电阻	R_1，R_2	20 kΩ，1/8 W	2 只	……	……	

3. 电路图绘制

理解电路原理，根据各芯片逻辑符号完成电路原理图的绘制。在绘制过程中应关注元件参数、芯片型号、芯片引脚、图形符号的正确性。

在领取元器件后，应根据元器件引脚分布情况进行布线图的绘制。由于数字逻辑芯片引脚众多，连线相对复杂，所以应有打草稿的习惯，不能指望布线图一步到位。如果焊接技能水平相对较弱，则一定要养成先画布线图再焊接的习惯。

4. 电路调试

电路调试分两步走，第一步为利用万用表欧姆挡在电路不带电情况下检查电路的连线情况。首先避免电源与地线之间短路，再从整个电路的入端开始逐条线路检查连通情况，尽量细致地查找是否有接错或虚焊的线路，在这一步中大多会检查出线路漏接的问题。如果不细致检查引脚连接，大多数情况下较难查出来虚焊故障，这时只能进行下一步（即带电检查）了。在带电情况下，应使用万用表直流电压挡重点检查以下几点：

（1）检测按键电路信号；

（2）检测优先编码器的优先编码功能和按键信号输入后的封锁效果；

（3）检测加法器电路工作；

（4）检测译码显示电路；

（5）检测音响电路。

表3-28为八位抢答器电路的一个循环工作状态，如果电路状态完全与之符合，则说明“你成功了!”。

表3-28　八位抢答电路的一个循环工作状态

工作步骤	按钮	CD4532优先编码器					RS触发器		4513译码器		结果	
	S_9	EI	“1”～“8”	Q_2～Q_0	GS	EO	Q	$\overline{Q}$	$\overline{BI}$（灭灯）	EN（锁存）（同$\overline{Q}$）	数码管	扬声器
（1）	1	1	尚未抢答全0	全0	0	1	1	0	0	0	灭	不响
（2）	1	1	优先抢答	编码输出	1	0	0	1	1	1	显示	声响
（3）	0	0	禁止工作	全0	0	0	0	1	1	1	显示	声响

但是对较少使用电烙铁的同学而言，成功似乎总有一步之遥，此时如何理清自己的思路，把电路调试好呢?

首先检查各按键和RS触发器的工作效果，按下按键S_9，将能在CD4532的5脚（EI）检测到高电平信号，此时15脚（EO）也为高电平，而14脚（GS）为低电平，并且松开按键，信号仍然存在，说明此时裁判电路和RS触发器电路正常，同时检查4513的4脚（消隐端）为低电平、5脚（锁存端）为高电平，数码管灭，若此时发现数码管亮，故障必出在4、5两脚的连接；接下来可顺着按键、编码、“加1”、译码显示的顺序检查各部分电路；按键电路只需要按下任一选手的按键，在对应芯片管脚处测量电位是否正确即可；编码电路就无法直接通过电位测量的方式了解编码是否正确了，因为一旦选手按键按下，RS触发器的反馈信号立即置EI端为低电平，编码信号一旦送出即失去功能，此时一环扣一环，但是，对CD4532与74LS283之间的连接，完全可以利用万用表欧姆挡来检查连线是否良好，对74LS283和4513的连接也是如此，假如这些都没有问题，不妨把芯片取下来用芯片测试仪检查一下好坏。

在八位抢答器电路的调试过程中，问题多出现在擅自用TTL芯片替代了CD4011，实际上，接在4513锁存端前的两个非门缺一不可，假如4513在编码信号未到来前就锁住了，数码管将无论在何种状态都显示“1”。当然，按键电路的焊接往往是比较有挑战性的，一不留神，接地端和电源端就弄错了。而芯片正反面的管脚识别错误也是常出现的问题。

假如电路板通电后什么现象都没有，最好从输入信号端开始检查。首先看按键信号的“1”和“0”状态是否正确产生，再检查按键按下后优先编码器是否有输出信号，如果到这里都是正确的，后面就可能存在某根线或几根线的虚焊问题了。在接线过程中非常忌讳把导线焊好后再加大量焊锡，二次焊接时若没有均匀受热，虚焊就将随之产生。

5. 撰写电路设计说明书

当电路制作完成后，可遵照以下提纲撰写电路设计说明书。

（1）系统技术指标（或系统功能）。

（2）设计方案（或设计思路，含系统框图）。
（3）单元电路的设计（与系统框图中功能单元划分对应，涉及元器件选型）。
（4）元器件清单。
（5）电路原理图及布线图。
（6）小结（电路安装调试的收获、体会）。
（7）参考文献。

项目实施6　基于触发器的异步四位二进制计数器电路的设计与调试

1. 实践目标

（1）熟练相关集成芯片的应用。
（2）掌握利用触发器进行二进制计数器电路设计的基本思路。
（3）练习使用万用表进行电路排除故障。
（4）理解计数器电路功能检验的基本思路。

2. 电路设计

1）基于JK触发器的异步四位二进制加法计数器

在图3-25中已经看到了三位二进制加计数器的逻辑电路，再增加一个JK触发器，进行电路的复制，就可以实现四位异步二进制加法计数器的逻辑功能了。

2）基于JK触发器的异步四位二进制减法计数器

我们在表3-15中分析了减法计数的状态翻转规律，如果同样利用JK触发器（这里按照图3-25所选使用下降沿触发的JK触发器），异步CP脉冲的来源就要慎重考虑了。表3-29给出了异步二进制计数器时钟脉冲的构成方式，仔细研究一下，看该表对你的计数器设计有没有帮助？

表3-29　异步二进制计数器时钟脉冲的构成方式

计数规律	上升沿触发方式	下降沿触发方式
加法计数	$CP_i=\overline{Q}_{i-1}$	$CP_i=Q_{i-1}$
减法计数	$CP_i=Q_{i-1}$	$CP_i=\overline{Q}_{i-1}$

3. 电路功能的检验

电路利用通用板或面包板进行搭接。需要提醒一下：所有的数字芯片未连接电源时是无法工作的。选择合适的脉冲信号源（1 Hz最佳）送入计数器的CP脉冲输入端，把输出端连接到发光二极管（注意各二进制位的顺序排列不要弄混，且应按常规读数顺序，高位在左，低位在右）上，即可看到在脉冲加入时，输出端会按二进制计数方式产生对应的闪烁效果。

如果看不到此现象，就得用万用表进行检查了。当然，应先检查电源，再查输入信号是否正确接入，然后顺着信号传递方向逐级检查触发器是否正常。由于我们在接线过程中往往不会检查每根导线的好坏，所以问题常出在导线的质量上，这个问题是可以用万用表检查出来的。如果在某一级导线前端有信号，经过导线后信号消失，自然可以认为导线有问题。有时芯片也可能是坏的，如果电源正确，输入信号也正确，但却没有输出信号，则芯片就是重点怀疑对象了，可以取下芯片，到芯片测试仪上检测其好坏。

4. 基于 D 触发器的异步四位二进制计数器

如果有时间，可以仿照图 3-46 设计四位二进制减法计数器，也可以根据表 3-29 的原则设计四位二进制加法计数器，试试看吧！

项目实施 7　基于集成计数器的任意进制计数器电路的制作与调试

1. 实践目标

（1）熟悉相关集成芯片的功能。
（2）掌握利用反馈清零方式和反馈置数方式进行任意进制计数器设计的基本思路。
（3）熟练电路原理图和电路布线图的绘制能力。
（4）巩固使用万用表排除电路故障的能力。
（5）理解计数器电路功能检验的基本思路。

2. 电路设计

1）计数器电路的设计

为与后续项目配合，这里要求选择设计六十进制和二十四进制两类任意进制计数器。每个班级可分配一半学生设计六十进制计数器，另一半学生设计二十四进制计数器。设计计数器时，鼓励学生各自发挥，选择集成计数器芯片，但制作电路时所选计数器芯片应考虑元器件库芯片类型。

2）计数脉冲电路的设计

计数脉冲可暂时利用按键电路产生，按键电路可参照图 1-19 进行设计。

3）译码显示电路的设计

每位计数器芯片后级都应有对应的译码显示驱动芯片，可以照搬“项目实施 4　叫号显示电路的设计、制作与调试”。

4）外围问题

一块电路板需要有供电来源，可以采用接插件引入的方式把外电源与电路连接起来，同时使用金属支脚把电路板悬空，以便于调试。

3. 电路图绘制

电路原理图表述的是电路的逻辑信号传输方式，除电阻、电容等常规分立元件外，集成芯片都是以逻辑符号的形式绘制的，此时芯片的电源不需要表述出来，但是对数据信号端和控制端都应明确表明连接方法，如置数端和清零端的处理等。

电路布线图表述的是元器件之间的连线方式，因此集成芯片都是以引脚图的形式绘制的，对于多个引脚相连的情况，需避免多根导线连在同一个引脚的现象，如图 3-85 所示，选择图（a）的走线方式能较好地避免焊点反复焊接而造成虚焊故障。

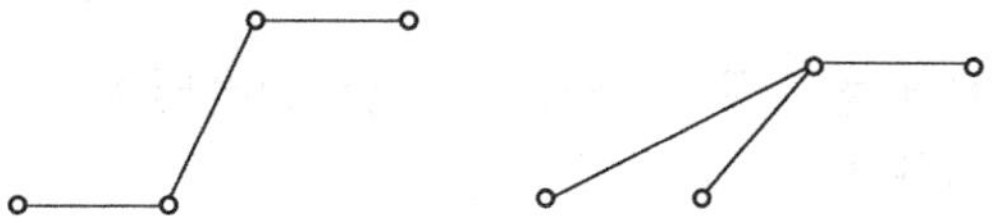

（a）恰当　　（b）不恰当

图 3-85　引脚走线示意图

4. 电路调试

计数器电路比较容易出现的问题是低位向高位进位的线路连接不稳定，调试时可以按个位和十位计数显示独立调试。在确定电路中无短路现象和少线情况时，可以采取带电调试的方式。应根据显示的现象具体分析故障原因。如果什么现象都没有，就要从输入端开始一级一级查找问题所在了。

项目实施 8　双音报警声响器电路的分析与测试

1. 实践目标

（1）理解 555 定时器的功能。
（2）理解双音报警声响器电路的原理。
（3）熟练示波器的使用。
（4）了解利用示波器绘制波形图的测量方法。

2. 电路分析

1）救护车双音报警声响器电路

如图 3-86 所示为救护车双音报警声响器电路，两级 555 定时器组成的电路均为多谐振荡器。根据对图 3-76 的分析，利用式（3-17）和式（3-18）即可轻松得到 u_{O1} 的波形脉宽；第二级多谐振荡器电路与图 3-76 相区别的一点是 u_{O1} 的信号引入了它的控制电压端，此时

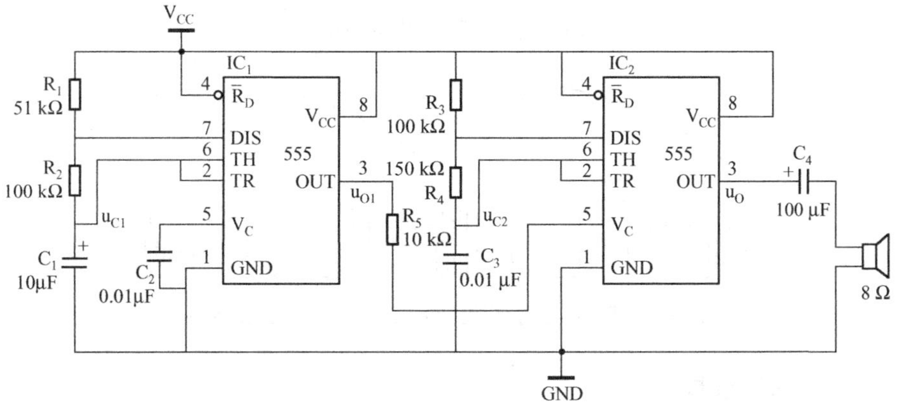

图 3-86　救护车双音报警音响器电路

式（3-17）和式（3-18）中的$\frac{1}{3}V_{CC}$用$\frac{u_{O1}}{2}$代替，$\frac{2}{3}V_{CC}$用u_{O1}代替，只有这样才能得到u_{O2}的波形脉宽。因u_{O1}波形高低电平的电压不同，所以u_{O2}也将获得不同的波形脉宽，从而获得了双音输出，输出波形示意图如图 3-87 所示。

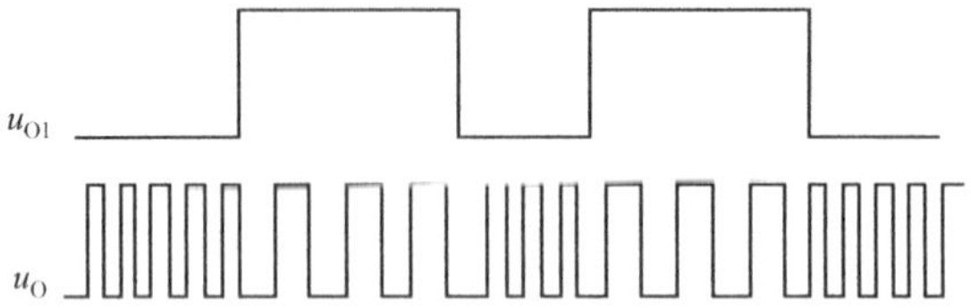

图 3-87　救护车双音报警声响器电路两级输出电压波形

2）消防车双音报警声响器电路

如图 3-88 所示为消防车双音报警声响器电路，电路主体同样为两级多谐振荡器，但与救护车报警电路有细节差异。这里把第一级多谐振荡器中电容端的充放电电压送至第二级多谐振荡器的控制电压端，在第二级多谐振荡器的输出端将获得频率随电压变化的变频信号，再经喇叭输出就可听到变音的效果了。消防车双音报警声响器电路的电压波形效果如图 3-89 所示。

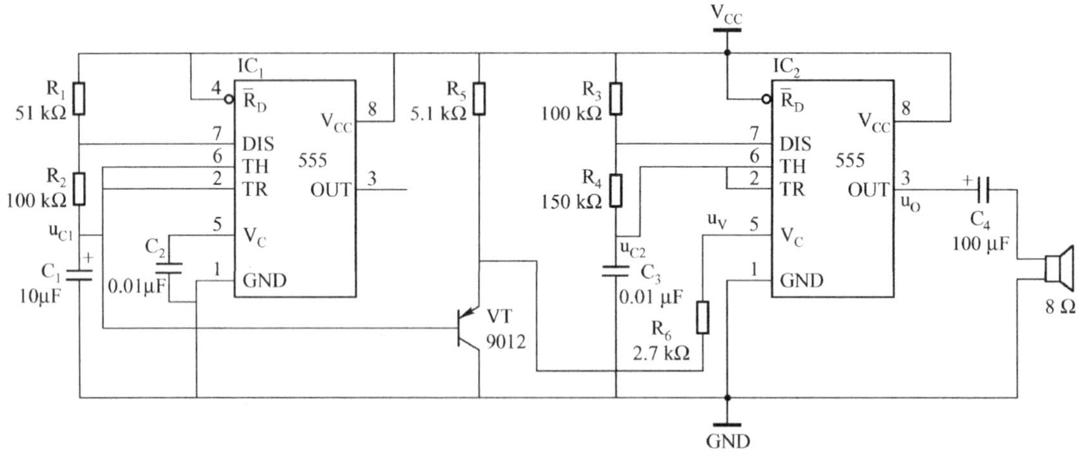

图 3-88　消防车双音报警声响器电路

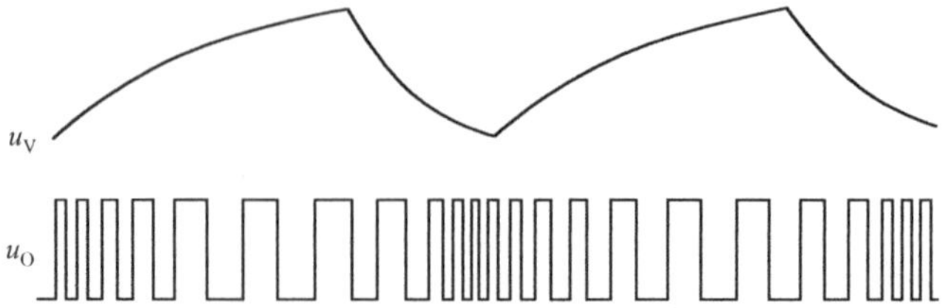

图 3-89　消防车双音报警声响器电路的电压波形效果

3. 波形的测量和绘制

利用示波器观察两级电路的输出电压波形，并绘制电压波形图。

示波器测量数据记录样表如表3-30所示，一个周期性矩形波信号的波形至少需要记录这些数据才能准确完成波形绘制，对非矩形波还需要记录更多波形信息。

表3-30　示波器测量数据记录样表（例）

垂直灵敏度（V/div）	电压值（格数）	电压值（V）	时基灵敏度（ms/div）	高电平宽度（格数）	低电平宽度（格数）	波形周期（ms）
2	3.2 div	6.4	50	1.2 div	0.8 div	100

绘制电压波形图时需注意以下要素：

（1）坐标轴的刻度、变量符号及变量单位；

（2）波形特殊点的数值。

项目拓展2　秒脉冲发生器电路的设计与制作

1. 实践目标

（1）理解不同多谐振荡器的工作原理。

（2）巩固电路焊接技能。

（3）熟练应用示波器进行电路技术参数的调整。

2. 电路设计

选择任意一种方法进行秒发生器的设计，并列出元器件清单。

3. 电路调试

使用示波器检测输出信号，调整电位器获得精准的秒脉冲。

项目拓展3　数字钟电路的制作与测试

1. 实践目标

（1）掌握电路联调的基本思路。

（2）巩固电路焊接技能。

（3）熟练使用万用表进行电路排故的基本能力。

（4）巩固电路设计说明书的写作。

（5）理解电路制作的展示方式。

2. 电路设计

把调试成功的秒脉冲发生器和六十进制或二十四进制电路连接在一起，即可在显示器上观察到计时器的工作效果。数字钟至少需要获得二十四小时的计时效果，即秒、分、时的进位计时。除此之外，还需要增加校时功能，由此才得到了一个具备基本功能的数字钟。

数据传输中各芯片的引脚电平要求不一样，应该注意信号要求，避免发生电平不匹配的情况。

做到这一步，可以发现这个钟太不实用了，这么多的芯片，这么多的导线，跟我们日常看到的数字钟相差甚远。在本课程之后，我们会学习 EDA 和单片机课程，那时就可以自由发挥去做一个功能完美的数字钟了。现在需要弄清楚的主要是信号传输的逻辑思路。

3. 电路调试

应该说数字钟的大部分电路在前面的项目中已经完成了调试工作，这里只需要解决各个电源电路信号互相连通的问题即可，因此，在电路调试时可从输入端开始逐级测量分析。

4. 电路设计说明书的撰写

电路设计说明书仍参照项目 2 的提纲撰写，在本项目中应重点关注秒脉冲发生器、计数器、译码显示器的不同设计方案间的比较。

5. 电路制作展示

电路制作展示以 PPT 制作的形式进行，解说时间限定为 3 ～5 分钟。制作要素：

（1）系统技术指标或功能；

（2）设计方案或设计框图；

（3）重要单元电路分析；

（4）制作成果；

（5）电路安装调试收获。

思考与练习题 3

一、选择题

1. 一个触发器可记录一位二进制代码，它有（　　）个稳态。

A. 0　　B. 1　　C. 2　　D. 3

2. 对于 D 触发器，欲使 $Q^{n+1}=Q^n$，应使输入 $D=$（　　）。

A. 0　　B. 1　　C. Q　　D. $\overline{Q}$

3. 对于 JK 触发器，若 $J=K$，则可完成（　　）触发器的逻辑功能。

A. RS　　B. D　　C. T　　D. T′

4. 欲使 JK 触发器按 $Q^{n+1}=Q^n$ 工作，可使 JK 触发器的输入端（　　）。

A. $J=K=0$　　B. $J=Q,K=\overline{Q}$　　C. $J=\overline{Q},K=Q$　　D. $J=Q,K=0$　　E. $J=0,K=\overline{Q}$

5. 欲使 JK 触发器按 $Q^{n+1}=\overline{Q}^n$ 工作，可使 JK 触发器的输入端（　　）。

A. $J=K=1$　　B. $J=Q,K=\overline{Q}$　　C. $J=\overline{Q},K=Q$　　D. $J=Q,K=1$　　E. $J=1,K=Q$

6. 同步计数器和异步计数器比较，同步计数器的显著优点是（　　）。

A. 工作速度高　　B. 触发器利用率高　　C. 电路简单　　D. 不受时钟 CP 控制

7. 下列逻辑电路中为时序逻辑电路的是（　　）。

A. 变量译码器　　B. 加法器　　C. 数码寄存器　　D. 数据选择器

8. N 个触发器可以构成最大计数长度（进制数）为（　　）的计数器。

A. N　　B. $2N$　　C. N^2　　D. 2^N

9. 同步时序电路和异步时序电路比较，其差异在于后者（　　）。

A. 没有触发器　　B. 没有统一的时钟脉冲控制

C. 没有稳定状态　　D. 输出只与内部状态有关

10. 一位8421BCD码计数器至少需要（　　）个触发器。

A. 3　　B. 4　　C. 5　　D. 10

11. 具有记忆和存储功能的电路属于时序逻辑电路，因此（　　）、（　　）、（　　）电路是时序逻辑电路。

A. 触发器　　B. 寄存器　　C. 多位加法器　　D. 计数器

E. 译码器　　F. 数据选择器

12. 脉冲整形电路有（　　）。

A. 多谐振荡器　　B. 单稳态触发器　　C. 施密特触发器　　D. 555定时器

13. 多谐振荡器可产生（　　）。

A. 正弦波　　B. 矩形脉冲　　C. 三角波　　D. 锯齿波

14. 石英晶体多谐振荡器的突出优点是（　　）。

A. 速度高　　B. 电路简单　　C. 振荡频率稳定　　D. 输出波形边沿陡峭

15. 时序逻辑电路中一定包含（　　）。

A. 译码器　　B. 移位寄存器　　C. 组合逻辑电路　　D. 触发器

16. 如果触发器的次态仅取决于CP（　　）时输入信号的状态，就可以克服空翻。

A. 上升(下降)沿　　B. 高电平　　C. 低电平　　D. 无法确定

17. 4位双向移位寄存器74LS194的现态 $Q_3Q_2Q_1Q_0$ 为0111，经右移1位后其次态为（　　）。

A. 0011或1011　　B. 1101或1110　　C. 1111或1110　　D. 0011或1111

18. 一个四位二进制加法计数器，由起始状态0001开始，经过10个计数脉冲后，此计数器的状态为（　　）。

A. 1010　　B. 1011　　C. 1100　　D. 1111

19. 一个四位二进制加法计数器，由起始状态0000开始，计数到1011，则该计数器为（　　）。

A. 十进制计数器　　B. 十一进制计数器　　C. 十二进制计数器　　D. 十三进制计数器

20. 欲将正弦信号转换成与之频率相同的脉冲信号，应用（　　）。

A. T′触发器　　B. 施密特触发器　　C. A/D转换器　　D. 移位寄存器

21. 下列说法正确的是（　　）。

A. 施密特触发器的回差电压 $\Delta U = U_{T+} - U_{T-}$

B. 施密特触发器的回差电压越大，电路的抗干扰能力越弱

C. 施密特触发器的回差电压越小，电路的抗干扰能力越强

D. 以上都不对。

22. 下列说法正确的是（　　）。

A. 多谐振荡器有两个稳态　　B. 多谐振荡器有一个稳态和一个暂稳态

C. 多谐振荡器有两个暂稳态　　D. 以上都不对。

二、判断题（正确打√，错误的打×）

23. D触发器的特性方程为 $Q^{n+1}=D$，与 Q^n 无关，所以它没有记忆功能。（　）

24. RS触发器的约束条件 $RS=0$ 表示不允许出现 $R=S=1$ 的输入。（　）

25. 由两个TTL或非门构成的基本RS触发器，当 $R=S=0$ 时，触发器的状态为不定。（　）

26. 对于边沿触发JK触发器，在CP脉冲为高电平期间，当 $J=K=1$ 时，状态会翻转一次。（　）

27. 同步时序电路由组合电路和存储器两部分组成。（　）

28. 时序电路不含有记忆功能的器件。（　）

29. 同步时序电路具有统一的时钟CP控制。（　）

30. T或T′触发器也可用来构成移位寄存器。（　）

31. 十进制计数器，除了采用8421编码或5421编码形式外，也可采用2421码、余3码和格雷码等其他形式的编码。（　）

32. 用反馈清零法或反馈置数法实现任意进制计数器必须采用二进制计数器芯片，而不能采用十进制计数器芯片。（　）

33. 施密特触发器可用于将三角波变换成正弦波。（　）

34. 施密特触发器有两个稳态。（　）

35. 多谐振荡器的输出信号的周期与阻容元件的参数成正比。（　）

36. 石英晶体多谐振荡器的振荡频率与电路中的R、C的值成正比。（　）

37. 施密特触发器的正向阈值电压一定大于负向阈值电压。（　）

三、填空题

38. 一个基本RS触发器在正常工作时，它的约束条件是 $\overline{R}+\overline{S}=1$，则它不允许输入 $\overline{S}=$ ________ 且 $\overline{R}=$ ________ 的信号。

39. 触发器有两个互补的输出端Q、$\overline{Q}$，定义触发器的“1”状态为________，“0”状态为________，可见触发器的状态指的是________端的状态。

40. 一个基本RS触发器在正常工作时，不允许输入 $R=S=1$ 的信号，因此它的约束条件是________。

41. 数字电路按照是否有记忆功能通常可分为两类：________、________。

42. 时序逻辑电路按照其触发器是否有统一的时钟控制分为________时序电路和________时序电路。

43. 计数器按计数增减趋势分，有________、________和________计数器。

44. 计数器按触发器的翻转顺序分，有________和________计数器。

45. 一个五进制计数器也是一个________分频器。

46. 构造一个模6计数器需要________个状态、________个触发器。

47. 全面描述一个时序逻辑电路的功能，必须使用三个方程式，它们是________、________和________。

48*. 某中规模寄存器内有3个触发器，用它构成的扭环型计数器模长为________；构成最长模计数器模长为________。

四、应用题

49. 如图 3-90 是用两个与非门交叉连接起来构成的基本 RS 触发器，已知输入端的电压波形 $\overline{R}_D$、$\overline{S}_D$，试画出其输出端 Q、$\overline{Q}$ 的电压波形。

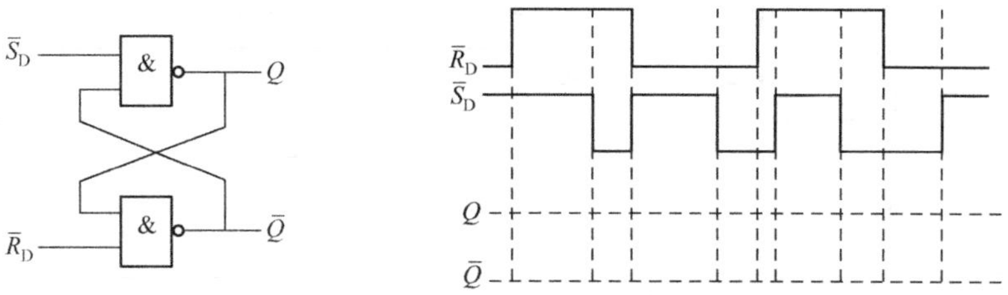

图 3-90

50. 一个主从 RS 触发器，已知 R、S、CP 的电压波形如图 3-91 所示，试画出 Q、$\overline{Q}$ 的电压波形。假定触发器的初始状态为 $Q=0$。

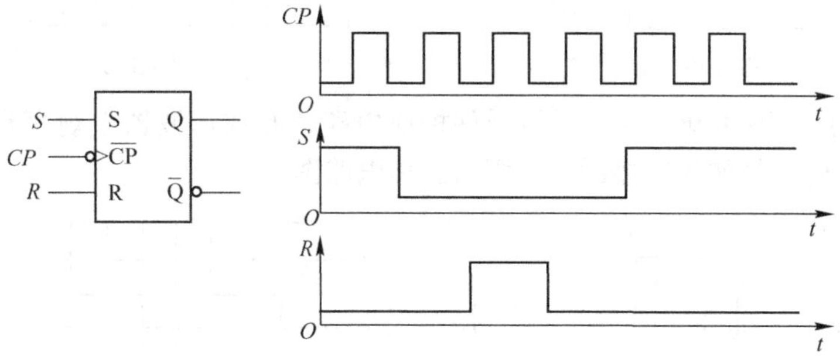

图 3-91

51. 已知下降沿触发的 JK 触发器的 CP、J、K 端波形如图 3-92 所示，试分别画出其 Q 的波形。设 $\overline{S}_D=\overline{R}_D=1$，触发器的初始状态为 0。

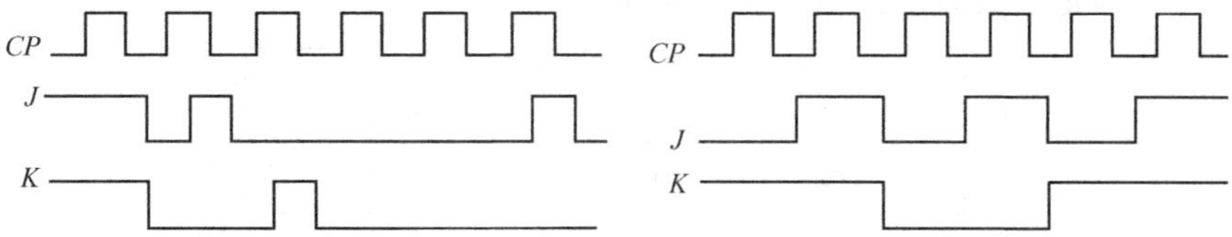

（a）　　　　（b）

图 3-92

52. 试画出如图 3-93（a）所示电路的 D 端及 Q 端的波形，输入信号波形如图 3-93（b）所示，设 D 触发器的初始状态为 0。

53. 如图 3-94 所示电路是由 D 触发器和与门组成的移相电路，在时钟脉冲作用下，其输出端 A、B 输出 2 个频率相同、相位不同的脉冲信号。试画出 Q、$\overline{Q}$、A、B 的时序图。

54. 电路如图 3-95 所示，设触发器初始状态均为 0，试画出在 CP 脉冲作用下 Q_1 和 Q_2 的波形。

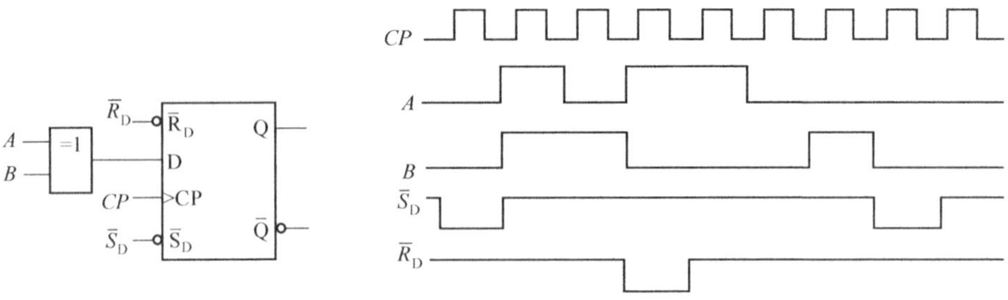

（a）　　　　　　　　　　（b）

图 3-93

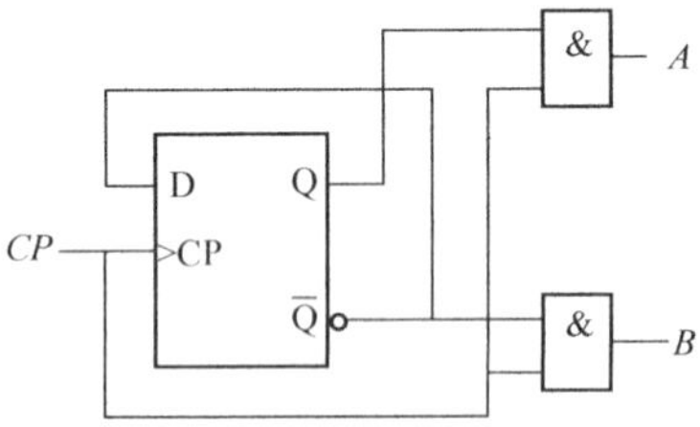

图 3-94

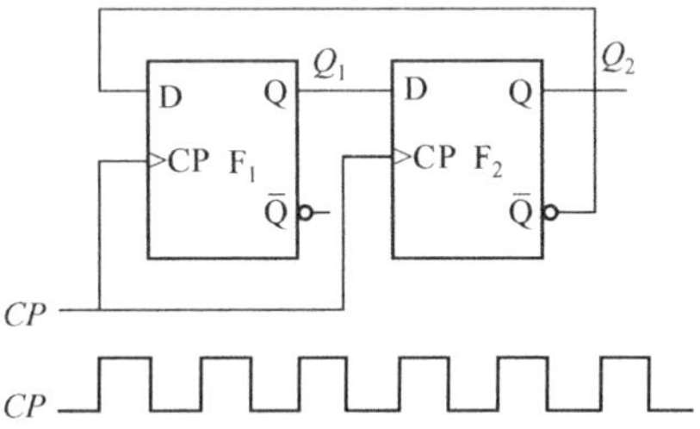

图 3-95

55. 某同学用如图 3-96（a）所给器件构成电路，并在示波器上观察到如图 3-96（b）所示波形。试问电路是如何连接的？请画出逻辑电路图。

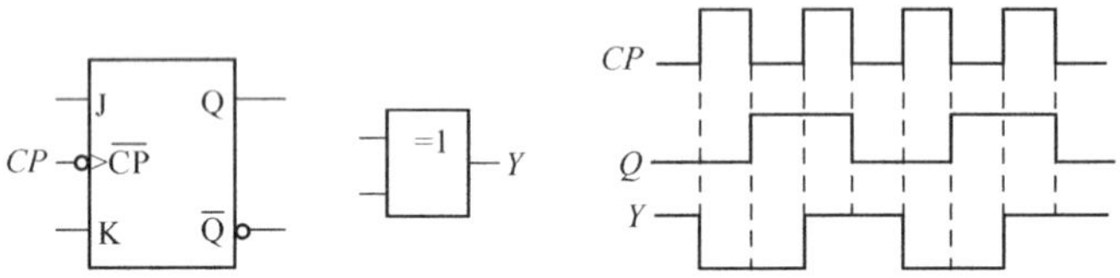

（a）　　　　　　　　　　（b）

图 3-96

56. 如图 3-97（a）所示各触发器的 CP 脉冲波形如图 3-97（b）所示，试画出各触发器输出端上 Q 的波形。设各触发器的初态为 0。

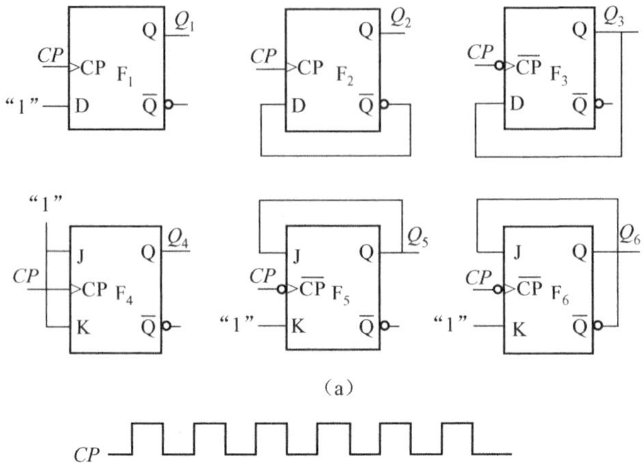

图 3-97

57. 某逻辑电路如图 3-98 所示，试画出在 CP 脉冲作用下，φ_0、φ_1、φ_2、φ_3 的波形。

58. 将图 3-99 所示的波形信号作用在负边沿触发器上，试画出触发器输出端上的 Q 的工作波形。设初始状态 $Q=0$。

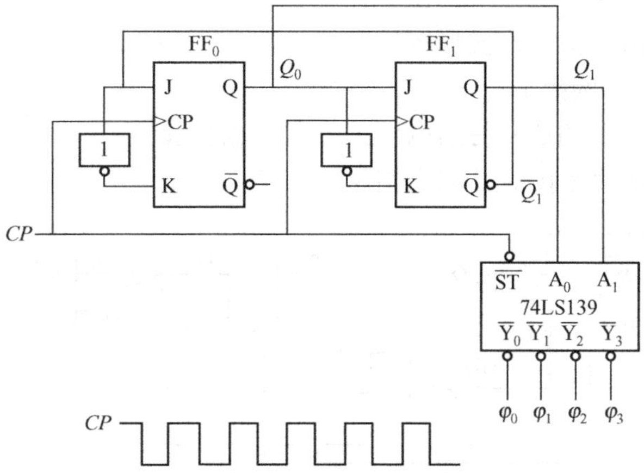

图 3-98

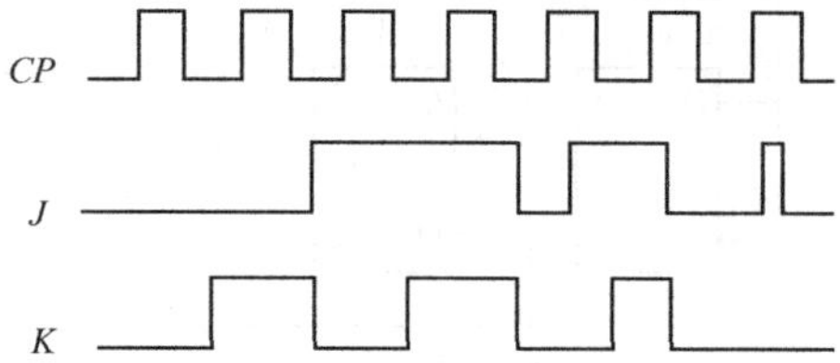

图 3-99

59. 试写出如图 3-100（a）、（b）、（c）、（d）中所示各电路输出的状态函数（Q_1^{n+1}、Q_2^{n+1}、Q_3^{n+1}、Q_4^{n+1}），并画出在图 3-100（e）中给定信号作用下的 Q_1、Q_2、Q_3、Q_4 的电压波形。

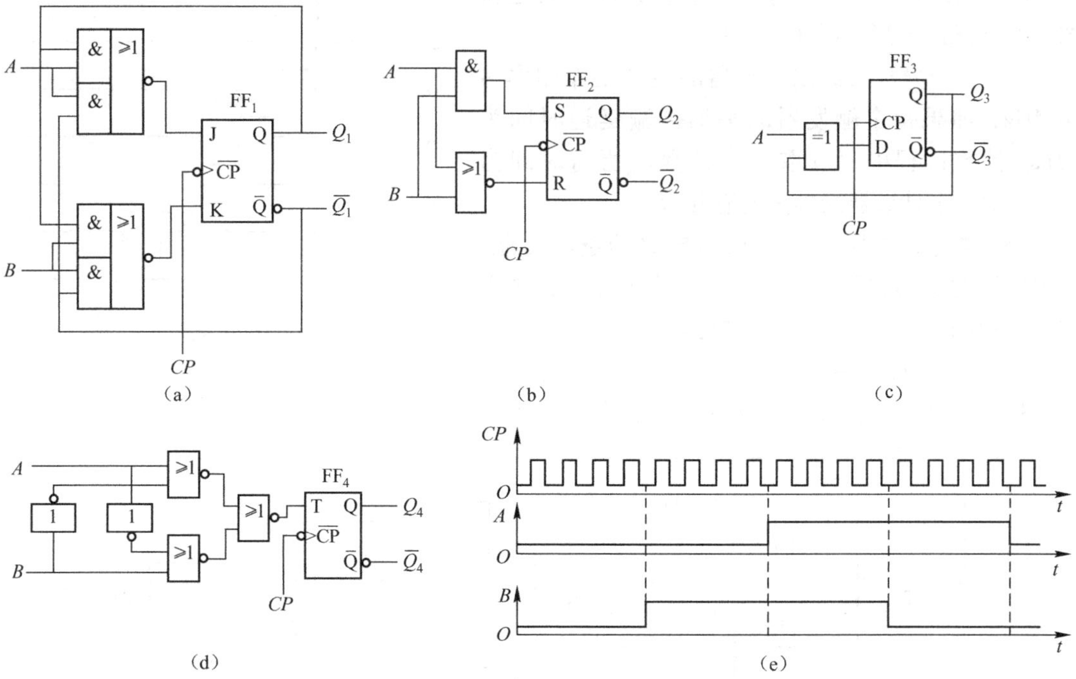

图 3-100

60. 用74H72和与非门组成如图3-101所示的“检1”电路（只要输入A在CP下降沿时为1，Q端就输出一串持续正向脉冲，每个脉冲宽度为CP脉冲维持低电平的时间），这个电路常用来检测数字系统中按规定时间间隔是否有1状态出现。试说明其工作原理（即工作过程），画出其工作波形图（输入给定周期性方波；其频率应低于CP脉冲的频率）。

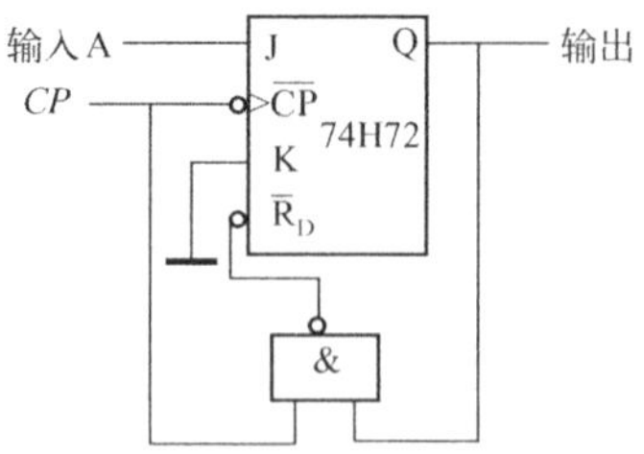

图3-101

61. 分析如图3-102所示时序电路的逻辑功能，写出电路的驱动方程、状态方程和输出方程，画出状态转换图和时序图。

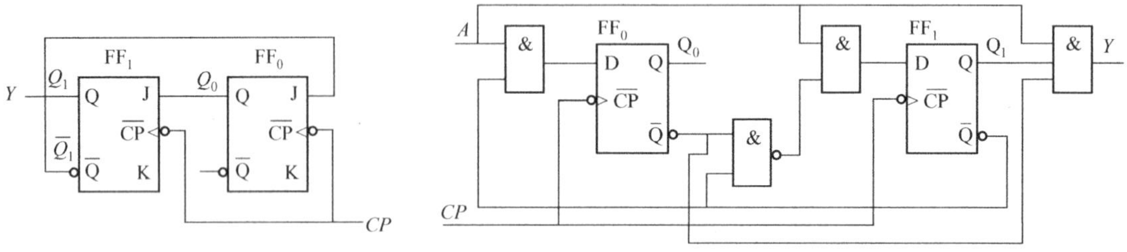

图3-102

62. 试用与或非门将四个边沿D触发器连接成双向串行输入的移位寄存器，画出其逻辑图。

63. 试设计一个时序脉冲发生器，画出其逻辑图。时序脉冲波形如图3-103所示。

64. 一个异步二进制计数器的最高工作频率为10 MHz，如果每个触发器的平均传输延迟时间为10 ns，计数过程中每读取一次计数值所需时间为50 ns，则这个计数器最多只能有几位？

65. 试分析如图3-104所示电路的逻辑功能，写出电路的驱动方程、状态方程、输出方程，画出状态转换图和时序图，并判断电路能否自启动。

66. 某计数器电路如图3-105所示，试分析它是几进制的计数器，画出各触发器输出端的波形图。

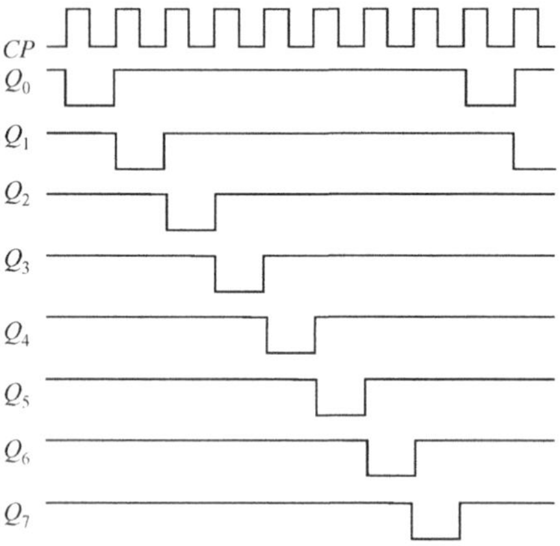

图3-103

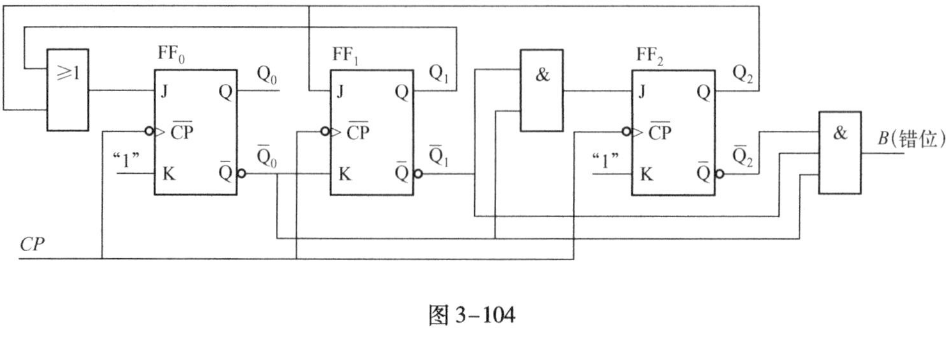

图3-104

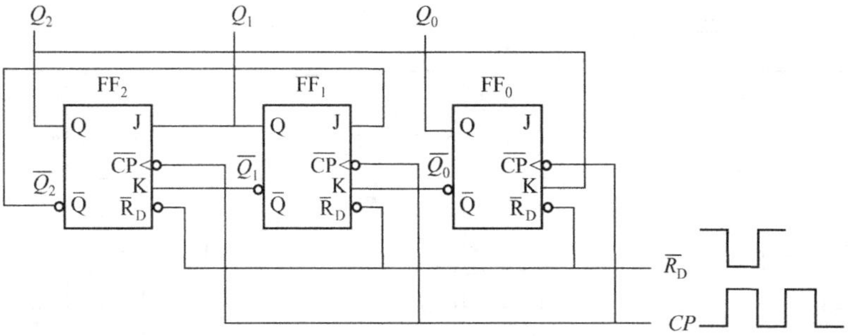

图 3-105

67. 试分析图 3-106 所示逻辑电路为几进制计数器，画出各触发器输出端的波形图。

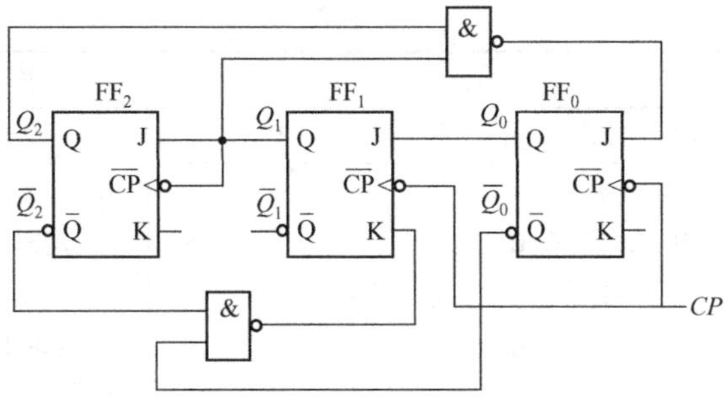

图 3-106

68. 试设计并画出由下降沿触发 JK 触发器构成的异步四位二进制加法计数器的逻辑图。

69. 试设计并画出由上升沿触发 D 触发器构成的异步四位二进制减法计数器的逻辑图。

70. 试设计并画出由上升沿触发 D 触发器构成的同步三位二进制减法计数显示电路的逻辑图。

71. 如表 3-31 所示为某控制系统各设备的周期性工作状态转换表，试设计并验证该系统逻辑电路。

表 3-31

状态顺序	设备 1	设备 2	设备 3	设备 4
1	1	1	0	0
2	1	0	1	0
3	1	0	1	1
4	1	0	0	1
5	0	1	1	1
6	0	1	0	1

72. 利用集成计数器构成如图 3-107 所示电路，试分析确定各电路分别为几进制计数器？

73*. 74LS161 为 4 位二进制异步清除同步计数器，其功能表如表 3-32 所示，分析确定如图 3-108 所示各电路分别为几进制计数器。

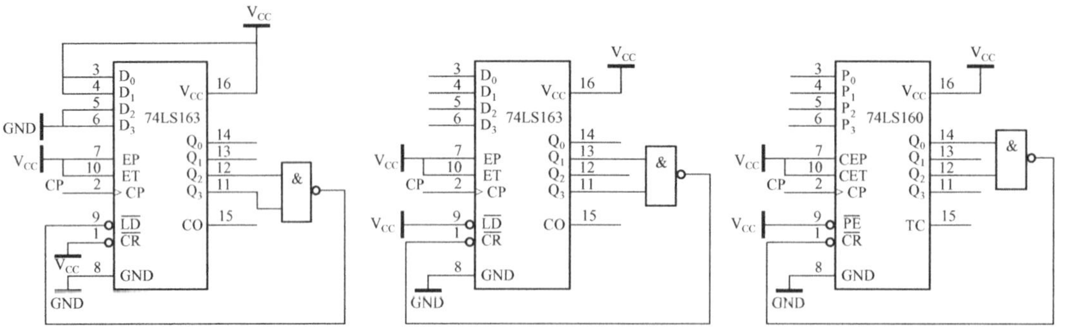

（a）（b）（c）

图 3-107

表 3-32

输入									输出			
CP	$\overline{CR}$	*EP*	*ET*	$\overline{LD}$	D_0	D_1	D_2	D_3	Q_0	Q_1	Q_2	Q_3
×	L	×	×	×	×	×	×	×	L	L	L	L
×	H	H	L	H	×	×	×	×	禁止计数和进位			
×	H	L	H	H	×	×	×	×	禁止计数			
×	H	L	L	H	×	×	×	×	禁止计数和进位			
↑	H	×	×	L	d_0	d_1	d_2	d_3	d_0	d_1	d_2	d_3
↑	H	H	H	H	×	×	×	×	加计数			

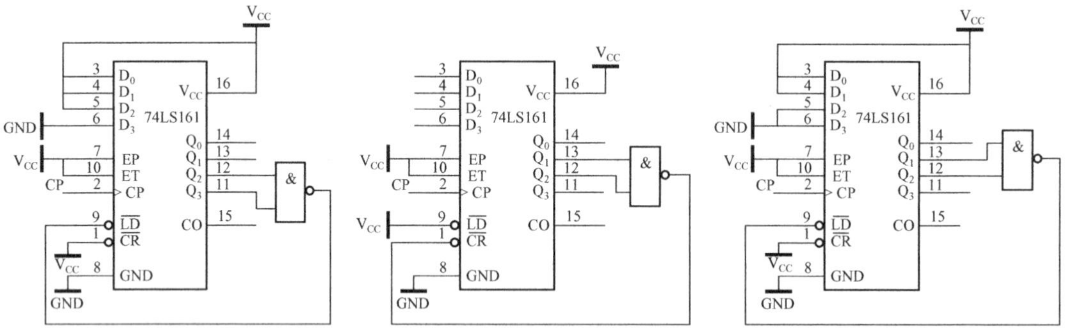

（a）（b）（c）

图 3-108

74. 如图 3-109 所示是由两片 74LS163 构成的计数器，试分析输出端 Y 的脉冲频率与 CP 脉冲频率的比值是多少？

75. 利用集成计数器构成如图 3-110 所示电路，试分析该各电路为几进制计数器？

76. 利用 74LS163 芯片，分别采用反馈清零法和反馈置数法两种方法构成六进制计数器，画出逻辑图，列出状态表。

77. 选择集成计数器芯片，设计一个七十五进制计数器，画出逻辑图。

78. 某铅笔厂为了统计需要，要求设计一个四十八进制计数器，试画出利用集成计数器 74HC192 构成的电路。

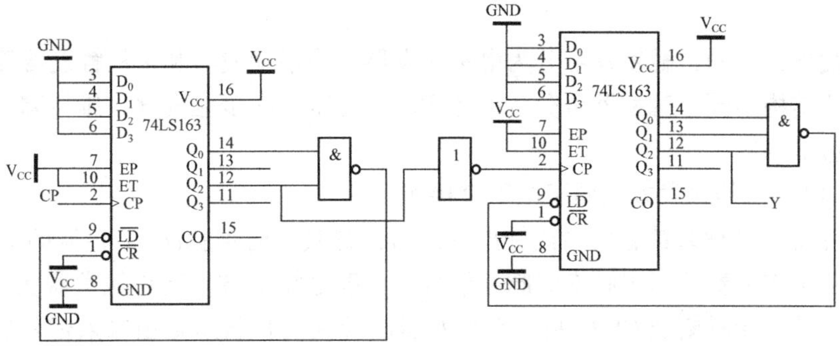

图 3-109

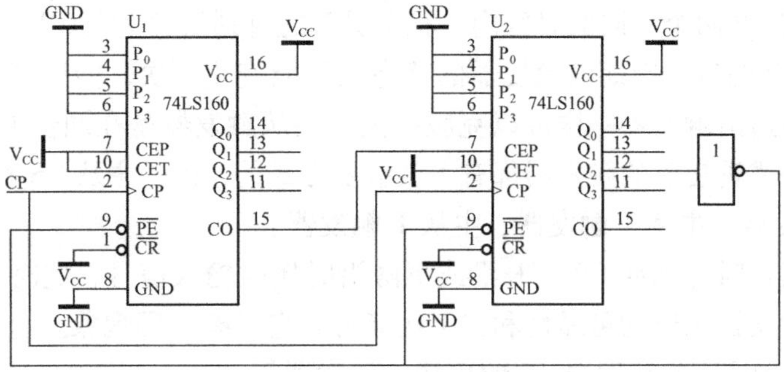

图 3-110

79. 如图3-111所示电路为由555定时器构成的多谐振荡器，已知 $V_{CC}=10\text{V}$，$C=0.01\ \mu\text{F}$，$R_1=20\ \text{k}\Omega$，$R_2=80\ \text{k}\Omega$，求振荡周期 T，并画出相应的 u_C 和 u_O 的波形。

80. 如图3-112所示电路是由555定时器构成的路灯照明自动控制电路。R为光敏电阻，受光照时电阻值小，无光照时电阻值很大。利用继电器KA的常开触点去控制路灯。试分析其工作原理，并说明555定时器在此电路中构成什么形式的电路？RP在电路中起什么作用？

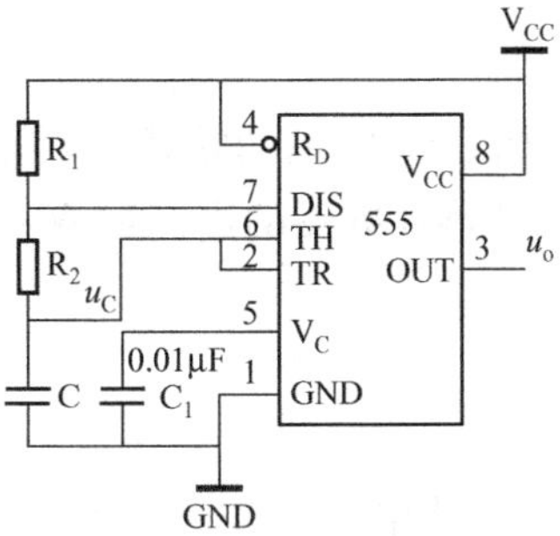

图 3-111

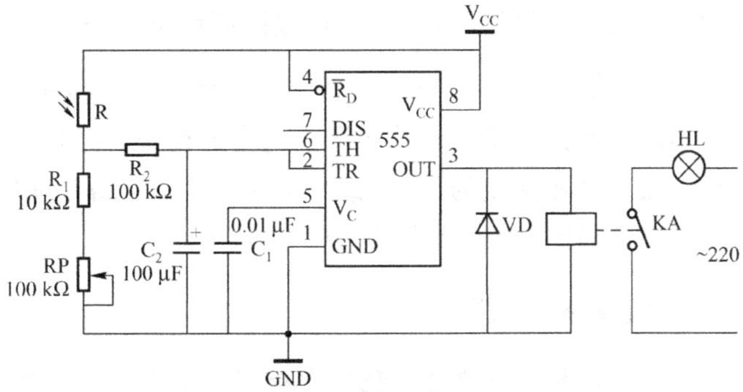

图 3-112

课外阅读13　触发器的分类

根据逻辑功能不同，触发器可分为RS触发器、D触发器、JK触发器、T触发器和T′触发器等。

根据触发方式不同，触发器可分为电平触发器、边沿触发器和主从触发器等。

根据电路结构不同，触发器可分为基本 RS 触发器、同步触发器、维持阻塞触发器、主从触发器和边沿触发器等。

基本 RS 触发器的触发方式属于电平直接触发。

同步触发器（又称时钟触发器或钟控触发器）是具有时钟脉冲 CP 控制的触发器。CP 为控制时序电路工作节奏的固定频率的脉冲信号，一般是矩形波。同步触发器状态的改变与时钟脉冲同步，其翻转时刻受 CP 控制，而触发器翻转到何种状态则由输入信号决定。同步触发方式存在空翻。

主从触发器采用主从式触发方式，其内部有相对称的主触发器和从触发器，主、从两个触发器分别工作在 CP 两个不同的时区内，状态更新的时刻只发生在 CP 信号的上升沿或下降沿，其优点为在 CP 的每个周期内触发器的状态只可能变化一次，能提高触发器的工作可靠性。主从触发器与边沿触发器一样可以克服空翻。主从触发器是在同步 RS 触发器的基础上发展出来的，各种逻辑功能的触发器都有主从触发方式的，即：主从 RS 触发器、主从 JK 触发器、主从 D 触发器、主从 T 触发器、主从 T′触发器。

边沿触发器只在时钟脉冲 CP 上升沿或下降沿时接收输入信号，此时电路状态才发生翻转，从而提高了触发器工作的可靠性和抗干扰能力，它没有空翻现象。边沿触发器主要有维持阻塞 D 触发器、边沿 JK 触发器、CMOS 边沿触发器等。

课外阅读 14 “移位”和“计数”

1. 环形计数器

环形计数器是将单向移位寄存器的串行输入端和串行输出端相连，构成一个闭合的环。

结构特点：即将 FF_{n-1}的输出 Q_{n-1}接到 FF_0 的输入端 D_0。

工作原理：根据起始状态设置的不同，在输入计数脉冲 CP 的作用下，环形计数器的有效状态可以循环移位一个 1，也可以循环移位一个 0。即当连续输入 CP 脉冲时，环形计数器中各个触发器的 Q 端或 $\overline{Q}$ 端，将轮流地出现矩形脉冲。

实现环形计数器时，必须设置适当的初态，且输出 Q_3、Q_2、Q_1、Q_0 端的初始状态不能完全一致（即不能全为“1”或“0”），这样电路才能实现计数，环形计数器的进制数 N 与移位寄存器内的触发器个数 n 相等，即 $N=n$。

2. 扭环形计数器

扭环形计数器是将单向移位寄存器的串行输入端和串行反相输出端相连，构成一个闭合的环。

结构特点：即将 FF_{n-1}的输出 $\overline{Q}_{n-1}$接到 FF_0 的输入端 D_0。

实现扭环形计数器时，不必设置初态。扭环形计数器的进制数 N 与移位寄存器内的触发器个数 n 满足 $N=2n$ 的关系。

3. 顺序脉冲发生器

在数字电路中，能按一定时间、一定顺序轮流输出脉冲波形的电路称为顺序脉冲发生器。顺序脉冲发生器分计数型和移位型两类。计数器型顺序脉冲发生器一般用按自然顺序计数的二进制计数器和译码器构成，移位型顺序脉冲发生器由移位寄存器型计数器加译码电路构成。计数型顺序脉冲发生器状态利用率高，但由于每次 CP 信号到来时，可能有两个或两个以上的触发器翻转，因此会产生竞争冒险，需要采取措施消除。移位型顺序脉冲发生器没有竞争冒险问题，但状态利用率低。

课外阅读 15　555 定时器的应用

1. 用 555 定时器构成施密特触发器

将 555 定时器的阈值输入端和触发输入端连在一起，便构成了施密特触发器。电路如图 3-113 所示。

当输入如图 3-114 所示的三角波信号时，则可从施密特触发器的 u_o 端得到方波输出。如改变图中 5 脚控制电压的大小，可以调节回差电压范围；如果在 555 定时器的放电端（7 脚）外接一电阻，并与另一电源相连，则由 3 脚输出的信号可实现电平转换。

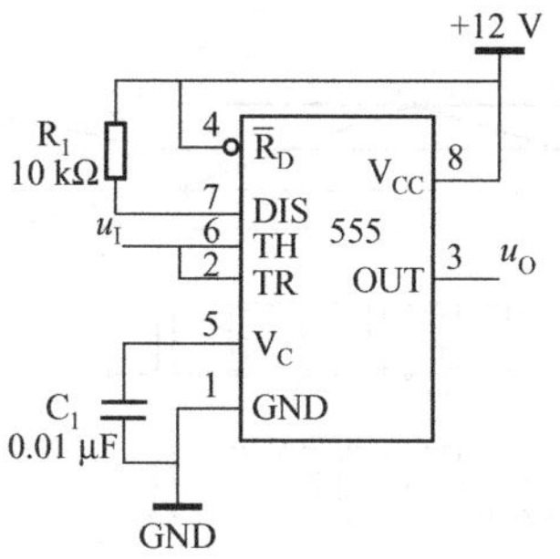

图 3-113　用 555 定时器构成施密特触发器

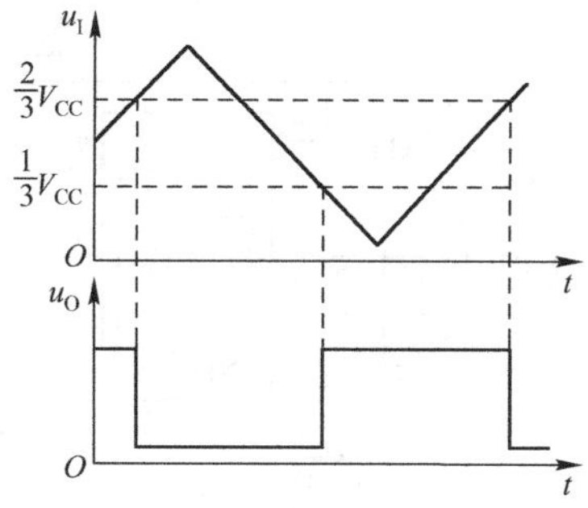

图 3-114　施密特触发器的电压波形

2. 用 555 定时器构成单稳态触发器

由 555 定时器构成的单稳态触发器及工作波形如图 3-115 所示。

电源接通瞬间，电路有一个稳定的过程，即电源通过电阻 R 向电容 C 充电，当 u_C 上升到$\frac{2}{3}V_{CC}$时，触发器复位，u_O 为低电平，放电三极管导通，电容 C 放电，电路进入稳定状态。若触发输入端施加触发信号（$u_I<\frac{1}{3}V_{CC}$），触发器发生翻转，电路进入暂稳态，u_O 输出高电平，且三极管截止。此后电容 C 充电至 $u_C=\frac{2}{3}V_{CC}$时，电路又发生翻转，u_O 为低电平，三极管导通，电容 C 放电，电路恢复至稳定状态。如果忽略三极管的饱和压降，则 u_C 从零电平上升到$\frac{2}{3}V_{CC}$的时间，即为输出电压 u_O 的脉宽 t_W：$t_W=RC\ln3\approx1.1RC$。

这种电路产生的脉冲宽度可从几个微秒到数分钟，精度可达0.1%。通常R的取值在几百欧姆之间，电容取值为几百皮法到几百微法。由图3-115可知，如果在电路的暂稳态持续时间内，加入新的触发脉冲，如图3-116中的虚线所示，则该脉冲不起作用，电路为不可重复触发单稳。

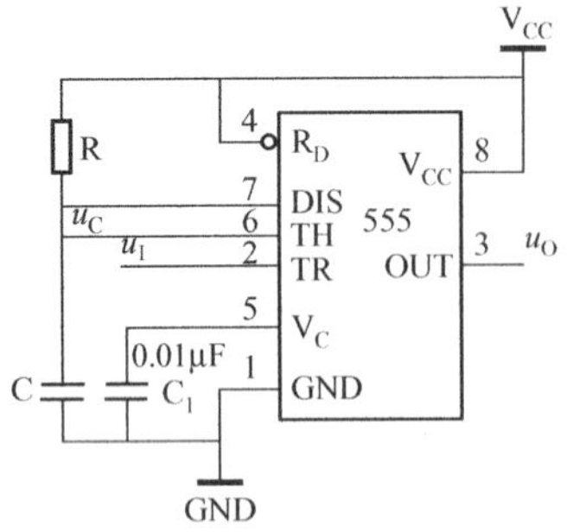

图3-115　用555定时器构成单稳态触发器

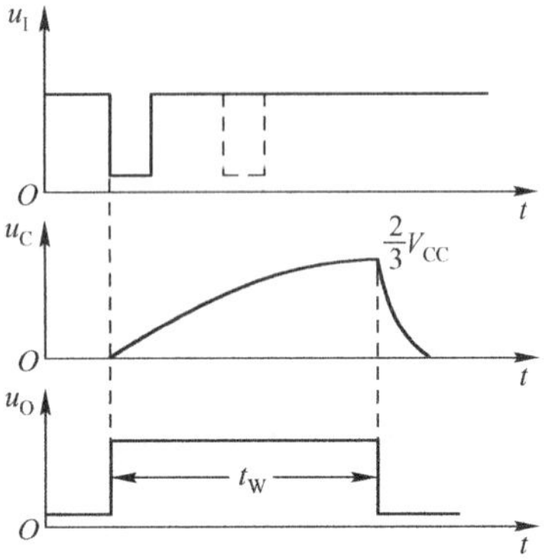

图3-116　单稳态触发器的电压波形图

如果在控制电压端（5脚）施加一个变化电压，555定时器构成的单稳态电路可作为脉冲宽度调制器，如图3-117所示。

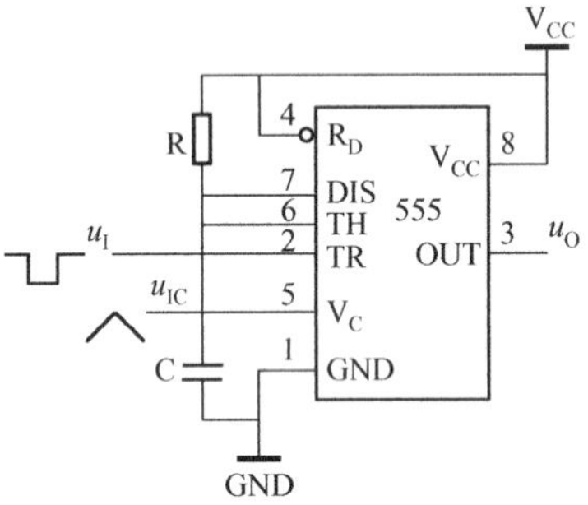

（a）逻辑图

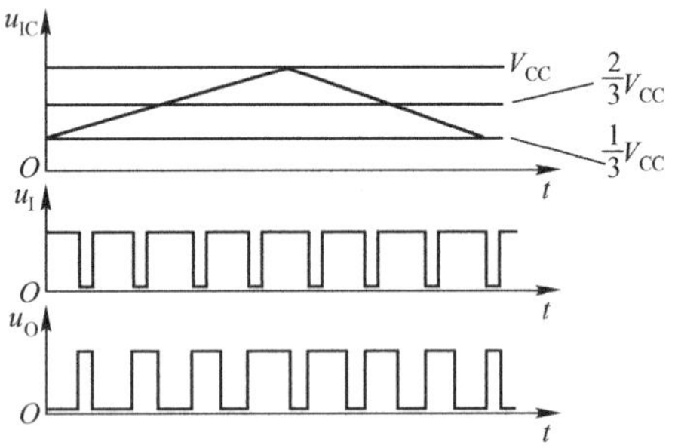

（b）波形图

图3-117　脉冲宽度调制器

当控制电压升高时，电路的阈值电压也升高，输出的脉冲宽度随之增加；而当控制电压降低时，电路的阈值电压也降低，单稳的输出脉宽则随之减小。因此，若控制电压如图3-117（b）所示的三角波时，在单稳的输出端便得到一串随控制电压变化的脉冲宽度调制波。从 u_{IC} 与 u_O 波形关系可看出，该电路可实现电压—频率转换。

课外阅读16　施密特触发器的作用

利用施密特触发器可以将非矩形波变换成矩形波，如图3-118所示。

利用施密特触发器可以进行脉冲鉴幅，如图3-119所示。

利用施密特触发器可以恢复波形，如图3-120所示。

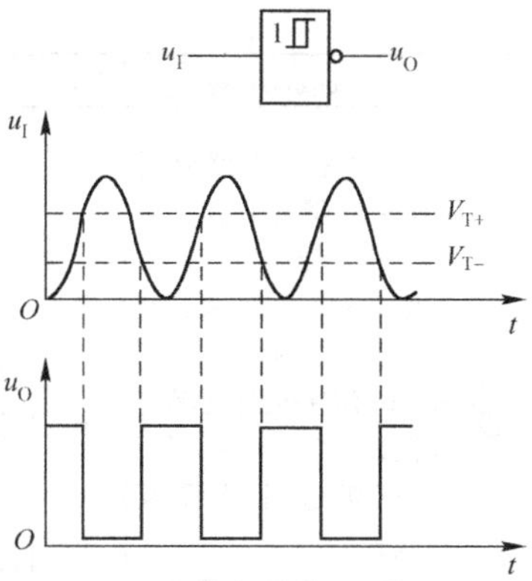

图 3-118　用施密特触发器实现波形变换

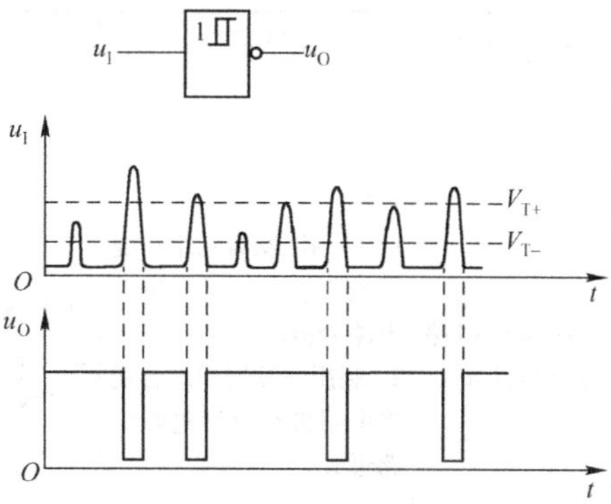

图 3-119　用施密特触发器鉴别脉冲幅度

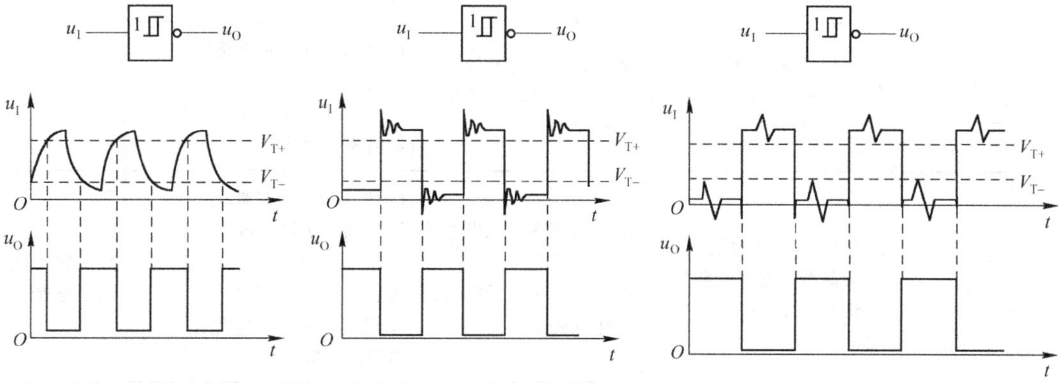

(a)　　(b)　　(c)

图 3-120　用施密特触发器对脉冲整形

资料检索 3

（1）查找资料，归纳总结本模块所涉及的各种集成芯片，并制作芯片功能手册电子稿。能够通过网络搜索的形式找到教材中未涉及的计数器芯片吗？

（2）查找资料，了解 555 定时器的应用。

教学安排建议 3

序号	知识单元	项目资讯	项目实践	主要技能目标	学时	备　注
1	触发器功能与应用	基本 RS 触发器、同步 RS 触发器、D 触发器和边沿触发 D 触发器、JK 触发器	RS 触发器与同步 RS 触发器功能验证	1. 示波器的使用； 2. 稳态的识别。	7	八位抢答器电路的制作与调试
2	寄存器和移位寄存器	并行输入、并行输出寄存器；串行输入、并行输出寄存器；双向移位寄存器	彩灯控制电路调试	1. 理解集成芯片功能与应用； 2. 进一步拓展逻辑功能扩展的设计思路。	3	

续表

序号	知识单元	项目资讯	项目实践	主要技能目标	学时	备注
3	时序逻辑电路分析与设计	1. 利用触发器和组合逻辑电路组成的时序逻辑电路分析； 2. 利用触发器和组合逻辑电路进行时序逻辑电路设计	基于触发器的异步四位二进制计数器电路的设计与调试	1. 时序逻辑电路分析（如何列驱动方程、状态方程、输出方程，如何编制状态转换表、状态转换图、时序图）； 2. 如何进行时序逻辑电路测试； 3. 逻辑芯片选择及接线； 4. 如何根据时序逻辑推导状态方程和驱动方程。	6	任意进制计数显示电路的设计与调试
4	集成计数器应用	各种集成计数器的功能、不同进制计数器的分析与设计	基于集成计数器的任意进制计数器电路的制作与调试	1. 集成时序逻辑电路的接线调试； 2. "反馈置数"和"反馈清零"设计方式	4	
5	555 定时器应用	555 定时器组成的多谐振荡器、施密特触发器组成的多谐振荡器	1. 双音报警声响电路的分析与测试； 2. 秒脉冲发生器电路的设计与制作	1. 熟练应用示波器； 2. 熟练掌握波形数据的测量和波形图的绘制方法； 3. 熟练 555 定时器应用电路的分析	4	数字钟电路的制作与测试

项目4

直流线性稳压电源的设计与调试

学习要求

知识要求	(1) 掌握二极管的工作特性。 (2) 理解整流、滤波、整流电路的工作特性。 (3) 熟悉直流线性稳压电源各环节工作参数的分析方法。
技能要求	(1) 熟悉二极管性能的检测方法。 (2) 熟练掌握整流、滤波、稳压各环节的参数计算和元器件的选择。 (3) 能正确使用仪器仪表进行直流线性稳压电源各级工作环节参数的测量。

项目分析与资讯 4

制作好数字电路板后进行调试的过程中，当芯片需要5V电源时，可以从实训平台的端子上引来电源或从台式直流电源上取电，但如果在家里，既没有实训台，更没有配备稳压电源，面对交流220V的插座，应该怎么办呢？有没有见过图4-1（a）所示的电源线？如果你仔细观察电源上标注的参数，就会发现它的插头端可以直接插到生活用电源插座上，另一端则可以输出远低于输入电压的直流电压，其转换效果如图4-1（b）所示。

（a）电源线

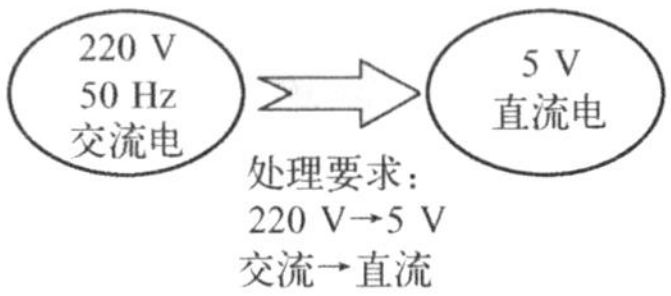

（b）电源转换示意图

图4-1　直流稳压电源

本单元主要通过"LED照明灯电路"、"二极管桥式整流集成稳压电源"的设计与制作项目任务，来学习直流线性稳压电源的设计与调试方法。

下面先来了解一下电路中的关键元件——二极管吧！

4.1　二极管的特性与应用

1. 二极管的特性

如图4-2所示是常见的二极管外形，其内部结构决定了所有二极管都具有单向导电性。可以通过如图4-3所示的小实验来理解单向导电性。

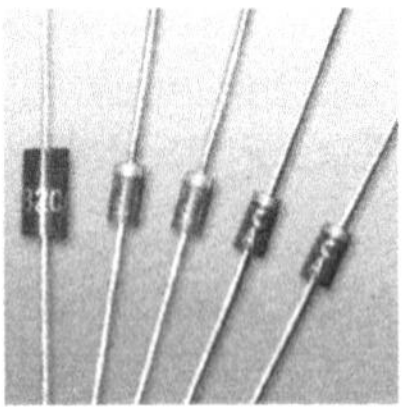

（a）普通二极管

（b）贴片二极管

（c）大电流二极管

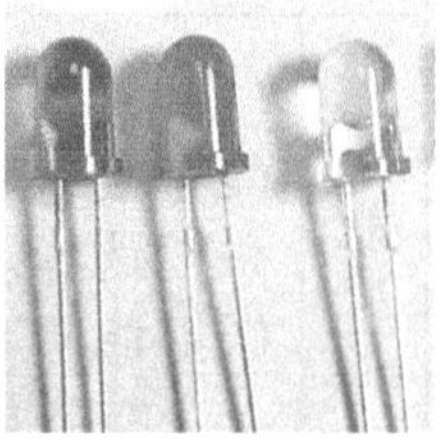

（d）发光二极管

图4-2　常见的二极管外形

图4-3（a）、（b）中的电源向串联了电阻的灯泡供电，由于电阻元件没有极性，所以此时电源极性的改变对灯泡供电不产生影响。如果在回路中再串联一个二极管，同样改变电源极性，如图4-3（c）、（d）所示，可以发现二极管只有在（c）图的连接方式下才能导通，从而使灯泡亮，由此说明二极管具有单向导电性。

二极管的电路符号如图4-4（a）所示，其文字符号为"V"或"VD"，箭头方向表示

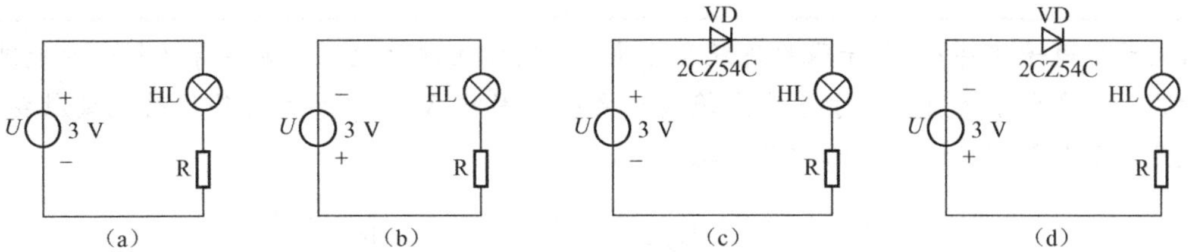

图 4-3　二极管单向导电性的验证实验

二极管导通时的电流方向，即由阳极指向阴极。二极管的核心部分是 PN 结，PN 结是通过一定的生产工艺把 P 型半导体和 N 型半导体结合在一起，在其交界处形成的一个具有单向导电性的薄层。以 PN 结为管芯，在 P 区和 N 区均接上电极引线，并以外壳封装，就制成了半导体二极管，简称二极管，其内部结构如图 4-4（b）所示。

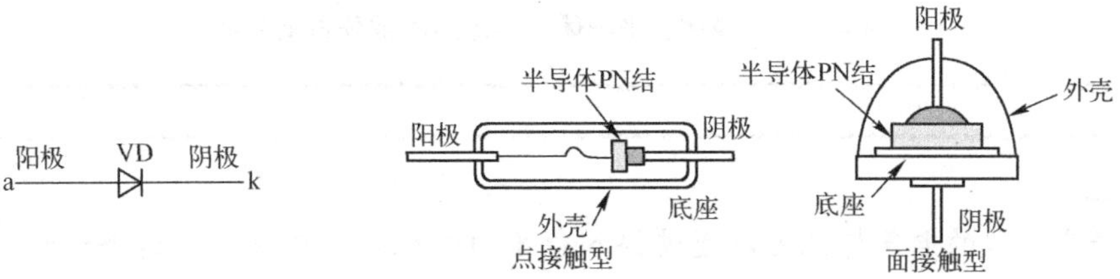

（a）电路符号　　　　（b）内部结构

图 4-4　二极管的电路符号和内部结构示意图

半导体和能带理论

我们平素能够很轻松地区分“导体”和“绝缘体”，供电用导线中间的铜芯是性能良好的导体，外皮的橡胶或塑料则是绝缘体。一种材料，是否能当作导体，与其原子结构的最外层电子数有关系，铜元素最外层电子数为“2”，铝元素最外层电子数为“3”，我们平素见到的导线多使用这两种材料。“硅”和“锗”这两种材料都属于半导体，它们的最外层电子数为“4”，形成了比较牢固的共价键结构，如图 4-5 所示。半导体的特性可利用能带理论来理解。

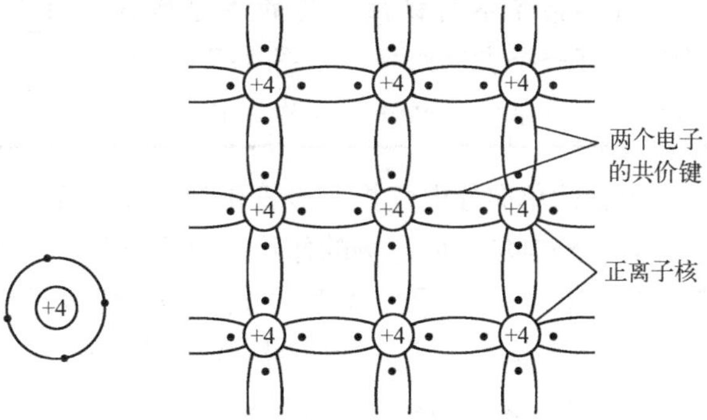

图 4-5　半导体共价键结构示意图

能带理论是用量子力学的方法研究固体内部电子运动的理论。固体材料的能带结构由多条能带组成，能带分为传导带（简称导带）、价电带（简称价带）和禁带等，导带和价带间的空隙称为能隙能带（又称禁带），绝缘体、半导体和导体的能带分布如图 4-6 所示。电子一旦处于传导带中，就可经由外电场加速而形成电流，价带中的电子则需获得足够的能量跳过禁带才能进入传导带。一般常见的金属材料，因为其传导带与价带之间的“能隙”非常小，在室温下电子很容易获得能量而跳跃至传导带而导电，而绝缘材料则因为能隙很大（通常大于 9 电子伏特），电子很难跳跃至传导带，所以无法导电。一般半导体材料的能隙约为 1 至 3 电子伏特，介于导体和绝缘体之间，因此只要给予 适当条件的能量激发，或是改变其能隙之间距，此材料就能导电。

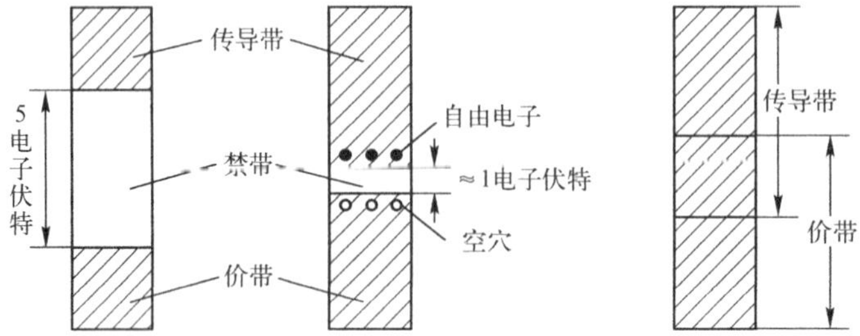

（a）绝缘体　（b）半导体　（c）导体

图 4-6　绝缘体、半导体、导体的能带分布示意图

PN 结

纯净半导体的电气特性可以通过掺入杂质的过程而永久改变，这个过程通常称为“掺杂”。如在半导体内掺入三价或五价元素，掺杂半导体由于预先有了部分共价键的空位（又称“空穴”）或多余的电子，导电性又进一步增强，此时的导电性更多是受掺杂元素的浓度影响。我们把掺入三价元素的半导体称为 P 型半导体，把掺入五价元素的半导体称为 N 型半导体，在掺杂了不同极性杂质的半导体接面处会有一个内建电场，如图 4-7 所示，该电场具有单向导电性，被称为 PN 结。

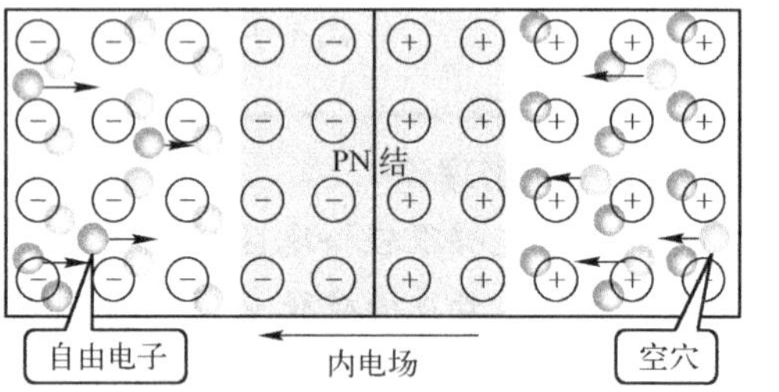

图 4-7　PN 结示意图

二极管的单向导电性指二极管正偏导通、反偏截止的特性。当二极管的阳极电位高于阴极电位时，外电场与内电场的作用一旦完全抵消，可移动载流子将顺外电场方向运动，称二极管（PN 结）正向偏置，简称正偏；当二极管的阳极电位低于阴极电位时，在外电场作用下，PN 结厚度增大，进一步阻碍载流子运动，称二极管（PN 结）反向偏置，简称反偏。

二极管的单向导电性可以用伏安特性来描述。伏安特性是指流过二极管的电流 I 与它两端电压 U 的关系。图 4-8 是通过实验测定的二极管的伏安特性曲线。

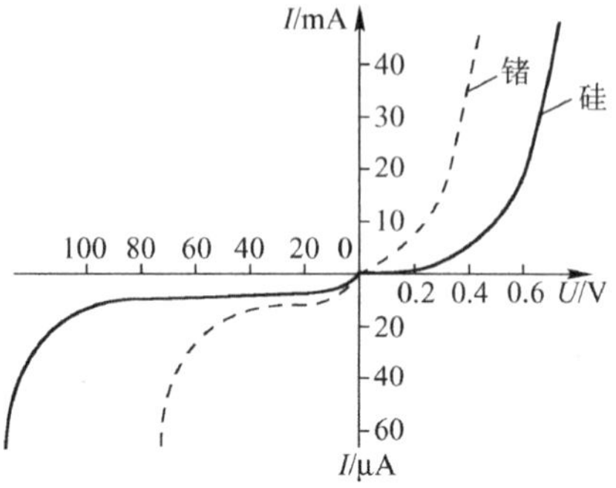

图 4-8　二极管的伏安特性曲线

二极管的伏安特性可具体分为正向特性和反向特性。

1）正向特性

由图 4-8 可见，当二极管外加正向电压很低时，正向电流很小，几乎为零。当正向电压超过一定数值（PN 结的内电场压降）后，电流增长很快，这一特定数值的电压就称为死区电压（U_{th}），其大小与二极管制作材料及环境温度有关。通常硅管的死区电压约为 0.5 V，锗管约为0.1 V。当正向电压大于死区电压后，二极管导通。导通时的电压称正向压降（或称管压降），通常硅管约为0.6 ～ 0.8 V，锗管约为 0.2 ～ 0.3 V。（不同类型二极管的死区电压和导通压降不尽相同，使用时应查阅技术资料）

2）反向特性

当二极管外加反向电压，在反向电压不超过某一范围时，二极管有极微小电流通过，且电流的大小基本恒定，与反向电压的大小无关，通常称其为反向饱和电流 I_S。此时二极管处于截止状态，呈现很高的反向电阻。在同样的温度下，硅管的反向电流比锗管小得多，锗管是微安级，硅管是纳安级。

当反向电压增大到超过某一值时，反向电流急剧增大，这一现象称为反向击穿。反向击穿时所加的电压叫反向击穿电压，记为 U_{BR}。反向击穿电流过大会使普通二极管烧坏，称为击穿短路。因此，除稳压二极管外，加在二极管上的反向电压均不允许超过击穿电压。

二极管的特性对温度也十分敏感，当温度升高时，二极管的正向特性曲线向左移动，反向特性曲线向下移动。

硅和锗

从“硅”和“锗”的偏旁部首似乎就可以感觉到，虽然同为四价元素，“金字旁”和“石字旁”相比，“锗”的特性应比“硅”更活跃一些。事实确实如此，如图 4-8 中虚线所示为锗管的伏安特性曲线，因为特性较活跃，在相同电压情况下，锗管的电流就比硅管大很多，同样，反向截止时锗管的导通电流较硅管大，且较小的反向电压就会让锗管击穿。

1）常用二极管的类型

根据不同的分类方法，二极管可分为多种类型，这里按照二极管的不同用途介绍几种常见的二极管。

（1）检波用二极管：从输入信号中取出调制信号的过程称为检波。以整流电流的大小（100 mA）作为界限，通常把输出电流小于 100 mA 的称为检波用二极管，如 2AP 型二极管，它是锗材料点接触型，工作频率可达 400 MHz，结电容小，检波效率高，频率特性好。

（2）整流用二极管：从输入交流信号中获得直流信号的过程称为整流。以整流电流的大小（100 mA）作为界限，通常把输出电流大于 100 mA 的称为整流用二极管。整流用二极管通常为面接触型，工作频率小于 3 kHz，最高反压从 25 V 到 3000 V 分 22 挡。常见整流用二极管有硅半导体整流 2CZ 系列、硅桥式整流器 QL 系列等。

（3）开关二极管：开关二极管的特长是开关速度快，其中 2AK 系列用于中速开关电路；2CK 系列用于高速开关电路。

（4）稳压二极管：稳压二极管工作时的端电压从 3 V 左右到 150 V 能划分成许多等级。在功率方面，也有从 200 mW 到 100 W 以上的产品。它一般为 2CW 系列，若将两个互补二极管反向串接以减少温度系数，则为 2DW 系列。

(5) 发光二极管：用磷化镓、磷砷化镓材料制成，正向驱动发光，工作电压低，工作电流小，发光均匀。

2）稳压二极管与普通二极管有什么区别？

稳压二极管是一种用特殊工艺制造的面接触型硅半导体二极管，其图形符号如图4-9（a）所示，伏安特性曲线如图4-9（b）所示。可以看到，稳压二极管与普通二极管的正向特性保持了一致性，但是在反向电压加到一定值时，反向电流急增，稳压二极管被击穿，反向电压变化极小，这就是稳压二极管的稳压作用，即在二极管功率不超过允许值时，二极管能稳定工作在反向击穿区。值得注意的是，反向击穿区曲线越陡峭，动态电阻越小，稳压二极管的稳压性能越好。

为避免稳压二极管的稳压电流超过允许范围，在稳压二极管的稳压电路中都需加装限流器件，最简单的是串联限流电阻R。

3）动态电阻与二极管特性

在模拟电路中，我们往往会产生疑惑：二极管上流过的电流多大？二极管的等效电阻多大？实际上，不同的电路，二极管的等效电阻差异极大，因此首先要弄清楚什么是动态电阻。

动态电阻是指元件两端的电压变化量与流经元件的电流变化量的比值，如图4-10所示，即

$$R=\frac{\Delta u}{\Delta i}=\frac{u_1-u_2}{i_1-i_2}=\frac{u_2-u_1}{i_2-i_1} \tag{4-1}$$

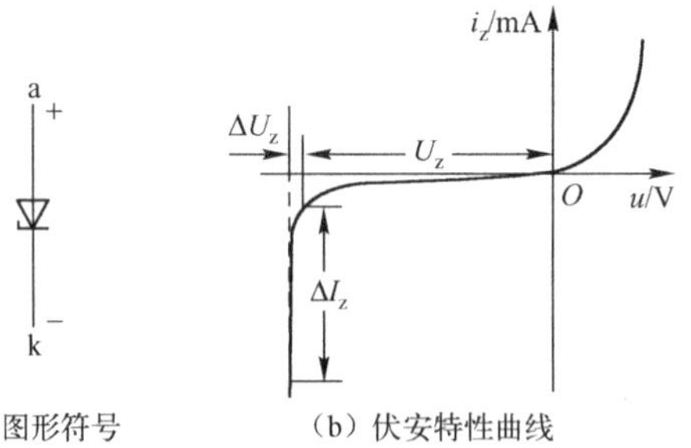

（a）图形符号　（b）伏安特性曲线

图4-9　稳压二极管的图形符号与伏安特性曲线

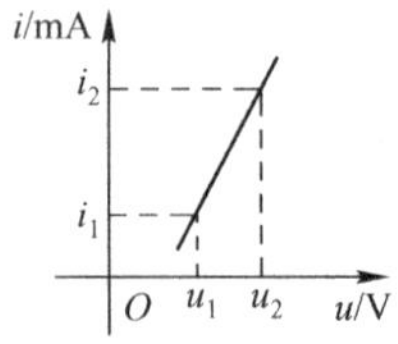

图4-10　动态电阻求解示意图

把图4-8和图4-9中的伏安特性曲线放大后，就可以理解为什么二极管有死区、导通区、反向截止区和击穿区之分了。根据式（4-1）可以知道，死区的动态电阻非常大，导通区的动态电阻就小了很多；当二极管接入电路后，起作用的就是其等效电阻，等效电阻与回路电阻共同决定了回路中电流的大小。需要注意的是，电路中的回路电阻、电阻元件的误差都会成为影响回路电流的因素，因此，在电路参数的测量过程中仍需关注误差问题。

二极管的参数是反映二极管性能质量的指标。必须根据二极管的参数来合理选用二极管。二极管的主要参数有以下4项。

(1) 最大整流电流 I_F。I_F 是指二极管长期工作时允许通过的最大正向平均电流值，由PN结的面积和散热条件所决定。工作时，流过二极管的电流不应超过这个数值，否则将导致二极管因过热而损坏。

(2) 最高反向工作电压 U_{RM}。U_{RM}是指二极管不击穿所允许加的最高反向电压。超过此值二极管就有被反向击穿的危险。U_{RM}通常为反向击穿电压的1/2，以确保二极管安全工作。

(3) 最大反向电流 I_R。I_R 是指二极管在常温下承受最高反向工作电压 U_{RM}时的反向漏电流，一般很小，但其受温度影响较大。当温度升高时，I_R 显著增大。

(4) 最高工作频率f_M。f_M 是指保持二极管单向导通性能时，外加电压允许的最高频率。二极管的工作频率与PN结的极间电容大小有关，电容容量越小，工作频率越高。当加在二极管上电压的频率高于f_M 时，结电容的容抗变小，高频信号会直接从结电容穿过，从而会破坏二极管的单向导电性。

二极管的参数很多，除上述参数外，还有结电容、正向压降等，实际应用时，可查阅半导体器件手册。

为什么选择二极管时，主要考虑 I_F 和 U_{RM}两个参数就可以了？

2. 限幅电路——二极管的应用

所谓限幅，即无论电压多高，都被限制在预先设定的范围内。二极管具有单向导电性，如何实现这个功能？

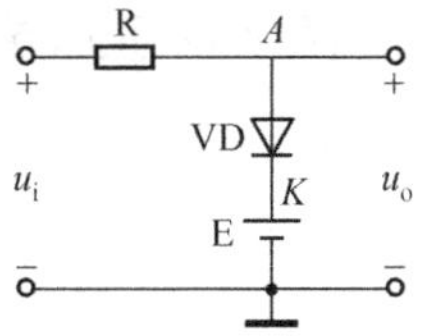

图4-11　并联二极管上限幅电路

如图4-11 所示为并联二极管上限幅电路，输入端送入的是幅值为 U_m 的交流信号，$U_m > E$。设二极管为理想二极管，即正向导通时压降为0V，反向截止时视为开路。

二极管在电路中究竟工作在什么状态？这里选择了公共端，标出二极管两端的 A 点和 K 点来具体进行分析，从图4-11 可以看到，$u_K = E$，因无法确定二极管是否导通，可以先假设二极管未导通，此时电阻R上没有压降，$u_A = u_i$，因此，$u_i > E$ 时，二极管导通，输出电压 $u_o = E$；$u_i \leqslant E$ 时，二极管截止，输出电压$u_o = u_i$。工作波形如图4-12 所示，三种输出波形分别对应 $E = 0\,V$、$E > 0\,V$、$E < 0\,V$ 的三种情况。

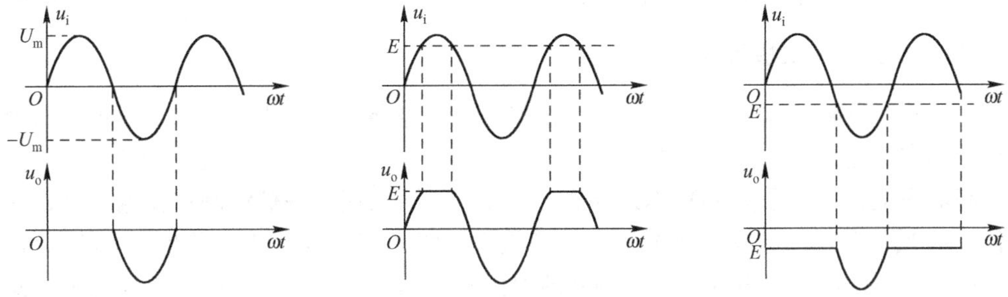

图4-12　二极管并联上限幅电路的波形关系

可见，利用二极管单向导电性，实现了输入信号电压幅值由电路参数限制的工作效果，即输入电压在一定范围内变化时，输出电压随输入电压相应变化，而当输入电压超出该范围时，输出的电压保持不变。你看出输入电压与 E 的关系了吗？

限幅电平

限幅电平是指输出电压 u_o 不再随输入信号变化而变化时的稳恒电压值。当输入电压高于限幅电平时，输出电压保持不变的限幅称为上限幅；当输入电压低于限幅电平时，输出电压保持不变的限幅称为下限幅。

3. 双向限幅电路——二极管的应用

二极管与直流电源配合可以实现限幅，两路限幅电路反向并联会产生什么效果？下面看一下如图4-13（a）所示的电路，$U_{S1}=U_{S2}=5\text{V}$，$u_i=10\sin\omega t\text{V}$，二极管承受正向压降时导通。在图中标出参考点，可以看到，对 VD_1 而言，只有在其阳极端电压大于5V时才能导通，而 VD_2 只有在其阳极端电压小于 -5V 时才能导通。当 $-5\text{V}<u_i<5\text{V}$ 时，两个二极管都不通，电阻上没有电流通过，此时 $u_o=u_i$，输出电压波形如图4-13(b）所示。这时的电路便实现了双向限幅的功能。这种电路好像将输入信号的高峰和低谷部分都削掉了一样，因此又称它为削波电路。

4. 钳位电路——二极管的应用

钳位电路是使输出电位钳制在某一数值上保持不变的电路，如图4-14所示，若 A 点的 $U_A=0$，则二极管 VD 正向导通，二极管压降很小，因此 F 点的电位也被钳制在0V左右，即 $U_F\approx0\text{V}$。

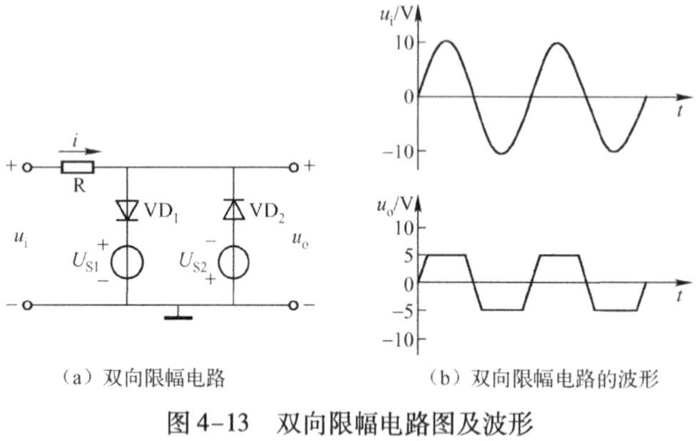

（a）双向限幅电路　（b）双向限幅电路的波形

图4-13　双向限幅电路图及波形

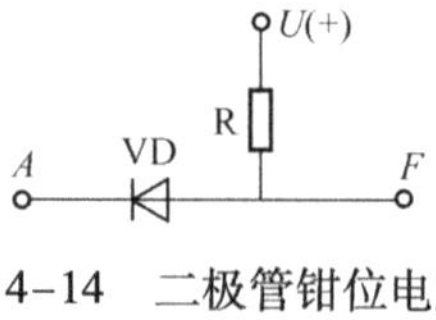

图4-14　二极管钳位电路

5. 与门电路——二极管的应用

用二极管和电阻可以轻松获得“与”逻辑关系。电路图如图4-15（a）所示，两个二极管阳极端连在一起，若 A 端送入高电平，B 端送入低电平，假设 VD_1 优先导通，Z 点电位被钳制在高电平上，高电平使 VD_2 迅速导通，VD_2 的导通又使电平被钳制在低电平上，这个电平将使 VD_1 反偏截止，最终保持 VD_2 的导通效果，使 Z 点钳制在低电平上。只有 A、B 两端均送入高电平时，两个二极管才会无例外地保持相同的工作状态，Z 点输出高电平。此时便可获得“有0出0，全1出1”的“与”逻辑效果。

对二极管采用共阳极接法的电路来说，“阴极电位最低的二极管优先导通”是在分析电路时获得的规律，以后还会在电路分析中遇到。

如图 4-15（b）所示为四个两输入与门 74LS08 芯片，芯片内部集成了四个如图 4-15（a）所示的两输入与门。

二极管的单向导通特性可看做单向开关，因此它在数字电路中应用得非常广泛，除用在与门电路中外，还用在或门、与非门等门电路中。

6. 稳压电路——二极管的应用

利用二极管正向压降基本不变的特性，可组成低电压稳压电路，如图 4-16 所示。图中的 R 为限流电阻。若二极管为硅管，可获得近似 0.7 V 的输出电压；若采用几只二极管串联，则可获得 3 ～ 4 V 的输出电压。这种稳压电路仅用在要求不高的场合。

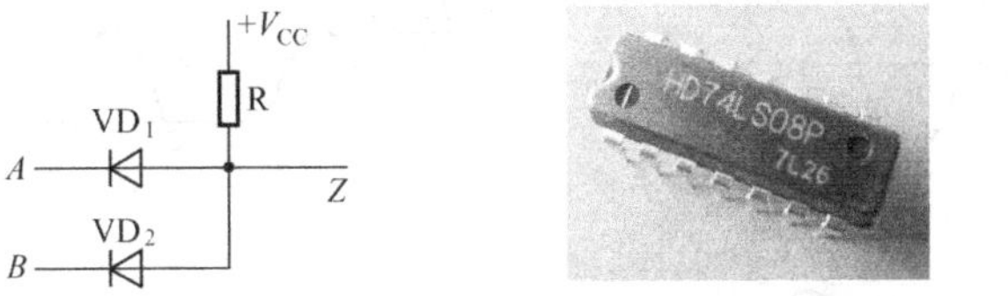

（a）与门电路　　（b）四个两输入与门74LS08芯片

图 4-15　分立元件与门电路

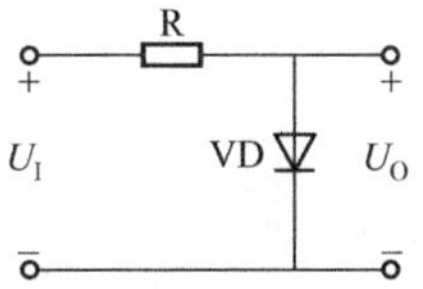

图 4-16　低电压稳压电路

4.2　二极管整流滤波电路的分析

为实现交流信号到直流信号的转变，必定要使用二极管类单向导通元件进行整流。

4.2.1　单相半波整流电路

单相半波整流电路如图 4-17 所示，根据前面对二极管特性的了解，可知只有当输入电压大于二极管死区电压时，二极管才导通，否则二极管截止。

图 4-17 中的 T 为电源变压器，R_L 为电阻性负载，VD 为整流二极管。u_1 表示电网电压，u_2 表示变压器二次侧电压，设 $u_2=\sqrt{2}U_2\sin\omega t$，式中的 U_2 为二次侧电压有效值。

当 u_2 为正半周时，VD 正偏导通，二极管和负载上有电流流过。忽略二极管的正向压降，则负载电压 $u_o=u_2=\sqrt{2}U_2\sin\omega t$。当 u_2 为负半周时，VD 反偏截止，二极管电流和负载电流均为零，因此输出电压 $u_o=0$。u_2 全部加在了整流二极管的两端，因此它所承受的反向电压为 $u_D=u_2$。据此绘制整流电路各处的电压和电流波形如图 4-18 所示。因负载电压为 u_2 的半个周期，故称此电路为半波整流电路。

整流输出电压 u_o 是单方向的，但大小是变化的，通常称此种电压为脉动直流电压。

负载上的直流电压是指一个周期内脉动电压的平均值，根据图 4-18 所示波形可计算出半波整流电路输出直流电压的平均值为：

$$
\begin{aligned}
U_O &= \frac{1}{2\pi}\int_0^{2\pi} u_o \mathrm{d}(\omega t) = \frac{1}{2\pi}\int_0^{\pi}\sqrt{2}U_2\sin\omega t\mathrm{d}(\omega t) \\
&= \frac{\sqrt{2}U_2}{2\pi}(-\cos\omega t)\Big|_0^{\pi} = \frac{\sqrt{2}U_2}{2\pi}(-\cos\pi+\cos 0) \\
&= \frac{\sqrt{2}}{\pi}U_2 \approx 0.45U_2 \qquad (4\text{-}2)
\end{aligned}
$$

负载电流的平均值为：

$$I_L = \frac{U_O}{R_L} \approx 0.45\frac{U_2}{R_L} \tag{4-3}$$

流过二极管的平均电流与负载电流相等，即：

$$I_D = I_L \tag{4-4}$$

二极管实际承受的最大反向电压为：

$$U_{DM} = \sqrt{2}U_2 \tag{4-5}$$

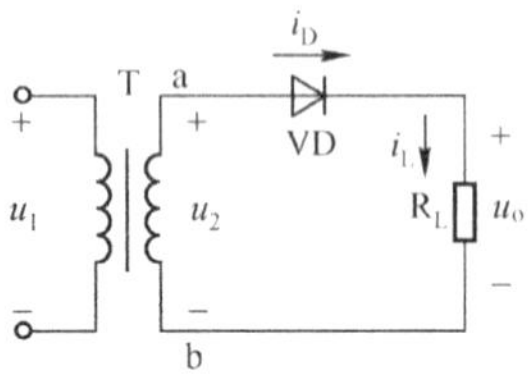

图4-17　单相半波整流电路图

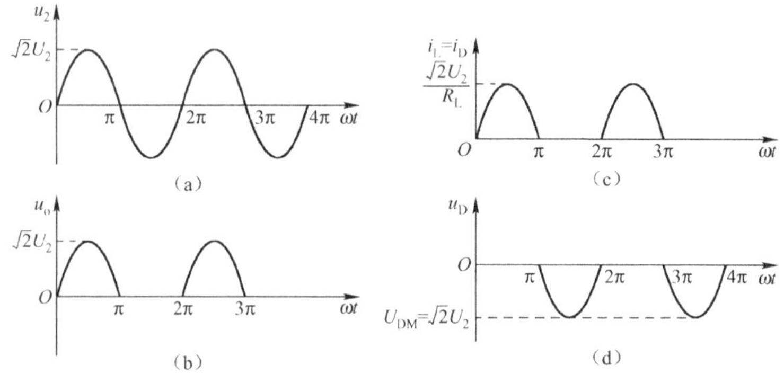

图4-18　半波整流电路的波形图

脉动系数

脉动系数 S 是衡量整流电路输出电压平滑程度的指标。由于负载上得到的电压 u_o 是一个非正弦周期信号，可用傅氏级数展开为：

$$u_o = \sqrt{2}U_2\left(\frac{1}{\pi} + \frac{1}{2}\sin\omega t - \frac{2}{3\pi}\cos\omega t + \cdots\right)$$

脉动系数定义为最低次谐波的峰值与输出电压平均值之比，即：

$$S = \frac{u_{o1M}}{U_o} = \frac{\frac{\sqrt{2}U_2}{2}}{\frac{\sqrt{2}U_2}{\pi}} = 1.57 \tag{4-6}$$

在实际中，通常要根据整流电路的技术指标选择合适的整流二极管，在选择时应该选管子的最大允许平均电流 I_F 大于 I_D，管子的最高反向工作电压 U_{RM} 大于 U_{DM}，同时要有一定的余量，即：

$$I_F \geqslant (1.5 \sim 2)I_D \tag{4-7}$$

$$U_{RM} \geqslant (1.5 \sim 2)U_{DM} = (1.5 \sim 2)\sqrt{2}U_2 \tag{4-8}$$

半波整流电路的结构简单但整流效率较低，输出电压平均值低、脉动较大。因此，它一般只适用于对参数要求不高的场合。

4.2.2　变压器中心抽头式全波整流电路

如图4-19（a）所示为变压器中心抽头式全波整流电路，它将两个半波整流电路合了起

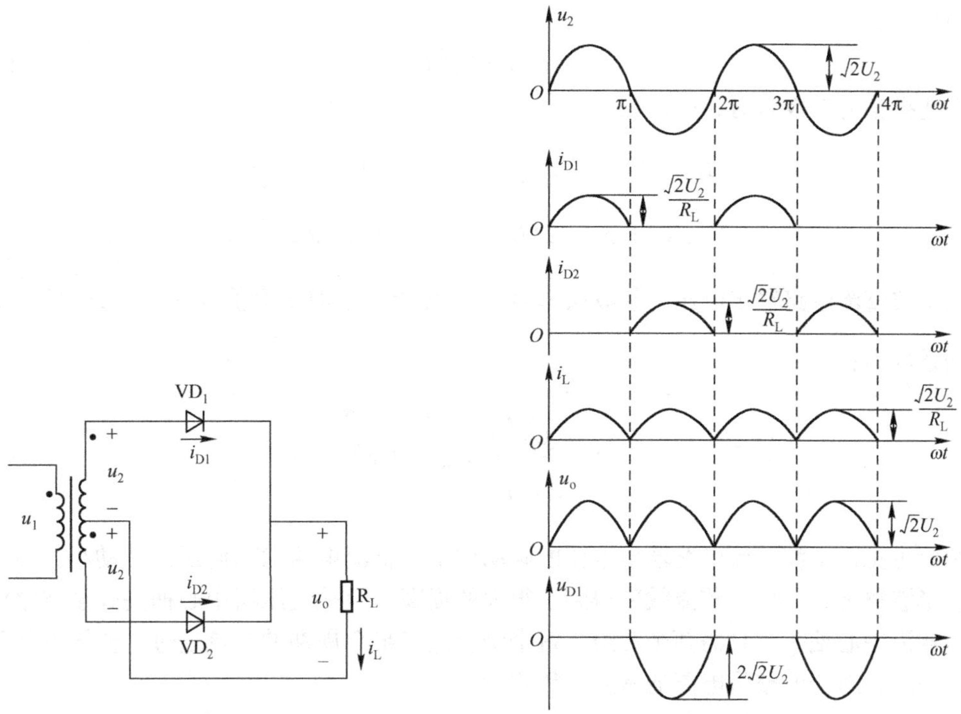

（a）原理图　　　　（b）电压、电流波形图

图 4-19　变压器中心抽头式全波整流电路

来，由电源变压器 T，整流二极管 VD_1、VD_2及负载电阻 R_L 组成。其中，电源变压器 T 的次级绕组有中心抽头，两绕组的电压 U_2 大小相等。

当 u_1 为正半周时，VD_1正偏导通，VD_2反偏截止，负载有电流流过；当 u_1 为负半周时，VD_1反偏截止，VD_2正偏导通，负载上也有电流流过。由此可见在 u_1 整个周期内，VD_1 和 VD_2轮流导通，流过负载 R_L 的电流为同一方向，负载上始终有电压输出，因此称该电路为全波整流电路。如图 4-19（b）所示为整流电路各处的电压和电流波形。

从输出波形可以看出，全波整流的输出波形是半波整流时的两倍，因此其输出直流电压也为半波时的两倍，即：

$$U_O \approx \frac{2\sqrt{2}}{\pi}U_2 \approx 0.9U_2 \tag{4-9}$$

负载电流的平均值为：

$$I_L = \frac{U_O}{R_L} \approx 0.9\frac{U_2}{R_L} \tag{4-10}$$

由于在 u_1 整个周期内，VD_1和 VD_2轮流导通，所以流过每个二极管的平均电流是负载平均电流的一半，即：

$$I_D = \frac{1}{2}I_L \approx 0.45\frac{U_2}{R_L} \tag{4-11}$$

无论正半周还是负半周，均是一管截止，而另一管导通，因此变压器次级两个绕组的电压全部加至截止的二极管的两端。每管承受的最大反向工作电压 U_{DM} 为 u_2 的峰值电压的两倍，即：

$$U_{DM}=2\sqrt{2}U_2 \tag{4-12}$$

在选择整流二极管时，应满足：

$$I_F \geqslant (1.5\sim2)I_D=(1.5\sim2)\times0.45\frac{U_2}{R_L} \tag{4-13}$$

$$U_{RM} \geqslant (1.5\sim2)U_{DM}=(1.5\sim2)\times2\sqrt{2}U_2 \tag{4-14}$$

因全波整流电路输出电压的基波频率为 2ω，可求得基波最大值为 $u_{o1M}=\frac{4\sqrt{2}}{3\pi}U_2$，故计算出脉动系数为：

$$S=\frac{\frac{4\sqrt{2}}{3\pi}U_2}{\frac{2\sqrt{2}}{\pi}U_2}=\frac{2}{3}\approx0.67 \tag{4-15}$$

由此可见，全波整流电路输出电压的脉动比半波整流电路输出电压的脉动小得多，输出电压比半波整流大一倍，整流效率得到了很大的提高。但是变压器中心抽头式全波整流电路的变压器需中心抽头，且需两个绕组，每个绕组只有半个周期的电流通过，变压器的利用率不高，因此，对全波整流电路通常采用桥式接法。

4.2.3 单相全波桥式整流电路

单相全波桥式整流电路如图 4-20（a）所示，它由变压器和四个二极管组成。由图可见，四个二极管接成了桥形，在四个顶点中，相同极性接在一起的一对顶点接到直流负载 R_L，不同极性接在一起的一对顶点接到交流电源。如图 4-20（b）、（c）所示是单相全波桥式整流电路的另外两种画法。

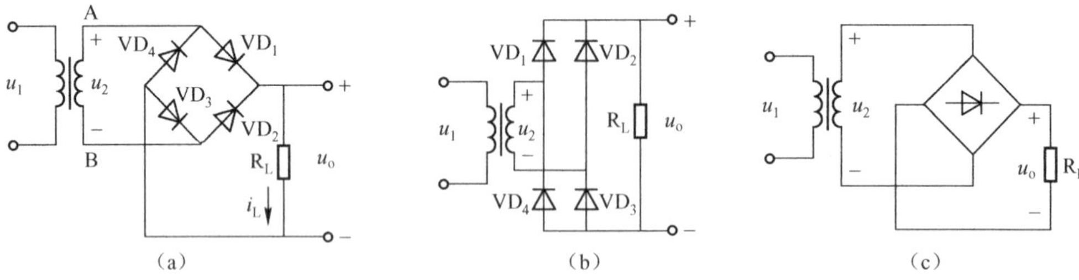

图 4-20　单相全波桥式整流电路

当 u_2 为正半周时，其极性为上正下负，根据“共阴极接法阳极电位最高的二极管优先导通；共阳极接法阴极电位最低的二极管优先导通”的原则，整流二极管 VD_1 与 VD_3 正偏导通，而 VD_2 与 VD_4 反偏截止，整流电路中的电流流经途径为 A 端 - VD_1 - R_L - VD_3 - B 端 - A 端，如图 4-21（a）所示。因此，负载 R_L 上产生一个上正下负的输出电压。此时，其值为 $u_o=u_2$。

当 u_2 为负半周时，其极性为上负下正，整流二极管 VD_2 与 VD_4 正偏导通，而二极管 VD_1 与 VD_3 反偏截止，整流电路中的电流流经途径为 B 端 - VD_2 - R_L - VD_4 - A 端 - B 端，如图 4-21（b）所示。因此，负载 R_L 上也同样产生一个上正下负的输出电压，但此时其值为 $u_o = -u_2$。

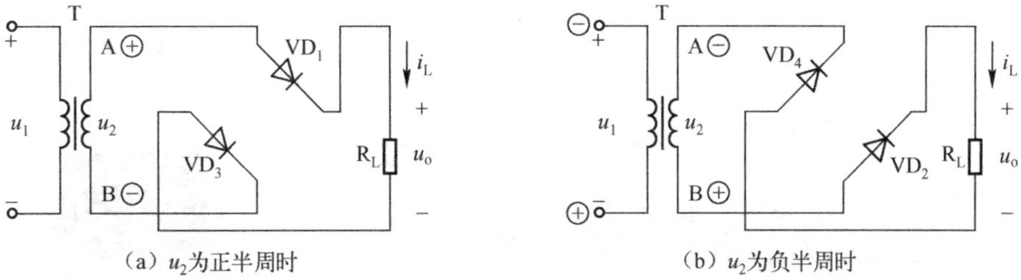

图 4-21　单相全波桥式整流电路的电流通路

电压、电流波形如图 4-22 所示。由于单相全波桥式整流电路与变压器中心抽头式整流电路的工作波形完全相同，故单相全波桥式整流电路的输出电压 U_O、负载电流 I_L 和脉动系数 S 的表达式与变压器中心抽头式整流电路的完全相同，即有：

$$U_O \approx \frac{2\sqrt{2}}{\pi}U_2 \approx 0.9U_2 \tag{4-16}$$

$$I_L = \frac{U_O}{R_L} \approx 0.9\frac{U_2}{R_L} \tag{4-17}$$

$$S = \frac{\frac{4\sqrt{2}}{3\pi}U_2}{\frac{2\sqrt{2}}{\pi}U_2} = \frac{2}{3} \approx 0.67 \tag{4-18}$$

在 u_1 的整个周期内，四个二极管分两次轮流导通，因此流过每个二极管的平均电流是负载平均电流的一半，即：

$$I_D = \frac{1}{2}I_L = 0.45\frac{U_2}{R_L} \tag{4-19}$$

由图 4-20（a）可以看出，当正半周 VD_1 与 VD_3 导通时，如果忽略二极管的正向压降，此时 VD_2 与 VD_4 的阴极接近于 A 点，阳极接近于 B 点，二极管由于承受反压而截止，其最高反压为 u_2 的峰值，即：

$$U_{DM} \approx \sqrt{2}U_2 \tag{4-20}$$

在选择整流二极管时，应满足：

$$I_F \geqslant (1.5 \sim 2)I_D \approx (1.5 \sim 2)0.45\frac{U_2}{R_L} \tag{4-21}$$

$$U_{RM} \geqslant (1.5 \sim 2)U_{DM} \approx (1.5 \sim 2)\sqrt{2}U_2 \tag{4-22}$$

单相全波桥式整流电路在变压器次级电压相同的情况下，输出电压平均值高、脉动系数小，二极管承受的反向电压和半波整流电路相同，因此得到了广泛的应用。

单相全波桥式整流电路的二极管用得较多，电路连接复杂，容易出错。为了解决这一问题，生产厂家常将四个整流二极管集成在一起构成桥堆。其外形如图 4-23 所示，它有 4 个引脚，其中标有“～”的引脚为交流电源输入端，一个直流正极输出端用“+”标示，一个直流负极输出端用“-”标示。

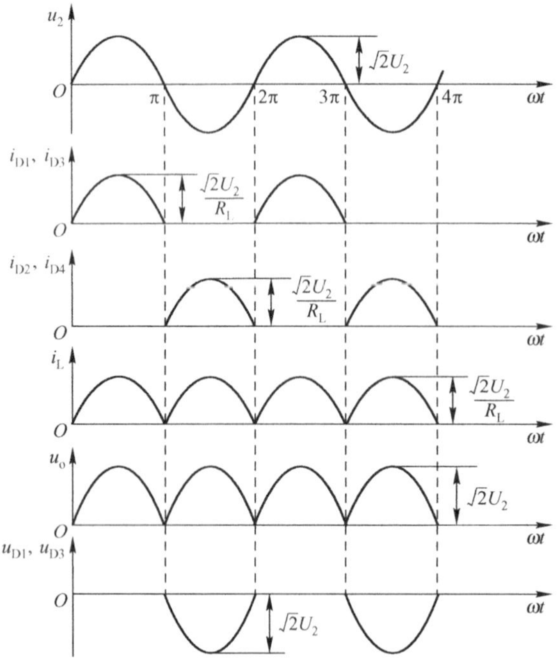

图4-22　单相全波桥式整流电路的电压与电流波形

（a）桥堆符号

（b）普通桥堆

（c）贴片式桥堆

图4-23　桥堆

4.2.4　半波整流电容滤波电路

如图4-24（a）所示为半波整流电容滤波电路，设电容初始电压为零，在 u_2 从零开始增大到最大值时，二极管 VD 导通，忽略二极管正向压降，则 $u_o=u_2$。这个电压一方面产生负载电流 i_L，一方面给电容充电，充电时间常数 $\tau_{rc}\approx rC$。由于 r 为二极管导通时的正向电阻，所以充电时间常数很小。电容 C 上的电压与 u_2 同步增长，达到峰值$\sqrt{2}U_2$。当 u_2 达到峰值$\sqrt{2}U_2$ 后开始下降，此时 $u_C=u_2$，二极管零偏截止，如图4-24（b）中的 A 点所示。电容 C 以指数规律经 R_L 放电，u_C 下降。放电时间常数为 $\tau_{RC}\approx R_LC$，由此可知放电时间常数远远大于充电时间常数，即 $\tau_{RC}\gg\tau_{rc}$。u_C 下降缓慢，而二极管在一段时间内因处于反向偏置而截止。当放电到 B 点时，u_2 经负半周后开始上升至 $u_2=u_C$，二极管开始正向偏置导通，电容再次被充电，波形为 BC 段。u_C 增大到 C 点以后，$u_2<u_C$ 电容 C 再次经 R_L 放电，周而复始，波形

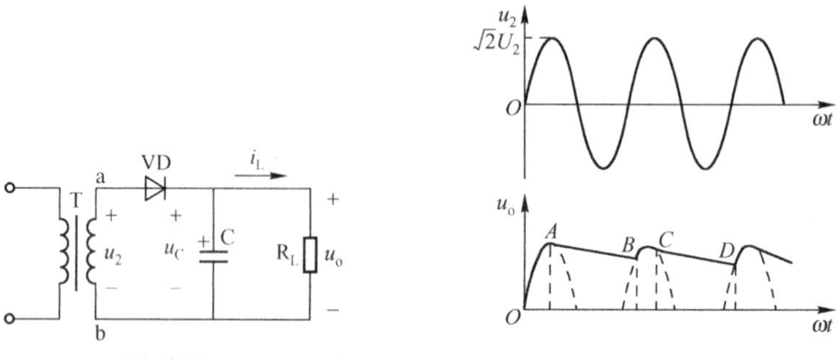

（a）电路　（b）波形

图4-24　半波整流电容滤波电路

图如图 4–24（b）所示，其中 *BCD* 段为电容充放电稳定后的滤波波形。通过这种周期性充放电，使得输出电压的脉动性减小，而且输出电压的平均值有所提高，从而达到了滤波效果。

输出电压平均值 U_O 的大小与 R_L、C 的大小有关。R_L 越大，C 越大，电容放电越慢，U_O 越高。工程估算时，输出电压平均值 U_O 按下式计算：

$$U_O \approx (1 \sim 1.1)U_2 \tag{4-23}$$

在极限情况下，当 $R_L \to \infty$ 时，$U_O = U_C = \sqrt{2}U_2$。当 R_L 很小时，C 放电很快，其上电压甚至与 u_2 同步下降，则 $U_O = 0.45U_2$。流过二极管的平均电流为：

$$I_D = \frac{U_O}{R_L} \tag{4-24}$$

二极管截止时，u_2 电压的瞬时极性为上负下正，此时电容充电至电压等于$\sqrt{2}U_2$，极性为上正下负，因此二极管实际承受的最大反向电压为：

$$U_{DM} = 2\sqrt{2}U_2 \tag{4-25}$$

二极管的导通时间比不加滤波电容时短，导通角小于 π，流过二极管的瞬时电流很大。因此，在选用整流二极管时，应考虑冲击电流对二极管的影响，一般选：

$$I_F \geqslant (3 \sim 4)I_D \tag{4-26}$$

整流二极管承受的最大反向工作电压为：

$$U_{RM} \geqslant (1.5 \sim 2)U_{DM} = (1.5 \sim 2)2\sqrt{2}U_2 \tag{4-27}$$

滤波电容 C 的大小取决于放电回路的时间常数，R_LC 越大，输出电压脉动就越小。通常取 R_LC 为脉动电压中最低次谐波周期的 3 ～ 5 倍，即：

$$R_LC \geqslant (3 \sim 5)T \tag{4-28}$$

电容的耐压值应大于输出电压的 1.5 倍左右，因此采用电解电容比较合适。

4.2.5　桥式整流电容滤波电路

桥式整流电容滤波电路如图 4–25（a）所示，在桥式整流电路中加电容进行滤波与半波整流滤波电路工作原理是一样的，不同点是 u_2 不论在正半周还是负半周，电路中总有二极管导通，因此一个周期内 u_2 对电容 C 充电两次，电容向负载放电的时间缩短，输出电压更加平滑，平均电压值也自然升高，波形如图 4–25（b）所示。

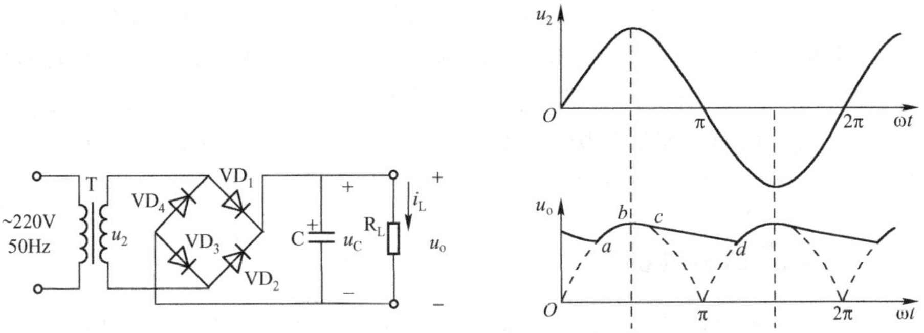

（a）电路　　（b）波形

图 4–25　桥式整流电容滤波电路

输出电压平均值 U_O 为：

$$U_O \approx 1.2U_2 \tag{4-29}$$

流过二极管的平均电流为：

$$I_D = \frac{U_O}{R_L} \tag{4-30}$$

二极管实际承受的最大反向电压为：

$$U_{DM} = \sqrt{2}U_2 \tag{4-31}$$

考虑冲击电流对二极管的影响，在确定整流二极管的型号时，同样选 $I_F \geqslant (3 \sim 4)I_D$。

整流二极管承受的最大反向工作电压由下式决定：

$$U_{RM} \geqslant (1.5 \sim 2)U_{DM} \approx (1.5 \sim 2)\sqrt{2}U_2 \tag{4-32}$$

滤波电容 C 的大小按下式选取：

$$R_L C \geqslant (3 \sim 5)\frac{T}{2} \tag{4-33}$$

利用电容滤波时应注意以下两点。

（1）滤波电容所需容量较大，因此一般采用电解电容。应注意电容的正极接高电位，负极接低电位。如果接反则容易击穿、爆裂。

（2）开始时，电容 C 上的电压为零，由于通电后电源经整流二极管给 C 充电，通电瞬间流过二极管的短路电流较大，所以选择二极管参数时，正向平均电流的参数应选大一些。

电容滤波电路结构简单、输出电压高、脉动小。但在接通电源的瞬间，将产生强大的充电电流，这种电流称为“浪涌电流”。同时，因负载电流太大，电容放电的速度加快，会使负载电压变得不够平稳，因此电容滤波电路只适用于负载电流较小、负载变动不大的场合。

4.3 稳压电路的分析

通过整流滤波电路所获得的直流电源电压是比较稳定的，但是当电网电压波动或负载电流变化时，输出电压会随之改变。电子设备一般都需要稳定的电源电压，因此必须进行稳压。目前中小功率设备中广泛采用的稳压电源有并联型稳压电路、串联型稳压电路、集成稳压电路及开关型稳压电路。

集成稳压器与一般分立元件的稳压器比较，具有稳压性能好、可靠性高、组装和调试方便等优点。线性集成稳压器按输出电压是否可调分为固定电压式集成稳压器和可调电压式集成稳压器两种；按引出端不同分为三端式、多端式等。三端稳压器有输入端、输出端和公共端（接地）三个接线端点，所需外接元件较少，便于安装调试，工作可靠，在这里只详细介绍三端线性集成稳压器及相应的应用电路。

4.3.1 三端集成稳压器

如图 4-26 所示为三端集成稳压器的应用电路——固定输出稳压电路，在分析这个电路之前，先对三端固定电压式线性集成稳压器做一个简单介绍。如图 4-27 所示为 78 系列和 79 系列的引脚排列和符号图。

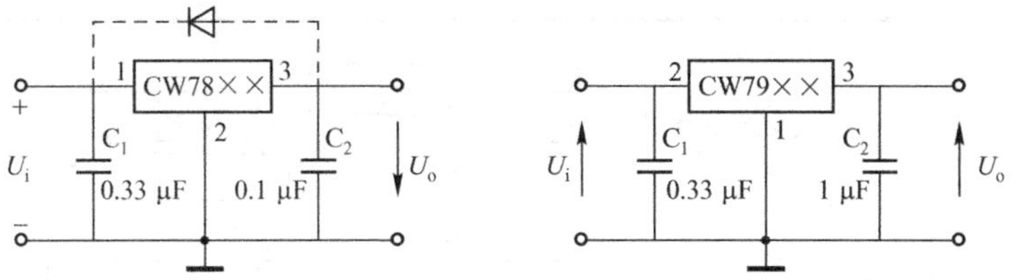

（a）输出固定正电压　　（b）输出固定负电压

图 4-26　固定输出稳压电路

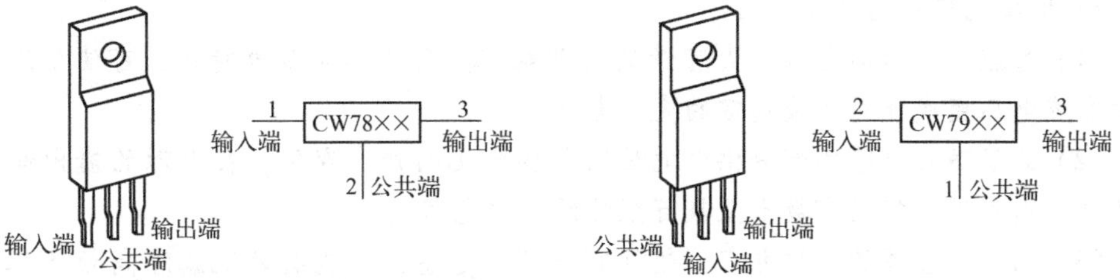

（a）78系列　　（b）79系列

图 4-27　三端固定电压式线性集成稳压器的引脚排列和符号

三端固定电压式线性集成稳压器的输出电压由制造厂家预先调整好，使用时不能调节。型号中的 78 表示输出为正电压值，79 表示输出为负电压值，××表示输出电压的稳定值。78 系列输出电压等级有 5 V、6 V、9 V、12 V、15 V、18 V、24 V 七种，同样，79 系列有 −5 V、−6 V、−9 V、−12 V、−15 V、−18 V、−24 V 七种。三端固定电压式线性集成稳压器的型号组成及其意义如图 4-28 所示。

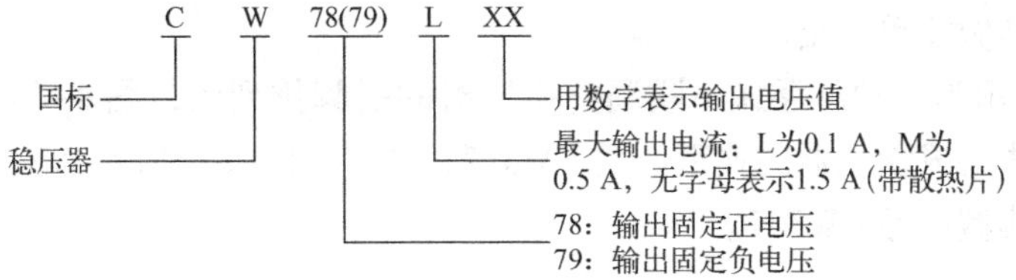

图 4-28　三端固定电压式线性集成稳压器的型号组成及其意义

例如，CW7815，表明输出电压约 +15 V，输出电流可达 1.5 A；CW79M12，表明输出电压为 −12 V，输出电流为 −0.5 A。

在如图 4-26 所示的固定输出稳压电路中，C_1 用以抵消输入端因接线较长而产生的电感效应，防止自激振荡，C_2 用以改善负载的瞬态响应，减少高频噪声。虚线所接的二极管对集成稳压器起保护作用，当输入端短路且 C_2 容量较大时，C_2 上的电压使二极管正偏导通，电容通过二极管放电，避免了通过集成稳压器内电路放电对集成稳压器造成损坏。

1）正、负对称电源

当需要正、负两组电源输出时，可采用 CW78 系列和 CW79 系列各一块，由此得到的正、负对称的输出稳压电路如图 4-29 所示。

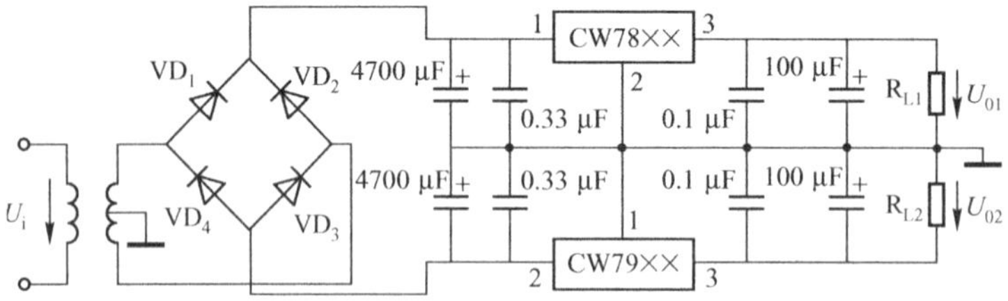

图 4-29　正、负对称输出稳压电路

2）稳压电路中的电容作用

（1）整流电路后通常有较大容量的电解电容，利用其充放电特性，可使整流后的脉动直流电压变成相对比较稳定的直流电压。

（2）为了防止电路各部分供电电压因负载变化而产生变化，在电源的输出端及负载的电源输入端一般接有数十至数百微法的电解电容。

（3）由于大容量的电解电容一般具有一定的电感，不能有效地滤除高频及脉冲干扰信号，故常在其两端并联一只小的陶瓷电容，以滤除高频及脉冲的干扰。

（4）电容值的选取，要视乎负载大小和对纹波大小的要求来决定。在一般场合，大的选用 470 μF，小的选用 0.1 μF 即可。

4.3.2　可调输出稳压电源

如图 4-30 所示是由三端可调式线性集成稳压器构成的可调式输出稳压电源，此电路只需外接两个电阻（R_1 和 R_2）来确定输出电压。电路中的 CWX17 是三端可调式线性集成稳压器，现在先对其做简单介绍。

如图 4-31 所示为一种悬浮式串联调整稳压器的引脚排列图，图 4-31（a）所示为三端正输出电压可调式集成稳压器的典型产品 CW317，图 4-31（b）所示为三端负输出电压可调式集成稳压器的典型产品 CW337。

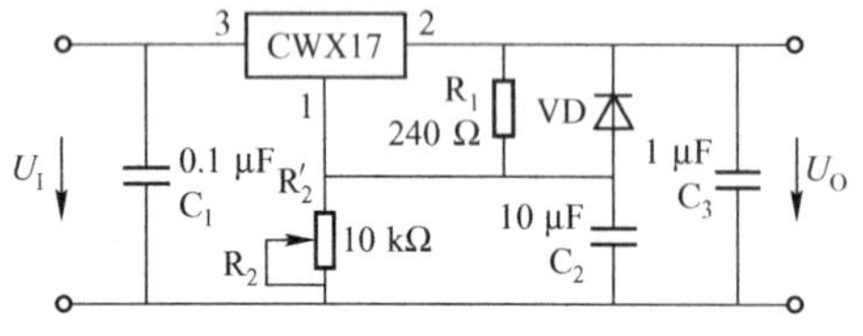

图 4-30　可调式输出稳压电源

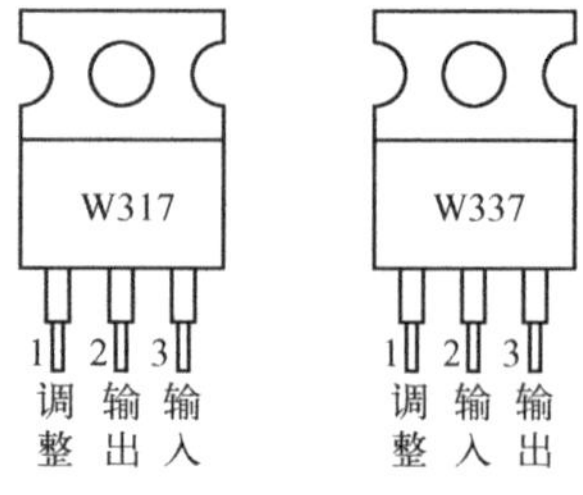

（a）CW317　（b）CW337

图 4-31　悬浮式串联调整稳压器的引脚排列图

三端可调式集成稳压器克服了三端固定式稳压器输出电压不可调的缺点，但也继承了其诸多优点。除了 CW317 外，三端正输出电压可调式集成稳压器的典型产品还有 CW117、CW217，三端负输出电压可调式集成稳压器的典型产品有 CW137、CW237。其型号组成及其意义如图 4-32 所示。

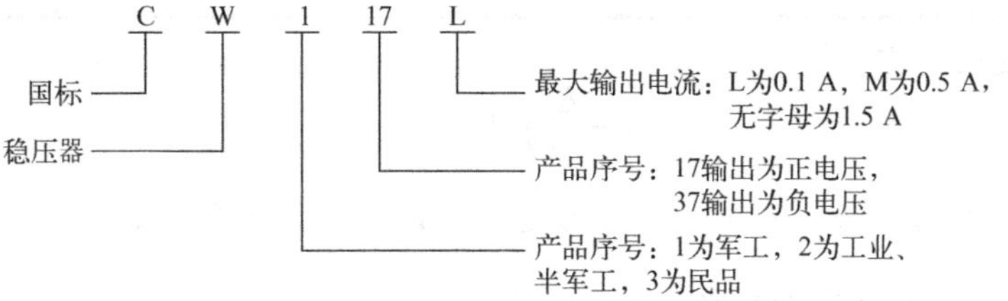

图4-32　三端可调式集成稳压器的型号组成及其意义

为了使电路正常工作，一般可调式集成稳压器的输出电流不小于5 mA，输入电压范围在2 ～ 40 V之间，输出电压可在1.25 ～ 37 V之间调整，负载电流可达1.5 A。

对图4-30的电路原理分析如下：输出端2和调整端1之间的基准电压为1.25 V，调整端1的电流约为50 μA，可得输出电压的表达式为：

$$U_O = 1.25\left(1 + \frac{R_2'}{R_1}\right) + 50 \times 10^{-6} \times R_2' \tag{4-34}$$

在式（4-34）中，50 μA很小，可忽略，由此可得：

$$U_O \approx 1.25\left(1 + \frac{R_2'}{R_1}\right) \tag{4-35}$$

在该电路中，电容 C_1 可以消除自激振荡；C_2 可以减小输出纹波电压；C_3 可防止输出端负载呈容性时出现阻尼振荡；二极管VD起保护作用，可防止输出端短路时电容 C_2 储存的电荷通过稳压器调整端放电而损坏稳压器。

稳压电源的技术指标

直流稳压电源有两类技术指标，即特性指标和质量指标。特性指标规定了该稳压电源的适用范围，包括允许的输出电流和输出电压。质量指标用来衡量该稳压电源的性能优劣，包括稳压系数、输出电阻、温度系数及纹波电压等。

1）稳压系数

稳压系数 S_U 是指当负载电流和环境温度保持不变时，用输出电压与输入电压的相对变化量之比来表征的稳压性能，其定义式可写为：

$$S_U = \left.\frac{\Delta U_O / U_O}{\Delta U_I / U_I}\right|_{\Delta I_O = 0, \Delta T = 0} \tag{4-36}$$

式中，U_I 为整流滤波电路的输入电压，即直流稳压电源的输入直流电压。S_U 越小，输出电压的稳定性能越好。稳压系数与电路形式有关。

2）输出电阻

输出电阻 R_O 是指当输入电压 U_I 及环境温度不变时，由负载电流 I_O 的变化引起 U_O 的变化，即：

$$R_O = \left.\frac{\Delta U_O}{\Delta I_O}\right|_{\Delta U_I = 0, \Delta T = 0} \tag{4-37}$$

R_O 越小，输出电压的稳定性能越好，带负载能力越强。

3）温度系数

输出电压温度系数 S_T 是指在 U_I 和 I_O 都不变的情况下，由环境温度 T 变化所引起输出电压的变化，即：

$$S_T = \frac{\Delta U_O}{\Delta T}\bigg|_{\Delta U_I = 0, \Delta I_O = 0} \tag{4-38}$$

式中，ΔU_O 为漂移电压。S_T 越小，漂移越小，该稳压电路受温度的影响越小。

4）纹波电压和纹波抑制比

输出纹波电压 U_O 是稳压电路输出端交流分量的有效值，一般为毫伏数量级。它表示输出电压的微小波动。

纹波抑制比 S_r 是稳压电路输入纹波电压峰－峰值 ΔU_{IP-P} 与输出纹波电压峰－峰值 ΔU_{OP-P} 之比，并取其分贝数，即：

$$S_r = 20\lg \frac{\Delta U_{IP-P}}{\Delta U_{OP-P}}(\text{dB}) \tag{4-39}$$

技能训练3　二极管特性的测试

1. 实践目标

（1）了解二极管引脚好坏的判别方法。

（2）理解二极管的单向导电性，掌握函数信号发生器的使用方法，熟练示波器的使用。

2. 二极管引脚的测量

根据二极管的单向导电性，可知二极管的正向电阻小，反向电阻大。利用这一点，可以用万用表的电阻挡大致测量出二极管的好坏和正负极。

用指针式万用表测量二极管的极性时，如图4-33所示，把万用表的开关置于 R×1 k 或 R×100 挡（注意调零），测二极管的正、反向电阻各一次。测得阻值小的一次，黑表笔（接内电池的正极）所接的一极为二极管的正极；测得阻值大的一次，红表笔（接内电池负极〉所接的一极为二极管的正极。

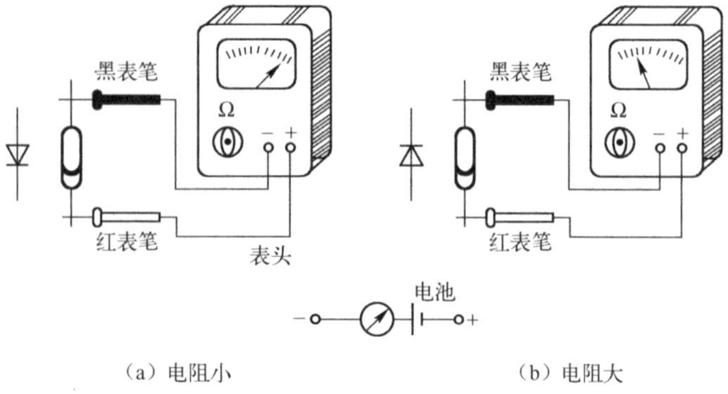

图4-33　用万用表简易测试二极管的示意图

在判别二极管的极性时，测得正、反向的阻值相差越大，表示二极管的单向导电性越好。一般二极管的正向电阻约为几千欧，反向电阻约为几百千欧；若测得二极管的正、反向电阻阻值相近，表示二极管已坏；若测得二极管正、反向阻值很小或为零，表示管子已被击穿，两电极已短路；若测得正、反向阻值都很大，则表明管子内部已断路，不能再使用。

若用数字万用表进行检测，可以直接使用数字万用表的二极管挡。对于硅二极管，若显示数字在500～700之间，则红表笔接的是管子的正极，黑表笔接的是管子的负极；若无数字读出，则黑表笔接的是管子的正极，红表笔接的是管子的负极。同理，对于锗二极管，显示数字小于 300 为正常。如果两次测量均无数字显示，则说明二极管开路；若两次测量均为零或接近于零，则说明二极管短路。

值得注意的是，现在很多场合使用的都是数字万用表，有的表还有专用的二极管测量挡，在使用时要注意其基本原则，同时要关注万用表的使用方法。对仪器仪表使用方法的学习在我们将来的工作过程中是永无止尽的，因此需要大家掌握测量的基本思路。

常用仪器的使用

1）函数信号发生器

函数信号发生器可按需要输出正弦波、方波、三角波三种信号波形，输出电压最大可达 20 V。通过调节输出衰减开关和输出幅度调节旋钮，可使输出电压在毫伏级到伏级范围内连续变化。函数信号发生器的输出信号频率可以通过频率分挡开关进行调节，配合频率调节旋钮和微调旋钮可完成输出函数信号频率的调整。

注意：函数信号发生器作为信号源使用时，它的输出端不允许短路。

2）交流毫伏表

交流毫伏表能在其工作频率范围之内用于测量正弦交流电压的有效值。为了防止其因过载而损坏，测量前一般先把量程开关置于量程较大的位置上，然后在测量中逐挡减小量程。

3. 二极管单向导电性的测试

仿照图 4-3（c），从函数信号发生器引入正弦交流信号，负载可使用纯电阻，利用示波器观察函数信号发生器输入信号的波形和负载电阻上的波形，理解二极管在反向电压作用下截止的工作效果。

注意：信号源电压幅值不宜太高，通常调整至不超过 3 V 即可；二极管用普通管或整流管均可，但使用前应该仔细查看技术参数，并事先估算可能出现的电流大小，以选择合适的电阻，避免出现烧毁二极管或电阻的问题。

项目实施 9　LED 照明灯电路的设计与制作

1. 实践目标

（1）了解不同颜色的发光二极管的工作电压。

（2）查询资料，了解 LED 照度的概念。

（3）掌握 LED 回路限流电阻的计算方法。

（4）理解 LED 照明灯电路的制作。

2. 发光二极管工作电压的测试

虽然我们一直在说硅二极管的正向压降为 0.7 V，但是大家还是要有个清楚的认识，就是对于半导体元件而言，在使用前必须要通过技术资料检索的形式了解其实际的工作参数，否则容易造成主观上的错误。发光二极管的工作电压就存在这个问题，如果查看元器件手册，我们就能看到，不同颜色不同尺寸的发光二极管，其工作时的正向压降是不同的。一起来测试一下吧！

这里需要准备红、绿、黄、高亮四种颜色的发光二极管，将它们串接电阻后分别接到直流电源上，若二极管的正向压降用 U_F 表示，则限流电阻的阻值为：

$$R = \frac{U_S - U_F}{I_F} \tag{4-40}$$

也就是说，当电源电压变化时，二极管的限流电阻阻值需要相应改变，只有这样才能适应电路的需要。限流电阻太大，发光二极管亮不了；电阻太小，发光二极管恐怕闪一下就烧坏了。自行编制一个表格，记录你的电路电源电压、不同颜色发光二极管的压降、对应的限流电阻吧！

有没有发现，其实电阻的选择并不是非常死板的，稍微调整一下阻值，发光二极管展现在你面前的可能只是亮度稍有不同而已！

3. 电路设计与制作

如图4-34（a）所示为LED照明灯。实际上，利用高能电池提供电源，只需要考虑发光二极管、开关、限流电阻的选型和连接，就可以“DIY”一个LED照明灯了。该系统框图如图4-34（b）所示。

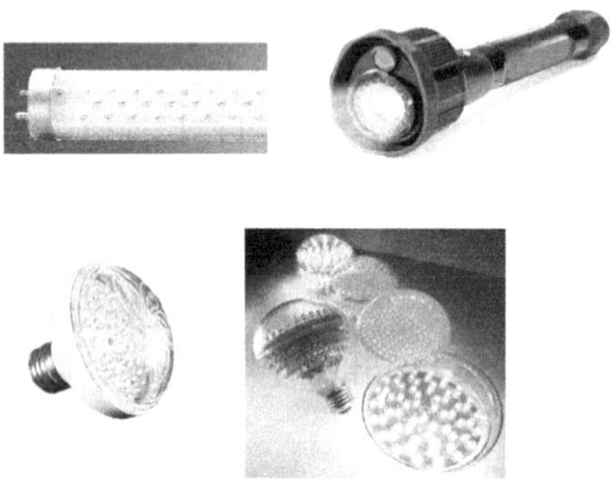

（a）LED照明灯实物

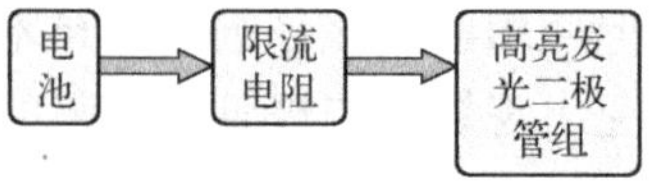

（b）LED照明灯的系统框图

图4-34　LED照明灯

项目实施10　二极管桥式整流集成稳压电源的设计与调试

1. 实践目标

（1）理解直流稳压电源的参数计算方法。

（2）通过电路的制作，了解分立元件电路的布线原则。

（3）熟悉用万用表进行电路各参数测量的基本思路。

（4）熟练使用示波器测量整流、滤波、稳压各环节的工作效果，并记录电路中的各点电压纹波。

2. 直流稳压电源的设计

直流稳压电源由电源变压器、整流电路、滤波电路和稳压电路四部分组成。

这里要求设计一个固定输出的集成稳压电源，指标如下：输出电压 $U_O = +12\,V$，输出最大电流 $I_{Omax} = 800\,mA$，输出纹波电压的峰-峰值小于 8 mV。

1）电路原理图的设计

根据设计要求和学过的知识，可用桥式整流滤波电路接三端集成稳压器来实现，电路原理图如图4-35所示。

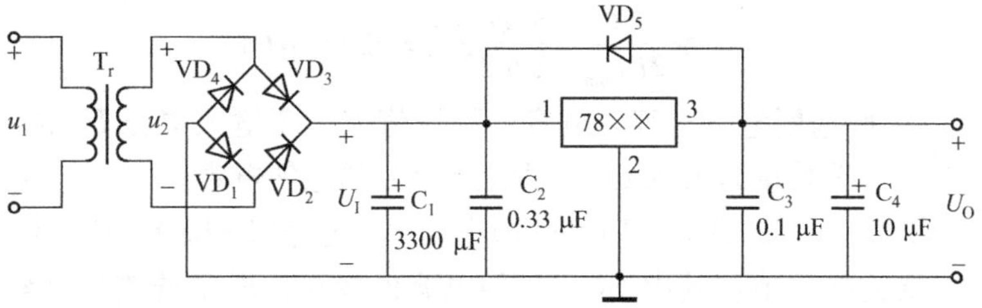

图4-35　二极管桥式整流集成稳压电源

工频交流电经变压器 T_r 变压，通过由四个二极管构成的桥式整流电路整流，再经电容 C_1 滤波，最后由78系列的三端稳压器稳压输出。其中 VD_5 对三端稳压器起保护作用，电容 C_2、C_3 用来实现频率补偿，以防止稳压器产生高频自激振荡和由抑制电路引入高频干扰，C_4 是电解电容，以减小稳压电源输出端由输入电源引入的低频干扰。各部分电路原理已在前面部分详细叙述，这里不再重复。

2）参数的计算及元器件的选型

（1）确定三端稳压器。项目要求输出+12 V，这里选择LM7812，其特性参数可在手册中查得：输出电压 $U_O = 11.5 \sim 12.5\,V$，$I_{Omax} = 1\,A$，最小输入电压 $U_{Imin} = 14.6\,V$，最大输入电压 $U_{Imax} = 35\,V$，均能满足稳压电路的要求。

（2）确定电源变压器。LM7812的电压输入范围是 $14.6\,V < U_I < 35\,V$，取 $U_I = 18\,V$（U_I 不宜取太高，这样会造成7812消耗功率大，电源效率低；U_I 也不宜取太低，在电网电压降低时，不利于稳定输出电压）。由于采用的是桥式整流滤波，所以变压器二次侧电压的有效值为 $U_2 = \frac{U_I}{1.2} = 15\,V$。电流为 $I_2 \geqslant I_{Omax} = 0.8\,A$，取 $I_2 = 1\,A$。变压器的二次侧功率 $P_2 = U_2 I_2 = 15\,W$，考虑变压器和整流电路的效率，并保有一定的余量，选择功率为20 W、二次侧电压有效值15 V的变压器。

（3）选择整流二极管。每个整流二极管流过的电流为 $I_D = \frac{1}{2} I_{Omax} = 0.4\,A$，二极管承受的最大反向电压为 $U_{DM} = \sqrt{2} U_2 = 21.15\,V$。

在选择整流二极管时，可选 $I_F \geqslant (3 \sim 4) I_D$、$U_{RM} \geqslant (1.5 \sim 2) U_{DM}$ 的整流二极管。

考虑安全系数，查手册，$VD_1 \sim VD_4$ 可选1N5101，其极限参数为 $U_{RM} \geqslant 100\,V$，$I_F = 1.5\,A$，能满足要求。

（4）选择滤波电容 C_1。滤波电容 C_1 的大小按下式选取：

$$R_L C_1 \geqslant (3 \sim 5)\frac{T}{2}$$

这里按 $R_L C_1 \geqslant 5\frac{T}{2}$来计算，则 $C_1 \geqslant \frac{5T}{2R_L}$。式中的 $T=\frac{1}{f}=\frac{1}{50}=0.02$（s）；$R_L$ 为 C_1 右边电路的等效电阻，按下式计算：

$$R_{Lmin}=\frac{U_I}{I_{Omax}}=\frac{18}{0.8}=22.5(\Omega)$$

因此有

$$C_1 \geqslant \frac{5T}{2R_{Lmin}}=\frac{5\times 0.02}{2\times 22.5}=2222(\mu F)$$

电容值较大，因此选用电解电容。电容的耐压值应大于输入电压 U_I 的 1.5 倍左右，即 27 V。受规格限制，可选容量为 3300 μF，耐压为 35 V 的电解电容。

（5）VD_5、C_2、C_3、C_4 的选择。VD_5 可选小功率二极管 1N4001，C_2、C_3、C_4 的取值如图 4-35 所示，主要为经验值。其中 C_2、C_3 的电容值较小，通常选瓷片电容；C_4 为电解电容，耐压值可取 25 V（大于 $12\times 1.5=18$ V）。

3. 电路布线图绘制与电路板制作

从直流稳压电源制作项目开始，我们就进入了模拟电子电路的学习领域，这时会感觉电路布线图的绘制变得容易了很多，但也会碰到很多特殊的元器件，因此，在绘制电路布线图前，需要认真了解电路涉及的所有元件外形和引脚情况。

制作电路板前，应该认真识别、测试所有的元器件，如了解元器件的好坏、识别电解电容的极性、识别二极管引脚、识别三端稳压器引脚等。

4. 电路的测试

（1）使用万用表测量电源电压、整流输出电压、滤波输出电压和稳压输出电压。

（2）使用示波器观察电源电压波形、整流输出电压波形（分交流挡测纹波和直流挡测脉动波形）、滤波输出波形和稳压输出波形。

> ? 如果需要制作 5 V 直流稳压电源，电路需要进行哪些调整？

思考与练习题 4

一、选择题

1. 用指针式万用表的 R×1 k 电阻挡测某一个二极管时，发现其正、反电阻均近于 1000 kΩ，这说明该二极管（　　）。

A. 短路　　B. 完好　　C. 开路　　D. 无法判断

2. 二极管的正极电位为 −5 V，负极电位为 −4.3 V，则二极管处于（　　）状态。

A. 反偏　　B. 正偏　　C. 零偏

3. 如图4-36所示电路，二极管导通时压降为0.7V，反偏时电阻为∞，则以下说法正确的是（　　）。

A. VD导通，$U_{AO}=5.3\,V$　B. VD导通，$U_{AO}=-5.3\,V$　C. VD导通，$U_{AO}=-6.7\,V$
D. VD导通，$U_{AO}=6\,V$　E. VD截止，$U_{AO}=-9\,V$

4. 整流的目的是（　　）。

A. 将正弦波变成方波　B. 将交流变成直流　C. 将高频信号变成低频信号

5. 整流电路主要是利用整流元件的（　　）工作的。

A. 非线性　B. 单向导电性　C. 稳压特性　D. 放大性能

6. 某二极管的击穿电压为300V，当直接对有效值200V的正弦交流电进行半波整流时，该二极管（　　）。

A. 会击穿　B. 不会击穿　C. 不一定击穿　D. 完全截止

7. 下列电路中变压器的二次电压均相同，负载电阻及滤波电容均相等，二极管承受反向电压最低的是（　　），负载电流最小的是（　　）。

A. 半波整流电容滤波电路　B. 全波整流电容滤波电路　C. 桥式整流电容滤波电路

8. 在桥式整流电路中，若其中一个二极管开路，则输出（　　）。

A. 只有半周波形　B. 为全波波形　C. 无波形且变压器或整流管可能烧坏

9. 在桥式整流电路中，若其中一个二极管正负极接反了，则输出（　　）。

A. 只有半周波形　B. 为全波波形　C. 无波形且变压器或整流管可能烧坏

10. 稳压管是特殊的二极管，它一般工作在（　　）状态。

A. 正向导通　B. 反向截止　C. 反向击穿

11. 稳压二极管电路如图4-37所示，稳压二极管的稳压值$U_Z=6.3\,V$，正向导通压降0.7V，则U_O为（　　）。

A. 6.3V　B. 0.7V　C. 7V　D. 14V

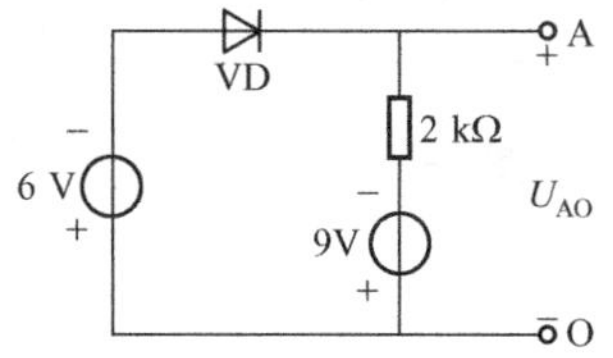

图4-36

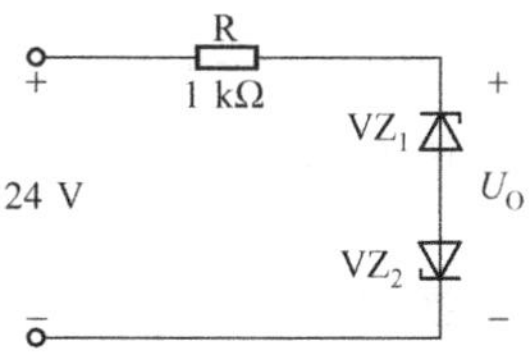

图4-37

12. 三端稳压电源输出负电压并可调的是（　　）。

A. CW79XX系列　B. CW337系列　C. CW317系列

二、判断题（正确的打“√”，错误的打“×”）

13. 二极管的内部结构实质就是一个PN结。（　　）

14. 当二极管两端正向偏置电压大于死区电压时，二极管才能导通。（　　）

15. 二极管的反向击穿电压大小与温度有关，温度升高反向击穿电压增大。（　　）

16. 用数字万用表识别晶体二极管的极性时，若测的是晶体管的正向电阻，那么与标有“+”号的表笔相连接的是二极管正极，另一端是负极。（　　）

17. 整流输出电压加电容滤波后，电压波动性减小，因此输出电压也下降。（　　）

18. * 电容滤波主要用于负载电流小的场合，电感滤波则主要用于负载电流大的场合。（　）

19. 稳压二极管正常工作时必须反偏，且反偏电流必须大于稳定电流 I_Z。（　）

20. * 变压器二次侧电压有效值为 U_2，则多倍压整流电路中二极管承受的最高反向电压为 $2U_2$。（　）

21. 变压器二次侧电压有效值为 U_2，在桥式整流电路中输出直流电压有效值为 $U_o = 0.45U_2$。（　）

22. 三端固定输出集成稳压器 CW79XX 系列的 1 脚为输入端，2 脚为输出端。（　）

三、填空题

23. 二极管工作在正常状态时，若给其施加正向电压，则二极管________；若施加反向电压，则二极管________，这说明二极管具有________。

24. 半导体二极管 2AP7 是由________半导体材料制成的，2CZ56 是由________半导体材料制成的。

25. 在判别锗、硅二极管时，当测出正向压降为________时，此二极管为锗二极管；当测出正向压降为________时，此二极管为硅二极管。

26. 如图 4-38 所示电路中设二极管正向压降为 0.7 V，当 $U_I = 6$ V 时，U_O 为________。

27. 当加到二极管上的反向电压增大到一定数值时，反向电流会突然增大，此现象称为________ 现象。

28. 如图 4-39 所示电路中的各参数如下：

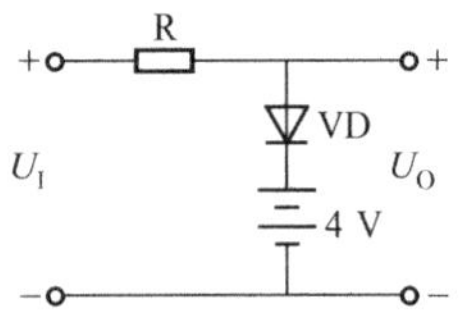

图 4-38

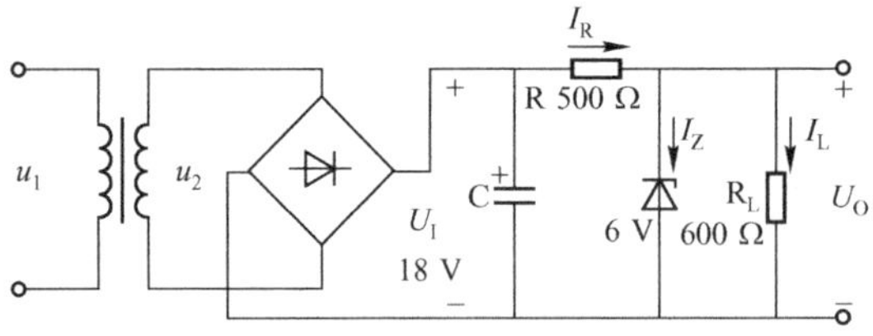

图 4-39

（1）变压器二次电压 U_2 = ________V；

（2）负载电流 I_L = ________mA；

（3）流过限流电阻的电流 I_R = ________mA；

（4）流过稳压二极管的电流 I_Z = ________ mA。

29. 单相桥式整流电路二极管两端承受的最大反向电压 U_{DRM} = ________ U_2。

30. 负载电阻 R_L 越________，滤波电容 C 越________，电容滤波的效果越好。

31. 稳压电路的作用就是在________和________变化时，保持输出电压基本不变。

32. CW317 三端可调集成稳压器，能够在________ ～ ________V 输出范围内提供________A 的最大输出电流。

四、应用题

33. 用万用表不同欧姆挡测量二极管的正向电阻时，会观察到测得的阻值不同，这是由什么原因造成的？

34. 稳压管与普通二极管相比较，其特性上的主要差异是什么？

35. 如图 4-40 所示，二极管正向压降忽略不计，试求下列各种情况下输出端 F 的电位和电阻 R、二极管 VD_1 和 VD_2 中流过的电流。

（1）$V_A = V_B = 0\,V$；（2）$V_A = 6\,V$，$V_B = 0\,V$；（3）$V_A = V_B = 6\,V$。

36. 二极管电路如图 4-41 所示，试判断图中的二极管工作于什么状态，并求 AO 两端的电压 U_{AO}。（二极管正向压降忽略不计）

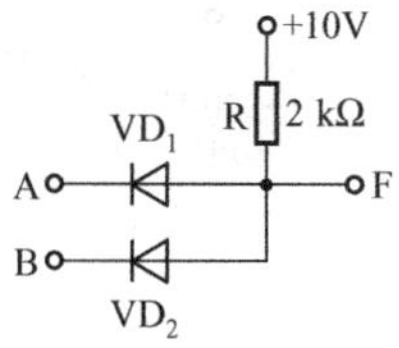

图 4-40

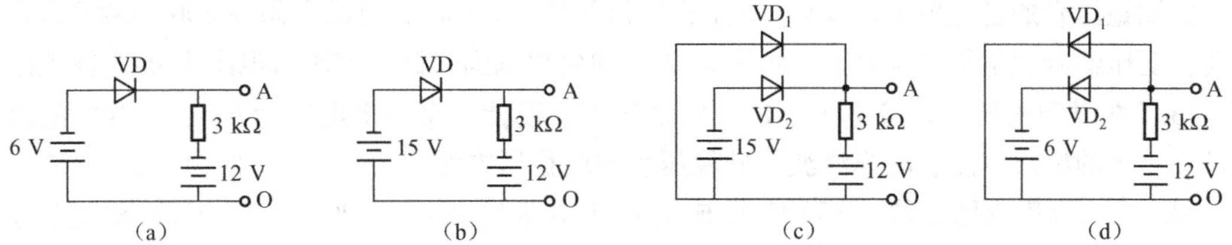

图 4-41

37. 电路如图题 4-42 所示，$u_i = 5\sin\omega t$，试画出输出电压波形 u_o。

38. 有三只 220 V/40 W 的灯泡串联接在 220 V 交流电源上，每只灯泡并联一只二极管，方向如图 4-43 所示。试问：哪只灯泡最亮？哪只二极管承受的反向电压最大？

39. 某直流负载电阻为 20 Ω，要求输出电压 $U_{O(AV)} = 12\,V$，采用单相桥式整流电路供电，试计算二极管工作参数并选择二极管。

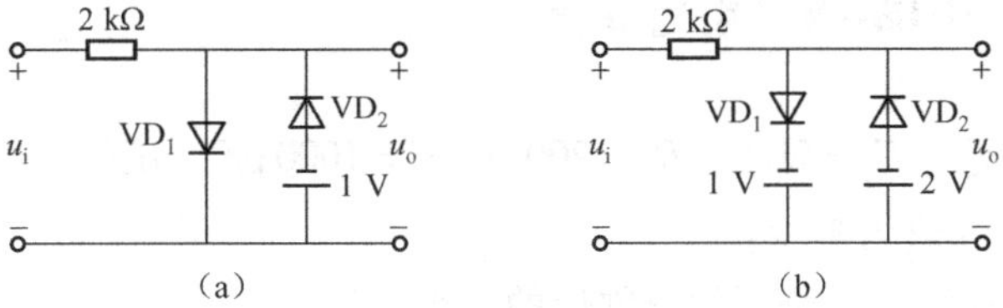

图 4-42

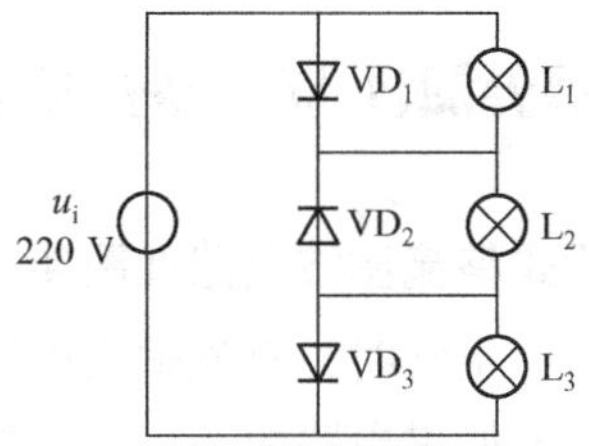

图 4-43

40. 在如图 4-44 所示的桥式整流、电容滤波电路中，$U_2 = 10\,V$（有效值），$R_L = 40\,\Omega$，$C = 1000\,\mu F$，试问：

（1）在正常情况下 U_O 的值为多少？

（2）如果有一个二极管开路，U_O 的值为多少？

（3）如果测得 U_O 为下列数值，可能出现了什么故障？

① $U_O = 9\,V$；　② $U_O = 14\,V$；　③ $U_O = 4.5\,V$。

41. 桥式整流电路如图 4-45 所示，要求输出直流电压 U_O 为 12 V，输出直流电流为 100 mA。试问：

（1）输出电压是正压还是负压？电解电容 C 的极性如何连接？

（2）变压器次级绕组输出电压的有效值为多大？

（3）电容 C 至少应选多大数值？

（4）整流管的最大平均整流电流和最高反向电压两个参数如何选择？

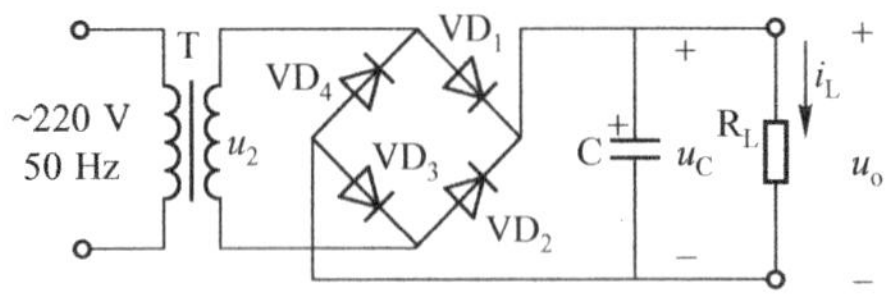

图4-44

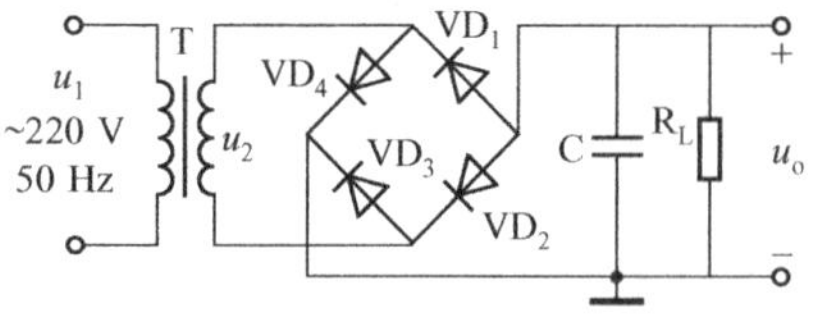

图4-45

42. * 在如图4-46所示的硅二极管稳压电路中，输入信号由桥式整流、电容滤波电路获得，已知稳压管的稳压值 $U_Z=9\,V$，其工作电流为0 ～ 50 mA；负载电阻在300 ～ 450 Ω之间变动；变压器副边电压$U_2=15\,V$，允许有10%的变化范围，试确定限流电阻R的选择范围。

43. * 在电网电压波动范围为±10%的情况下，设计一个输出电压为6 V、负载电阻范围为1 kΩ～∞的桥式整流、电容滤波、硅稳压管并联稳压电源。

44. 由三端集成稳压器CW7805组成的稳压电路如图4-47所示，已知静态电流 $I_W=5\,mA$，试求：

（1）输出电压 U_O 的值；

（2）当输入电压 $U_I=15\,V$ 时，求三端稳压器的最大功耗。

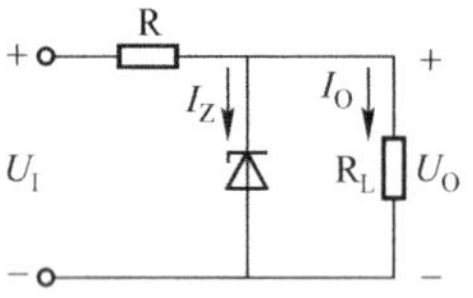

图4-46

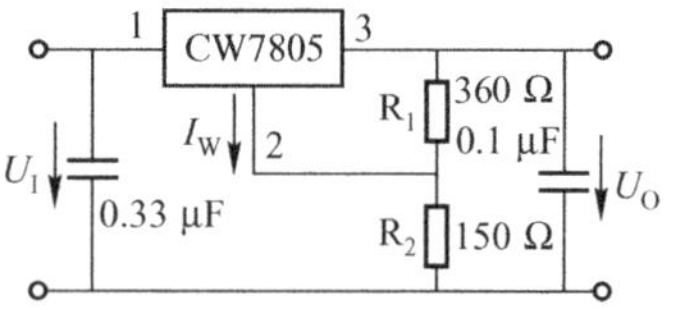

图4-47

课外阅读17　桥式整流滤波电路的分析与计算

桥式整流滤波电路如图4-48所示，$U_2=20\,V$，$R_L=200\,\Omega$，$C=1000\,\mu F$，试问：

（1）正常时，直流输出电压 U_O 的值为多少？

（2）如果电路中有一个二极管开路，U_O 是否为正常值的一半？

（3）若测得直流输出电压 U_O 为下列数值，判断可能是出了什么故障？

① $U_O=18\,V$；　② $U_O=28\,V$；　③ $U_O=9\,V$。

解：（1）正常时，$U_O=1.2U_2=24\,V$。

（2）一个二极管开路，全波整流变为半波整流，但由于有滤波电容存在，所以输出电压不会降至全波整流滤波的一半。只要 $R_LC\geqslant(3\sim5)T$，输出电压下降不多，一般可按 $U_O=(1\sim1.1)U_2$ 估算。

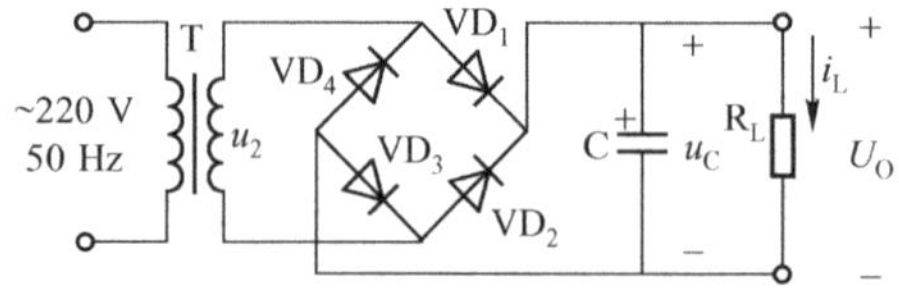

图4-48　桥式整流滤波电路

（3）因为 $T=\dfrac{1}{f}=\dfrac{1}{50}=20(ms)$，$200\times1000\times10^{-6}=200(ms)>(3\sim5)\times20(ms)$，所以有 $U_O=(1\sim1.1)U_2=(20\sim22)\,V$。

① $U_O=18\,V=0.9U_2$，说明电容开路，滤波不起作用，实际上就是桥式整流。

② $U_O=28\,V=\sqrt{2}U_2$，说明负载 R_L 开路。

③ $U_O=9\text{ V}=0.45U_2$，说明整流桥中至少有一个二极管开路并且电容开路，成为半波整流电路。

课外阅读18　倍压整流电路

在直流电压要求较高而电流不大的场合，可采用二极管倍压整流电路获得较高的直流电压。倍压整流电路的原理图如图4-49所示。设电源变压器二次电压 $u_2=\sqrt{2}U_2\sin\omega t$，电容初始电压为零。

当 u_2 为正半周时，变压器a端瞬时极性为正，b端为负，二极管 VD_1 导通，电容 C_1 被 u_2 充电。在理想情况下，C_1 上充电压至 $u_{C1}\approx\sqrt{2}U_2$，极性为右正左负。

当 u_2 为负半周时，a负b正，VD_1 反偏截止，VD_2 正偏导通，电容 C_2 被 u_2 和 u_{C1} 充电至 $u_{C2}\approx2\sqrt{2}U_2$，极性为右正左负。

当 u_2 再次为正半周时，VD_1、VD_2 反偏截止，VD_3 正偏导通，电容 C_3 充电至 $u_{C3}\approx2\sqrt{2}U_2$，极性为右正左负。

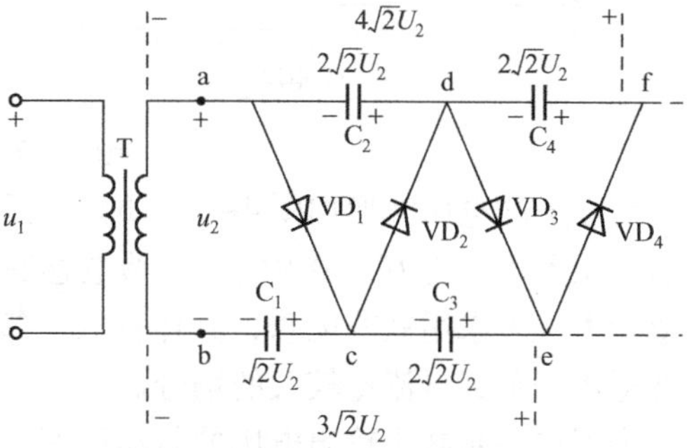

图4-49　倍压整流电路的原理图

以此类推，$u_{C4}\approx2\sqrt{2}U_2$。若在图4-49中e～f点后按照图示结构还接有个数相同的二极管和电容，则每只电容都将充电至 $2\sqrt{2}U_2$，极性均为右正左负。

因此，只要将负载接至相关电容两端，就能得到相应的多倍压的直流输出电压。例如，当把负载接于d、a两点之间时，则输出电压近似等于 $2\sqrt{2}U_2$，此时利用了两只二极管 VD_1、VD_2 和两只电容 C_1、C_2，这样的电路称为二倍压整流电路；若将负载跨接于e、b之间，则输出电压近似等于 $3\sqrt{2}U_2$，此时利用了三只二极管和三只电容，称该电路为三倍压整流电路。由此可见，当利用了 N 只二极管和 N 只电容时，可构成 N 倍压整流电路。

在以上分析中，均未考虑电容放电的影响，而实际应用时，当接上负载后，电容将要对负载放电，使输出电压降低。电流越大，在负载上得到的电压与所需的倍压相差越大，因此倍压整流电路仅适用于负载电流很小的场合。

在倍压整流电路中，每个整流二极管所承受的最大反向电压均为 $2\sqrt{2}U_2$。除 C_1 承受的最大电压为 $\sqrt{2}U_2$ 外，其余各电容所承受的最大电压均为 $2\sqrt{2}U_2$。可根据这些参数选择合适的元器件。

课外阅读19　电感滤波电路和复式滤波电路

1. 电感滤波电路

如图4-50（a）所示为电感滤波电路。由于通过电感的电流不能突变，用一个大电感与负载串联，则流过负载的电流也就不能突变，电流平滑，输出电压的波形也就平稳了。或者可把整流滤波输出的电压看成由直流分量和交流分量叠加而成。因电感线圈的直流电阻很小，交流电抗很大，故直流分量顺利通过，交流分量全部降到电感线圈上，这样在负载 R_L 上就可得到比较平滑的直流电压了。

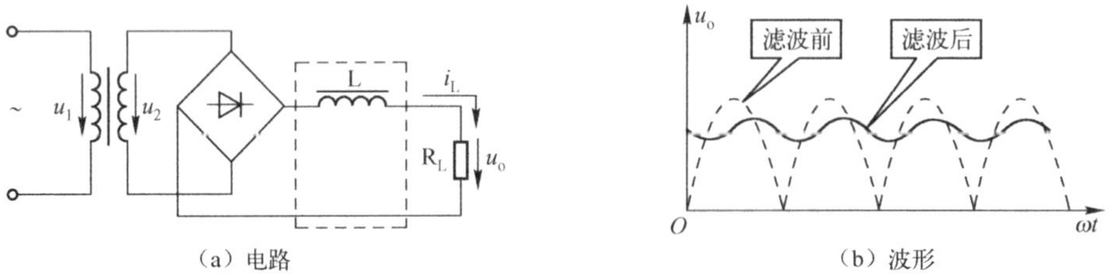

图 4-50　电感滤波电路

负载上的电压波形如图 4-50（b）所示，如果忽略电感线圈的铜阻，则电感滤波电路的输出电压平均值为 $U_O=0.9U_2$。虽然电感滤波电路对整流二极管没有电流冲击，但为了使 L 的值变大，多采用铁芯电感，其体积大、笨重，且输出电压的平均值 U_O 较低。因此，电感滤波适用于负载电流比较大的场合。

为了进一步减小输出电压的脉动程度，可以用电容和铁芯电感组成各种形式的复式滤波电路。

2. LC 滤波电路

LC 滤波电路如图 4-51 所示，它由一个电容和铁芯电感组成。

分析该电路可知，整流输出电压中的交流成分绝大部分降落在电感上，电容 C 又对交流接近于短路，因此输出电压中的交流成分很少，几乎是一个平滑的直流电压。LC 滤波电路的直流输出电压和电感滤波电路相同，为 $U_O=0.9U_2$。

与电容滤波电路比较，LC 滤波电路的输出电压对负载的影响小，电感元件限制了电流的脉动峰值，减小了对整流二极管的冲击。它主要适用于电流较大，要求电压脉动较小的场合。

3. LC-π 滤波电路

在 LC 滤波电路的输入端再加一只滤波电容就组成了 LC-π 型滤波电路，如图 4-52（a）所示。

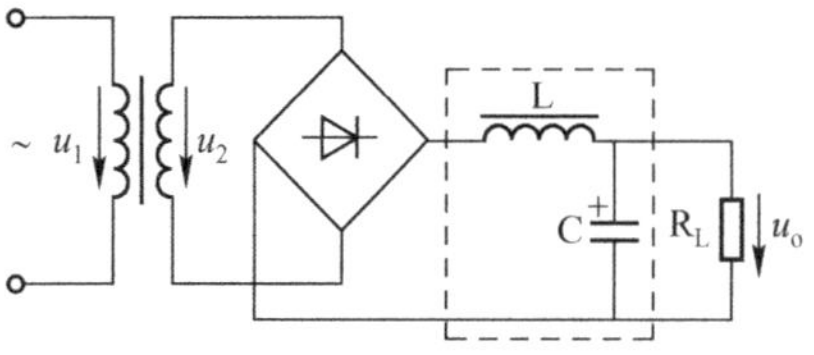

图 4-51　LC 滤波电路

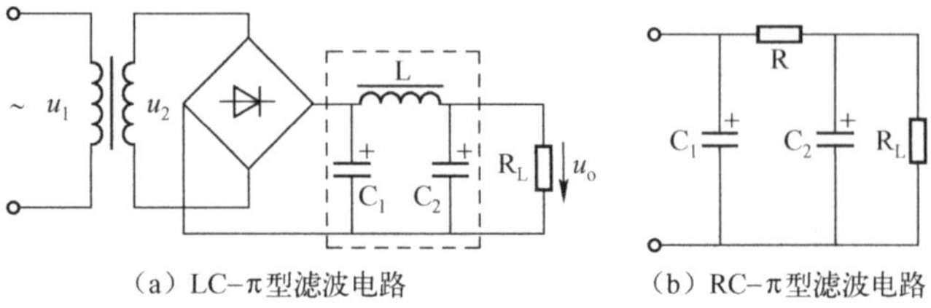

图 4-52　π 型滤波电路

这种滤波电路的输出电流波形更加平滑，适当选择电路参数，同样可以使 $U_O=1.2U_2$。

但由于铁芯电感体积大、笨重、成本高、使用不便，故可将铁芯电感换成电阻，即成为 RC-π 型滤波电路，如图 4-52（b）所示。RC-π 型滤波电路适用于负载电流不大而要求输出脉动较小的场合。

课外阅读20　分立元件稳压电路

分立元件稳压电路主要有并联型稳压电路和串联型反馈式稳压电路两种。并联型稳压电路中的稳压管与负载并联，因此又称它为硅稳压管稳压电路。串联型反馈式稳压电路中的调整元件与负载串联，因此它也简称串联型稳压电路。

1. 并联型稳压电路

由硅稳压管组成的并联型稳压电路如图 4-53 所示。经整流滤波后得到的直流电压作为稳压电路的输入电压 U_I，限流电阻 R 和稳压管 VD 组成了稳压电路。

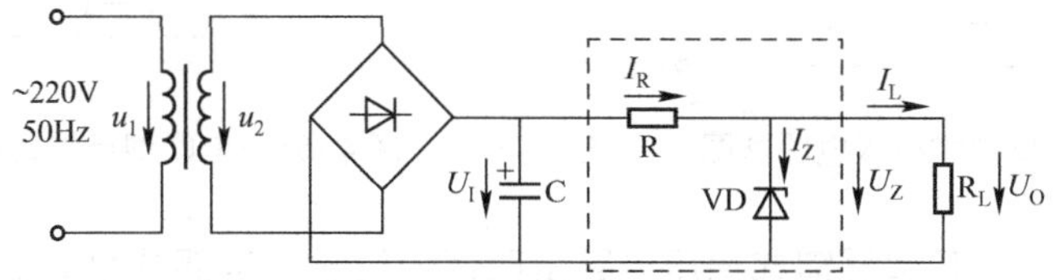

图 4-53　由硅稳压管组成的并联型稳压电路

不论是由电网电压波动还是负载电阻 R_L 变化对输出电压产生影响，该稳压电路都能起到稳压作用。下面从两个方面来分析其稳压原理。

（1）输入电压 U_I 保持不变，当负载电阻 R_L 减小时，负载电流 I_L 增大，电流在电阻 R 上的压降升高，输出电压 U_O 将会下降。由于稳压管并联在输出端，当稳压管两端的电压略有下降时，电流 I_Z 将急剧减小，而 $I_R = I_Z + I_L$，所以 I_R 基本维持不变，R 上的压降也就维持不变，从而保证输出电压 U_O 基本不变，即

$$R_L\downarrow \to I_L\uparrow \to I_R\uparrow \to U_R\uparrow \to U_O\downarrow \to I_Z\downarrow\downarrow \to I_R\downarrow = I_Z + I_L$$

$$U_O\uparrow \leftarrow U_R\downarrow \leftarrow$$

（2）负载电阻 R_L 不变，当电网电压升高时，将使输入电压 U_I 增加，输出电压 U_O 也随之增大。由稳压管的伏安特性可见，I_Z 将急剧增加，则电阻上的 R 压降增大，$U_O = U_I - U_R$ 减小，保证输出电压基本保持不变，即

$$U_I\uparrow \to U_O\uparrow \to I_Z\uparrow\uparrow \to I_R\uparrow \to U_R\uparrow$$

$$U_O\downarrow \leftarrow$$

由以上分析可知，硅稳压管的稳压原理是利用稳压管反向击穿时电压 U_Z 的微小变化引起电流 I_Z 的较大变化，再通过限流电阻 R 的电压调整作用进行调节，从而保证输出电压基本恒定。

限流电阻按如下原则选择：

当电网电压最高和负载电流最小时，I_Z 的值最大，此时 I_Z 不应超过允许的最大值，即：

$$\frac{U_{Imax} - U_Z}{R} - I_{Lmin} < I_{Zmax} \quad 或 \quad R > \frac{U_{Imax} - U_Z}{I_{Zmax} + I_{Lmin}}$$

当电网电压最低和负载电流最大时，I_Z 的值最小，此时 I_Z 不应低于其允许的最小值，即：

$$\frac{U_{\mathrm{Imin}}-U_Z}{R}-I_{\mathrm{Lmax}}>I_{\mathrm{Zmin}} \quad 或 \quad R<\frac{U_{\mathrm{Imin}}-U_Z}{I_{\mathrm{Zmin}}+I_{\mathrm{Lmax}}}$$

并联稳压电源具有电路结构简单、使用元件少等优点，但其稳压值取决于稳压二极管的稳定电压，不能调节，且负载电流的变化范围是稳压二极管电流的调节范围，限制了负载 R_L 的变化。因此，这种稳压电路适用于电压固定、负载电流小、负载变动不大的场合。

2）串联型反馈式稳压电路

串联型反馈式稳压电路的电路框图和基本电路图如图 4-54 和图 4-55 所示。

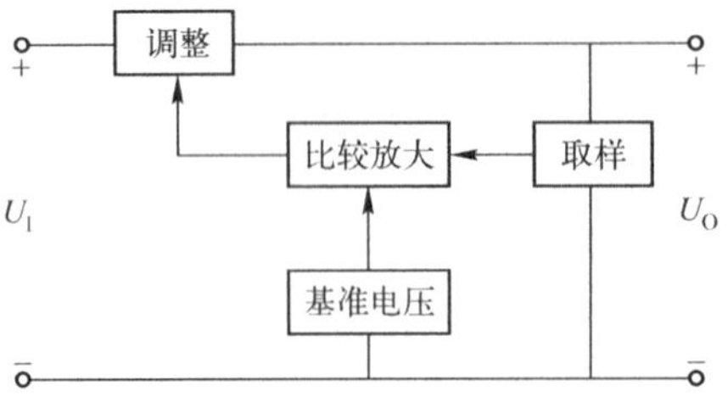

图 4-54　串联型反馈式稳压电路框图

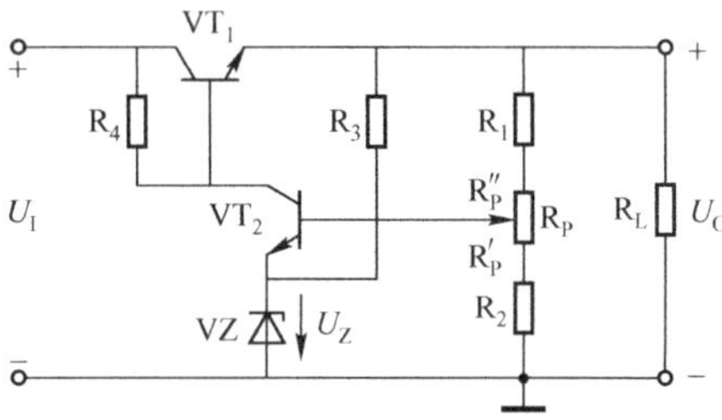

图 4-55　串联型反馈式稳压电路基本电路图

从图中可看出，串联型反馈式稳压电路由四部分组成，每部分组成如下。

（1）调整电路：由三极管 VT_1 和电阻 R_4 组成，VT_1 处于放大状态。

（2）取样电路：由电路 R_1、R_2 及电位器 R_P 组成，调节电位器可调节稳压电路的输出电压 U_O。

（3）基准电压电路：由稳压二极管 VZ 及其限流电阻 R_3 组成，作为比较的基准。

（4）比较放大电路：由三极管 VT_2 和电阻 R_4 组成。

当电网电压波动或负载变化时，可能使输出电压 U_O 上升或下降。为了使输出电压 U_O 不变，可以利用负反馈原理使其稳定。

若电网电压波动或负载变化，导致输出电压 U_O 下降时，通过取样电阻的分压使 VT_2 基极电位 U_{B2} 下降，而 $U_{B2}=U_{BE2}+U_Z$，因此 U_{BE2} 也下降，VT_2 的集电极电流 I_{C2} 下降，VT_1 的基极电压 U_{B1} 升高，调整管导通能力增强，VT_1 管压降 U_{CE2} 下降，使输出电压 U_O 上升，结果使 U_O 基本保持不变。整个稳压过程可表示如下：

$$U_I\downarrow 或 R_L\downarrow \to U_O\downarrow \to U_{B2}\downarrow \to U_{BE2}\downarrow \to I_{C2}\downarrow$$

$$U_O\uparrow \xleftarrow{U_O=U_I-U_{CE1}} U_{CE1}\downarrow \leftarrow U_{B1}\uparrow$$

串联型反馈式稳压电路的输出电压可由 R_P 进行调节，由电路 4-54 可知：

$$U_{B2}=U_O\cdot\frac{R_2+R_P'}{R_1+R_2+R_P}$$

$$U_{B2}=U_Z+0.7\approx U_Z$$

$$U_O=U_Z\frac{R_1+R_p+R_2}{R_2+R_p'}$$

可见，改变滑动变阻器的位置就可以改变输出电压，使输出电压可调节了。

如果将图 4-55 中的放大元件改成集成运算放大器，不但可以提高放大倍数，而且能提高灵敏度，这样就构成了如图 4-56 所示的由运算放大器组成的串联型稳压电路。

通过以上的分析，可以看出串联型稳压电路正是利用了负反馈原理来达到稳压的目的，从而可输出稳定的电压。

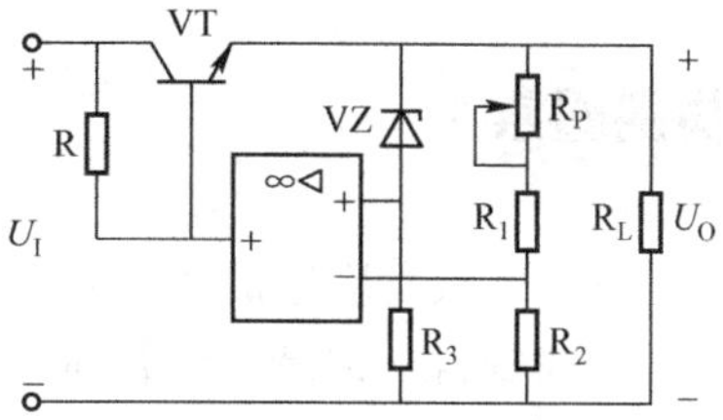

图 4-56　由运算放大器组成的串联型稳压电路

课外阅读 21　开关型稳压电源

稳压电源的分类方法很多，按输出电源的类型分为直流稳压电源和交流稳压电源；按稳压电路与负载的连接方式分为串联稳压电源和并联稳压电源；按调整管的工作状态分为线性稳压电源和开关稳压电源；按电路类型分为简单稳压电源和反馈型稳压电源，等等。图 4-35 所示电路即为直流线性稳压电源。收音机、小型音响等各种比较简单的电子设备中广泛使用线性稳压电源；大屏幕彩电、微型计算机等各种复杂电子设备中广泛使用开关稳压电源。下面简要介绍开关型直流稳压电源。

开关型直流稳压电源的电路形式主要有单端反激式、单端正激式、半桥式、推挽式和全桥式。它和线性电源的根本区别在于变压器不工作在工频而是工作在几十千到几兆 Hz，其功能管工作在饱和及截止区即开关状态，开关电源因此而得名。

线性直流电源在整流之前，需要庞大而笨重的变压器把交流电变压为接近输出电压的交流值，同时电路所需的滤波电容的体积和重量也相当大，且在输出较大工作电流时，电路转换效率低，一般只有 20% ~24%，还要安装很大的散热片。这种电源不适合计算机等设备的需要，逐步被开关电源所取代。开关型稳压电路中的元件损耗很小，效率可提高到 60% ~80%，甚至可高达 90% 以上，且自身抗干扰性强、输出电压范围宽、易于模块化。但由于逆变电路中会产生高频电压，开关电源对周围设备有一定的干扰，需要良好的屏蔽及接地。

开关稳压电源的工作原理：交流电压先经整流及滤波电路处理，变成含有一定脉动成份的直流电压，该电压进入开关电路被转换成所需电压值的方波，最后再将这个方波电压经整流滤波变为所需要的直流电压。其基本电路框图如图 4-57 所示。在输出与输入间存在控制电路，其作用是检测直流输出电压，并将其与基准电压进行比较放大，影响开关电路对直流电压的调制效果，从而保持输出电压的稳定。

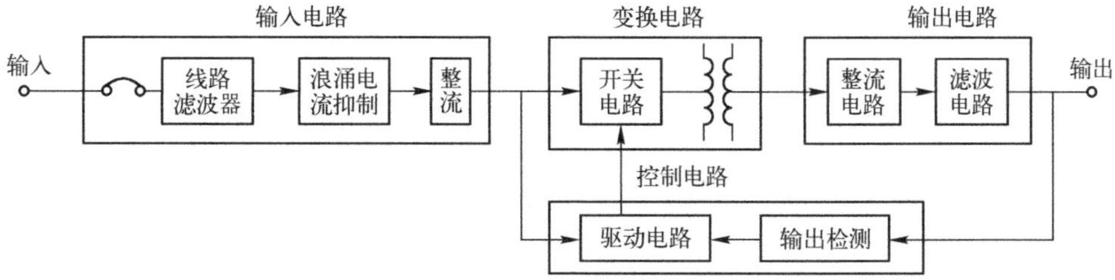

图 4-57　开关电源的基本电路框图

资料检索4

（1）收集二极管应用的相关实例，并按照图+文字说明的形式整理成册。

（2）查找资料，记录二极管命名原则并制作电子文档。

教学安排建议4

序号	知识单元	项目资讯	项目实践	主要技能目标	学时	备注
1	二极管桥式整流滤波电路	二极管单向导电性的应用、二极管整流滤波电路	1. 二极管特性测试； 2. 发光二极管工作电压的测试； 3. 二极管整流滤波电路的测试	1. 用万用表测二极管特性； 2. 利用示波器测二极管整流滤波电路纹波电压参数	4	LED照明灯电路的设计与制作
2	集成线性稳压电路	三端稳压器、集成线性稳压电路	二极管桥式整流集成线性稳压电源的调试	1. 示波器的熟练使用； 2. 模拟电路调试	4	二极管桥式整流集成线性稳压电源制作

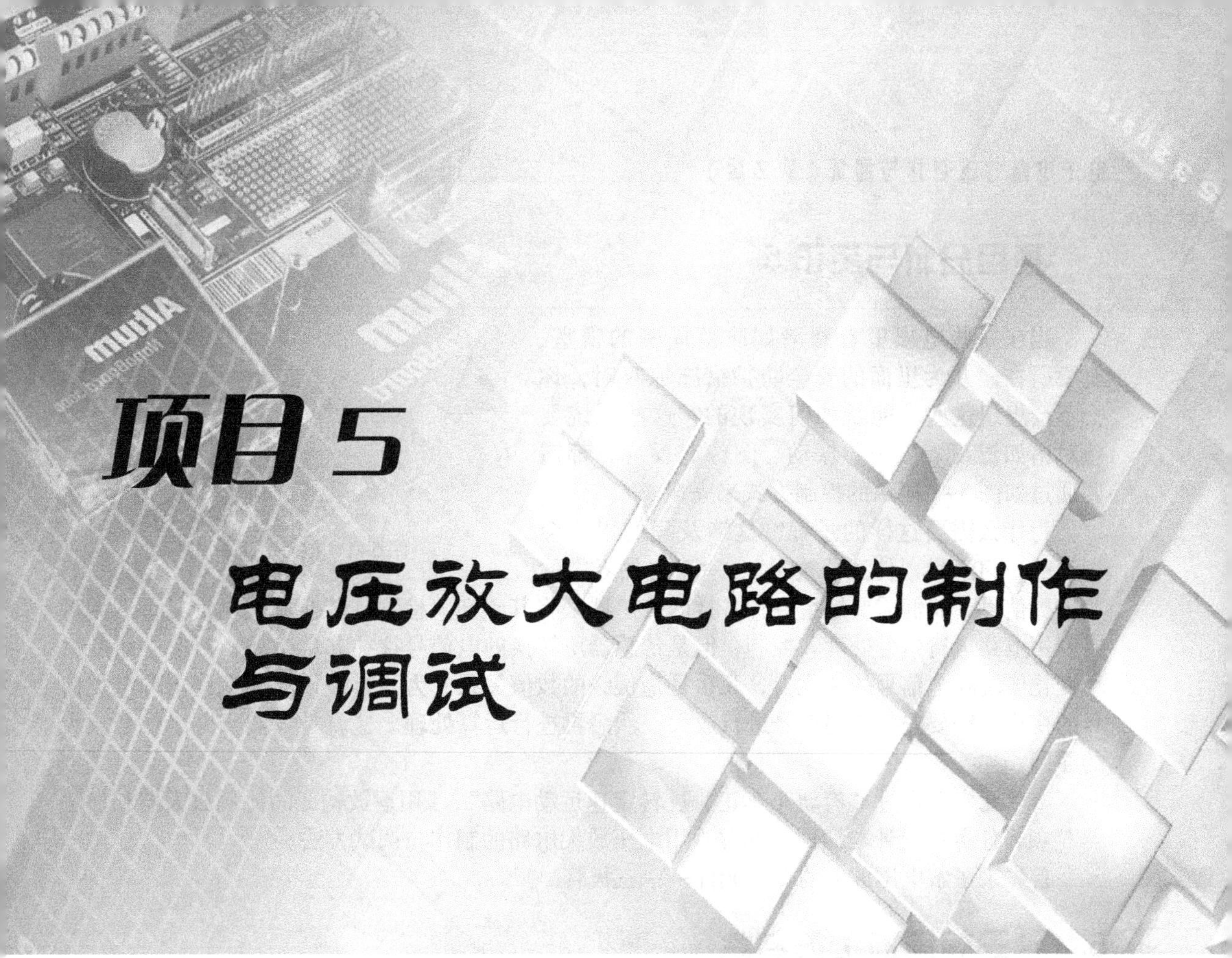

项目5 电压放大电路的制作与调试

学习要求

知识要求	(1) 掌握三极管的工作特性。 (2) 掌握三极管放大电路静态工作点的调节方法。 (3) 掌握反馈的基本概念、反馈的分类和判别。 (4) 掌握负反馈四种连接方式的性能。 (5) 理解集成运算放大器的电压传输特性，熟悉运放的线性应用。 (6) 掌握用运放构成的比例放大器和加法器的设计方法。
技能要求	(1) 熟悉用万用表测量三极管工作参数的方法。 (2) 掌握用示波器进行放大电路调试的基本方法。 (3) 掌握系统调试的基本方法。

项目分析与资讯 5

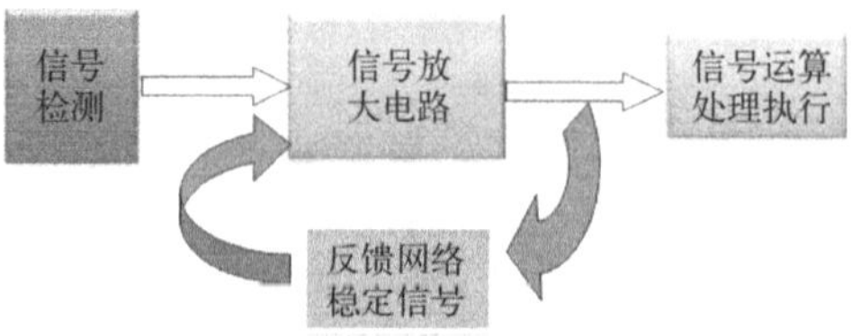

图 5-1　信号处理框图

当在一些电影里看到诸如防范周密的密室、机要所在，并为里面的安全防护措施惊叹时，你会不会想想这些功能是如何实现的？这些系统要想对诸如温度、压力、振动、图像起反应，都需要通过如图 5-1 所示的控制方式来完成。

为什么需要这样的过程？这涉及我们以后会学习的一门学科“传感器技术”，对于自然界中的非电类信号，我们需要制造各种各样的传感器去将其感知、检测、转换成为电信号，从而可以利用电路进行信号处理和控制，但是传感器所转换的电信号往往非常微弱，对非电量的微小变化体现在电信号的变化上，几乎是毫伏级的数值关系，为了有效且准确识别出非电类信号的变化，需要先对微弱信号进行放大，然后再进行运算处理。这就是我们研究小信号放大的原因。

本单元主要通过“有轨小车正、反转定速运动电路”、“用运放构成的比例放大器和加法器”项目任务的设计与调试，学习常用电压放大电路的制作与调试方法。

首先来了解电压放大的核心元件——三极管。

5.1　三极管的工作特性

1. 三极管的结构

半导体三极管根据其结构和工作原理的不同可以分为双极型和单极型。双极型半导体三极管又称双极型晶体三极管或三极管、晶体管等，单极型半导体三极管又称场效应晶体管，以下不做特殊说明时所涉及的三极管都是指双极型晶体三极管。

三极管是由两个 PN 结、三个杂质半导体区域组成的，因杂质半导体有 P 型和 N 型之分，所以三极管的组成形式有 NPN 型和 PNP 型两种。不论是 NPN 型还是 PNP 型三极管，都有三个区：发射区、基区、集电区，以及分别从这三个区引出的电极（发射极 e、基极 b 和集电极 c），发射区和基区在交界处形成发射结，基区和集电区在交界处形成集电结。三极管的结构和符号如图 5-2 所示，符号中的箭头方向表示发射结正向偏置时的电流方向。三极管的种

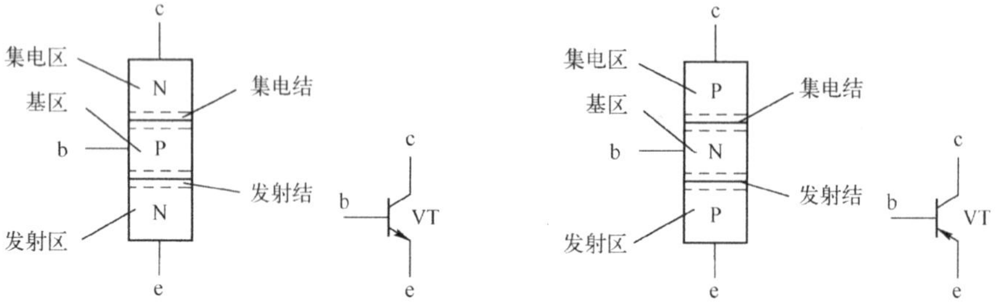

（a）NPN型　　（b）PNP 型

图 5-2　三极管的结构示意图与电路符号

类很多，按其结构类型分为 NPN 型管和 PNP 型管；按其制作材料分为硅管和锗管；按其工作频率分为低频管、高频管和超高频管；按其功率分为小功率管、中功率管和大功率管。常见三极管的外形结构如图 5-3 所示。

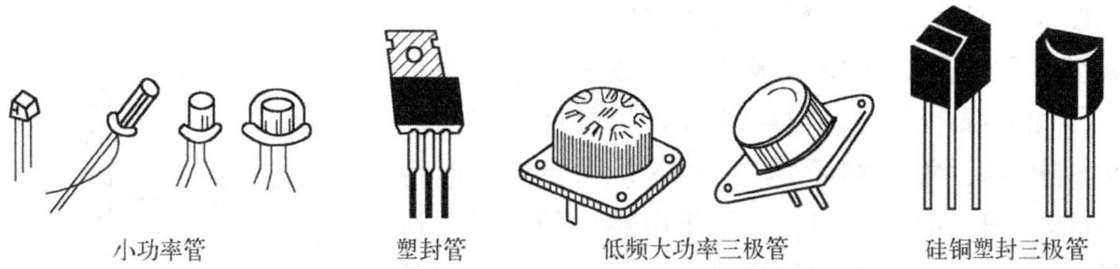

图 5-3 常见三极管的外形结构

为使三极管具有电流放大作用，在制造过程中必须满足实现放大的内部结构条件，即发射区掺杂浓度远大于基区的掺杂浓度；基区很薄，掺杂浓度很低；集电区比发射区体积大且掺杂少。除此之外，要实现放大作用还必须满足外部条件：发射结加正向电压，集电结加反向电压，即发射结正偏，集电结反偏。对于 NPN 型三极管有 $U_C > U_B > U_E$，对于 PNP 型三极管有 $U_E > U_B > U_C$。

三极管的状态识别

三极管各电极实测数据如图 5-4 所示，试分析：

(1) 各只管子是 NPN 型还是 PNP 型？

(2) 是硅管还是锗管？

(3) 管子是否损坏（指出哪个结已开路或短路）？若未损坏，判断发射结和集电结的偏置状态。

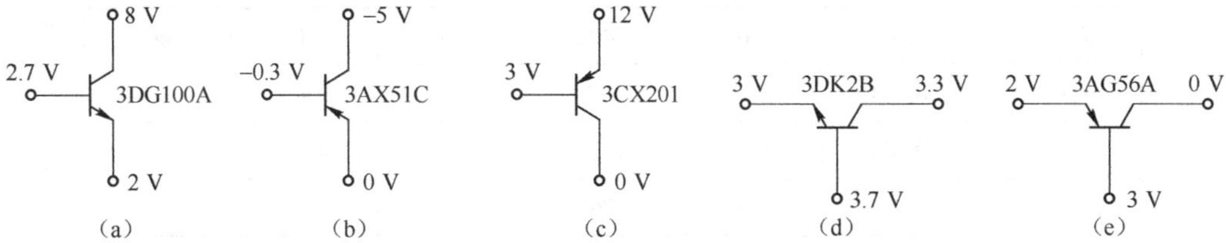

图 5-4 三极管各电极实测数据

(1) 与图 5-2 对照可知，(a)、(d) 为 NPN 型管，而 (b)、(c)、(e) 为 PNP 型管。

(2) 三极管型号的首字母"3"表示此元件有三极，而数字后跟随的字母如为 A 或 B，该三极管为锗材料，如为 C 或 D，该三极管为硅材料，因此，(a)、(c)、(d) 为硅管，(b)、(e) 为锗管。

(3) (a) 的三极管 b 极和 e 极的电压差 0.7V，且 $U_C > U_B > U_E$ 满足放大的外部条件，集电极反偏，发射结正偏；(b) 的三极管 b 极和 e 极的电压差为 0.3 V，$U_E > U_B > U_C$，集电结反偏，发射结正偏；(c) 虽满足 $U_E > U_B > U_C$ 的放大条件，但三极管 b 极和 e 极的电压差为 9V，集电结反偏，发射结开路；(d) 的三极管 b 极和 e 极的电压差为 0.7V，发射结和集电结均正偏；(e) 的三极管发射结和集电结均反偏。

2. 三极管的电流放大作用

三极管和二极管一样，都属于非线性器件，因此，我们需要通过伏安特性了解它的工作特性。如图5-5所示即为了解三极管的电流分配与放大作用的典型实验电路。为使三极管产生放大效果，可以通过调节外加电源串联可调电阻的方式尽量使三极管获得“发射结正偏、集电结反偏”的外电压要求，电源V_{BB}使发射结正偏，取$V_{CC}>V_{BB}$，则集电结反偏。再通过改变电阻R_P来改变基极的偏置电压U_{BE}，从而可引起基极电流I_B、集电极电流I_C和发射极电流I_E的变化。

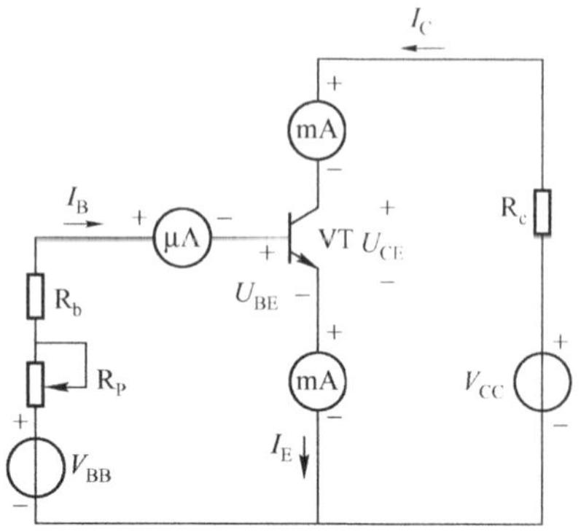

图5-5　了解三极管的电流分配与放大作用的典型实验电路

如表5-1所示为某三极管的电流分配与放大作用实验数据表，根据图5-5的电流参考方向标识和表5-1的数据，可得出如下结论：

（1）$I_E=I_B+I_C$，即发射极电流等于基极电流与集电极电流之和，符合广义的基尔霍夫电流定律。

（2）I_B对I_C有控制作用，I_B的微小变化会引起I_C的大变化。例如，I_B由40 μA增加到50 μA，则I_C会从3.2 mA增加到4 mA，即$\dfrac{\Delta I_C}{\Delta I_B}=\dfrac{(4-3.2)\times10^{-3}}{(50-40)\times10^{-6}}=80$，集电极电流$I_C$的变化量为基极电流$I_B$变化量的80倍。这就是三极管电流的放大作用，实现了小信号对大信号的控制。由此可见，三极管是一种电流控制器件。

表5-1　某三极管的电流分配与放大作用实验数据

I_B/μA	0	20	30	40	50	60
I_C/mA	0.021	1.4	2.3	3.2	4	4.7
I_E/mA	0.021	1.42	2.33	3.24	4.05	4.76
I_C/I_B	0	70	76	80	80	78

3. 三极管的伏安特性曲线

三极管的特性还可以通过三极管的伏安特性曲线来反映，由于图5-5所示的三极管共射极接法应用最广，故下面以NPN型管的共射极接法为例来介绍三极管的伏安特性曲线。

1）输入特性曲线

当U_{CE}不变时，输入回路中的电流I_B与电压U_{BE}之间的关系曲线称为输入特性，即：

$$I_B=f(U_{BE})\big|_{U_{CE}=\text{常量}} \tag{5-1}$$

由图5-5的测试电路，可得输入特性曲线如图5-6所示。

从三极管的输入特性曲线可看出，当$U_{CE}=0$时，三极管的输入回路相当于两个PN结并联，三极管的输入特性是两个正向二极管并联的伏安特性。当输入电压小于某一值时，三极管不导通，基极电流为零，这个电压又叫死区电压。实际上这个电压与二极管的死区电压一致，即硅管的死区电压约为0.5V，锗管的死区电压约为0.1V。

当 $U_{CE} \geqslant 1V$ 时，集电结反偏，管子处于放大状态。与 $U_{CE}=0$ 时相比，输入特性曲线向右移动。而且 $U_{CE}>1V$ 的各条曲线几乎重叠，可以用 $U_{CE}=1V$ 这条曲线来代表。当管子正常工作时，发射结压降变化不大，硅管的发射结压降约为0.6～0.8V，锗管的发射结压降约为0.2～0.3V。

2）输出特性曲线

当 I_B 不变时，输出回路中的电流 I_C 与电压 U_{CE} 之间的关系曲线称为输出特性曲线，即

$$I_C = f(U_{CE})\big|_{I_B=\text{常量}} \tag{5-2}$$

输出特性曲线是一组曲线，如图5-7所示。当 I_B 一定时，在 U_{CE} 超过一定的数值后，I_C 基本保持不变，不随 U_{CE} 的增加而变化，这个区域具有恒流特性。当 I_B 增大时，I_C 也相应增加，曲线向上移动。

在输出特性曲线上可划分三个区：放大区、截止区、饱和区。

（1）放大区。当 $U_{CE}>1V$ 以后，输出特性曲线几乎与横轴平行。当 I_B 一定时，I_C 基本保持不变，不随 U_{CE} 的增加而变化。当 I_B 等量增加时，输出特性曲线等间隔地平行上移。这个区域的工作特点是发射结正向偏置，集电结反向偏置，$I_C \approx \beta I_B$，三极管具有电流放大作用。

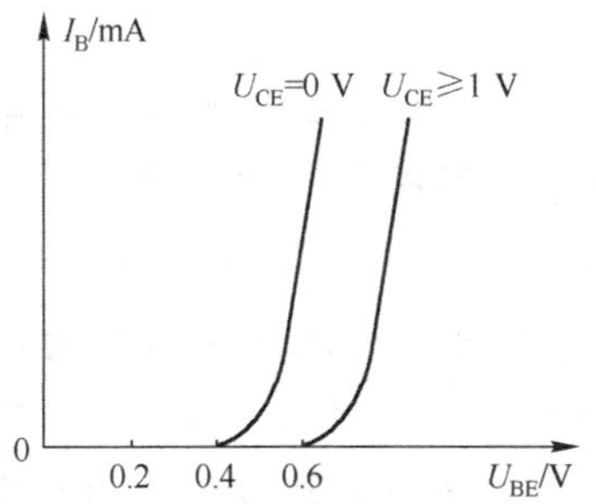

图5-6　输入特性曲线

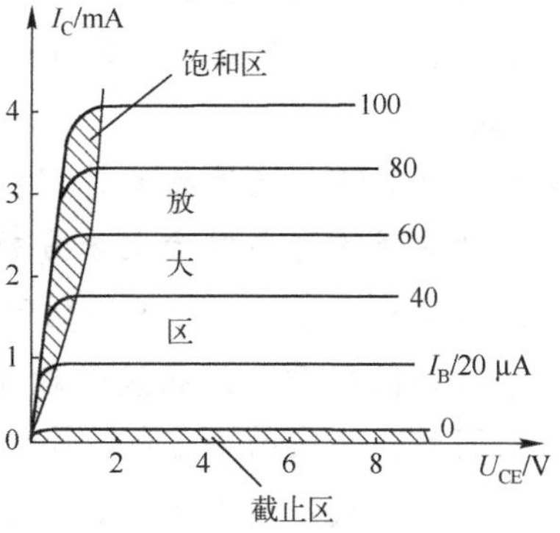

图5-7　输出特性曲线

（2）截止区。把 $I_B=0$ 曲线以下的区域称为截止区。这个区域的工作特点是发射结零偏或反偏，集电结反向偏置。因发射结两端电压小于死区电压，则 $I_B=0$，$I_C=I_{CEO}$。又因为 I_{CEO} 为穿透电流，非常小，近似为零，所以此区域三极管电流之间 $I_C \approx \beta I_B$ 的关系不成立。

（3）饱和区。当 U_{CE} 较小（$U_{CE}<U_{BE}$）时，I_C 不受 I_B 控制，三极管电流之间 $I_C \approx \beta I_B$ 的关系不成立，I_C 随 U_{CE} 的增加而迅速上升。这个区域的工作特点是发射结和集电结均为正偏。当 $U_{CE}=U_{BE}$ 即集电结零偏时，称为临界饱和状态。处于饱和状态的 U_{CE} 称为饱和压降，用 $U_{CE(sat)}$ 表示。小功率硅管的 $U_{CE(sat)} \approx 0.3V$，小功率锗管的 $U_{CE(sat)} \approx 0.1V$。

综上所述，对于NPN型三极管，当它工作于放大区时，$U_C>U_B>U_E$；工作于截止区时，$U_C>U_E>U_B$；工作于饱和区时，$U_B>U_C>U_E$。

三极管的电流放大作用

如何理解三极管的电流放大作用？我们在解释三极管的结构特点时有这样一个关键条件：发射区的掺杂浓度远大于基区的掺杂浓度，基区很薄，掺杂浓度很低，集电区比发射区体积大且掺杂少。还记得我们解释的半导体能带特性吗？发射区的掺杂浓度高，在外电场作用下可运动载流子的数量大，并且电压的大小与可运动载流子数量成正比；基区很薄，集电区体积大，形成电流的通路自然有差异，我们根据这些特点绘制示意图如图5-8所示。在无外加电压时，集电结和发射结均表现为PN结的弱电场作用，对各区的载流子（电子和空穴）运动均具有一定的阻碍作用，因此，各极间由PN结正、反偏的不同，将会测出不同的等效阻值。

当我们在基极和发射极间加正向偏置电压U_{BE}时，发射结在外电场作用下变薄，外电压同时为发射区的电子提供了运动的能量，电子克服了发射结的作用，流入基极，如图5-9（a）所示，U_{BE}的大小直接决定了可运动电子的数量，也就是基极电流I_B的大小，表现为具体的伏安特性，如图5-6中$U_{CE}=1$对应的曲线。当继续在集电极和发射极间加一个较大的电压U_{CE}，如图5-9（b）所示，此电压将使集电结反偏，PN结变厚，但由于基极较薄，集电区的区域大，U_{CE}的压降方向又恰好对电子运动有推动作用，电子将迅速冲过发射结和集电结，进入集电区，于是从发射区产生的电流I_E被分流了，基极电流I_B随之变小，在电压U_{BE}不变的情况下，电流变小，意味着基极与发射极间的等效电阻增大，伏安特性曲线右移，如图5-6中$U_{CE} \geq 1$对应的曲线。

我们如何理解电流的放大作用？实际上，需要把发射结正偏变薄、集电结反偏变厚与外电压的作用结合起来分析，可以说，U_{BE}对形成电流的电子运动的贡献极大，假如没有U_{BE}给发射区的电子运动的初始能量，估计电子在U_{CE}的作用下要冲过集电结将困难重重，从能带理论我们知道，每个电子进入导带需要的能量是一定的，因此，一定的U_{BE}能够带动的电子数量是一定的，在没有U_{CE}时，电子流全部进入基极形成基极电流I_B，而在U_{CE}的作用下，电流被迅速分流，由于集电区区域较大，基区很薄，电子流大部分进入了集电区，只有少部分流进基区，由于受U_{BE}作用产生的运动电子数量一定，在U_{CE}作用下，电子迅速在集电极和发射极间产生定向运动，随着U_{CE}的增大，运动电子数量保持不变，电流也不再变化，表现为具体的伏安特性，如图5-7所示，在U_{BE}一定时，I_B也一定，而U_{CE}较小时，集电极电流随着U_{CE}的增大迅速饱和，一旦达到最大，即使U_{CE}继续增大，集电极电流I_C不再变化，此时表现为稳定的电流放大作用。实际上，随着U_{CE}增大到一定程度，极高的电压将击穿集电结，表现为电流急剧上升的特性，此时三极管极易损坏。

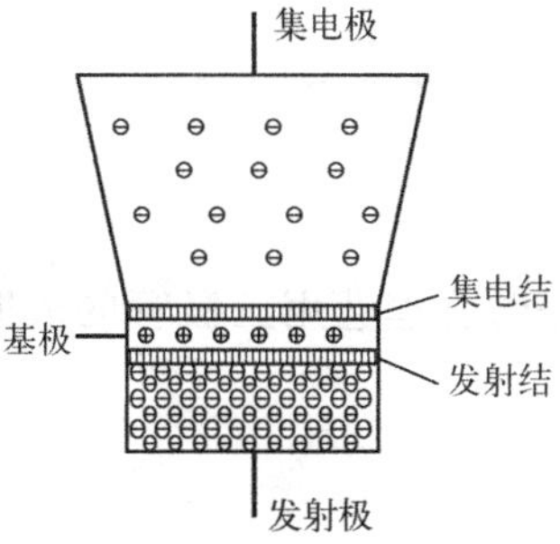

图5-8 三极管结构示意图

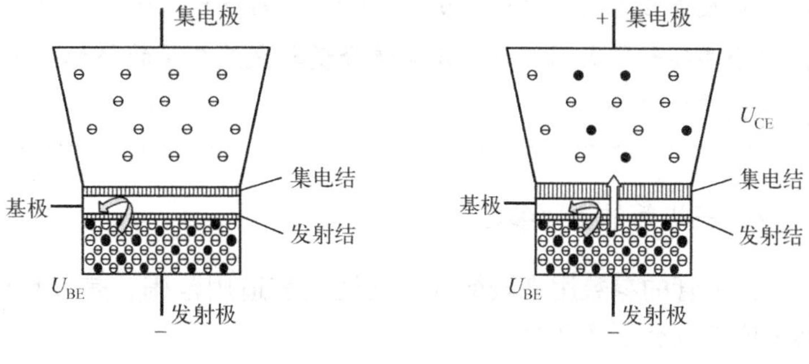

（a）发射结加正偏电压

（b）发射结加正偏电压、集电极与发射极间加反偏电压

图5-9 三极管的电流放大作用

输入回路和输出回路

放大器必然是一种三端电路，需提供信号的输入、放大的输出以及输入和输出间的共“地”端。三极管自身具有由基极电流控制集电极电流的电流放大作用，在符合三极管放大外电压条件的同时，三极管可接成共发射极、共基极、共集电极三种连接形式，如图5-10所示。

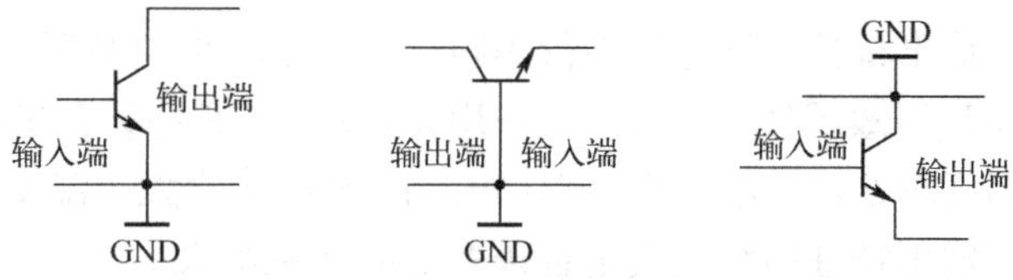

（a）共发射极接法　（b）共基极接法　（c）共集电极接法

图5-10 三极管的连接形式

共射极放大电路是放大电路中应用最广泛的三极管接法，信号由三极管基极和发射极输入，从集电极和发射极输出，如图5-10（a）所示。因为发射极为共同接地端，故命名共射极放大电路。在外电路的配合下，共射极电路具有较大的电流和电压增益，广泛用于放大电路，一般用作放大电路的中间级。

共基极电路信号由发射极和基极输入，从集电极和基极输出，以基极为共同接地端，如图5-10（b）所示。共基极电路在外电路的配合下，可获得较大的电压增益，但电流增益略小于1，因此功率增益不大。

共集电极电路以集电极为共同接地端，如图5-10（c）所示。共集电极电路输入阻抗高，输出阻抗低，可用作阻抗匹配，以改善电压信号的负载效应。由于电压增益近似等于1，表示射极的输出信号追随着基极的输入信号，所以共集电极放大器又称为射极跟随器。

放大电路中符号的书写原则

放大电路中的电压和电流符号有的是大写，有的又是小写，有什么原则？

放大电路在进行放大时，电路中的电压、电流都是由直流成分和交流成分叠加而成的。为了清楚地描述，对符号作如下规定：用大写字母带大写下标表示直流分量，如I_C

表示集电极直流电流；用小写字母带小写下标表示交流分量，如 i_c 表示集电极交流电流；用小写字母带大写下标表示直流分量与交流分量的叠加，如 i_C 表示集电极电流的瞬时值；用大写字母加小写下标表示交流分量的有效值，如 U_o 表示输出电压的有效值。

4. 三极管的主要参数

三极管的参数用来表征管子的性能和适用范围，是设计电路时合理选用三极管的依据，其主要参数有下面几个。

1）共射极电流放大系数

共射极直流电流放大系数 $\bar{\beta}$ 是指三极管接成共射极接法并工作在静态时，集电极电流与基极电流之比，即：

$$\bar{\beta} = \frac{I_C}{I_B} \tag{5-3}$$

共射极交流电流放大系数 β 是指三极管接成共射极接法并工作在动态时，集电极电流的变化量 ΔI_C 与引起集电极电流变化的基极电流的变化量 ΔI_B 之比，即：

$$\beta = \frac{\Delta I_C}{\Delta I_B} \tag{5-4}$$

在输出特性曲线近于平行等距，且 I_{CEO} 较小的情况下，$\bar{\beta}$ 与 β 数值相近。在实际应用中两者通常不做区分，本书中统一用 β 表示。（有些场合也用“h_{FE}”表示）

温度对 β 的影响很大，温度升高，β 值将增大。温度每升高 1℃，β 值增加 0.5% ～ 1%，反映在输出特性曲线上就是各条曲线的间距增大。

2）极间反向电流

I_{CBO} 指发射极开路时，集电极和基极之间的反向饱和电流。I_{CBO} 很小，温度升高，则 I_{CBO} 增加。一般硅管的热稳定性比锗管好，小功率硅管的 I_{CBO} 小于 1 μA，锗管的 I_{CBO} 约为 10 μA。

I_{CEO} 是指基极开路时，集电极和发射极之间的反向饱和电流，又称穿透电流。$I_{CEO} = (1+\beta) I_{CBO}$。因此，温度对 I_{CEO} 的影响更大，在选用管子时，希望 I_{CEO} 越小越好，以减少温度的影响。

3）三极管的极限参数

三极管的极限参数是指三极管正常工作时，能够承受的最大的电流、电压、功率等数值，它关系到三极管的安全，在使用中不得超过极限数值。

（1）集电极最大允许电流 I_{CM}。当集电极电流超过一定的数值时，三极管的 β 值要下降，当 β 降到正常值的 2/3 时所对应的集电极电流称为集电极最大允许电流 I_{CM}。当 I_C 超过 I_{CM} 时，管子的放大性能将下降甚至损坏管子。

（2）极间反向击穿电压包括下面三种参数。

① 射－基反向击穿电压 $U_{(BR)EBO}$：集电极开路时，发射极与基极之间允许施加的最高反向电压，一般为几伏至几十伏，超过此值发射结将击穿。

② 集－射反向击穿电压 $U_{(BR)CEO}$：基极开路时，集电极与发射极之间所能承受的最高反向电压，一般为几十伏至几百伏。为保证使用安全，应选择 $U_{(BR)CEO}$ 大于工作电压 U_{CE} 的两倍以上。

③ 集－基反向击穿电压 $U_{(BR)CBO}$：发射极开路时，集电极与基极之间允许施加的最高反向电压。超过此值，集电结将发生反向击穿。

（3）集电极最大允许耗散功率 P_{CM}。由于集电结所加电压较大，通过电流后会产生热量，一般硅管工作时允许的最高温度约为 150℃，锗管约为 70℃，所以限定了功耗 P_{CM}。超过此值，管子将被烧坏。因为 $P_{CM}=I_C U_{CE}$，故根据 P_{CM} 值可在输出特性曲线上画出一条 P_{CM} 线，称之为允许管耗线，如图 5-11 所示。三极管工作在 P_{CM} 线的左下方是安全的，P_{CM} 线的右上方称为过损耗区。使用时，应该使三极管的集电极耗散功率小于 P_{CM} 值。

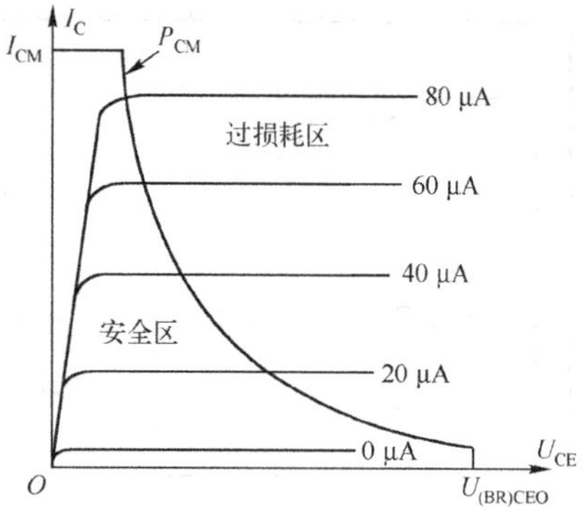

图 5-11　三极管的安全工作区

场效应管的特性

场效应管（FET）是利用输入电压产生的电场效应来控制输出电流的，为电压控制型器件。场效应管的输入端电流几乎为零，因而它具有很高的输入电阻，可达 10^8～$10^{15}\Omega$，同时场效应管还具有噪声低、抗辐射能力强、热稳定性好、功耗小、体积小、制造简单、便于集成等优点，因而得到了迅速的发展。实际中，常用场效应管构成放大电路、开关电路及大规模集成电路。

场效应管按结构的不同分为结型场效应管和绝缘栅型场效应管。绝缘栅型场效应管有增强型和耗尽型两类，不论结型或增强型/耗尽型绝缘栅场效应管，它们又可分为 N 沟道和 P 沟道两种。场效应管的实物图和分类图如图 5-12 和图 5-13 所示，各种场效应管的符号和特性曲线如表 5-2 所示。

图 5-12　场效应管

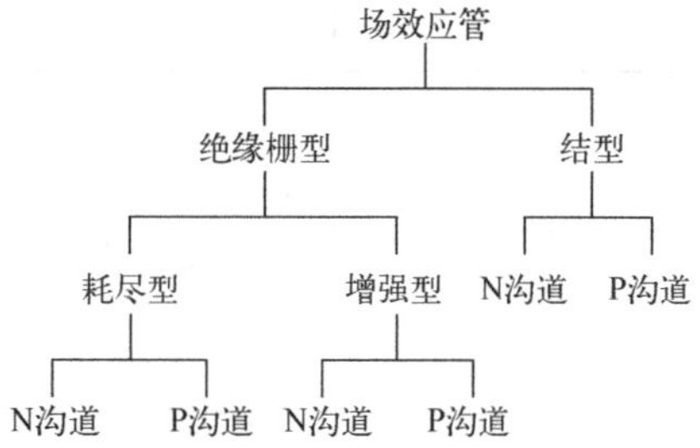

图 5-13　场效应管的分类

表 5-2　各种场效应管的符号和特性曲线

名　　称	符　　号	转移特性曲线	输出特性曲线
绝缘栅 N 沟道增强型	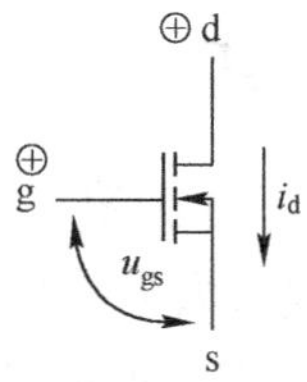	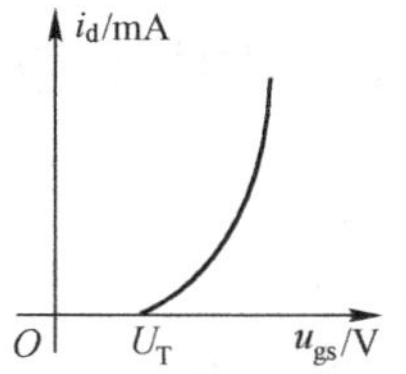	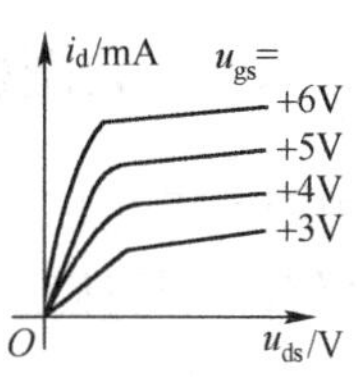

续表

名　称	符　号	转移特性曲线	输出特性曲线
绝缘栅P沟道增强型	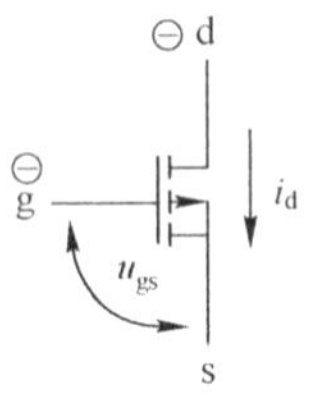	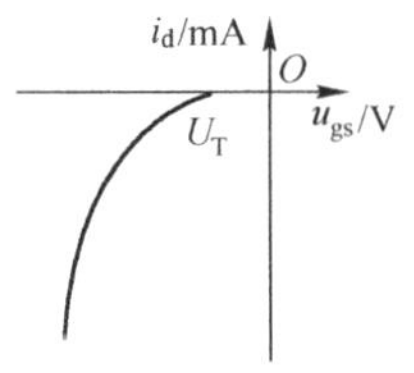	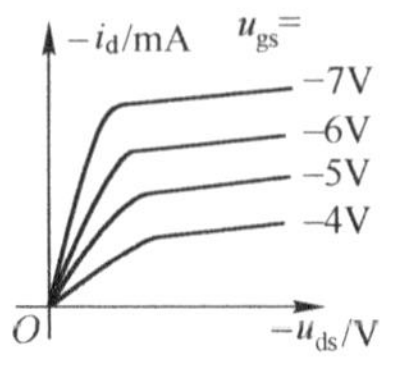
绝缘栅N沟道耗尽型	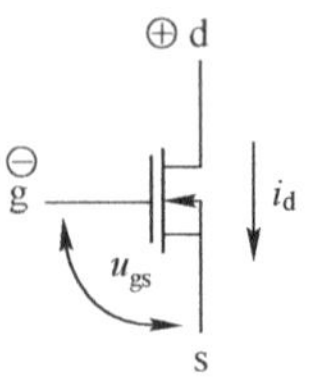	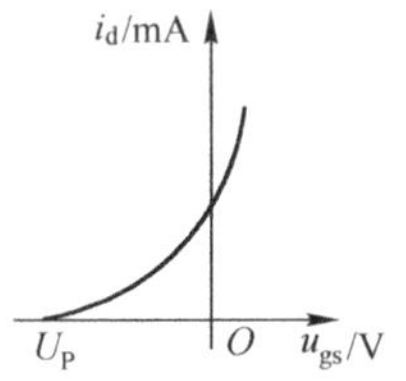	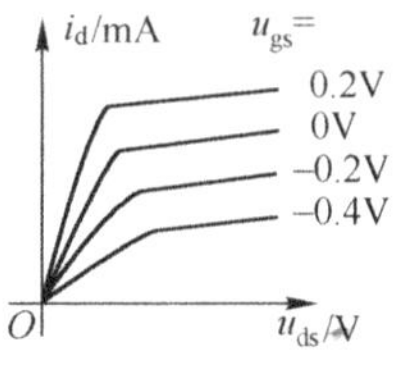
绝缘栅P沟道耗尽型	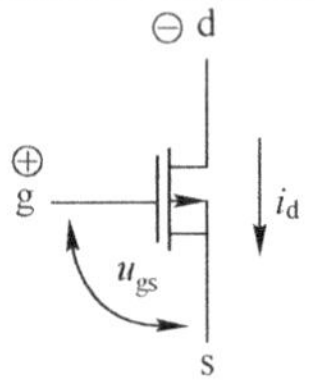	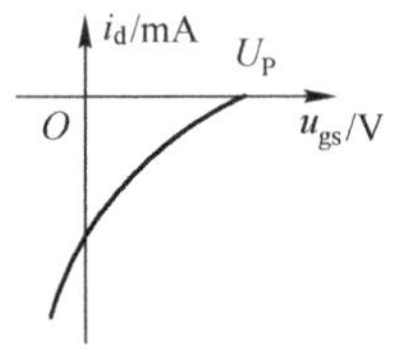	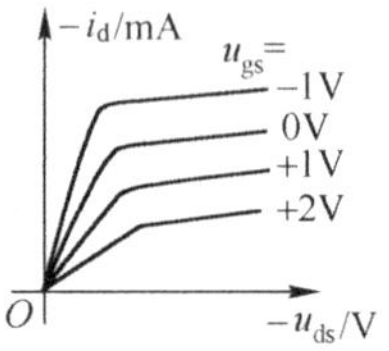
结型N沟道	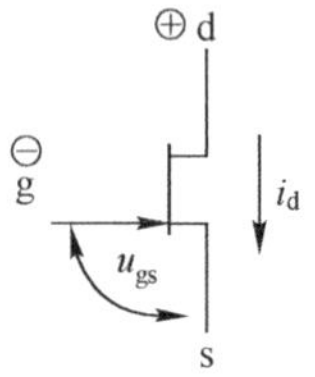	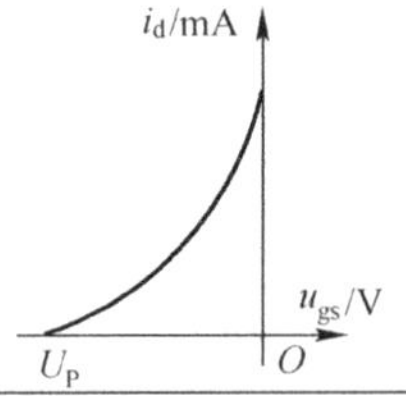	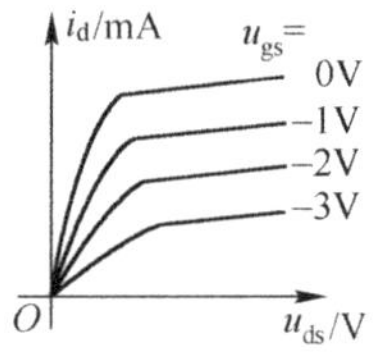
结型P沟道	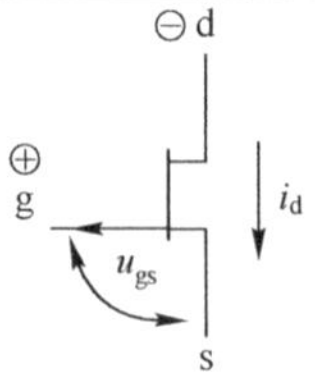	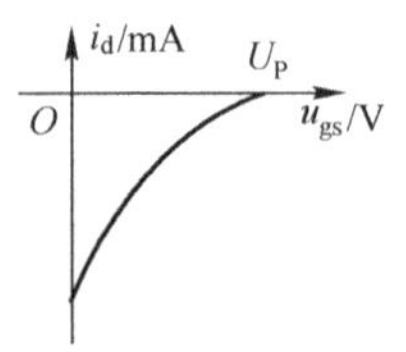	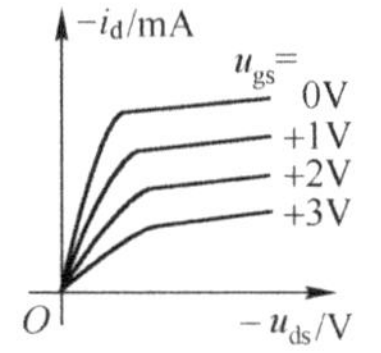

5.2 单管放大电路的分析

5.2.1 共射极小信号电压放大电路的分析

由图5-5可以看出，只要为三极管提供了合适的偏置电压，三极管即可组成放大电路了。那么，当我们用电源、电阻和三极管元件组成放大电路后，电路中实际的工作参数是多少？采用什么方式分析电路呢？在“电工基础”课程中曾接触了基尔霍夫电流定律和电压定律，它们在这里就要大显身手了。

最基本的共射极小信号电压放大电路如图5-14所示，这个电路中不仅有直流电源，还有交流电源；不仅有线性元件——电阻，还有储能元件——电容，具有电流放大作用的三极管与这些元件连接在一起，会有什么效果？为什么说这个电路是“小信号电压放大”？仔细观察电路可以看到，具有“隔直通交”作用的电容 C_1 和 C_2 分别接在交流电源引入端和负载电阻 R_L 端，这样，偏置电阻 R_b、R_c 和三极管VT处于交流电源与直流电源共同作用的范围，而交流电源 u_s、内阻 R_s 和负载电阻 R_L 上只有交流信号流过。在直流电源和偏置电阻 R_b、R_c 的共同作用下，三极管VT可获得“发射结正偏、集电结反偏”的放大外条件，发射结正偏导通区较小，交流电源叠加在发射结，若信号幅度过大时，就可能使发射结进入死区甚至反向偏置区，因此交流信号应只是小信号，在实践中，交流信号往往来自传感器检测送来的电信号。我们可以这样来理解共射极小信号电压放大电路的工作原理：直流电源 V_{CC} 经电阻分压在发射结上有压降 U_{BE}，正弦交流信号电压 u_i 通过耦合电容 C_1 同样作用在发射结，因此加在发射结上的电压为 $u_{BE}=U_{BE}+u_i$，如图5-15（a）所示，为使脉动的 u_{BE} 始终处于发射结的导通区，u_i 的幅值应小于100 mV。（想一想为什么？）根据输入伏安特性曲线可知，在 u_{BE} 的作用下，基极电流 i_B 也将产生同向脉动，如图5-15（b）所示，i_B 由静态值 I_B 和变化量 i_b 组成。发射结正偏，三极管具有电流放大作用，集电极电流 $i_C=\beta i_B=\beta(I_B+i_b)=I_C+i_c$，如图5-15（c）所示。$i_C$ 的变化引起三极管集电极电阻 R_c 上的压降变化，由于 $u_{CE}=V_{CC}-i_C R_c$（能看出这个式子是怎么列出来的吗？），i_C 增大 u_{CE} 减小，得 u_{CE} 的波形如图5-15（d）所示。有没有惊奇的发现：u_{ce} 电压波形与 u_i 波形正好反相？

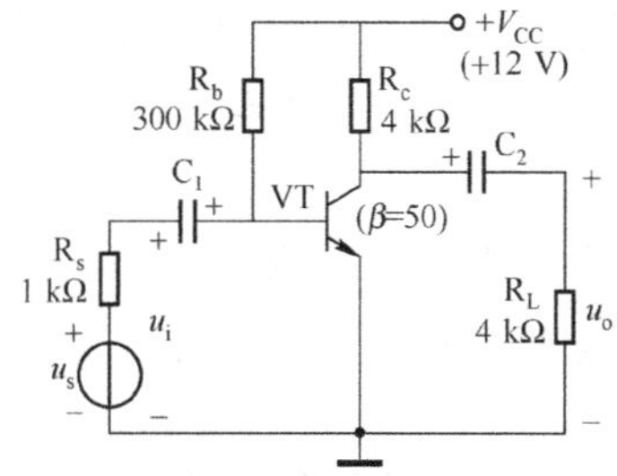

图5-14　共射极小信号电压放大电路

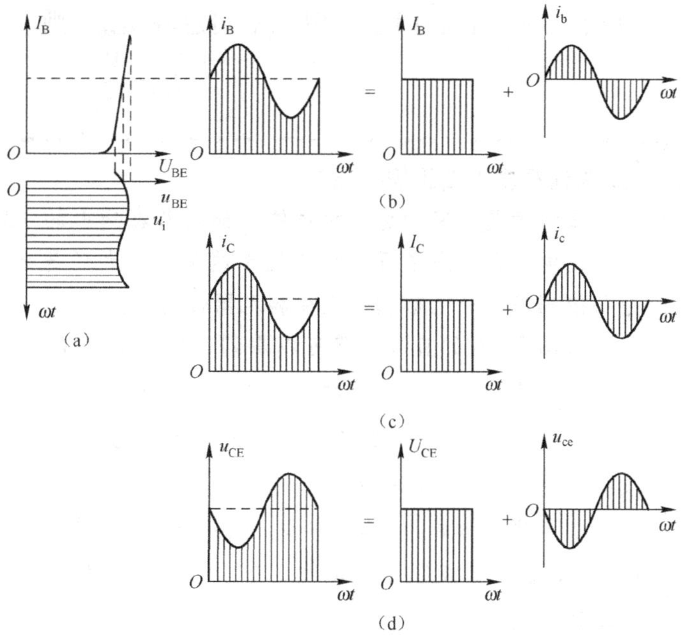

图5-15　共射极小信号电压放大电路的电流、电压波形

面对放大电路我们需要解决两大问题：当电路参数固定时，电路是否具有放大作用，放大能力如何？面对性能一定的三极管，如何设计放大电路？

对放大电路的分析可采用数学分析或图解分析的方式进行。由于直流电源和交流输入信号都分别作用于特定的元件，因此可把图5-14所示电路拆分为直流通路和交流通路分别进行静态分析和动态分析，静态分析需确定放大电路的静态工作点 Q，求取参数有 U_{BEQ}、I_{BQ}、I_{CQ}、U_{CEQ}；动态分析需确定体现电路信号传输效果的输入电阻 R_i、输出电阻 R_o 和电压放大倍数 A_u。

1. 静态数学分析法

将图5-14中“两电容视为开路，即断开交流电源和负载”，画出直流通路如图5-16（a）所示。选择回路如图5-16（b）所示，根据待求参数列回路方程（设三极管发射结正偏导通，U_{BEQ} 视为常数，取硅管的 $U_{BEQ}=0.7\,\text{V}$，锗管的 $U_{BEQ}=0.2\,\text{V}$。）

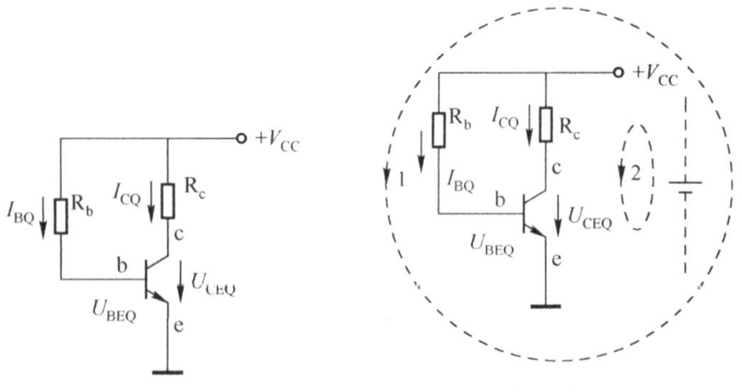

（a）直流通路　　（b）电路分析示意图

图5-16　直流通路

$$\begin{cases} V_{CC}=U_{BEQ}+I_{BQ}R_b \ (\text{回路}1) \\ V_{CC}=U_{CEQ}+I_{CQ}R_c \ (\text{回路}2) \end{cases} \tag{5-5}$$

根据电路参数确定发射结正偏导通的原则，由式（5-5）中回路1的方程可得：

$$I_{BQ}=\frac{V_{CC}-U_{BEQ}}{R_b} \tag{5-6}$$

由于三极管导通时 $V_{CC}>10U_{BEQ}$，可忽略 U_{BEQ}，则：

$$I_{BQ}\approx\frac{V_{CC}}{R_b} \tag{5-7}$$

为何视发射结正偏导通？

三极管是个变幻莫测的元件，如果放在通电的电路板上，可以用万用表测量各管脚间的电压差，来了解它究竟处于饱和、放大还是截止状态，而在电路图中，我们的分析依据应该是电路相关定律和元器件特性。

从图5-16的直流通路可以看到，$U_{BEQ}>0$，$U_{CEQ}>0$，根据PN结的特性，发射结的阻值可变，其大小由流过的电流决定，V_{CC} 一定，这就取决于与发射结串联的基极偏置电阻 R_b 了，该电阻阻值小，I_{BQ} 大，若该电阻阻值大，I_{BQ} 小，对小功率三极管而言，发射结电流在μA级即视为正偏导通。

对三极管而言，“$U_{BEQ}>0$，$U_{CEQ}>0$”时存在“放大”、“饱和”两种状态，若 $U_{CEQ}>U_{BEQ}$，三极管处于放大状态，若 $U_{CEQ}<U_{BEQ}$，三极管就处于饱和状态了，分析电路还需要考虑这个问题。

从式（5-7）可看出，基极电流只与 V_{CC} 和 R_b 有关，一旦电路参数确定后，I_{BQ} 固定不变，所以这种共射的放大电路又称为固定偏流式放大电路。

接下来，需要判断三极管是处于“放大”还是“饱和”状态，先假设三极管处于放大状态，根据电流的放大特性可知 $I_{CQ}\approx\beta I_{BQ}$，由式（5-5）中回路2方程可知：

$$U_{CEQ}=V_{CC}-I_{CQ}R_c \tag{5-8}$$

若算出的U_{CEQ}小于1 V，说明三极管处于深度饱和状态，$I_{CQ}\approx\beta I_{BQ}$的关系不再成立。而集—射极饱和电压$U_{CES}$值很小，硅管取0.3 V，锗管取0.1 V，所以集电极饱和电流I_{CS}为：

$$I_{CS}=\frac{V_{CC}-U_{CES}}{R_c}\approx\frac{V_{CC}}{R_c} \tag{5-9}$$

式（5-9）表明，I_{CS}基本上只与V_{CC}及R_c有关，而与β及I_{BQ}无关。

图5-14放大电路中的三极管处于“放大”还是“饱和”状态？$I_{BQ}\approx 40\,\mu A$，$I_{CQ}\approx$ 1.6 mA，$U_{CEQ}=5.6$ V，你算出来了吗？

2. 动态数学分析法

动态分析依据交流通路，交流通路的绘制原则是“直流电源的内阻很小，其上的交流压降小，可视为短路；电路中耦合电容、旁路电容的容量较大，交流容抗很小，可视为短路。”绘图5-14放大电路的交流通路如图5-17所示。这时能看到交流信号的传输通道，然而，三极管置身其中，似乎很难获得输入、输出电压的直接联系。从图5-15的波形分析中可以看到，三极管用于小信号放大时，u_{BE}的变化始终处于导通的线性区域，而i_B、i_C、u_{CE}的变化与u_{BE}的变化同步，发射结工作在线性导通区意味着发射结的等效电阻为一定值，而三极管处于放大状态，$i_c=\beta i_b$，集电极与发射极间存在一个反偏的集电结和正偏的发射结，因而等效电阻极大，由此把小信号电压放大电路中的三极管等效为如图5-18（a）所示的“等效电阻+受控电流源”的微变等效形式，并绘制图5-14的交流微变等效电路如图5-18（b）所示。

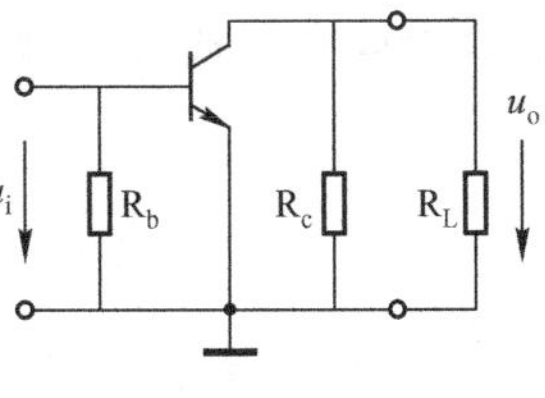

图5-17　交流通路

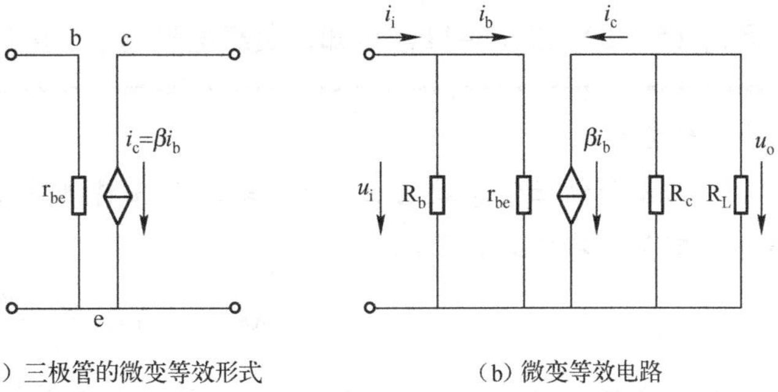

（a）三极管的微变等效形式　　（b）微变等效电路

图5-18　放大电路的交流微变等效电路

电压放大倍数A_u指输出电压与输入电压的比值，由图5-18（b）可知：

$$u_i=i_i\ (R_b//r_{be})\ =i_b\cdot r_{be}$$

$$u_o=-i_c\ (R_c//R_L)\ =-\beta i_b\ (R_c//R_L)$$

设$R'_L=R_c//R_L$，电压放大倍数为：

$$A_u=\frac{u_o}{u_i}=\frac{-\beta i_b\ (R_c//R_L)}{i_b\cdot r_{be}}=-\frac{\beta R'_L}{r_{be}} \tag{5-10}$$

电压放大倍数为负值，意味着共射极放大电路的输入电压与输出电压恰好反相，这个结论与图5-15的波形分析是一致的。

“电压增益”和“dB”

在很多描述放大电路特性的场合，我们会见到“电压增益”这个名词，实际上，电压增益也表示放大电路对输入信号的放大能力，用分贝表示法来表示，其定义为：

$$G_u = 20\lg\frac{u_o}{u_i} = 20\lg A_u$$

增益的单位是分贝，用符号“dB”表示。使用分贝来表示放大器的放大能力有以下好处：

(1) 采用分贝表示法，使大数字计算变为小数字计算，如某放大器的放大倍数 $A_u = 10000$ 倍，分贝表示为 $G_u = 80\,\text{dB}$。

(2) 采用分贝表示法，可以利用对数特性将乘法变为加法，将除法变为减法，大大简化了多级放大器的计算。

(3) 采用分贝表示法，可以直观地表示增益的变化情况。比如，放大器的电压放大倍数 =1 时，其增益用分贝表示为 0；当放大器的电压放大倍数 >1 时，其增益用分贝表示为一个正数；当放大器的电压放大倍数 <1 时，其增益用分贝表示为一个负数。

分贝表示法还广泛应用于电子电器的各种性能指标，如收音机、电视机、手机、无线传输系统等的灵敏度和选择性等。各种测量仪器的信噪比、环境噪声等也都用分贝表示，分贝是一个在实际工程中被广泛应用的单位。

若电路不带负载，空载电压放大倍数为：

$$A_u = \frac{u_o}{u_i} = \frac{-\beta i_b R_c}{i_b \cdot r_{be}} = -\frac{\beta R_c}{r_{be}} \tag{5-11}$$

据式（5-10）和（5-11）可知，负载电阻越小，电压放大倍数越低，你算出来了吗？

r_{be}究竟多大？

r_{be}为发射结正偏等效电阻，根据输入伏安特性曲线可知，该等效电阻的大小与流入电流有关，有经验公式：

$$r_{be} \approx 300 + (1+\beta)\frac{26\,\text{mV}}{I_{EQ}\,\text{mA}} \tag{5-12}$$

根据电流放大关系，式（5-12）还可以如何等效？知道 I_{BQ} 和 I_{CQ}，可以求出 r_{be} 吗？（提示：$I_{EQ} = (1+\beta)I_{BQ}$）

对某一放大电路而言，输入电阻 R_i 越大，放大电路由前级获得信号的能力越强，而输出电阻 R_o 越小，放大电路的带负载能力越强。输入电阻是从放大电路输入端看进去的交流等效电阻，其值等于输入电压与输入电流的比值，即 $R_i = \frac{u_i}{i_i}$；而输出电阻则是断开负载，由放大器负载侧看进去的交流等效电阻，如图 5-19 所示。

由于电流源内阻极大，由图 5-19 可知，输入电阻和输出电阻为：

$$R_i = R_b // r_{be} \tag{5-13}$$

$$R_o \approx R_c \tag{5-14}$$

3. 图解分析法

图解分析法是在三极管的特性曲线上用作图的办法来分析放大电路工作状态的方法。大家往往感觉，三极管的特性曲线是如此复杂的曲线，要想把关系理清楚谈何容易。

实际上，我们仍然可以按静态和动态两个步骤来分析，先来看静态工作点Q。我们回头看一下公式（5–5），由式（5–5）可知，当 R_b 和 V_{CC} 一定时，三极管的基极静态偏置电流 I_{BQ} 为一定值，在 $i_B - u_{BE}$ 伏安特性曲线上对应唯一一点 Q，如图5–20所示，而在 $i_C - u_{CE}$ 伏安特性曲线中，基极电流则对应一条变化曲线，这条曲线的意义正如前述分析：若 u_{CE} 较小，i_C 亦较小，但由三极管特性决定了 i_C 的迅速增大，当 u_{CE} 大到一定程度，i_C 即稳定在一定值。此时，I_{CQ} 和 U_{CEQ} 又是多少？实际上，由放大电路外电路参数决定了这样的关系式：

$$u_{CE} = V_{CC} - i_C R_c \tag{5-15}$$

在 V_{CC} 和 R_c 一定的情况下，u_{CE} 和 i_C 的关系体现为一条直线，如图5–20所示，这条直线在 $i_C - u_{CE}$ 伏安特性曲线的坐标轴上有两特殊点 $M\left(0, \frac{V_{CC}}{R_c}\right)$ 和 $N\left(V_{CC}, 0\right)$，因这条直线由外电路参数决定，称这条直线为直流负载线。基极电流曲线与直流负载线只有唯一的交点，交点的坐标就是静态工作点对应的 I_{CQ} 和 U_{CEQ} 参数。由此可见，静态工作点 Q 的参数由 V_{CC}、R_b 和 R_c 决定。

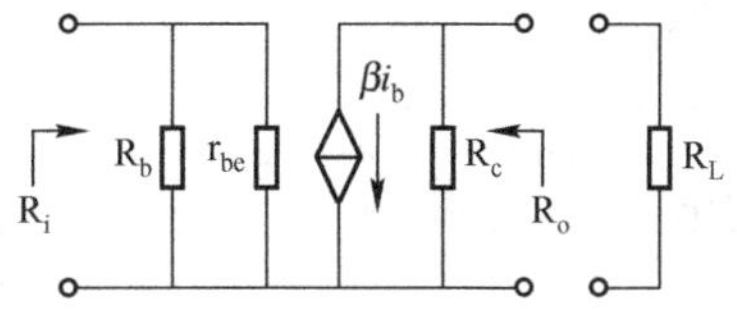

图5–19　输入电阻和输出电阻的求解

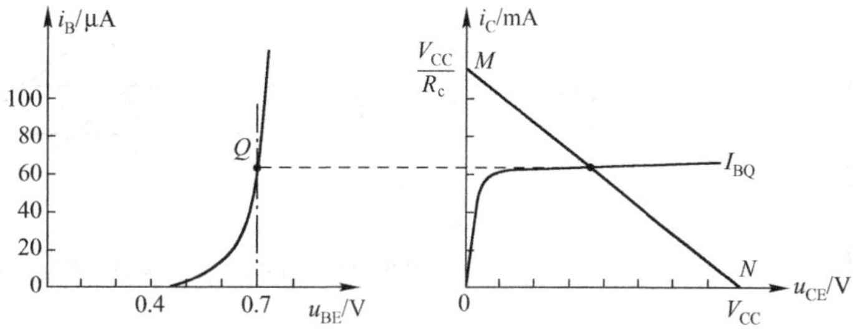

图5–20　图解分析静态工作点

外电路参数对静态工作点有什么影响？

既然 V_{CC}、R_b 和 R_c 唯一确定了静态工作点 Q，这些参数变化对放大电路会产生哪些影响？

（1）减小 R_b：由式（5–6）可知，R_b 减小，I_{BQ} 将增大，如图5–21中 Q_1 所示，V_{CC} 和 R_c 不变，直流负载线亦不变，可见，R_b 变化，静态工作点将沿直流负载线上下移动。

（2）增大 R_c：V_{CC} 和 R_b 不变，I_{BQ} 将不变，由式（5–8）可知，R_c 增大，$\frac{V_{CC}}{R_c}$ 减小，如图5–22中 Q_2 所示，R_c 的变化影响直流负载线的斜率大小。

（3）减小 V_{CC}：由式（5–6）和（5–8）可知，V_{CC} 减小，I_{BQ} 也随之减小，直流负载线也发生了变化，由此获得的静态工作点 Q_3 如图5–23所示。

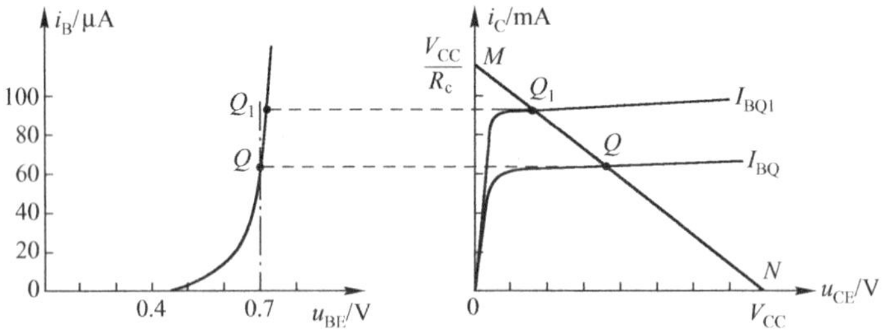

图 5-21　减小 R_b 时静态工作点的变化

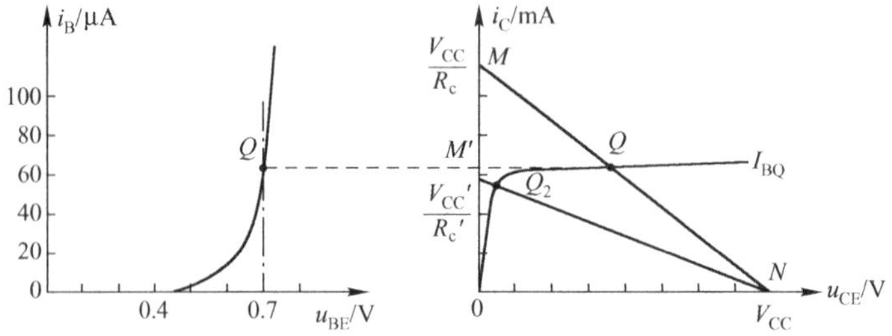

图 5-22　增大 R_c 时静态工作点的变化

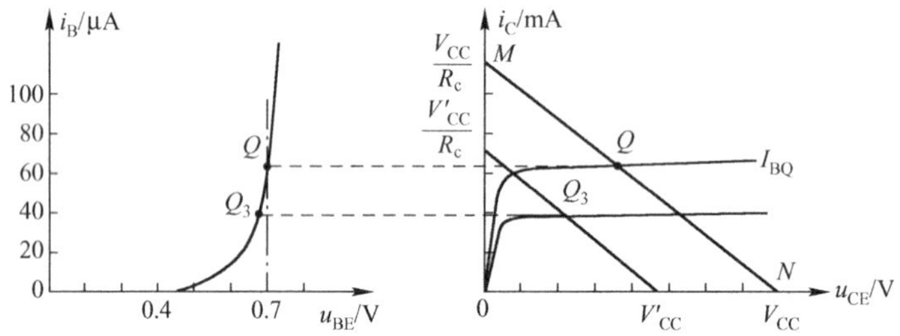

图 5-23　减小 V_{CC}时静态工作点的变化

你能归纳出在伏安特性曲线上获得静态工作点的步骤吗？（当然，I_{BQ}需要先根据电路参数求出来！Q 点就是 $i_B = I_{BQ}$这一条输出特性曲线与直流负载线的交点。）

如何用图解法分析动态特性？这里还是要关注“小信号”，当在静态工作点的基础上加入了“小信号”时，$u_{BE} = U_{BEQ} + u_i$，如图 5-24 所示，在 V_{CC}、R_b 和 R_c 不变的情况下，意味着发射结压降在静态工作点附近产生波动，但 u_{BE}的变化并没有脱离趋于直线的导通区，因此，随着 u_{BE}的变化，基极电流也以 I_{BQ}为中心，呈交流脉动变化，如图 5-24 中①波形所示。基极电流变化，直流负载线与基极电流曲线的交点也发生了变化，如图 5-24 中 u_{CE}—i_C 伏安曲线中所描述，在 i_B 变化时，工作点将以 Q 为中心，以 Q'和 Q''为界往复移动，集电极电流 i_C 变化如图 5-24 中②波形所示，当工作点上移时 i_C 增大，u_{CE}却减小，工作点下移时 i_C 减小，u_{CE}却增大，u_{ce}的变化波形如图 5-24 中③波形所示。

由图 5-24 能清楚看到，一旦输入信号幅度过大，u_{BE}的最小值进入死区范围，或 i_C 的最大值太大而进入饱和区，交流信号的线性就被打破了，如果 Q'太高，进入饱和区，i_C 的正半

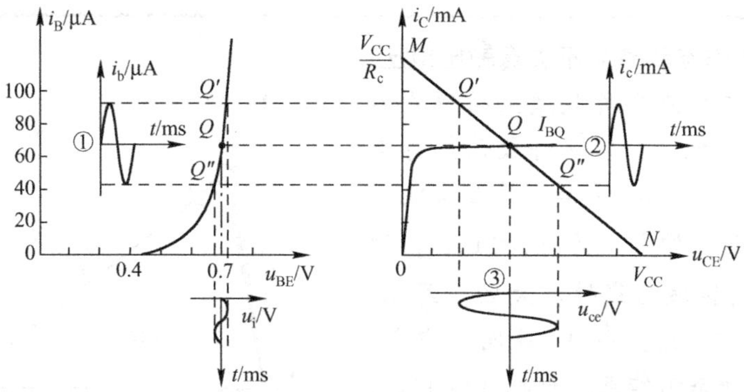

图5-24　图解分析动态特性

周和 u_{CE} 的负半周将会削顶，此时称放大电路出现“饱和失真”；如果 Q'' 太低，进入截止区，i_C 的负半周和 u_{CE} 的正半周将会削顶，此时称放大电路出现“截止失真”。若外参数导致 Q 点位置太高或太低，失真将更明显，其效果如图5-25所示。

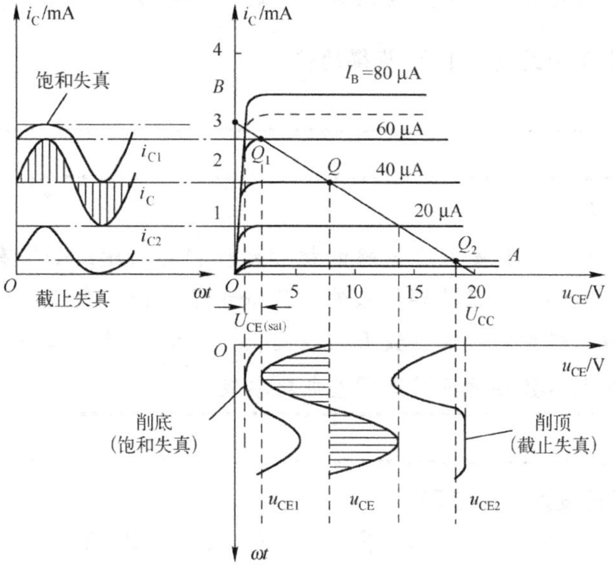

图5-25　放大电路的失真效果

“直流负载线”和“交流负载线”

由直流通路中的电路参数 V_{CC} 和 R_c 就可以绘制出直流负载线，并与 R_b 一起确定唯一的静态工作点 Q。当有交流信号输入时，各电流、电压参数都是在静态量基础上叠加了交流分量，此时负载线因交流负载的引入发生了变化，我们称交流信号叠加后的负载线为“交流负载线”，交流负载线与直流负载线交于 Q 点，其斜率由 $\mathrm{tg}\,\alpha' = -\dfrac{1}{R'_L} = -\dfrac{1}{R_c//R_L}$ 决定，当负载开路时，交流负载线与直流负载线重合。

最佳静态工作点和最大不失真输出电压

既然静态工作点在负载线上的位置不能太高也不能太低，如何获得最佳静态工作点？如图5-26所示，$I_B=0$ 对应曲线下方区域为截止区，饱和区为 $u_{CE}\leqslant U_{CE(sat)}$ 的区域，即 AB 间区域为线性放大区，因此，只要把静态工作点设置在 A、B 间的中点，就获得了最佳静态工作点，同时可以看出，忽略截止区的影响，最大不失真输出电压峰值为：

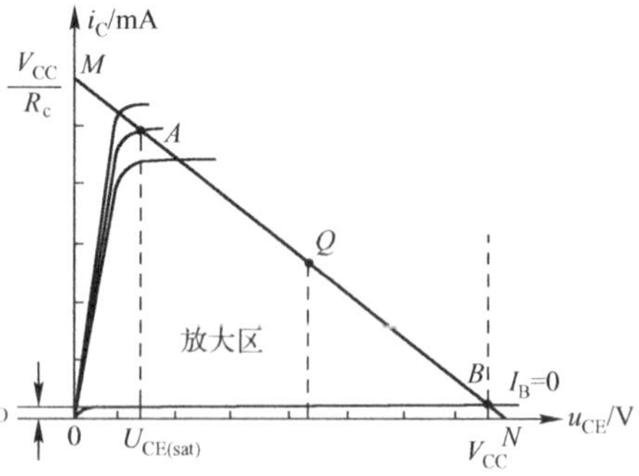

图5-26　最佳静态工作点分析

$$U_{ommax}=\frac{1}{2}\left(V_{CC}-U_{CE(sat)}\right) \quad (5-16)$$

当然，由于交流负载的影响（直流负载线的斜率 $\mathrm{tg}\,\alpha=-\frac{1}{R_c}$），在带负载情况下最大不失真电压应小于由式（5-16）获得的值。

如何更换三极管？

实践中我们碰到的往往是放大电路的核心元件损坏问题，如果有型号相同的三极管替代，那么我们需要的就只是焊接技能，假如型号不同，我们不但需要关注三极管的类型，还要查看三极管的极限参数 I_{CM}、$U_{BR(CEO)}$、P_{CM}，待选三极管的极限参数应高于被换三极管；放大倍数相近可避免调整电路参数。

如何根据三极管设计放大电路？

实际上，当我们拿到了一个三极管，看到型号，可以根据型号查到它的技术参数，而要想获得输入、输出特性曲线，还需要使用仪器测试，那么，我们怎样使用三极管？如何为三极管设计合适的偏置电路？

在三极管的技术指标中，我们可以查询到集电极最大允许电流 I_{CM} 这个参数，实际使用时，往往需要让集电极工作电流远小于这个参数，可选 $\frac{V_{CC}}{R_c}\leqslant 0.2I_{CM}$，求出 R_c 的大致数值后，你能根据图5-26中的“最佳静态工作点”求取原则获得 I_{CQ} 吗？有了 I_{CQ}，再根据三极管的放大倍数求出 R_b 的数值，实际的电阻阻值并非由使用者而是由厂家规定的，因此，电路还需要根据实际器件进行微调。电路参数的选择还与待放大的信号大小有关系，在输出特性曲线上验证一下吧。

5.2.2　分压式射极偏置放大电路的分析

共发射极放大电路是开环的，对电压波动、温度影响等外部条件的抵抗力极弱，必须利用外电路的反馈作用使电路稳定下来，因此，实际应用较广的放大电路大多带负反馈，这一点将在随后的项目分析中逐一讲解。

什么是反馈？

将放大电路输出信号（电压或电流）的一部分或全部，经过某些元件或网络（称为反馈网络）送回到输入端，与原来的输入信号共同作用来控制放大电路的输出，这样的过程称为反馈。引入反馈的放大电路称为反馈放大电路，其输入端信号经放大器放大后又经反馈网络传输到输入端，形成了闭合环路，因此又称为闭环放大电路。未引入反馈的放大电路称为开环放大电路。反馈示意框图如图5-27所示。

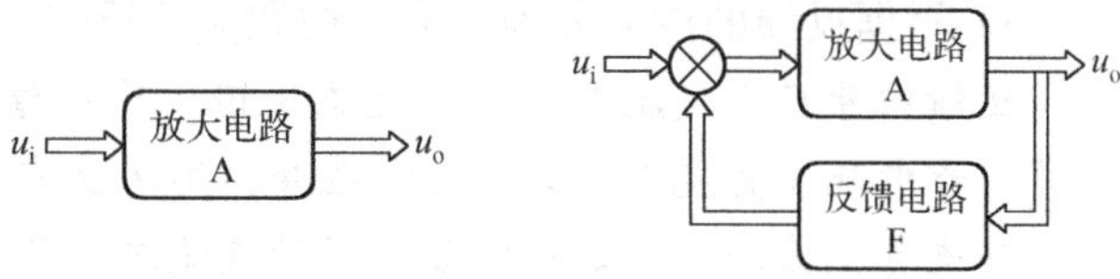

（a）开环放大电路　　（b）闭环放大电路

图5-27　反馈示意图

反馈的分类如下。

1）根据反馈作用的范围分为本级反馈和级间反馈

“本级”和“级间”是对三极管放大电路的复杂程度而言的。只有信号经多组三极管放大电路逐级放大，才存在“级间”反馈。若反馈元件把本级的输出信号送回到本级的输入端，则这种反馈称为本级反馈；若反馈元件把后级的输出信号送回到前级的输入端，则这种反馈称为级间反馈。

2）根据反馈的极性分为正反馈和负反馈

若反馈信号与输入信号叠加的结果使放大器的净输入信号减小，即反馈信号削弱了净输入信号，电路的放大倍数降低，则称为负反馈；若反馈信号与输入信号叠加的结果使放大器的净输入信号增加，即反馈信号加强了净输入信号，电路的放大倍数提高，则称为正反馈。

这里首先有一个概念，就是“放大器的净输入信号”。从对三极管伏安特性的分析可以知道，如果三极管的发射结压降发生变化，通过基极电流、集电极电流的变化，最终将影响u_{ce}。因此，可以说“放大器的净输入信号”就是指u_{be}。

判别反馈的正负通常采用瞬时极性法。先假定输入信号为某一瞬时极性（一般设输入端对地为“+”极性），然后根据各级输入、输出之间的相位关系，依次推断信号传递途径中其他有关各点受瞬时输入信号作用所呈现的瞬时极性（“+”表示电位升高，“-”表示电位降低），最后判断反馈信号是加强还是削弱净输入信号。如图5-28（a）所示，$u_d = u_i + u_f$，即反馈信号使净输入信号加强，则为正反馈；如图5-28（b）所示，$u_d = u_i - u_f$，即反馈信号使净输入信号削弱则为负反馈。

负反馈的结果将使净输入放大器的信号变小，放大器的输出信号减小，这等效为放大器的增益在加入负反馈电路后减小了。当负反馈造成的净输入信号越小，即负反馈量越大，负反馈放大器的增益越小，此时称为深度负反馈，反之负反馈量越小，负反馈放大器的增益越大。而加入正反馈后的放大器，输出信号将越来越大，当然不会无限制地增大。

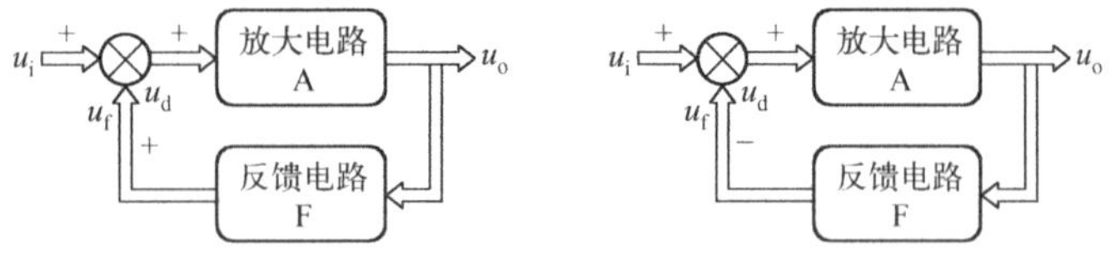

（a）正反馈　（b）负反馈

图5-28　反馈极性判断示意图

3）根据反馈的成分分为直流反馈和交流反馈

反馈信号只有交流成分则为交流反馈；反馈信号只有直流成分则为直流反馈；若反馈信号中既有直流成分又有交流成分，则为交直流反馈。

直流负反馈的作用是稳定放大器的直流工作状态，放大器的直流电路工作稳定了，它的交流工作状态也就稳定了，所以直流负反馈的根本目的是稳定放大器的交流工作状态。而交流负反馈的作用则是改善放大器的交流工作状态，从而可以改善放大器输出信号的质量。

4）根据反馈信号从输出端的取样方式分为电压反馈和电流反馈

当反馈信号取自输出电压如图5-29（a）所示，即反馈信号与输出电压成正比，称为电压反馈；当反馈信号取自输出电流，如图5-29所示（b）所示，即反馈信号与输出电流成正比，称为电流反馈。

（a）电压反馈　（b）电流反馈

图5-29　反馈取样方式示意图

取样方法的判别有以下两种方法：

(1) 将负载短路，若反馈信号消失，则为电压反馈；将负载短路，若反馈信号依然存在，则为电流反馈。

(2) 若反馈网络与输出端接在同一点上，为电压反馈；接在不同点上，则为电流反馈。

其中第二种判别方法更为直观。

电压负反馈能够稳定放大器的输出电压信号，同时，由于电压负反馈元件是并联在放大器输出端与地之间的，所以能够降低放大器的输出电阻；而电流负反馈能够稳定放大器的输出电流信号，并且由于电流负反馈元件串联在放大器输出回路中，电流负反馈提高了放大器的输出电阻。

5）根据反馈信号在输入端的连接方式分为串联反馈和并联反馈

若反馈信号与输入信号相串联，如图5-30（a）所示，称为串联反馈；若反馈信号与输入信号相并联，如图5-30（b）所示，称为并联反馈。

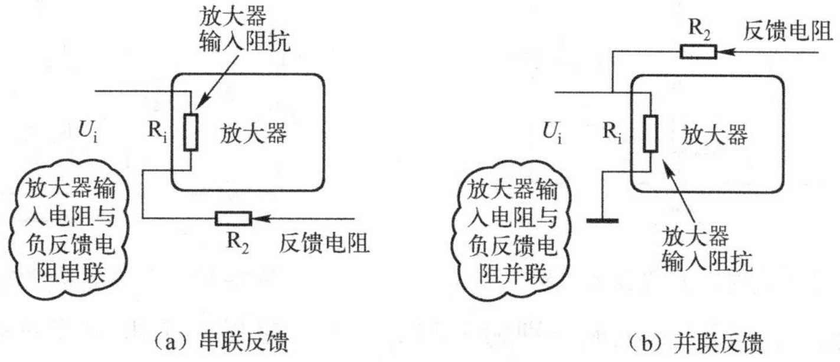

图5-30　反馈连接方式示意图

具体判别方法也有以下两种：

（1）令输入信号短路（$u_i=0$），若反馈信号不消失，仍能加到放大器输入端，则为串联反馈；如果输入信号短路（$u_i=0$），反馈信号也随之消失，则为并联反馈。

（2）若反馈信号与输入信号在输入端接于同一点，则净输入信号必然以电流的形式相叠加，为并联反馈；若接在不同点，反馈信号与外加输入信号以电压的形式相叠加，则为串联反馈。

其中第二种判别方法较为直观。

串联负反馈可以降低放大器的电压放大倍数，并稳定放大器的电压增益，由于串联负反馈元件是串联在放大器输入回路中的，所以这种负反馈可以提高放大器的输入阻抗。并联负反馈可降低放大器的电流放大倍数，并稳定放大器的电流增益，由于并联负反馈元件与放大器输入电阻相并联，因此这种负反馈降低了放大器的输入阻抗。

分压式射极偏置放大电路如图5-31所示，首先研究一下它的反馈类型。反馈类型分析示意图如图5-32所示，从“把输出信号与输入信号关联起来”这个角度来说，可以采用排除法分析输入回路和输出回路。仔细观察特殊元件，可以看到，电阻R_e既存在于输出回路，又存在于输入回路，这就是我们要找的反馈元件，用“瞬时极性法”进行极性标注，如图5-32所示，此时可以得到这样的关系：$u_i=u_{be}+u_{Re}$，即$u_{be}=u_i-u_{R_e}$，用专业点的语言来说就是“净输入信号被反馈信号削减”，因此判断此反馈为负反馈。R_e与输入/输出电路间的连接关系又是怎样的呢？若把输出端接地，发射极电流仍然存在，R_e上仍存在电压，同样对于输入回路来说，输入端接地时，输出回路仍会在R_e上产生分压，又因为与R_e并联的电容的通交流的旁路效果，可判定R_e的反馈类型为直流电流串联负反馈。

接下来分析这个电路的工作参数。图中，R_{b1}为上偏置电阻，R_{b2}为下偏置电阻，R_e为发射极偏置电阻，C_e为射极旁路电容，R_c为集电极偏置电阻。假设选择的是三极管3DG4，该元件的$\beta=60$、$U_{CE(sat)}=0.3\,V$、$U_{BE}=0.7\,V$。根据“断开隔直通交的电容”的原则绘制放大电路的直流通路，如图5-33所示。

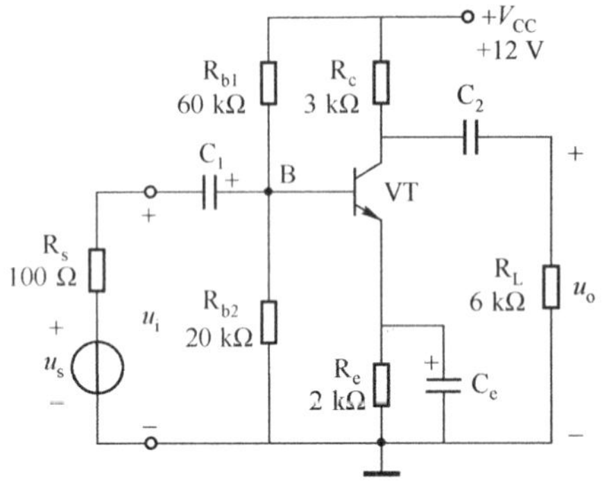

图 5-31　分压式射极偏置放大电路

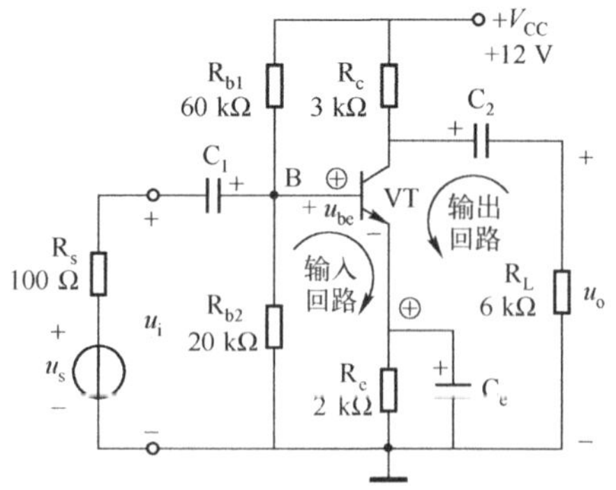

图 5-32　反馈类型分析示意图

设静态时流过 R_{b1} 和 R_{b2} 的电流分别为 I_1 和 I_2，下面来做一个电路等效分析，如图 5-33 所示，我们知道 $I_{EQ}=(1+\beta)I_{BQ}$，从 R_{b2} 一侧看入电路，端口上的电流仅为 I_{BQ}，发射结与发射极电阻 R_e 的串联支路等效如图 5-34 所示，等效电阻 $R_{EQ}=R_{be}+(1+\beta)R_e$，把图 5-31 的电阻参数代入可以看到，$R_{EQ}\gg R_{b2}$，因此，$I_2\gg I_{BQ}$，$I_1\approx I_2$。此时，三极管基极电位并非由 PN 结正向压降决定，而是由外电路参数决定，即：

$$U_{BQ}\approx\frac{R_{b2}}{R_{b1}+R_{b2}}V_{CC}\tag{5-17}$$

自然，基极电位与温度变化基本无关。

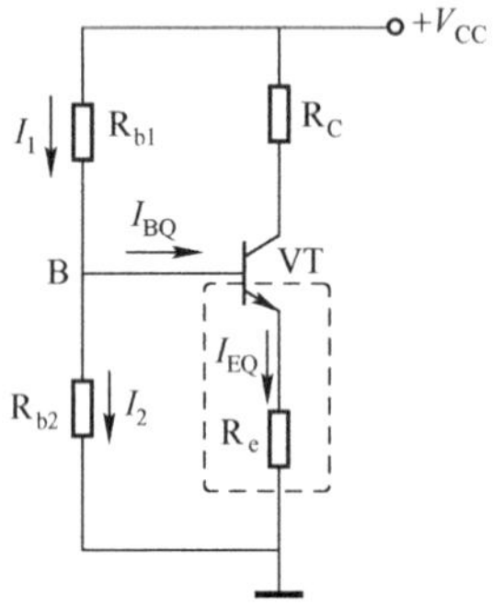

图 5-33　直流通路

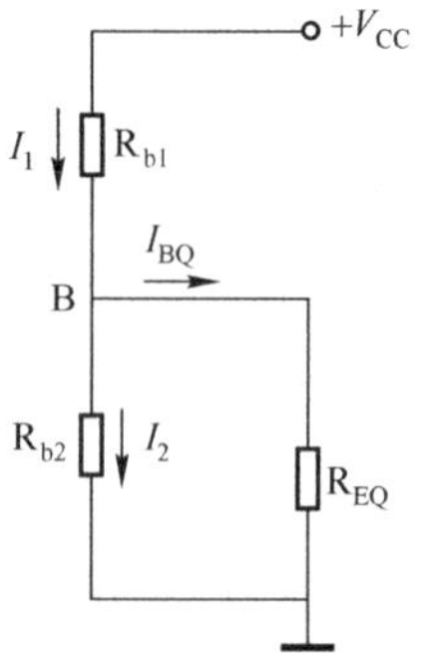

图 5-34　等效电阻求解

随之求出发射极电流为：

$$I_{EQ}=\frac{U_{BQ}-U_{BEQ}}{R_e}\approx\frac{U_{BQ}}{R_e}=\frac{R_{b2}}{(R_{b1}+R_{b2})R_e}V_{CC}\tag{5-18}$$

其值也只与电源电压和偏置电阻有关，几乎不受温度的影响，因此静态工作点保持稳定。

继续推导出基极电流，有：

$$I_{BQ}=\frac{I_{CQ}}{\beta}\tag{5-19}$$

集射极电压为：

$$U_{CEQ}\approx V_{CC}-I_{CQ}(R_c+R_e)\tag{5-20}$$

良好的静态工作点仅仅是进行放大的基本要素，还需要了解电路的动态特性，微变等效电路法分析。

图5-31的交流通路如图5-35的所示，图中的 $R_b = R_{b1} /\!/ R_{b2}$，把图5-35的交流通路中的三极管用如图5-18（a）所示的微变等效模型替代，就得到了如图5-36所示的共射放大电路的微变等效电路。

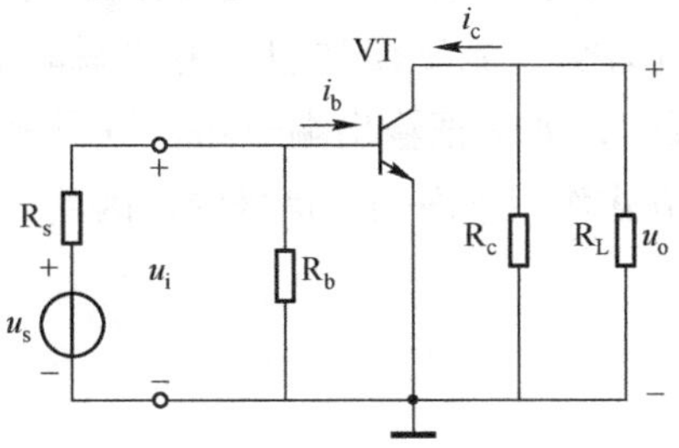

图5-35　交流通路

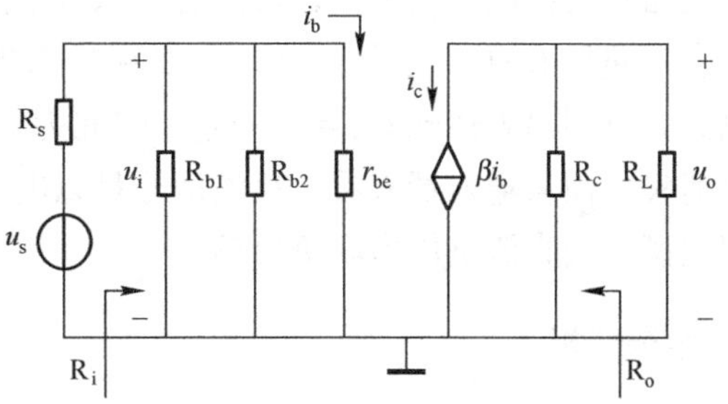

图5-36　微变等效电路

从图5-36可得输入电压为：

$$u_i = i_b r_{be}$$

输出电压为：

$$u_o = -i_c(R_c /\!/ R_L) = -i_c R'_L = -\beta i_b R'_L$$

电压放大倍数为：

$$A_u = \frac{u_o}{u_i} = \frac{-\beta i_b R'_L}{i_b r_{be}} = \frac{-\beta R'_L}{r_{be}} \tag{5-21}$$

与式（5-10）比较可以发现，分压式射极偏置放大电路引入了直流电流串联负反馈，其静态工作点的参数大多由外电路参数决定，受温度影响较小，起到了稳定静态工作点的作用，负反馈对交流信号无影响，因此，该电路的交流电压放大倍数与图5-14电路完全相同。由图5-36可得输入电阻：

$$R_i = R_{b1} /\!/ R_{b2} /\!/ r_{be} \tag{5-22}$$

同样求得输出电阻：

$$R_o = R_c \tag{5-23}$$

输出电阻的求解

在较难直接看出输出电阻的大小时，可根据定义求解输出电阻。输出电阻 R_o 是从放大器输出端（除去 R_L）看进去的交流等效电阻，将信号源短路，负载 R_L 开路，在电路输出端加一交流电压 u_o，会产生电流 i_o，这两者的比值为输出电阻，即 $R_o = \frac{u_o}{i_o}\Big|_{u_s=0, R_L\to\infty}$，求解方法如图5-37所示。

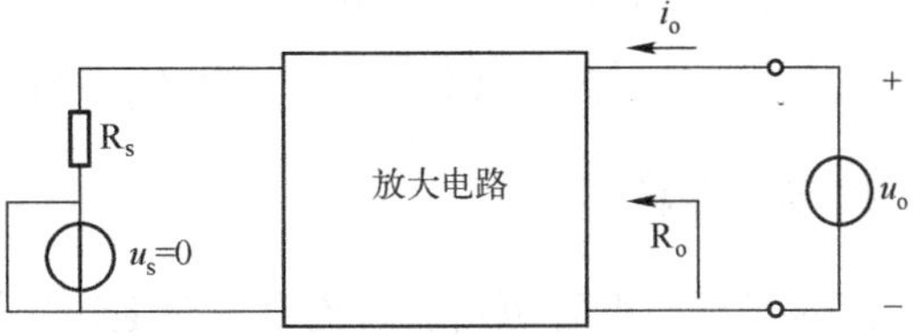

图5-37　输出电阻的求解方法

5.2.3 共集电极放大电路的分析

在实践中我们常见到如图5-38所示的共集电极放大电路。

同样先分析共集电极放大电路的反馈类型。反馈类型分析示意图如图5-39所示，通过对输入回路和输出回路的分析，可以看到只有电阻 R_e 同时存在于输入回路和输出回路中，且耦合电容短路后 R_e 仍然存在，由此可以判断该电阻为交直流反馈类型。用“瞬时极性法”标注电路，可列出表达式 $u_{be}=u_i-u_{R_e}$，因此为负反馈；如果把输出端短路，电阻 R_e 上的压降随即消失，而从输入端来看，反馈信号是以电压方式作用于净输入信号的，因此，电阻 R_e 的反馈类型为交直流电压串联负反馈。

1. 静态分析

断开耦合电容，绘制共集电极放大电路的直流通路如图5-40所示。根据基尔霍夫电压定律按图中标注的电流、电压参考方向列出表达式如下。

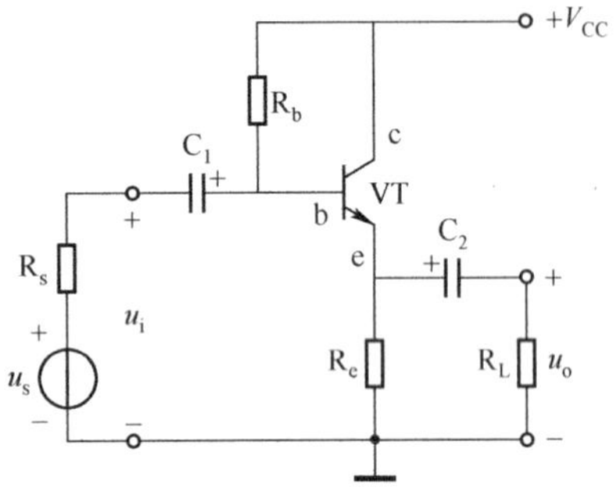

图5-38　共集电极放大电路

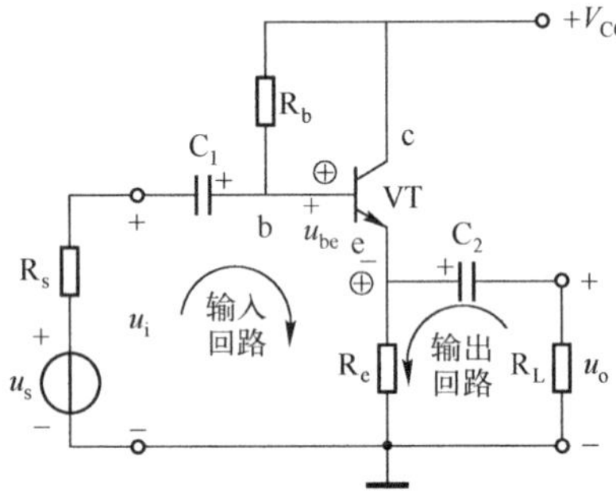

图5-39　反馈类型分析示意图

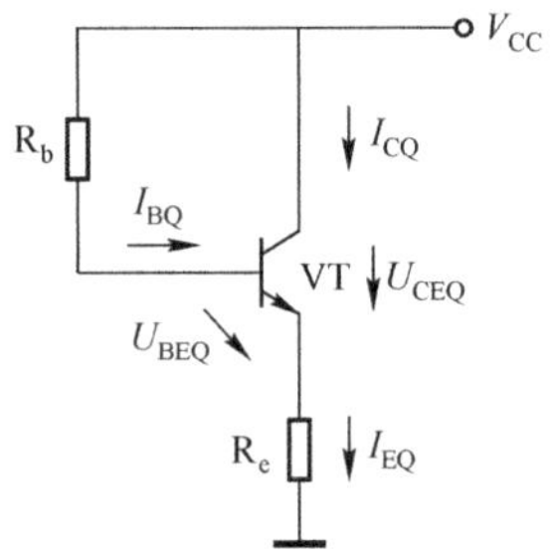

图5-40　直流通路

$$\because \begin{cases} V_{CC}=I_{BQ}R_b+U_{BEQ}+I_{EQ}R_e \\ I_{EQ}=(1+\beta)I_{BQ} \end{cases}$$

$$\therefore I_{CQ}\approx I_{EQ}=\frac{V_{CC}-U_{BEQ}}{R_e+\dfrac{R_b}{1+\beta}} \tag{5-24}$$

$$I_{BQ}=\frac{I_{CQ}}{\beta}\approx\frac{V_{CC}-U_{BEQ}}{(1+\beta)R_e+R_b} \tag{5-25}$$

$$U_{CEQ}=V_{CC}-I_{EQ}R_e\approx V_{CC}-I_{CQ}R_e \tag{5-26}$$

接在发射极的电阻 R_e 具有稳定静态工作点的作用。例如，当温度升高时，集电极电流 I_{CQ} 增大，I_{EQ} 增大，发射极电位 U_E 上升，导致 U_{BEQ} 下降，从而牵制了 I_{CQ} 的增加，稳定了静态工作点。

2. 动态分析

根据“耦合电容短路、直流电源对地短路”的原则画出交流通路，如图5-41所示，代入三极管微变等效模型，画出微变等效电路，如图5-42所示。电压放大倍数、输入电阻、输出电阻的计算如下。

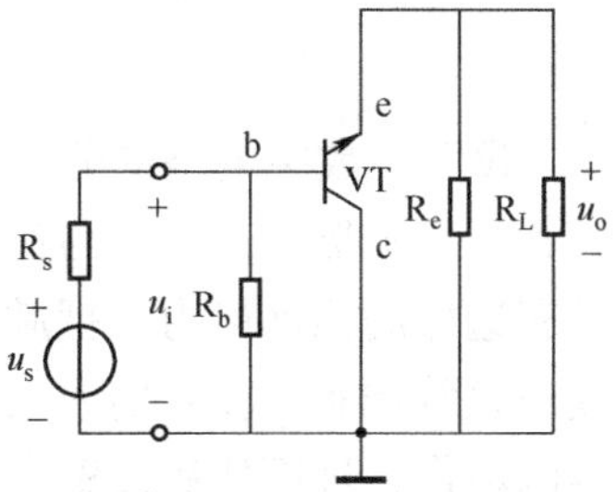

图5-41　交流通路

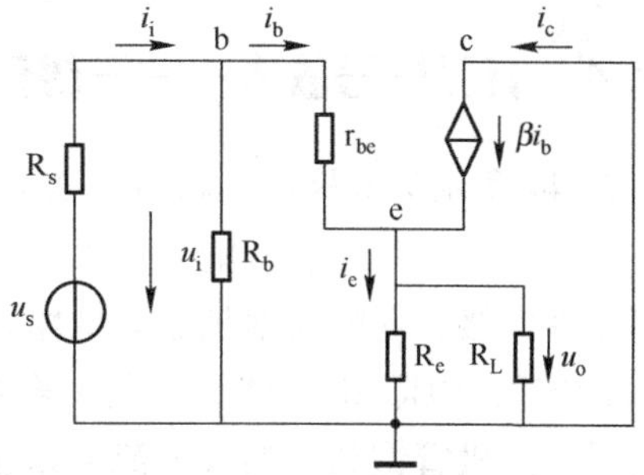

图5-42　微变等效电路

输入电压为：

$$u_i = i_b r_{be} + i_e R'_L = i_b r_{be} + (1+\beta) i_b R'_L = i_b [r_{be} + (1+\beta) R'_L]$$

式中，$R'_L = R_e // R_L$。

输出电压为：

$$u_o = i_e R'_L = (1+\beta) i_b R'_L$$

因此，电压放大倍数为：

$$A_u = \frac{u_o}{u_i} = \frac{(1+\beta) i_b R'_L}{i_b [r_{be} + (1+\beta) R'_L]} = \frac{(1+\beta) R'_L}{r_{be} + (1+\beta) R'_L} \leqslant 1 \tag{5-27}$$

当$(1+\beta)R'_L \gg r_{be}$时，$A_u \approx 1$，$u_o \approx u_i$，又由于输出、输入同相位，从发射极输出，这种电路又称射极跟随器。由此可见，共集电极放大电路没有电压放大作用，但仍具有电流放大作用。

输入电阻为：

$$R_i = R_b // [r_{be} + (1+\beta) R'_L] \tag{5-28}$$

式中，$(1+\beta)R'_L$可理解为R'_L折算到基极的等效电阻。

输出电阻为将图5-42中的信号源u_s短路，负载R_L开路后，由输出端看进去的等效电阻。电路图如图5-43所示。

输出电阻为：

$$R_o = R_e // \frac{r_{be} + (R_S // R_b)}{1+\beta} \approx \frac{r_{be} + (R_S // R_b)}{1+\beta} \tag{5-29}$$

3. 射极跟随器的特点及应用

射极跟随器的特点是电压放大倍数略小于1，输出电压与输入电压同相位，具有电流放大和功率放大的作用；输入电阻很高，可达几十千欧到几百千欧；输出电阻很小，若把它等效成一个电压源，则具有恒压输出特性。

由于射极跟随器输入电阻高，向信号源汲取的电流小，对信号源影响也小，所以可用它作为高输入电阻的输入级。又由于它的输出电阻小，带负载能力强，当放大器接入的负载变化时，可保持输出电压稳定，故可用做低输出电阻的输出级。同时它还可作为中间隔离级。在多级共射极放大电路耦合中，往往会因前级输出电阻大，后级输入电阻小而造成耦合中的信号损失，使得放大倍数下降。因此，可将射极跟随器接入两级共射极放大电路之间，在隔离前后级的同时起到阻抗匹配的作用。

5.2.4 开关信号放大——三极管的应用

如图5-44所示为双极型三极管开关信号放大电路。我们在数字电路的分析中已经了解到数字逻辑芯片必须具备驱动能力，才能直接连接数码管等显示器件，若想与诸如继电器线圈等功率器件连接，还需要增加驱动电路，三极管就具有这样的驱动能力。把脉冲信号送入u_i端，选择合适的电阻R_b，就可以在u_i输入高电平时使三极管饱和，在u_i输入低电平时使三极管截止了。三极管饱和时的大电流可以驱动继电器得电动作，进而使后续触点所连接的回路产生反应。

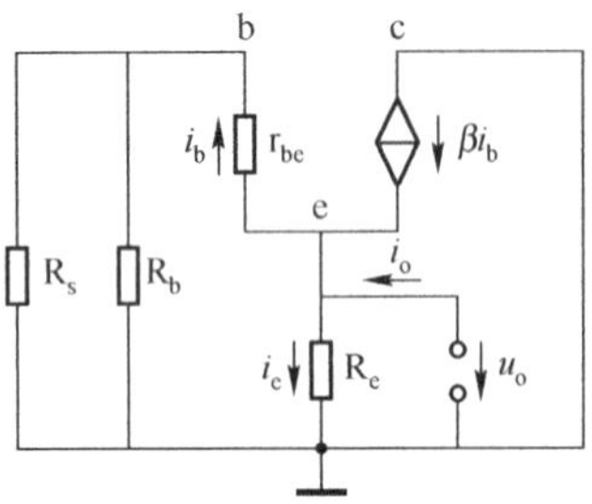

图5-43　计算R_o的等效电路

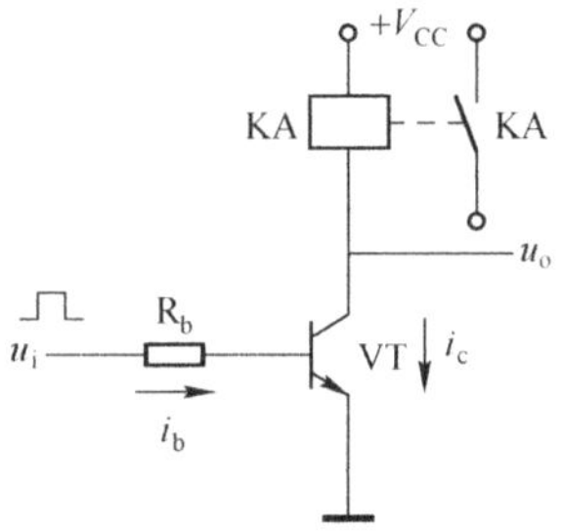

图5-44　双极型三极管开关信号放大电路

5.3 差动放大电路的分析

从对共发射极放大电路和共集电极放大电路的分析可以看到，为了更好地从信号源获得传输信号，输入级采用射极输出器较好，但射极输出器没有电压放大能力，必然要采用共发射极放大电路来实现信号放大，而在一级放大能力不能满足的情况下，还需要采用两级甚至更多级放大，这时如果电路中出现了与传输信号幅值相差无几的干扰信号，经过多级放大后，干扰信号也将掺入有效信号中，从而在最后一级产生极大的信号误差。

把输入电压为零而输出电压不为零且缓慢变化的现象称为零点漂移现象。在放大电路中，参数的变化，如电源电压的波动、元件的老化、半导体元件参数随温度变化而产生的变化，都将使输出电压产生漂移。而由温度变化所引起的半导体器件参数的变化是产生零点漂移现象的主要原因，因此也称零点漂移为温度漂移，简称温漂。

对多级放大电路而言，在阻容放大电路中，这种缓慢变化的漂移电压都将降落在耦合电容之上，而不会传送到下一级电路进一步放大。而在直接耦合放大电路中，由于前后级直接相连，所以前一级的漂移电压会和有用信号一起被送到下一级，而且逐级放大，使放大电路不能正常工作。

抑制温度漂移的方法有：

(1) 采用高质量的稳压电源和使用经过老化实验的元件；

(2) 在电路中引入直流负反馈，稳定静态工作点；

(3) 采用温度补偿的方法，利用热敏元件来抵消放大管的变化；

(4) 采用特性相同的管子，使它们的温漂相互抵消，构成“差动放大电路”。

如图5-45所示为典型的差动放大电路，其中两个三极管及相应偏置电阻选择了相同的温度特性和参数，从而可获得良好的对称性。

静态时，$u_{i1}=u_{i2}=0$，直流通路如图5-46所示。

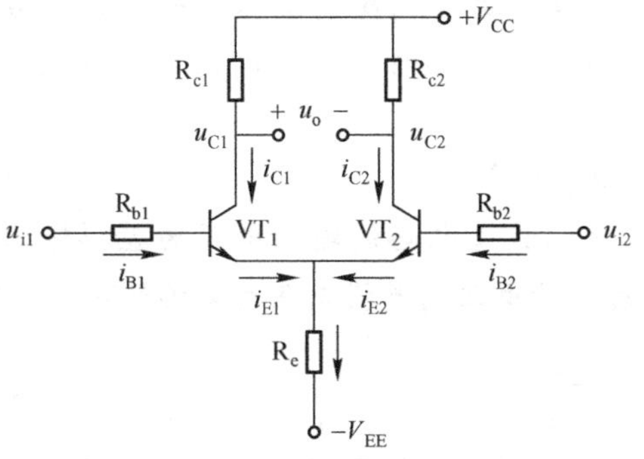

图5-45　典型的差动放大电路

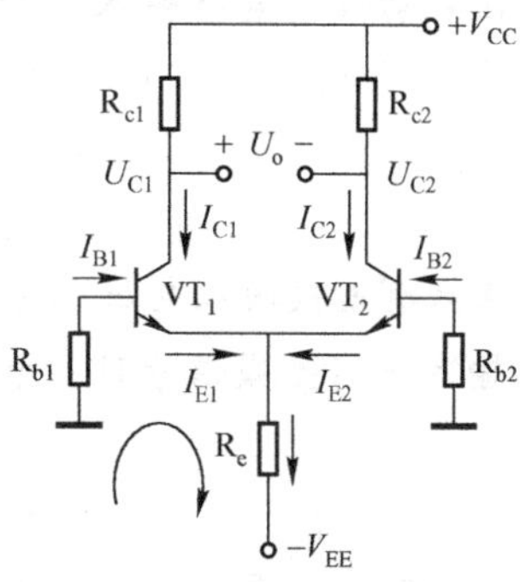

图5-46　直流通路

对图中标注的回路列方程，有：

$$I_{B1}\cdot R_{b1}+U_{BE1}+2I_{E1}R_e=V_{EE}$$

根据三极管电流放大作用$I_{E1}=(1+\beta)I_{B1}$，得：

$$I_{B1}=\frac{V_{EE}-U_{BE1}}{2(1+\beta)R_e+R_{b1}} \tag{5-30}$$

在$(1+\beta)R_e\gg R_{b1}, V_{EE}\gg U_{BE1}$时，由式（5-30）得：

$$I_{E1}=\frac{V_{EE}}{2R_e} \tag{5-31}$$

已知$I_{C1}=I_{C2}\approx I_{E1}$，观察图5-46可知：

$$U_{C1}=U_{C2}=V_{CC}-I_{C1}R_{c1} \tag{5-32}$$

由此可以看到，当两输入端同时产生零漂信号时，由于电路的对称性，则输出端电压为：

$$U_o=U_{C1}-U_{C2}=0$$

即差动放大电路对零漂信号有抑制作用。如何能使差动放大电路具备放大能力呢？

共模放大、差模放大与共模抑制比

1）共模放大

在差动放大电路输入端分别送入大小相等、极性相同的电压信号，称为共模电压信号，用u_{ic}表示，只在共模电压信号作用下的差动放大电路的输出电压称为共模输出电压u_{oc}，输入共模信号时电路的电压放大倍数称为共模电压放大倍数，用A_{uc}表示，即有：

$$A_{uc}=\frac{u_{oc}}{u_{ic}} \tag{5-33}$$

当电路完全对称时，$A_{uc}=0$，用分立元件构成的差动放大电路往往无法做到完全对称，因此必然存在共模电压放大倍数。

2）差模放大

在差动放大电路输入端分别送入大小相等、极性相反的电压信号，称为差模电压信号，若 $u_{i1}=u_{id1}$，$u_{i2}=u_{id2}=-u_{id1}$，则电路的差模输入信号 u_{id} 为两输入端信号之差，即有：

$$u_{id}=u_{id1}-u_{id2}=2u_{id1} \tag{5-34}$$

在只有差模输入电压信号 u_{id} 作用时，差动放大电路的输出电压为差模输出电压 u_{od}；输入一对差模信号时，电路的放大倍数称为电路的差模电压放大倍数 A_{ud}，即有：

$$A_{ud}=\frac{u_{od}}{u_{id}} \tag{5-35}$$

在一般情况下，实际加到差动放大电路两端的信号既不是一对差模信号，也不是一对共模信号，需要通过计算了解其中的差模成分和共模成分，计算公式如下：

$$\begin{cases}u_{ic}=(u_{i1}+u_{i2})/2\\u_{id}=u_{i1}-u_{i2}\end{cases} \tag{5-36}$$

3）共模抑制比

差动放大电路对共模信号有抑制作用，为反映电路对共模信号的抑制能力，引入共模抑制比的概念，其定义为

$$K_{CMRR}=\left|\frac{A_{ud}}{A_{uc}}\right| \text{或} K_{CMRR}=20\lg\left|\frac{A_{ud}}{A_{uc}}\right|\text{dB} \tag{5-37}$$

K_{CMRR} 越大，差动放大电路抑制共模信号的能力越强。在理想情况下，双端输入差动放大电路的共模抑制比趋于无穷大。

绘制图5-45所示电路的交流通路，如图5-47所示，在电路只有差模信号输入的情况下，发射极电流 i_{e1} 和 i_{e2} 大小相等，方向相反，在电阻 R_e 上的电流正好抵消；同时，两个三极管集电极电压 $u_{c1}=-u_{c2}$，即 R_L 两端电压向相反方向变化，相当于 R_L 中点接地，则图5-47可改为图5-48。

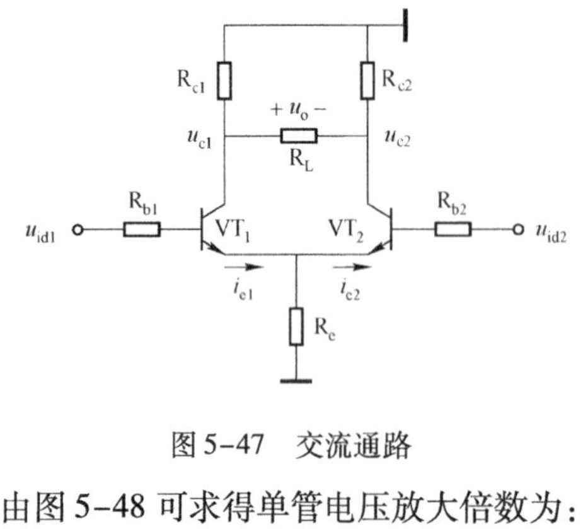

图5-47　交流通路

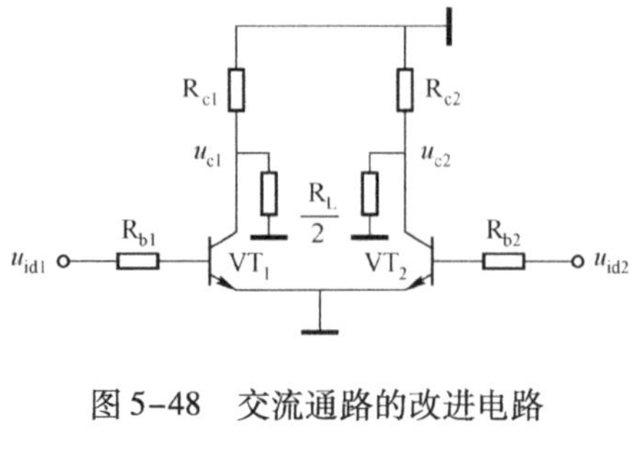

图5-48　交流通路的改进电路

由图5-48可求得单管电压放大倍数为：

$$A_{u1}=-\frac{\beta\left(R_c\ //\ \frac{R_L}{2}\right)}{R_b+r_{be}} \tag{5-38}$$

差模放大倍数为：

$$A_{ud}=\frac{u_{od}}{u_{id}}=\frac{u_{od1}-u_{od2}}{u_{id1}-u_{id2}}=\frac{2u_{od1}}{2u_{id1}}=A_{u1} \tag{5-39}$$

由此可见，差动放大电路的电压放大能力只相当于单管共射极放大电路的电压放大能力。差动放大电路以牺牲一只管子的放大倍数为代价来换取了低温漂的效果。

5.4　集成运算放大器的线性应用

5.4.1　集成运算放大器的传输特性

集成运算放大器简称集成运放或运放，是用集成电路工艺制造成的具有高增益、高输入电阻、低输出电阻的多级直接耦合放大器。

集成运放的符号如图5-49所示，（a）图为国标符号，（b）图为美标符号。运放有两个输入端，一个是同相输入端，用“＋”表示；另一个是反相输入端，用“－”表示，其输出端用“＋”表示。若将反相输入端接地，信号由同相输入端输入，则输出信号和输入信号的相位相同；若将同相输入端接地，信号从反相输入端输入，则输出信号和输入信号相位相反。集成运放除有输入、输出端外，还有正、负电源端及调零端等。

在分析集成运放构成的应用电路时，若将集成运放看成理想运算放大器，可以使分析大大简化。理想运算放大器应当满足以下各项条件：

（1）开环差模电压放大倍数 $A_{ud}\to\infty$；

（2）开环输入电阻 $R_{id}\to\infty$；

（3）开环输出电阻 $R_o\to 0$；

（4）共模抑制比 $K_{CMRR}\to\infty$；

（5）上限频率 $f_H\to\infty$；

（6）失调电压、失调电流及它们的温漂均为零。

尽管理想运放并不存在，但由于实际集成运放的技术指标比较理想，所以在具体分析时将其理想化一般是允许的。本书中除特别指出外，均将运放按理想运放对待。

在分析运放应用电路前，需了解运放的传输特性。如图5-50所示为理想集成运放的传输特性，由图可见理想集成运放的传输特性分为线性区和非线性区。

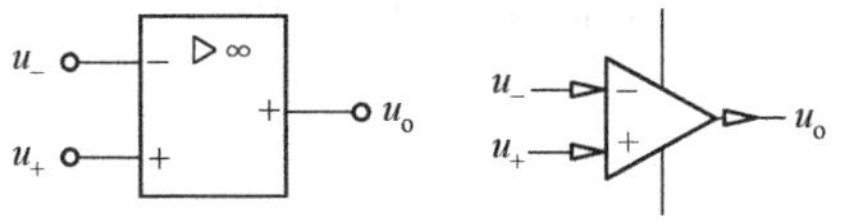

（a）国标符号　　（b）美标符号

图5-49　集成运放的符号

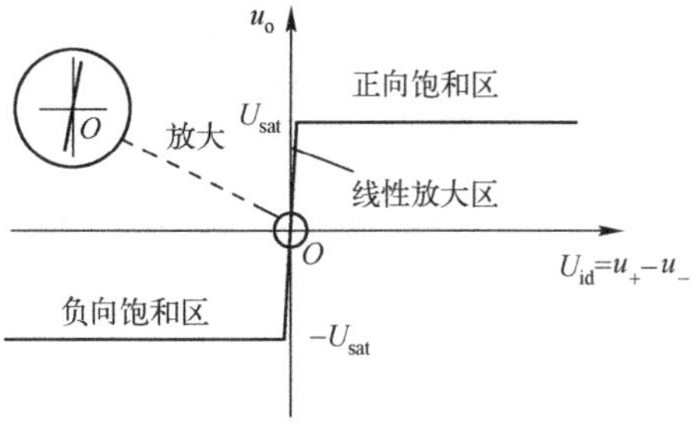

图5-50　理想集成运放的传输特性

集成运放工作在线性区时，其输出信号和输入信号之间有以下关系成立：

$$u_o = A_{ud}(u_+ - u_-) \tag{5-40}$$

由于一般集成运放的开环差模增益都很大，所以为使其工作在线性区，集成运放都要接成深度负反馈形式，以使其净输入电压减小。当集成运放工作在线性区时，输出电压 u_o和输入电压 $u_i = u_+ - u_-$之间是一种线性放大关系。

理想运放工作在线性区时具有两个特性：“虚短”和“虚断”。

“虚短”是指理想运放工作在线性区时满足关系式 $u_o = A_{ud}(u_+ - u_-)$，由于理想运放 $A_{ud} \to \infty$，输出电压 u_o又为有限值，所以输入电压 $u_{id} = u_+ - u_- \approx 0$，即 $u_+ \approx u_-$，相当于理想运放的两个输入端短路，但实际上并没有短路。

“虚断”是指由于理想运放的开环差模输入电阻 $R_{id} \to \infty$，输入电流近似为 0，即 $i_+ \approx i_- \approx 0$，相当于理想运放的两个输入端断路，但实际上并没有断开。

理想集成运放的开环差模增益 $A_{ud} \to \infty$，当它工作于开环状态或加有正反馈时，只要有差模信号输入，即使是微小的电压信号，集成运放都将进入非线性区，其输出电压将立即达到正向饱和值 U_{sat}或负向饱和值 $-U_{sat}$，集成运放工作在非线性区。理想运放工作在非线性区时只具备“虚断”特性。

5.4.2 反相比例放大器

如图 5-51 所示为反相比例放大器，对集成运放构成的电路，同样可以用前面介绍的原则判断电路的反馈类型。反馈类型分析示意图如图 5-52 所示，可看到反馈电阻 R_f把输入回路和输出回路连接在了一起，并且直接和输入、输出端相连。根据“瞬时极性法”判断出反馈电阻上的电流方向，可得 $i_- = i_1 - i_f$，即反馈电流削弱了净输入电流（对集成运放电路而言，净输入电流指 i_+、i_-），因此，电阻 R_f的反馈类型为电压并联负反馈。

既然是负反馈电路，集成运放工作应在线性区，现利用“虚短”和“虚断”特性对电路加以分析。

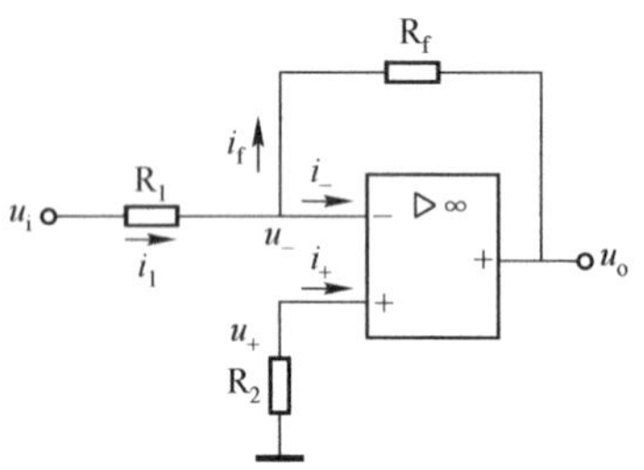

图 5-51　反相比例放大器

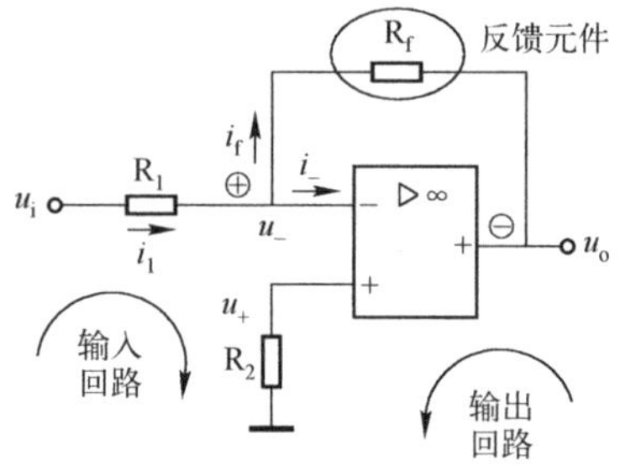

图 5-52　反馈类型分析示意图

$$\because\ i_+ \approx 0(\text{虚断})$$

$$\therefore\ u_+ \approx 0$$

$$\text{又}\because\ u_+ \approx u_-(\text{虚短})$$

$$\therefore\ u_- \approx u_+ \approx 0$$

在这里引入“虚地”概念。当$u_- \approx u_+ \approx 0$时，相当于运放的反相输入端接地，但实际上反相输入端并没有接地，称该点为“虚地”。

$$\because\ u_- \approx 0(\text{虚地})$$

$$\therefore\ i_1 \approx \frac{u_i}{R_1};i_f \approx -\frac{u_o}{R_f}$$

$$\text{又}\because\ i_- \approx 0(\text{虚断})$$

$$\therefore\ i_1 \approx i_f,\text{即}\frac{u_i}{R_1} \approx -\frac{u_o}{R_f}$$

$$\therefore\ u_o \approx -\frac{R_f}{R_1}u_i \qquad (5\text{-}41)$$

$$A_{uf}=\frac{u_o}{u_i}\approx -\frac{R_f}{R_1} \qquad (5\text{-}42)$$

因为该电路输入信号u_i是从运放的反相输入端输入的，且输出电压和输入电压之间是反相比例关系，故称它为反相比例放大器。图中的R_1为输入电阻；R_2为平衡电阻，用于保证运放差分式输入回路的参数对称性，以便有效地抑制温漂。为了保证运放差分式输入回路的参数对称性，应使运放的反相输入端和地之间的等效电阻等于同相输入端和地之间的等效电阻，即$R_-=R_+$。在如图5-51所示电路中，$R_-=R_1/\!/R_f$；$R_+=R_2$，因此平衡电阻R_2应满足：$R_2=R_1/\!/R_f$。

若$R_1=R_f$，则$u_o=-u_i$，反相比例放大器表现为反相器。

5.4.3　同相比例放大器

如图5-53所示为同相比例放大器，其反馈类型分析示意图如图5-54所示，反馈电阻R_f与输出端直接相连，用“瞬时极性法”从输入端开始标注，经反馈电阻反馈回输入回路，有表达式：$u_i=u_{id}+u_f$，即反馈电阻对净输入电压有削弱作用，因此，反馈类型为电压串联负反馈。同样可以利用“虚短”和“虚断”特性对电路加以分析。

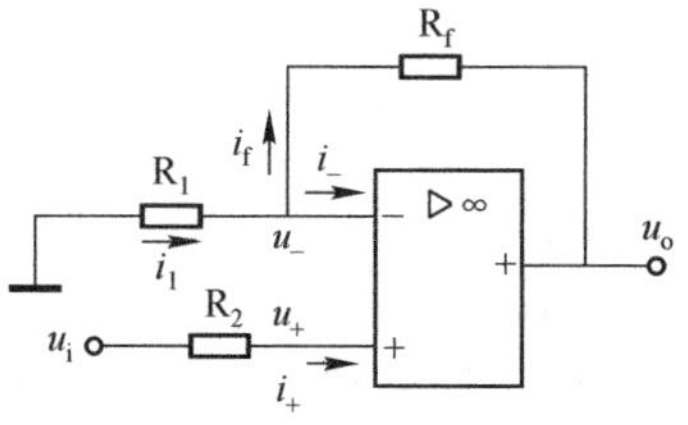

图5-53　同相比例放大器

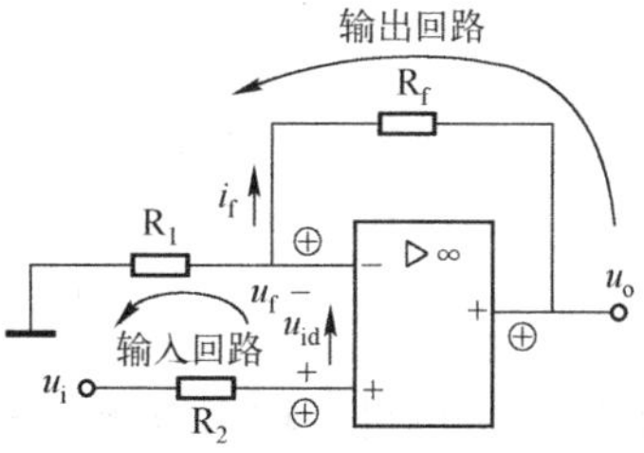

图5-54　反馈类型分析示意图

$$\because\ i_+ \approx 0(\text{虚断})$$

$$\therefore\ u_+ \approx u_i$$

$$\text{又}\because\ u_+ \approx u_-(\text{虚短})$$

$$\therefore\ u_- \approx u_+ \approx u_i$$

$$\text{又}\because\ i_- \approx 0(\text{虚断})$$

$$\because\ i_1 \approx i_f, 即 -\frac{u_i}{R_1} \approx \frac{u_i - u_o}{R_f}$$

$$\therefore\ u_o \approx \left(1 + \frac{R_f}{R_1}\right) u_i \tag{5-43}$$

$$A_{uf} \approx 1 + \frac{R_f}{R_1} \tag{5-44}$$

该电路的输入信号 u_i 是从运放的同相输入端输入的，且输出电压和输入电压之间是同相比例关系，故称之为同相比例电路。因为 $R_- = R_1 /\!/ R_f$；$R_+ = R_2$，所以平衡电阻 R_2 应满足：$R_2 = R_1 /\!/ R_f$。

5.4.4 反相求和电路

反相求和电路如图5-55所示。该电路的多路输入信号都是从运放的反相输入端输入的，且输出电压与输入电压之间是求和关系，故称之为反相求和电路。

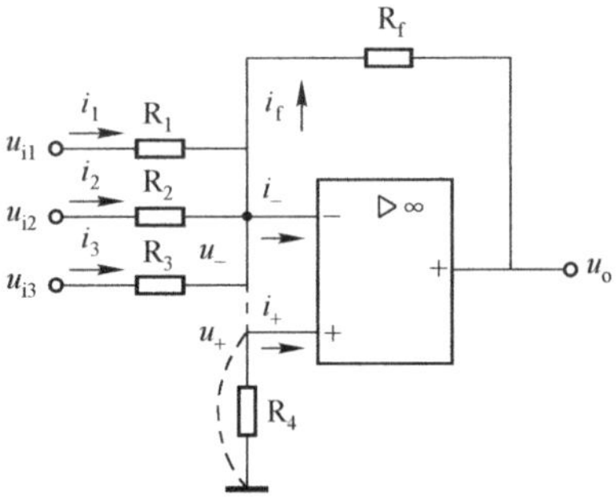

图5-55 反相求和电路

该电路为电压并联深度负反馈。由于该理想运放工作在线性区，故现利用“虚短”和“虚断”特性对电路加以分析。

$$\because\ i_+ \approx 0(虚断)$$

$$\therefore\ u_+ \approx 0$$

$$又\because\ u_+ \approx u_-(虚短)$$

$$\therefore\ u_- \approx u_+ \approx 0$$

因此，该电路中运放的反相端为“虚地”。

$$\because\ u_- \approx 0(虚地)$$

$$\therefore\ i_1 \approx \frac{u_{i1}}{R_1}; i_2 \approx \frac{u_{i2}}{R_2}; i_3 \approx \frac{u_{i3}}{R_3}; i_f \approx -\frac{u_o}{R_f}$$

$$又\because\ i_- \approx 0(虚断)$$

$$\therefore\ i_1 + i_2 + i_3 \approx i_f, 即\frac{u_{i1}}{R_1} + \frac{u_{i2}}{R_2} + \frac{u_{i3}}{R_3} \approx -\frac{u_o}{R_f}$$

$$\therefore\ u_o \approx -R_f\left(\frac{u_{i1}}{R_1} + \frac{u_{i2}}{R_2} + \frac{u_{i3}}{R_3}\right) \tag{5-45}$$

通过上述分析可得：输出电压 u_o 和输入电压 u_i 之间是一种求和关系，但相位是相反的。在如图5-55所示电路中，$R_- = R_1 /\!/ R_2 /\!/ R_3 /\!/ R_f$；$R_+ = R_4$，因此平衡电阻 R_4 应满足：$R_4 = R_1 /\!/ R_2 /\!/ R_3 /\!/ R_f$。

若 $R_1 = R_2 = R_3 = R_f$，则 $u_o = -(u_{i1} + u_{i2} + u_{i3})$。

5.4.5 同相求和电路

同相求和电路如图5-56所示。该电路的多路输入信号都是从运放的同相输入端输入的，且输出电压与输入电压之间是求和关系，故称之为同相求和电路。

该电路为电压串联深度负反馈，因此该运放工作在线性区。同样利用“虚短”和“虚断”特性对电路加以分析。

$$\because\ i_+ \approx 0(\text{虚断})$$

$$\therefore\ \frac{u_{i1}-u_+}{R_1}+\frac{u_{i2}-u_+}{R_2}\approx\frac{u_+}{R_3}$$

$$\text{又}\because\ i_- = 0(\text{虚断})$$

$$\therefore\ \frac{-u_-}{R}\approx\frac{u_- - u_o}{R_f}$$

$$\because\ u_+ \approx u_-(\text{虚短})$$

$$\therefore\ u_o \approx \left(1+\frac{R_f}{R}\right)\frac{\dfrac{u_{i1}}{R_1}+\dfrac{u_{i2}}{R_2}}{\dfrac{1}{R_1}+\dfrac{1}{R_2}+\dfrac{1}{R_3}} \tag{5-46}$$

通过上述分析可得：输出电压 u_o和输入电压 u_i之间是一种求和关系，但相位是相同的。所需满足的电阻平衡条件为：$R/\!/R_f = R_1/\!/R_2/\!/R_3$。

5.4.6　减法运算电路

减法运算电路如图 5-57 所示，这里利用叠加原理对该电路进行分析，分解电路图如图 5-58所示。

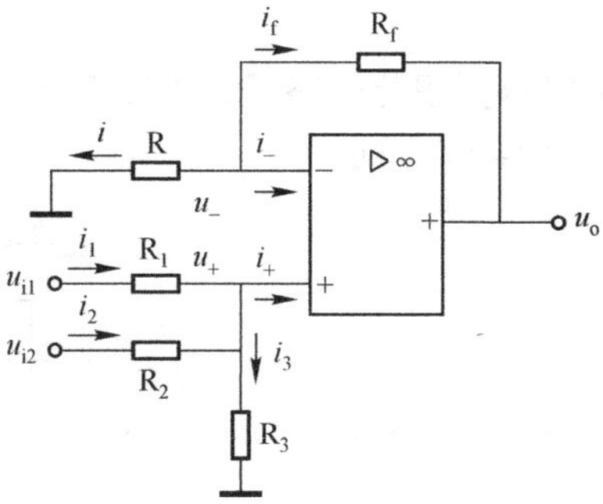

图 5-56　同相求和电路

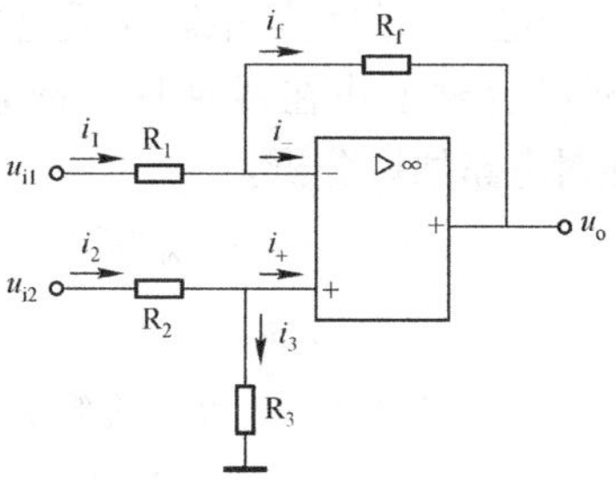

图 5-57　减法运算电路

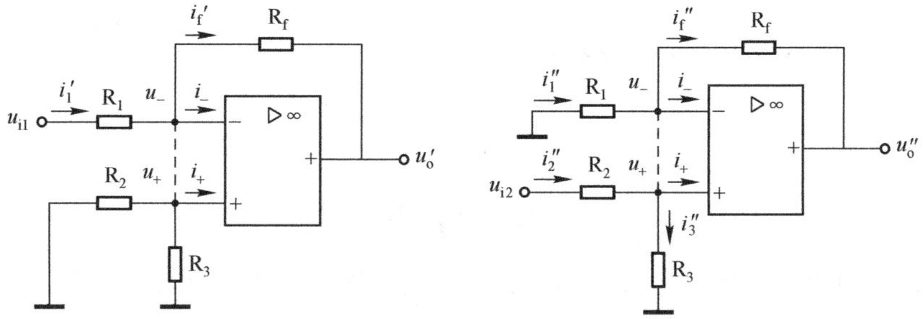

（a）u_{i1}单独作用　　（b）u_{i2}单独作用

图 5-58　减法运算电路的分解电路

当 u_{i1} 作用时，u_{i2} 无输入，相当于对地短路，电路图如图5-58（a）所示，相当于反相比例放大器，此时的输出电压为：

$$u_o' \approx -\frac{R_f}{R_1}u_{i1}$$

当 u_{i2} 起作用，而 u_{i1} 不起作用时，电路相当于一个同相比例放大器，如图5-58（b）所示，此时有：

$$u_+ \approx \frac{R_3}{R_2 + R_3}u_{i2}$$

$$\because\ u_- \approx u_+ ,\text{而}\ u_o'' = \frac{R_1 + R_f}{R_1}u_-$$

$$\therefore\ u_o'' = \frac{R_1 + R_f}{R_1}\frac{R_3}{R_2 + R_3}u_{i2}$$

总的输出电压为：

$$u_o = u_o' + u_o'' = -\frac{R_f}{R_1}u_{i1} + \frac{R_1 + R_f}{R_1}\frac{R_3}{R_2 + R_3}u_{i2} \tag{5-47}$$

根据运放特性和基尔霍夫定律，也可直接对图5-57的电路进行求解，尝试一下方法如何？

5.4.7 积分电路

将反相比例电路中的反馈电阻换成电容就可以得到积分电路了，如图5-59所示。

由于该理想运放工作在线性区，故现利用“虚短”和“虚断”特性对电路加以分析。

$$\because\ i_+ \approx 0(\text{虚断})$$

$$\therefore\ u_+ \approx 0$$

$$\text{又}\because\ u_+ \approx u_-(\text{虚短})$$

$$\therefore\ u_- \approx u_+ \approx 0(\text{虚地})$$

$$\therefore\ i_R \approx \frac{u_i}{R};i_C \approx -C\frac{du_o}{dt}$$

$$\text{又}\because\ i_- \approx 0(\text{虚断})$$

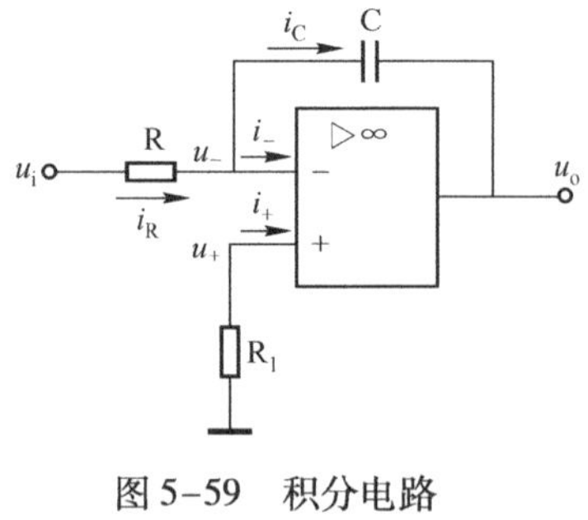

图5-59 积分电路

$$\therefore\ i_R \approx i_C,\text{即}\frac{u_i}{R} \approx -C\frac{du_o}{dt}$$

$$\therefore\ u_o \approx -\frac{1}{RC}\int u_i dt \tag{5-48}$$

通过上述分析可得：输出电压 u_o 和输入电压 u_i 之间是一种积分关系，二者相位相反。

5.4.8 集成运算放大器芯片应用

集成运算放大器是模拟集成电路中应用最广泛的一种器件。在由运算放大器组成的各种系统中，由于应用要求不一样，对运算放大器的性能要求也不一样。在没有特殊要求的场合，尽量选用通用型集成运放，这样即可降低成本，又容易保证货源。当一个系统中使用多个运放时，尽可能选用多运放集成电路，例如LM324、LF347等都是将四个运放封装在一起的集成电路。

评价集成运放性能的优劣，应看其综合性能。一般用优值系数K来衡量集成运放的优良程度，其定义为：

$$K=\frac{SR}{I_{IB}\cdot U_{OS}}$$

式中，SR为转换速率，单位为$V/\mu s$，其值越大，表明运放的交流特性越好；I_{IB}为运放的输入偏置电流，单位是nA；U_{OS}为输出失调电压，单位是mV。I_{IB}和U_{OS}值越小，表明运放的直流特性越好。所以，对于放大音频、视频等交流信号的电路，选SR（转换速率）大的运放比较合适；对于处理微弱直流信号的电路，选用精度比较高的运放比较合适（即失调电流、失调电压及温漂均比较小）。

在实际选择集成运放时，除优值系数要考虑之外，还应考虑其他因素。例如，信号源的性质，是电压源还是电流源；负载的性质，集成运放的输出电压和电流是否满足要求；环境条件，集成运放允许的工作范围、工作电压范围、功耗与体积等因素是否满足要求。

1. 电源供给方式

集成运放有两个电源接线端$+V_{CC}$和$-V_{EE}$，但不同的电源供给方式，对输入信号的要求是不同的。

（1）对称双电源供电方式：运算放大器多采用这种方式供电。相对于共地的正电源（+E）与负电源（-E）分别接于运放的$+V_{CC}$和$-V_{EE}$管脚上。在这种方式下，可把信号源直接接到运放的输入脚上，而输出电压的振幅可达正负对称电源电压。

（2）单电源供电方式：单电源供电是将运放的$-V_{EE}$管脚连接到地。此时为了保证运放内部单元电路具有合适的静态工作点，在运放输入端一定要加入一个直流电位，如图5-60所示，此时运放的输出是在某一直流电位基础上随输入信号变化。当图5-60电路用于交流放大时，静态时运算放大器的输出电压近似为$V_{CC}/2$，为了隔离掉输出中的直流成分接入电容C_3。

2. 集成运放的调零

由于集成运放的输入失调电压和输入失调电流的影响，当运算放大器组成的线性电路输入信号为零时，输出往往不等于零。为了提高电路的运算精度，要求对失调电压和失调电流造成的误差进行补偿，这就是运算放大器的调零。常用的调零方法有内部调零和外部调零，而对于没有内部调零端子的集成运放，要采用外部调零方法。下面以μA741为例，图5-61给出常用的调零电路。图5-61（a）所示是内部调零电路，图5-61（b）所示是外部调零电路。

3. 集成运放的自激振荡

运算放大器是一个高放大倍数的多级放大器，在连接成深度负反馈时，很容易产生自激

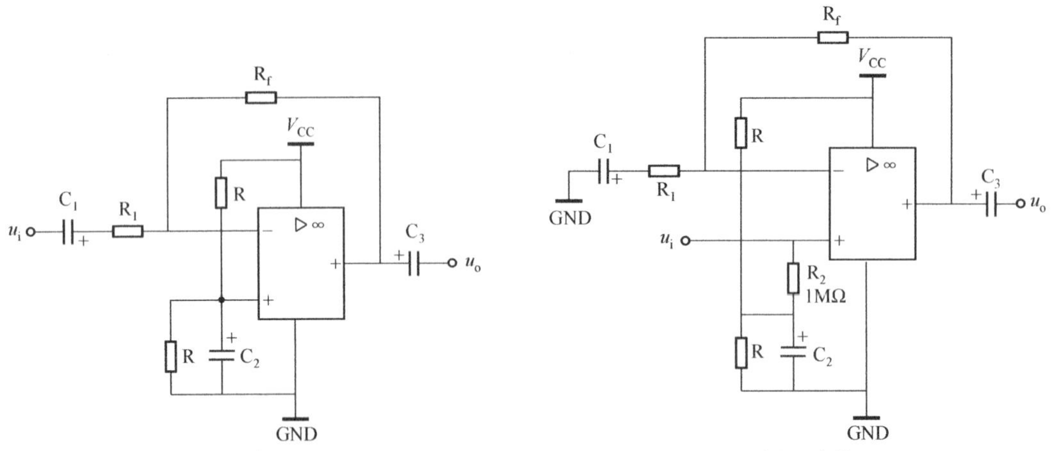

（a）同相输入　　（b）反相输入

图5-60　运算放大器单电源供电电路

振荡。为使放大器能稳定工作，就需外加一定的频率补偿网络，以消除自激振荡。图5-62是相位补偿的实用电路。同时，为防止通过电源内阻造成低频振荡或高频振荡，常在集成运放的正、负供电电源的输入端分别对地接入一个电解电容（10～47 μF）和一个高频滤波电容（0.01～0.1 μF），如图5-62所示。

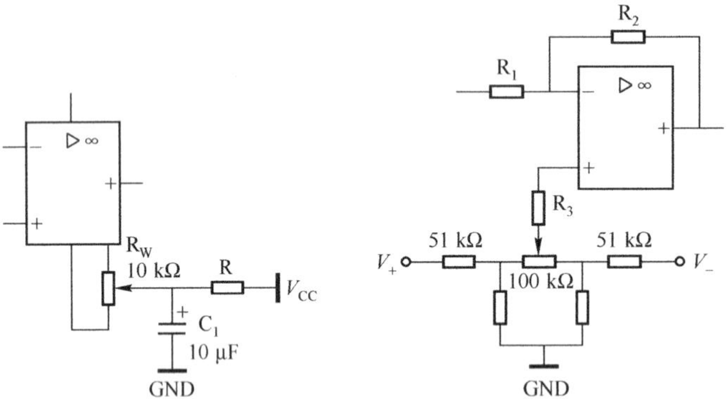

（a）　　（b）

图5-61　运算放大器的常用调零电路

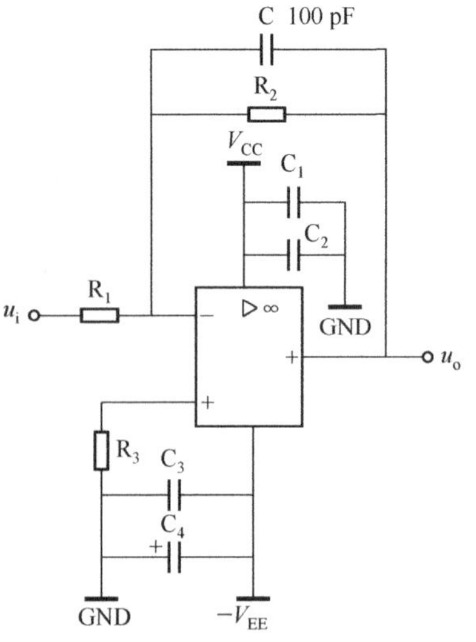

图5-62　运算放大器自激振荡的消除

4. 集成运放的安全保护

集成运放的安全保护有三个方面：电源保护、输入保护和输出保护。

（1）电源保护：电源的常见故障是电源极性接反和电压跳变。电源反接保护和电源电压突变保护电路如图5-63（a）、（b）所示。对于性能较差的电源，在电源接通和断开瞬间，往往出现电压过冲，图（b）中采用FET电流源和稳压管钳位保护，稳压管的稳压值大于集成运放的正常工作电压而小于集成运放的最大允许工作电压，FET管的电流应大于集成运放的正常工作电流。

（2）输入保护：集成运放的输入差模电压过高或者输入共模电压过高（超出该集成运放的极限参数范围），集成运放也会损坏。图5-64所示是典型的输入保护电路。

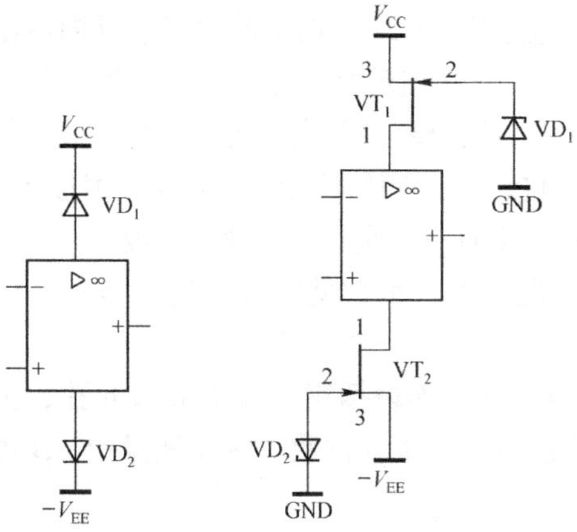

（a）二极管保护　（b）场效应管与稳压管保护

图5-63　集成运放电源保护电路

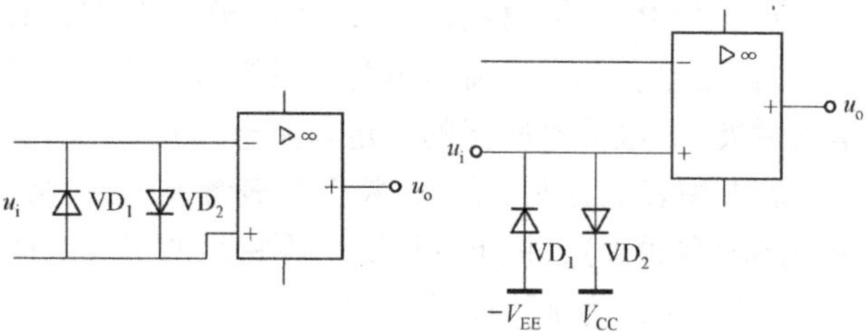

（a）方式一　（b）方式二

图5-64　集成运放输入保护电路

（3）输出保护：当集成运放过载或输出端短路时，若没有保护电路，该运放就会损坏。但有些集成运放内部设置了限流保护或短路保护，使用这些器件就不需再加输出保护。对于内部没有限流或短路保护的集成运放，可以采用图5-65所示的输出保护电路，当输出保护时，由电阻R起限流保护作用。

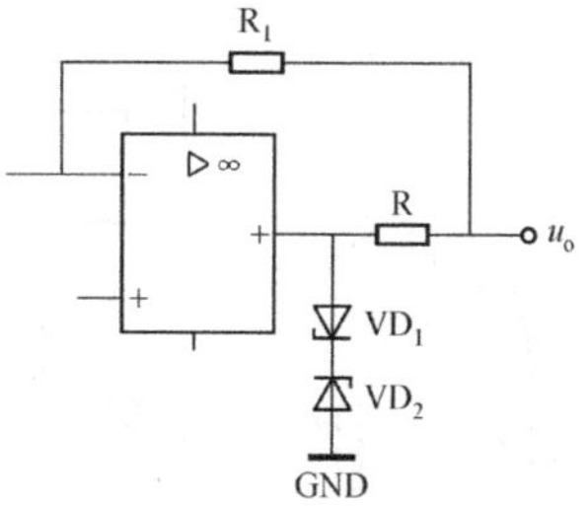

图5-65　集成运放输出保护电路

技能训练4　三极管和场效应管的检测

1. 实践目标

（1）掌握三极管类型和引脚判别的基本方法。

（2）熟练使用万用表。

（3）*了解场效应管引脚判别的基本方法。

2. 三极管类型和引脚的判别

1）基极的判别

如图5-66所示，将指针式万用表置R×1kΩ或R×100kΩ挡，把红表笔接在某一个引脚上，用黑表笔分别接另外两个引脚，测得两个阻值，如果阻值一大一小，则红表笔所接的不是基极。此时应另选一引脚，直到所测两个阻值同大（或同小）为止。将表笔对换，再测一次，阻值将变为同小（或同大），这时，黑表笔所接的引脚为基极。当黑表笔接基极且两阻值同大时，则三极管为NPN型；若两阻值同小时，则三极管为PNP型。

2）发射极和集电极的判别

（1）仪表判别法

对于NPN型三极管，用指针式万用表的黑、红表笔分别测量c、e两极间的正、反向电阻R_{ce}和R_{ec}，虽然两次测量中万用表指针的偏转角度都很小，但仔细观察，总会有一次偏转角度稍大。此时电流的流向一定是：黑表笔→c极→b极→e极→红表笔，电流流向正好与三极管符号中的箭头方向一致，因此此时黑表笔所接的一定是集电极c，红表笔所接的一定是发射极e。

对于PNP型的三极管，原理类似于NPN型，其电流流向一定是：黑表笔→e极→b极→c极→红表笔，其电流流向也与三极管符号中的箭头方向一致，因此此时黑表笔所接的一定是发射极e，红表笔所接的一定是集电极c。

若万用表上有h_{FE}插孔，将万用表置h_{FE}挡，将三极管插入测量插座（基极插入b孔，另两引脚随意插入），记下β读数。再将另两引脚对调后插入，记下β读数。两次测量中，β读数大的那一次的引脚插入是正确的。

若使用数字万用表进行测量，以PNP三极管为例，如图5-67所示，根据三极管放大特性，可知符合图5-67（a）的接法时的等效阻值比较小，因此，以基极为基准，并入人体电阻进行两次测量，阻值较小的一次，红表笔接的是三极管集电极，黑表笔接的是三极管发射极。

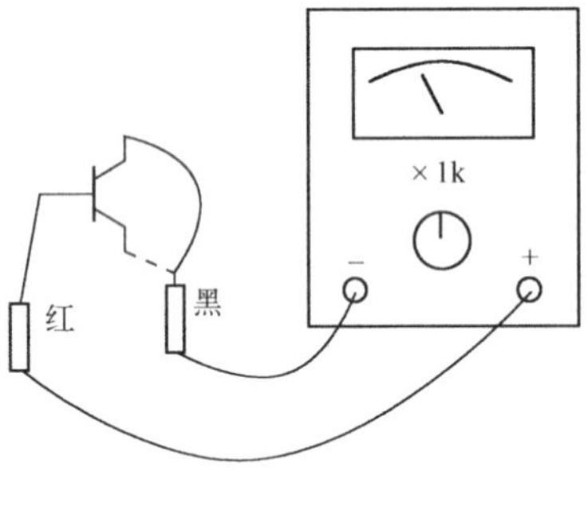

图5-66　基极的判别

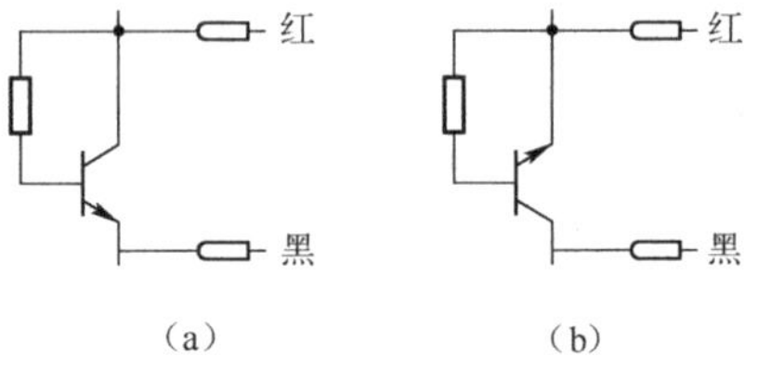

图5-67　集电极的判别

（2）技术资料判别法

如果手头上正好有三极管的技术参数手册，则可根据三极管的封装类型查取封装管脚图片资料，从而确定三极管各管脚。以常用的三极管9013、9012为例，在参数表中可以看到，这两种三极管的外形均为“TO－92”，查对应封装管脚示意图如图5-68所示，即知道了三极管各管脚分布。

3. *场效应管的引脚判别

1）结型场效应管的检测

下面以P沟道结型场效应管为例进行说明，如图5-69（a）所示为结型场效应管的内部结构示意图。对结型场效应管而言，漏极d和源极s可以互换。根据PN结的单向导电特性，可轻松地判别出栅极g。将指针式万用表拨在R×1kΩ挡上，任选两个电极，分别测出其正、反向电阻值。当某两个电极的正、反向电阻值相等，且为几千欧姆时，则该两个电极分别是漏极d和源极s，剩下的电极肯定是栅极g。也可以将万用表的黑表笔（红表笔也行）任意接触一个电极，用另一只表笔依次去接触其余的两个电极，测其电阻值。当出现两次测得的电阻值近似相等时，则黑表笔所接触的电极为栅极，其余两电极分别为漏极和源极。若两次测出的电阻值均很大，说明是PN结正偏，即都是反向电阻，由此可以判定是P沟道场效应管，且黑表笔接的是栅极；若两次测出的电阻值均很小，说明是正向PN结，即是正向电阻，由此判定为N沟道场效应管，黑表笔接的也是栅极。若不出现上述情况，可以调换黑、红表笔按上述方法进行测试，直到判别出栅极为止。

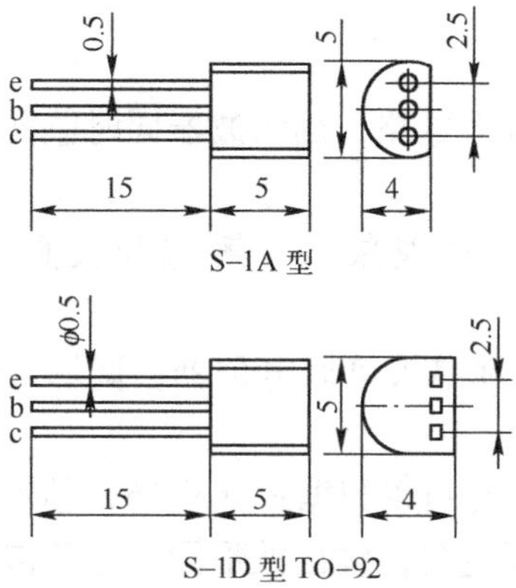

图5-68　TO-92型封装三极管管脚示意图

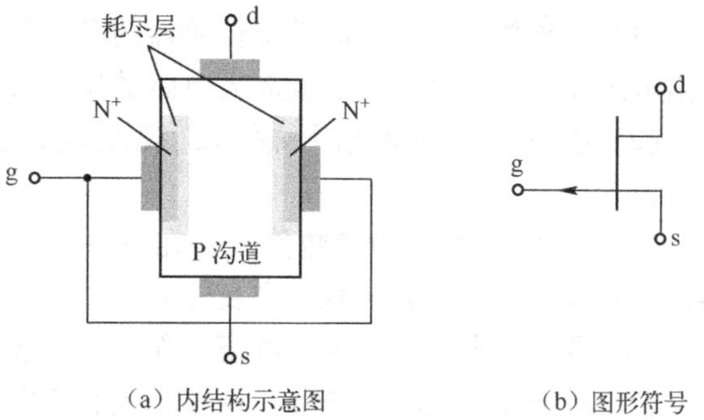

图5-69　结型场效应管

2）MOS型场效应管的检测

如图5-70（a）所示为功率MOS型场效应管的内部结构示意图。功率MOS型场效应管是以金属层（M）的栅极隔着氧化层（O）利用电场效应来控制半导体的（S），因此栅极与其他两极间的电阻无穷大，将万用表拨至R×1kΩ挡分别测量三个管脚之间的电阻，若发现某脚与其他两脚间的正反向阻值均为无穷大，则此脚为栅极g。在漏极d和源极s之间有一个PN结，测量两极间的正反向电阻，对N沟道型而言，其中阻值较低的一次，指针式万用表的黑表笔接的是源极s，红表笔接的是漏极g。

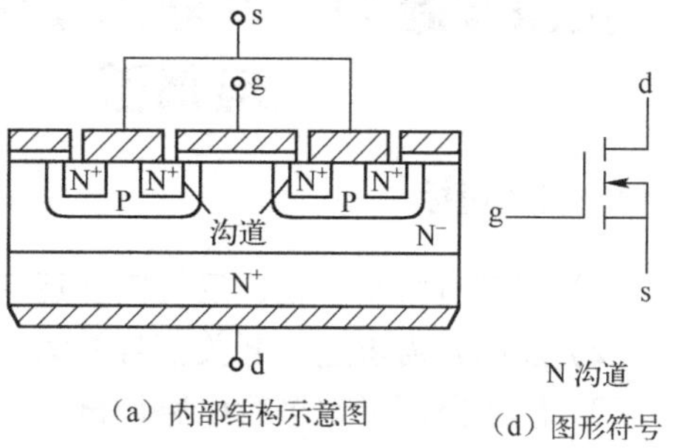

图5-70　功率MOS型场效应管

技能训练5　单管放大电路的分析与测试

1. 实践目标

（1）理解集电极偏置电阻和基极偏置电阻参数对三极管工作特性的影响。

（2）熟练掌握用万用表测量三极管静态工作点的方法。

（3）理解用示波器调整三极管放大电路最佳静态工作点的基本思路。

2. 单管放大电路参数的测试

（1）选用三极管9013，按图5-14（a）所示搭建放大电路，R_b和R_c分别选用以下三组参数：100 kΩ 和 100 kΩ、200 kΩ 和 100 kΩ、200 kΩ 和 1 kΩ，使用万用表测量对应的三极管静态工作点，自行制作表格，记录静态工作点参数。

（2）根据三组静态工作点参数绘制对应的直流负载线，并确定静态工作点的位置，判断怎样的参数能满足放大电路的需求。

（3）分析 9013 的技术参数，明确 9013 工作在放大、饱和、截止状态时对外电路的需求。

3. 最佳静态工作点的调整

（1）将函数信号发生器模拟传感器的微弱信号送入放大电路，用示波器同时监视输入和输出电压波形，了解共发射极放大电路的反相放大效果。

（2）逐渐调高输入信号幅值，观察输出波形的失真现象，了解饱和失真与截止失真。

（3）改变 R_b 和 R_c 的参数值，并在 R_b 和 R_c 回路中分别串入可调电位器，调解可调电位器，了解减少饱和失真与截止失真的方法。

（4）调整放大电路的最佳静态工作点：最佳静态工作点可以根据式（5-16）估算出来。

若用示波器监视输出波形，调整基极和集电极的偏置电阻，输出波形同时处于饱和失真和截止失真的临界点时所对应的静态工作点也是最佳静态工作点。

项目实施 11　有轨小车正、反转定速运动电路的设计、制作与调试

1. 实践目标

（1）理解有轨小车正、反转定速运动的控制思路。

（2）能结合需求进行开关信号放大电路的设计。

（3）能思路清晰地进行电路调试。

2. 电路设计

1）设计思路

有轨小车结构见“附录 D 实践环境”。有轨小车电动机的功率较小，利用 12 V 电源可直接驱动；小车的正、反转可通过改变电源极性实现；小车运行是否到位可利用行程开关来控制。行程开关的图形符号和文字符号如图 5-71 所示，电路的设计思路如图 5-72 所示。

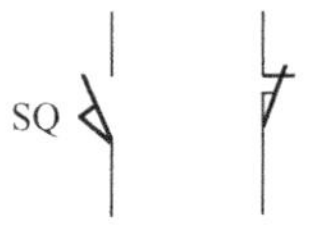

图 5-71　行程开关符号

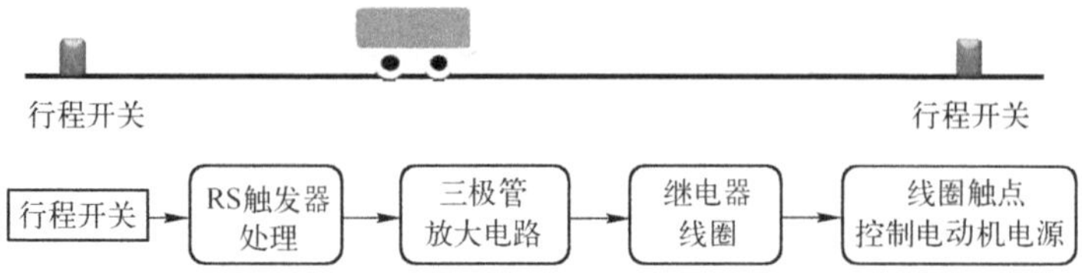

图 5-72　电路的设计思路

2）设计注意问题

在电路设计过程中需要注意以下问题：行程开关是安装在小车运行的轨道上的，其触点

状态需通过制作插头、插座连入电路板；用与非门连接 RS 触发器时，芯片所需电源与三极管放大电路的电源有差异，需采用不同的插座引入；不同继电器的引脚分布各不相同，需关注继电器是否具备所需的常开、常闭触点各一对；无论在信号采集（从行程开关）或信号传输过程中，都需要注意信号的共地问题。

3. 电路图绘制和电路制作

1）电路图的绘制

应先完成电路原理图的绘制，再根据元器件具体情况绘制电路布线图。

2）电路的制作

应在充分了解元器件情况，并对元器件进行了必要的检查后进行电路的制作。

4. 电路调试

电路的调试仍需遵循两大步骤，即先不带电，用万用表欧姆挡按电路布线图检查电路；再通电调试，通电调试按照信号发生、传输的顺序，从行程开关状态变化开始检查，依次检查 RS 触发器的状态翻转情况、对应的三极管饱和与截止状态、对应的继电器线圈动作情况、电动机得电情况。

注意　本电路除伸展面积比较大外，并不比数字电路调试过程复杂，因此，应充分理解电路原理，自行调试。

项目实施 12　用运放构成的比例放大器和加法器的设计与调试

1. 实践目标

（1）理解集成运放电源极性对输出特性的影响。

（2）理解比例放大器和加法器的设计方法。

（3）理解比例放大器和加法器的验证方法。

（4）熟练使用示波器。

2. 比例放大器的设计与调试

（1）在室验室元器件库中选择一个运算放大器，仔细了解其电源范围等参数指标及引脚图。

（2）设计一个放大倍数为 -5 倍的比例放大器，在元器件库选择合适的电阻，并串联必要的可调电位器。

（3）把运放电源分别接成单电源供电和双电源供电方式，并送入不同极性的直流电压，用万用表测量输入、输出电压并编制表格记录数据，归纳不同供电方式下输出信号的特点。

（4）增大输入电压，至输出电压不再增长为止，记录多组电压比例放大数据及运放饱和电压，绘制比例放大器输入输出特性曲线，并与芯片技术参数相比较，锻炼芯片技术指标的阅读能力。

（5）把运放电源分别接成单电源供电和双电源供电方式，送入频率 1 kHz、峰值电压 1 V 的正弦信号，用示波器观察输入、输出电压波形，记录并解释波形差异的原因。

3. *加法器的设计与调试

（1）利用手头已有的运放芯片，设计一个两输入加法器，实现 $u_o = 2u_{i1} + u_{i2}$。

（2）把运放接成双极型电源方式，送入不同极性的直流电压，用万用表测量输入、输出电压并编制表格记录数据，绘制输入输出特性曲线。

项目拓展4　电子秤压力信号放大电路的分析与测试

1. 实践目标

（1）理解集成运放组成的差动放大电路的工作原理。

（2）理解利用集成运放组成的信号叠加电路进行电路调零的基本思路。

2. 信号叠加电路的测试

电子秤电路结构见“附录D实践环境”。先根据空载状态下的输出电压数值整定电位器输出，获得相反的电压值，再通过运算放大器组成的同相求和电路实现信号叠加，即可实现电路的调零。

3. 差动放大电路的测试

如图5-73所示为用运放组成的差动放大电路，差动放大电路的可靠性较高，抗干扰能力强，其电压放大倍数为：

$$A_u = \frac{U_o}{U_1 - U_2} = -\frac{R_4}{R_3\left(1 + \frac{2R_1}{R_{W1}}\right)}$$。

测量并记录电子秤空载状态下的输出电压和带载（人站上去）状态下的输出电压。

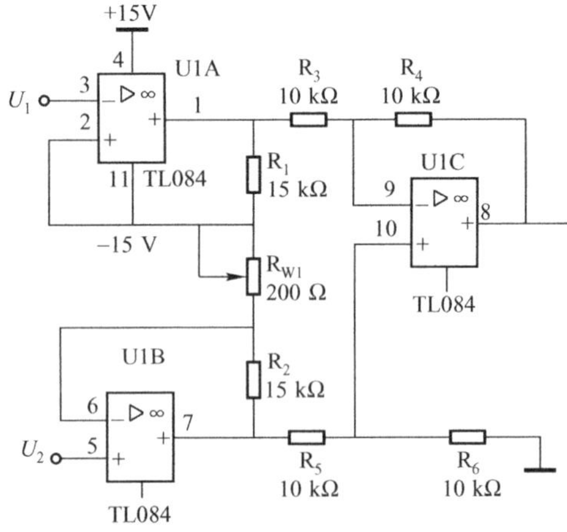

图5-73　差动放大电路

思考与练习题5

一、填空题

1. 三极管用来放大时，应使发射结处于________偏置状态，集电结处于________偏置状态。

2. 温度升高时，三极管的共射输入特性曲线将________，输出特性曲线将________，而且输出特性曲线之间的间隔将________。

3. 温度升高时，三极管的电流放大系数 β ________，反向饱和电流 I_{CBO} ________，正向结电压 U_{BE} ________。

4. *型号为3CG4D的三极管是________型________频________功率管。

5. 三极管具有电流放大作用的实质是利用________电流对________电流的控制。

6. *对于共射、共集、共基三种基本组态放大电路，若希望电压放大倍数大，可选用________组态；若希望带负载能力强，应选用________组态。

7. 一个处于放大状态的电路，当输入电压是 10 mV 时，输出电压为 7 V；当输入电压为 15 mV 时，输出电压为 6.5 V，则电压放大倍数为________。

8. 用示波器观察 NPN 管共射单级放大器输出电压得到如图 5-74 所示的三种削波失真的波形，请分别写出失真的类型，其中图 5-74（a）为________，图 5-74（b）为________，图 5-74（c）为________。

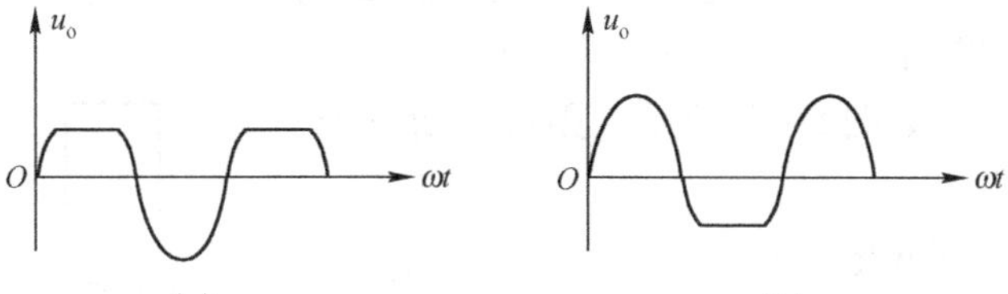

（a）　　（b）　　（c）

图 5-74

9. 图 5-75 所示是一个共射单级放大器的输出电压波形，假定晶体管是 NPN 型，则该信号的削波属于________失真，偏流电阻 R_b 应调________以消除失真。

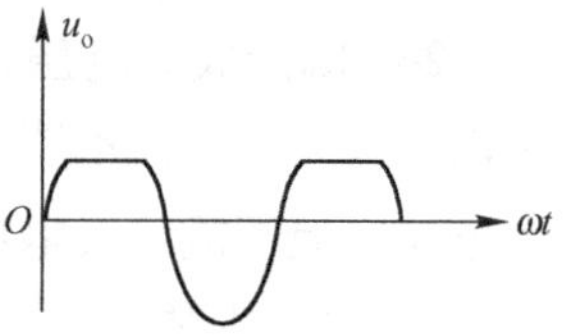

图 5-75

10. 在共射基本放大电路中，设输入信号 u_i 为正弦波，若输出波形的负半周被削平，则这是________失真，可以通过________来消除这种失真；若输出电压出现正、负半波都被削平的双向失真，可采用________来消除这种失真。

11. 反馈是把放大器的________量的一部分或全部返送到________回路的过程。

12. 为了判别反馈极性，一般采用________法。

13. 负反馈对放大器交流性能的改善是靠________来换取的。

14. 能使输出阻抗降低的是________负反馈，能使输出阻抗提高的是________负反馈，能使输入电阻提高的是________负反馈，能使输入电阻降低的是________负反馈，能使输出电压稳定的是________负反馈，能使输出电流稳定的是________负反馈，能稳定静态工作点的是________负反馈，能稳定放大电路增益的是________负反馈。

15. 集成运算放大器是一种具有________电压放大倍数、________输入电阻和________输出电阻的多级直接耦合放大器。

16. 共模抑制比 K_{CMRR} 是集成运放的________电压放大倍数和________电压放大倍数之比的绝对值。

17. 集成运放的电压传输特性曲线分为________和________两个区。处于线性区的集成运放工作在________状态，处于非线性区的集成运放工作在________状态。

18. 当电路处于________或________情况时，集成运放工作在非线性区。

二、选择题

19. 晶体管工作在放大区时，具有（　　）特点。

A. 发射结反向偏置　　B. 集电结反向偏置　　C. 晶体管具有开关作用

20. 当三极管的两个 PN 结都反偏时，则三极管处于（　　）；当三极管的两个 PN 结都正偏时，则三极管处于（　　）。

A. 截止状态　　B. 饱和状态　　C. 放大状态

21. 某 NPN 硅管在放大电路中测得各极对地电压分别为 $U_C=12\,V$，$U_B=4\,V$，$U_E=0\,V$，由此可判别三极管（　　）。

A. 处于放大状态　　B. 处于饱和状态　　C. 处于截止状态　　D. 已损坏

22. 用数字万用表 R×1 kΩ 的电阻挡测量一只能正常放大的三极管，用黑表笔接触一只引脚，红表笔分别接触另两只引脚时测得的电阻值都较小，则该三极管是（　　）。

A. PNP 型　　B. NPN 型　　C. 无法确定

23. 测得三极管的电流方向、大小如图 5-76 所示，则可判断三个电极为（　　）。

A. ①基极 b，②发射极 e，③集电极 c

B. ①基极 b，②集电极 c，③发射极 e

C. ①集电极 c，②基极 b，③发射极 e

D. ①发射极 e，②基极 b，③集电极 c

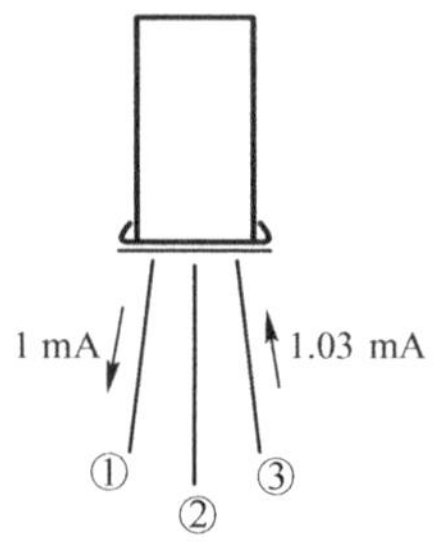

图 5-76

24. 既能放大电压，也能放大电流的是（　　）组态放大电路；可以放大电压，但不能放大电流的是（　　）组态放大电路；只能放大电流，但不能放大电压的是（　　）组态放大电路。

A. 共射　　B. 共集　　C. 共基　　D. 不定

25. 在单级放大电路中，若输入电压为正弦波形，用示波器观察 u_o和 u_i的波形，当放大电路为共射电路时，则 u_o和 u_i的相位（　　）；当它为共集电路时，则 u_o和 u_i的相位（　　）；当它为共基电路时，u_o和 u_i的相位（　　）。

A. 同相　　B. 反相　　C. 相差 90°　　D. 不定

26. 图解法较适合于解决的问题是（　　）。

A. 输入、输出均为小信号时电路的交流性能

B. 输入正弦波信号时的输出波形

C. 输出为小信号时的幅值与波形

D. 静态工作点的设置情况

27. 电路的静态是指（　　）。

A. 输入交流信号幅值不变时的电路状态　　B. 输入交流信号频率不变时的电路状态

C. 输入交流信号且幅值为 0 时的电路状态　　D. 输入端开路时的状态

28. 所谓的开环指的是（　　）。

A. 无信号源　　B. 无反馈通路　　C. 无负载

29. 所谓的闭环指的是（　　）。

A. 考虑信号源内阻　　B. 有反馈通路　　C. 接入电源

30. *反馈深度 $|1+\dot{A}\dot{F}|=0$ 时放大电路工作于（　　）状态。

A. 正反馈　　B. 负反馈　　C. 自激振荡　　D. 无反馈

31. 构成反馈电路的元器件（　　）。

A. 只能是电阻、电容等无源器件　　B. 只能是三极管、集成运放等有源器件

C. 可以是无源器件，也可以是有源器件

32. 直流负反馈对电路的作用是（　　）。

A. 稳定直流信号，不能稳定静态工作点　　B. 稳定直流信号，也能稳定交流信号

C. 稳定直流信号，也能稳定静态工作点　　D. 不能稳定直流信号，能稳定交流信号

33. 交流负反馈对电路的作用是（　　）。

A. 稳定交流信号，改善电路性能　　B. 稳定交流信号，也稳定直流偏置

C. 稳定交流信号，但不能改善电路性能　　D. 不能稳定交流信号，但改善电路性能

34. 负反馈可以抑制（　　）的干扰和噪声。

A. 反馈环路内　　B. 反馈环路外　　C. 与输入信号混在一起

35. 引入负反馈，放大器的电压放大倍数（　　）。

A. 下降（$1+AF$）倍　　B. 不变　　C. 增大（$1+AF$）倍　　D. 下降 AF 倍

36. 需要一个阻抗变换电路，要求输入电阻小，输出电阻大，应选用（　　）负反馈放大电路。

A. 电压并联　　B. 电流并联　　C. 电流串联

37. 负反馈放大器中既能使输出电压稳定又有较高输入电阻的负反馈是（　　）。

A. 电压并联　　B. 电压串联　　C. 电流并联　　D. 电流串联

38. 集成运放的耦合方式是（　　）。

A. 变压器耦合　　B. 阻容耦合　　C. 直接耦合

39. 直接耦合放大电路存在的主要问题是（　　）。

A. 存在零点漂移　　B. 电压放大倍数太小　　C. 电流放大能力不大

40. 差动放大电路的主要作用是（　　）。

A. 稳定静态作用点　　B. 降低输出电阻　　C. 克服零点漂移

41. 理想运放工作在（　　）区时，具备虚短和虚断概念

A. 非线性　　B. 线性　　C. 开环

42. （　　）电路可以将方波转换为三角波信号。

A. 比例运算　　B. 积分　　C. 微分

43. 反相比例运算电路中集成运放的反相输入端为（　　）。

A. 虚地　　B. 虚短　　C. 虚断

三、应用题

44. 如图 5-77 所示，已知在电路中无交流信号时测得晶体管（均为硅管）各极对地的电位值，试说明各晶体管的工作状态。

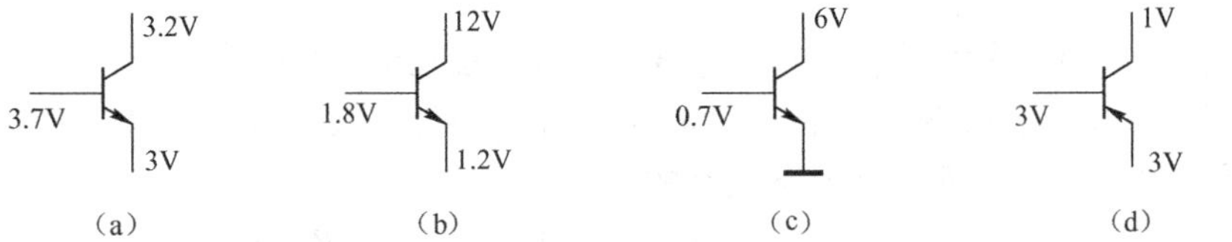

图 5-77

45. 分析图 5-78 所示各电路能否正常放大交流信号？为什么？若不能，应如何改正？

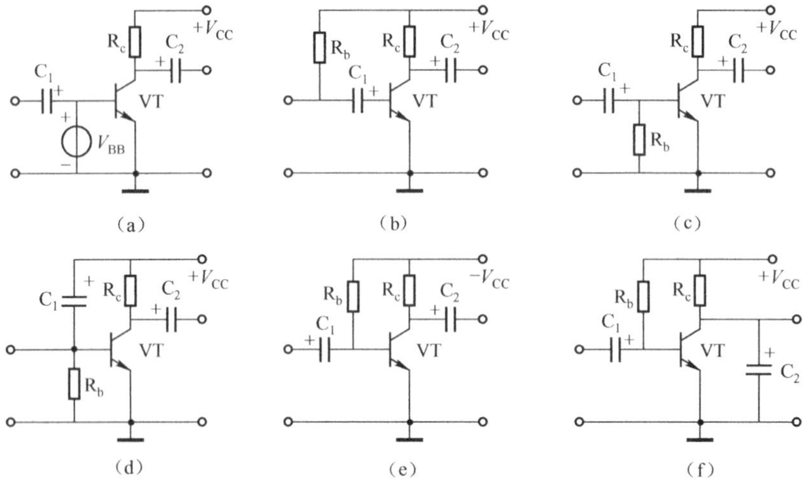

图 5-78

46. 放大电路如图 5-79 所示，晶体管的 $U_{BE}=0.7\,V$，$\beta=40$。试求：

（1）静态工作点；

（2）如果管子坏了，换上一只 $\beta=80$ 的晶体管，则电路能否达到改善放大性能的目的？为什么？

47. 如图 5-80（a）所示的放大电路中，已知 $V_{CC}=12\,V, R_b=240\,k\Omega, R_c=3\,k\Omega, \beta=40$。

（1）计算静态工作点；

（2）三极管的输出特性曲线如图 5-80（b）所示，用图解法确定电路的静态值。

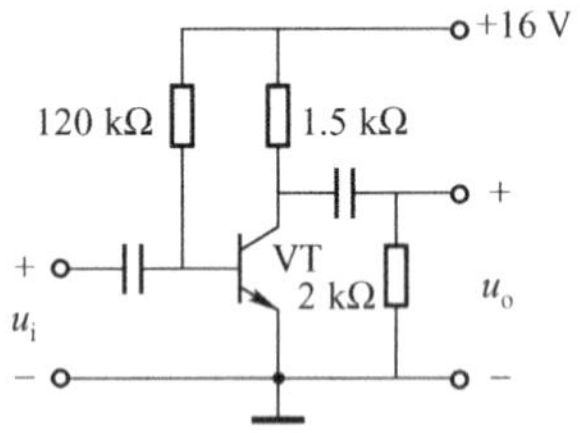

图 5-79

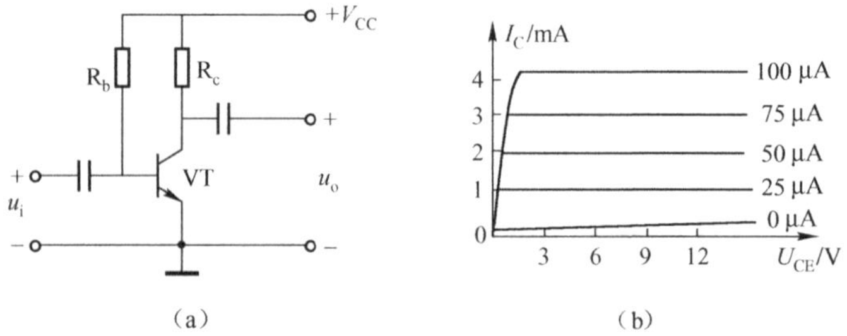

图 5-80

48. 放大电路如图 5-81 所示，晶体管的 $U_{BE}=0.7\,V$，$\beta=50$。试求：

（1）计算静态工作点；

（2）计算 A_u、R_i 和 R_o；

（3）u_i 的有效值为多大时输出电压将出现失真？首先出现什么失真？

49. 在题 48 中，若改变 R_b，使 $U_{CE}=3\,V$，则 R_b 应为多大？若改变 R_b，使 $I_C=1\,mA$，则 R_b 又为多大？并分别求出两种情况下电路的静态工作点。

50. 在如图 5-82 所示的放大电路中，已知 $V_{CC}=12\,V$，$R_{b1}=60\,k\Omega$，$R_{b2}=20\,k\Omega$，$R_c=3\,k\Omega$，$R_e=2\,k\Omega$，$R_L=3\,k\Omega$，$\beta=50$，$U_{BE}=0.7\,V$。

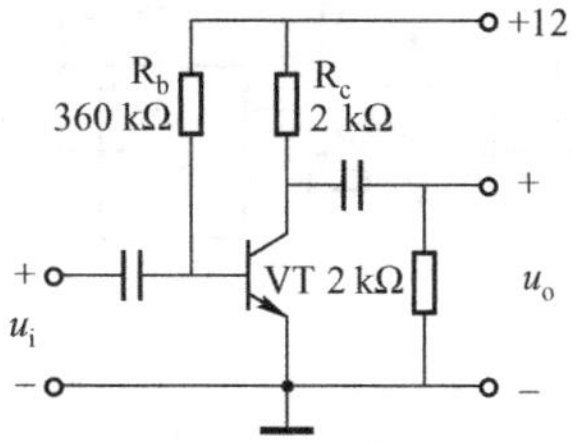

图 5-81

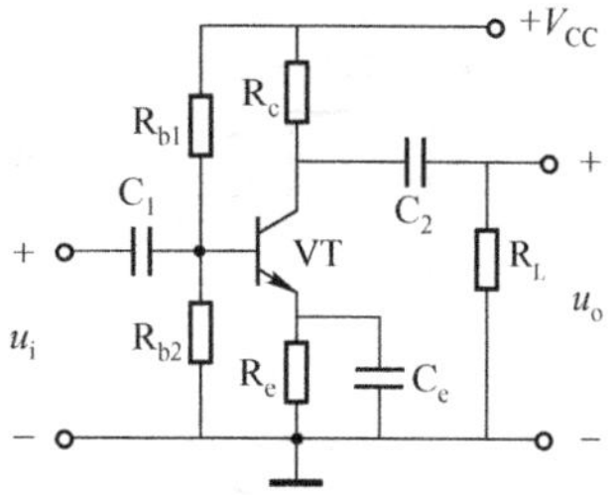

图 5-82

(1) 求静态工作点;

(2) 画出微变等效电路;

(3) 求电压放大倍数 A_u、输入电阻 R_i 和输出电阻 R_o。

51. 在如图 5-83 所示的放大电路中，已知 $V_{CC}=12\,V$，$R_{b1}=120\,k\Omega$，$R_{b2}=40\,k\Omega$，$R_c=3\,k\Omega$，$R_{e1}=200\,\Omega$，$R_{e2}=1.8\,k\Omega$，$R_L=3\,k\Omega$，$\beta=100$，$U_{BE}=0.7\,V$。

(1) 求静态工作点;

(2) 画出微变等效电路;

(3) 求电压放大倍数 A_u、输入电阻 R_i 和输出电阻 R_o。

52. 图 5-84 所示为射极输出器，设 $\beta=100$，$U_{BE}=0.7V$。

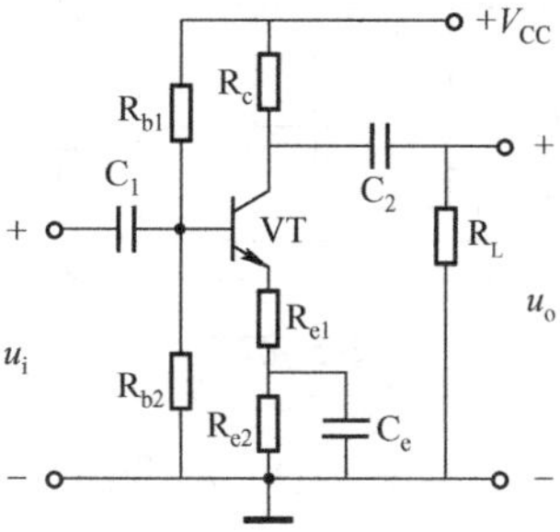

图 5-83

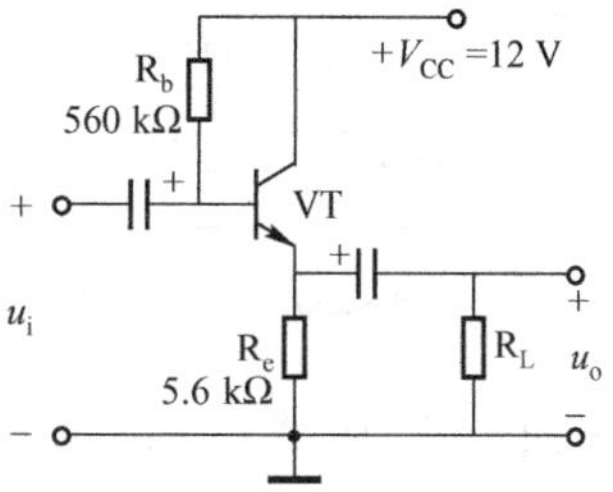

图 5-84

(1) 求静态工作点;

(2) 画出微变等效电路;

(3) $R_L\to\infty$ 时，电压放大倍数 A_u 为多大? $R_L=1.2\ k\Omega$ 时，A_u 又为多大?

(4) 分别求出 $R_L\to\infty$ 和 $R_L=1.2\ k\Omega$ 时的输入电阻;

(5) 求输出电阻 R_o。

53. 判断图 5-85 所示各电路中存在何种反馈?

54*. 有一负反馈放大电路，已知 $A=10^3$，$F=0.099$，已知输入信号 u_i 为 0.1 V，求其净输入信号 u_{id}，反馈信号 u_f 和输出信号 u_o 的值。

55. 在图 5-86 的电路中，设 $U_{BE1}=0.7\,V$，$U_Z=5.3\,V$，$R_1=100\,\Omega$，$R_2=300\,\Omega$，试问:

(1) 要使 R_W 滑到最下端时 $u_o=10\,V$，则 R_W 的值应为多少?

(2) 当 R_W 滑到最上端时，u_o 的值为多少?

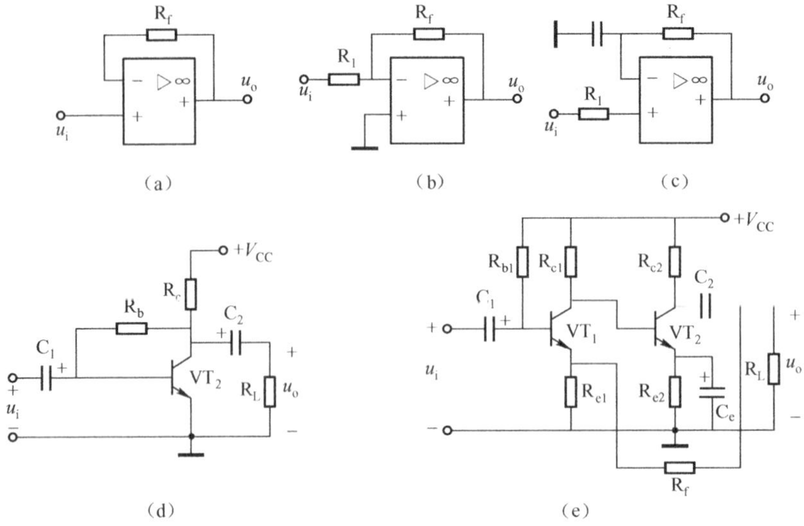

图 5-85

56. 在图 5-87 所示电路中，集成运算放大器的输入端不取电流，$R_1=3\,\mathrm{k\Omega}$，$R_2=2\,\mathrm{k\Omega}$，$R_3=1\,\mathrm{k\Omega}$，求输出电压 u_o。

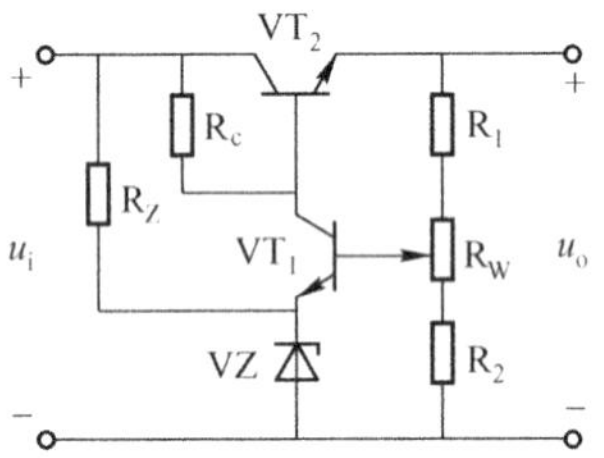

图 5-86

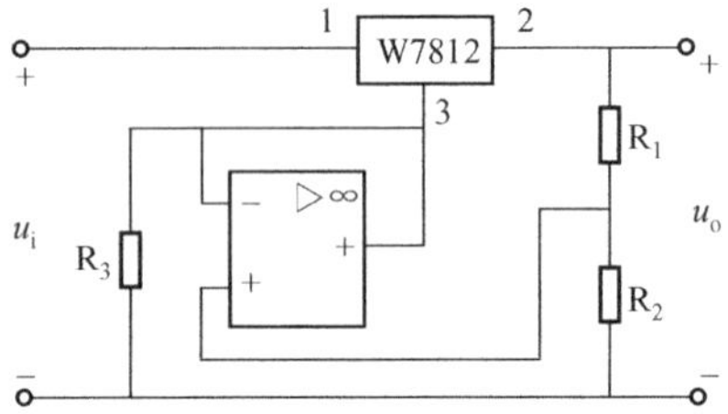

图 5-87

57. 电路如图 5-88 所示，若电路参数为 $V_{CC}=24\,\mathrm{V}$，$R_c=2\,\mathrm{k\Omega}$，R_L开路，三极管 $\beta=100$，$U_{BE}=0.7\,\mathrm{V}$。

（1）欲将 I_C调至 1 mA，问 R_b应调至多大？求此时的 A_u。

（2）在调整静态工作点时，若不小心把 R_b调至零，这时三极管是否会损坏？为什么？如会损坏，为避免损坏，电路上可采取什么措施？

（3）若要求 A_u增大一倍，可采取什么措施？

58. 设计一个反相比例运算电路，使 $u_o=-5u_i$。

59. 设计一个加减运算电路，使 $u_o=-u_{i1}+2u_{i2}-3u_{i3}$，设 $R_f=60\,\mathrm{k\Omega}$。

60. 电路如图 5-89 所示，求输出电压与输入电压的运算关系式。

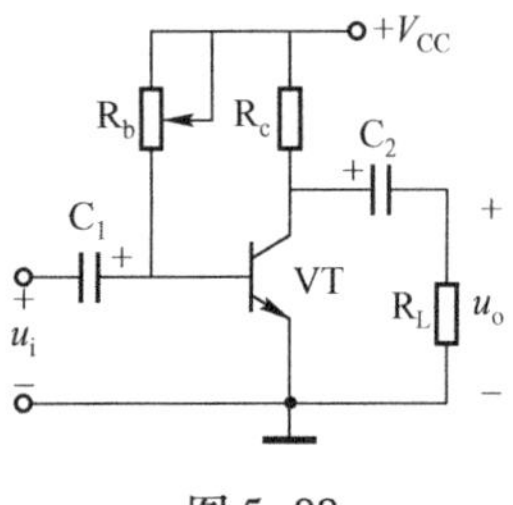

图 5-88

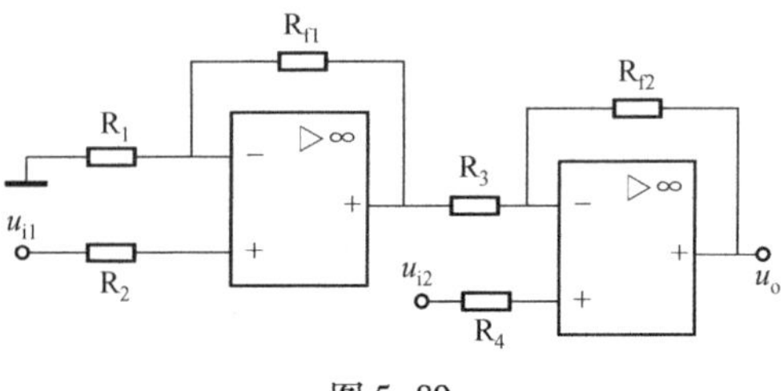

图 5-89

61. 在如图5-90所示电路中，设运放为理想运放，电源电压为±12V，试估算输出电压u_o的值。

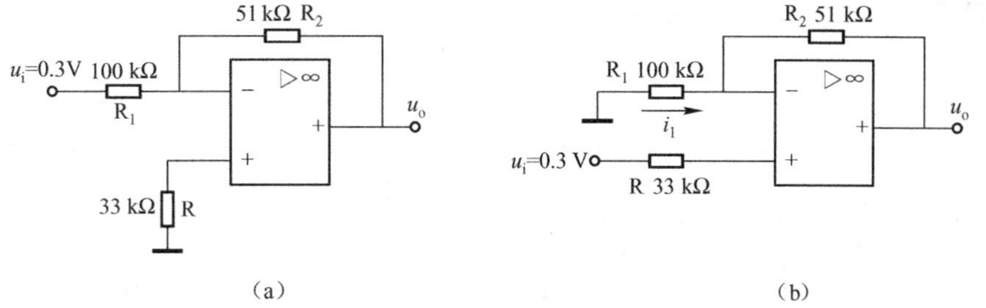

图5-90

62. 在如图5-91（a）所示电路中，已知输入电压u_i的波形如图5-91（b）所示；当$t=0$时，$u_o=0$，试画出u_o的波形。

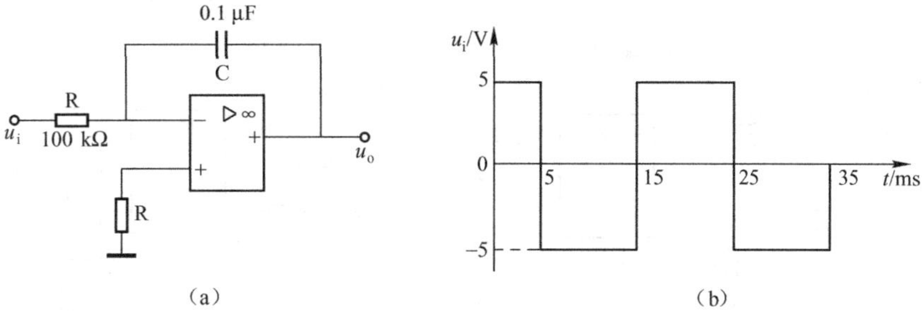

图5-91

63. 如图5-92所示电路中，设运放为理想运放，试分析确定图中哪些元件为反馈元件，反馈类型属于哪一种？该反馈对电路有哪些影响？

64. 设计一个同相比例运算放大电路，使$u_o=4u_i$。（各电阻阻值应尽量按实际电阻规格选取，必要时可串联阻值合适的电位器）

65. 分析并写出图5-93的输出电压表达式。

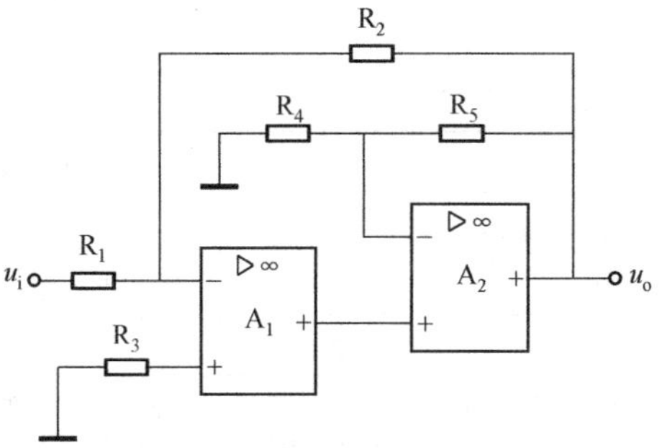

图5-92

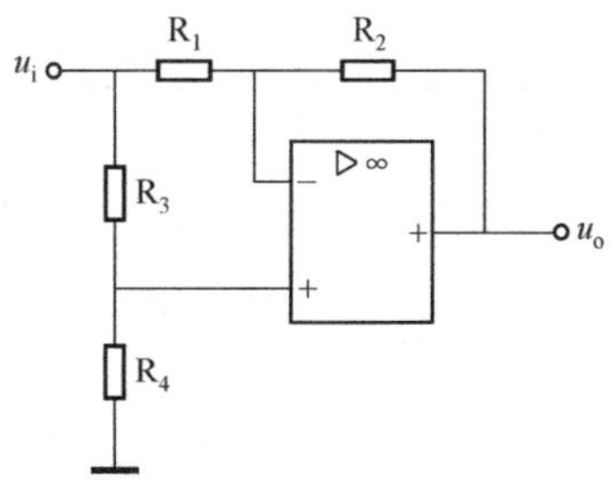

图5-93

66. 同相比例运放电路如图5-94所示，其中$R_1=3\,k\Omega$，若希望它的电压放大倍数等于7，试估算R_f和R_2的值。

67. 如图5-95所示同相比例运放电路，已知$R_1=5\,k\Omega$，$R_F=50\,k\Omega$，$R_2=2\,k\Omega$，$R_3=$

18 kΩ。试求放大倍数 A_{uf}。若 $u_i=1\,V$，则 u_o 为多少？

68. 如图5-96所示反相比例运放电路，设 $R_1=3.3\,k\Omega$，$R_f=680\,k\Omega$。试求放大倍数 A_{uf} 和平衡电阻 R_2。若 $u_i=10\,mV$，则 u_o 为多少？

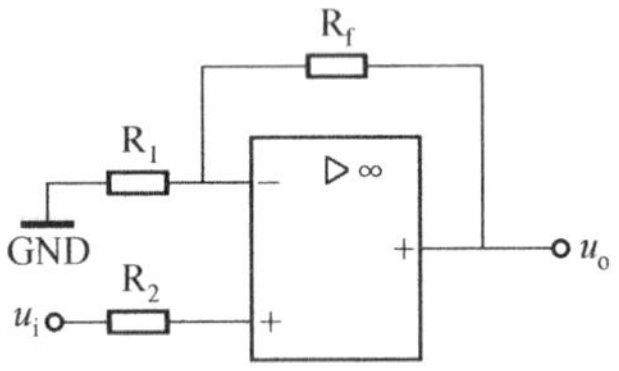

图5-94

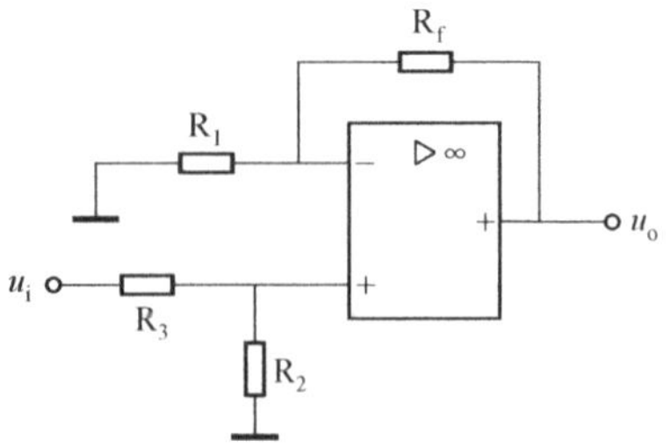

图5-95

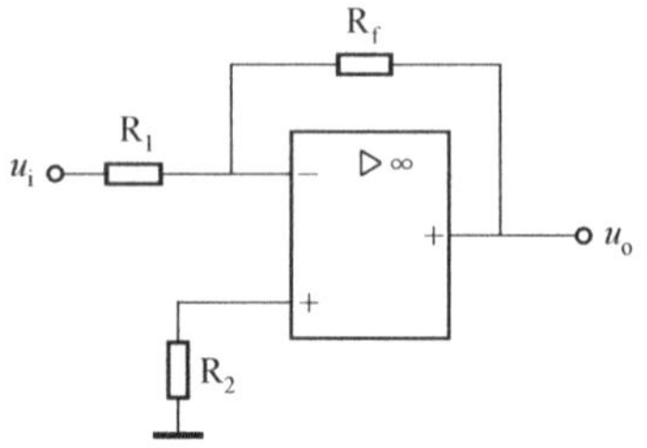

图5-96

69. 如图5-97所示电路，试求放大倍数 A_{uf}。若 $u_i=0.3\,V$，则 u_o 为多少？

70. 如图5-98所示电路中，已知 $R_2=10\,k\Omega$，$R_3=30\,k\Omega$。试求 $u_i=1\,V$ 时，u_o 的值。

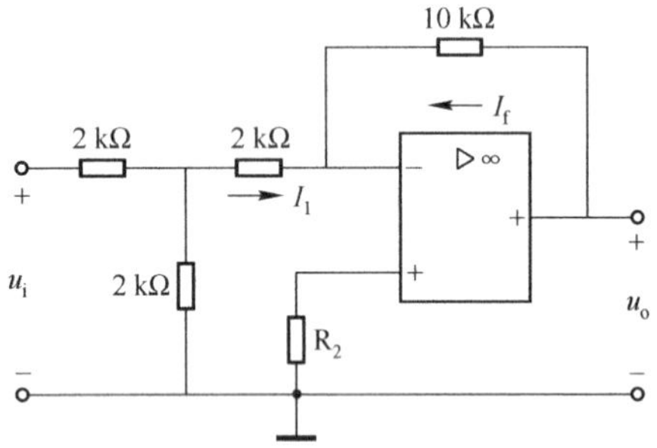

图5-97

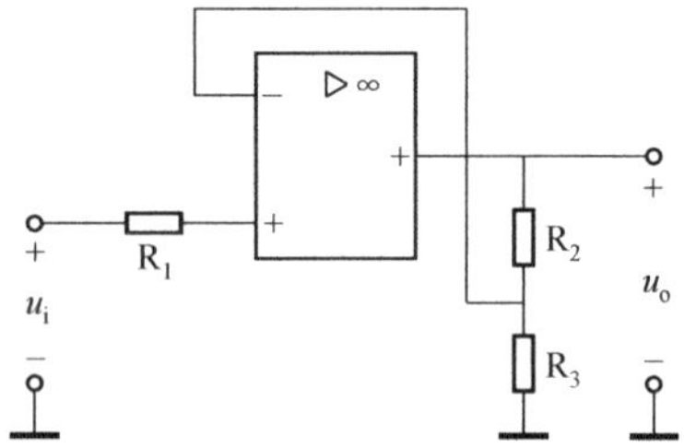

图5-98

课外阅读22　国产三极管的命名方法

三极管的型号一般由五大部分组成，如3AX31A、3DG12B、3CG14G等，各部分意义如表5-3所示。

例如，3DG130C是NPN型硅高频小功率三极管的C挡，3AX52B是PNP型锗低频小功率三极管的B挡。

表5-3　国产半导体三极管型号的意义

第一部分		第二部分		第三部分				第四部分	第五部分
用数字来表示器件的电极数目		用拼音字母表示器件的材料和极性		用汉语拼音字母表示器件的类型				用数字表示器件型号的序号	用汉语拼音字母表示规格号
符号	意义	符号	意义	符号	意义	符号	意义		
3	三极管	A B C D K CS	PNP型，锗材料 NPN型，锗材料 PNP型，硅材料 NPN型，硅材料 开关管 场效应器件	X G	低频小功率管 $\left(\begin{matrix} f_\beta<3MHz \\ P_C<1W \end{matrix}\right)$ 高频小功率管 $\left(\begin{matrix} f_\beta\geq 3MHz \\ P_C<1W \end{matrix}\right)$	D A U	低频大功率管 $\left(\begin{matrix} f_\beta<3MHz \\ P_C\geq 1W \end{matrix}\right)$ 高频大功率管 $\left(\begin{matrix} f_\beta\geq 3MHz \\ P_C\geq 1W \end{matrix}\right)$ 光电器件	如52、130等	如B、C等

课外阅读 23　三极管的动态开关特性

如图 5-99 所示为双极型三极管开关电路，其动态开关特性如图 5-100 所示。

从输出特性曲线上可看出，当三极管处于截止区时，$u_i \leqslant 0$，发射结零偏或反偏，$I_b = 0$，$I_c = I_{CEO} \approx 0$。如图 5-99 所示的双极型三极管开关电路集电极到发射极之间如同断开的开关，此时输出电压 $u_o = U_{OH} = V_{CC}$。

当三极管处于饱和区时，发射结和集电结均为正偏，$U_{CE} = U_{CE(sat)} \approx 0$。集电极到发射极之间如同闭合的开关，此时输出电压 $u_o = U_{OL} = 0$。

只要用 u_i 的高低电平控制三极管，即可使其分别工作在饱和和截止状态。当三极管处于开关状态时，在输出端可获得对应的高、低电平。

在动态情况下，当输入端加入如图 5-100 所示的脉冲信号时，三极管将在截止与饱和状态间转换，由于三极管内部电荷的建立和消散都需要一定时间，使得集电极电流 i_c 和输出电压 u_o 总要比 u_i 滞后一些时间，大致在几十到几百纳秒之间，其波形也如图 5-100 所示，这也影响了由双极型三极管组成的集成逻辑门的信号传输速度。

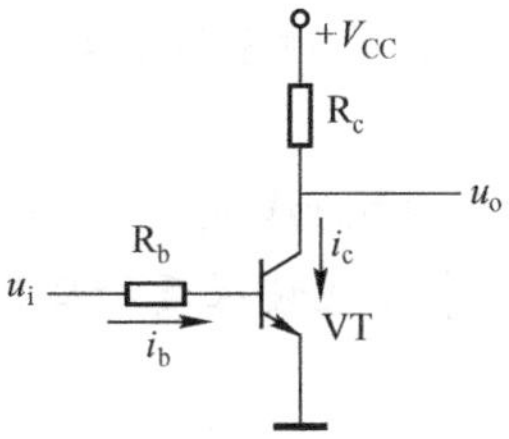

图 5-99　双极型三极管开关电路

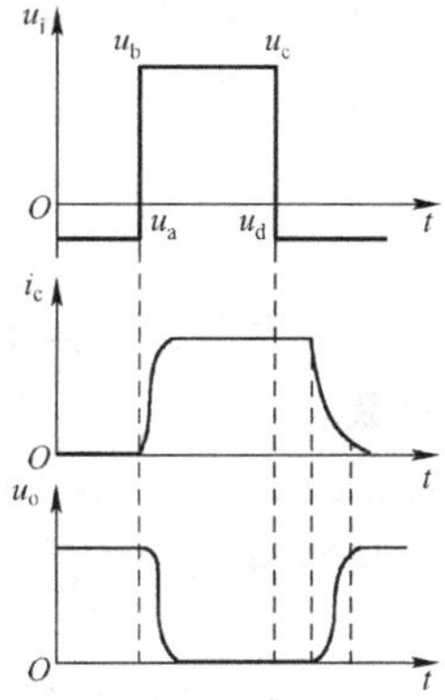

图 5-100　双极型三极管的动态开关特性

课外阅读 24　反馈放大电路的关系式

反馈放大电路由基本放大电路 $\dot{A}$ 和反馈网络 $\dot{F}$ 两部分组成，框图如图 5-101 所示。$\dot{X}_i$ 表示输入信号，$\dot{X}_o$ 表示输出信号，$\dot{X}_f$ 表示反馈信号，$\dot{X}_{id}$ 是输入信号 $\dot{X}_i$ 与反馈信号 $\dot{X}_f$ 相比较后的净输入信号，$\dot{A}$ 为开环放大倍数，$\dot{F}$ 为反馈系数。由于这里主要讨论负反馈，所以 $\dot{X}_f$ 与 $\dot{X}_i$ 极性相反。

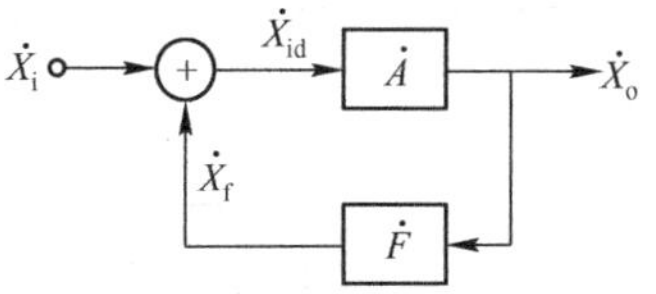

图 5-101　反馈放大电路的一般框图

由图 5-101 可知，放大电路的开环放大倍数为：

$$\dot{A} = \frac{\dot{X}_o}{\dot{X}_{id}} \tag{5-49}$$

反馈网络的反馈系数为：

$$\dot{F}=\frac{\dot{X}_f}{\dot{X}_o} \tag{5-50}$$

放大电路的闭环放大倍数为：

$$\dot{A}_f=\frac{\dot{X}_o}{\dot{X}_i} \tag{5-51}$$

由于

$$\dot{X}_{id}=\dot{X}_i-\dot{X}_f=\dot{X}_i-\dot{F}\dot{X}_o=\dot{X}_i-\dot{A}\dot{F}\dot{X}_{id} \tag{5-52}$$

所以将式（5-49）和式（5-52）代入式（5-51）得：

$$\dot{A}_f=\frac{\dot{X}_o}{\dot{X}_i}=\frac{\dot{A}\dot{X}_{id}}{\dot{X}_{id}+\dot{A}\dot{F}\dot{X}_{id}}=\frac{\dot{A}}{1+\dot{A}\dot{F}} \tag{5-53}$$

在式（5-53）中，若$|1+\dot{A}\dot{F}|>1$，则$|\dot{A}_f|<|\dot{A}|$，即加入反馈后闭环放大倍数小于开环放大倍数，为负反馈；若$|1+\dot{A}\dot{F}|<1$，则$|\dot{A}_f|>|\dot{A}|$，加入反馈后闭环放大倍数大于开环放大倍数，为正反馈，正反馈会使放大电路性能不稳定，在放大电路中基本不用；若$|1+\dot{A}\dot{F}|=0$，则$|\dot{A}_f|\to\infty$，表明在不加输入信号时，仍有输出信号，这种现象称为自激振荡。

思考题：

（1）有一负反馈放大器，已知其开环放大倍数$A=50$，反馈系数$F=1/10$，试求其反馈深度和闭环放大倍数。

（2）有一负反馈放大器，已知在闭环时，当输入电压为50mV时，输出电压为2V；而在开环时，当输入电压为50mV时，输出电压则为4V，试求其反馈深度和反馈系数。

课外阅读25　共基极放大电路

如图5-102所示为共基极放大电路，图5-103和图5-104分别为它的直流通路与交流通路。从交流通路中可看出，信号从发射极输入，从集电极输出，输入、输出共用基极，因此称它为共基极电路。

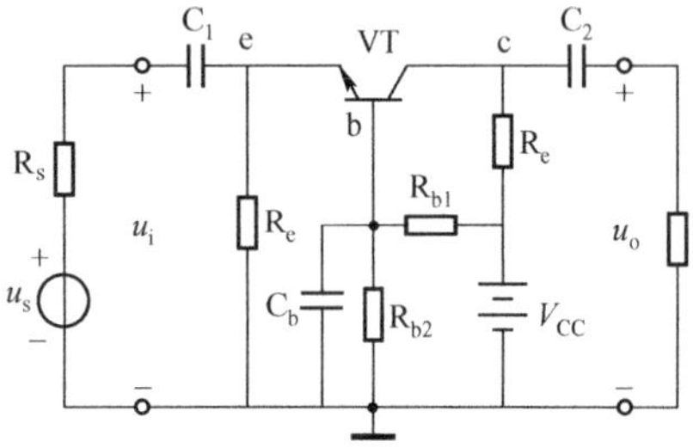

图5-102　共基极放大电路

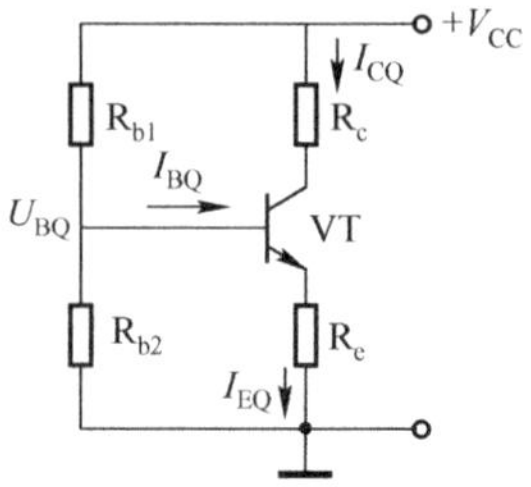

图5-103　直流通路

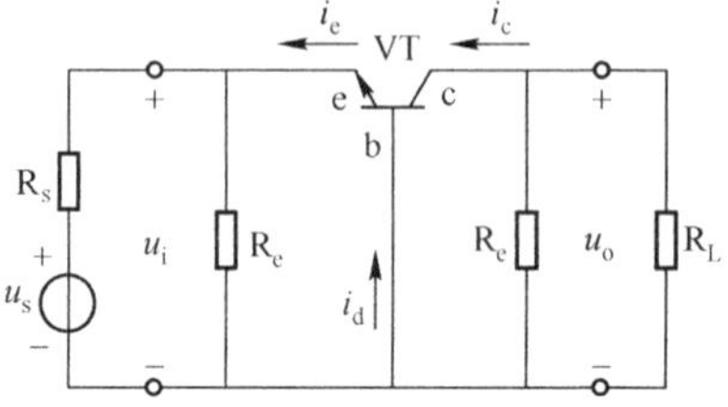

图5-104　交流通路

其直流通路与分压式偏置电路的直流通路完全相同，因此其静态分析与计算也完全相同。共基极电路的动态指标计算公式如下：

$$A_u = \frac{u_o}{u_i} = \beta\frac{R_c /\!/ R_L}{r_{be}} \tag{5-54}$$

$$R_i = R_e /\!/ \frac{r_{be}}{1+\beta} \approx \frac{r_{be}}{1+\beta} \tag{5-55}$$

$$R_o = R_c \tag{5-56}$$

共基极放大电路的特点是：输入电流与输出电流近似相等，没有电流放大作用。它的电压放大倍数在数值上与共射极电路相同，输入与输出同相位。其输入电阻很小，输出电阻与共射极电路相近。这类电路最突出的优点是通频带宽，高频特性较好，多用于高频和宽频带电路中。

课外阅读 26　三种基本放大电路的比较

前面已经分析了三极管放大电路三种组态的主要性能指标和特点，现将其总结于表 5-4 中。

表 5-4　三极管放大电路三种基本组态的比较

组态	共发射极	共集电极	共基极
电路形式	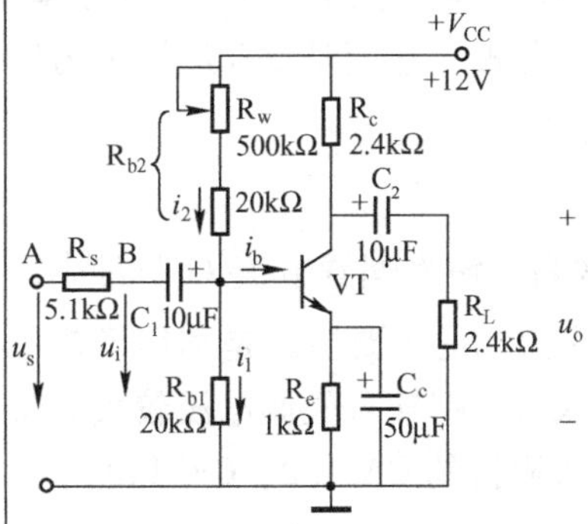	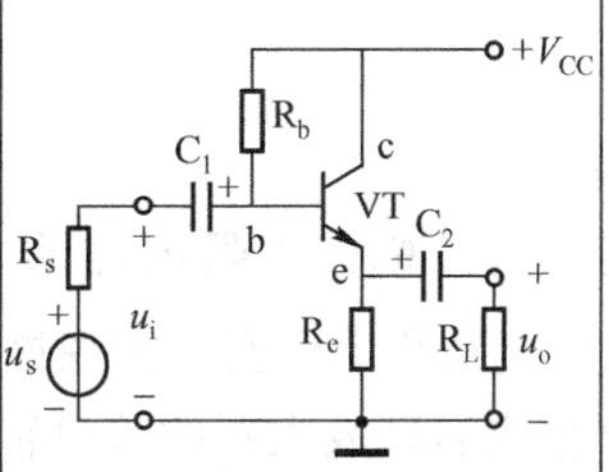	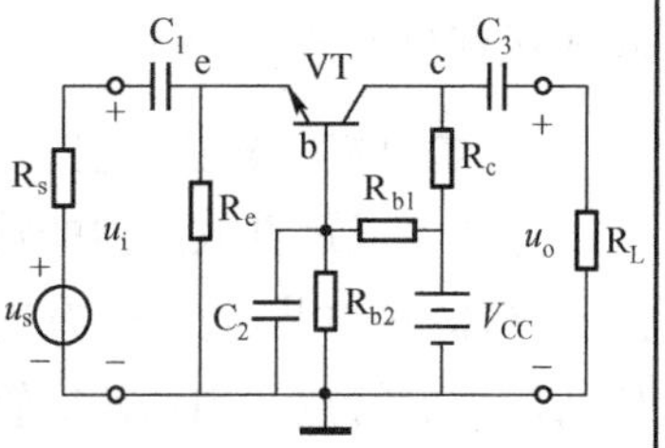
A_u	$\beta\frac{R_c /\!/ R_L}{r_{be}}$（较大）	$\frac{(1+\beta)R'_L}{r_{be}+(1+\beta)R'_L}$（近似为 1）	$\beta\frac{R_c /\!/ R_L}{r_{be}}$（较大）
R_i	$R_{b1} /\!/ R_{b2} /\!/ r_{be}$（适中）	$R_b /\!/ [r_{be}+(1+\beta)R'_L]$（很大）	$R_e /\!/ \frac{r_{be}}{1+\beta} \approx \frac{r_{be}}{1+\beta}$（较小）
R_o	R_c（适中）	$\frac{r_{be}+(R_s /\!/ R_b)}{1+\beta}$（很小）	R_c（适中）
相位关系	反相	同相	同相
用途	多用于低频放大和多级放大器的中间级	多用于高输入电阻的输入级、低输出电阻的输出级以及中间隔离级	多用于高频和宽频带电路

课外阅读 27　加减运算电路的设计

设计一个加减运算电路，使 $u_o = 2u_{i1} + 3u_{i2} - 4u_{i3}$，要求取 $R_f = 60\,\text{k}\Omega$。

加减运算电路如图5-105所示。

当满足电路平衡条件时，该电路的输出电压为：

$$u_o = R_f\left(\frac{u_{i1}}{R_1}+\frac{u_{i2}}{R_2}-\frac{u_{i3}}{R_3}\right)$$

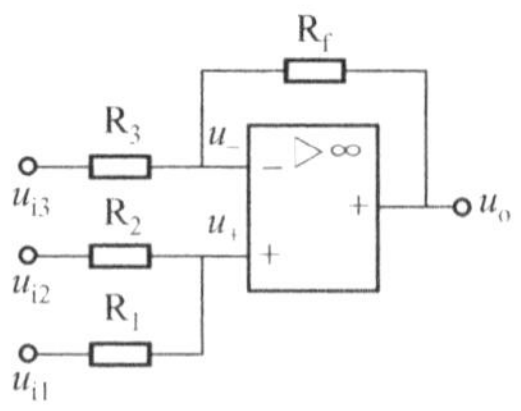

图5-105　加减运算电路

又由于待求函数式为 $u_o = 2u_{i1} + 3u_{i2} - 4u_{i3}$，所以可得：

$$\frac{R_f}{R_1}=2,\ \frac{R_f}{R_2}=3,\ \frac{R_f}{R_3}=4$$

取 $R_f = 60\,\text{k}\Omega$，$R_1 = 30\,\text{k}\Omega$，$R_2 = 20\,\text{k}\Omega$，$R_3 = 15\,\text{k}\Omega$，得：

$$R_1 /\!/ R_2 = R_3 /\!/ R_f = 12\,\text{k}\Omega。$$

课外阅读28　集成运算放大器的分类

按照集成运算放大器的参数来分，集成运算放大器可分为如下几类。

1）通用型运算放大器

通用型运算放大器是以通用目的而设计的。这类器件的主要特点是价格低廉、产品量大面广，其性能指标能适合于一般性使用。例如，μA741（单运放）、LM358（双运放）、LM324（四运放）及以场效应管为输入级的LF356都属于此种。它们是目前应用最为广泛的集成运算放大器。

2）高阻型运算放大器

这类集成运算放大器的特点是差模输入阻抗 r_{id} 非常高，输入偏置电流 I_{IB} 非常小，一般 $r_{id} >（10^9 \sim 10^{12}）\Omega$，$I_{IB}$ 为几皮安到几十皮安。实现这些指标的主要措施是利用场效应管高输入阻抗的特点，用场效应管组成运算放大器的差分输入级，但输入失调电压较大。常见的集成器件有LF356、LF355、LF347（四运放）及更高输入阻抗的CA3130、CA3140等。

3）低温漂型运算放大器

在精密仪器、弱信号检测等自动控制仪表中，总是希望运算放大器的失调电压要小且不随温度的变化而变化。低温漂型运算放大器是为此目的而设计的。目前常用的高精度、低温漂运算放大器有OP－07、OP－27、AD508及由MOSFET组成的斩波稳零型低漂移器件ICL7650等。

4）高速型运算放大器

在快速A/D和D/A转换器、视频放大器中，要求集成运算放大器的转换速率 SR 一定要高，单位增益带宽 BW_G 一定要足够大，像通用型集成运放是不能适合于高速应用场合的。高速型运算放大器主要特点是具有高的转换速率和宽的频率响应。常见的运放有LM318、μA715等，其 $SR = 50 \sim 70\,\text{V}/\mu\text{s}$，$BW_G > 20\,\text{MHz}$。

5）低功耗型运算放大器

由于电子电路集成化的最大优点是能使复杂电路小型轻便，所以随着便携式仪器应用范围的扩大，必须使用低电源电压供电、低功率消耗的运算放大器。常用的运算放大器有TL－022C、TL－060C等，其工作电压为±2 V～±18 V，消耗电流为50～250 mA。目前有的产品功耗已达微瓦级，例如 ICL7600 的供电电源为 1.5 V，功耗为 10 μW，可采用单节电池供电。

6）高压大功率型运算放大器

运算放大器的输出电压主要受供电电源的限制。在普通的运算放大器中，输出电压的最大值一般仅为几十伏，输出电流仅为几十毫安。若要提高输出电压或增大输出电流，集成运放外部必须要加辅助电路。高压大电流集成运算放大器外部不需附加任何电路，即可输出高电压和大电流。例如，D41 集成运放的电源电压可达 ±150 V，μA791 集成运放的输出电流可达 1 A。

课外阅读29　三极管与放大电路的频率特性

三极管的技术指标中有"最大工作频率 f_T"，从器件类型来分也有"低频管"和"高频管"之别，这些都时刻提醒我们，在电信号的传输放大过程中，也要考虑频率对放大器特性的影响。

由于三极管极间电容和分布电容的存在，在电路中亦有耦合电容、旁路电容的影响，在输入信号频率改变时，电路的放大倍数和输出波形的相位均会发生变化，放大电路中信号的放大倍数或相位与频率之间的关系，称为放大电路的幅频特性或相频特性。共射极放大电路的频率特性曲线如图 5-106 所示。

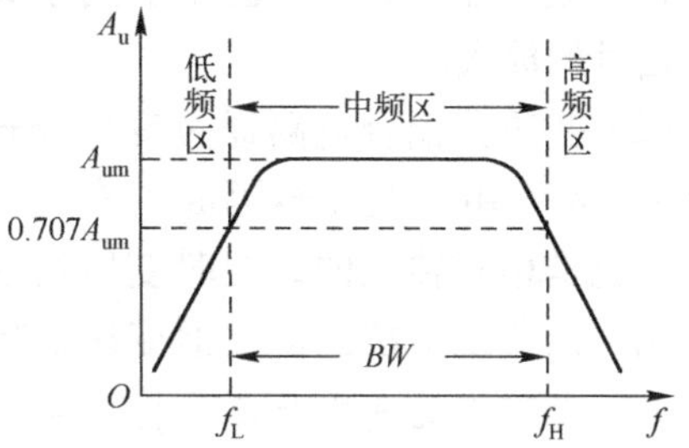

（a）幅频特性

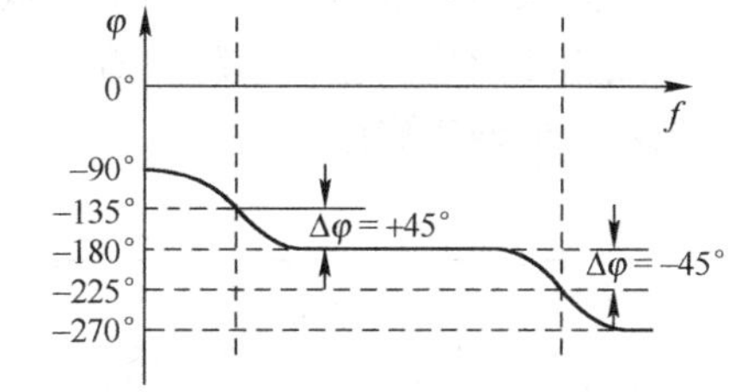

（b）相频特性

图 5-106　共射极放大电路频率特性曲线

分析幅频特性曲线和相频特性曲线可知，共射放大电路在中频段的电压放大倍数基本不变，输入、输出电压相位差基本保持 180°，这是因为中频区范围内耦合电容、旁路电容容抗很小，可视为短路，而极间电容和分布电容等效容抗很大，可视为开路，均对信号无影响。

在低于中频段的范围内，随着信号频率的下降，极间电容和分布电容的等效容抗增大，仍视为开路，但耦合电容和旁路电容的等效容抗增大，损耗一部分电压信号，引起电压放大倍数的减小和信号的相移，相位差最大可达 +90°。

而在高于中频段的范围内，随着信号频率的升高，耦合电容和旁路电容仍视为短路，而极间电容和分布电容的等效容抗减小，对信号电流起到分流作用，同样引起电压放大倍数的减小和信号的相移，相位差最大可达 −90°。

如果放大电路的通频带 BW（将信号频率下降或上升而使电压放大倍数下降到中频区的 0.707 倍所对应的频率分别称为下限截止频率 f_L 和上限截止频率 f_H，f_L 与 f_H 之间的频率范围称为通频带，$BW=f_H-f_L$）不够宽，则信号中各种频率成分的放大倍数和附加相移将发生变化，使输出信号波形失真，统称为频率失真。频率失真属于线性失真。

为在有限的坐标空间内完整地描述频率特性曲线，工程上将幅频特性和相频特性曲线的横坐标用对数作为刻度，以扩展频率范围，纵坐标上的电压放大倍数用电压增益分贝数

（$20\lg|\dot{A}_u|$）表示，相位差 φ 仍用线性刻度，这种对数频率特性曲线称为波特图，有兴趣的同学可以查阅资料进一步学习。

课外阅读 30　多级放大电路的耦合方式

多级放大电路的常见耦合方式有阻容耦合、变压器耦合、直接耦合。

（1）阻容耦合方式利用电容连接信号源与放大电路、放大电路的前后级、放大电路与负载，如图 5-107 所示，阻容耦合电路的各级静态工作点各自独立，互不影响，但不能用于直流或缓慢变化信号的放大。

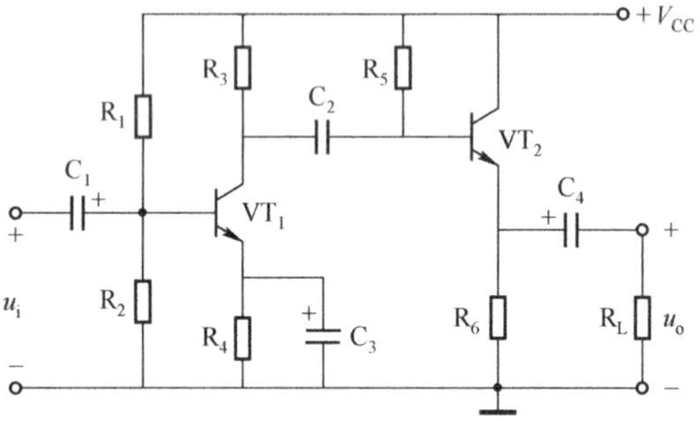

图 5-107　两级阻容耦合放大电路

（2）变压器耦合电路通过变压器连接，如图 5-108 所示，由于变压器隔断了直流，各级静态工作点也是相互独立的，同时变压器还有阻抗变换作用，以实现阻抗匹配。但变压器耦合频率特性较差，常用于选频放大或要求不高的功率放大电路。

（3）直接耦合电路前级的输出端直接与后级输入端相连接，如图 5-109 所示，其各级静态工作点相互影响，相互牵制，需合理调整各级元件，实现正确放大。直接耦合电路易产生零点漂移，但便于集成。

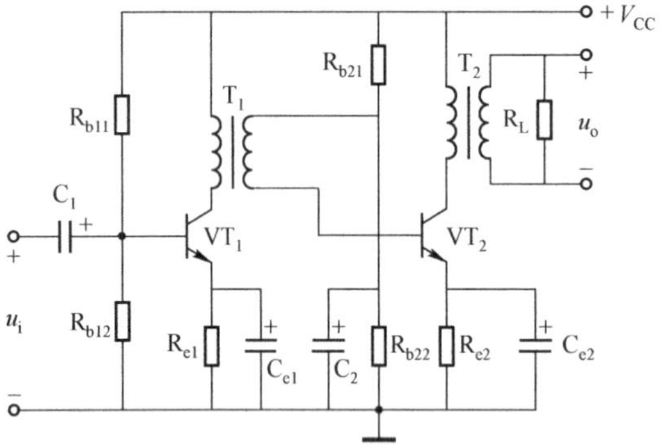

图 5-108　两级变压器耦合放大电路

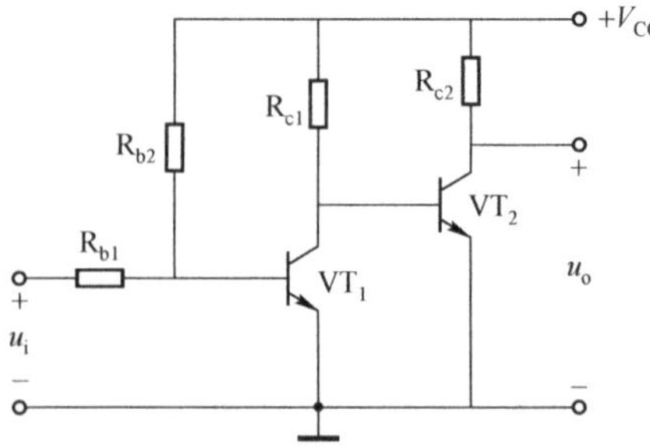

图 5-109　两级直接耦合放大电路

课外阅读 31　场效应管特性分析

在生产实际中，场效应管与三极管一样拥有重要的位置，本教材对场效应管放大电路并未进行分析，需要说明的是，任何一种器件，只要从其特性着手，花些心思，查找资料，总能理解其使用方法。以 N 沟道结型场效应管为例，如图 5-110 所示为其转移特性曲线和输出特性曲线。可以看到，该场效应管有一个特性参数——夹断电压 U_p，当 $U_p < u_{gs} < 0$ 时，漏极电流 i_d 的变化量与栅源电压 u_{gs} 的变化量之比为一定值，用低频跨导 g_m 表示，即：

$$g_m = \left.\frac{\Delta i_d}{\Delta u_{gs}}\right|_{u_{ds}=\text{常数}} \tag{5-57}$$

当工作信号幅度足够小，且工作在恒流区时，场效应管与三极管一样，也可以用微变等效模型来代替，如图5-111所示，我们可用此对场效应管的放大电路进行分析。

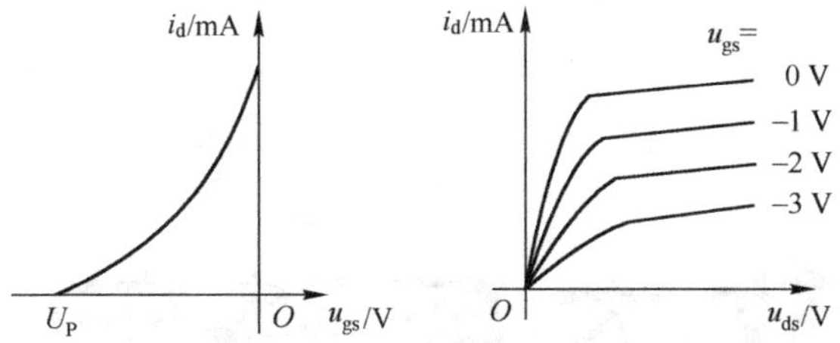

（a）转移特性曲线　（b）输出特性曲线

图5-110　N沟道结型场效应管特性曲线

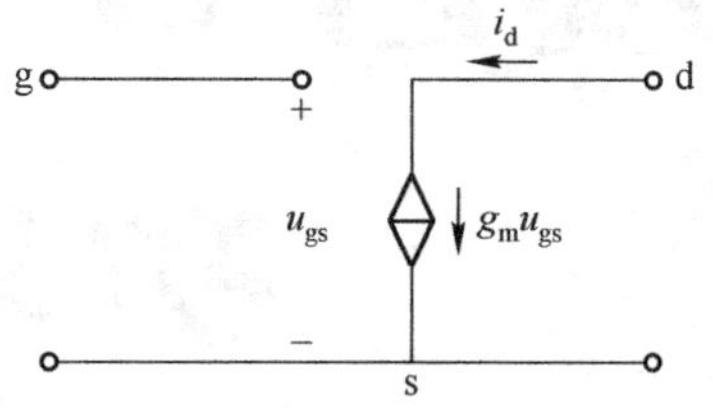

图5-111　场效应管的微变等效模型

资料检索5

（1）归纳总结本项目所涉及的各种元器件型号及元器件的选型方法。

（2）查找资料，了解三极管封装和引脚的相关知识。

（3）查找资料，理解场效应管的工作特性。

（4）查找资料，了解不同类型的反馈对放大电路的影响。

教学安排建议5

序号	知识单元	项目资讯	项目实践	主要技能目标	学时	备注
1	单管放大电路的分析与测试	三极管特性、单管放大电路分析	1. 元器件检测； 2. 单管放大电路测试	1. 用万用表确定三极管管脚； 2. 三极管静态参数的测量； 3. 用示波器调整最佳静态工作点	8	有轨小车正、反转定速运动电路的设计、制作与调试
2	用运放构成的比例放大器和加法器的设计与调试	差动放大电路分析、运放特性、运放的线性应用	比例放大器和加法器的调试	1. 示波器的熟练使用； 2. 电阻参数的选择	6	电子秤压力信号放大电路的分析与调试

项目 6

功率放大电路的分析与调试

学习要求

知识要求	(1) 理解功率放大电路的基本要求。 (2) 理解分立元件的功率放大电路的工作原理。 (3) 理解由集成功率放大器组成的功率放大电路的工作原理。
技能要求	(1) 能进行分立元件的功率放大电路元器件的选型。 (2) 通过电路参数测试，理解功率放大的必要性。 (3) 掌握由集成功率放大器组成的功率放大电路的设计方法。

项目分析与资讯6

在项目实施11中设计小车定速运动控制电路时，只需改变小车运转电机的电源极性就可以实现小车的正、反转运行了，而且电源电压的直供使电机有足够的驱动功率。当我们要实现小车的变速往复运动时，电机的控制方法就要发生改变了，如图6-1所示为小车变速往复运动控制示意图。

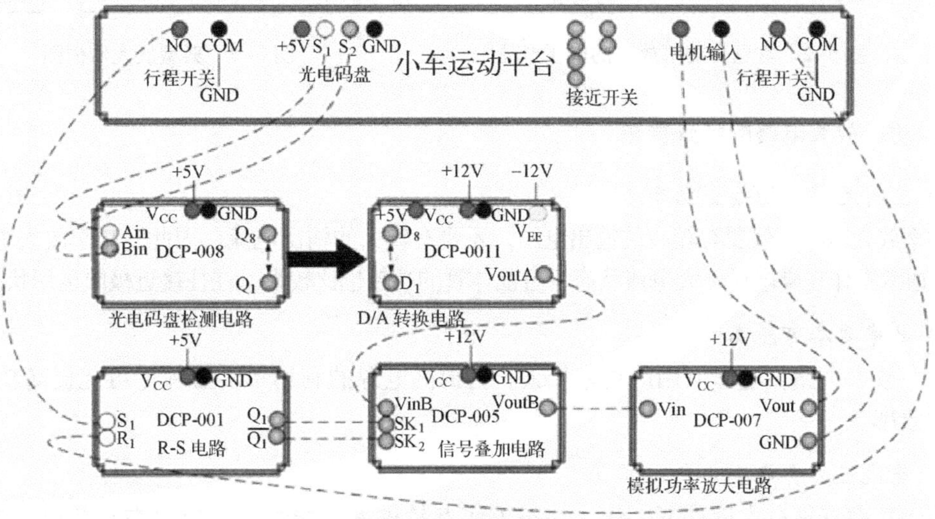

图6-1　小车变速往复运动控制示意图

光电码盘对小车电机的旋转方向进行脉冲识别，在电机正、反转时会产生截然相反的脉冲序列，转速越快，脉冲频率越高。将脉冲送入计数器电路计数，再经D/A转换电路后便获得了可变的电压，最后将其送入信号叠加电路。如果直接用信号叠加电路的输出信号控制电机，就会发现电机一动不动，测量输出信号，也会发现虽然电压幅度够高，但电流信号却极小，功率不够，自然电机转不起来。因此，需要在由运放组成的信号叠加电路后端增加一级提升信号功率的电路。想想看，怎样的电路能提升信号功率呢？

本单元主要通过“分立元件、集成元件的变速运动小车功率放大电路”项目任务的分析与测试，学习功率放大电路的应用方法与技巧。

6.1　功率放大电路的特殊性

1. 功率放大电路的地位

如图6-2所示是在生活中常常见到的电子产品，其悦耳的声音丰富了我们的生活。但在常规电子电路参数测量过程中常发现电路中的工作电流很小，如果在电路中接入显示器件或发声器件，由这样的电流获得的声光效果往往不能满足生活、生产的实际需求，那究竟是什么原因让电子电路中微弱的电流信号发出了这样强大的功效呢？

在实用电子电路中，放大电路的末级是用特有的功率放大电路去驱动负载的，以输出功率足够大的信号来满足扬声器、继电器、指示表头或显示器等负载的功率匹配需求。典型放大器框图如图6-3所示。

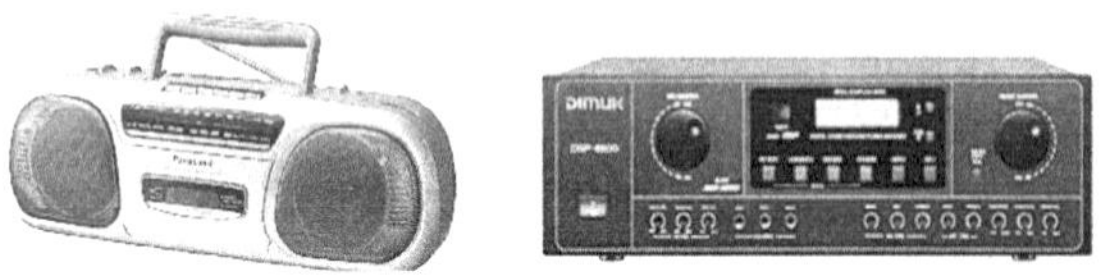

（a）录音机　　（b）卡拉OK功放

图6-2　常见带功率放大的电子产品

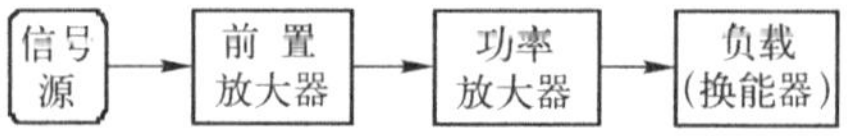

图6-3　典型放大器框图

2. 功率放大电路的特殊要求

1）应有足够大的输出功率

功率放大电路不仅要有较高的输出电压，还要有较大的输出电流。因此，功率放大电路中的晶体管通常工作在高电压、大电流状态，且晶体管的功耗也比较大，往往接近极限运用状态。

2）效率要尽可能高

功率放大电路从电源取用的功率较大，为提高电源的利用率，必须尽可能提高功率放大电路的效率。

3）非线性失真要小

由于功率器件在大信号下工作，动态工作点易进入非线性区，所以在功放电路的设计、调试过程中，必须把非线性失真限制在允许的范围内。

4）采取保护措施

大功率器件都应采取加装散热片等保护措施。

3. 分立元件功率放大电路的类型

按照三极管工作状态的不同，功率放大电路可分为甲类、甲乙类、乙类等。功放管在上述三类工作状态下相应的静态工作点位置及其波形如图6-4所示。甲类的 Q_A 点位于负载线的中点附近，整个周期均导通；乙类的 Q_C 点处于截止区，半个周期导通；甲乙类的 Q_B 点接近截止区，导通时间大于半个周期。由图6-4可见，甲类功率放大电路的静态工作点设置得

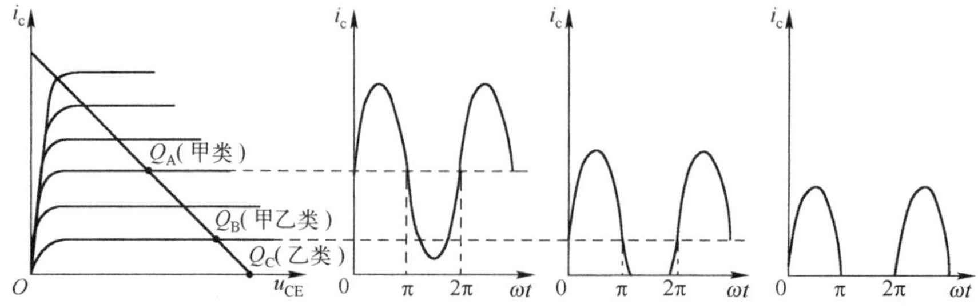

（a）工作点位置　（b）甲类波形　（c）甲乙类波形　（d）乙类波形

图6-4　各类功率放大电路的静态工作点位置及其波形

较高，失真很小，但不论有无信号，始终有较大的静态工作电流 I_C，会消耗一定的电源功率 P_V，因此其效率较低，最高不超过50%。目前，大量应用的是无变压器的乙类互补功率放大电路。此类电路按电源供给方式的不同，分为双电源互补对称功率放大电路和单电源互补对称功率放大电路。

6.2　分立元件功率放大电路的分析

6.2.1　乙类双电源互补对称功率放大电路

1. 电路分析

乙类双电源互补对称功率放大电路（OCL）如图6-5（a）所示。电路选择了两个对称的异型管（一个NPN型，一个PNP型）。当 $u_i \geqslant 0$ 时，即在正弦输入信号的正半周期，NPN型的三极管因正偏而导通，在负载上出现输出电压 u_o 的正半周期，而PNP型管因反偏而截止；当 $u_i \leqslant 0$ 时，即输入信号的负半周期，NPN型管因反偏而截止，而PNP型管因正偏而导通，在负载上出现输出电压 u_o 的负半周期。这样，负载在输入信号的整个周期中都有电流流过，若死区电压忽略不计，则输出电压可认为是一个完整的正弦波。理想输出信号波形如图6-5（c）所示。

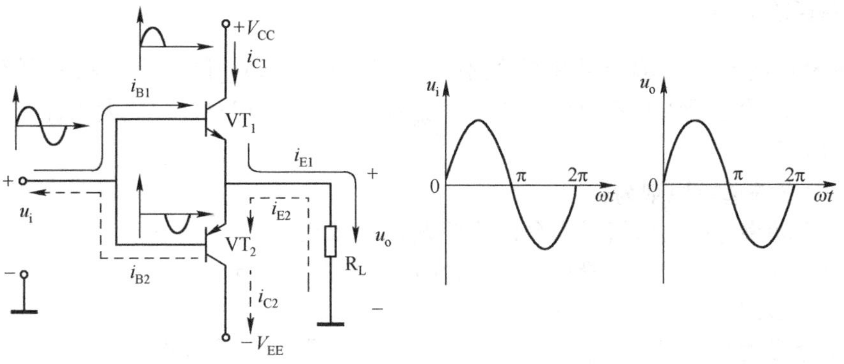

(a) 基本原理电路　　(b) 输入信号波形　　(c) 理想输出信号波形

图6-5　乙类双电源互补对称功率放大电路

下面用图解分析法分析三极管的工作特性，如图6-6所示。根据图6-5列出负载线的方程，为 $u_{CE}=V_{CC}-i_C R_L$。无输入信号时，若三极管穿透电流 I_{CEO} 可忽略不计，则 $I_{C1}=I_{C2}=0$，$U_{CEQ}=U_{CC}$，因此该三极管工作在乙类放大状态。由此可见，三极管的最大不失真输出电压为 $V_{CC}-U_{CE(sat)}$。

2. 性能指标计算

（1）输出功率：

$$P_o=U_oI_o=\frac{U_{om}I_{om}}{2}=\frac{U_{om}^2}{2R_L} \tag{6-1}$$

根据最大不失真输出电压，得最大不失真输出功率：

$$P_{om}=\frac{(V_{CC}-U_{CE(sat)})^2}{2R_L} \tag{6-2}$$

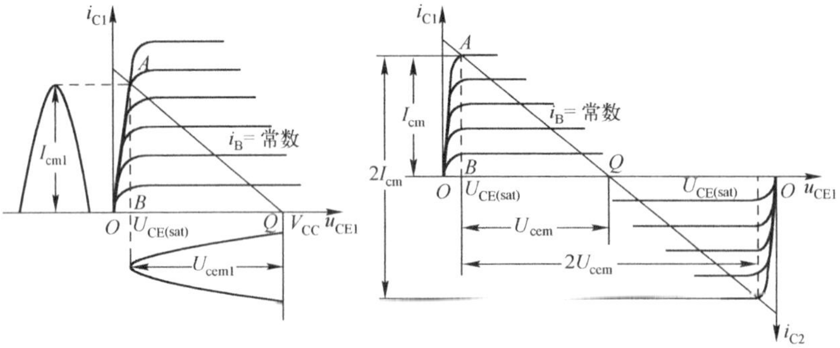

图 6-6　OCL 电路的图解分析

（2）电源供给功率：　$P_V = 2I_{cm} \cdot V_{cc} = \dfrac{2V_{CC} \cdot U_{om}}{\pi R_L}$　（6-4）

（3）管耗：　$P_C = P_{V1} + P_{V2} = P_V - P_{om} = \dfrac{2}{R_L}\left(\dfrac{V_{CC} \cdot U_{om}}{\pi} - \dfrac{U_{om}^2}{4}\right)$　（6-3）

（4）效率：　$\eta = \dfrac{P_o}{P_V} = \dfrac{\pi}{4} \cdot \dfrac{U_{om}}{V_{CC}}$（$U_{CE(sat)}$忽略不计）　（6-5）

当电压输出最大功率即 $U_{om} \approx V_{CC}$时效率最高，$\eta_m \approx \dfrac{\pi}{4} \approx 78.5\%$。

3. 功率管的选择

（1）最大管耗与最大输出功率的关系：当 $U_{om} = 0.637V_{CC}$时，每个功率管有最大管耗 $P_{CM} = 0.2P_{om}$，而输出最大功率时管耗 P_C（$U_{om} \approx V_{CC}$）$\approx 0.137P_{om}$，最大管耗与最大输出功率并不同时出现。

（2）功率管的选择原则为：

① 每一个功率管的集电极最大允许管耗 $P_{CM} > 0.2P_{om}$。

② 一只管导通时，另一只管截止，后者的 C、E 极间承受的最大反压近似为 $2V_{CC}$，因此管子的 $U_{BR(CEO)} \geqslant 2V_{CC}$；

③ 功率管导通的最大电流为 $I_{om(max)} \approx V_{CC}/R_L$，因此管子的集电极允许电流为 $I_{CM} > V_{CC}/R_L$；

④ 为避免功率管二次击穿，管子的参数选择应留有余量。

交越失真

乙类放大电路的静态电流 I_C 为零，效率高。但是从图 6-5（a）可以看到，三极管发射结的导通压降是由输入信号提供的，这就意味着当输入信号幅值未大于发射结死区电压时，三极管不导通，此时输出端则没有输出电压。当用示波器观察输出电压波形时，就会发现波形在过零点附近出现了失真，如图 6-7 所示。因为失真既出现在正半周，也出现在负半周，故称它为交越失真。

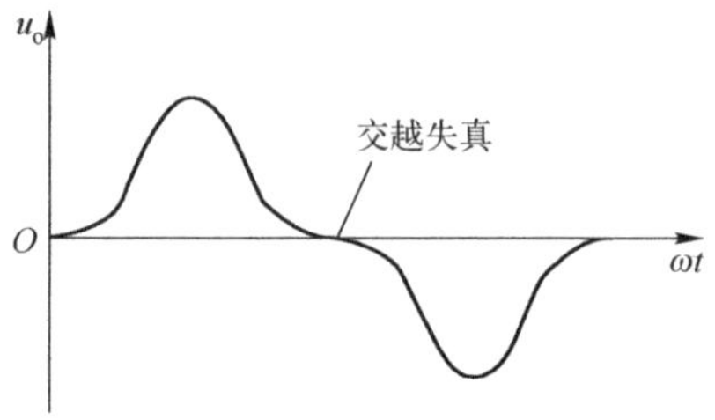

图 6-7　交越失真波形

6.2.2　甲乙类互补对称功率放大电路

为了消除交越失真，可考虑为两个功率管提供一定的直流偏置电压，这里选择将与发射结压降接近的两个二极管与可调电位器串联后并接在功率管的两个发射结上来去除交越失真，由此组成了甲乙类互补对称功率放大电路（OCL），如图6-8所示。

在电路中，VT_3 组成电压放大级，R_c 为其集电极负载电阻。当 VD_1、VD_2 正偏导通时，它们和 R_P 一起为 VT_1、VT_2 提供偏压，使 VT_1、VT_2 在静态时处于微导通状态，即处于甲乙类工作状态。此外，VD_1、VD_2 有温度补偿作用，可使 VT_1、VT_2 管的静态电流基本不随温度的变化而变化。

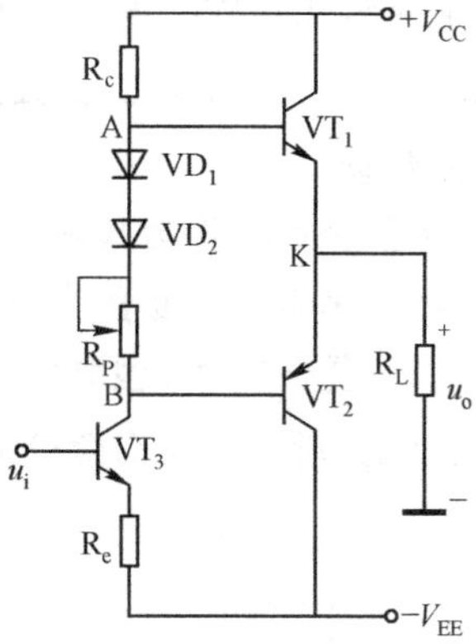

图6-8　甲乙类互补对称功率放大电路

静态工作点对电路的影响

对设置了偏压电路的甲乙类互补对称功率放大电路而言，电路制作完毕后，一定要检查偏压电路的焊接质量，若静态工作点失调，如 R_P、VD_1、VD_2 中任一元件虚焊，则经 R_c、VT_1 管发射结、VT_2 管发射结、VT_3 集电极－发射极、R_e 到 $-V_{EE}$ 会形成一个通路，并有较大的基极电流 I_{B1} 和 I_{B2} 流过，从而导致 VT_1、VT_2 管因功耗过大而损坏。因此，常需在输出回路中串接熔断器以保护功率管和负载。

6.2.3　无输出变压器的甲乙类互补对称功率放大电路

无输出变压器的甲乙类互补对称功率放大电路（OTL）如图6-9所示。与图6-8相比，该电路采用了单电源供电方式，在输出端负载支路中串接了一个大容量电容 C_2，利用电容的储能作用充当整个电路的负电源来满足电路的需求。

与OCL电路相比，图6-9中每只三极管的实际工作电源电压不是 V_{CC}，而是 $V_{CC}/2$，因此，在计算OTL电路的主要性能指标时，将OCL电路计算公式中的参数 V_{CC} 全部改为 $V_{CC}/2$ 即可。

输出功率：
$$P_o = \frac{U_{om}^2}{2R_L} \tag{6-6}$$

最大不失真输出功率：
$$P_{om} = \frac{\left(\frac{V_{CC}}{2} - U_{CE(sat)}\right)^2}{2R_L} \tag{6-7}$$

电源供给功率：
$$P_V = \frac{V_{CC}U_{om}}{\pi R_L} \tag{6-8}$$

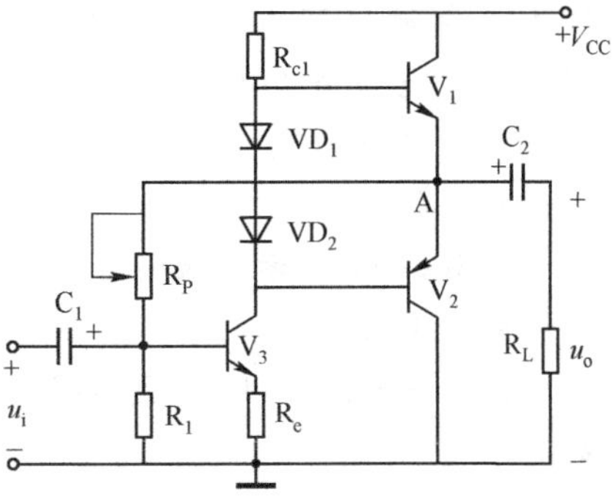

图6-9　OTL电路

管耗：

$$P_{CM}=\frac{2}{R_L}\left(\frac{V_{CC}U_{om}}{2\pi}-\frac{U_{om}}{4}\right) \tag{6-9}$$

当电路输出最大功率时即 $U_{om}\approx\frac{V_{CC}}{2}$ 时效率最大，$\eta\approx78.5\%$。

复合管

复合管是指将两只或多只三极管按一定规律进行组合，等效成一只三极管。复合管又称达林顿管。复合管的组合方式如图6-10所示。复合管具有如下特点。

（1）复合管的类型取决于前一只管子，即 i_B 向管内流者等效为NPN型管，如图6-10（a）、（d）所示；i_B 向管外流者等效为PNP型管，如图6-10（b）、（c）所示。

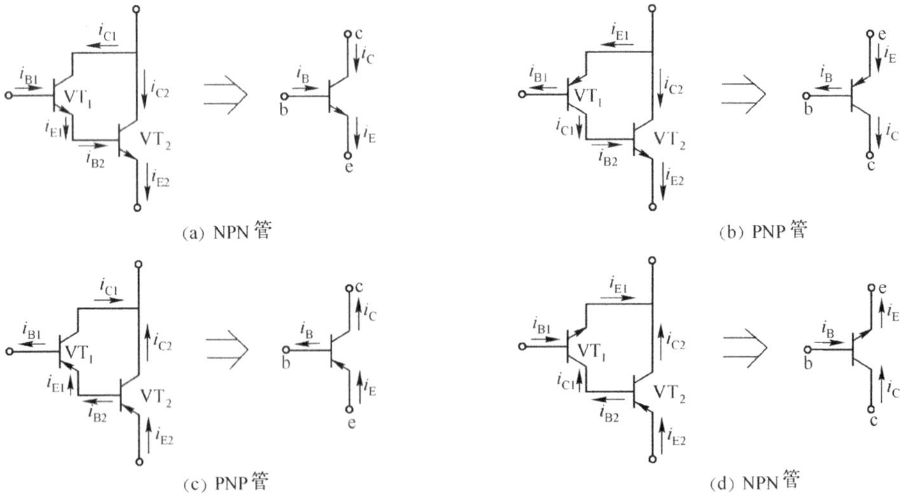

（a）NPN管 （b）PNP管 （c）PNP管 （d）NPN管

图6-10 复合管的组合方式

（2）复合管的电流放大系数约等于各个管子电流放大系数之积，即 $\beta\approx\beta_1\beta_2\cdots$。

（3）复合管的各管各极电流必须符合电流一致性原则，即各极电流的流向必须一致：串接点处电流方向应一致；并接点处必须保证总电流为两管输出电流之和。

如图6-11所示为采用复合管组成的OTL实用电路，仔细观察，能看出图6-11与图6-9的差异吗？

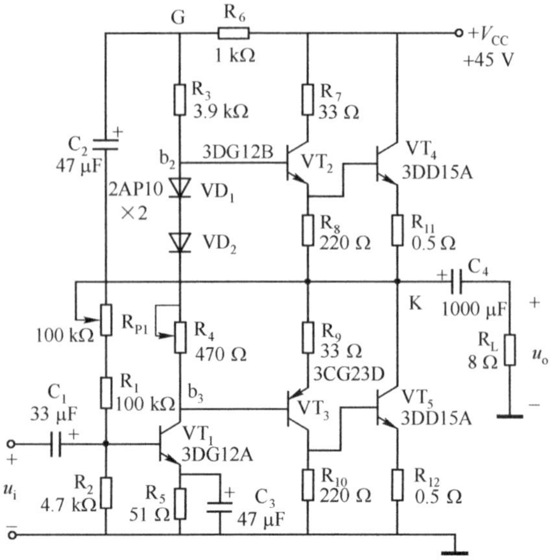

图6-11 采用复合管组成的OTL电路

6.3　集成功率放大器的分析

利用分立元件制作功放功率灵活，对音频信号放大音质良好，但分立元件的调试比较复杂，电路的稳定性也不如集成电路，集成功率放大器的应用越来越广泛。集成功率放大器广泛用于音响、电视和小电机的驱动方面。大多数集成功率放大器实际上也就是一个具有直接耦合特点的运算放大器。它的使用方法原则上与集成运算放大器相同。

6.3.1　LM386 集成功率放大器及其应用

LM386 是一种低电压通用型音频集成功率放大器，广泛应用于收音机、对讲机和信号发生器中。

LM386 芯片有典型的双列直插式塑料封装系列，如 LM386N-1、LM386N-3、LM386N-4，它的外形与引脚排列如图 6–12（a）、（b）所示；也有贴片式封装系列，如LM386M-1，其外形如图 6–12（c）所示。

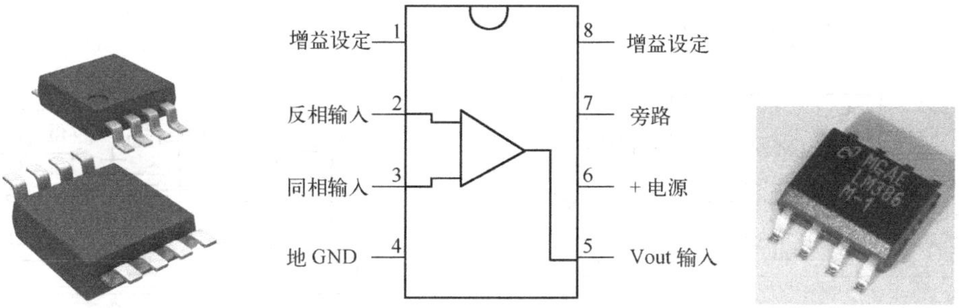

（a）双列直插式封装外形　　（b）引脚排列　　（c）贴片式芯片外形

图 6–12　LM386 的外形和引脚排列

LM386 有两个信号输入端，其中②引脚为反相输入端，③引脚为同相输入端，每个输入端的输入阻抗均为 50 kΩ，而且输入端对地的直流电位接近于零，即使输入端对地短路，输出端的直流电平也不会产生大的偏离。它的①、⑧引脚为增益调节端。

LM386N-1、LM386N-3、LM386M-1、LM386MM-1 系列的电源电压范围为 4 ～ 12 V，LM386N-4 系列的电源电压为 5 ～ 18 V。

当电源电压为 6 V 时，LM386 的静态工作电流为 4 mA，适合用电池供电。当其①、⑧引脚开路时，带宽为 300 kHz，总谐波失真为 0. 2%，输入阻抗为 50 kΩ。其最大允许功耗为 660 mW，不需散热片。当其工作电压为 4 V、负载电阻为 4Ω 时，输出功率为 300 mW；当其工作电压为 6 V、负载电阻为 4 Ω、8 Ω、16 Ω 时，输出功率分别为 340 mW、325 mW、180 mW。

设 LM386 的①、⑧引脚间外接电阻 R，则有：

$$A_u \approx \frac{2 \times 15\ \text{k}\Omega}{150\ \Omega + 1.35\ \text{k}\Omega // R} \tag{6–10}$$

当 LM386 的①、⑧引脚之间对交流信号相当于短路时，有：

$$A_u \approx \frac{2R_5}{R_3} = \frac{2 \times 15\,\text{k}\Omega}{150\,\Omega} = 200$$

因此，当其①、⑧引脚外接不同阻值的电阻时，A_u 的调节范围为 20 ～ 200（即 26 ～ 46 dB）。

由 LM386 组成的 OTL 电路如图 6-13 所示，信号从其③脚同相输入端输入，从⑤脚经耦合电容（220 μF）输出，⑦脚接容量为 20 μF 的去耦滤波电容；①脚与⑧脚间接 10 μF 电容、20 kΩ 可调电阻 R 用于调节电路的闭环电压增益，当需要高增益时，可取 $R=0$，即只将一只 10 μF 电容接在①脚与⑧脚之间即可；输出端⑤脚所接 10 Ω 电阻和 0.1 μF 电容组成阻抗校正网络，用于抵消负载中的感抗分量，防止电路自激，有时也可省去不用。该电路如用做收音机的功放电路，输入端接收音机检波电路的输出端即可。

用 LM386 组成的 BTL（Bridge - Tied - Load，桥接式负载）电路如图 6-14 所示，两集成运放的④脚均接地，⑥脚均接电源，②、③脚交叉短接，输入信号从其中一个运放的③脚引入，两运放的⑤脚接负载扬声器，以驱动扬声器发出声音。BTL 电路的输出功率一般为 OTL、OCL 电路的四倍，图 6-14 中电路的最大输出功率可达 3 W 以上。图中的 500 kΩ 电阻 R_P 用于调节两集成功放输出直流电位的平衡。

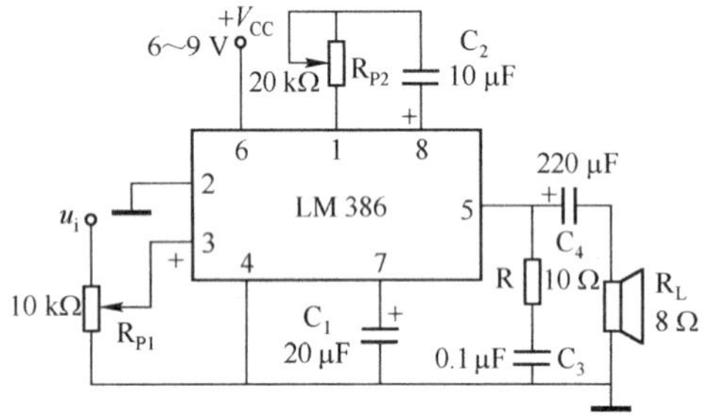

图 6-13　由 LM386 组成的 OTL 电路

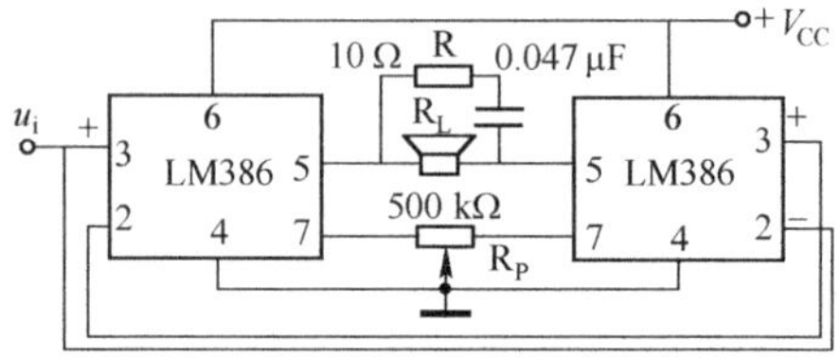

图 6-14　用 LM386 组成的 BTL 电路

6.3.2　TDA2030 集成功率放大器及其应用

TDA2030 与性能类似的其他产品相比，具有引脚数最少、外接元件很少的优点。它的电气性能稳定、可靠，适应长时间连续工作，且芯片内部具有过载保护和热切断保护电路。该芯片适合用做收录机及高保真立体扩音装置中的音频功率放大器。

如图 6-15 所示为 TDA2030 芯片的外形和引脚图。其电源电压范围为 ±6 ～ ±18 V，静态电流小于 60 μA，频响为 10 Hz ～ 140 kHz，谐波失真小于 0.5%。当 $V_{CC} = \pm 14\,\text{V}$、$R_L = 4\,\Omega$ 时，其输出功率为 14 W。

由 TDA2030 组成的 OCL（双电源）典型应用电路如图 6-16 所示，图中的 R_1、R_2、C_2 使 TDA2030 接成交流电压串联负反馈电路。闭环增益由下式估算：

$$A_{uf} = 1 + \frac{R_1}{R_2} \tag{6-7}$$

在电路中，C_3、C_6 为电源低频去耦电容；C_4、C_5 为电源高频去耦电容；R_4 与 C_2 组成阻容吸收网络，用以避免电感性负载产生过电压击穿芯片内功率管；VD_1 和 VD_2 组成电源极性保护电路，防止因电源极性接反损坏集成功放。

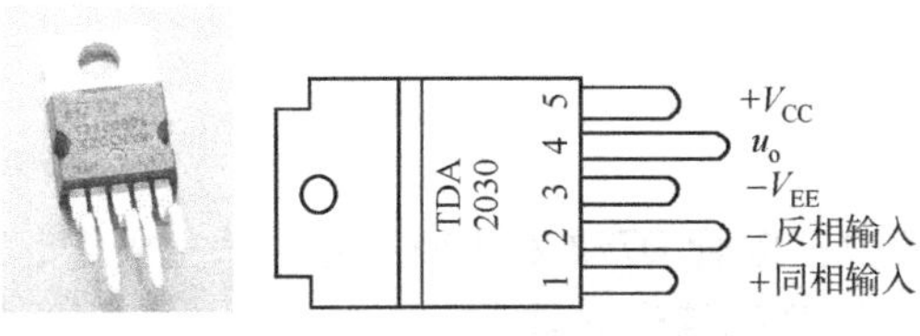

（a）外形图　　（b）引脚图

图6-15　TDA2030芯片的外形和引脚图

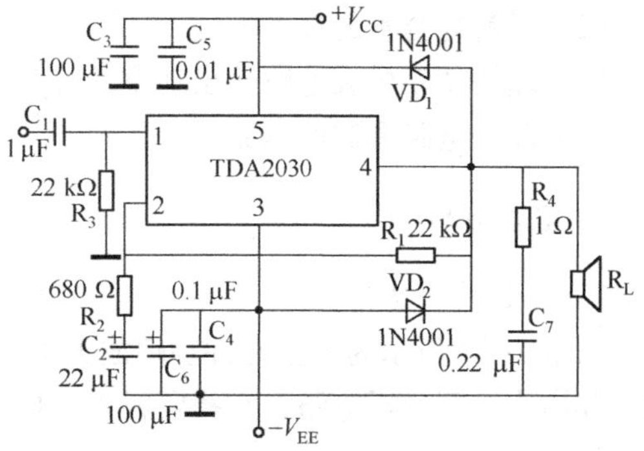

图6-16　由TDA2030组成的OCL电路

6.3.3　TDA2822M集成功率放大器及其应用

TDA2822M是意法半导体（ST）公司早期专门为便携式录放音设备开发的双声道音频功放集成电路，具有低交越失真和低静态电流的特点，可工作于双声道立体声或单声道桥式放大（BTL）模式。TDA2822M的工作电压范围很宽，在1.8～15V范围内均可正常工作。

TDA2822M是一个非常经典的优秀音频功率放大集成电路，20世纪90年代初曾经被国内外家电厂商广泛用于便携式收录机中，在一些功率稍大的，尤其是带有机身扬声器的随身听中也可以经常看到TDA2822M的身影。

TDA2822M的标称输出功率（1 kHz，8 Ω，9 V，10%总失真）在立体声方式下可以达到1W，在桥接方式下可以达到2W；最大峰值电流为1 A；V_{CC} = 3 V时的静态电流≤9 mA；负载范围≥4 Ω。其引脚图如图6-17所示。

如图6-18所示为由TDA2822M芯片组成的一种简单而实用的双声道功率放大电路。

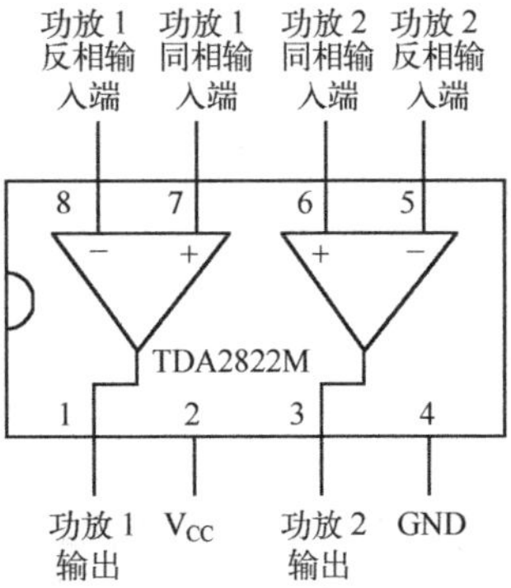

图6-17　TDA2822M的引脚图

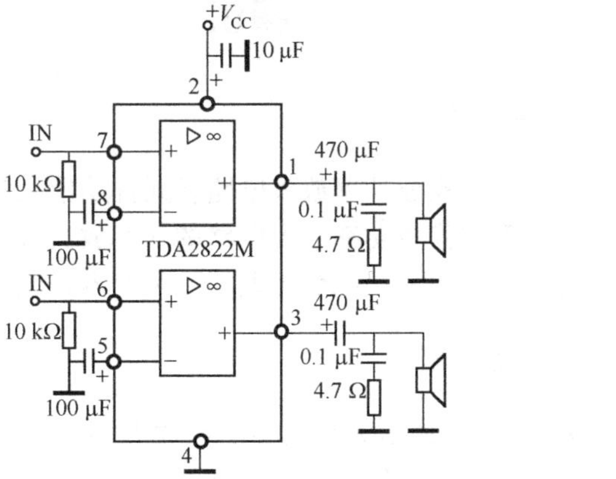

图6-18　由TDA2822M芯片组成的双声道功率放大电路

项目实施13　分立元件的变速运动小车功率放大电路分析与测试

1. 实践目标

（1）了解分立元件的功率放大电路元器件的选型匹配方法。

（2）了解复合管的选型方法。

（3）理解功率放大电路输出功率的计算及测量方法。

（4）理解电路调试的思路。

2. 电路分析

1）三极管的选型

如图 6-19 所示为分立元件功率放大电路，其中三极管 D772 和 D882 是功率三极管，可加装散热片。请分析电路，查找资料，对比找出三极管的替代型号。

2）复合管的分析

复合管的作用是提高放大能力，该电路中的二极管接法同样使各三极管处于弱导通状态，请对照了解各元器件存在的必要性。

3. 电路测试

功率放大电路的结构基本不变，只有在具体的信号存在特殊差异时会做些微调整，因此，必须了解何种状况下需增加功率放大电路。

按照图 6-1 所示系统搭建小车变速往复运动电路，测量未加功率放大电路时系统的输出信号幅值，以及增加功率放大电路后系统的输出信号幅值，自行编写表格，记录测量信号。

用示波器观察输入波形和输出波形幅值，理解脉宽调制的工作效果。

项目实施 14　集成元件的变速运动小车功率放大电路分析与测试

1. 实践目标

（1）理解集成功率放大电路各元件功能及参数的调整范围。

（2）理解集成功率放大电路的功率放大效果。

（3）了解集成功率放大电路的主要参数测试方法。

2. 电路分析

如图 6-20 所示为集成功率放大电路，可以看出，在实际应用中，电阻和电容的级数并未改变，而仅在数值上有一定调整。在模拟电路中，往往要视实际工作的效果对元器件进行参数的微调。因此，电路调试是模拟电路设计的重要一环。

3. 电路测试

（1）利用万用表测量输入、输出信号幅值，并用示波器观察信号放大效果。

（2）噪声电压 U_N 的测试。噪声电压是指输入信号为零时，输出交流电压的有效值。把输入端对地短路，即可用示波器观察测量输出电压的有效值了。

（3）最大不失真输出功率 P_{OM} 的测试。

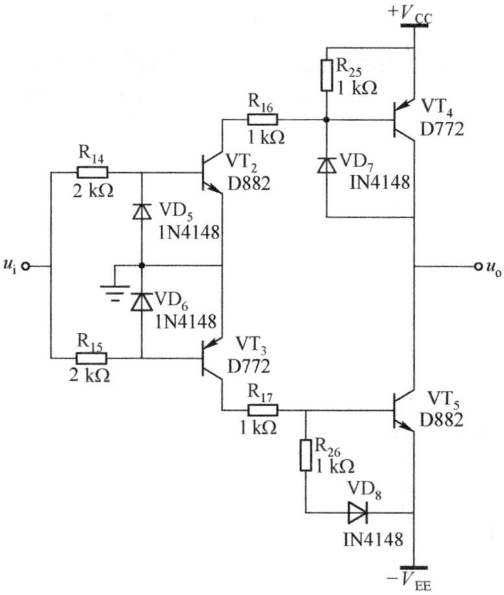

图6-19　分立元件功率放大电路

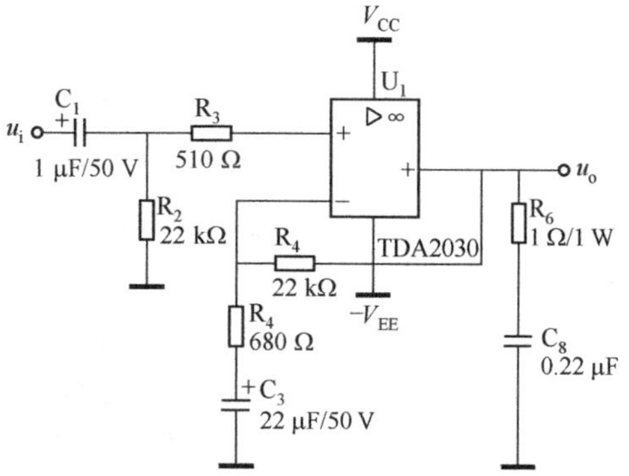

图6-20　集成功率放大电路

$$P_{OM}=\frac{U_{OM}^2}{R_L}$$

在电路输入端加入$f=1\text{kHz}$的正弦波信号，输出端接示波器，缓慢增加输入信号幅值，当输出电压波形最大不失真时，测量正弦波电压的有效值，即可得到最大不失真输出功率了。

（4）用集成功率放大电路替代分立元件功率放大电路，接入小车变速往复运动电路，比较功率放大效果。

思考与练习题6

一、选择题

1. 功率放大器的输出功率大表示（　　）。

A. 电压放大倍数大或电流放大倍数大　　B. 输出电压高且输出电流大

C. 输出电压变化幅值大且输出电流变化幅值大

2. 单电源（+12 V）供电的OTL功放电路在静态时，输出耦合电容两端的直流电压为（　　）。

A. 0 V　　B. +6 V　　C. +12 V

3. 互补对称功放电路从放大作用来看（　　）。

A. 既有电压放大作用，又有电流放大作用

B. 只有电流放大作用，没有电压放大作用

C. 只有电压放大作用，没有电流放大作用

4. 甲乙类OCL电路可以克服乙类OCL电路产生的（　　）。

A. 交越失真　　B. 饱和失真　　C. 截止失真　　D. 零点漂移

5. 互补输出级采用共集形式是为了使（　　）。

A. 电压增益高　　B. 不失真输出电压大　　C. 输出电流大　　D. 带负载能力强

6. OCL功放电路如图6-21所示，若输入为正弦电压，互补对管VT_2、VT_3的饱和压降可以忽略。

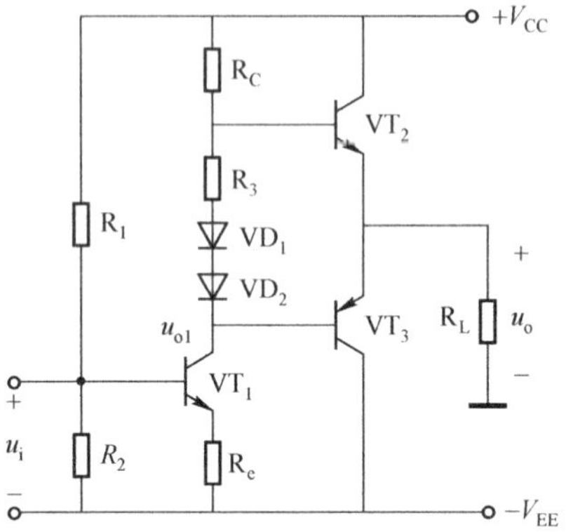

图6-21

（1）VT_2、VT_3的工作状态一般应为（　　）。

A. 甲类　　B. 乙类　　C. 甲乙类　　D. 丙类

（2）在理想情况下，电路的最大输出功率为（　　）。

A. $\frac{V_{CC}^2}{R_L}$　　B. $\frac{V_{CC}^2}{2R_L}$　　C. $\frac{V_{CC}^2}{4R_L}$　　D. $\frac{V_{CC}^2}{8R_L}$

（3）电路中R_C的作用是（　　）。

A. 充当VT_1的集电极负载　　B. 增大输出功率

C. 减小三极管的穿透电流　　D. 消除交越失真

（4）电路中R、VD_1、VD_2的作用是（　　）。

A. 充当VT_1的集电极负载　　B. 增大输出功率

C. 减小三极管的穿透电流　　D. 消除交越失真

7. 在图6-22中连接正确的复合管是（　　）。

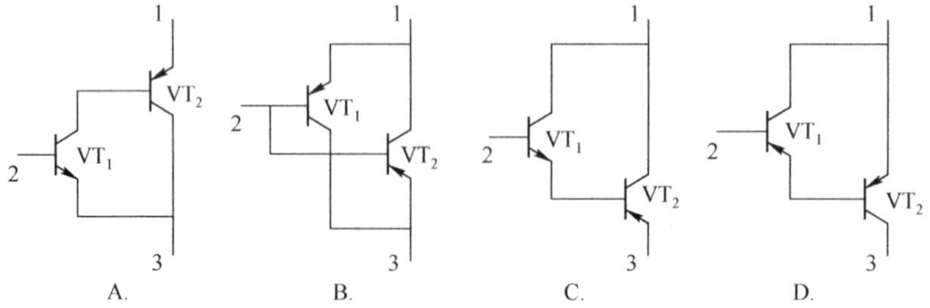

图6-22

8. 功率放大电路的效率是指（　　）。

A. 不失真输出功率与输入功率之比　　B. 不失真输出功率与电源供给功率之比

C. 不失真输出功率与管耗功率之比　　D. 管耗功率与电源供给功率之比

9. 设计一个输出功率为 8 W 的扩音机电路，若采用乙类互补对称功率放大电路，则选择功率管时，要求 P_{CM}（　　）。

A. 至少大于 1.6 W　　B. 至少大于 0.8 W　　C. 至少大于 0.4 W　　D. 无法确定

10. 甲类功率放大电路比乙类功率放大电路（　　）。

A. 失真小、效率高　　B. 失真大、效率低

C. 管耗大、效率高　　D. 失真小、效率低

11. 复合管的优点之一是（　　）。

A. 电流放大倍数大　　B. 电压放大倍数大

C. 输出电阻增大　　D. 输入电阻减小

12. 乙类互补对称功率放大电路会产生交越失真的原因是（　　）。

A. 输入电压信号过大　　B. 三极管电流放大倍数太大

C. 晶体管输入特性的非线性　　D. 三极管电流放大倍数太小

13. 若一个乙类双电源互补对称功率放大电路的最大输出功率为 4 W，则该电路的最大管耗约为（　　）。

A. 0.8 W　　B. 4 W　　C. 0.4 W　　D. 无法确定

14. 交越失真是一种（　　）失真。

A. 截止失真　　B. 饱和失真　　C. 非线性失真　　D. 频率失真

15. OTL 和 OCL 电路的主要区别是（　　）。

A. 有无输出电容　　B. 双电源或单电源供电　　C. 能否去除交越失真

16. OCL 甲乙类功放电路的效率最大可达（　　）。

A. 25%　　B. 78.5%　　C. 50%

17. 功率放大电路的最大不失真输出功率是指输入正弦波信号幅值足够大，输出信号基本不失真且幅值最大时，（　　）。

A. 晶体管得到的最大功率　　B. 电源提供的最大功率

C. 负载上获得的最大交流功率　　D. 晶体管的最大耗损功率

二、填空题

18. 乙类互补对称功放的效率比甲类功放高得多，其关键是________。

19. 由于功放电路中功放管常常处于极限工作状态，所以选择功放管时要特别注意________、________和________三个参数。

20. 设计一个输出功率为 20 W 的扩音机电路，若用乙类 OCL 互补对称功放电路，则应选 P_{CM} 至少为________的功放管两只。

21. 所谓“互补”放大器，就是利用________型管和________型管交替工作来实现放大。

22. 为了能使功率放大电路输出足够大的功率，一般晶体三极管应工作在________。

23. 甲类放大电路是指放大管的导通角等于________度；在乙类放大电路中放大管的导通角等于________度；在甲乙类放大电路种放大管的导通角________。

24. 乙类推挽功率放大电路的效率较高，在理想情况下其值可达________，但该电路会产生________失真，为消除这种现象，应使推挽功率放大电路工作在________类状态。

25. 如图 6-23 所示的复合管等效为________型管，其中 1 端对应________极，2 端对应

________极，3 端对应________极。

26. OCL 电路如图 6-24 所示，负载 $R_L=16\,\Omega$，VT_1、VT_2 的饱和压降 $U_{CE(sat)}=1\,V$，则电路的最大不失真电压 $U_{om}=$________V，最大不失真输出功率 $P_{om}=$________W，最大效率 $\eta_m=$________%，单管最大平均管耗 $P_{Vm}=$________W。

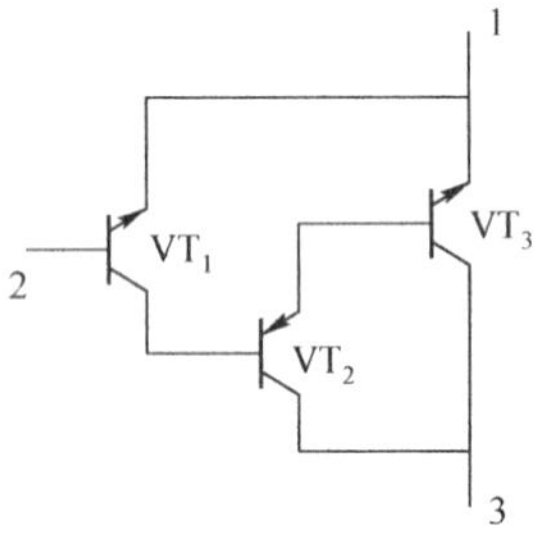

图 6-23

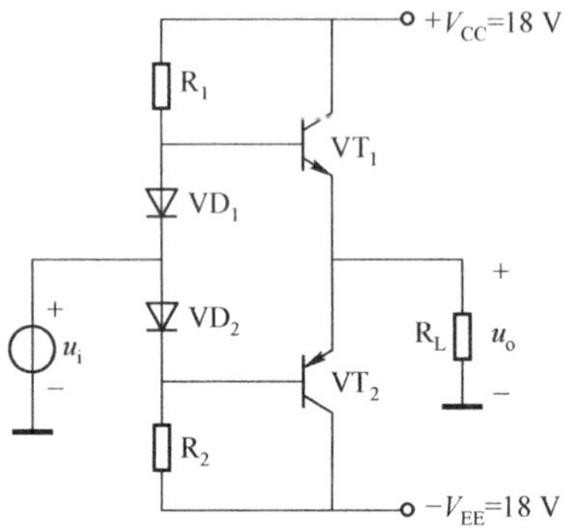

图 6-24

27. 某乙类双电源互补对称功率放大电路中，电源电压为 ±24 V，负载为 8 Ω，则选择管子时，要求 $U_{(BR)CEO}$大于________，I_{CM}大于________，P_{CM}大于________。

28. 当乙类推挽式功率放大电路两只晶体管的基极电流为零时，因晶体三极管的输入特性________，故在两管交替工作时产生________。

29. 所谓复合功率管就是由________或________三极管组成的大功率等效三极管。它分________型管组合和________型管组合两种。复合管的等效电流放大系数 $\beta=$________。

三、判断题

30. 乙类互补对称功放电路在输出功率最大时，管子的管耗最大。（　）
31. OCL 电路中输入信号越大，交越失真也越大。（　）
32. 功放电路与电压、电流放大电路都有功率放大作用。（　）
33. 输出功率越大，功率放大电路的效率就越高。（　）
34. 功放电路负载上获得的输出功率包括直流功率和交流功率两部分。（　）
35. 乙类双电源互补对称功率放大电路中，正负电源轮流供电。（　）
36. 将乙类双电源互补对称功率放大电路去掉一个电源，就构成乙类单电源互补对称功率放大电路。（　）
37. 乙类放大电路中若出现失真现象一定是交越失真。（　）
38. 在 OCL 电路中，其功放管的最大平均管耗出现在输出电压幅度为 $2V_{CC}/\pi$ 的时候。（　）
39. 由于功放电路的三极管处于大信号工作状态，所以不能用微变等效电路进行分析。（　）
40. 只有当两个三极管的类型相同时才能组成复合管。（　）
41. 复合管的穿透电流等于组成它的各三极管的穿透电流之和。（　）

42. 只要把两个三极管组成复合管，一定可以提高电路的输入电阻。　　(　)

四、应用能力部分

43. 如图 6-25 所示电路中，已知 $V_{CC}=V_{EE}=16V$，$R_L=4\Omega$，VT_1和 VT_2管的饱和压降 $|U_{CE(sat)}|=2V$，输入电压足够大。试求最大不失真输出时的输出功率 P_{om}和效率 η_m。

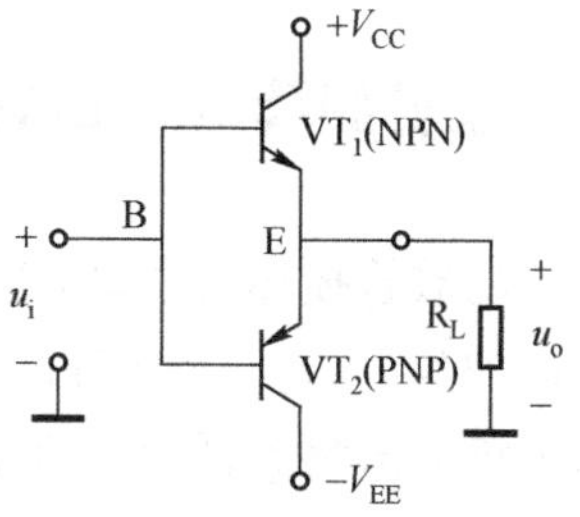

图 6-25

44. 功率放大电路如图6-25 所示，管子在输入正弦波信号 u_i作用下，在一个周期内 VT_1和 VT_2轮流导通约半周，管子的饱和压降 $U_{CE(sat)}$可忽略不计，电源电压 $V_{CC}=V_{EE}=20V$，负载 $R_L=8\Omega$。

(1) 在输入信号有效值为 10 V 时，计算输出功率、总管耗、直流电源供给的功率和效率；

(2) 计算最大不失真输出功率，并计算此时的各管管耗、直流电源供给的功率和效率。

45. 如图 6-26 所示 OTL 电路中，已知 $V_{CC}=16V$，$R_L=4\Omega$，VT_1和 VT_2管的饱和管压降 $|U_{CE(sat)}|=2V$，输入电压足够大。试求最大不失真输出时输出功率 P_{om}、效率 η_m和输入电压有效值。

46. 电路如图 6-27 所示，其中 $R_L=16\Omega$，C_L 的容量很大。

(1) 若 $V_{CC}=12V$，$U_{CE(sat)}$可忽略不计，试求 P_{om}和 P_{CM1}。

(2) 若 $P_{om}=2W$，$U_{CE(sat)}=1V$，求 V_{CC}的最小值并确定管子参数 P_{CM}、I_{CM}、$U_{(BR)CEO}$。

47. OTL 电路如图 6-28 所示，$R_L=8\Omega$，$V_{CC}=12V$，C_1、C_L 的容量很大。

(1) 静态时电容 C_L 的两端电压应是多少？调整哪个电阻能满足这一要求？

(2) 动态时，若出现交越失真，应调整哪个电阻？是增大还是减小？

(3) 若两管的 $U_{CE(sat)}$可忽略不计，求最大失真输出功率、电源供给功率、各管管耗和效率。

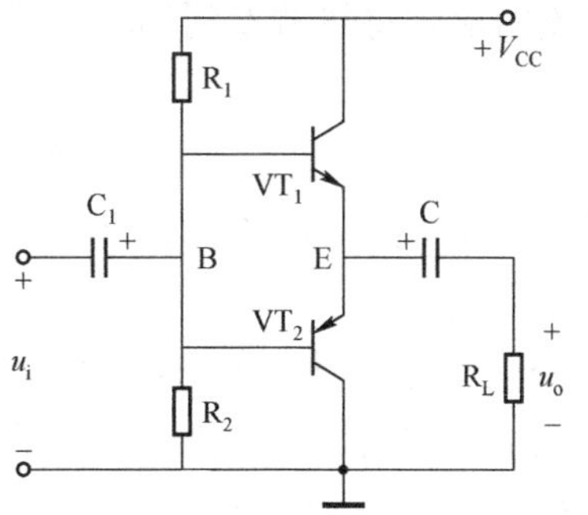

图 6-26

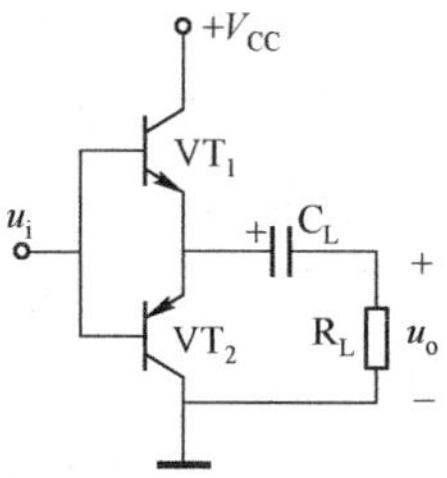

图 6-27

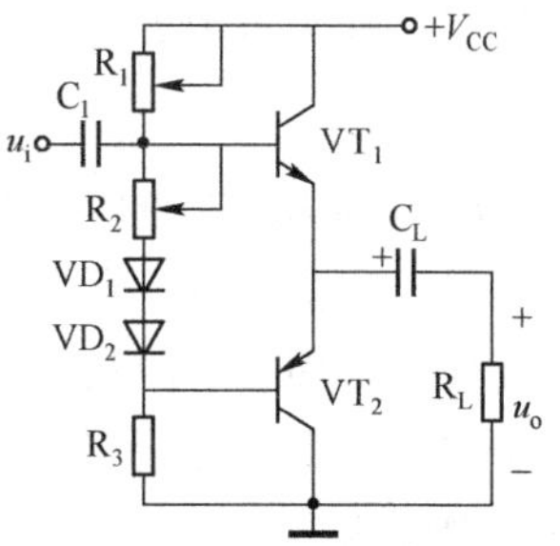

图 6-28

48. 现有一台用做功率输出级的录音机，最大输出功率为 20 W，机内扬声器（阻抗）已损坏，为了提高音质，拟改接音箱。现有 10 W、16 Ω 和 20 W、4 Ω 两种规格的音箱出售？选用哪一种好？

49. 由 LM386 组成的 OTL 电路如图 6-13 所示，若要使电压放大倍数为 100，R_{P2}应选多大？

50. 分析并估算图 6-16 所示功放电路的电压放大倍数。

51. *某三极管的最高允许结温 $T_{jm}=85℃$，管芯到管壳的热阻 $R_{(th)jc}=1.5℃/W$，管壳到散热器界面的热阻 $R_{(th)cs}=0.3℃/W$，最大允许管耗 P_{CM}（25℃）$=20W$，试求工作环境温度 $T_a=40℃$时散热器的热阻 $R_{(th)sa}$。

课外阅读32　功放管的散热及散热器的选用

功放管损坏的主要原因是其实际功率超过额定功率 P_{CM}，实际上三极管的耗散功率取决于内部的PN结（主要是集电结）温度 T_j，当 T_j 超过元件手册中规定的最高允许结温 T_{jm}时，集电极电流将急剧增大而使管子损坏，这种现象称为“热致击穿”或“热崩”。硅管的允许结温为120～180℃，锗管的允许结温为85℃左右。对功放管而言，散热条件越好，相同结温下所允许的管耗就越大，因此，在大功率负载情况下，功放管多加装如图6-29所示的散热器，所加散热器的面积大小可参考产品手册上的规定尺寸，当然也可以用铝板自制平板散热器。

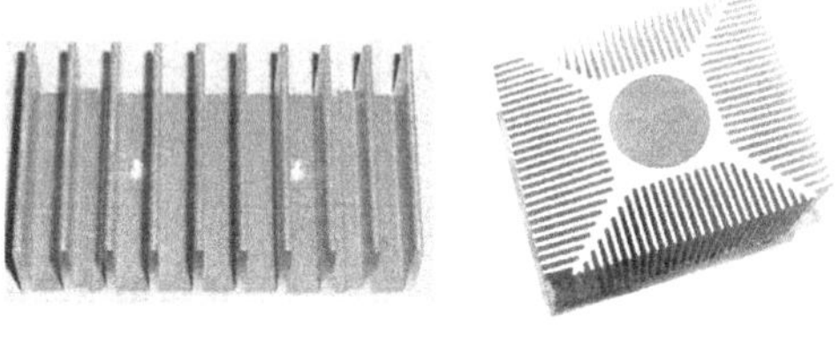

图6-29　常见散热器

选用散热器，首先应弄清楚功放管的散热机理，这里涉及到一个全新的概念——热阻 R_{th}。热阻指功放管在正常工作时，其集电结向周围空间散发热量所遇到的阻力，其单位为℃/W，其物理意义是集电极每耗散1W的功率所引起结温升高的读数。设环境温度为 T_a，则集电极最大允许耗散功率与热阻的关系是：

$$P_{CM}=\frac{T_{jm}-T_a}{R_{th}} \tag{6-11}$$

上式表明，总热阻 R_{th}越小，环境温度 T_a 越低，则允许的最大管耗 P_{CM}就越大。

在不带散热器时，功放管散热需要突破两层“防线”，第一层是由集电结导热至管壳，其热阻为 $R_{(th)jc}$，第二层则为大气层，由管壳以辐射和对流的形式将热散发到环境温度为 T_a 的大气层，其热阻为 $R_{(th)ca}$，此时有：

$$R_{th}=R_{(th)jc}+R_{(th)ca} \tag{6-12}$$

式中，$R_{(th)jc}$为功放管的内热阻，取决于管子的结构和材料，可通过技术手册查询；$R_{(th)ca}$为管壳热阻，主要取决于管壳外形尺寸和材料。

当功放管加装了散热器，功放管不仅通过管壳直接散热，还通过管壳导热到散热器S，由于功放管与散热器紧密相连，其热阻为 $R_{(th)cs}$，通过散热器以辐射和对流的形式将热散发到环境温度为 T_a 的大气层的热阻为 $R_{(th)sa}$，由于 $R_{(th)ca}\gg R_{(th)cs}+R_{(th)sa}$，因此，此时功放管通过散热器传导散热，其等效热阻为：

$$R_{th}\approx R_{(th)jc}+R_{(th)cs}+R_{(th)sa} \tag{6-13}$$

$R_{(th)cs}$与功放管和散热器间的绝缘层厚度、材料性质有关，同时还与二者的紧固程度有关，因此，使接触面光滑、涂导热硅脂、增大接触压力、减小绝缘层厚度等都能使之降低，通常 $R_{(th)cs}=0.1\sim3℃/W$。$R_{(th)sa}$为散热器热阻，主要取决于散热装置的表面积、厚薄、材料的性质、颜色、形状安放位置。图6-30所示为水平放置和垂直放置铝平板散热器的热阻 $R_{(th)sa}$和它的表面积的关系曲线。

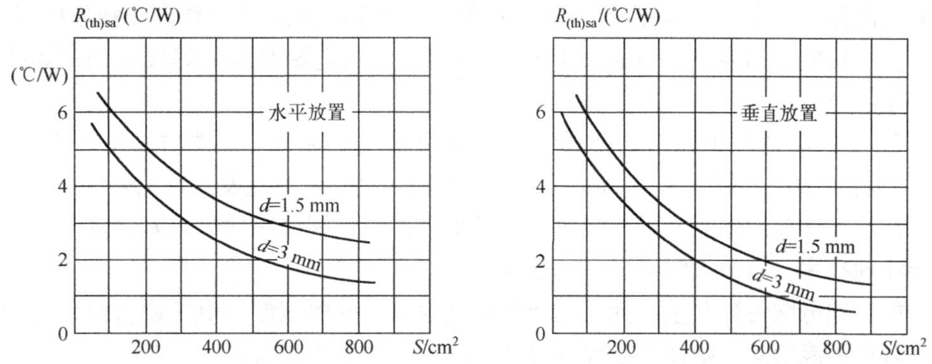

（a）水平放置　　（b）垂直放置

图6-30　铝平板散热器的热阻与其表面积的关系

通常技术手册中提供的P_{CM}为T_a在25℃时的数值，如果散热条件不变而环境温度高于25℃，其最大允许耗散功率将减小为：

$$P_{CM}(T_a)=P_{CM}(25℃)\frac{T_{jm}-T_a}{T_{jm}-25℃} \tag{6-14}$$

一个输出功率为50 W的乙类功率放大器，它的两只功放管选用3AD30。当环境温度$T_a=40℃$时，计算该功放管是否符合要求？若采用垂直放置的铝平板散热器，且设界面热阻$R_{(th)cs}=0.5℃/W$，问散热面积应为多大？

（1）计算功放管管耗：每只功放管的最大管耗为$P_{CM}=0.2P_{om}=0.2\times50\ W=10\ W$。

从技术手册查得3AD30的$T_{jm}=90℃$，$R_{(th)jc}=1℃/W$，$P_{CM}=20\ W$，当环境温度$T_a=40℃$时，据式（6-14）得：

$$P_{CM}(40℃)=P_{CM}(25℃)\frac{T_{jm}-40}{T_{jm}-25}=20\times\frac{90-40}{90-25}=15.3(W)>P_{CM}$$

故功放管符合要求。

（2）计算散热面积：由式（6-11）求所需总热阻，得：

$$R_{th}=\frac{T_{jm}-T_a}{P_{CM}}=\frac{90-40}{10}=5(℃/W)$$

由式（6-13）求散热器的热阻，得：

$$R_{(th)sa}\approx R_{th}-R_{(th)jc}-R_{(th)cs}=5-1-0.5=3.5(℃/W)$$

采用垂直放置的铝平板散热器，利用图6-31所示曲线，查得对应散热器为：$d=3$ mm，散热面积$S=210\ cm^2$，或$d=1.5$ mm，散热面积$S=310\ cm^2$。

课外阅读33　集成功放（音频）的使用注意事项

用TDA7294、LM3886、LM1876等高保真功放IC制作的功放，具有体积小、失真低、效果好，信噪比高等优点，但使用中还要注意以下几方面。

（1）要确保在安全电压内使用，最好用220 V交流稳压电源或直流高压稳压模组供电。

（2）正、负电源的误差均不要大于1 V，并且正、负电源与地要焊接牢固，焊接完毕确认无误后才能通电。

（3）在功放IC通电正常后的初始阶段，其稳定性相对分立元件功放是较差的，因此，至少要“煲机”或小音量放送10 min以上，方能稳定且高效率地发挥其优异性能。

（4）在制作功放中要严格进行接地，地线采用多股粗铜线时效果较好，甚至还可用双桥整流配合浮地技术，以最大限度提高其信噪比。

（5）如当地电网污染严重，低压电网接有电焊机、硅整流器等电气设备时，可使用电源滤波器，若还不能消除，则使用电源隔离变压器，但功率要有余量。

（6）要严格注意音响设备的开关次序，对于用Hi-Fi功放IC制作的功放，要牢记最后开机，最先关机。

（7）使用新购来的功放IC前，最好采用插座连接，不要焊接，并且应固定好散热器。通电后如发热严重并输出直流，应拆下并退回购买单位。

（8）为了避免功放IC输出直流损坏音箱，一定要安装一个喇叭保护器。

（9）必须使系统设备良好地连接大地。因低压配电线路三相负荷不对称时会使中线带电，而接大地后，电位为零，这样对提高信噪比非常有利。方法是：将ϕ10 mm，长1.5 m的圆钢用2.5 mm^2多股铜线焊接好（不能铆接或缠上），插入户外潮湿地中。

这里的新名词很多，自己找资料查查看吧！任何一项技能，只有规范操作才能取得最佳效果，一起来增长自己的见识吧！

课外阅读34 功放的几个重要参数

1）输入灵敏度

输入灵敏度是指功放所需最小输入信号电平，它是将音源信号放大到足够推动后级功放所需要的必要条件。

2）谐波失真度

这是功放的一项极重要的指标。谐波失真是非线性失真的一种，是由放大器在工作时的非线性特征所引起的，失真结果是产生新的谐波分量，使声音失去原有的音色，严重时会使声音刺耳。谐波失真还有奇次和偶次之分，奇次谐波会使人烦躁、反感，容易被人感知。有些功放听起来让人感到烦躁，感觉疲劳，这就是因为失真较大所引起的。对功放影响最大的就是失真度，一般高保真要求谐波失真在0.05%以下，且该值越低越好。除了谐波失真外，还有互调失真、交叉失真、削波失真、瞬态失真、相位失真等，它们是影响功放质量的罪魁祸首。考核功效质量的优劣，首先要看它的失真度。

3）输出功率

（1）额定输出功率（RMS）：指放大器输出的音频信号在总谐波失真范围内所能输出的最大功率。它一般是交流信号峰值的0.707倍。

（2）平均功率：一般是指各个频率点的平均消耗功率。它与额定输出功率有点类似，但是它一般要参考时间。

（3）峰值输出功率：功放所能输出的最大音乐功率称为峰值输出功率。它不考虑失真，通常为 RMS 的 1.414 倍。

（4）峰－峰值功率：指从正电压峰值变到负电压峰值的功率，是峰值输出功率的四倍。它是厂家出于商业目的而定义的，并无实际意义。

4）信噪比（S/N）

该数值越大越好，一般用信号功率 P_s 与噪声功率 P_n 的比值的分贝数表示，即 $S/N = 10\lg P_s/P_n = 20\lg V_s/V_n$（dB），式中的 V_s、V_n 分别为信号电压与噪声电压。

5）频率响应

频率响应早期俗称功率带宽，指谐波失真不超过规定值时，功放的 1/2 额定功率频带宽度，即由高、低端下跌－3dB 的两个频率点之间所包括的频带。

6）阻尼系数

阻尼系数主要针对低频而言，是直接影响低音音质的极重要的技术参数。众所周知，喇叭的口径越大，低音相对就越好，但音盆也会越大，而其运动惯性也将随之加大，此惯性使它很难与音频信号同步运动，往往会使声音混浊不清，尤其是在 100 ～ 400Hz 低频时，使人听起来模糊不清，很不自然。有些改装车的低音喇叭，低频信号强时颤振不止，低音拖尾严重，这就是由音盆惯性所引起的。

资料检索6

（1）检索常见的集成功率放大器的技术指标及应用电路。

（2）检索散热片的类型、安装效果及散热片的安装设计。

教学安排建议6

序号	知识单元	项目资讯	项目实践	主要技能目标	学时	备注
1	分立元件的功率放大电路分析与测试	功放的要求和类型；分立元件功率放大电路分析	基于分立元件的变速小车功率放大电路测试	1. 万用表的熟练使用； 2. 示波器的熟练使用； 3. 电路系统调试思路。	5	
2	集成功率放大电路分析与测试	集成功率放大电路分析	基于集成元件的变速小车功率放大电路测试	1. 集成芯片性能指标阅读能力； 2. 功放参数测量； 3. 电路特性比较。	3	

项目 7
波形发生与转换电路的分析与调试

学习要求

知识要求	(1) 掌握运算放大器的非线性应用。 (2) 掌握集成运放组成振荡电路的设计分析方法。 (3) 熟练掌握二极管、三极管限流电阻的选择原则。 (4) 理解声、光报警电路的设计思路。 (5) 理解传感器的使用方法。
技能要求	(1) 能进行传感器特性与单值比较器的匹配、整定、调试。 (2) 能进行多功能系统电路联调。 (3) 能撰写规范的电路设计说明书，并展示设计思路。

项目分析与资讯7

本单元主要通过“振荡电路”、“可燃气体报警器”项目任务的制作与调试，学习波形发生与转换电路的制作与调试方法。

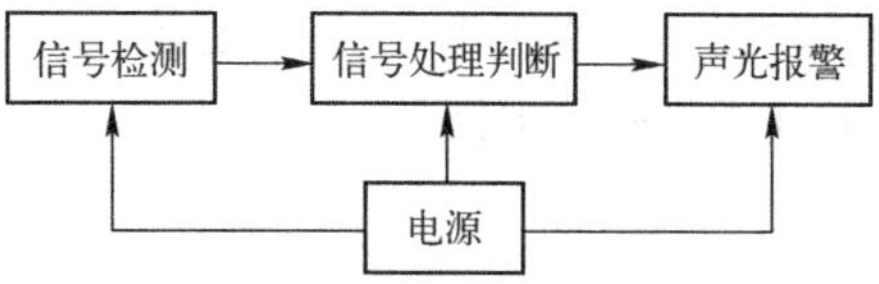

图7-1　报警器的控制示意图

我们在很多场合会见到报警器，如烟雾报警器、门窗报警器、可燃气体报警器……，如果上网搜索，检索到的资料能让你目不暇接，但无论哪一种报警电路，都需要考虑几个问题：如何检测出待测信号，即如何把非电类信号转变为电信号；如何处理信号，判断是否超过报警点；如何发出报警。报警器的控制示意图如图7-1所示。

如图7-2所示是几种传感器的外形，在控制系统中需要分析被检测对象，本项目为便于测试，选择了可燃气体（打火机气体即可用于测试）作为被测对象。课外阅读35中列出了部分气体传感器的检测对象，更多信息可自行查阅资料。

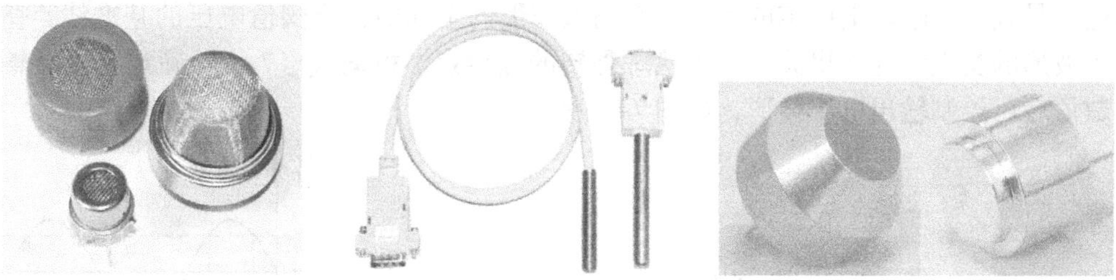

(a) 气体传感器　(b) 温度传感器　(c) 超声波传感器

图7-2　各式各样的传感器

7.1　运算放大器的非线性应用

在5.4节中学习了集成运算放大器的线性应用方法，下面学习运算放大器的非线性应用知识。

7.1.1　运放非线性应用的条件和特点

从图5-50所示的理想集成运放的传输特性曲线了解到，在开环和正反馈条件下，运放的电压放大倍数为无穷大，运放工作在非线性区，同时理想运放工作在非线性区时只具备“虚断”特性。若$+U_{OM}$、$-U_{OM}$分别为运放输出的正、负最大值，则有：

$$u_o=\begin{cases}+U_{OM}，当u_+>u_-\\-U_{OM}，当u_+<u_-\end{cases}\tag{7-1}$$

7.1.2　单值比较器的分析

由式（7-1）可知，理想运放工作在非线性区时，可以构成电压比较器。所谓电压比较器就是能够比较两个电压之间大小的电路。对被检测信号而言，重要的是找到报警状态和非报警状态的临界点，即以临界点为参照进行电压比较。

单值电压比较器电路如图7-3（a）所示。图中的U_{REF}为参考电压，该电路没有引入反馈，运放工作在开环状态，因此它处于非线性区。根据运放非线性区的工作特点，分析图7-3（a)所示电路：

$$\because i_+ \approx i_- \approx 0 \text{（虚断）}$$

$$\therefore u_i \approx u_-;\ u_+ \approx U_{REF}$$

又 $$\because u_+ > u_- \text{时}, u_o = U_{OM};\ u_+ < u_- \text{时}, u_o = -U_{OM};$$

$$\therefore u_o = \begin{cases} U_{OM}, & \text{当 } u_i < U_{REF} \\ -U_{OM}, & \text{当 } u_i > U_{REF} \end{cases} \tag{7-2}$$

由此绘制的电压传输特性曲线如图7-3（b）所示，其中使输出电压u_o由高电平跳变为低电平所对应的输入电压U_{REF}称为阈值电压，通常用U_{TH}表示。所谓阈值电压是指输出电压从一种电平跳变为另一种电平所对应的输入电压值。

电压传输特性曲线并不等同于输出电压波形。在输入端送入缓慢变化的正弦波信号时，阈值电压是我们给输入电压定的尺度，在输入波形的坐标中标出阈值电压的基准线，基准线与输入波形的交点即为输出波形发生状态翻转的临界点。根据式（7-2）确定各区域输出电压的数值后可绘制输出电压波形，如图7-4所示。

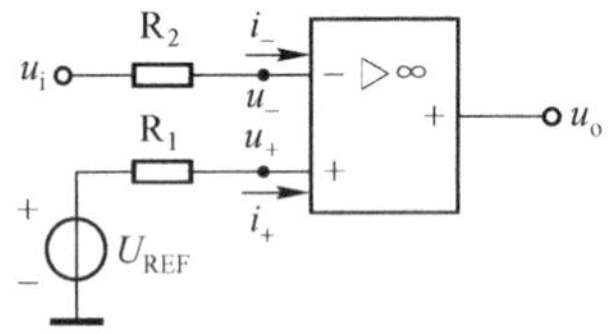

（a）单值电压比较器

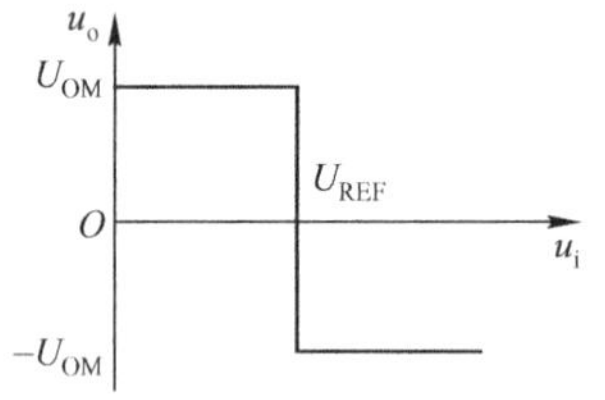

（b）电压传输特性曲线

图7-3　单值电压比较器

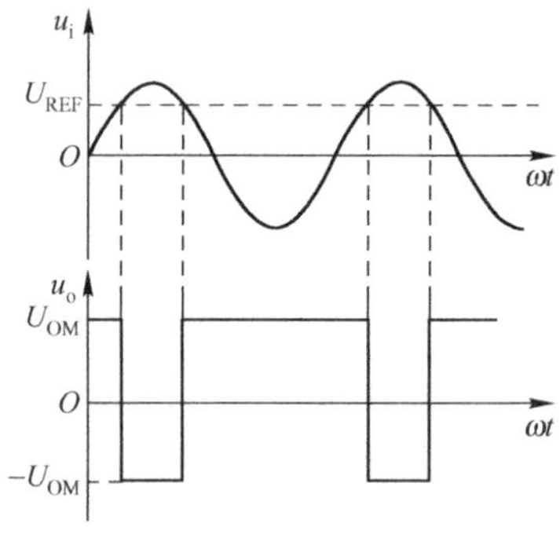

图7-4　单值比较器的波形图

若令$U_{REF}=0$，就可以得到过零比较器，如图7-5所示。过零比较器同样可实现正弦波到方波的转换，其电压传输特性曲线与图7-3（b）相比有什么变化？能根据图7-4所示的正弦波输入波形画出对应的输出波形吗？如果电路改为反相输入端接地，同相输入端接u_i，又会有什么差别？

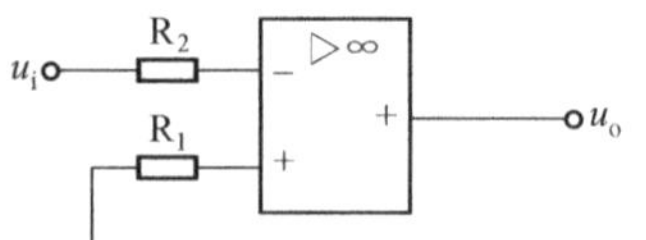

图7-5　过零比较器

7.1.3　滞回电压比较器

当运放电路加入正反馈时，会使电路的非线性特性发生变化，但是其根本的特性是不变的，即输出电压仅有两种电压状态，且输入保持了“虚断”特征。如图7-6所示，R_f为反馈电阻，反馈类型分析示意图如图7-7所示，反馈电阻与输出端直接相连，而未与输入端直接相连，使用瞬时极性法进行极性标注，可以列出表达式：$u_{id}=u_- - u_+ = u_i + u_f$，反馈信号增强了输入信号，因此，该反馈类型为电压串联正反馈，该电路运放工作在非线性区。从图7-7看到，输出采用了两只稳压二极管反向串联的形式，且串联电压为6V，因此，运放的输出电压和输入电压之间的关系满足：当$u_+ > u_-$时，$u_o = U_{OM} = 6\,V$；当$u_+ < u_-$时，$u_o = -U_{OM} = -6\,V$。

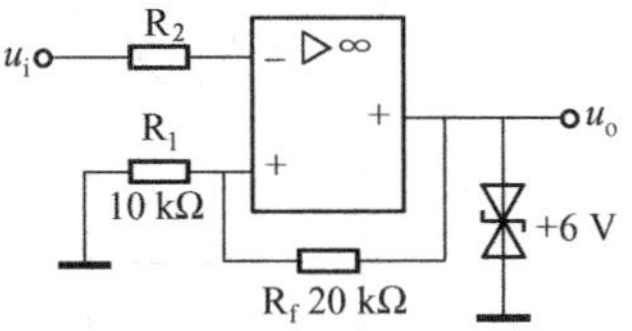

图7-6　滞回电压比较器

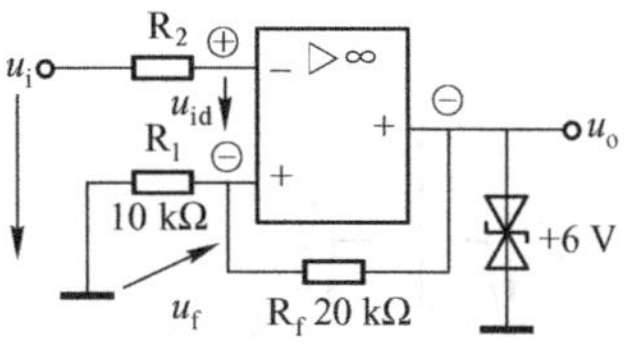

图7-7　反馈类型分析示意图

该电路中出现了反馈信号，如何得到它的电压传输特性曲线呢？根据运放“虚断”特性知$i_+ = i_- = 0$，当输出电压不同时，u_+处将出现不同的阈值电压，阈值电压的求解示意图如图7-8所示，可以求得：

当$u_o = 6\,V$时，$u_+ = U_{TH1} = \dfrac{R_1}{R_f + R_1}U_{OM} = 2\,V$；

当$u_o = -6\,V$时，$u_+ = U_{TH2} = \dfrac{R_1}{R_f + R_1}(-U_{OM}) = -2\,V$。

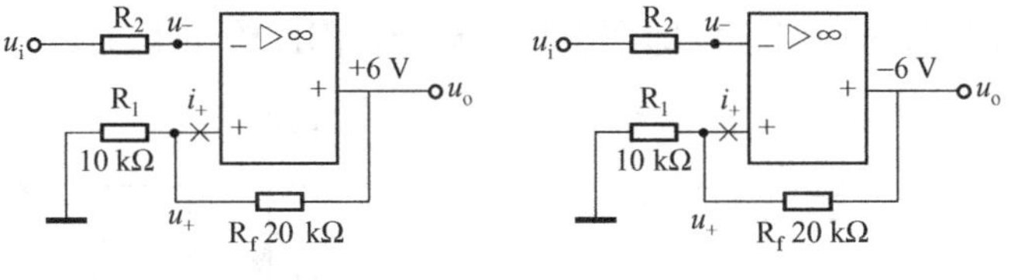

（a）u_o=6 V　　（b）u_o=−6 V

图7-8　阈值电压的求解示意图

接下来就可以开始绘制电压传输特性曲线了。先从输入电压远小于两阈值电压一侧，即图7-9中的①点开始，此时必然有$u_i < u_+$，输出电压为高电平有效，$u_+ = U_{TH1} = 2\,V$，因此，只有当$u_i > 2\,V$时，运放才发生状态翻转，输出电压变为低电平有效，如图中的②点所示。输出电压的变化直接影响到输入端的阈值电压，使$u_+ = U_{TH2} = -2\,V$，此时u_i必然大于U_{HT2}输出电压保持低电平；当输入电压减小时，同样需满足$u_i < U_{TH2}$，才能让运放发生状态翻转，因此只有在$u_i < -2\,V$时，翻转才得以发生，如图7-9中③点所示，由此便可画出完整的电压传输特性曲线了。由此可以看到，滞回电压比较器存在两个不同的阈值电压U_{TH1}和U_{TH2}，在输入信号增加和减小过程中使输出电压发生翻转的阈值电压完全不同，因此在分析输出波形时需要关注信号变化趋势与阈值电压之间的关系。

从输入端送入$u_i = 4\sin\omega t$的正弦波信号，如图7-10上部所示，在输入波形图中标注出两阈值电压+2V和−2V的基准线，以基准线与输入波形的交点向时间轴绘垂直线，即得到了输出电压翻转的时间点。值得注意的是：在一个完整的周期里，基准线与输入波形的交点不止一个，要准确地判断正确的交点，还应该从电压传输特性中获得信息。当输入电压从远小于两阈值电压处增大时，变化的基准点是 +2 V，而当输入电压从远大于两阈值电压处减小时，变化的基准点是 -2 V，因此，在正弦波的上升沿后以 +2 V 的基准线为准，在正弦波的下降沿应以 -2 V 的基准线为准，由此画出的输出电压波形如图 7-10 所示。

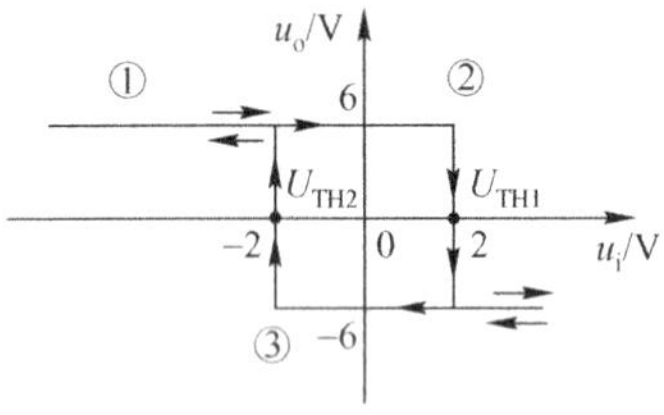

图 7-9　滞回电压比较器的电压传输特性曲线

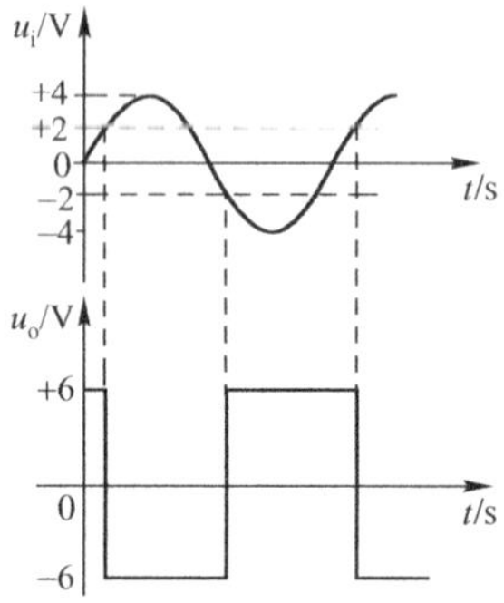

图 7-10　滞回电压比较器的输入与输出波形图

7.1.4 方波发生器

电压比较器可用做模拟电路和数字电路的接口，也可以用做波形产生和变换电路等。如图 7-11（a）所示为方波发生器，该电路由滞回比较器和具有延时作用的 RC 反馈网络组成，滞回比较器为正反馈，R_f 为电容提供了充放电的通路。由该图可清楚看到，电容端电压充放电达到电阻 R_1、R_2 的分压值时运放即产生状态翻转，因此输出电压 $u_o = \pm U_Z$。

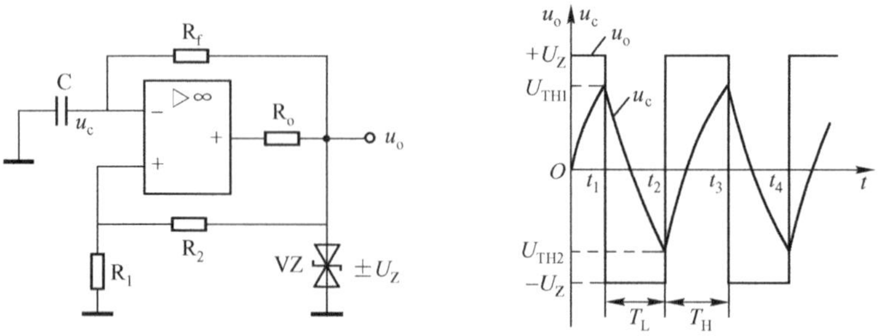

（a）电路图　　（b）波形图

图 7-11　方波发生器

计算滞回比较器阈值电压得：

$$U_{TH1} = \frac{R_1}{R_1 + R_2} u_{o1} = \frac{R_1}{R_1 + R_2} U_Z \tag{7-3}$$

$$U_{TH2} = \frac{R_1}{R_1 + R_2} u_{o2} = -\frac{R_1}{R_1 + R_2} U_Z \tag{7-4}$$

为什么电路能自动产生脉冲波？当电源接通，整个电路处于正反馈状态，在 $t = 0$ 时刻，

$u_c=0$，电源瞬间对运放输入端产生的冲击足以在运放无穷大的放大倍数作用下使输出达到饱和，设 $u_o=+U_Z$，则输出电压通过 R_f 对电容 C 充电，u_c 按指数规律上升；当 u_c 超过 U_{TH1} 时，电路状态发生翻转，输出电压 $u_o=-U_Z$，因电容电压大于输出电压，所以电容通过 R_f 往输出端放电，u_c 按指数规律下降，放电完毕后电容反向充电；当 $u_c=U_{TH2}$ 时，电路状态又发生翻转，$u_o=+U_Z$，此电压使电容端电荷反向释放。如此反复，在输出端即产生方波波形，波形如图 7-11（b）所示。

经分析，电路的振荡周期和频率分别为：

$$T\approx 2RC\ln\left(1+\frac{R_1}{R_2}\right) \tag{7-5}$$

$$f\approx\frac{1}{2RC\ln\left(1+\frac{R_1}{R_2}\right)} \tag{7-6}$$

> 上述的方波发生器占空比是固定不变的50%，若要设计占空比可调的方波发生器，该如何改变电路？

在脉冲电路中，将矩形波中高电平的时间 T_H 与周期 T 之比称为占空比 D（$D=\frac{T_H}{T}$）。图 7-11 中的方波发生器因为充放电回路相同，充放电时间常数完全相等，所以占空比为50%。要改变占空比，只要使充放电时间常数不同即可。对电路稍加改造，如图 7-12（a）所示，用二极管 VD_1、VD_2 隔开充电、放电电路。当输出为正电平，即 $u_o=+U_Z$ 时，VD_1 导通，VD_2 截止，$\tau_{充}=(R_f+r_{d1}+R'_P)C$；当输出为负电平，即 $u_o=-U_Z$ 时，VD_1 截止，VD_2 导通，$\tau_{放}=(R_f+r_{d2}+R''_P)C$。调节电位器 R_P，即可调节占空比。当 R_P 的动触点向上移动时，D 减小；反之，当 R_P 的动触点向下移动时，D 增大。输出波形图如图 7-12（b）所示。

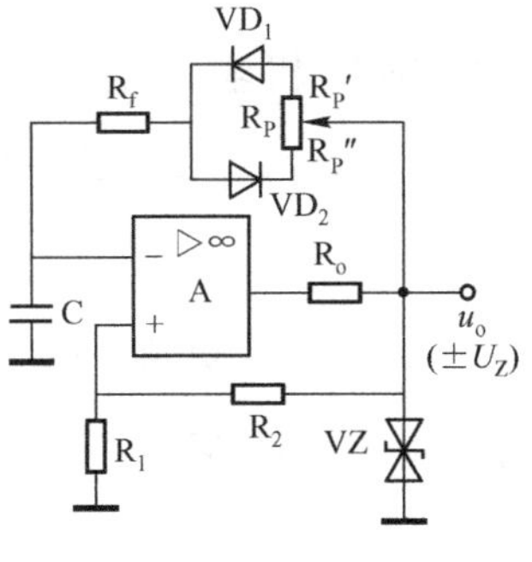

（a）电路图

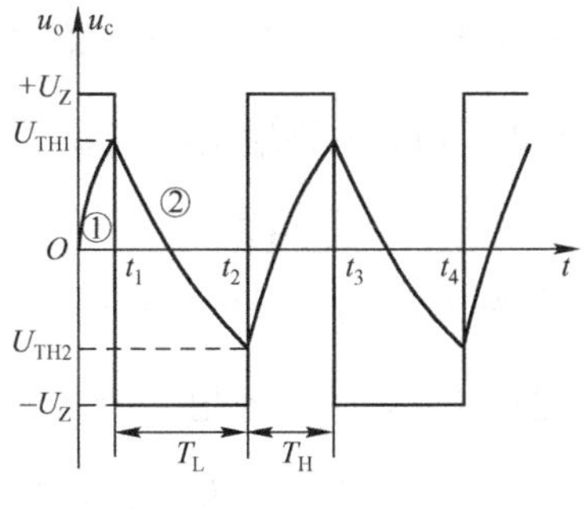

（b）波形图

图 7-12　占空比可调的矩形波发生器

调节 R_P 时，周期 T 不变，为：

$$T=(R_P+r_{d1}+r_{d2}+2R_f)\cdot C\cdot\ln\left(1+\frac{R_1}{R_2}\right) \tag{7-7}$$

7.1.5　三角波发生器

如图7-13所示为三角波发生器，若VD与R串接后与R_4并联（如图中虚线部分），则构成锯齿波电路。

电路由滞回比较器A_1和积分器A_2组成。设A_1的输出为u_{o1}，则u_{1+}由u_{o1}和u_o共同作用决定，即：

$$u_{1+}=\frac{R_1}{R_1+R_2}u_{o1}+\frac{R_2}{R_1+R_2}u_o=\frac{R_2}{R_1+R_2}u_o\pm\frac{R_1}{R_1+R_2}U_Z \tag{7-8}$$

当$u_{1+}=u_{1-}=0$时，比较器A_1的输出翻转，将其代入式（7-8）可得滞回比较器的阈值电压为：

$$\begin{cases}U_{TH1}=\dfrac{R_1}{R_2}\cdot U_Z\\U_{TH2}=\dfrac{R_1}{R_2}\cdot U_Z\end{cases} \tag{7-9}$$

其电压传输特性曲线如图7-14所示。

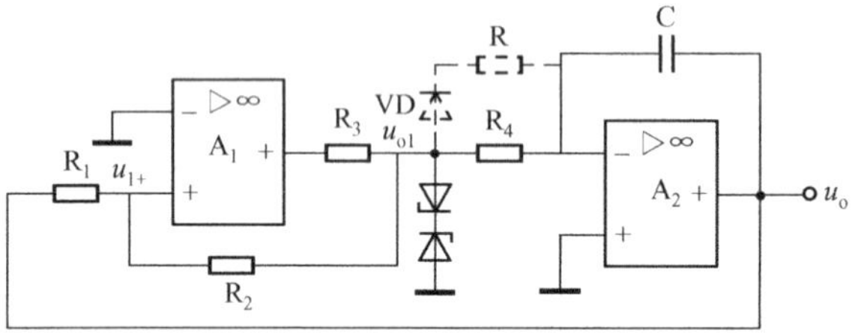

图7-13　三角波发生器

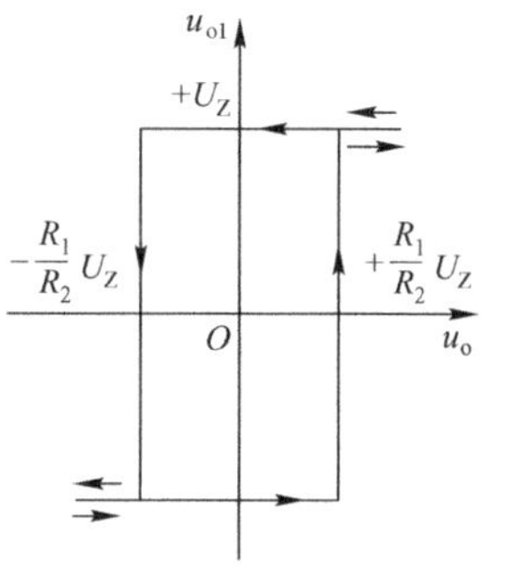

图7-14　电压传输特性

滞回电压比较器的输出电压u_{o1}经R_4接至A_2的反相输入端，而$u_{o1}=\pm U_Z$，由式（5-48）可知，积分电路输出电压$u_o=-\dfrac{(t_2-t_1)}{R_4C}u_{o1}+u_c(t_1)=\pm\dfrac{(t_2-t_1)}{R_4C}U_Z+u_c(t_1)$。式中，$u_c(t_1)$为电容上的初始电压。

假设接通电源瞬间，$u_{o1}=-U_Z$，$u_c(0)=0$，则$u_o=0$，u_{1+}为负值。此时，电容C开始充电，积分器的输出电压u_o由零值开始线性上升。u_{1+}也由负值逐渐上升。当$u_o=+\dfrac{R_1}{R_2}U_Z$时，而$u_{1+}=u_{1-}=0$，比较器A_1的输出翻转，使u_{o1}由$-U_Z$迅速跳变到$+U_Z$。

当u_{o1}跳变成$+U_Z$后，积分器的输出电压u_o开始线性下降，此时，u_{1+}也逐渐下降。当u_o下降到$-\dfrac{R_1}{R_2}U_Z$时，$u_{1+}=0$，滞回比较器的输出状态又发生翻转，u_{o1}由$+U_Z$迅速跳变到$-U_Z$。根据以上分析，可画出电路的输出波形图如图7-15所示。u_{o1}为方波，其幅值为U_Z，u_o为三角波，其幅值为$\dfrac{R_1}{R_2}U_Z$。

三角波和方波的周期和频率分别为：

$$T=\frac{4R_1}{R_2}R_4C \tag{7-10}$$

$$f=\frac{R_2}{4R_1R_4C} \tag{7-11}$$

若 VD 与 R 串接后与 R_4 并联，这样积分器 A_2 有两条积分支路：①当 VD 导通时，经二极管导通电阻与 R 串接后再与 R_4 并联的等效电阻 $R_T \to C$；②VD 截止时，经 $R_4 \to C$。

当 u_{o1} 为 U_Z 时，VD 导通，u_{o1} 通过等效电阻 R_T 向 C 充电；当 u_{o1} 为 $-U_Z$ 时，VD 截止，电容通过 R_4 放电并反向充电。因上升时间与下降时间不相等，三角波波形不对称，则成为锯齿波，波形如图 7-16 所示。

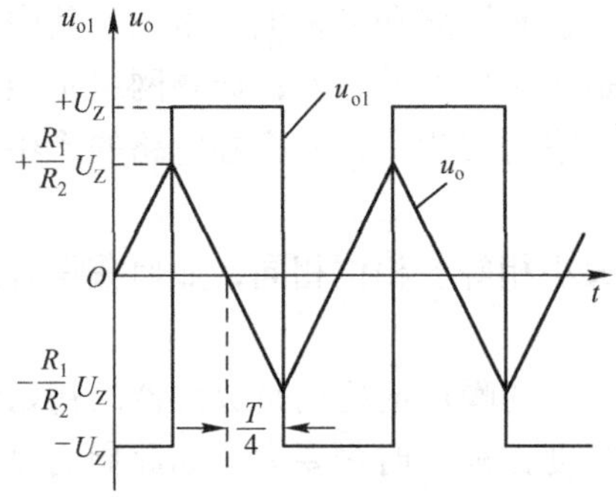

图 7-15　三角波发生器的输出波形图

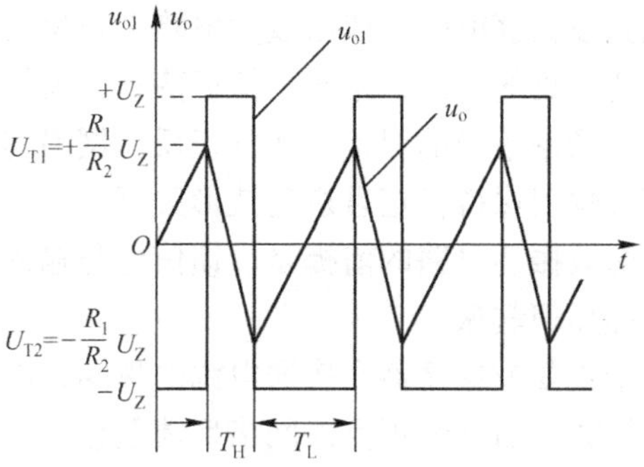

图 7-16　锯齿波发生器的波形图

该电路的锯齿波幅值为$\frac{R_1}{R_2}U_Z$，$T_L=2\frac{R_1}{R_2}[(R+r_d)//R_4]C$，$T_H=2\frac{R_1}{R_2}R_4C$，振荡频率为：

$$f=\frac{1}{T}=\frac{1}{2[(R+r_d)//R_4+R_4]C}\cdot\frac{R_2}{R_1} \tag{7-12}$$

式中，r_d 为二极管导通动态电阻，通常可忽略不计。

7.2　振荡电路的设计

在声光报警电路中，可以使用脉冲发生器获得输入信号，也可以利用555定时器组成脉冲发生电路产生脉冲，还可以用正弦波振荡电路产生需要的信号。下面介绍振荡电路的设计。

7.2.1　正弦波振荡电路的振荡条件

正弦波振荡电路是一种基本的模拟电路。它是在没有外加输入信号的情况下，依靠电路自激振荡而产生正弦波输出电压的电路。

正弦波振荡电路的组成方框图如图 7-17 所示，$\dot{A}$ 是放大电路，$\dot{F}$ 是反馈网络，当放大器维持输出信号 $\dot{X}_o$ 经反馈网络获得的反馈信号 $\dot{X}_f$ 足以满足放大电路的需要，即 $\dot{X}_f=\dot{X}_{id}$时，$\dot{X}_i=0$ 电路也能维持稳定的输出信号。因此，正弦波振荡电路又称自激振荡电路。

由图7-17可知，产生振荡的基本条件是反馈信号与输入信号大小相等、相位相同，即满足以下关系。

（1）振幅平衡条件：

$$|\dot{A}\dot{F}|=1 \tag{7-13}$$

即放大倍数与反馈系数的乘积的模等于1。

（2）相位平衡条件：

$$\varphi_A+\varphi_F-2n\pi \ (n=0,1,2,3,\cdots) \tag{7-14}$$

即放大电路的相移与反馈网络的相移之和等于 $2n\pi$，引入的反馈为正反馈，反馈端信号与输入端信号同相。

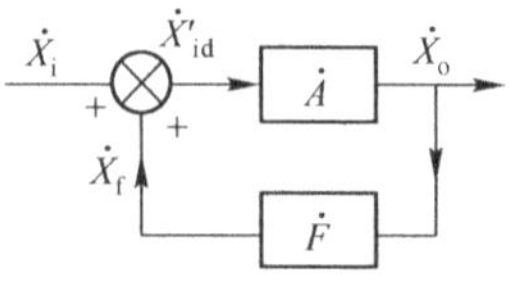

图7-17　正弦波振荡电路的组成方框图

正弦波振荡电路一般由放大电路、正反馈网络、选频网络和稳幅电路组成，其中放大电路是振荡电路的基础，用于维持振荡；正反馈网络是产生振荡的条件；选频网络是能够正常输出所需频率信号的保证，通常正反馈网络与选频网络合二为一；而稳幅电路的作用是使产生的信号幅值保持稳定且避免波形失真。

正弦波振荡电路的前提是反馈信号与输入信号大小相等、相位相同，如何获得合适的反馈信号即如何起振？

一个正弦波振荡器在接通电源的瞬间，电路中微弱的噪声或扰动是放大器的初始输入信号，它被放大后又经正反馈网络反馈至输入端，且幅度比前一时刻要大，如此周而复始，振荡就产生了。经过选频网络的选择，只有其中的某一频率的信号可以得到反复地放大，且幅度越来越大，而其余成分却逐渐衰减至零。由此可见，要建立振荡，则反馈电压必须大于产生此反馈电压的净输入电压，因此，振荡电路的起振条件为：

（1）振幅起振条件：

$$|\dot{A}\dot{F}|>1 \tag{7-15}$$

（2）相位起振条件：

$$\varphi_A+\varphi_F=2n\pi \ (n=0,1,2,3\cdots) \tag{7-16}$$

起振后，若幅度一味增大，势必会造成波形的失真，甚至使放大电路不能正常工作，这时稳幅电路就起作用了。由于三极管工作的非线性，所以起振后，随着幅度的迅速增大三极管很快进入到非线性区，以致放大倍数下降，从而使得 $|\dot{A}\dot{F}|=1$，电路进入稳定状态；若出现 $|\dot{A}\dot{F}|<1$ 的情况，则三极管就又重新进入线性工作状态，电路的输出电压幅度又重新再次增大，最终使电路又处于稳定状态。因此，利用三极管本身工作的非线性，振荡电路可以达到限幅的目的，但是输出波形会存在失真，实际电路一般还需要有稳幅措施，通常可采用串二极管或负温度系数的热敏电阻等方法。

7.2.2　文氏电桥正弦波振荡电路

如图7-18所示为文氏电桥正弦波振荡电路，其中RC串并联网络如图7-19所示。RC串并联网络作为正反馈网络和选频网络，在 $f=f_o=\dfrac{1}{2\pi RC}$ 时，$\dot{U}_f$ 最大，相移 $\varphi=0°$，此时 $\dot{F}=\dfrac{\dot{U}_f}{\dot{U}_o}=\dfrac{1}{3}$。

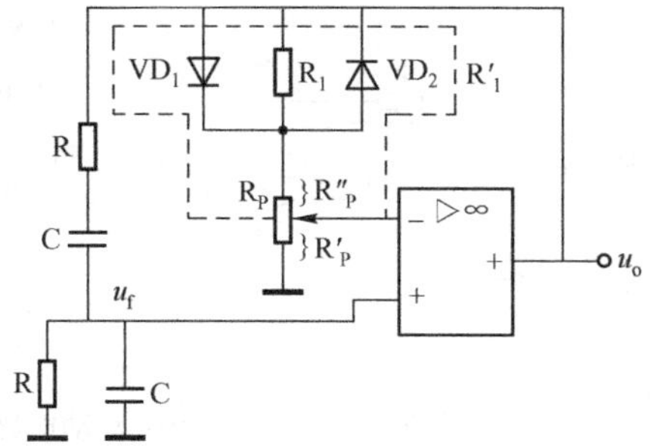

图7-18　文氏电桥正弦波振荡电路

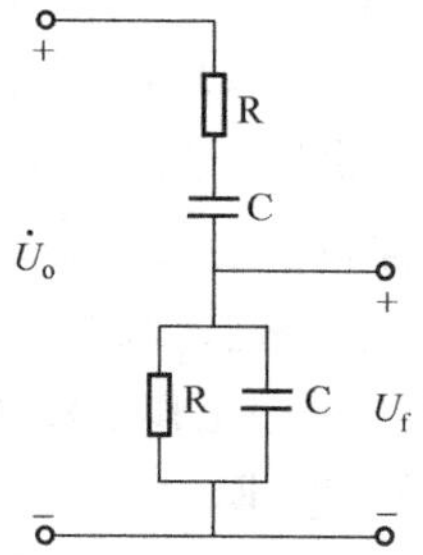

图7-19　*RC* 串并联网络

频率 f_o 叫做 RC 串并联网络的谐振频率，该网络的频率特性如图 7-20 所示。

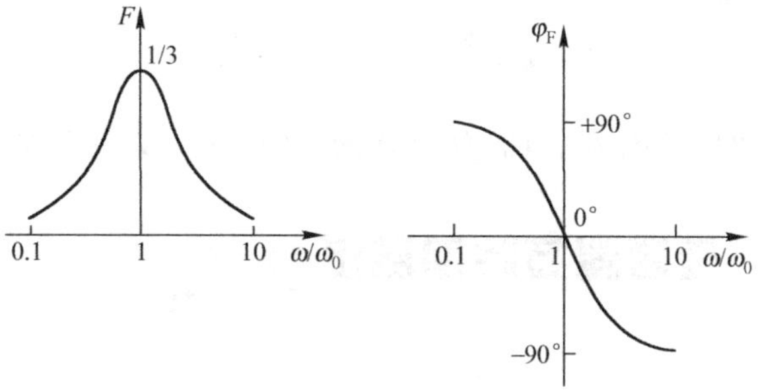

（a）幅频特性　　（b）相频特性

图7-20　RC 串并联网络的频率特性

从幅频特性可理解选频效果，对远离谐振频率的其他频率信号而言，其放大效果可忽略不计，当 $f=f_o=\dfrac{1}{2\pi RC}$时，$F=1/3$，根据振幅起振条件 $|\dot{A}\dot{F}|>1$，要求 $A>3$。由图 7-18 所示 $R_1'=R_P''+R_1//r_d$，若 R_P'、R_1' 构成电压串联负反馈电路的电压放大倍数为 $A=1+\dfrac{R_1'}{R_P'}>3$，即 $R'_1>2R'_P$，则电路能顺利起振。

此电路利用二极管 VD_1 和 VD_2 的非线性自动完成稳幅。在负反馈电路中，二极管 VD_1 和 VD_2 与 R_1 并联，只要有信号输出总有一个二极管导通。振荡电路刚起振时，输出电压较小，二极管的正向偏置电压小，正向交流电阻较大，负反馈较弱，使 $|\dot{A}|>3$，满足起振条件。当输出电压增大时，通过二极管的电流相应增大，导致二极管的动态电阻 r_d 减小，负反馈增强，使 $|\dot{A}|$ 减小，从而达到自动稳定输出幅度的目的。

7.3　发光二极管驱动电路

在模拟电路中，要想半导体元件稳定工作，需要对限流元件等保护元件的参数进行计算，因此，需要关注电路中其他元件的工作情况，如运放在不同电源电压情况下会产生不同的饱和电压，从而影响后级元件的工作参数。

如图7-21（a）、（b）所示为常见的发光二极管驱动电路，图7-21（a）中限流电阻的估算方法前面已经介绍过，图7-21（b）所示为发光二极管的三极管驱动电路，流过发光二极管的正向工作电流 I_F 受三极管控制。当三极管饱和导通时，流过LED的正向工作电流 I_F 经电源电压 V_{CC} 和集电极电阻R使LED发光。当三极管截止时，流过三极管集电极的电流是微小的漏电流，不足以使LED发光，LED熄灭。通过驱动三极管的导通、截止，可使LED的工作处于可控状态。

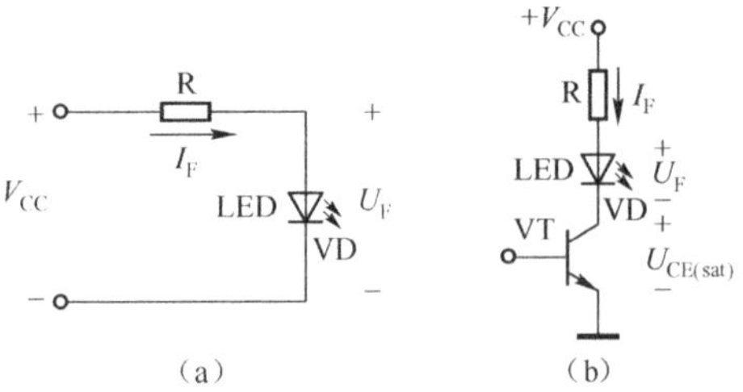

图7-21 发光二极管驱动电路

限流电阻R由下式估算：

$$R=\frac{V_{CC}-U_{CE(sat)}-U_F}{I_F} \tag{7-17}$$

式中，$U_{CE(sat)}$ 为三极管的饱和压降；U_F 为LED的正向电压；I_F 为正向工作电流。

技能训练6 传感器特性的测试

1. 实践目标

（1）了解传感器的工作特性。

（2）理解传感器特性测试的基本方法。

2. MQ－5型传感器工作特性的分析

为便于检测，这里选择了MQ－5型气体传感器。MQ－5型气体传感器对液化气、天然气、城市煤气有较好的灵敏度，适合用做家庭和工业探测液化气、天然气、城市煤气的气体泄漏监测装置。如图7-22所示为MQ－5的外形尺寸图，本书并不涉及印制板制作的环节，但是作为专业技能，印制板图的绘制是一个基本要求，因此，对我们从未了解过的器件，一定要获得其外形尺寸图，以作为设计制板的依据。

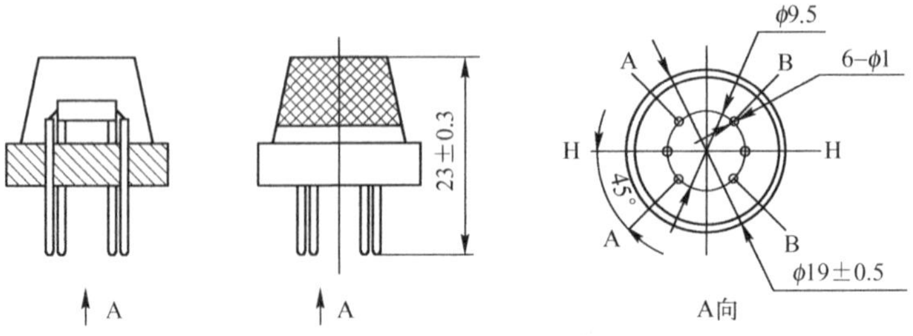

图7-22 MQ－5型气体传感器的外形尺寸图

MQ－5型气体传感器由气敏元件、测量电极和加热器构成，固定在由塑料或不锈钢制成的腔体内，加热器为气敏元件提供了必要的工作条件。封装好的气敏元件有6只针状引脚，引脚排列图（底视图）如图7-23（a）所示。其中2个引脚（H、H）用于提供加热电流，4个引脚（A、A和B、B）用于取出信号，其图形符号如图7-23（6）所示。

MQ－5型气体传感器的回路电压不大于15 V，加热电压为5±0.2 V。其测试电路如图7-24所示，2个H引脚分别接+5 V电源和地，2个A引脚相连接，2个B引脚相连接，A、B无极性差别，H脚也无极性差别。

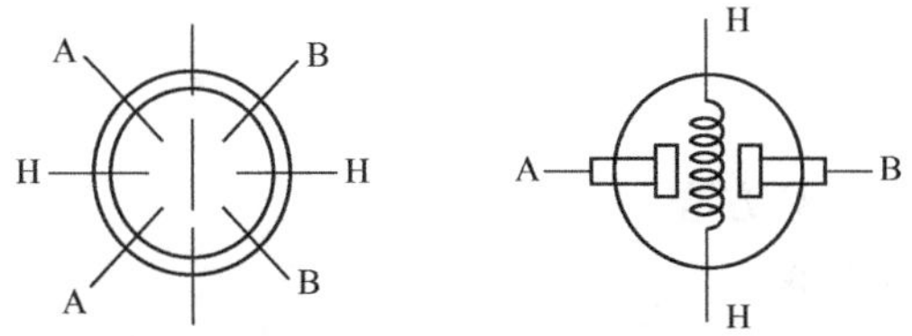

（a）引脚排列（底视图）　（b）图形符号

图7-23　MQ－5型气体传感器

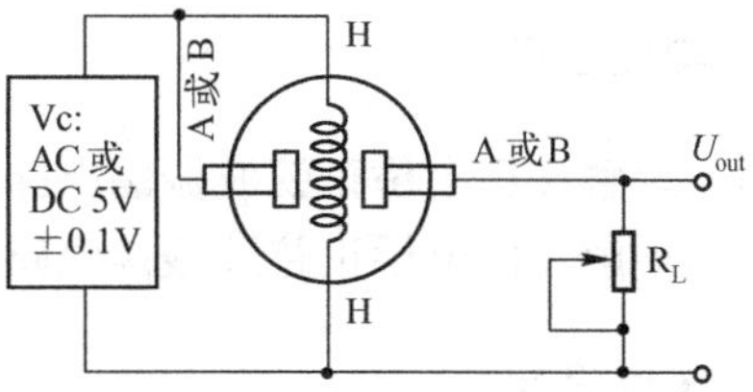

图7-24　MQ－5型传感器的测试电路

3. 传感器的测试

在产品设计环节里，传感器的检测准确度尤为重要，我们还需要了解：多少浓度的可燃气体会致命？多少浓度的可燃气体需要发出报警？这些数据直接与电路参数的整定相关，但在我们的教学环境中大多没有可燃气体浓度监测的基本环境，因此只设计针对可燃气体的有无起反应，即一监测到可燃气体就报警。对传感器的测试，关键是了解A、B两点之间在通电状态下没有可燃气体和有可燃气体情况下的等效阻值。你能通过测量将输出电压U_{out}计算出来吗？（**提示**：MQ－5型传感器预热稳定后才能进行检测，通电状态的等效阻值如何求取?）

技能训练7　单值比较器和滞回比较器的设计与测试

1. 实践目标

（1）理解单值比较器和滞回比较器的电路设计方法。

（2）理解比较器电路输入信号和阈值电压的关系。

2. 单值电压比较器的设计

（1）设计一个阈值为1.5 V的单值电压比较器，分别在运放单电源和双电源状态下送入正弦波信号，用示波器观察输入信号与输出信号的波形，读取比较器的正、负饱和输出电压，看看你能否发现其中的差异？能找到原因吗？

（2）记录从示波器上观察到的输入、输出波形，并绘制单值比较器的电压传输特性曲线。

3. 滞回电压比较器的设计

（1）仿照图7-6的滞回电压比较器，去除输出稳压元件，绘制一个新的滞回电压比较器。

（2）输入正弦波信号，用示波器观察输入和输出信号波形。

（3）记录波形并绘制电压传输特性曲线。分析输出端的饱和电压由何而来？

项目实施 15　振荡电路的设计与测试

1. 实践目标

（1）理解文氏电桥正弦波振荡电路参数的计算方法。

（2）理解文氏电桥正弦波振荡电路的工作效果。

2. 电路设计

以图 7-18 所示电路为样本，若选择 $R=10\text{k}\Omega$，$R_1=10\text{k}\Omega$，$R_P=50\text{k}\Omega$，$C=0.01\mu\text{F}$，则电路振荡频率为：

$$f_o=\frac{1}{2\pi RC}=\frac{1}{2\pi\times10\times10^3\times0.01\times10^{-6}}=16\ (\text{kHz})$$

本电路的制作与调试是为报警器设计做准备的，由于对报警声的频率没有非常精确的要求，所以可根据元件库的具体情况选择适合的元件参数。

3. 电路制作与调试

（1）本电路的制作需考虑到后续的电路制作，因此，要求布置板面时尽量靠右下角安排元件。

（2）制作电路时，大多会因为负反馈放大倍数不符合要求而使电路无法起振，因此应注意电阻元件的选择和电位器的调节。

（3）电路制作成功后，要求用示波器观察并记录输出电压波形。

项目实施 16　可燃气体报警器的制作与调试

1. 实践目标

（1）掌握单元电路的综合应用能力。

（2）进一步掌握电路分析、设计的思路。

（3）巩固电路的制作调试能力。

（4）提高项目展示能力。

（5）增强设计说明书的写作能力。

2. 电路设计

如图 7-25 所示为可燃气体报警器参考电路，报警电路的设计框图如图 7-26 所示。

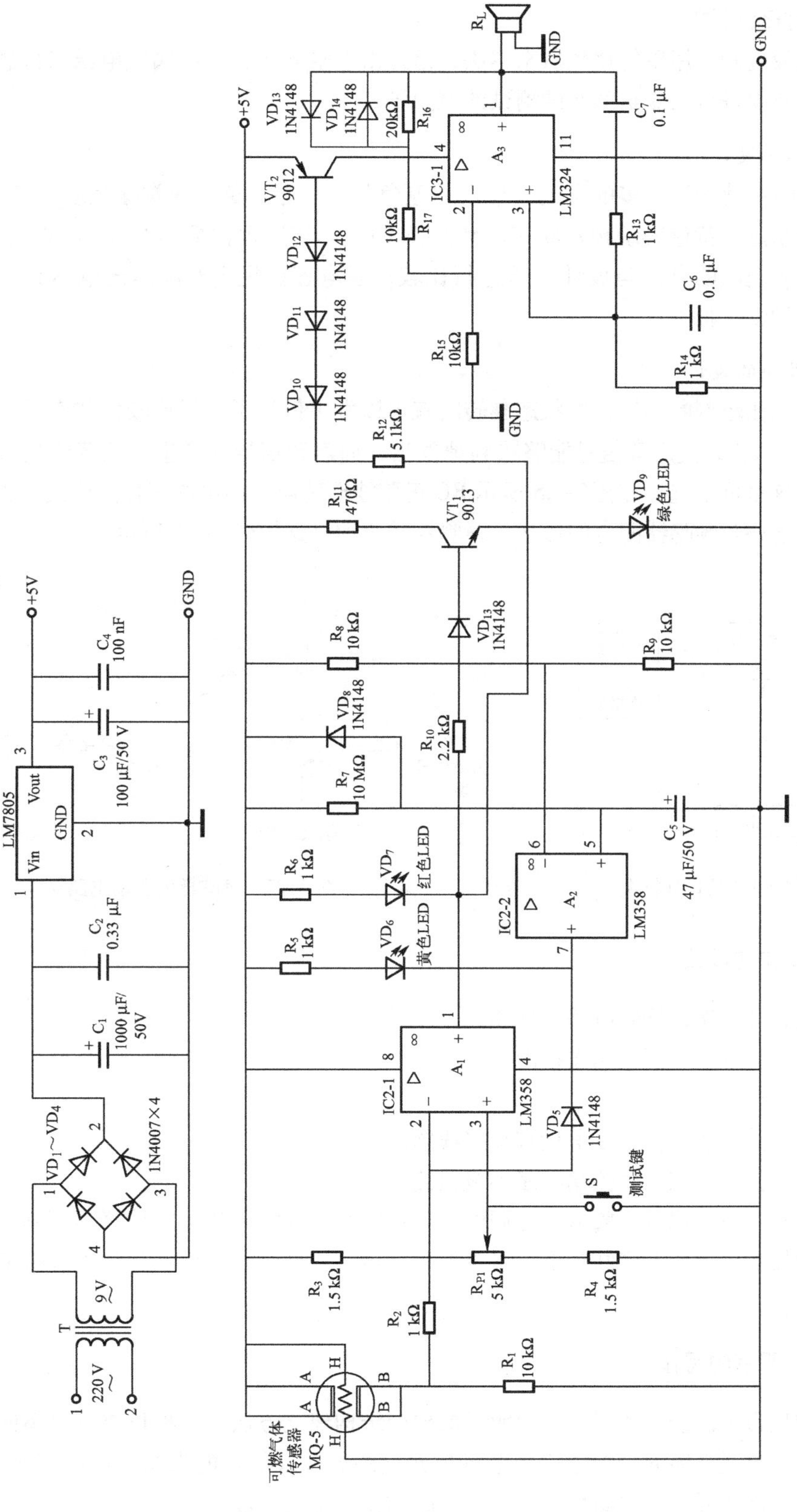

图7-25　可燃气体报警器参考电路

1）信号的比较判断

信号的比较判断可用单值比较器来解决，但是由电阻分压获得的阈值电压与传感器的特性有关，这就是要进行技能训练6的测试的原因了。

2）光指示的设计

在电子设备中使用比较多的发光二极管的颜色是红、绿、黄，通常绿色表示正常工作，红色表示报警状态，黄色表示预热状态。MQ－5型气体传感器需要至少5min的预热时间，因此，利用电容充电的方式与设计电压进行比较，当电容在规定时间内充电达到设计电压时，即可进入测试过程了。

3）声音报警的设计

报警电路在比较判断的比较器状态翻转时就可以发出信号了，但比较器状态的翻转只是打开了一个“开关”，使声音信号能够顺利地发出，而声音信号的产生还依赖于信号发生器和发声器件。这里可以选择如图7-25所示RC正弦波振荡器和扬声器配合的形式，也可以选择555定时器电路与蜂鸣器配合的形式。蜂鸣器的驱动电路如图7-27所示。

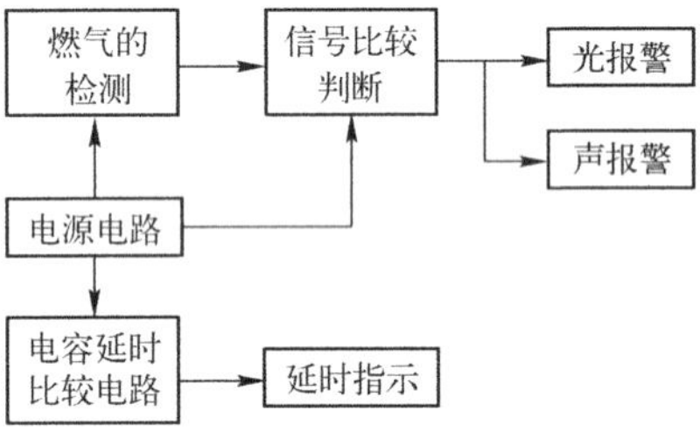

图7-26　报警电路的设计框图

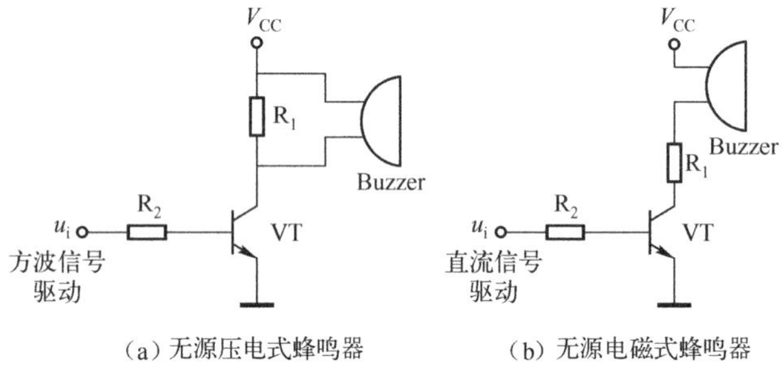

图7-27　蜂鸣器的驱动电路

3. 电路制作与调试

（1）确定设计方案，绘制电路原理图。
（2）检测元器件，绘制电路布线图。
（3）电路的调试。
（4）根据电路布线图，不带电检查焊接线路质量。
（5）通电测试：按照信号传输顺序逐级检测。

常见问题有：单值比较器阈值电压调整不当；发光二极管限流电阻计算不正确，烧坏发光二极管；比较器输出状态判断错误，接错发光二极管；比较器输出状态与声音报警电路的状态不匹配。

4. 设计说明书的写作

在前面的项目中已经了解了设计说明书的框架结构建立方法，本项目要求对不同设计方案进行比较，在单元电路的分析中应规范各单元电路的输入信号的来源、输出信号的去向，应详细记录各功能单元的工作参数，并针对电路调试写出调试报告。

5. 项目展示 PPT 的制作要求

（1）PPT 中至少应具备以下内容：设计对象技术指标、设计的基本思路、核心功能的设计思路说明、最终制作效果、制作体会。

（2）PPT 制作应文字简练，字体应适当，每单页文字不可过多、过少。

（3）* 在有余力前提下，适当增加一些画面背景、切换效果。

思考与练习题 7

一、填空题

1. 运算放大器工作在饱和区的分析依据是________和________。

2. 运算放大器工作在非线性区的条件是________________。

3. 集成运放用于运算电路和电压比较器，它们的主要区别是：在电压比较器中运放工作在________或________状态，而在运算电路中运放工作在________状态；电压比较器输出只有________和________两个稳定状态。

4. 无论是单值电压比较器还是滞回电压比较器，均可采用同相输入和反相输入两种接法。若希望 u_i 足够高时输出电压为低电平，则应采用______输入接法；若希望 u_i 足够低时输出电压为低电平，则应采用________输入接法。

5. 正弦波发生电路由________、________、________和________电路组成。

6. 振荡器的振幅平衡条件是________，相位平衡条件是________。

7. 发光二极管是一种电光转换器件，它能将____转变为______。

二、选择题

8. 由集成运放组成的电路如图 7-28 所示。其中图 7-28（a）是（　　），图 7-28（b）是（　　），图 7-28（c）是（　　）。

　A. 积分运算电路　　B. 微分运算电路　　C. 滞回电压比较器

　D. 反相求和运算电路　　E. 单值电压比较器

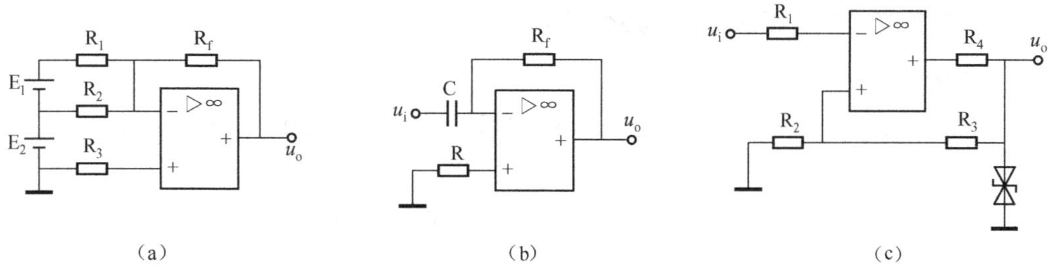

图 7-28

9. （　　）运算电路可将方波电压转换成三角波电压。

　A. 微分　　B. 积分　　C. 乘法　　D. 除法

10. 相对来说，（　　）电压比较器的抗干扰能力强。

　A. 单值　　B. 回滞

11. 正弦波振荡器应满足的相位平衡条件是（　　）。

A. $\varphi_A+\varphi_F=2n\pi$　　B. $\varphi_A+\varphi_F=2(n+1)\pi$　　C. $\varphi_A+\varphi_F=n\pi/2$

12. 正弦波振荡器的振荡频率由（　　）决定。

A. 基本放大器　　B. 反馈网络　　C. 选频网络

13. 组成文氏 RC 桥式振荡器的基本放大电路的放大倍数应为（　　）。

A. $|\dot{A}|=1$　　B. $|\dot{A}|\leqslant 3$　　C. $|\dot{A}|\geqslant 3$

14. 正弦波振荡器中正反馈网络的作用是（　　）。

A. 保证产生自激振荡的相位条件

B. 提高放大器的放大倍数，使输出信号足够大

C. 产生单一频率的正弦波

D. 以上说法都不对

15. 振荡器与放大器的区别是（　　）。

A. 振荡器比放大器电源电压高

B. 振荡器比放大器失真小

C. 振荡器无需外加激励信号，放大器需要外加激励信号

D. 振荡器需要外加激励信号，放大器无需外加激励信号

三、判断题

16. 电路只要存在正反馈就一定产生正弦波振荡信号。（　　）

17. 振荡器与放大器主要区别之一是：放大器的输出信号与输入信号频率相同，而振荡器一般不需要输入信号。（　　）

18. 在 RC 桥式振荡电路中，若 RC 串并联选频网络中的电阻均为 R，电容均为 C，则其振荡频率 $f_o=\dfrac{1}{RC}$。（　　）

19. 电路存在正反馈，不一定能产生自激振荡。（　　）

20. 正弦振荡器必须输入正弦信号。（　　）

21. 正弦波振荡器输出波形的振幅随着反馈系数 F 的增加而减小。（　　）

22. 要使发光二极管正常发光，必须反偏。（　　）

四、应用题

23. 试判断如图 7-29 所示电路是否满足产生正弦波振荡的相位平衡条件。

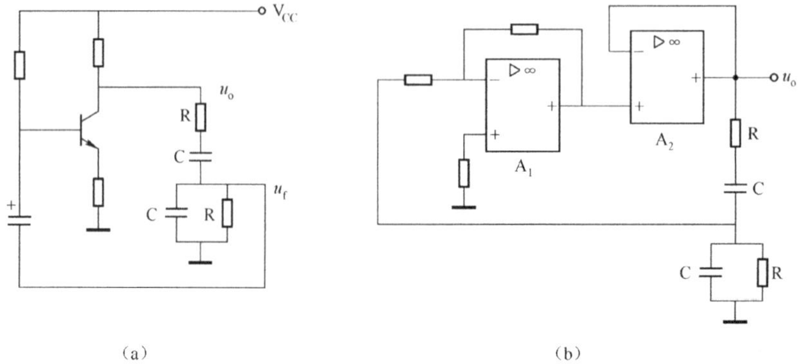

图 7-29

24. 如图 7-30 为理想集成运放，VD_1 与 VD_2 串联后的 U_Z 为 ±6V，试求比较器的阈值电压，并画出电压传输特性曲线。

25. 积分电路如图 7-31（a）所示，设运放是理想的，已知初始状态时 $u_C(0)=0$，试回答下列问题：（1）当 $R_1=100\,k\Omega$、$C=2\,\mu F$ 时，若加入 1 V 的直流电压，求 1 s 后输出电压 u_o 的值；（2）当 $R_1=100\,k\Omega$、$C=0.47\,\mu F$，输入电压波形如图 7-32（b）所示，试画出 u_o 的波形，并标出其幅值。

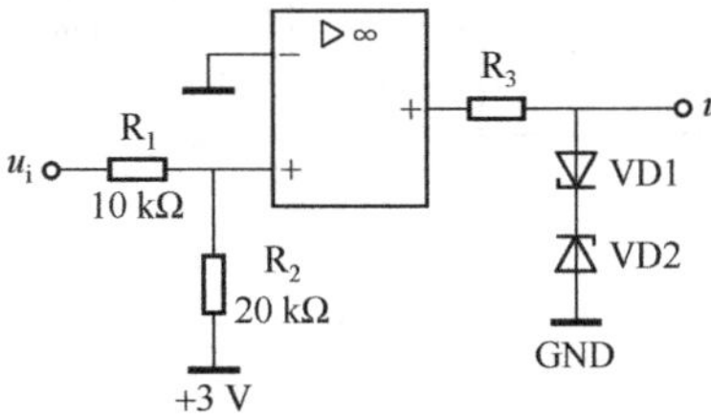

图 7-30

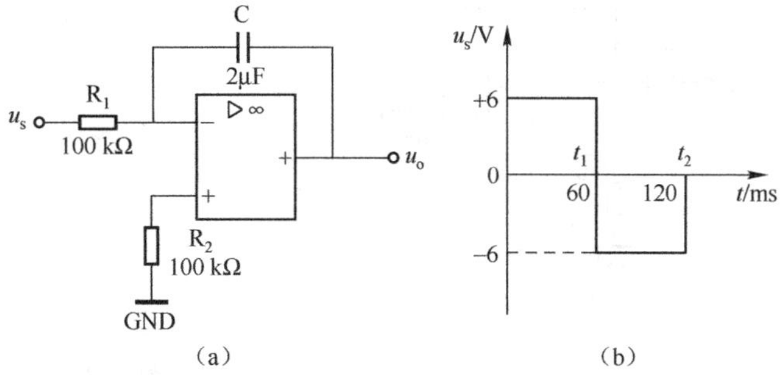

图 7-31

26. 如图 7-32 所示电路中，设运放是理想的，电容的初始电压 $u_c(0)=0$。（1）写出 u_o 与 u_{s1}、u_{s2} 和 u_{s3} 之间的关系式；（2）写出当电路中电阻 $R_1=R_2=R_3=R_4=R_5=R_6=R$ 时，输出电压 u_o 的表达式。

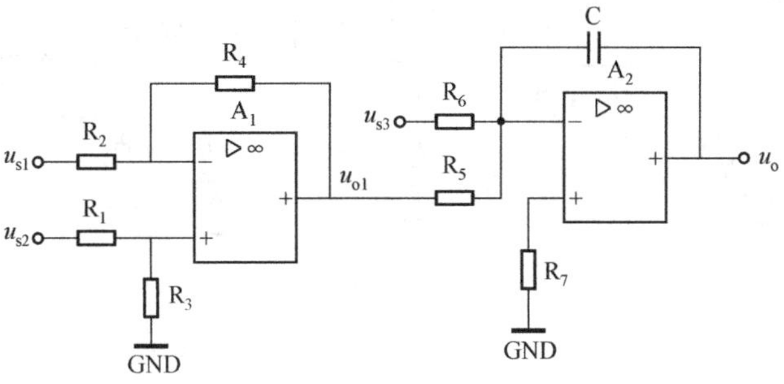

图 7-32

27. 电路如图 7-33（a）所示，设运放是理想的，电容器上的初始电压为零。（1）求出 u_{o1}、u_{o2} 和 u_o 的表达式；（2）当输入电压 u_{s1}、u_{s2} 如图 7-33（b）所示时，试画出 u_o 的波形。

28. 如图 7-34 所示电路为低成本函数发生器，定性画出 u_{o1}、u_{o2}、u_{o3} 的波形，并写出振荡频率表达式。

29. 比较器电路如图 7-35 所示，$u_i=5\sin\omega t$。

（1）画出电压传输特性曲线；

（2）画出与输入信号相对应的输出波形。

30. 试分析图 7-36 中发光二极管 LED 驱动电路的工作原理。如果电源电压 $V_{CC}=5\,V$，发光二极管在正向工作电流 $I_F=20\,mA$ 时的正向压降 $U_F=1.5\,V$，三极管的饱和压降 $U_{CE(sat)}=0.4\,V$，分别求出电路中限流电阻 R 的大小。

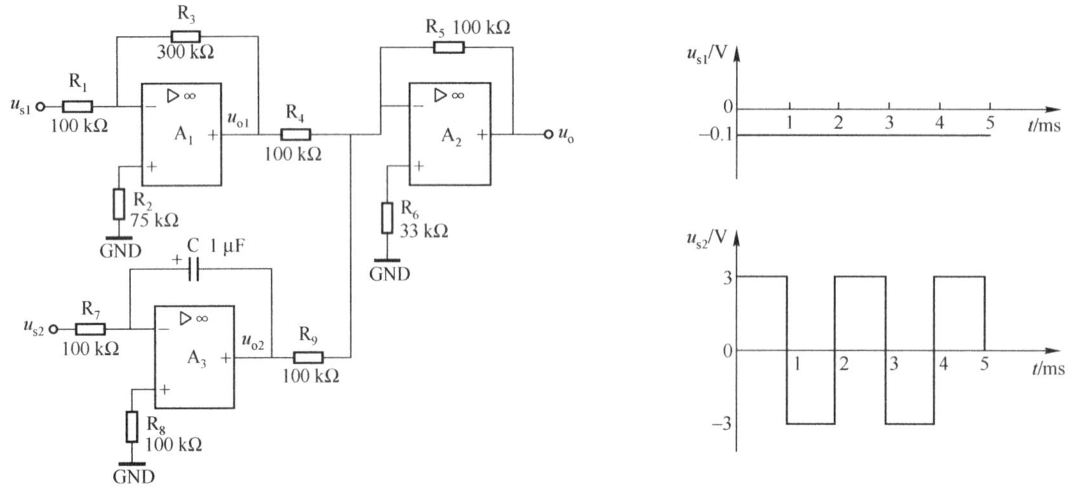

（a）　　　　（b）

图 7-33

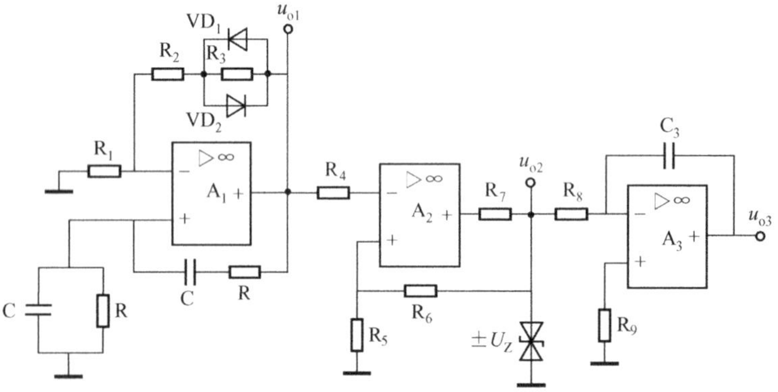

图 7-34

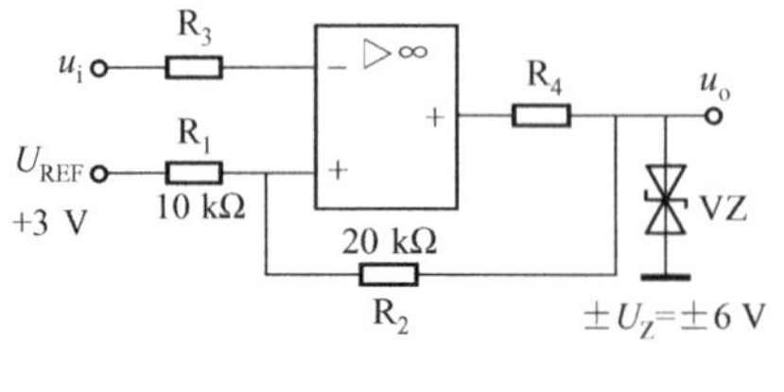

图 7-35

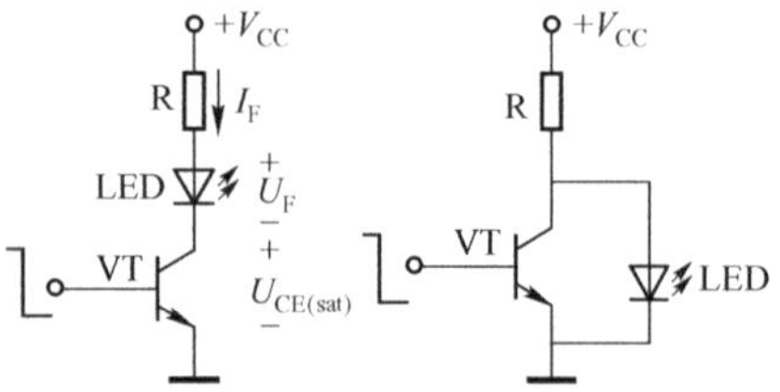

（a）　　　　（b）

图 7-36

31. RC 振荡电路如图 7-37 所示，图中 $R=10\,\text{k}\Omega$，$C=0.1\,\mu\text{F}$。（1）求振荡器的振荡频率 f_o？（2）为保证电路起振，对 R_f/R_1 的比值有何要求？（3）* 试提出稳幅措施。

32. 如图 7-38 为低能耗文氏电桥振荡器，试画出运放 A 的输入端极性，并解释灯泡温度上升、电阻增大在电路中的作用。

33. 如图 7-39 所示电路为二极管稳幅文氏电桥振荡器，试说明二极管稳幅的工作原理。指出运放 A_2 在本电路中的作用。

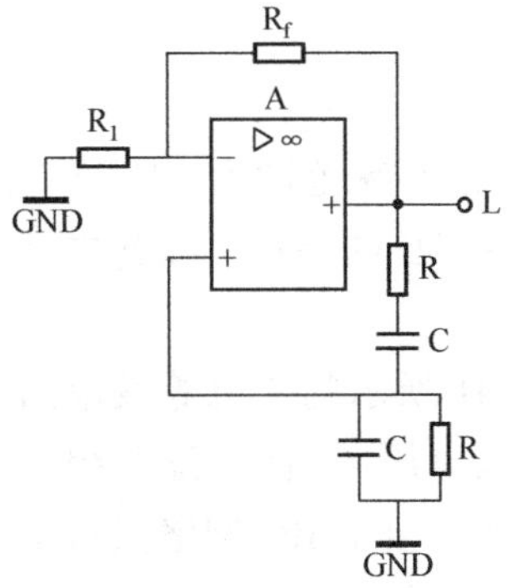

图 7-37

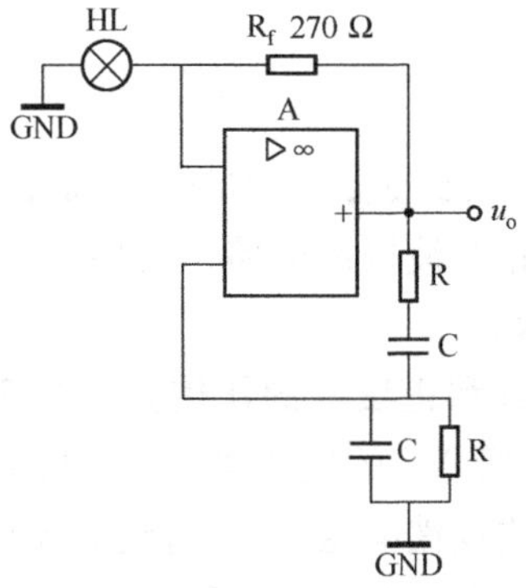

图 7-38

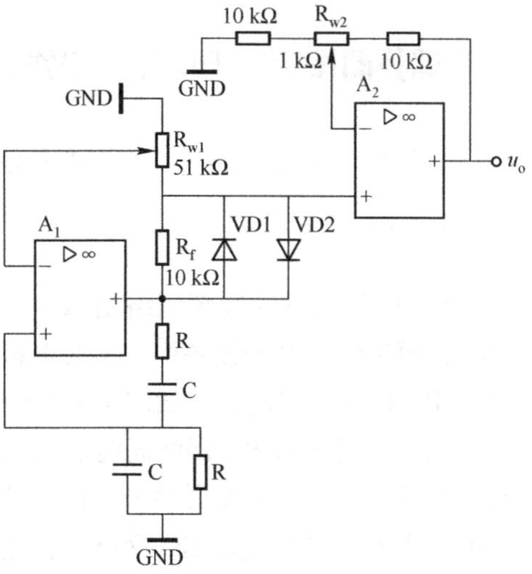

图 7-39

课外阅读 35　各种各样的气体传感器

部分气体传感器的型号、检测对象、检测范围如下表所示。

型号	检测对象	检测范围	备　注
ME2 - CO	一氧化碳	0～1000 ppm	电化学传感器
ME3 - H2S	硫化氢	0～200 ppm	
ME3 - H2	氢气	0～200 ppm	
ME3 - NH3	氨气	0～1000 ppm	
ME3 - CL2	氯气	0～50 ppm	
ME4 - CL2	氯气	0～20 ppm	
ME3 - PH3	磷化氢	0～20 ppm	
ME3 - O2	氧气	0～25%；max：30%	
MC101	甲烷、液化气、丙烷等可燃性气体	0～100%LEL	催化燃烧式可燃气体传感器
MC108	氢气、可燃气体	0～100%LEL	
MJC4/3.0L	甲烷、瓦斯	0～4%VOL	
MQ - 2	可燃气体、烟雾	300～10 000 ppm	半导体式传感器
MQ - 4	天然气、甲烷	300～10 000 ppm	
MQ - 5	液化气、甲烷、煤制气	300～5 000 ppm	
MQ - 6	液化气、异丁烷、丙烷	100～10 000 ppm	
MQ - 8	氢气、煤制气	50～10 000 ppm	
MQ - 7	一氧化碳	10～1 000 ppm	
MQ216	液化气、甲烷、煤制气	100～10 000 ppm	
MQ309A	一氧化碳、可燃气体	10～500 ppm CO、300～5 000 ppm 可燃气体	

注：* ppm 表示百万分之一；%LEL 表示爆炸下限百分比；%VOL 表示体积百分比浓度。

课外阅读36　RC振荡电路、LC振荡电路和石英晶体振荡器

根据选频网络的不同，正弦波振荡电路一般可分为以下三种类型。

1. RC振荡电路

RC振荡电路的选频网络由R、C元件组成，工作频率较低，一般频率范围为1 Hz ～ 1 MHz，用于低频电子设备中。文氏电桥正弦波振荡电路是其中应用最广泛的一种，除此之外还有RC相移振荡电路，如图7-40所示。

电路中的3节RC网络同时起到选频和正反馈的作用。从图7-41所示的交流等效电路看：因为是单级共射极放大电路，晶体管VT的输出电压 U_o 与输入电压 U_i 在相位上相差180°。当输出电压经过RC网络后，变成反馈电压 U_f 又送到输入端时，由于RC网络只对某个特定频率 f_o 的电压产生180°的相移，所以只有频率为 f_o 的信号电压才是正反馈而使电路起振。可见RC网络既是选频网络，又是正反馈电路的一部分。

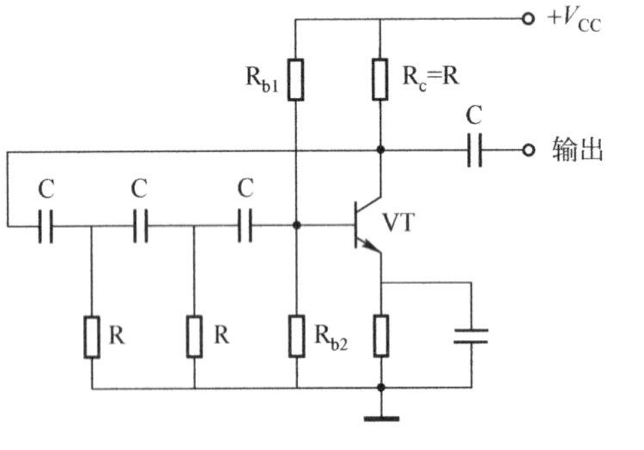

图7-40　RC相移振荡电路

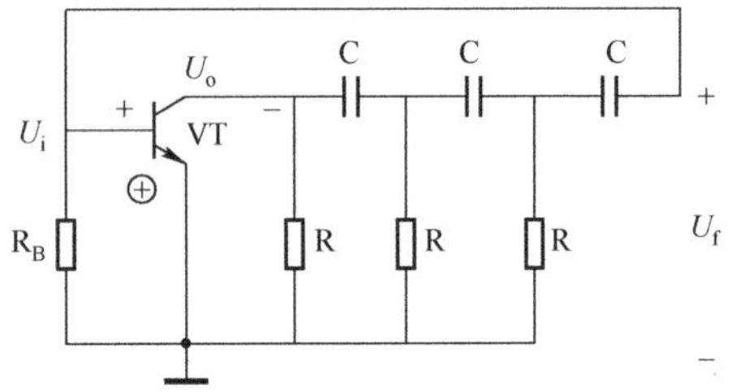

图7-41　RC相移振荡电路交流等效电路

RC相移振荡电路电路简单、经济，但稳定性不高，而且调节不方便。一般都用作固定频率振荡器和要求不太高的场合，频率一般为几十千赫。当3节RC网络的参数相同时，它的振荡频率是：

$$f = f_o = \frac{1}{2\pi\sqrt{6}RC}$$

2. LC振荡电路

LC正弦波振荡电路的选频网络为LC并联回路，可分为变压器反馈式、电感三点式和电容三点式三种。LC振荡电路的工作频率较高，一般在1 MHz以上，它主要用于产生高频正弦波信号。

1）变压器反馈式LC正弦波振荡电路

如图7-42所示为变压器反馈式LC正弦波振荡器电路。图中耦合电容 C_B 和发射极旁路电容 C_e 容量较大，在振荡频率上，交流阻抗小，可视为短路，所以，三极管VT组成分压式共射放大电路。L_1 和C构成选频网络，并作为三极管集电极的负载。变压器二次侧绕组 L_3

将输出的一部分，经 C_b 反馈到输入端，形成正反馈，瞬时极性如图 7-42 中所注。变压器二次侧绕组 L_2 接输出负载。

只要电路连接正确，变压器的变比及耦合度选择适当，振荡电路就可以正常起振工作。振荡电路稳定的信号输出频率为：

$$f=f_o=\frac{1}{2\pi\sqrt{LC}}$$

变压器反馈式 LC 振荡电路易于起振，采用可变电容器可使输出正弦波信号的频率连续可调。但由于变压器耦合的漏感等影响，且变压器体积较大，损耗也较大，工作频率不太高，通常为几兆赫至十几兆赫，因此较为少用。

2）电感三点式振荡电路

如图 7-43（a）所示电路为电感三点式振荡电路。电路采用分压式偏置，C_b 为基极旁路电容，对交流可视为短路，画出电路的交流通路如图 7-43（b）所示。基极是交流接地端，所以为共基极放大电路。选频网络由 L_1、L_2 和 C 并联而成，电感 L_2 上的反馈电压 U_f 经 C_e 送至三极管的输入端发射极，形成正反馈，满足相位平衡条件，其瞬时极性如图 7-43（b）所标注。

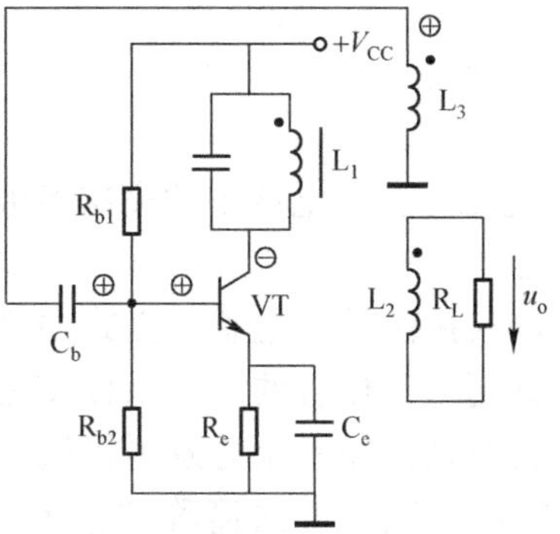

图 7-42　变压器反馈式 LC 正弦波振荡器

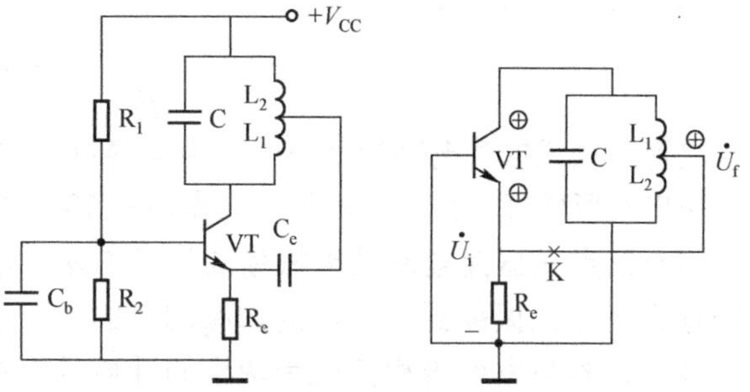

（a）振荡电路　　（b）交流通路

图 7-43　电感三点式振荡电路

电感三点式振荡电路的振荡频率近似等于 LC 并联回路的谐振频率，即：

$$f=f_o=\frac{1}{2\pi\sqrt{LC}}=\frac{1}{2\pi\sqrt{(L_1+L_2+2M)C}}$$

式中，M 是电感 L_1 与 L_2 间的互感。

振荡器的起振条件为：

$$\frac{r_{be}}{\beta}<\frac{L_2+M}{L_1+M}<\beta$$

电感三点式振荡电路简单，易于起振，但由于反馈信号取自感 L_1，电感对高次谐波的感抗大，因而输出振荡电压的谐波分量增大，波形较差。常用于对波形要求不高的设备中，其振荡频率通常在几十兆赫以下。

3）电容三点式振荡电路

如图 7-44（a）所示为电容三点式振荡电路，图中三极管 VT 接成共射电路，C_b 为耦合电容，C_e 为旁路电容。该电路的交流通路如图 7-44（b）所示，标出电路的瞬时极性，可见反馈信号 U_f 与输入端信号 U_i 同相，形成正反馈，满足相位平衡条件。

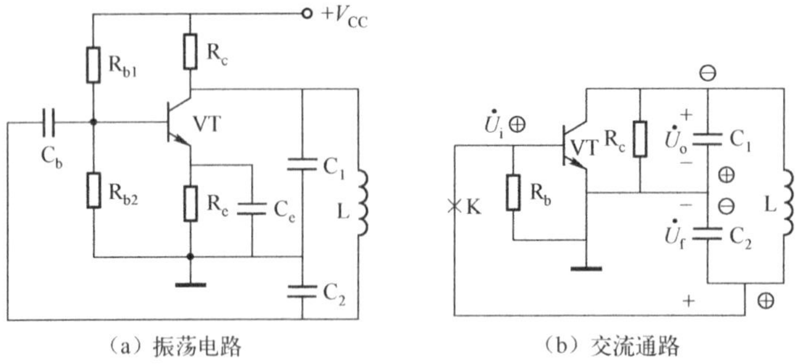

图 7-44　电容三点式振荡电路

该电路的振荡频率为：

$$f = f_o = \frac{1}{2\pi\sqrt{LC}} = \frac{1}{2\pi\sqrt{L\dfrac{C_1C_2}{C_1+C_2}}}$$

该电路的起振条件为：

$$\frac{r_{be}}{\beta r_{be}} < \frac{C_1}{C_2} < \beta$$

电容三点式振荡电路的反馈电压为电容器 C_2 的两端电压，反馈电压中的高次谐波分量小，输出波形较好，该电路的振荡频率可达 100 MHz 以上。

判断三点式振荡电路是否振荡的简便方法：电容三点式振荡器和电感三点式振荡器通常统称为三点式振荡器。它们的选频网络的三个引出端分别与三极管的三个电极交流相连接。其中，若与发射极相接的为两个同性质的电抗，而集电结并联一个与发射极所连电抗性质相反的电抗，则振荡器满足相位起振条件，可以振荡，这种方法简称“射同余异”原则。

3. 石英晶体振荡器

随着电子技术的发展，对振荡器的频率准确度和稳定度的要求越来越高。LC 振荡因 LC 回路的 Q 值不高（仅在 200 以下），频率的稳定度很难突破10^{-5}数量级，而用石英晶体作为振荡回路，组成晶体振荡器的 Q 值高达10^4 以上，可将频率稳定度提高几个数量级，最高稳定度可达10^{-10}数量级。因此，它在各类电子设备中得到了广泛的应用。

1）*石英晶体谐振器的特性*

石英晶体是从石英晶体柱上按一定方位角切割下来的薄片（称之为晶片，可为圆形、正方形或矩形等），在表面上涂敷银层作为电极，加上引线后封装而成。外壳可为金属，也可为玻璃，常见的石英晶振如图 7-45（a）所示。

石英晶体具有压电效应，当在晶片上施加外力，使之产生机械形变，则会在两电极上产生极性相反、数值相等的电荷；反之，若在两极间施加电压，晶片会产生由电压极性决定的机械形变，这种现象称之为压电效应。

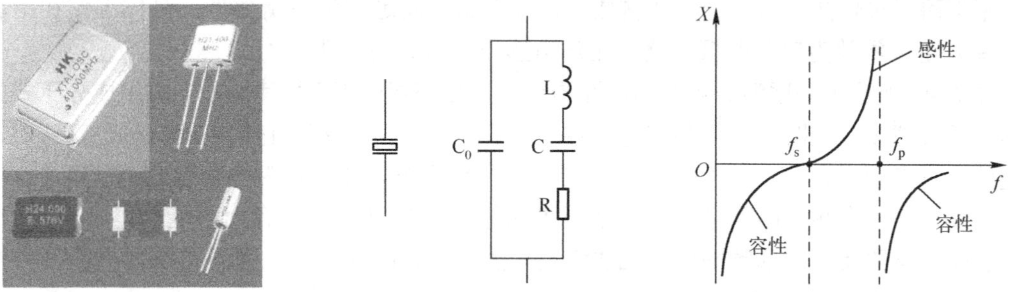

（a）实物图　　（b）电路符号、基频等效电路　　（c）电抗频率特性

图 7-45　石英晶体谐振器

当在晶体两电极施加交变电压（电场）时，晶片产生机械振动。同时，机械振动又会使晶片产生交变电压（电场），影响流过晶片的交变电流。如果改变交变电压频率，晶片的振动幅度和流过晶片回路的交变电流都会随之改变。当外加交变电压的频率与晶片的固有振动频率（由晶片尺寸决定）相等时，晶片机械振动的幅度将急剧增加，振动最强，通过晶体交变电流最大，这时称之为压电谐振，因此石英晶体又称之为石英谐振器。

将石英谐振器接到振荡电路的闭合环路中，利用它的固有振动频率，就能有效地控制和稳定振荡频率。它的频率稳定度可达10^{-10}数量级。

石英谐振器的电路符号和基频等效电路如图 7-45（b）所示，图中 C_0 表示石英晶片的静态电容与支架、引线等分布电容的和；L_q 用来模拟晶片振动时的惯性，C_q 模拟晶片的弹性；晶片振动时的摩擦损耗用电阻 r_q 来等效。

若忽略 r_q 的影响，即 $r_q=0$，则晶体呈现纯电抗，它的电抗频率特性如图 7-45（c）所示。当频率在 $f_s \sim f_p$ 频率范围内时，电抗为正值，呈电感性，而在其他频段内电抗为负值，呈容性。可见，石英谐振器有两个谐振频率。

串联谐振频率 f_s：

$$f_s = \frac{1}{2\pi\sqrt{LC}}$$

当频率高于 f_s 时，晶体 L_q、C_q 串联支路呈电感性，电路发生并联谐振，并联谐振的频率 f_p 为：

$$f_p = \frac{1}{2\pi\sqrt{L\dfrac{CC_0}{C+C_0}}} = f_s\sqrt{1+\frac{C}{C_0}}$$

综上所述，石英晶体谐振器具有选频特性，它在电路中对于不同的频率信号可以表现出不同的阻抗特性，它既可作为电阻元件使用，又可作为电容元件或电感元件使用。

2）晶体振荡电路

石英晶体振荡电路的选频作用是依靠石英谐振器来完成的，根据石英晶体谐振器的工作状态和连接方式的不同又可分为串联型和并联型两种。该种振荡器的工作频率取决于石英晶体的振荡频率，频率稳定度高，多用于时基电路和电子测量仪器设备中。

如图 7-46 所示为串联型石英振荡电路，图中 VT_1 组成共基极放大器，VT_2 组成共集极电路。根据瞬时极性法判断石英晶体构成正反馈电路，满足相位平衡条件。晶体工作在串联谐振频率 f_s 上，等效为串联谐振电路，用作高选择性的短路元件。

图7-47所示为并联型石英晶体振荡电路，图中三极管VT及其偏置电阻组成分压式的电流串联负反馈放大电路，石英晶体与电容 C_1、C_2 组成选频网络，它们一起构成电容三点式振荡电路。只有频率介于 f_s 与 f_p 之间的信号，才可使石英晶体等效为一个电感，电路才有可能产生振荡；而其余频率的信号因只能使石英晶体等效为电阻或电容而不能与电容 C_1、C_2 组成符合振荡电路要求的选频网络，无法满足振荡条件，因此，并联型石英晶体振荡器的振荡频率就被限制在 f_s 与 f_p 之间。

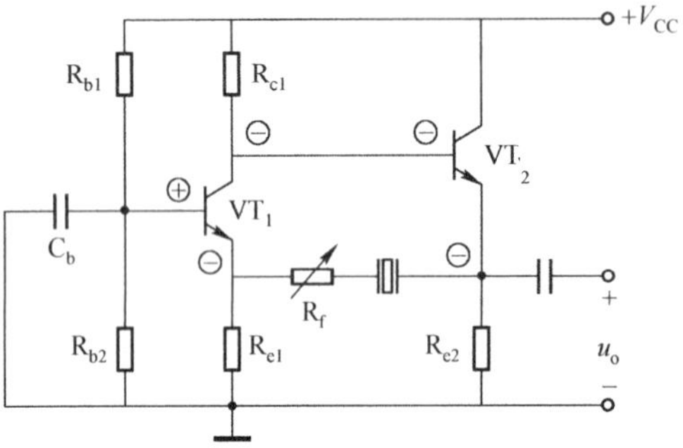

图7-46　串联型石英晶体振荡电路

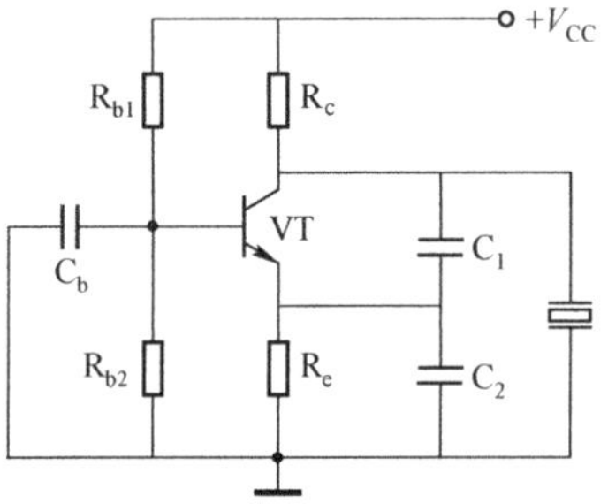

图7-47　并联型晶体振荡电路

石英晶体只能工作在上述两种方式，决不能工作在低于 f_s 和高于 f_p 呈容性的频段内，否则，频率稳定度将明显下降。

资料检索7

（1）检索其他类型的正弦波振荡电路，理解其工作原理。

（2）检索其他类型报警器电路的相关信息，思考报警器传感器元件的可替代性。

教学安排建议7

序号	知识单元	项目资讯	项目实践	主要技能目标	学时	备注
1	单值比较器和滞回电压比较器	运放的非线性应用	1. 传感器特性的测试 2. 单值比较器和滞回电压比较器的测试	1. 万用表的熟练使用； 2. 示波器的熟练使用； 3. 认识传感器检测机理。	4	
2	振荡电路的设计	RC文氏桥振荡电路的设计	振荡电路测试	1. 集成芯片性能指标阅读能力； 2. 功放参数测量； 3. 电路特性比较。	4	
3	发光二极管驱动电路	报警器设计	报警器电路制作与调试	1. 电路焊接能力； 2. 电路调试排故能力； 3. 说明书写作能力； 4. 设计作品展示能力。	8	电路焊接课外进行，调试及电路展示课内进行

项目8 有源滤波电路的分析与调试

学习要求

知识要求	(1) 理解低通滤波电路的构成及频率特性。 (2) 理解高通滤波电路的构成及频率特性。 (3) 理解带通滤波电路的构成及频率特性。
技能要求	(1) 通过幅频特性曲线的绘制，了解低通、高通滤波电路的频率特性。 (2) 通过电子秤系统调试，理解滤波电路的工作效果。

项目分析与资讯8

滤波器是一个古老而又生命力旺盛的产品，哪里有无线通信，哪里就需要滤波器产品。无线通信的频谱十分广阔，从兆赫兹为单位的广播通信，到百兆赫兹为单位的广播电视，再到千兆赫兹为单位的移动通信、卫星通信系统，不同的频段需要不同的滤波器产品，这就意味着滤波器的设计远远没有止境。近几年来，移动通信获得了迅猛的发展，相应的，微波滤波器中的新技术、新工艺、新产品也不断涌现，滤波器产品的市场也不断扩大。

本单元主要通过“电子秤低通滤波电路”项目任务的制作与测试，学习有源滤波电路的制作与调试方法。

电子秤具有称重精确度高、简单实用、携带方便、成本低、制作简单、测量准确、分辨率高、不易损坏和价格便宜等优点。其电路构成主要有测量电路（传感器电路）、差动放大电路和低通滤波电路、A/D 转换、显示电路，其系统框图如图8-1所示。电子秤称重，要求获得重物稳定的转换电压，从而将质量清晰稳定地显示在显示器上，因此，在差动放大电路把传感器输出的微弱模拟信号进行一定倍数的放大，再送A/D转换器转换显示之前，需要串接低通滤波器消除高频干扰成分。

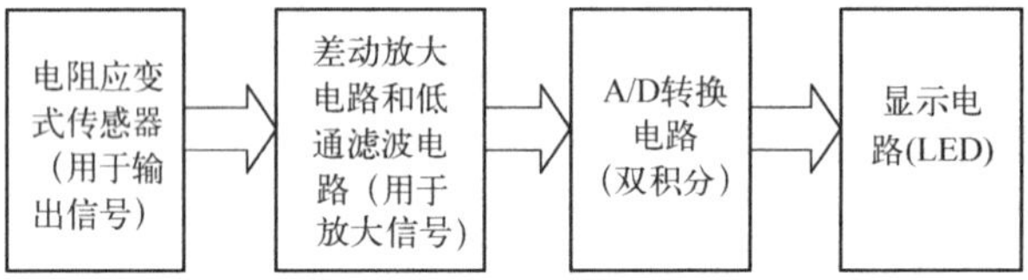

图8-1　电子秤的系统框图

8.1　滤波器的分类和主要特性

滤波器是电子系统中的关键部件，用于完成频率选择功能。其理想特性为：允许某一频率段，如 $f_1 \sim f_2(f_2 - f_1 = \Delta B)$ 通过，而抑制其余频率段（$f < f_1$ 及 $f > f_2$，$f_2 > f_1$），即不允许它们通过。

1. 按性能指标分类

1）低通滤波器 LPF（Lowpass filter）

低通滤波器的频率响应特性如图8-2所示，$f_1 = 0$，即频率 DC $\sim f_2$ 的信号允许通过，频率高于 f_2 的信号被抑制。

2）高通滤波器 HPF（Highpass filter）

高通滤波器的频率响应特性如图8-3所示，$f_2 = \infty$，即频率 $f_1 \sim \infty$ 的信号允许通过，频率低于 f_1 的（DC $\sim f_1$）信号被抑制。

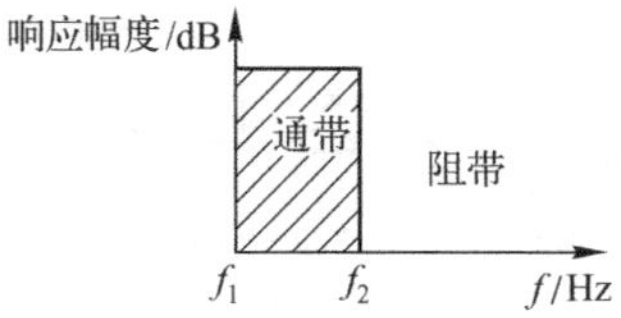

图 8-2　低通滤波器的频率响应特性

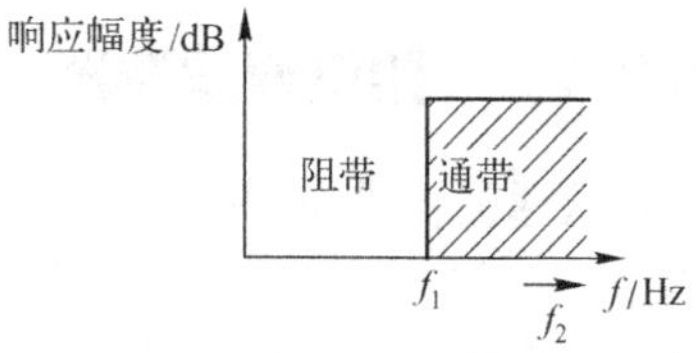

图 8-3　高通滤波器的频率响应特性

3）带通滤波器 BPF（Bandpass filter）

带通滤波器的频率响应特性如图 8-4 所示，左右均为非极限值的f_1 ～f_2 频率段的信号允许通过，频率低于f_1（DC ～f_1）的信号和高于f_2（f_2 ～∞）的信号都被抑制。

4）带阻滤波器 BSF（Bandstop filter）

带阻滤波器的频率响应特性如图 8-5 所示，左右均为非极限值的f_1 ～f_2 频率段的信号不允许通过，频率低于f_1（DC ～f_1）的信号和高于f_2（f_2 ～∞）的信号允许通过。

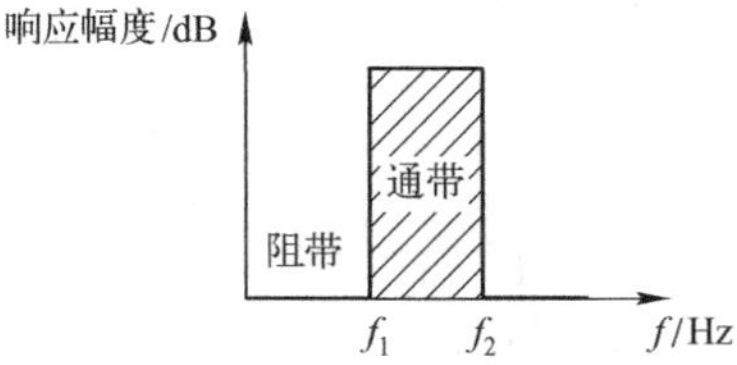

图 8-4　带通滤波器的频率响应特性

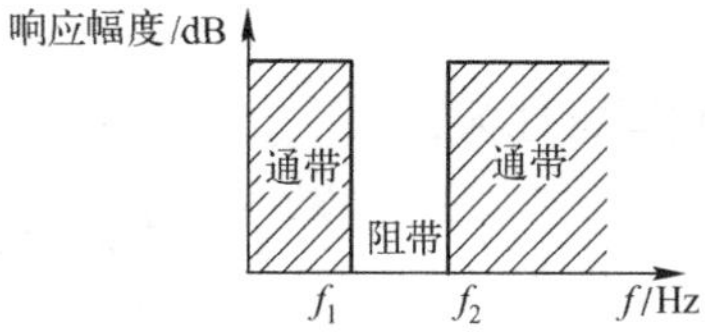

图 8-5　带阻滤波器的频率响应特性

以上定义中的“∞”实际情况总是一个满足工程应用要求的有限值。

2. 滤波器的主要参数

（1）中心频率：一般取滤波器通带的中心频率$f_0=(f_1+f_2)/2$，f_1、f_2 为带通或带阻滤波器左、右相对下降 1 dB 或 3 dB 的边频点。

（2）截止频率：指低通滤波器的通带右边频点及高通滤波器的通带左边频点。通常以 1 dB 或 3 dB 相对损耗点来标准定义。

（3）通带带宽（BW_{xdB}）：指需要通过的频谱宽度，$BW_{xdB}=(f_2-f_1)$。f_1、f_2 为以中心频率f_0 处插入损耗为基准，下降 x dB 处对应的左、右边频点。通常用 $x=3$、1、0.5，即 BW_{3dB}、BW_{1dB}、$BW_{0.5dB}$表征滤波器通带带宽参数。

（4）纹波（Ripple）：指 1 dB 或 3 dB 带宽（截止频率）范围内，插入损耗随频率在损耗均值曲线基础上波动的峰 - 峰值。

8.2　有源滤波器的分析

由 RC 元件与运算放大器组成的滤波器叫做 RC 有源滤波器，其功能是让一定频率范围内的信号通过，抑制或急剧衰减此频率范围以外的信号。因受运算放大器带宽限制，这类滤波器仅适用于低频范围。根据频率范围可将其分为低通、高通、带通与带阻四种滤波器，具有理想特性的滤波器是很难实现的，只能用实际特性去逼近。

8.2.1 一阶低通滤波器

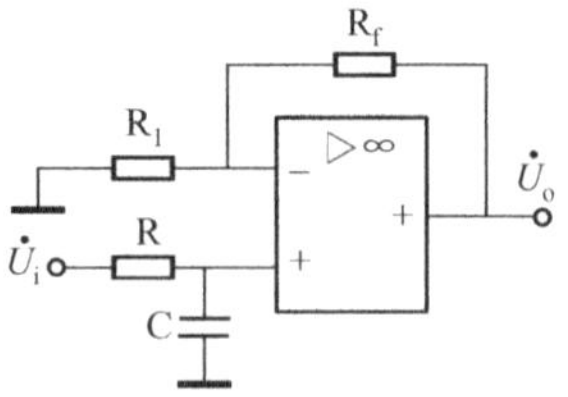

图 8-6 一阶低通滤波器

一阶低通滤波器如图 8-6 所示。可以看到，与同相比例放大器相比，它仅在输入端增加了一个与地相连的电容，该电容具有隔直通交的效果。输入高频信号时，电容把信号对地短路，从而起到了通低频、阻高频的效果。

根据电路分析求出输出电压，为：

$$\dot{U}_o = \left(1 + \frac{R_f}{R_1}\right)\dot{U}_+ = \left(1 + \frac{R_f}{R_1}\right)\frac{\frac{1}{j\omega C}}{R + \frac{1}{j\omega C}}\dot{U}_i \tag{8-1}$$

在通态即低频状态，$\frac{1}{\omega C}$趋于无穷大，由式（8-1）得通态增益为：

$$\dot{A}_{uf} = 1 + \frac{R_f}{R_1} \tag{8-2}$$

其频率特性为：

$$\dot{A}_u = \frac{\dot{U}_o}{\dot{U}_i} = \left(1 + \frac{R_f}{R_1}\right)\frac{1}{1 + j\omega RC} = \dot{A}_{uf}\frac{1}{1 + j\omega/\omega_o} \tag{8-3}$$

式中，特征频率$f_0 = \frac{1}{2\pi RC}$。

一阶低通滤波器的幅频特性如图 8-7 所示，它的通带截止频率$f_H = f_0 = \frac{1}{2\pi RC}$。当$f < f_0$时，输入信号基本能无衰减地通过；当$f = f_0$时，其增益下降到 3 dB；当$f > f_0$时，输入信号衰减速度加快，增益下降明显，其衰减速率为 -20 dB/十倍频。

由于一阶低通滤波器的衰减很慢，所以它只适用于要求不高的场合。

8.2.2 一阶高通滤波器

如图 8-8 所示为一阶高通滤波器，从电容的接入点明显可以看到，该电容把低频信号完全阻隔了。只有在高频信号作用下，电容容抗可以忽略不计时，输入信号才能通过后续放大电路正常传输。

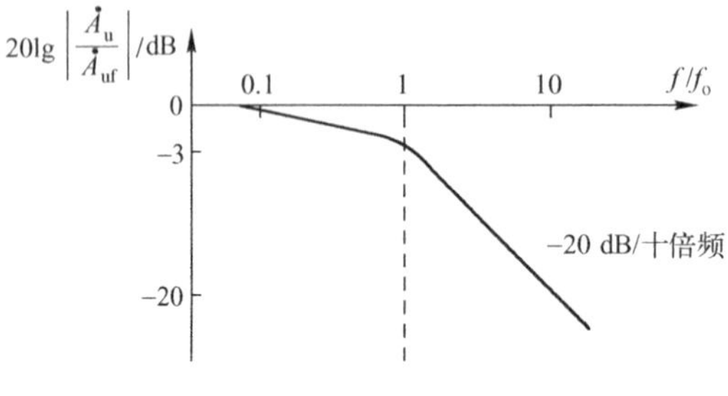

图 8-7 一阶低通滤波器的幅频特性

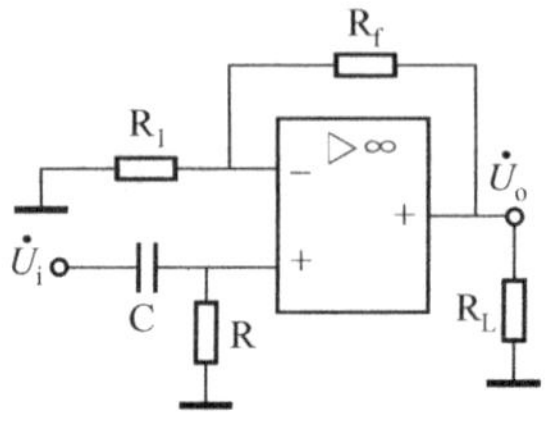

图 8-8 一阶高通滤波器

因此，电容的通带增益为：

$$A_{uf}=1+\frac{R_f}{R_1} \tag{8-4}$$

频率特性为：

$$\dot{A}_u=\frac{\dot{A}_{uf}}{1-j\dfrac{\omega_0}{\omega}} \tag{8-5}$$

式中，$\omega_0=\frac{1}{RC}$；特征频率 $f_0=\frac{1}{2\pi RC}$。

其幅频特性如图 8-9 所示，可以看出通带截止频率 $f_L=f_0=\frac{1}{2\pi RC}$。当 $f_L<f_0$ 时，其衰减斜率为 20dB/十倍频。

由于一阶高通滤波器的衰减很慢，所以它也只适用于要求不高的场合。

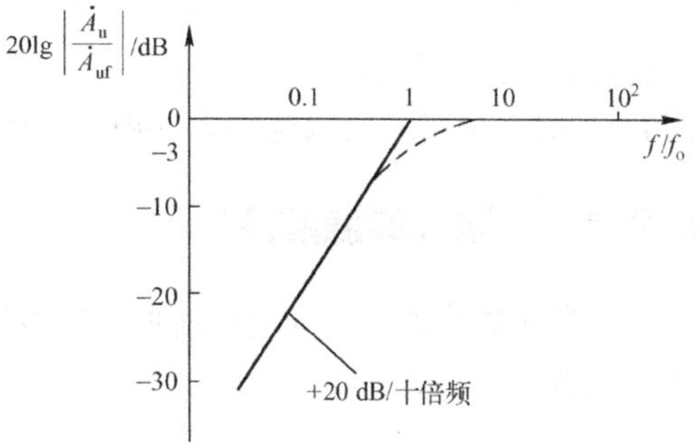

图 8-9　一阶高通滤波器的幅频特性

8.2.3　二阶低通滤波器

为了提高低通滤波器的滤波效果，使信号在 $f>f_0$ 时衰减得更快，通常在一阶低通滤波器的基础上再增加一节 RC 滤波网络，组成如图 8-10（a）所示的二阶低通滤波器。

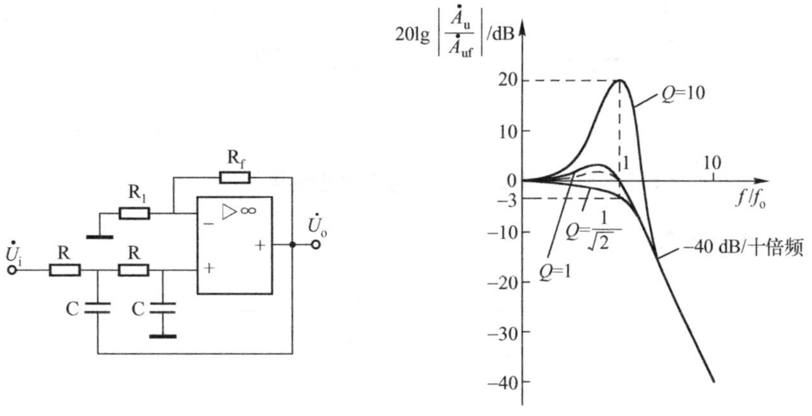

（a）电路　　（b）幅频特性

图 8-10　二阶低通滤波器

经推导，其频率特性为：

$$\dot{A}_u=\frac{\dot{A}_{uf}}{1-\left(\dfrac{f}{f_0}\right)^2+j\,(3-A_{uf})\,\dfrac{f}{f_0}} \tag{8-6}$$

通带增益为：

$$A_{uf}=1+\frac{R_f}{R_1} \tag{8-7}$$

通带截止频率 $f_0=\frac{1}{2\pi RC}$。

令品质因数 $Q=\dfrac{1}{3-A_{uf}}$，则 $\dot{A}_u=\dfrac{\dot{A}_{uf}}{1-\left(\dfrac{f}{f_0}\right)^2+j\dfrac{1}{Q}\dfrac{f}{f_0}}$。

二阶低通滤波器的幅频特性曲线如图 8-10（b）所示，由图可见，当 $Q=0.707$ 时，幅频特性响应曲线较平坦，而当 $Q>0.707$ 时，高频端将出现升峰，这是信号放大中不希望看到的。同时，当 $|\dot{A}_{uf}|=3$ 时，Q 将趋于无穷大，$|\dot{A}_u|$ 也趋于无穷大，说明此时电路会产生自激振荡，因此，要求 $\dot{A}_{uf}<3$。

当 $f \gg f_0$ 时，电路的衰减速率为 -40 dB/十倍频，其滤波性能好于一阶电路的滤波性能。

8.2.4 二阶高通滤波器

在一阶高通滤波器的基础上再增加一节 RC 滤波网络，可组成如图 8-11（a）所示的二阶高通滤波器。

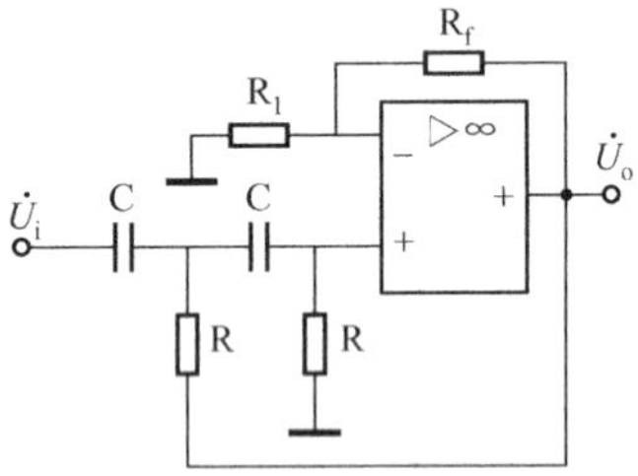

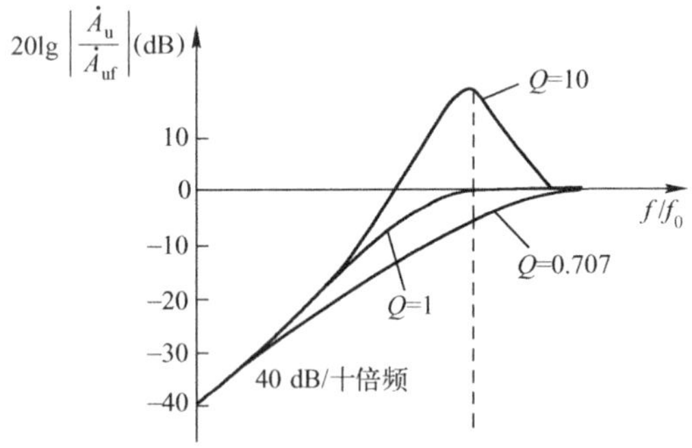

图 8-11 二阶高通滤波器

经推导，其频率特性为：

$$\dot{A}_u=\frac{\dot{A}_{uf}}{1-\left(\dfrac{f_0}{f}\right)^2-j(3-\dot{A}_{uf})\dfrac{f_0}{f}} \tag{8-8}$$

通带增益为：

$$A_{uf}=1+\frac{R_f}{R_1} \tag{8-9}$$

通带截止频率 $f_0=\dfrac{1}{2\pi RC}$。

令品质因数 $Q=\dfrac{1}{3-\dot{A}_{uf}}$，则 $\dot{A}_u=\dfrac{\dot{A}_{uf}}{1-\left(\dfrac{f_0}{f}\right)^2-j\left(3-\dfrac{1}{Q}\right)\dfrac{f_0}{f}}$。

二阶高通滤波器的幅频特性曲线如图 8-11（b）所示，由图可见，当 $f \ll f_0$ 时，电路的衰减速率为 -40 dB/十倍频，其滤波性能好于一阶电路的滤波性能。同样，只有当 $A_{uf}<3$ 时，电路才能稳定工作。

带通滤波器和带阻滤波器

若将低通滤波器和高通滤波器进行适当的组合，即可构成带通滤波器和带阻滤波器。

1）带通滤波器

带通滤波器是指选择某一频段内的输入信号通过，它有两个截止频率。将高通滤波器和低通滤波器串联，即可得带通滤波器。如图8-12（a）所示为带通滤波器的电路，其中R、C组成了低通滤波器，R_2、C组成了高通滤波器。

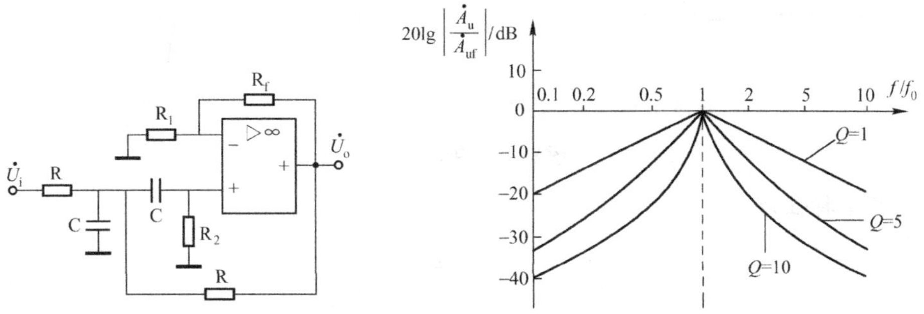

（a）电路　　（b）幅频特性

图8-12　带通滤波器

经推导，其频率特性为：

$$\dot{A}_u=\frac{1}{1+j\left(\frac{1}{3-\dot{A}_{uf}}\right)\left(\frac{f}{f_0}-\frac{f_0}{f}\right)}\cdot\frac{\dot{A}_{uf}}{3-\dot{A}_{uf}} \tag{8-10}$$

式中，$\dot{A}_{uf}$为同相比例放大电路的电压放大倍数；f_0为中心频率，$f_0=\frac{1}{2\pi RC}$。把$f=f_0$时的$\dot{A}_u$值称为带通滤波器的通带电压放大倍数，用$\dot{A}_{up}$表示。

令带通滤波器的品质因数为$Q=\frac{1}{3-\dot{A}_{uf}}$，则有：

$$\dot{A}_u=\frac{\dot{A}_{uf}}{3-\dot{A}_{uf}}=Q\dot{A}_{uf} \tag{8-11}$$

通频带为：

$$BW=\frac{3-\dot{A}_{uf}}{f_0}=\frac{f_0}{Q} \tag{8-12}$$

图8-12（b）为带通滤波器的幅频特性，由图可知，Q值越大，曲线越窄，这表明滤波器的选择性越好，通频带越窄。

2）带阻滤波器

带阻滤波器用于抑制或衰减某一频段内的信号，而允许此频段外的信号通过，故也称它为陷波器。带阻滤波器由低通和高通滤波器并联而成，其原理电路和幅频特性如图8-13所示。

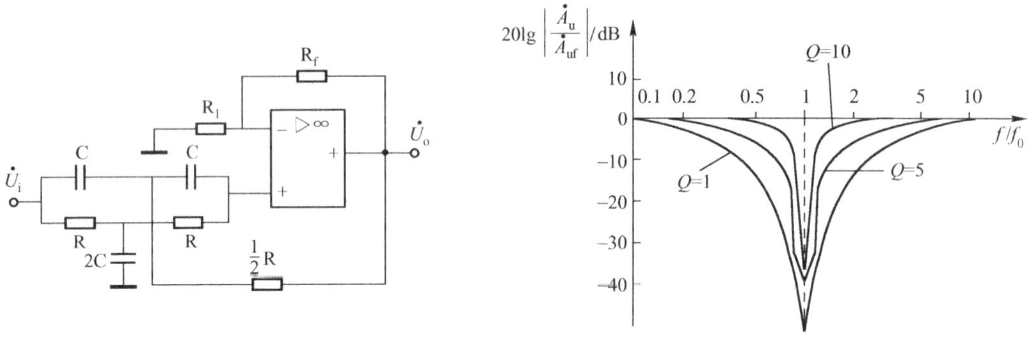

（a）电路　　　　（b）幅频特性

图 8-13　带阻滤波器

其频率特性为：

$$\dot{A}_u=\frac{\dot{A}_{up}}{1+j2(2-\dot{A}_{up})\frac{ff_0}{f_0^2-f^2}} \tag{8-13}$$

式中，$\dot{A}_{up}$为通带电压放大倍数，$\dot{A}_{up}=1+\frac{R_f}{R_1}$，$f_0$为中心频率，$f_0=\frac{1}{2\pi RC}$。

令带通滤波器的品质因数为$Q=\frac{1}{2(2-\dot{A}_{up})}$，则有：

$$\dot{A}_u=\frac{\dot{A}_{up}}{1+j\frac{1}{Q}\frac{ff_0}{f_0^2-f^2}} \tag{8-14}$$

通频带为：

$$BW=\frac{2(2-\dot{A}_{up})}{f_0}=\frac{f_0}{Q} \tag{8-15}$$

由图8-13（b）可知，Q值越大，通频带越窄，滤波器的选择性越好。

技能训练8　二阶低通滤波器的制作与测试

1. 实践目标

（1）理解低通滤波器滤波效果的测试方法。
（2）理解低通滤波器的滤波效果。

2. 电路参数分析

电路参考元件参数：$R=160\,k\Omega$，$C=0.01\,\mu F$，$R_1=170\,k\Omega$，$R_f=100\,k\Omega$。

按图8-10所示电路，从元件库选择与参考元件参数接近的元器件，计算电路的通态增益、通态截止频率、品质因数，电路参数须满足$\dot{A}_{uf}<3$、$Q=0.707$的要求。

3. 幅频特性测试

(1) 从函数信号发生器引入固定幅值的正弦波信号作为输入信号，从示波器观察输入信号与输出信号的幅值关系，自行设计表格，记录信号频率、输入电压的幅值、输出电压的幅值、电路增益的计算值。

(2) 以中心频率为基准，两侧频率每偏移10 Hz，记录一次数据，共测量10个数据点。

(3) 绘制频率—增益特性曲线。

技能训练9　二阶高通滤波器的制作与测试

1. 实践目标

(1) 理解高通滤波器滤波效果的测试方法。

(2) 理解高通滤波器的滤波效果。

2. 电路参数分析

电路参考元件参数：$R=160\,\text{k}\Omega$，$C=0.01\,\mu\text{F}$，$R_1=170\,\text{k}\Omega$，$R_f=100\,\text{k}\Omega$。

按图8-11 (a) 所示电路，从元件库选择与参考元件参数接近的元器件，计算电路的通态增益、通态截止频率、品质因数，电路参数须满足$\dot{A}_{uf}<3$、$Q=0.707$的要求。

3. 幅频特性测试

(1) 从函数信号发生器引入固定幅值的正弦波信号作为输入信号，从示波器观察输入信号与输出信号的幅值关系，自行设计表格，记录信号频率、输入电压的幅值、输出电压的幅值、电路增益的计算值。

(2) 以中心频率为基准，两侧频率每偏移10 Hz，记录一次数据，共测量10个数据点。

(3) 绘制频率—增益特性曲线。

项目实施17　电子秤低通滤波电路的调试

1. 实践目标

通过电子秤显示系统的调试，理解低通滤波器的应用效果。

2. 电路参数分析

如图8-14所示是电子秤电路使用运算放大器设计的二阶低通Butterworth滤波电路。

在电路中若取$R_7=R_8$，$C_3=C_4$，则此滤波器的上限频率为：

$$f_P\approx\frac{0.37}{2\pi RC}$$

因此，滤波器的上限频率约为 12.5 Hz。

3. 电路调试

如图 8-15 所示为电子秤电路的原理框图，在元件库中选择对应模块进行系统调试。

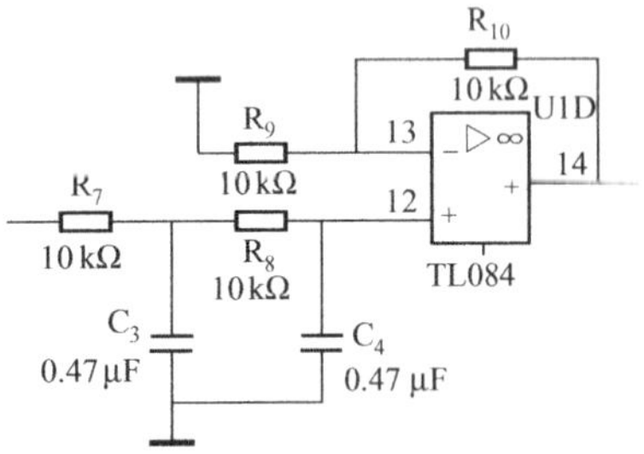

图 8-14　二阶低通 Butterworth 滤波电路

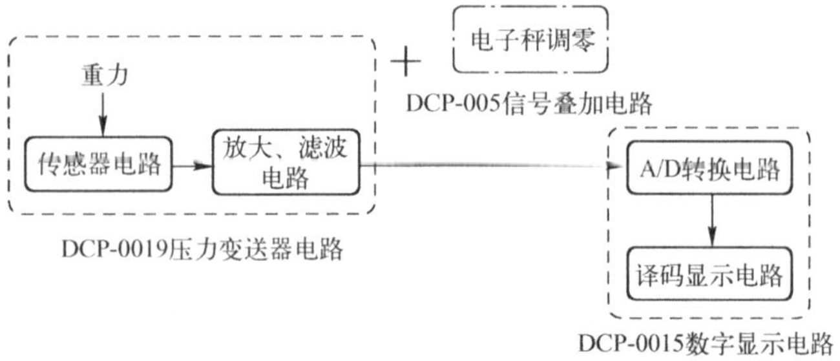

图 8-15　电子秤电路的原理框图

注意：空载状态时放大电路仍有输出，此偏压应利用信号叠加电路进行调零抵消，此时重力所产生信号的正确数值才能显示在数码管上。

思考与练习题 8

一、填空/判断题

1. 为获得输入电压中的高频信号，应选用________滤波器。

2. 若将低通滤波器和高通滤波器进行适当的组合，即可构成________滤波器和________滤波器。

3. 为避免 50 Hz 电网电压形成的干扰进入放大器，应串接带阻滤波器。(　　)（判断）

二、应用题

4. 一阶低通滤波器如图 8-16 所示，已知 $R_f=100\ k\Omega$，$R_1=10\ k\Omega$，$R_2=10\ k\Omega$，若要求通带截止频率 $f_0=50$ Hz，试估算电容 C 的值应取多大？并求通带增益。

5. 有源高通滤波器如图 8-17 所示，已知 $R_f=56\ k\Omega$，$R_1=10\ k\Omega$，$R=5.6\ k\Omega$，$C=0.1$ μF，试计算截止频率及通带电压放大倍数。

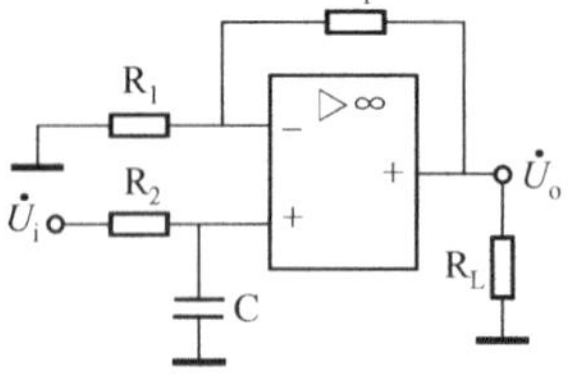

图 8-16

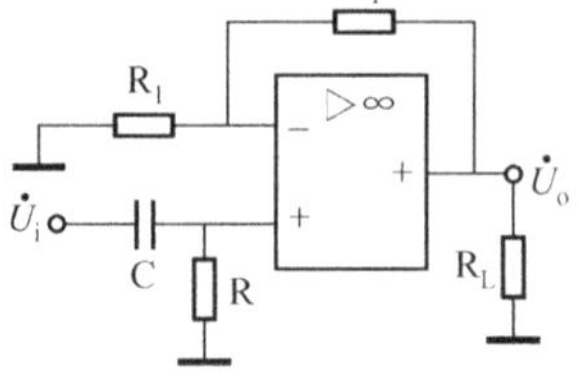

图 8-17

6. 二阶低通有源滤波器如图 8-18 所示，已知 $R_f=5.86\ k\Omega$，$R_1=10\ k\Omega$，$R=100\ k\Omega$，$C=0.1$ μF，试计算上限截止频率、Q 值和通带增益。

7. 二阶有源带通滤波器如图8-19所示，图中的$C=0.1\mu F$，$R_1=7.96k\Omega$，$R=24.3k\Omega$，$R_f=46.2k\Omega$，试求该电路的中心频率f_0、带宽BW和通带增益A_u。

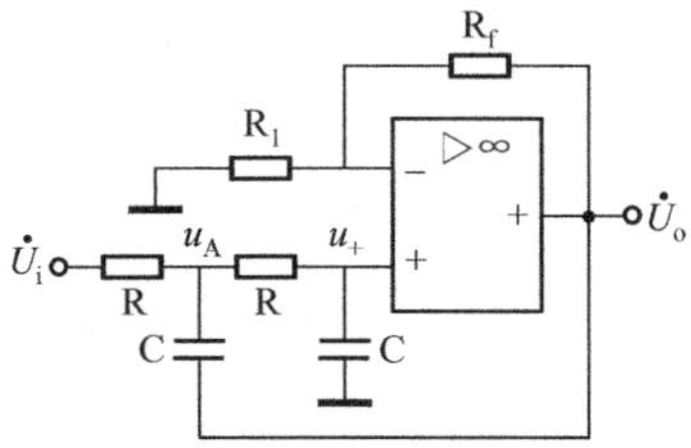

图8-18

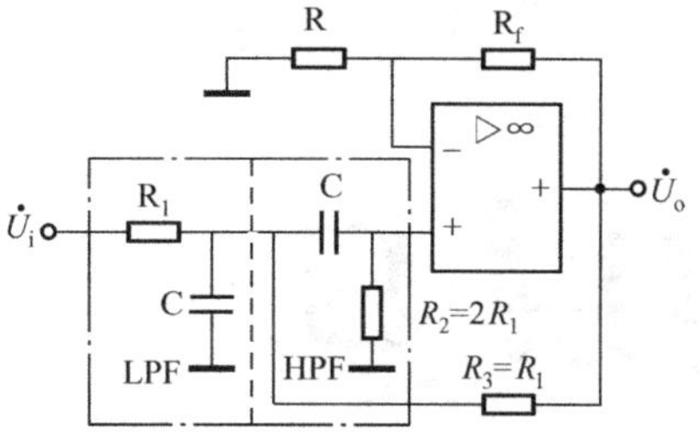

图8-19

8. 在下列几种情况下，应分别采用哪种类型的滤波电路（低通、高通、带通、带阻）？

（1）有用信号频率为100 Hz；（2）有用信号频率低于400 Hz；（3）希望抑制50 Hz交流电源的干扰；（4）希望抑制500 Hz以下的信号。

9. 设运放为理想器件。在下列几种情况下，它们应分别属于哪种类型的滤波电路（低通、高通、带通、带阻）？请定性画出其幅频特性。

（1）在理想情况下，当$f=0$和$f\to\infty$时的电压增益相等，且不为零；（2）直流电压增益就是它的通带电压增益；（3）在理想情况下，当$f\to\infty$时的电压增益就是它的通带电压增益；（4）在$f=0$和$f\to\infty$时，电压增益都等于零。

资料检索8

检索并了解“滤波器的快速设计法”。

教学安排建议8

序号	知识单元	项目资讯	项目实践	主要技能目标	学时	备注
1	二阶低通滤波器	滤波器的分类； 一阶、二阶低通滤波器的特性分析	二阶低通滤波器的测试	1. 万用表的熟练使用； 2. 频率—增益特性曲线的绘制	2	二阶低通滤波器应提前制作，以供测量
2	二阶高通滤波器	一阶、二阶高通滤波器的特性分析	二阶高通滤波器的测试	1. 万用表的熟练使用； 2. 频率—增益特性曲线的绘制	2	二阶高通滤波器应提前制作，以供测量； 电子秤低通滤波电路的调试

项目9 A/D与D/A转换电路的分析与测试

学习要求

知识要求	(1) 熟悉典型A/D转换器、D/A转换器的技术指标。 (2) 了解常见的A/D转换芯片和D/A转换芯片的应用电路。
技能要求	(1) 通过A/D转换芯片转换精度的测量，理解芯片的识别和应用方法。 (2) 通过D/A转换芯片转换精度的测量，理解芯片的识别和应用方法。

项目分析与资讯 9

随着电子技术和数字计算机的迅速发展，模拟信号可以转换成数字信号进行处理，而数字信号则可转换成模拟信号进行控制。把实现模拟—数字转换的电路称为 A/D 转换器，简称 ADC；把实现数字—模拟转换的电路称为 D/A 转换器，简称 DAC。ADC 和 DAC 在计算机工业、自动控制和自动检测系统中应用极为广泛。

举个简单的例子，在自来水厂的污水处理池，早年的污水处理较多依赖人工的水质监测，检测人员经常用试管取水来进行化验，而现代化的水厂已完全采用了计算机控制技术，计算机内部自然运行的是二进制代码，它所面对的工作对象，诸如水质清晰度、水中杂质浓度、水位高低、处理池加药量多少等，绝不是用清浊、高低、多少两个状态可以表达出来的，因此工作对象要和计算机配合进行控制，这就需要进行数字量和模拟量的转换。如图 9-1 所示为污水处理控制系统的数据转换示意图。

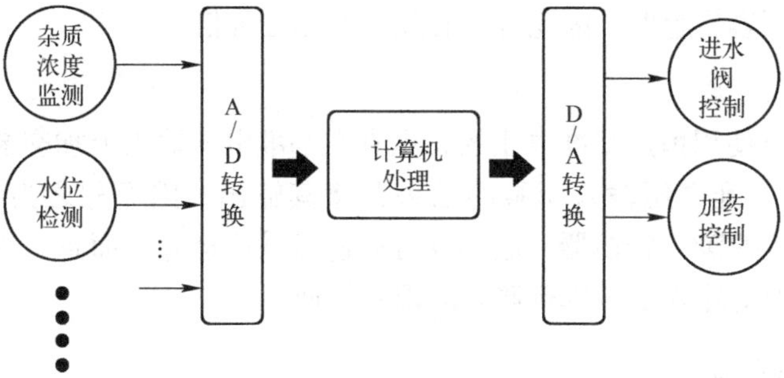

图 9-1　污水处理控制系统的数据转换示意图

在项目 6 中曾介绍过变速运动小车控制电路，小车运动控制需要的是模拟量，而光电码盘检测到的则是脉冲信号，当经过计数器获得二进制数的增长时，就需要通过 D/A 转换芯片把数字信号转换成模拟信号，才能实现控制。

本单元主要通过“数字语音回放系统”项目任务的调试，学习 A/D 与 D/A 转换电路的应用方法。

9.1　D/A 转换器的分类和主要技术指标

1. D/A 转换器的分类

D/A 转换器的内部电路构成无太大差异，一般按输出是电流还是电压、能否做乘法运算等进行分类。大多数 D/A 转换器由电阻阵列和 n 个电流开关（或电压开关）构成，按数字输入值切换开关，可产生比例于输入的电流（或电压）。此外，也有为了改善精度而把恒流源放入器件内部的。一般来说，由于电流开关的切换误差小，所以大多采用电流开关型电路。电流开关型电路如果直接输出生成的电流，则为电流输出型 D/A 转换器；电压开关型电路则为直接输出电压型 D/A 转换器。

1）电压输出型

电压输出型 D/A 转换器（如 TLC5620）虽有直接从电阻阵列输出电压的，但一般采用了内置输出放大器以低阻抗方式输出。直接输出电压的器件仅用于高阻抗负载，由于无输出放大器部分的延迟，故它常作为高速 D/A 转换器使用。

2）电流输出型

电流输出型 D/A 转换器（如 THS5661A）很少直接利用电流输出，大多外接电流—电压转换电路来得到电压输出。要想输出电压有两种方法：一是只在输出引脚上接负载电阻而进行电流—电压转换；二是外接运算放大器。用负载电阻进行电流—电压转换的方法，虽可在电流输出引脚上出现电压，但必须在规定的输出电压范围内使用，而且由于输出阻抗高，所以一般还是采用了外接运算放大器的方法。此外，由于大部分 CMOS D/A 转换器在输出电压不为零时不能正确动作，所以必须外接运算放大器。当外接运算放大器进行电流—电压的转换时，电路构成基本上与内置放大器的电压输出型相同，这时由于在 D/A 转换器的电流建立时间上加入了运算放大器的延迟，所以使得响应变慢。此外，这种电路中的运算放大器因输出引脚的内部电容而容易起振，因此有时必须进行相位补偿。

3）乘算型

D/A 转换器中有使用恒定基准电压的，也有在基准电压输入上加交流信号的，后者由于能得到数字输入和基准电压输入相乘的结果并将其输出，因而称之为乘算型 D/A 转换器（如 AD7533）。乘算型 D/A 转换器一般不仅可以进行乘法运算，而且可以作为使输入信号数字化衰减的衰减器及对输入信号进行调制的调制器使用。

4）一位 D/A 转换器

一位 D/A 转换器与前述转换方式全然不同，它先将数字值转换为脉冲宽度调制或频率调制的输出，然后用数字滤波器进行平均化而得到一般的电压输出（又称位流方式），用于音频等场合。

2. D/A 转换器的主要技术指标

1）分辨率

分辨率指输出模拟电压的最小增量，即 D/A 转换器输入一个最低有效位（LSB）而在输出端上模拟电压的变化量。

2）建立时间

建立时间是将一个数字量转换为稳定模拟信号所需的时间，也可以认为是转换时间。D/A 转换器中常用建立时间来描述其速度，而不是 A/D 转换器中常用的转换速率。一般电流输出型的建立时间较短，而电压输出型则较长。

3）转换精度

转换精度是指输入端加最大数值量时，D/A 转换器的实际输出值和理论计算值之差，它主要包括非线性误差、比例系统误差、失调误差。

4）线性度

在理想情况下，D/A 转换器的数字输入量作等量增加时，其模拟输出电压也应作等量增加，但实际输出往往有偏离，偏离程度即为线性度。

9.2　集成D/A转换芯片AD7520的应用

如图9-2所示为AD7520的逻辑符号和引脚图。

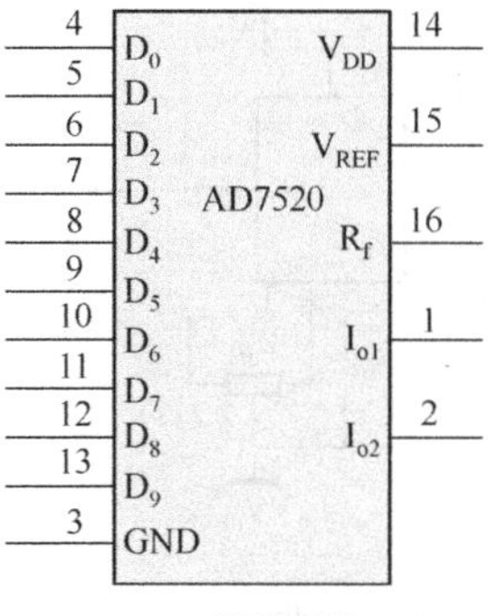

（a）逻辑符号

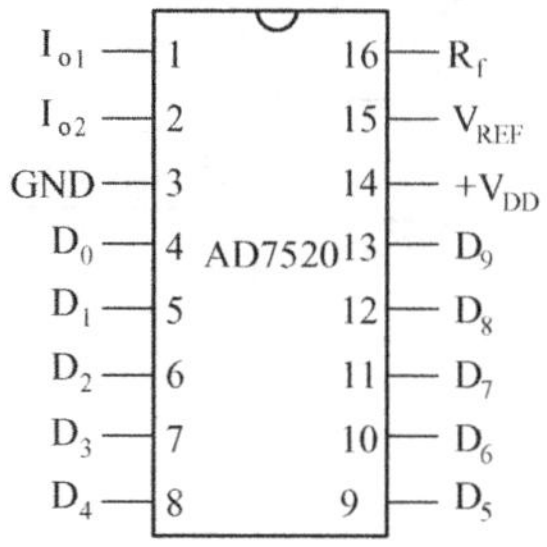

（b）引脚图

图9-2　AD7520的逻辑符号与引脚图

AD7520是10位数码CMOS电流开关R－2R倒T形电阻网络D/A转换器，其内部结构如图9-3所示。

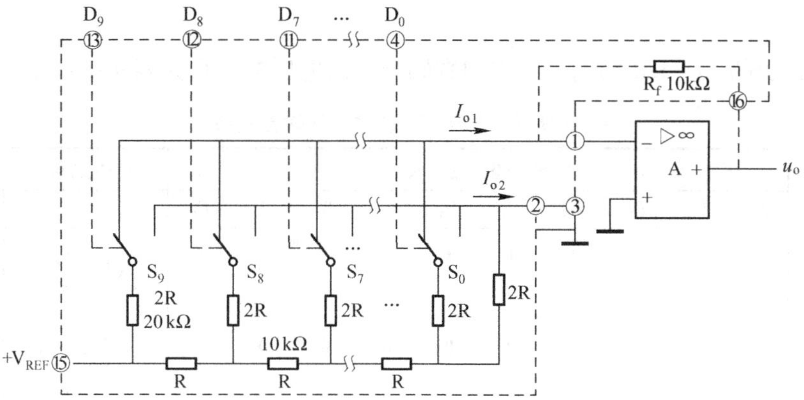

图9-3　AD7520的内部结构

D/A转换后的输出模拟电压为：

$$u_o = \frac{-V_{REF}}{2^{10}} \cdot N_{10} \tag{9-1}$$

式中，N_{10}为10位二进制数$D_9 \sim D_0$所对应的十进制数。

当基准电源采用负电源$-V_{REF}$时，转换后的输出模拟电压u_o全为正值。

1. 单极性电压输出应用电路

由AD7520 D/A转换器构成的单极性电压输出应用电路如图9-4所示，该电路可调节零点和满量程值。R_{P3}为调零电位器，当$D_9 \sim D_0$为全0时，调节R_{P3}，可使$u_o=0$；R_{P1}的作用

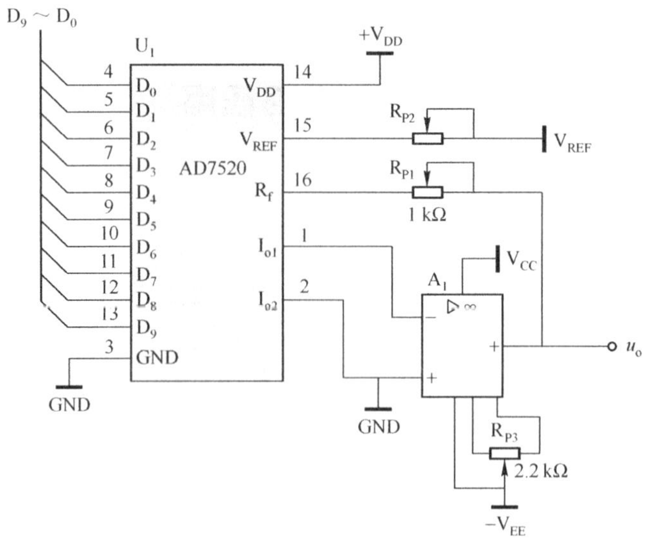

图 9-4　单极性电压输出应用电路

是增加输出满量程电压值。调节 R_{P1}，可改变反馈电阻值，由于 R_{P1} 与内部 R_f 串接，使运算比例系数增加，故可提高满量程输出电压，可调节其到所要求的满量程电压值；R_{P2} 的作用是减少输出满量程电压值。调节 R_{P2}，可改变 V_{REF} 与地之间的等效电阻，由于 R_{P2} 与内部倒 T 形电阻网络的等效电阻串联，从而可调节电流 I_R 使输出满量程电压减小到所要求的值。

单极性输出的 AD7520 的输入二进制数码与输出电压的关系如表 9-1 所示。

表 9-1　AD7520 的输入与输出关系

数码输入										模拟电压输出
D_9	D_8	D_7	D_6	D_5	D_4	D_3	D_2	D_1	D_0	u_o
1	1	1	1	1	1	1	1	1	1	$\pm\left(\frac{1023}{1024}V_{REF}\right)$
				⋮						⋮
1	0	0	0	0	0	0	0	0	1	$\pm\left(\frac{513}{1024}V_{REF}\right)$
1	0	0	0	0	0	0	0	0	0	$\pm\left(\frac{512}{1024}V_{REF}\right)$
0	1	1	1	1	1	1	1	1	1	$\pm\left(\frac{511}{1024}V_{REF}\right)$
				⋮						⋮
0	0	0	0	0	0	0	0	0	1	$\pm\left(\frac{1}{1024}V_{REF}\right)$
0	0	0	0	0	0	0	0	0	0	0

由表 9-1 可知，当 $D_9 \sim D_0$ 数码为全 1 时，其对应十进制数为 $2^{10}-1=1023$。

由 AD7520 D/A 转换器组成的 DAC 电路中，$V_{REF}=10\text{ V}$，若输入数码为 37C（H）时，转换成单极输出电压为多大？

首先要把十六进制数码37C（H）转换为对应的十进制数：

$$37C(H)=(00\underbrace{11\ 0111\ 1100}_{10位})_2=(892)_{10}=N_{10}$$

代入式（9-1）得：

$$u_o=-\frac{V_{REF}}{2^{10}}\cdot N_{10}=-\frac{10}{1024}\times 892=-8.71\ (V)$$

2. 双极性电压输出应用电路

在实际使用中，D/A转换器的输入量有正数和负数，因而要求输出的模拟电压也有正、负极性，以达到双极性工作方式。双极性D/A转换器的输入量常用编码有二进制补码和符号-数值码，应用较多的为二进制补码形式。

由AD7520 D/A转换器构成的双极性电压输出应用电路如图9-5所示，D/A转换器的输入量为二进制补码（N_B）$_补$，其输出为具有正、负极性的模拟量。AD7520的DAC输入与输出关系如表9-2所示。

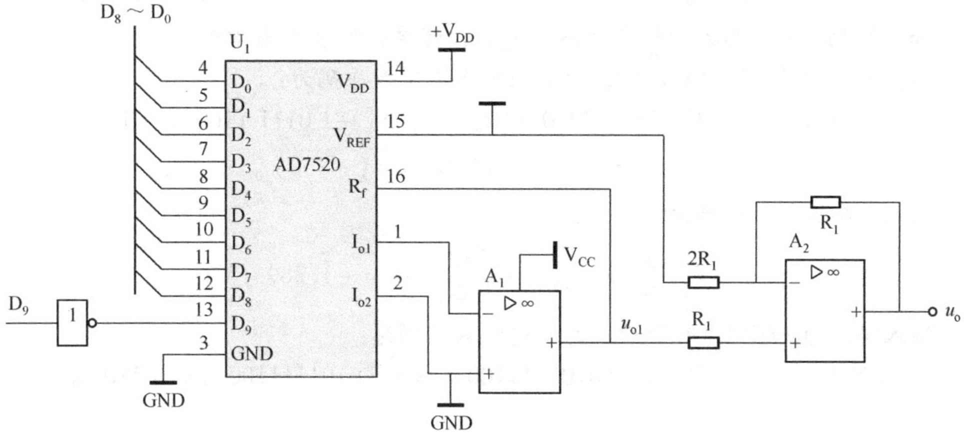

图9-5　双极性电压输出应用电路

表9-2　AD7520的DAC输入与输出关系

十进制数（N_D）	带符号位原码（N_B）										输入的补码（N_B）$_补$										输出模拟量
	$D_9$①	D_8	D_7	D_6	D_5	D_4	D_3	D_2	D_1	D_0	$D_9$①	D_8	D_7	D_6	D_5	D_4	D_3	D_2	D_1	D_0	
+511	0	1	1	1	1	1	1	1	1	1	0	1	1	1	1	1	1	1	1	1	$\frac{511}{1024}V_{REF}$
+510	0	1	1	1	1	1	1	1	1	0	0	1	1	1	1	1	1	1	1	0	$\frac{510}{1024}V_{REF}$
⋮					⋮										⋮						⋮
+1	0	0	0	0	0	0	0	0	0	1	0	0	0	0	0	0	0	0	0	1	$\frac{1}{1024}V_{REF}$
0	0	0	0	0	0	0	0	0	0	0	0	0	0	0	0	0	0	0	0	0	0
-1	1	0	0	0	0	0	0	0	0	1	1	1	1	1	1	1	1	1	1	1	$-\frac{1}{1024}V_{REF}$

续表

十进制数 (N_D)	带符号位原码 (N_B)										输入的补码 $(N_B)_补$										输出模拟量
	$D_9$①	D_8	D_7	D_6	D_5	D_4	D_3	D_2	D_1	D_0	$D_9$①	D_8	D_7	D_6	D_5	D_4	D_3	D_2	D_1	D_0	
⋮	⋮										⋮										⋮
-511	1	1	1	1	1	1	1	1	1	1	1	0	0	0	0	0	0	0	0	1	$-\frac{511}{1024}V_{REF}$
-512	1	0	0	0	0	0	0	0	0	0	1②	0	0	0	0	0	0	0	0	0	$-\frac{512}{1024}V_{REF}$

注：① D9 为符号位；② 数值位最高位舍弃（溢出）。

电路输出电压为：

$$u_o = -\left(\frac{u_{o1}}{R_1}+\frac{V_{REF}}{2R_1}\right)R_1 = -u_{o1}-\frac{1}{2}V_{REF} = \frac{(N_B)_补}{1024}\cdot V_{REF} \tag{9-2}$$

在式（9-2）中，将 $(N_B)_补$ 用原码十进制数表示时，即可计算出 u_o 的模拟电压值了。

在由 AD7520 D/A 转换器组成如图 9-5 所示的双极性电压输出应用电路中，V_{REF} = 10 V，若输入补码为 $(N_B)_补$ = 37C(H) 和 $(N_B)_补$ = 17C(H)，其输出模拟电压为多少？

如果补码、原码转换的概念弄不清楚了，赶紧去附录 A 看看吧！

当输入补码为 37C（H）时，所对应的十进制数原码为：

$$(N_B)_补 = 37C(H) = (11\ 0111\ 1100)_补 = [-1\ 0111\ 1100]_反 + 1$$
$$= (-0\ 1000\ 0100)_2 = (-132)_{10}$$

因此，输出模拟电压为：

$$u_o = \frac{(N_B)_补}{1024}\times V_{REF} = -\frac{132}{1024}\times 10 = -1.289\ (V)$$

输入补码为 17C(H) 时所对应的十进制数原码为：

$$(N_B)_补 = 17C\ (H) = (0101111100)_补 = (+101111100)_2 = (380)_{10}$$

因此，输出模拟电压为：

$$u_o = \frac{380}{1024}\times 10 = +3.711\ (V)$$

9.3 A/D 转换器的分类和主要技术指标

模拟信号转换为数字信号一般分为四个步骤进行，即取样、保持、量化和编码。前两个步骤在取样—保持电路中完成，后两个步骤则在 ADC 中完成。

1. A/D 转换器的分类

常用的 ADC 有积分型、逐次逼近型、并行比较型/串并行比较型、Σ－Δ 调制型、电容阵列逐次比较型及压频变换型。下面简要介绍常用的几种类型的基本原理及特点。

1）积分型

积分型 A/D 转换器（如 TLC7135）的工作原理是先将输入电压转换成时间（脉冲宽度信号）或频率（脉冲频率），然后由定时器/计数器获得数字值。其优点是用简单电路就能获得高分辨率，但缺点是由于转换精度依赖于积分时间，所以转换速率极低。初期的单片A/D转换器大多采用积分型，现在逐次比较型已逐步成为主流。

2）逐次比较型

逐次比较型A/D转换器（如TLC0831）由一个比较器和D/A转换器通过逐次比较逻辑构成，从二进制数最高位开始，顺序地对每一位将输入电压与内置D/A转换器输出进行比较，经n次比较而输出数字值。其电路规模属于中等，其优点是速度较高、功耗低，在低分辨率（<12位）时价格便宜，但高精度（>12位）时价格很高。

3）并行比较型/串并行比较型

并行比较型A/D转换器（如TLC5510）采用多个比较器，仅做一次比较而实行转换，又称Flash（快速）型。由于其转换速率极高，n位的转换需要$2n-1$个比较器，所以电路规模极大，价格也高，只适用于视频A/D转换器等速度特别高的领域。

串并行比较型A/D转换器的结构介于并行型和逐次比较型之间，最典型的是由2个$n/2$位的并行型A/D转换器配合D/A转换器组成，用两次比较实行转换，因此称之为Half Flash（半快速）型。还有分成三步或多步实现A/D转换的，称之为分级（Multistep/Subrangling）型A/D转换器，而从转换时序角度又可将其称为流水线（Pipelined）型A/D转换器。现代的分级型A/D转换器中还加入了对多次转换结果做数字运算与修正特性等功能。这类A/D转换器的速度比逐次比较型高，电路规模比并行型小。

4）$\sum-\Delta$调制型

$\sum-\Delta$调制型A/D转换器（如AD7705）由积分器、比较器、1位D/A转换器和数字滤波器等组成。其原理近似于积分型，即将输入电压转换成时间（脉冲宽度）信号，用数字滤波器处理后得到数字值。电路的数字部分基本上容易单片化，因此容易做到高分辨率。它主要用于音频的测量。

5）电容阵列逐次比较型

电容阵列逐次比较型A/D转换器在内置D/A转换器中采用电容矩阵方式，也可称它为电荷再分配型。一般的电阻阵列D/A转换器中多数电阻的值必须一致，但在单芯片上生成高精度的电阻并不容易。如果用电容阵列取代电阻阵列，可以用低廉成本制成高精度单片A/D转换器。最新的逐次比较型A/D转换器大多为电容阵列式的。

6）压频变换型

压频变换型（Voltage-Frequency Converter）A/D转换器（如AD650）是通过间接转换方式实现模数转换的。其原理是首先将输入的模拟信号转换成频率，然后用计数器将频率转换成数字量。从理论上讲，这种A/D转换器的分辨率几乎可以无限增加，只要采样的时间能够满足输出频率分辨率要求的累积脉冲个数的宽度即可。其优点是分辨率高、功耗低、价格低，但是需要外部计数电路共同完成A/D转换。

2. A/D转换器的主要技术指标

1）分辨率

分辨率指数字量变化一个最小量时模拟信号的变化量，定义为满刻度与2^n的比值。分辨率又称精度，通常以数字信号的位数来表示。

2）转换速率

转换速率是指完成一次从模拟转换到数字（A/D）所需时间的倒数。积分型A/D转换器的转换时间是毫秒级（属低速A/D），逐次比较型A/D转换器是微秒级（属中速A/D），全并行/串并行型A/D转换器可达到纳秒级。采样时间则是另外一个概念，是指两次转换的间隔。为了保证转换的正确完成，采样速率必须小于或等于转换速率。因此，有人习惯上认为转换速率在数值上等同于采样速率，这也是可以接受的。其常用单位是ksps和Msps，表示每秒采样千/百万次（kilo / Million samples per second）。

3）量化误差

量化误差为由A/D转换器的有限分辨率而引起的误差，即有限分辨率A/D转换器的阶梯状转移特性曲线与无限分辨率A/D转换器（理想A/D）的转移特性曲线（直线）之间的最大偏差。它通常是1个或半个最小数字量的模拟变化量，表示为1 LSB、1/2 LSB。

4）偏移误差

输入信号为零时，输出信号不为零的具体值，可外接电位器调至最小。

5）满刻度误差

满刻度误差指满度输出时对应的输入信号与理想输入信号值之差。

6）线性度

线性度指实际转换器的转移函数与理想直线的最大偏移，不包括以上三种误差。

其他指标还有绝对精度、相对精度、微分非线性、单调性和无错码、总谐波失真（Total Harmonic Distotortion，THD）和积分非线性。

9.4 集成A/D转换芯片ADC0809

ADC0809芯片内部带8路模拟信号的分时采集，片内有8路模拟选通开关，以及相应的通道地址锁存用译码电路，其转换时间为100 μs左右，属逐次比较式A/D转换器，可与单片机直接接口。

ADC0809芯片为28引脚双列直插式封装，其引脚排列如图9-6所示。

ADC0809主要引脚的功能说明如下：

（1）IN_7 ～ IN_0——模拟量输入通道。

（2）ALE——地址锁存允许信号。在ALE上升沿时，A、B、C的地址状态会被送入地址锁存器中。

（3）START——转换启动信号。在START上升沿时，复位ADC0809；在START下降沿时启动芯片，开始进行A/D转换；在A/D转换期间，START应保持低电平。本信号有时简写为ST。

（4）ADD_A、ADD_B和ADD_C——A、B、C地址线。它们是通道端口选择线，其中ADD_A为低地址线，ADD_C为高地址线。其地址状态与通道对应关系如表9-3所示。

（5）CLK——时钟信号。ADC0809的内部没有时钟电路，所需时钟信号由外界提供，因此有时钟信号引脚。通常使用频率为500 kHz的时钟信号。

（6）EOC——转换结束信号。$EOC=0$，表示正在进行转换；$EOC=1$，表示转换结束。使用过程中该状态信号既可作为查询的状态标志，又可作为中断请求信号使用。

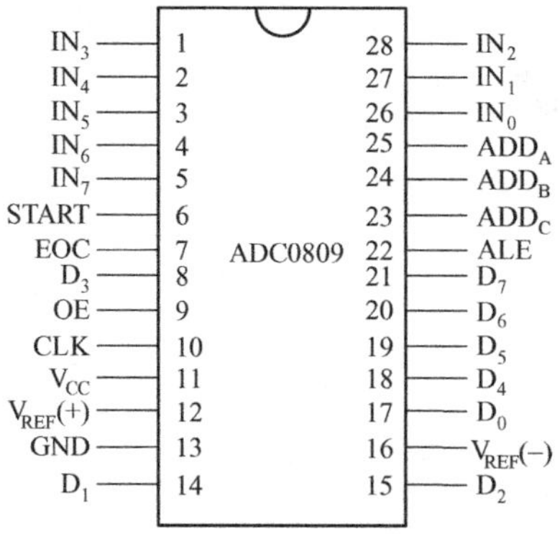

图 9-6　ADC0809 的引脚

表 9-3　通道选择

ADD_C	ADD_B	ADD_A	被选择的通道
0	0	0	IN_0
0	0	1	IN_1
0	1	0	IN_2
0	1	1	IN_3
1	0	0	IN_4
1	0	1	IN_5
1	1	0	IN_6
1	1	1	IN_7

（7）D_7 ～ D_0——数据输出线。它们为三态缓冲输出形式，可以和单片机的数据线直接相连。D_0 端为最低位，D_7 端为最高位。

（8）OE——输出允许信号。它用于控制三态输出锁存器向单片机输出转换得到的数据。$OE=0$，输出数据线呈高阻；$OE=1$，输出转换得到的数据。

（9）V_{CC}——+5 V 电源。

（10）V_{REF}——参考电源的参考电压，用来与输入的模拟信号进行比较，作为逐次逼近的基准。其典型值为 +5 V（$V_{REF(+)}=+5\,V$，$V_{REF(-)}=-5\,V$）。

ADC0809 的内部逻辑结构如图 9-7 所示。图中的多路开关可选通 8 个模拟通道，允许 8 路模拟量分时输入，并共用一个 A/D 转换器进行转换，这是一种经济的多路数据采集方法。地址锁存与译码电路完成对 ADD_A、ADD_B、ADD_C 3 个地址位的锁存和译码，其译码输出用于通道的选择，其转换结果通过三态输出锁存器存放、输出，因此可以直接与系统数据总线相连。ADC0809 芯片与 MCS-51 单片机的连接示意图如图 9-8 所示。

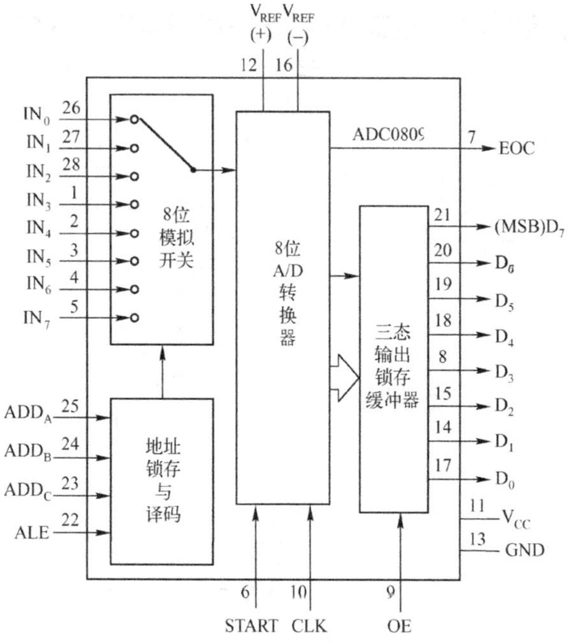

图 9-7　ADC0809 的内部逻辑结构

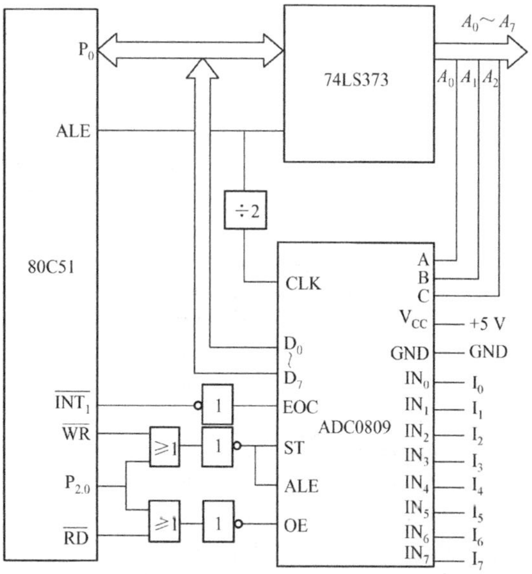

图 9-8　ADC0809 与 MCS－51 的连接示意图

技能训练10 ADC0804芯片的测试

1. 实践目标

（1）了解ADC0804芯片的特性。

（2）理解ADC0804应用电路的工作原理。

（3）通过芯片测试绘制转换特性曲线。

2. ADC0804芯片的功能

ADC0804是用CMOS集成工艺制成的逐次比较型模数转换芯片。分辨率为8位，转换时间为100 μs，输入电压范围为0～5 V，增加某些外部电路后，输入模拟电压可为5 V。该芯片内有输出数据锁存器，当与计算机连接时，转换电路的输出可以直接连接在CPU数据总线上，无须附加逻辑接口电路。

如图9-9所示为ADC0804的引脚图，各引脚功能如下：引脚11～18为8位二进制数字量输出；引脚6、7为模拟量输入；引脚4、19为A/D转换所需的时钟信号输入端；引脚8（AGND）为模拟地；引脚10（DGND）为数字地；引脚9（$V_{REF}/2$）为辅助参考电压，可以由外部电路供给，通常通过一个电容接地，可防止干扰；引脚1（$\overline{CS}$）为片选端，低电平有效；引脚3（$\overline{WR}$）是芯片启动转换的控制端，当$\overline{WR}$为低电平时，启动A/D转换；引脚2（$\overline{RD}$）为转换结果输出控制端，当它与$\overline{CS}$同时为低电平时，转换结果以8位二进制码的形式出现在输出端DB_0～DB_7上；引脚5（$\overline{INTR}$）是A/D转换结束标志信号输出端，当$\overline{INTR}$跳转为低电平时，表示本次转换已经完成；引脚20“V_{CC}/V_{REF}”端为电源端，同时也是模拟参考电压输入端。

ADC0804的外围接线图如图9-10所示，V_{REF}为模拟输入电压的上限值，本电路取V_{REF} = +5 V，

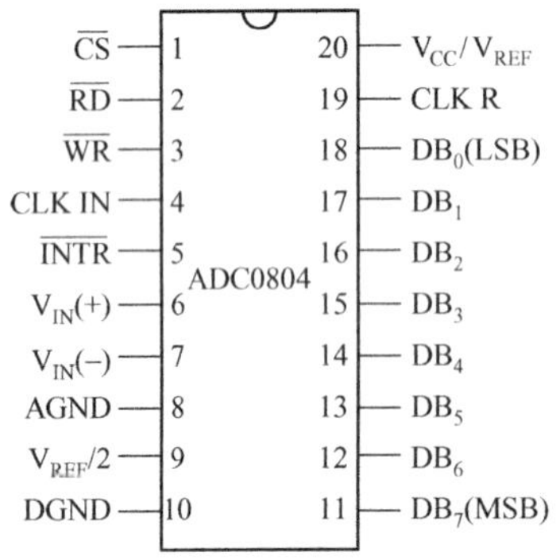

图9-9 ADC0804的引脚

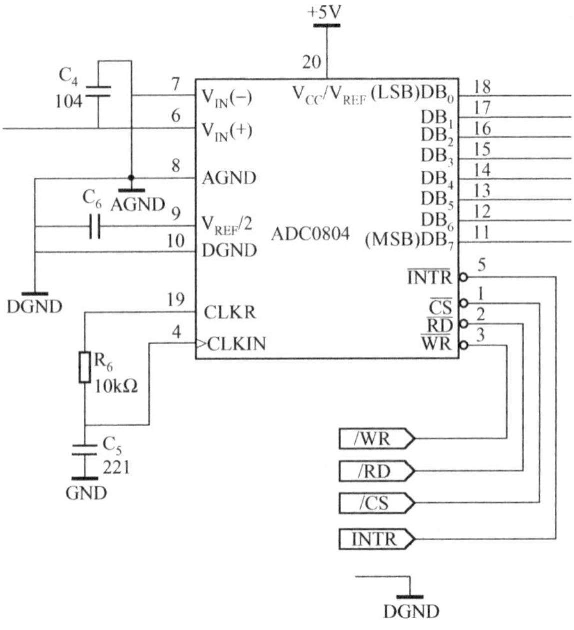

图9-10 ADC0804的外围接线

因此可以使输入ADC0804芯片的模拟电压量范围为0～+5 V。电路中CLKR和CLKIN两端外接R_6和C_5，产生A/D转换所需要的时钟信号。引脚11～18为8路二进制数字输出。

ADC0804的输入与输出关系如表9-4所示。

表9-4　ADC0804的输入与输出关系

十六进制码	二进制码	与满刻度的比率		参考电压 V_{REF} = +5.12 V	
		高四位字节	低四位字节	高四位字节电压	低四位字节电压
F	1111	15/16	15/256	4.800	0.300
E	1110	14/16	14/256	4.480	0.280
D	1101	13/16	13/256	4.160	0.260
C	1100	12/16	12/256	3.840	0.240
B	1011	11/16	11/256	3.520	0.220
A	1010	10/16	10/256	3.200	0.200
9	1001	9/16	9/256	2.880	0.180
8	1000	8/16	8/256	2.560	0.160
7	0111	7/16	7/256	2.240	0.140
6	0110	6/16	6/256	1.920	0.120
5	0101	5/16	5/256	1.600	0.100
4	0100	4/16	4/256	1.280	0.080
3	0011	3/16	3/256	0.960	0.060
2	0010	2/16	2/256	0.640	0.040
1	0001	1/16	1/256	0.320	0.020
0	0000			0	0

例如，若输入电压$V_{IN}(+)$ = 3 V，由表9-4可知2.880 + 0.200 = 3 V，则输出为$(10011010)_2$。

3. ADC0804电路的测试

1）电路原理分析

ADC0804的测试电路如图9-11所示，分析该电路的工作原理。

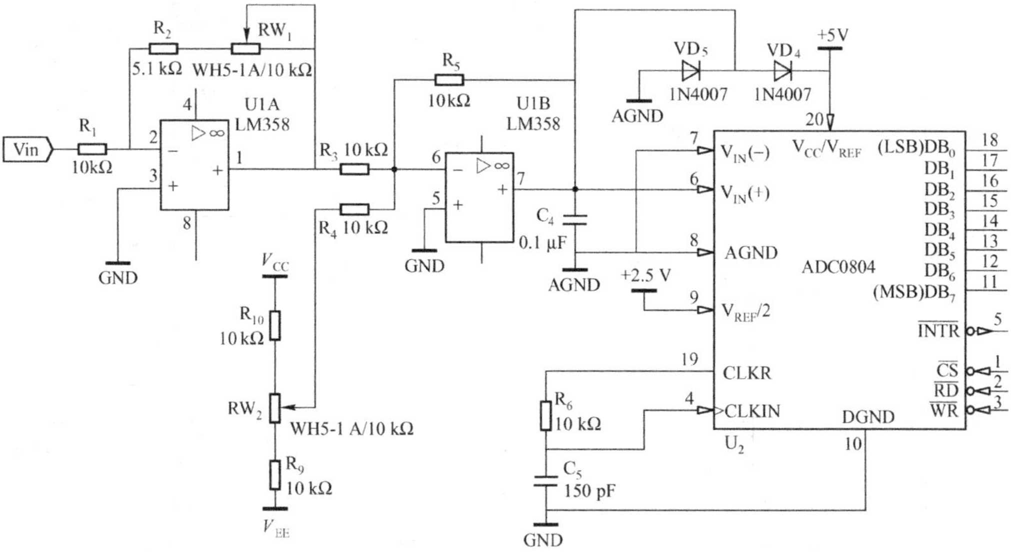

图9-11　ADC0804的测试电路

2）电路测试

调节运放电路使输入与ADC0804芯片输入之间保持一倍的电压放大倍数关系。在0～5V间均匀选取20个数据点，调节输入电压，尽量与数据点接近，通过输出端状态记录对应的二进制数据，自行编写表格记录数据。

3）数据分析

根据输入电压计算对应的转换值，与芯片输出端对照，观察误差情况，并绘制芯片转换特性曲线。

技能训练11 DAC0808芯片的测试

1. 实践目标

（1）了解DAC0808芯片的特性。

（2）理解DAC0808应用电路的工作原理。

（3）通过芯片测试绘制转换特性曲线。

2. DAC0808芯片的功能

DAC0808为八位数/模转换器，如图9-12所示为DAC0808的引脚图，如图9-13所示为DAC0808的外围接线图，从图中可以看到，引脚5～12为8位数字信号输入端。DAC0808是以电流形式输出的，其值最大可达2mA。输出电流的方向为流入芯片。若要获得模拟电压输出，需外接集成运算放大器将电流转换为电压输出。

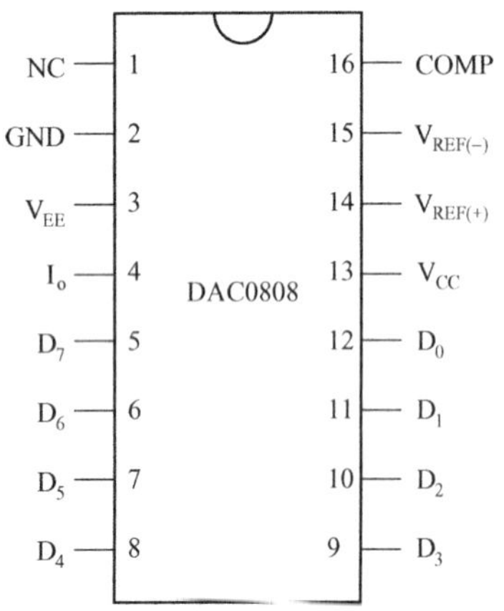

图9-12 DAC0808的引脚

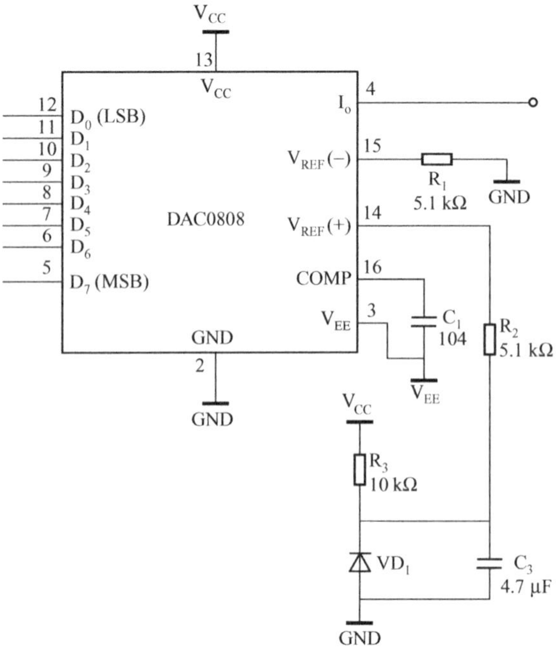

图9-13 DAC0808的外围接线

引脚 14 接一个稳压二极管提供参考电压 V_{REF}（+），与引脚 14 相连的电阻值决定了参考电流的大小，并影响输出电流的范围。

引脚 4 为电流输出端，其输出电流为：

$$I_o = K\left(\frac{D_7}{2}+\frac{D_6}{4}+\frac{D_5}{8}+\frac{D_4}{16}+\frac{D_3}{32}+\frac{D_2}{64}+\frac{D_1}{128}+\frac{D_0}{256}\right)$$

式中，$K=\frac{V_{REF}(+)}{R_2}$。

当 D_n 输入为高电平时，$D_n=$ “1”；

当 D_n 输入为低电平时，$D_n=$ “0”。

3. DAC0808 的模拟信号输出电路

如图 9-14 所示为 DAC0808 的模拟信号输出电路，输出电流量通过集成运放 A_1 转换为模拟电压量后由 V_{outA} 端输出，输出电压为：

$$V_{outA} = -I_o(R_4+R_{w1}) = K'\left(\frac{D_7}{2}+\frac{D_6}{4}+\frac{D_5}{8}+\frac{D_4}{16}+\frac{D_3}{32}+\frac{D_2}{64}+\frac{D_1}{128}+\frac{D_0}{256}\right)$$

可以通过调节 R_{W1} 来调节输出幅度，使得 V_{outA} 的输出范围是 0 ～ 5 V。

V_{outA} 经过由运放 A_2 构成的反相比例电路后反相放大，得到 V_{outB} 的输出，V_{outB} 的输出幅度为 V_{outA} 的 2 倍，其极性与 V_{outA} 相反，即 V_{outB} 的输出范围是 -10 ～ 0 V。调节 R_{W2} 可使 V_{outB} 的输出范围变为 -5 ～ 5 V。

V_{outB} 再经过由运放 A_3 构成的反相器再次反相，输出 V_{outC}，其极性与 V_{outA} 相同，输出范围是 -5 ～ 5 V。

DAC0808 的输入与输出关系如表 9-5 所示。

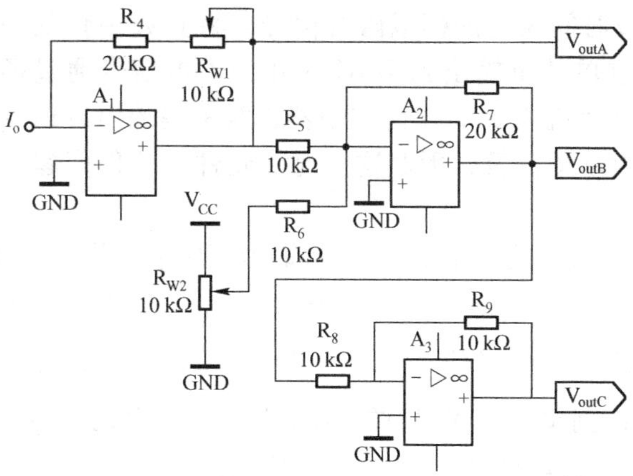

图 9-14　DAC0808 的模拟信号输出电路

表 9-5　DAC0808 的输入与输出关系

输　入	V_{outA}	V_{outB}	V_{outC}
00H	0	-5 V	5 V
80H	2.5 V	0	0
FFH	5 V	5 V	-5 V

4. 电路测试

直接对输入端各位二进制位置数，在 00000000B ～ 11111111B 间选取 20 个数据点，在输出端测量电压值，自行编写表格记录数据。

5. 数据分析

根据输入二进制编码计算对应的转换电压，与芯片输出端对照，观察误差情况，并绘制芯片转换特性曲线。

项目实施18　数字语音回放系统调试

1. 实践目标

增强对A/D、D/A转换芯片应用的理解。

2. 数字语音回放控制原理

“电子创新综合实训平台”所带数字语音回放系统原理框图如图9-15所示。

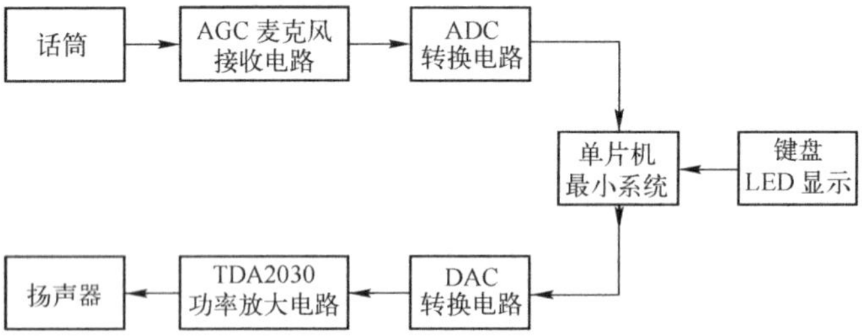

图9-15　数字语音回放系统框图

该系统利用数字化的控制，采集一段时间长度的模拟语音信号，将其数字化处理后存入单片机，完成一定的处理后，再通过单片机输出到DAC转化为模拟信号通过扬声器输出，回放原始的语音。该系统采用单片机89S51作为控制器，对采集的语音信号进行处理，单片机系统将在后续专业课程教学中涉及，因此这里对其硬件、软件问题不进行分析。

录音电路的模拟语音信号采集使用双话筒差分方式输入，能有效滤除背景噪声。ADC在8 KHz的采样速率下工作，还原信号。ADC电路使用ADC0804芯片，在该系统中将ADC0804连接成连续转换的方式。即将片选信号（$\overline{CS}$）与读信号（$\overline{RD}$）接地，写信号（$\overline{WR}$）与中断查询信号（$\overline{INTR}$）短接后接到单片机MCU的P1.0端口，作为控制线。当P1.0输出一个下降沿后，ADC0804将进入自动转换的模式。DAC电路则选择DAC0808芯片。

3. 电路连接

按图9-16进行各模块电路的连接（详细指标可参考实训设备说明书），即可进行短时语音录音回放控制。

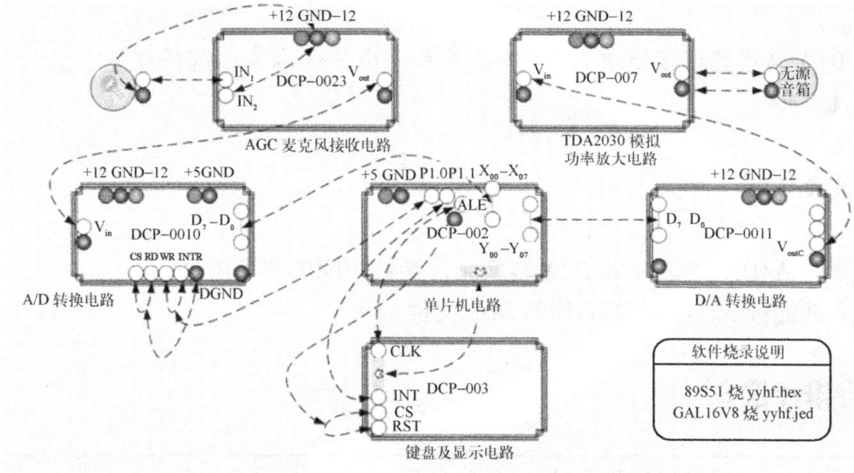

图9-16　数字语音回放系统接线示意图

思考与练习题9

一、填空/选择题

1. 数/模转换器是将________进制数字量转换成________信号输出。

2. A/D 转换器用于将________信号转换成相应的________进制数码。

3. A/D 转换器在转换过程中，需要对模拟信号进行________、________、量化、编码的处理。

4. 某8位逐次逼近型 A/D 转换器，如所加时钟频率为200 kHz，则完成1次转换需要的时间为（　　）。

A. 50 μs　　B. 60 μs　　C. 80 μs　　D. 100 μs

5. 将模拟信号转换为数字信号，应选用____________。

6. 就逐次比较型和双积分型两种 A/D 转换器而言，________的抗干扰能力强，________的转换速度快。

7. A/D 转换器两个最重要的指标是________和转换速度。

8. 当8位 D/A 转换器的输入数字量只有最低位为1时，输出电压为0.02 V；若输入数字量只有最高位为1，则输出电压为（　　）V。

A. 0.039　　B. 2.56　　C. 1.27　　D. 都不是

9. D/A 转换器的主要参数有（　　）、转换精度和转换速度。

A. 分辨率　　B. 输入电阻　　C. 输出电阻　　D. 参考电压

二、应用题

10. 根据日常生活接触，试列举2～3种应用 A/D 和 D/A 转换器的电子产品。

11. (1) 若当将数字量转换成模拟量的电路分辨率 LSB = 1 时，电压为5 mV，最大满刻度输出电压 $u_o = 10\,V$，试求该电路输入数字量的位数 n 为多少？基准电压 V_{REF} 为多大？

(2) 现有 D/A 转换器电路 $n = 8$，最大输出电压为5 V，试求与分辨率对应的输出电压和

基准电压 V_{REF}。

(3) 若D/A转换器精度要求为0.2%，不考虑由其他因素引起的误差，从分辨率考虑，则数码至少选多少位？

资料检索9

(1) 检索与A/D转换芯片和D/A转换芯片参数相同的芯片型号。

(2) 检索并阅读A/D、D/A芯片的PDF文件。

教学安排建议9

序号	知识单元	项目资讯	项目实践	主要技能目标	学时	备注
1	A/D与D/A转换电路	1. D/A转换器的分类和主要技术指标； 2. A/D转换器的分类和主要技术指标	1. ADC0804芯片测试； 2. DAC0808芯片测试	1. 二进制与十进制的熟练转换； 2. 万用表的熟练使用； 3. 认识A/D、D/A芯片。	6	数字语音回放系统调试

项目10 晶闸管应用电路的分析与调试

学习要求

知识要求	（1）理解晶闸管的单向可控导通特性。 （2）理解晶闸管的典型触发电路的工作原理。
技能要求	（1）了解典型晶闸管触发脉冲生成电路的工作特性。 （2）通过示波器观察触发信号移相调整效果，加强使用示波器的能力。

项目分析与资讯10

如图10-1所示为一个水温控制系统。当我们利用电热设备对水进行加热时，供电电压高，则加热速度快；供电电压低，则加热速度就慢。该系统利用了热敏元件进行测温，当温度达到设定的温度时可控制供电回路停电。为实现这一目标，需要找到一种可实现调压、导通状态受控的元件，于是联想到晶闸管。

10.1 晶闸管的特性分析

10.1.1 晶闸管的导通特性

晶闸管就是硅晶体闸流管的简称，又叫可控硅。晶闸管是一种大功率开关型半导体器件，具有硅整流器件的特性，能在高电压、大电流条件下工作，且其工作过程可以控制，被广泛应用于可控整流、交流调压、无触点电子开关、逆变及变频等电子电路中。

普通晶闸管从外形上来分，有螺栓形、平板形和小电流塑封形，如图10-2（a）～（d）所示。晶闸管在电路中用文字符号V、VT表示（旧标准中用字母SCR表示），其图形符号如图10-2（e）所示。

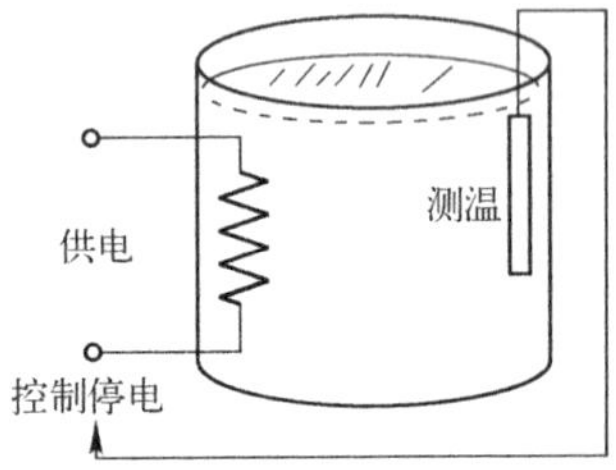

图10-1　水温控制系统示意图

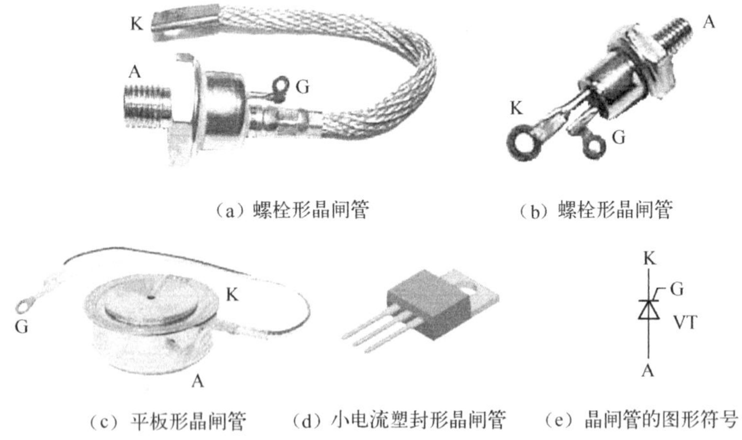

图10-2　晶闸管的外形及符号

额定电流小于200 A的晶闸管大多采用螺栓形，大于200 A的大多采用平板形。晶闸管是电力电子器件，工作时发热量大，因此必须安装散热器。对于螺栓形晶闸管，螺栓是晶闸管的阳极A，它与散热器紧密连接，而粗辫端为晶闸管的阴极K，细辫端为门极G；对于平板形晶闸管，它的两个平面分别是阳极和阴极，而细辫子线则是门极。使用时用两个互相绝缘的散热器把晶闸管紧紧地夹在一起，如图10-3所示。晶闸管的冷却方式有自然冷却、强风冷却、液体介质循环冷却等。

晶闸管为四层（$P_1-N_1-P_2-N_2$）三端结构，其内部结构图如图10-4所示。从P_1区引出阳极A，从P_2区引出控制极G，从N_2区引出阴极K。

图 10-3　平板形晶闸管与散热器的连接

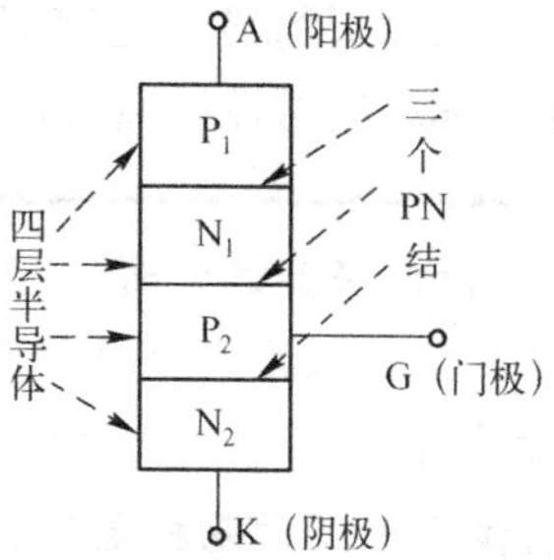

图 10-4　晶闸管的内部结构

仔细观察如图 10-5 所示的晶闸管工作效果图，从图 10-5（a）、（b）可以看到，当门极回路的开关断开时，门极端没有电压，无论阳极对阴极间加正向电压或反向电压，晶闸管均不能导通；从图 10-5（c）、（d）可以看到，若合上门极回路的开关，即在门极对阴极加正向电压时，若阳极对阴极加反向电压，晶闸管仍不导通，而阳极对阴极加正向电压时，晶闸管导通了；从图 10-5（e）、（f）可以看到，在晶闸管已导通的状态下，断开门极回路的开关，晶闸管仍保持导通状态，其导通状态受流经晶闸管的电流控制；从图 10.5（g）、（h）可以看到，如果调换门极回路电压极性，则门极信号对晶闸管无法产生影响。由此，可总结出晶闸管的工作特性：

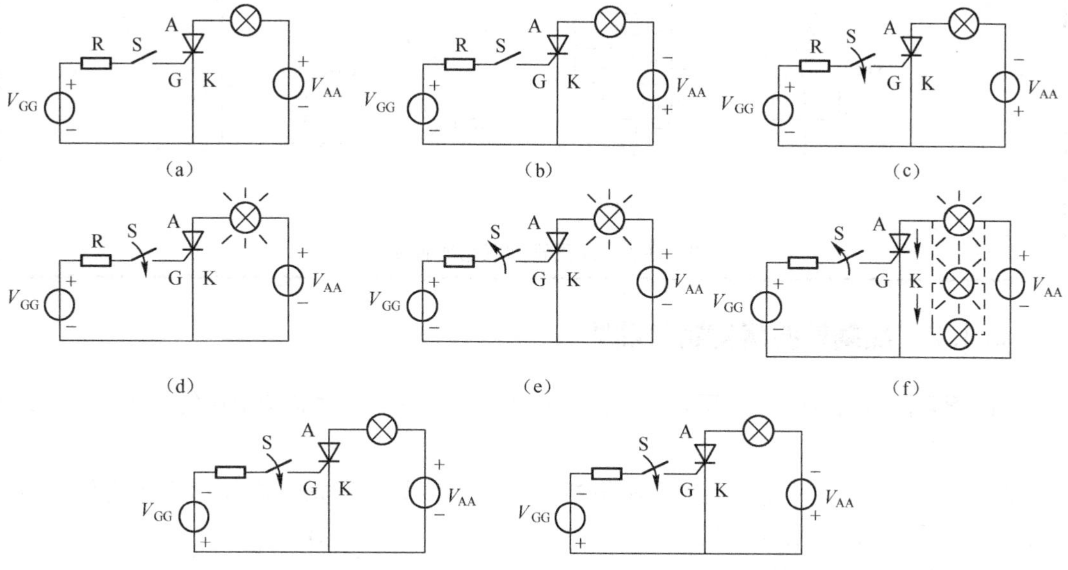

图 10-5　晶闸管工作效果示意图

（1）晶闸管在反向阳极电压作用下，不论门极为何种电压，它都处于关断状态；

（2）晶闸管只有在适当的正向阳极电压与正向门极电压同时作用下，才能导通；

（3）已经导通的晶闸管即使去掉门极电压，仍维持导通状态；

（4）要关断导通的晶闸管，必须把正向阳极电压降到一定值，或去掉阳极电压或加反向阳极电压。

可以说，晶闸管的导通是有条件的，只有门极施加对阴极的正向电压时它才能单向导通，其特性又称单向可控导通特性。

晶闸管特性模型的分析

上述现象可从晶闸管的四层结构来分析，如图 10-6 所示，晶闸管可等效为 PNP 和 NPN 晶体管的组合，当门极电流 I_G 注入晶体管 VT_2 的基极，即产生集电极电流 I_{C2}，它构成晶体管 VT_1 的基极电流，放大成集电极电流 I_{C1}，I_{C1} 又进一步使 VT_2 的基极电流增大，如此形成强烈正反馈，最后 VT_1 和 VT_2 进入完全饱和状态，即晶闸管饱和导通。

由图 10-6 能看到，当晶闸管导通后，由于晶闸管的正反馈过程的存在，即使晶闸管门极触发电流 I_G 消失，晶闸管仍然可以保持导通状态，因此晶闸管门极触发电流 I_G 可以采用脉冲电流触发。

而要使导通的晶闸管关断，不仅要去掉门极触发电流 I_G，同时还要减小晶闸管阳极、阴极间电流 I_A，当 I_A 小于一定值（即晶闸管的维持电流 I_H，此电流一般为 mA 级时），会破坏晶闸管的正反馈过程，晶闸管就由导通状态变成截止状态（阻断状态）了。

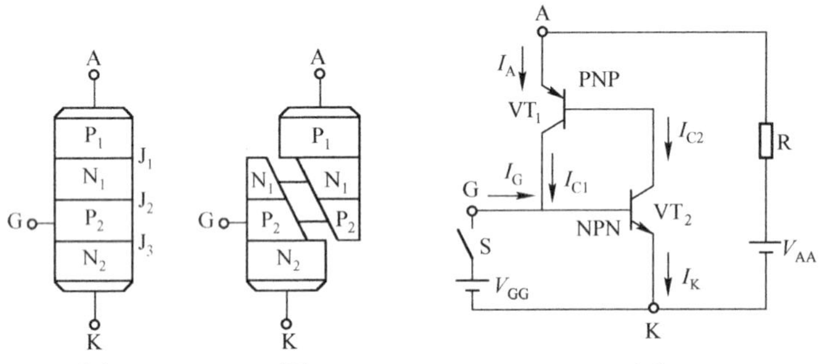

图 10-6　晶闸管的双晶体管模型

10.1.2　晶闸管的伏安特性曲线

晶闸管阳极与阴极间的电压 U_{AK} 和它的阳极电流 I_A 间的关系称为晶闸管的伏安特性，如图 10-7 所示。

从图 10-7 中可以看到，在无门极电流的情况下，晶闸管正向电压达到正向转折电压 U_{DSM} 时才能硬开通，晶闸管一旦开通，即可通过较大的阳极电流，其自身压降也降至 1V 左右；在有门极电流的情况下，晶闸管在较小的正向电压时就可导通，并且门极电流越小，实现导通需要的正向电压越低，导通后晶闸管特性和二极管的正向特性相仿；导通期间，如果门极电流为零，并且阳极电流降到维持电流 I_H 以下，则晶闸管又回到正向阻断状态；而在晶闸管上施加反向电压

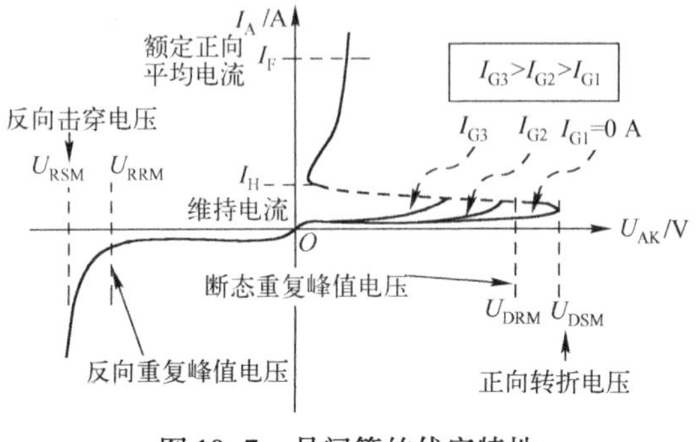

图 10-7　晶闸管的伏安特性

时，晶闸管呈现反向阻断特性，直至反向电压超过反向击穿电压 U_{RSM} 时，反向漏电流急剧增大，导致晶闸管反向击穿而损坏。

10.1.3　晶闸管的主要参数

1）断态重复峰值电压 U_{DRM}

U_{DRM} 是门极断路而晶闸管结温为额定值时，允许重复加在晶闸管上的正向峰值电压，规定断态重复峰值电压 U_{DRM} 为断态不重复峰值电压（即正向转折电压）U_{DSM} 的90%。

晶闸管正向工作时有两种工作状态：阻断状态（简称断态），导通状态（简称通态）。说到断态或通态时可知晶闸管一定是正向的。

2）反向重复峰值电压 U_{RRM}

U_{RRM} 是门极断路而晶闸管结温为额定值时，允许重复加在晶闸管上的反向峰值电压。规定反向重复峰值电压 U_{RRM} 为反向不重复峰值电压（即反向击穿电压）U_{RSM} 的90%。

通常把 U_{DRM} 和 U_{RRM} 中较小的值作为该器件的额定电压。在1000V以下，每100V为一个等级；在1000～3000V范围内，则是每200V一个等级。选用时，额定电压应为正常工作额定峰值电压的2～3倍，作为允许的操作过电压裕量，即：

$$\begin{cases} U_{DRM}=(2\sim 3)U_T \\ U_{RRM}=(2\sim 3)U_T \end{cases} \qquad (10\text{-}1)$$

3）通态（峰值）电压 U_{TM}

U_{TM} 是晶闸管通以 π 倍或规定倍数额定通态平均电流值时的瞬态峰值电压。

从减小损耗和器件发热的观点出发，应该选择 U_{TM} 较小的晶闸管。

4）通态平均电压 $U_{T(AV)}$

$U_{T(AV)}$ 是在规定的环境温度和标准散热条件下，晶闸管通过额定电流时，其阳极与阴极电压降的平均值，通常在0.4～1.2V之间。

5）通态平均电流 $I_{T(AV)}$

$I_{T(AV)}$ 是在环境温度为+40℃和规定的冷却条件下，在带电阻性负载的单相工频正弦半波电路中，晶闸管全导通（导通角 θ 不小于170°）而稳定结温不超过额定值时所允许的最大平均电流。按照标准，取其整数值作为该器件的额定电流。

由于晶闸管的过载能力比一般电磁器件小，所以选用的晶闸管的通态平均电流应为正常平均值 I_d 的1.5～2倍，使之有一定的安全余量，即：

$$I_{T(AV)}=(1.5\sim 2)I_d \qquad (10\text{-}2)$$

6）维持电流 I_H

I_H 是使晶闸管维持通态所必需的最小主电流，一般为几十到几百毫安。它与结温有关，结温越高，则 I_H 值越小。

7）门极触发电流 I_{GT}

I_{GT} 是在室温下，阳极电压为直流6V时使晶闸管由断态转入通态所必需的最小门极电流。

8）门极触发电压 U_{GT}

U_{GT}是产生门极触发电流所必需的最小门极电压。

10.2 电阻性负载单相半波可控整流电路

由晶闸管组成的相控整流电路，可以方便地把交流电变换成大小可调的直流电。它具有体积小、质量轻、效率高及控制灵活等优点，被广泛应用于电机调速、同步电机励磁、电焊、电镀等生产活动中。

如图10-8（a）所示为单相半波可控整流电路，整流变压器的二次电压有效值用 U_2 表示，瞬时值用 u_2 表示，负载上的输出电压用 u_d 表示。

在 u_2 正半周内，只有在施加到晶闸管阳极的电压为正，且门极有触发脉冲时，即如图10-8（b）所示波形图中的 ωt_1 时刻，晶闸管才能触发导通，负载电阻上有电流流过。若忽略晶闸管的正向压降（约1V），则电阻上变化的直流电压瞬时值 u_d 应与交流电源电压瞬时值 u_2 相同；当 $\omega t=\pi$（即 u_2 降到零）时，晶闸管中流过的电流降到维持电流以下，晶闸管关断，负载电阻上的电流和电压消失；在 u_2 的负半周，晶闸管承受反向电压，不能导通。第二个周期施加触发脉冲时，晶闸管再次导通，如此不断循环。

如果改变晶闸管的触发时刻，则 u_d 和 i_d 的波形随之变化，但波形只在电源电压的正半周出现，故称它为单相半波可控整流电路。

负载上电压 u_d 的波形如图10-8（d）所示，这是一个单方向的脉动直流电压，若把从晶闸管开始承受正向电压起到加上触发脉冲之间的电角度称为控制角 $\alpha(0\sim\omega t_1)$，晶闸管导通的电角度称为导通角 $\theta(\omega t_1\sim\pi)$，$\theta=\pi-\alpha$，则整流电路输出的平均电压为：

$$U_d=\frac{1}{2\pi}\int_{\alpha}^{\pi}\sqrt{2}U_2\sin\omega t\mathrm{d}(\omega t)=\frac{\sqrt{2}U_2}{2\pi}(1+\cos\alpha)\approx0.45U_2\frac{1+\cos\alpha}{2} \tag{10-3}$$

晶闸管在导通期的正向压降可以忽略，而在不导通时刻承受了全部电源电压，其波形如图10-8（e）所示。

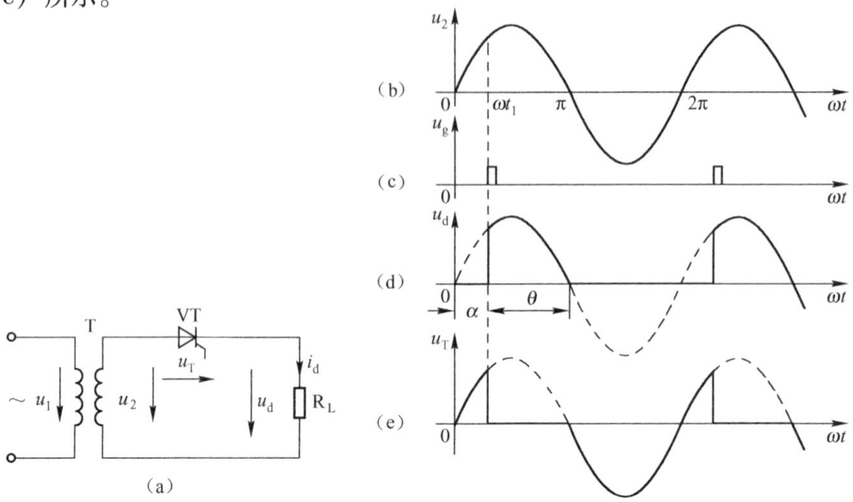

图10-8　单相半波可控整流电路及波形

改变 α 的大小（即改变触发脉冲在每周期内出现的时刻）称为移相，这种控制方式称为相控。对单相半波电路而言，α 的移相范围为 $0 \sim \pi$，对应的 θ 在 $\pi \sim 0$ 范围内变化。

由式（10-3）可见，当控制角 α 从零向 π 方向变化时，U_d 从 $0.45U_2$ 到零连续变化，达到连续调节直流电压的目的。

流过晶闸管的通态平均电流 I_T 与负载平均电流相等，为：

$$I_T = I_d = \frac{U_d}{R_L} = 0.45\frac{U_2}{R_L}\frac{1+\cos\alpha}{2} \tag{10-4}$$

由于电流 i_d 也是缺角正弦半波，所以在选择晶闸管、熔断器、导线截面积及计算负载电阻 R_L 的有功功率时必须按电流有效值进行计算。

10.3　晶闸管触发电路

在分析图10-8的波形时，可知门极触发信号必须与晶闸管主电路电源同步，如果触发信号一会靠前，一会往后，则输出电压幅度就会产生波动，对负载工作极为不利；同时，触发信号的功率、移相范围和脉冲宽度、陡度都应该符合晶闸管的正常工作要求。

下面学习一种能为晶闸管提供触发脉冲的新的半导体器件——单结晶体管。

10.3.1　单结晶体管的特性

单结晶体管的结构、等效电路、图形符号、实物图如图10-9所示。单结晶体管共有三个引出端：第一基极 b_1、第二基极 b_2、发射极 e，但却只有一个PN结。

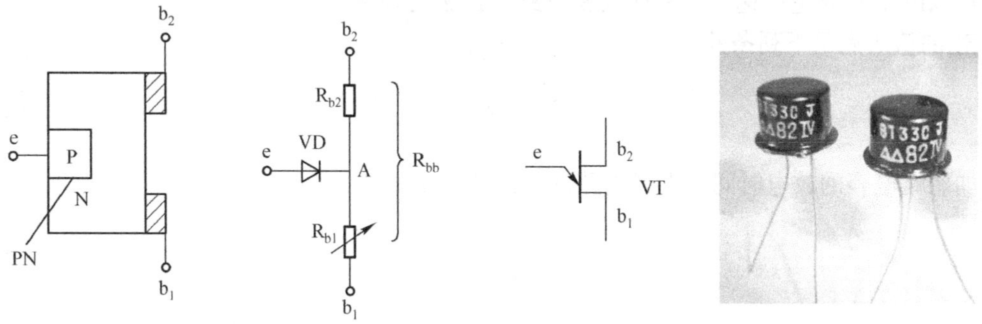

（a）结构　（b）等效电路　（c）图形符号　（d）实物图

图10-9　单结晶体管

当 b_2、b_1 间加正向电压时，e、b_1 间呈高阻特性。但当 e 的电位达到 b_2、b_1 间电压的某一比值时，e、b_1 间立刻变成低电阻，这是单结晶体管的最基本的特点。

单结晶体管的伏安特性如图10-10所示，可以看到，随着 U_e 从零逐渐增加，单结晶体管只有很小的漏电流，直到发射极电位 U_e 超过峰点电压 U_P，单结管才开始导通。由于单结晶体管的特殊结构知 I_e 增加，U_e 下降，单结管已进入伏安特性的负阻区。当 I_e 增大至一定程度时，U_e 到达谷点，单结管由负阻区转化到饱和区，谷点电压 U_V 是维持单结管导通的最小电压。一旦 U_e 小于 U_V，单结管将由导通转化为截止。一般 U_V 为 2 ～ 5V。单结晶体管的型号有 BT3X，如 BT31、BT33、BT35 等。

10.3.2 单结晶体管自激振荡电路

单结晶体管自激振荡电路如图 10-11 所示。R_2 为温度补偿电阻，R_1 为负载电阻。

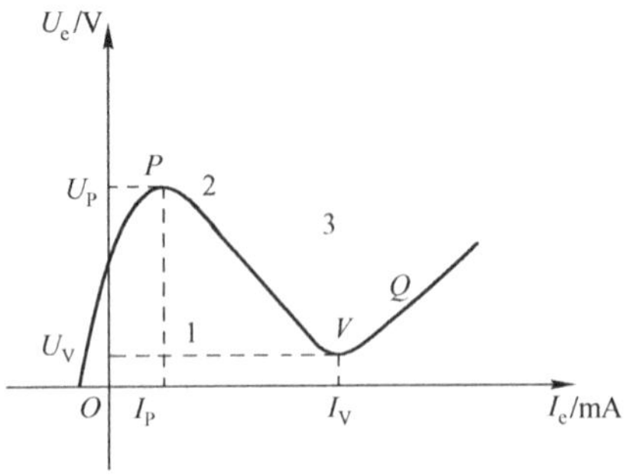

图 10-10 单结晶体管的伏安特性曲线

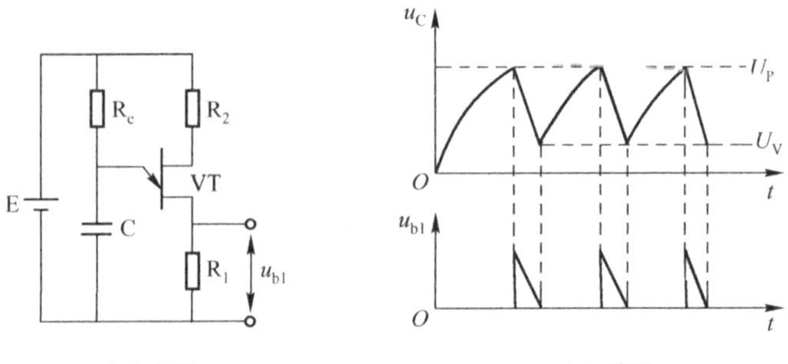

（a）电路　（b）波形

图 10-11 单结晶体管自激振荡电路

设电源未接通时，电容 C 上的电压为零。电源接通后，C 经电阻 R_e 充电，u_C 逐渐升高，当 u_C 达到单结管的峰点电压时，单结管导通，电容经 e、b_1 向电阻 R_1 放电。由于放电回路电阻很小，放电时间很短，所以在 R_1 上得到很窄的尖脉冲。当电容放电至 $u_C = U_V$，并趋向更低时，单结管截止，R_1 上的脉冲电压结束。之后电容从 U_V 值又开始充电，充电到 U_P 时，单结管又导通，此过程一直重复下去，在 R_1 上就得到了一系列的脉冲电压。改变 R_e 的大小，可以改变 C 充电的速度，从而改变电路的自振荡频率。

R_e 的值应满足下列条件：

$$\frac{E - U_P}{I_P} \geqslant R_e \geqslant \frac{E - U_V}{I_V} \tag{10-5}$$

如忽略电容的放电时间，上述电路的自振荡频率近似为：

$$f = \frac{1}{R_e C\ln\left(\frac{1}{1-\eta}\right)} \tag{10-6}$$

$$\eta = \frac{R_{b1}}{R_{b1} + R_{b2}} \tag{10-7}$$

利用同步变压器、单结晶体管电路即可为晶闸管提供同步触发信号，如图 10-12 为完整的桥式半控整流电路，其工作波形如图 10-13 所示。

在电路分析设计的过程中，我们会遇到各种陌生的器件，随着电子技术的飞速发展，更多新的功能也会展现在我们面前，只要仔细揣摩元件的特性，虚心求教，展现在我们面前的将是绚丽多彩的电子世界。

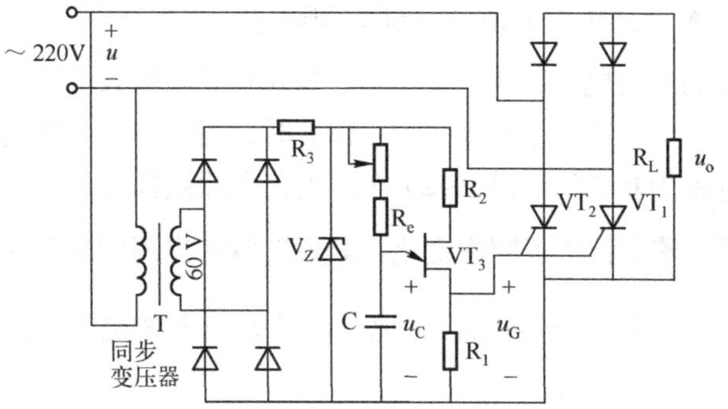

图 10-12 由单结晶体管触发的桥式半控整流电路

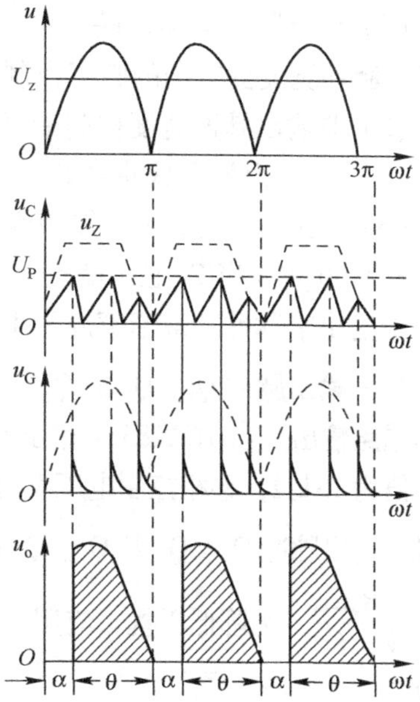

图 10-13 桥式半控整流电路工作波形

技能训练 12 晶闸管触发电路移相范围的测试

1. 实践目标

(1) 了解集成触发芯片 TCA785 的特性和应用电路原理。

(2) 测量晶闸管触发电路的移相范围。

2. TCA785 的特性

TCA785 是西门子公司开发的第三代晶闸管单片移相触发集成电路，它是取代 TCA780 及 TCA780D 的更新换代产品，其引脚排列与 TCA780、TCA780D 和国产的 KJ785 完全相同，因此可以互换。具有可靠识别零点、输出脉冲齐整度好、移相范围较宽、输出脉冲的宽度可自由调节等特点。TCA785 的引脚排列如图 10-14 所示。

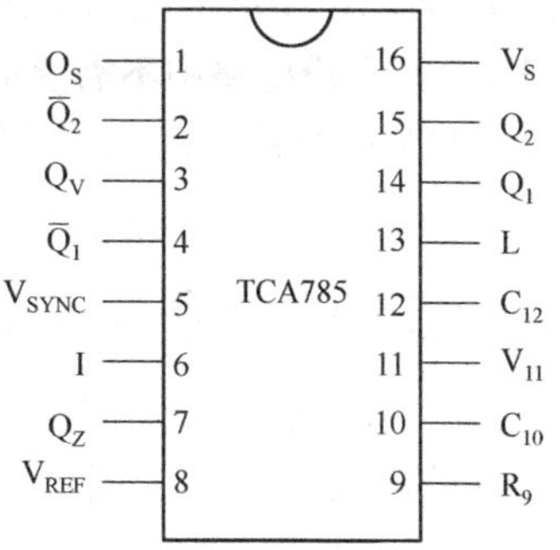

图 10-14 TCA785 的引脚排列

各引脚的名称、功能及用法如下。

(1) 电源端（V_S）：电源端。使用时直接连接为该集成电路工作提供的工作电源正端。

(2) 接地端（O_S）：接地端。使用时应与直流电源 V_S、同步电压 V_{SYNC} 及移相控制信号 V_{11} 的地端相连接。

(3) 输出脉冲 1 与 2 的反相端（$\overline{Q}_1$ 和 $\overline{Q}_2$）：该两端可输出宽度变化的脉冲信号，其相位互差 180°，两路脉冲的宽度均受非脉冲宽度控制端（L）的控制。它们的高电平最高幅值为电源电压 V_S，允许最大的负载电流为 10 mA。若该两端输出脉冲在系统中不用时，电路自身结构允许其开路。

（4）输出脉冲 1 和 2 端（Q_1 和 Q_2）：该两端也可输出宽度变化的脉冲，相位同样互差 180°，脉冲宽度受它们的脉宽控制端（C_{12}）的控制。两路脉冲输出高电平的最高幅值为 V_S。

（5）非输出脉冲宽度控制端（L）：该端允许施加电平的范围为 -0.5 V ～ V_S。当该端接地时，Q_1、Q_2 为最宽脉冲输出，而当该端接电源电压 V_S 时，Q_1、Q_2 为最窄脉冲输出。

（6）输出 Q_1、Q_2 脉宽控制端（C_{12}）：应用中通过一个电容接地，C_{12} 的电容量范围为 150 ～ 4700 pF。当 C_{12} 在 150 ～ 4700 pF 范围内变化时，Q_1、Q_2 输出脉冲的宽度亦在变化，该两端输出窄脉冲的最窄宽度为 100 μs，而输出宽脉冲的最宽宽度为 2000 μs。

（7）输出脉冲 Q_1、Q_2 或 $\overline{Q}_1$、$\overline{Q}_2$ 移相控制直流电压输入端（V_{11}）：应用中通过输入电阻接控制电路输出。当 TCA785 工作于 50 Hz，且自身工作电源电压 V_S 为 15 V 时，则该输入电阻的典型值为 15 kΩ，移相控制电压 V_{11} 的有效范围为 0.2V ～（V_S -2）V。当其在此范围内连续变化时，输出脉冲 Q_1、Q_2 及 $\overline{Q}_1$、$\overline{Q}_2$ 的相位便在整个移相范围内变化，其触发脉冲出现的时刻为 $t_{rr}=\frac{V_{11}R_9C_{10}}{V_{REF}K}$。为降低干扰，应用中该引脚要通过 0.1 μF 的电容接地，通过 2.2 μF 的电容接正电源。

（8）外接锯齿波电容连接端（C_{10}）：C_{10} 的使用范围为 500 pF ～ 1 μF。该电容的最小充电电流为 10 μA，最大充电电流为 1 mA，它的大小受连接于引脚 9 的电阻 R_9 控制，C_{10} 两端锯齿波的最高峰值为（V_S -2）V，其典型后沿下降时间为 80 μs。

（9）锯齿波电阻连接端（R_9）：该端的电阻 R_9 决定着 C_{10} 的充电电流及锯齿波电压幅度的高低，电阻 R_9 的应用范围为 3 ～ 300 kΩ。

（10）自身输出的高稳定基准电压端（V_{REF}）：负载能力为驱动 10 块 CMOS 集成电路。随着 TCA785 应用的工作电源电压 V_S 及其输出脉冲频率的不同，V_{REF} 的变化范围为 2.8 ～ 3.4 V。当 TCA785 应用的工作电源电压为 15 V、输出脉冲频率为 50 Hz 时，V_{REF} 的典型值为 3.1 V。如用户电路中不需要应用 V_{REF}，则该端可以开路。

（11）两个输出逻辑脉冲信号端（Q_Z 和 Q_V）：其高电平脉冲幅值最大为（V_S -2）V，高电平最大负载能力为 10 mA。Q_Z 为窄脉冲信号，它的频率为输出脉冲 Q_1、Q_2 或 $\overline{Q}_1$、$\overline{Q}_2$ 的两倍，是 Q_1 和 Q_2 或 $\overline{Q}_1$ 和 $\overline{Q}_2$ 的或信号；Q_V 为宽脉冲信号，它的宽度为移相控制角 $\varphi+180°$，它与 Q_1、Q_2 或 $\overline{Q}_1$、$\overline{Q}_2$ 同步，频率与 Q_1、Q_2 或 $\overline{Q}_1$、$\overline{Q}_2$ 相同。该两逻辑脉冲信号可用来提供给用户的控制电路作为同步信号或其他用途的信号，不用时可开路。

（12）脉冲信号禁止端（I）：该端的作用是封锁 Q_1、Q_2 及 $\overline{Q}_1$、$\overline{Q}_2$ 的输出脉冲。该端通常通过阻值 10 kΩ 的电阻接地或接正电源，允许施加的电压范围为 -0.5 V ～ V_S。当该端通过电阻接地，且该端电压低于 2.5 V 时，则封锁功能起作用，输出脉冲被封锁；而该端通过电阻接正电源，且该端电压高于 4 V 时，则封锁功能不起作用。该端允许低电平最大灌电流为 0.2 mA，高电平最大拉电流为 0.8 mA。

（13）同步电压输入端（V_{SYNC}）：应用中需对地端接两个正反向并联的限幅二极管，该端吸取的电流为 20 ～ 200 μA。随着该端与同步电源之间所接的电阻阻值的不同，同步电压可以取不同的值，当所接电阻为 200 kΩ 时，同步电压可直接取交流 220 V。

TCA785 能可靠地对同步交流电源的过零点进行识别，因而可方便地用作过零触发而构成零点开关。它具有宽的应用范围，可用来触发普通晶闸管、快速晶闸管、双向晶闸管及作为功率晶体管的控制脉冲，故可用于由这些电力电子器件组成的单管斩波、单相半波、半控桥、全控桥或三相半控、全控整流电路，以及单相或三相逆变系统或其他拓扑结构电路的变流系统。它的输入、输出与 CMOS 及 TTL 电平兼容，具有较宽的应用电压范围和较大的负载驱动能力，每路可直接输出 250 mA 的驱动电流。其电路结构决定了自身锯齿波电压的范围较宽，对环境温度的适应性较强，可应用于较宽的环境温度范围（ -25 ～ +85 ℃）和工作电源电压范围（ -0.5 ～ +18 V）。

TCA785 的工作为负逻辑，即控制电压 V_{11} 增加，输出脉冲的 α 角增大，相当于晶闸管的导通角减小。其主要引脚上的输出波形如图 10-15 所示。

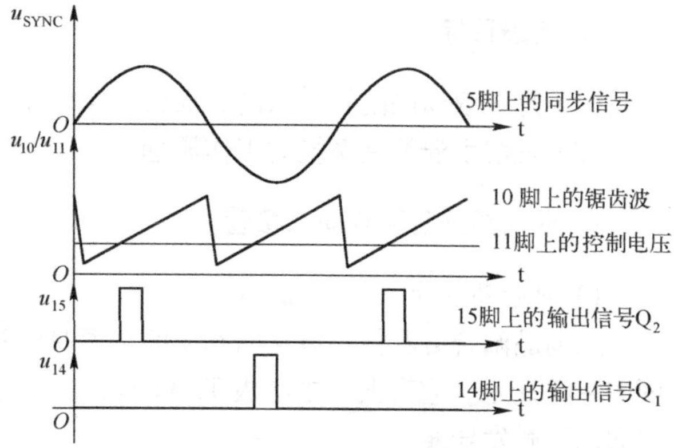

图 10-15　TCA785 主要引脚上的输出波形

TCA785 的主要引脚上的输出波形如图 10-15 所示，其中 5 脚为外接同步信号端，用于检测交流电压过零点；10 脚为片内产生的同步锯齿波，其斜率最大及最小值由 9、10 两脚的外接电阻与电容决定；通过与 11 脚的控制电压相比较，在 15、14 脚可输出同步的脉冲信号，因此，改变 11 脚的控制电压，就可以实现移相控制了。脉冲的宽度则由 12 脚的外接电容值决定，当选择双窄脉冲的驱动方式时，12 脚应接 150 pF 电容。实际上，有几十个微秒的脉冲宽度即可使晶闸管正常导通。TCA785 的触发电路如图 10-16 所示。

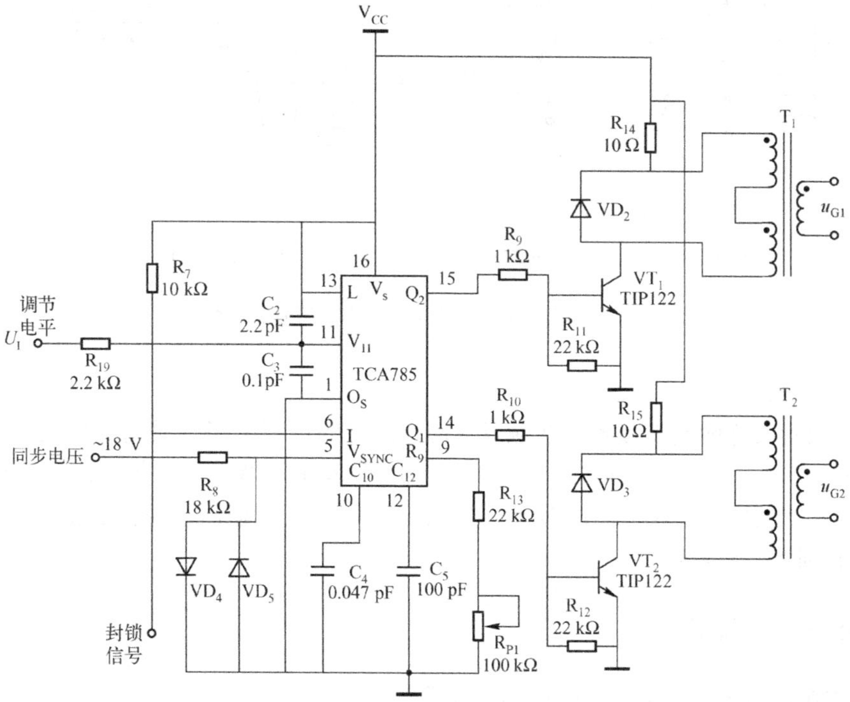

图 10-16　TCA785 的触发电路

3. 移相范围的测试

通过在“调节电平”输入端 U_I 处向 11 脚加入变化的直流电压，用示波器对照观察交流 18 V 同步电压信号和输出控制脚的触发信号 u_{G1}、u_{G2}，记录最大移相范围。

项目实施 19　水温控制系统的分析与调试

1. 实践目标

(1) 理解双向晶闸管和双向二极管的工作特性。

(2) 理解水温控制系统的工作原理。

2. 双向晶闸管和双向二极管

1）双向晶闸管

双向晶闸管可看做一对反向并联的普通晶闸管的集成。其结构、电路符号和伏安特性如图 10-17 所示，它有两个主电极 T_1 和 T_2，一个门极 G。门极使晶闸管在主电极的正反两个方向均可触发导通。

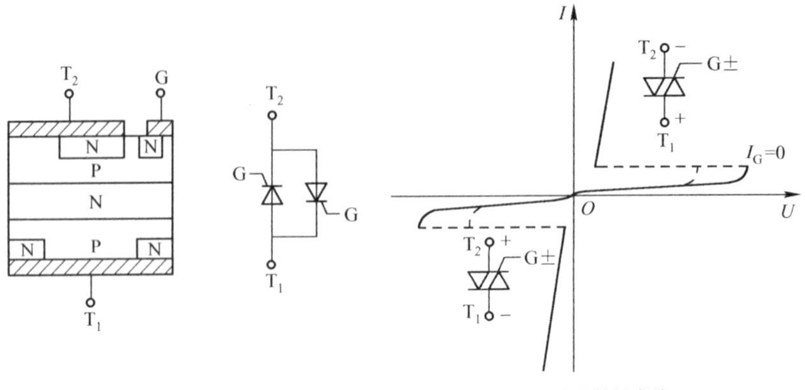

(a) 结构　(b) 电路符号　(c) 伏安特性曲线

图 10-17　双向晶闸管的结构、符号和特性

2）双向二极管

双向二极管又称触发二极管，在触发双向晶闸管的控制电路中得到了广泛的应用。双向二极管为五层 N－P－N－P－N 结构。双向二极管具有负阻特性，外加电压可正可负。它的结构、符号和伏安特性如图 10-18 所示，图（c）中给出了其外加对称的翻转电压（通常为 20 ～ 40 V）时的特性曲线。

3. 系统分析与调试

水温控制系统结构示意图如图 10-19 所示。

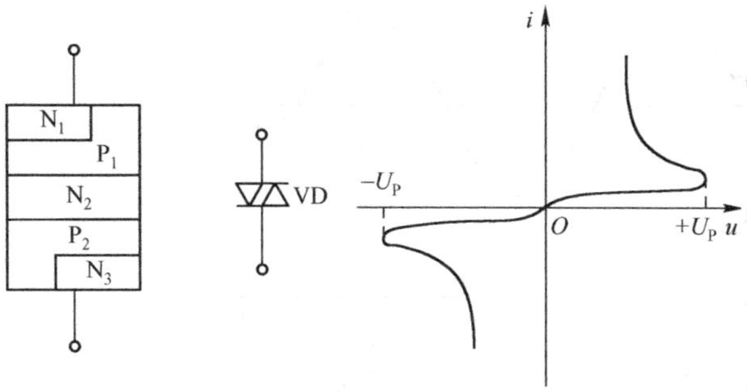

（a）结构 （b）电路符号 （c）伏安特性曲线

图 10-18 双向二极管的结构、符号和伏安特性

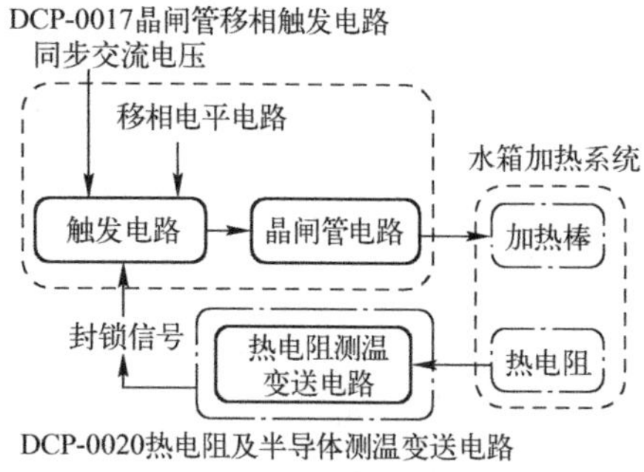

图 10-19 水温控制系统结构示意图

(1) 在热敏元件电路不改变情况下，调节触发控制电平，记录加热时间。

(2) 在触发控制电平不改变情况下，调整测温电路温控电平，记录加热时间。

思考与练习题 10

一、填空题

1. 晶闸管正向导通的条件是________________，关断的条件是________________。

2. 晶闸管导通后，门极____________作用。

3. 晶闸管的结构由________4 层半导体材料组成，形成________个 PN 结，它可以等效成一个________型三极管和一个________型三极管的组合。

4. 普通晶闸管有三个电极，即________极、________极和________极。

5. 晶闸管被触发导通后，要使晶闸管阻断必须把正向阳极电压减小到一定值，使阳极电流小于________电流；或者在阳极和阴极间加________电压。

6. 当晶闸管的阳极和阴极间加反向电压时，无论门极是否加触发电压，晶闸管均______________。

二、判断题（正确的打“√”，错误的打“×”）

7. 晶闸管门极加上正向触发电压，晶闸管就会导通。 ( )

8. 在单相半波可控整流电路中，控制角越大，负载上得到的直流电压平均值就越大。 ( )

9. 单结晶体管具有负阻特性。 ( )

10. 晶闸管触发脉冲与主电路不需要同步。 ( )

三、应用题

1. 如图 10-20（a）所示，把一个晶闸管与灯泡串联后接向 220 V 交流电压。如果门极加上如图 10-20（c）、（d）、（e）所示的直流、正弦交流及尖脉冲三种触发电压波形。试画出在正弦交流电源电压作用下，负载两端的三种输出电压波形。

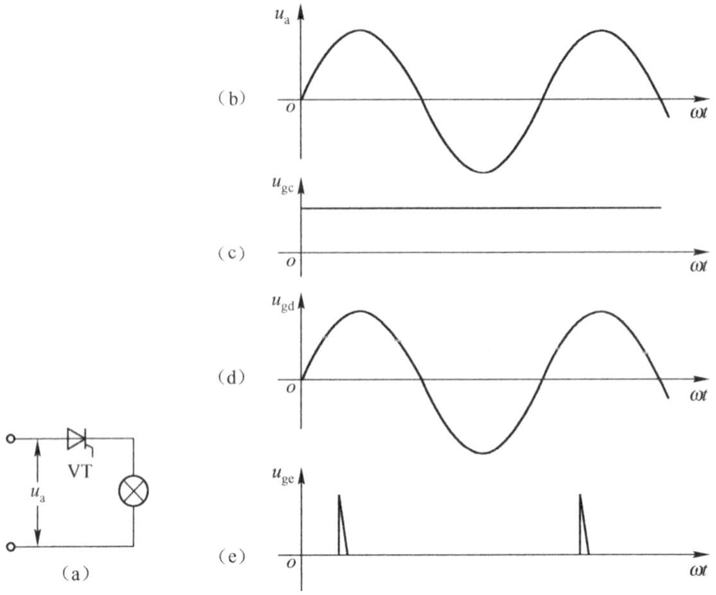

图 10-20

2. 某电热设备（电阻性负载），要求直流电压为75 V，电流为7.5 A。采用单相半波可控整流电路，直接由200 V交流电网供电。

（1）画出主电路图；

（2）求晶闸管的导通角；

（3）画出输出电压、输出电流的波形图；

（4）选择晶闸管的额定电流和额定电压。

课外阅读37　晶闸管的型号与应用实例

1. 晶闸管的型号

根据国家有关规定，KP型普通系列晶闸管的型号含义如下：

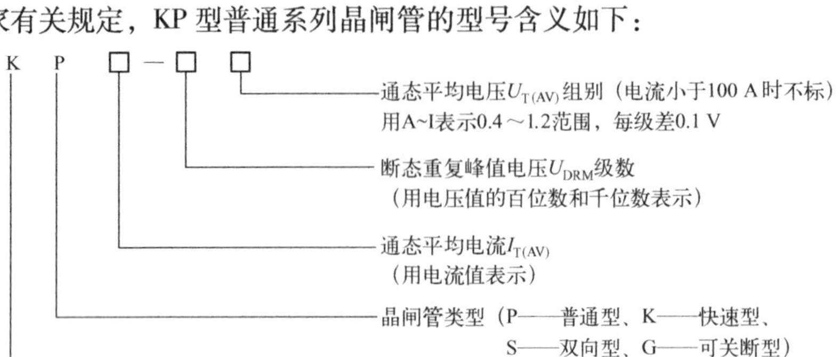

例如：KP200-12G表示额定通态平均电流为200 A，断态重复峰值电压为1200 V，管压降（通态平均电压）为1 V的普通型晶闸管。

有的制造厂采用老型号3CT□/□，如3CT100/800表示额定电流为100 A，额定电压为800 V的可控硅整流元件，即现在定名的晶闸管。3CTK为快速管，3CTS为双向管。

2. 晶闸管单相交流调压电路

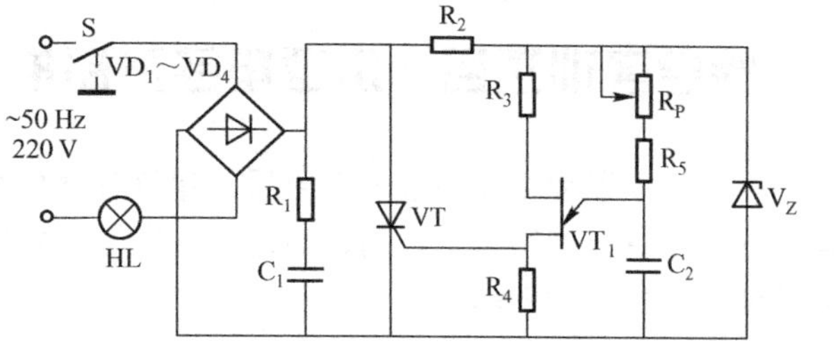

图 10–21　晶闸管单相交流调压电路

如图 10–21 所示为晶闸管单相交流调压电路，不仅可用于调光，改变负载，还可实现电熨斗、电烙铁、电炉等的温度调节。图中，VD_1～VD_4 组成桥式整流电路，VT_1 组成自激振荡器，触发脉冲通过 R_4 耦合到晶闸管 VT 的门极。交流电压经桥式整流、稳压管 V_Z 削波后得到梯形波电压，它既是单结晶体管的电源电压，又是同步电压。调节 R_P 可改变电容 C_2 的充放电速度，改变 VT 的导通角，从而达到调节灯泡负载上的交流电压大小的目的。图中的 R_1、C_1 组成阻容吸收回路，用于过电压保护。

3. 调光台灯电路

如图 10–22 所示为用晶闸管构成的调光台灯电路，当交流电的正半周或负半周到来时，经过全桥整流，加到晶闸管上的电源是单向的，该电压通过电位器给电容充电，当电容 C_1 上的电压达到一定数值后，就会触发晶闸管导通。调节电位器 R_P 的大小，可以改变充电的时间，从而控制晶闸管的导通角。其中晶闸管使用 MCR100 –6，二极管使用 1N4007，灯泡应选择 60W 以下的白炽灯。

与图 10–22 相比，如图 10–23 所示的调光台灯电路的电路性能更好一些，可以控制更大功率的电器。

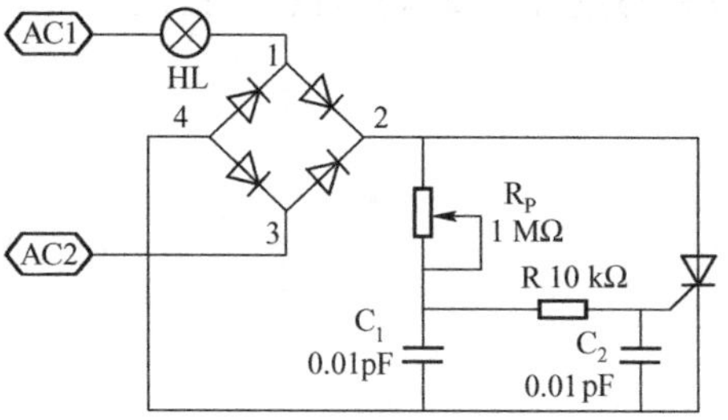

图 10–22　调光台灯电路（一）

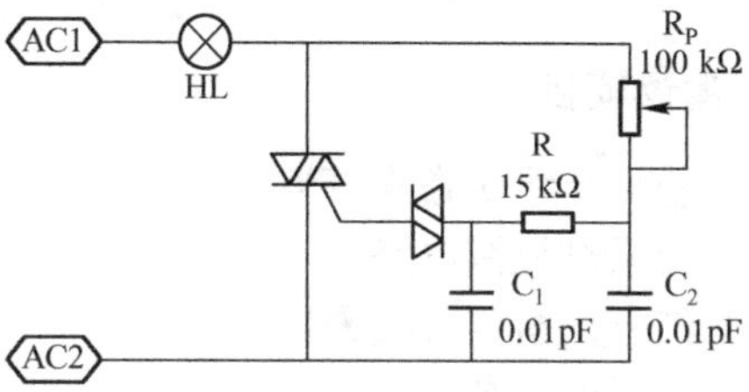

图 10–23　调光台灯电路（二）

资料检索 10

查找资料，了解晶闸管的应用及其应用电路，在力所能及的情况下分析其工作原理。

教学建议 10

序号	知识单元	项目资讯	项目实践	主要技能目标	学时	备注
1	晶闸管应用电路的分析与调试	1. 晶闸管单向可控导通性； 2. 触发电路工作特性	1. 晶闸管控制触发电路移相范围测试； 2. 水温控制系统调试	1. 认识电磁阀、水泵控制方式； 2. 示波器的熟练使用； 3. 认识晶闸管导通控制机理	4	水温控制系统的分析与调试

综合实训项目 小型电子产品的设计与调试

在完成本课程主体内容的学习后，建议各学校结合国家或省级等部门举办的电子设计技能大赛等项目，利用课余时间，通过学生主导、教师辅导的形式，建议选择以下适合自己的项目进行综合技能训练。

1. 学习要求

1）知识要求

（1）掌握模拟电子技术和数字电子技术的综合应用思路。

（2）掌握电子产品综合设计的基本思路与方法。

2）技能要求

（1）能进行电子电路的综合制作调试。

（2）能有条理地撰写电路设计说明书。

（3）能对设计项目进行总结展示。

2. 项目设计要求

（1）要求每个学生查找资料，根据自己的兴趣和电路实现的可行性选择制作项目，展开分析、设计，所选项目不得重复。

（2）学生应提前确定项目并提出元器件清单，同时针对元件库参数情况整理出购买清单。

（3）对前期教学中未接触的元件，应主动查找资料，了解元件技术参数和使用方法。

（4）电路设计说明书应上交电子稿，便于在撰写过程中及时修订相关错误。

（5）项目展示 PPT 制作需达到基本要求。

3. 建议项目

（1）警戒导线防盗报警器。

（2）交通灯控制电路。

（3）红外门窗监视报警器。

（4）简易电子琴。

（5）延时关灯控制器。

（6）遮光式红外光控防盗电路。

（7）光控灯开关。

（8）温度控制器。

（9）电子对讲机。

（10）电子锁。

（11）门禁防盗报警器。

（12）彩灯控制器。

（13）音箱发声器。

（14）小车控制电路。

（15）调频无线话筒。

（16）超声波测距报警电路。

附录A　数制和码制

A.1　数制

人们在日常生活中，习惯于使用十进制，而在数字电路中常采用二进制和十六进制等。

1. 十进制

所谓十进制（Decimal System）就是以10为基数的计数体制。任何一个数都可以用0、1、2、3、4、5、6、7、8、9十个数码，按一定规律排列起来表示，其计数规律是“逢十进一”，即9+1=10。

如十进制数4567.12可表示为：

$$4567.12=4\times10^3+5\times10^2+6\times10^1+7\times10^0+1\times10^{-1}+2\times10^{-2}$$

在等式右边，数码10^3、10^2等表明数码在该位的权，称为位权值。例如，百位的位权为10^2，十位的位权为10^1，个位的位权为10^0，十分位的位权为10^{-1}，百分位的位权为10^{-2}。

同理可推得，一个n位整数、m位小数的任意十进制数N可表示为：

$$(N)_D=\sum_{i=-m}^{n-1}k_i\times10^i \qquad (A-1)$$

式（A-1）是十进制数的一般表示形式。其中10为基数，10^i是位权，系数k_i可为0、1、2、3、4、5、6、7、8、9中的任一个数字，括号下标“D”表示该数为十进制数，也可用下标“10”表示，十进制数的下标可以省略。

2. 二进制

二进制（Binary System）就是以2为基数的计数体制。二进制是用两个数码0和1表示的，而且是“逢二进一”，即“1+1=10”（读为“壹零”）。注意：这里的“10”与十进制数的“10”是完全不同的，它不代表“十”，右边的“0”表示0×2^0，左边的“1”表示1×2^1，也就是$(10)_B=1\times2^1+0\times2^0$。写在不同位置的1和0也有不同的位权，二进制数111.01各位的位权从左到右分别为2^2、2^1、2^0、2^{-1}、2^{-2}，即：

$$(111.01)_B=1\times2^2+1\times2^1+1\times2^0+0\times2^{-1}+1\times2^{-2}$$

一般地，一个n位整数、m位小数的任意二进制数N可表示为：

$$(N)_B=\sum_{i=-m}^{n-1}k_i\times2^i \qquad (A-2)$$

式（A-2）是二进制数的一般表示形式。其中2为基数，系数k_i可为0、1中的任一个数字。括号下标“B”表示该数为二进制数，也可用下标“2”表示。

在数字电路中，与十进制相比，二进制具有如下优点：

（1）二进制的数字装置简单可靠，应用元件少；二进制只有两个数码“0”和“1”，因此，它的每一位都可用任何具有两个不同稳定状态的元件来表示，如三极管的饱和与截止，继电器触点的闭合与断开，灯泡的亮与不亮等。只要规定一种状态用“1”表示，另一种状态用“0”表示，就可以表示二进制数了。这样，数码的存储、分析和传输，就可以用最简单而可靠的方式进行。

（2）二进制的基本运算规则简单，运算操作方便 。

用二进制表示一个数时，位数多，使用起来不方便也不习惯，因此在运算时，原始数据多采用人们习惯的十进制，在送入计算机时，就必须将十进制数据转换成数字系统能接受的二进制数，而运算结束后再将二进制数转换为十进制数，以表示最终结果。

3. 十六进制

学过了十进制和二进制，采用相同的思路，很容易就能想到十六进制（Hexadecimal System）就是以 16 为基数的计数体制。但是平时的学习中只有 0 ~ 9 十个数字，多出来的六个从哪里来呢？这里引进了 A、B、C、D、E、F 六个字母，分别表示 10 ～ 15，由此按计数大小规律排列起来，其计数规律是“逢十六进一”，即“F + 1 = 10”。

同样，每个十六进制数也可以用位权值表示，$(5A.1)_H$ 各位的位权从左到右分别为 16^1、16^0、16^{-1}，即：

$$(5A.1)_H = 5 \times 16^1 + 10 \times 16^0 + 1 \times 16^{-1}$$

一般地，一个 n 位整数、m 位小数的任意十六进制数 N 可表示为：

$$(N)_H = \sum_{i=-m}^{n-1} k_i \times 16^i \qquad (A-3)$$

式（A-3）是十六进制数的一般表示形式。其中 16 为基数，系数 k_i 可为 0、1、2、3、4、5、6、7、8、9、A、B、C、D、E、F 中的任一个数字，括号下标“H”表示该数为十六进制数，也可用下标“16”表示。

4. 各种进制的互相转换

1）十进制转换为二进制和十六进制

在将十进制数转换成二进制、十六进制数时，可分别采用“除 2 取余法”和“除 16 取余法”。

【实例 A–1】 把十进制数 $(25)_D$ 转换成二进制数。

解： 采用“除 2 取余法”，二进制基数为 2，逐次除以 2，除到商为 0 为止，取其余数（0 或 1），如图 A–1 所示，最后得到的余数为最高位。

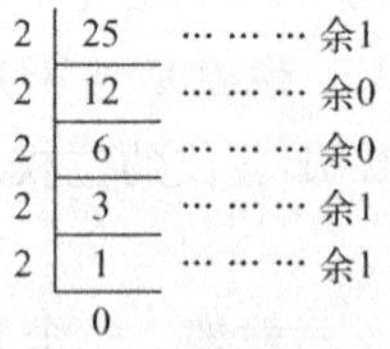

图 A–1　除 2 取余法

即有：

$$(25)_D = (11001)_B$$

【实例 A–2】 将 $(139)_D$ 转换成十六进制数。

解： 与“除 2 取余法”的原理相同，将十进制数转换为十六进制采用“除 16 取余法”，逐次除以 16，除到商为 0 为止，取其余数（0 ～ 15），如图 A–2 所示，最后得到的余数为最高位。

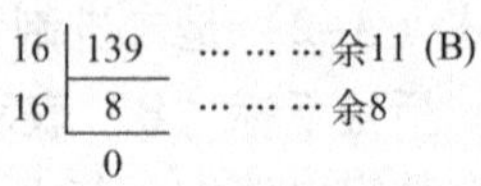

图 A–2　除 16 取余法

即有：

$$(139)_D = (8B)_H$$

2）二进制、十六进制转换为十进制

将一个二进制或十六进制数转换成十进制数，只要先写出该进制数的按权展开式，然后按十进制数的计数规律相加，就可得到所求的十进制数了。

【实例 A-3】 将二进制数 $(1101)_B$ 转换成十进制数。

解： $(1101)_B = 1 \times 2^3 + 1 \times 2^2 + 0 \times 2^1 + 1 \times 2^0 = (13)_D$。

【实例 A-4】 将十六进制数 $(5D4)_H$ 转换成十进制数。

解： $(5D4)_H = 5 \times 16^2 + 13 \times 16^1 + 4 \times 16^0 = (1492)_D$。

3）二进制转换为十六进制

【实例 A-5】 把二进制数 $(10010110)_B$ 转换成十六进制数。

可以考虑先把二进制数转成十进制数，再将十进制数换算成十六进制数，有没有注意到 $2^4 = 16$？

把二进制数从低位开始每四位进行划分（只限整数部分），划分效果如图 A-3 所示，可以得到 $(10010110)_B = (96)_H$。验算一下？

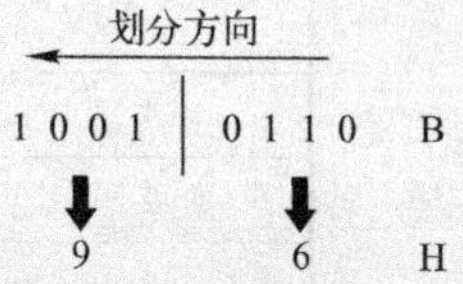

图 A-3 二进制转十六进制示意图

这么来看，二进制计数便于电路设计，十六进制计数方便了数值运算。下面看一下表 A-1，好好记一记吧！

表 A-1 二进制数转十六进制数计数

二进制数	十六进制数	二进制数	十六进制数	二进制数	十六进制数	二进制数	十六进制数
0000	0	0100	4	1000	8	1100	C
0001	1	0101	5	1001	9	1101	D
0010	2	0110	6	1010	A	1110	E
0011	3	0111	7	1011	B	1111	F

A.2 码制

将一定位数的数码按一定的规则排列起来表示特定的对象，称其为代码或缩码，将形成这种代码所遵循的规则称为码制。常用的码制有 BCD 码、格雷码、字符码及汉字编码等。

1. 常用 BCD 码

用四位二进制代码来表示一位十进制数码，就是所谓的二—十进制编码，简称 BCD 码。

由于四位二进制码有 0000、0001、…、1111 等 16 种不同的组合状态，故可以选择其中任意 10 个状态以代表十进制中 0 ～ 9 的 10 个数码，其余 6 种组合是无效的。因此，按选取方式的不同，可以得到不同的二—十进制编码。BCD 有 8421 码、5421 码、2421 码和余 3 码等。最常用的是 8421 码。

【实例 A-6】将十进制数 845 表示成 8421 码。

解：8421 码是选用四位二进制码的前 10 个代码 0000 ～ 1001 来表示十进制数的 10 个数码的，其权位从左至右分别为 8、4、2、1。

根据 8421 码的定义，每四位二进制代码表示一位十进制数码，“8”用四位二进制表示为“1000”，“4”表示为“0100”，“5”表示为“0101”，即有

$$(845)_D = (1000\ 0100\ 0101)_{8421\ BCD}$$

如表 A-2 所示是常用的 BCD 码编码方式。

表 A-2　常用的 BCD 码编码方式

十进制数	有权码			无权码
	8421 码	5421 码	2421 码	余 3 码
0	0000	0000	0000	0011
1	0001	0001	0001	0100
2	0010	0010	0010	0101
3	0011	0011	0011	0110
4	0100	0100	0100	0111
5	0101	1000	0101	1000
6	0110	1001	0110	1001
7	0111	1010	0111	1010
8	1000	1011	1110	1011
9	1001	1100	1111	1100

其中，5421 和 2421 码都是二—十进制有权码，5421 码的 4 位二进制从高位至低位每位的权分别是 5、4、2、1，2421 码的 4 位二进制从高位至低位每位的权分别是 2、4、2、1。

余 3 码是一种无权码。它将 4 位二进制数的 16 种状态前后各去掉 3 种状态，剩下 10 种状态表示 0 ～ 9。它可由 8421 码加 0011 得到。

“有权码”和“无权码”

“有权码”和“无权码”的区别是每一位是否有权值。如表 A-2 中所列的 8421 码、5421 码、2421 码都属于有权 BCD 码，而余 3 码、格雷码则为典型的无权码，其每位数字并没有权值，编码所对应的十进制数无法通过计算得到。

2. 格雷码

格雷码可以由相应的自然二进制码通过一定运算得到。它的特点是任意两组相邻代码之间只有一位不同。采用格雷码会大大减少数字系统的出错概率。格雷码与二进制数的对照表如表 A-3 所示。

表 A-3 二进制码与格雷码对照表

十进制数	二进制数	格雷码	十进制数	二进制数	格雷码
0	0000	0000	8	1000	1100
1	0001	0001	9	1001	1101
2	0010	0011	10	1010	1111
3	0011	0010	11	1011	1110
4	0100	0110	12	1100	1010
5	0101	0111	13	1101	1011
6	0110	0101	14	1110	1001
7	0111	0100	15	1111	1000

3. 字符码

字符码是对各个字母和符号都编码的代码，字符码的种类繁多，目前广泛使用的字符码是 ASCII 码，其次还有电传码和 EBCDIC 码。

如表 A-4 所示为几种常用的字符码。

表 A-4 几种常用的字符码

字符	电传码	ASCII 码	EBCDIC 码	字符	电传码	ASCII 码	EBCDIC 码
0	10110	0110000	11110000	8	00110	0111000	11111000
1	10111	0110001	11110001	9	11000	0111001	11111001
2	10011	0110010	11110010	A	00011	1000001	11000001
3	00001	0110011	11110011	B	11001	1000010	11000010
4	01010	0110100	11110100	C	01110	1000011	11000011
5	10000	0110101	11110101	D	01001	1000100	11000100
6	10101	0110110	11110110	E	00001	1000101	11000101
7	00111	0110111	11110111	F	01101	1000110	11000110

4. 汉字编码

在数字系统和计算机中，常用若干位二进制编码来表示一个汉字。一般将八位二进制数码称为一个字节。GB2312 码（中华人民共和国国家汉字信息交换用编码）规定“对任意一个图形字符都采用两个字节表示，每个字节均采用七位编码表示。”GB2312 包含了大部分常用的一、二级汉字和 9 区的符号。

A. 3 原码、反码和补码

数学运算中不可避免地存在着正数和负数，计算机中的数是以二进制形式表示的，无法如传统数学般表示出“ + ”、“ - ”符号，那么如何表示出数值的符号呢？

原码、反码、补码都有符号定点的数的表示方法。一个有符号定点数的最高位为符号位，“0”表示正数，“1”表示负数。这里以 8 位整数为例说明什么是原码、反码和补码。

1. 原码

原码就是这个数本身的二进制数形式。

例如：

$$[+1]_{原}=00000001；[+16]_{原}=00010000$$

$$[-1]_{原}=10000001；[-16]_{原}=10010000$$

2. 反码

反码表示法规定：正数的反码与其原码相同，负数的反码是对其原码逐位取反，但符号位不变。

二进制数的取反操作指：原为1，得0；原为0，得1。

例如：

$$[+3]_{反}=[00000011]_{反}=00000011；[+16]_{反}=[00010000]_{反}=00010000$$

$$[-3]_{反}=[10000011]_{反}=11111100；[-16]_{反}=[10010000]_{反}=11101111$$

3. 补码

补码表示法规定：正数的补码与其原码相同；负数的补码是其反码的末位加1。

例如：

$$[+3]_{补}=[00000011]_{补}=00000011$$

$$[-3]_{补}=[10000011]_{反}+1=11111100+1=11111101$$

$$[+16]_{补}=[00010000]_{补}=00010000$$

$$[-16]_{补}=[10010000]_{反}+1=11101111+1=11110000$$

为什么要设立补码呢？首先是为了能让计算机执行减法：

$$[a-b]_{补}=a_{补}+(-b)_{补}$$

其次是为了统一“+0”和“-0”。

“+0”的原码：00000000

“-0”的原码：10000000

这两个数其实都是0，但它们的原码却有不同的表示，它们的补码是一样的，都是00000000。

附录B 逻辑代数

逻辑代数也称布尔代数，其基本思想是英国数学家布尔（G. Boole）于1854年提出的。1938年，香农把逻辑代数用于开关和继电器网络的分析、化简，率先将逻辑代数用于解决实际问题。经过几十年的发展，逻辑代数已成为分析和设计逻辑电路不可缺少的数学工具。

1. 逻辑变量

逻辑是指事物之间所遵循的因果规律，逻辑关系就是事物之间的因果关系。逻辑电路是电路的输入量与输出量之间具有因果关系的电路。

逻辑变量与普通代数一样，也可以用字母、符号、数字及其组合来表示，但它们之间有着本质区别，这是因为逻辑变量的取值只有两个，即0和1，而没有中间值。这里的0和1并不表示数量的大小，只代表两种对立的逻辑关系。习惯上，多把输入变量用A、B、C、D、A_1、A_2等字母和数字的组合表示，而用F、Y、Z、F_1、Z_2等字母和数字的组合表示输出变量。

2. 逻辑函数

逻辑函数表征了输入量和输出量之间逻辑上的因果关系。逻辑函数式是由逻辑变量、常量通过运算符连接起来的代数式。同样，逻辑函数也可以用表格和图形的形式表示。

3. 逻辑函数的运算与化简

逻辑代数是研究逻辑函数运算和化简的一种数学系统。逻辑函数的运算和化简是数字电路课程的基础，也是数字电路分析和设计的关键。

数字电路是一种开关电路，开关的状态有两种，即“开通”和“断开”。这与电子器件的“导通”和“截止”相对应。数字电路的输入量、输出量一般用高、低电平表示，高、低电平也可以用1和0表示。数字电路的输出量与输入量之间的关系是一种因果关系，它可以用逻辑函数来描述。因此，数字电路也称逻辑电路。对于一个逻辑电路，其输入逻辑变量A、B、C、D…的取值确定后，则其输出逻辑变量Y的值也就被确定下来。因此，逻辑变量Y是逻辑变量A、B、C、D…的逻辑函数，记为Y＝F（A，B，C，D…）。

由此可见，逻辑函数是逻辑电路关系的数字表示，研究逻辑电路问题可以转化为研究逻辑函数问题。

逻辑代数有一系列的定律和规则，用它们对逻辑表达式进行处理，可以完成电路的化简、变换、分析和设计。

常用逻辑运算定理如表B-1所示。表中的所有公式都可用逻辑函数相等的概念予以证明。所谓两逻辑函数相等，即指两个变量个数相等的逻辑函数，对其所有变量取值的组合，两逻辑函数的值均相等。

表 B–1　逻辑运算的基本定理

序号	基本定理	运算公式	
1	0、1 律	$0+A=A$ $1+A=1$	$1\cdot A=A$ $0\cdot A=0$
2	重叠律	$A+A=A$	$A\cdot A=A$
3	互补律	$A+\overline{A}=1$	$A\cdot\overline{A}=0$
4	交换律	$A+B=B+A$	$A\cdot B=B\cdot A$
5	结合律	$(A+B)+C=A+(B+C)$	$(A\cdot B)\cdot C=A\cdot(B\cdot C)$
6	分配律	$A\cdot(B+C)=A\cdot B+A\cdot C$	$A+B\cdot C=(A+B)(A+C)$
7	反演律	$\overline{A\cdot B}=\overline{A}+\overline{B}$	$\overline{A+B}=\overline{A}\cdot\overline{B}$
8	还原律	$\overline{\overline{A}}=A$	

现对反演律用真值表证明如下，从表 B–2 可以看出所得的值对应相等。

表 B–2　用真值表证明反演律

A	B	$\overline{A\cdot B}$	$\overline{A}+\overline{B}$	$\overline{A+B}$	$\overline{A}\cdot\overline{B}$	A	B	$\overline{A\cdot B}$	$\overline{A}+\overline{B}$	$\overline{A+B}$	$\overline{A}\cdot\overline{B}$
0	0	1	1	1	1	1	0	1	1	0	0
0	1	1	1	0	0	1	1	0	0	0	0

反演律

反演律就是我们常说的德·摩根定理，简称摩根定理，是逻辑运算中使用非常频繁的定理，推荐记忆方式：

$\overline{A\cdot B}=\overline{A}+\overline{B}\rightarrow$ “与非” = “非或”（“先与后非” = “先非后或”）

$\overline{A+B}=\overline{A}\cdot\overline{B}\rightarrow$ “或非” = “非与”（“先或后非” = “先非后与”）

注意观察表达式中“与”和“或”的对应位置哦。摩根定理用在哪里？

例如：$F=\overline{A}B+\overline{B}C$，在选用芯片搭建电路时，需要用到非门、与门、或门，但如果利用反演律进行转换：$F=\overline{\overline{\overline{A}B+\overline{B}C}}=\overline{\overline{\overline{A}B}\cdot\overline{\overline{B}C}}$，只要用两片二输入与非门就能实现了。

逻辑运算的公式有许多，在表 B–3 中列出了 6 个常用公式，实际上，只要经过证明的等式都可以在以后的变换和化简时使用。

表 B–3　一些常用公式

序号	基本定理	运算公式	
1	吸收律	(1) $A+AB=A$ (3) $A+\overline{A}B=A+B$	(2) $A(A+B)=A$ (4) $AB+\overline{A}C+BC=AB+\overline{A}C$
2	结合律	(1) $AB+A\overline{B}=A$	(2) $(A+B)(A+\overline{B})=A$

逻辑函数代数法变换和化简的依据就是逻辑运算的公理、定理和经过证明的常用公式。

【实例 B-1】 函数 $L=\overline{A\cdot\overline{AB}+B\cdot\overline{AB}}$ 对应的逻辑图如图 B-1 所示。利用逻辑代数的基本定律对上述表达式进行变换。

解：

$$
\begin{aligned}
L &= \overline{A\cdot\overline{AB}+B\cdot\overline{AB}} \\
&= \overline{\overline{AB}(A+B)} \\
&= \overline{\overline{AB}\cdot\overline{A}\,\overline{B}} \\
&= AB+\overline{A}\,\overline{B}
\end{aligned}
$$

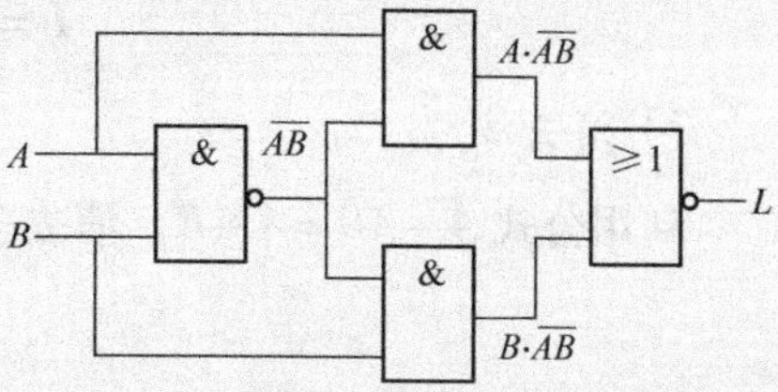

图 B-1

结果表明，如图 B-1 所示电路也是一个同或门。

根据逻辑表达式，可以画出相应的逻辑图。但是直接根据某种逻辑要求而归纳出来的逻辑表达式及其对应的逻辑图往往并不是最简的形式，这就需要对逻辑表达式进行化简了。

一个逻辑函数可以有多种不同的逻辑表达式，如与－或表达式、或－与表达式、与非－与非表达式、或非－或非表达式及与－或－非表达式等。例如：

$$
\begin{aligned}
L &= AC+\overline{C}D && \cdots\cdots(\text{与－或式}) \\
&= (A+\overline{C})(C+D) && \cdots\cdots(\text{或－与式}) \\
&= \overline{\overline{AC}\cdot\overline{\overline{C}D}} && \cdots\cdots(\text{与非－与非式}) \\
&= \overline{\overline{(A+\overline{C})}+\overline{(C+D)}} && \cdots\cdots(\text{或非－或非式}) \\
&= \overline{\overline{A}C+\overline{C}\,\overline{D}} && \cdots\cdots(\text{与－或－非式})
\end{aligned}
$$

以上五个式子是同一函数的不同形式的最简表达式，从上至下，依次是与－或、或－与、与非－与非、或非－或非、与－或－非。以下将着重讨论与或表达式的化简，因为与或表达式易于从真值表直接写出，且只需运用一次摩根定律就可以从最简与或表达式变换为与非－与非表达式，从而可以用与非门电路来实现。

最简与或表达式有以下两个特点：（1）与项（即乘积项）的个数最少；（2）每个乘积项中变量的个数最少。

代数法化简逻辑函数的依据是逻辑代数的基本定律和常用公式，常用的方法有并项法、吸收法、消去法和配项法。

1）并项法

利用公式 $A+\overline{A}=1$，将两项合并成一项，并消去一个变量，如：

$$L=\overline{A}\,\overline{B}C+\overline{A}\,\overline{B}\,\overline{C}=\overline{A}\,\overline{B}(C+\overline{C})=\overline{A}\,\overline{B}$$

$$
\begin{aligned}
L &= A(BC+\overline{B}\,\overline{C})+A(B\overline{C}+\overline{B}C) \\
&= ABC+A\overline{B}\,\overline{C}+AB\overline{C}+A\overline{B}C \\
&= AB(C+\overline{C})+A\overline{B}(C+\overline{C}) \\
&= A(B+\overline{B})=A
\end{aligned}
$$

2）吸收法

利用公式 $A+AB=A$ 和 $AB+\overline{A}C+BC=AB+\overline{A}C$，消去多余的项，如：

$$L=\overline{A}B+\overline{A}BCD(E+F)=\overline{A}B$$

3）消去法

利用公式 $A+\overline{A}B=A+B$，消去多余的因子，如：

$$\begin{aligned}L&=AB+\overline{A}C+\overline{B}C\\&=AB+(\overline{A}+\overline{B})C\\&=AB+\overline{AB}C\\&=AB+C\end{aligned}$$

4）配项法

先利用公式 $1=A+A$ 和 $AB+\overline{A}C=AB+\overline{A}C+BC$，增加必要的乘积项，再用并项法或吸收法使项数减少，如

$$\begin{aligned}L&=AB+\overline{A}\,\overline{C}+B\overline{C}\\&=AB+\overline{A}\,\overline{C}+(A+\overline{A})B\overline{C}\\&=AB+\overline{A}\,\overline{C}+AB\overline{C}+\overline{A}B\overline{C}\\&=(AB+AB\overline{C})+(\overline{A}\,\overline{C}+\overline{A}\,\overline{C}B)\\&=AB+\overline{A}\,\overline{C}\end{aligned}$$

使用配项的方法要有一定的经验，否则越配越繁。

用代数法对逻辑表达式进行化简，不是孤立使用一种方法就能完成的，而要综合使用多种方法。

【实例 B-2】 化简 $L=AD+A\overline{D}+AB+\overline{A}C+BD+A\overline{B}EF+\overline{B}EF$。

解：

$$\begin{aligned}L&=A+AB+\overline{A}C+BD+A\overline{B}EF+\overline{B}EF\text{（利用 }A+\overline{A}=1\text{）}\\&=A+\overline{A}C+BD+\overline{B}EF\text{（利用 }A+AB=A\text{）}\\&=A+C+BD+\overline{B}EF\text{（利用 }A+\overline{A}B=A+B\text{）}\end{aligned}$$

在实际应用中，采用卡诺图化简的方式能够更直接地获得结果。

（1）逻辑函数最小项：对于 n 变量函数，如果其与或表达式的每个乘积项都包含 n 个因子，而这 n 个因子分别为 n 个变量的原变量或反变量，每个变量在乘积项中仅出现一次，则这样的乘积项称为函数的最小项，这样的与或式称为最小项表达式。例如，$Y=\overline{A}\,\overline{B}D+\overline{A}BC$ 表达式中的两项就不是最小项表达式，$\overline{A}\,\overline{B}D$ 项中没有 C 变量，$\overline{A}BC$ 项中没有 D 变量，应把这个式子分解为 $Y=\overline{A}\,\overline{B}CD+\overline{A}\,\overline{B}\,\overline{C}D+\overline{A}BC\overline{D}+\overline{A}BCD$，只有这样四项才是最小项。

（2）最小项的编号：一个 n 变量函数，最小项的数目为 n^2 个，其中所有使函数值为 1 的各最小项之和为函数本身，所有使函数值为 0 的各最小项之和为该函数的反函数。为了表示方便，最小项常以代号的形式写为 m_i，m 代表最小项，下标 i 为最小项的编号。i 其实就是 n

变量取值组合排成二进制数所对应的十进制数形式。

例如，$Y=\bar{A}\,\bar{B}CD+\bar{A}\,\bar{B}\,\bar{C}D+\bar{A}BCD+\bar{A}BC\bar{D}$又可以写为：$Y=m_3+m_1+m_7+m_6$。

（3）卡诺图画法规则：卡诺图是逻辑函数的图形表示方法，它是用发明者美国贝尔实验室的工程师卡诺的名字命名的。将 n 变量函数填入一个矩形或正方形的二维空间（即一个平面）中，把矩形或正方形等分为 n^2 个小方格，这些小方格分别代表 n 变量函数的 n^2 个最小项，每个最小项占一格。在画卡诺图时，标注变量区域划分的方法是分别以各变量将矩形或正方形的有限平面一分为二，其中一半定为原变量区，在端线外标原变量符号并写为 1，另一半定为反变量区（可不标反变量符号）并写成 0，并且使相邻最小项在几何位置上也相邻且循环相邻，这样排列得到的方格图称为 n 变量最小项卡诺图，简称变量卡诺图。

对卡诺图的三点规定如下：

① 要求上下、左右、相对的边界、四角等相邻格只允许一个因子发生变化（即相邻最小项只有一个因子不同）；

② 左上角第一个小方格必须处于各变量的反变量区；

③ 变量位置是以高位到低位因子的次序，按先行后列的序列排列的。

卡诺图画法有如图 B-2 所示的两种形式，对初学者，以右图的绘法便于掌握。

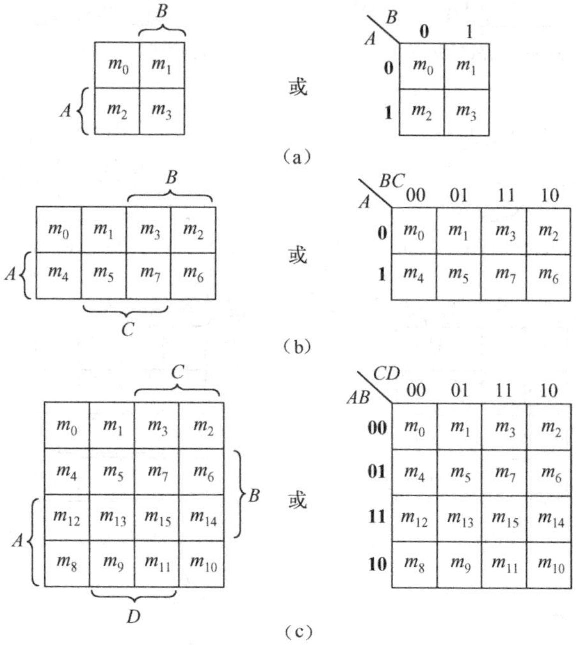

图 B-2　卡诺图画法规则

（4）卡诺图的化简：如果逻辑函数式为最小项表达式，就在卡诺图上的式中各最小项所对应的小方格内填 1，其余的方格填入 0，这样就得到表示该逻辑函数的卡诺图了。式 $Y=\bar{A}\,\bar{B}CD+\bar{A}\,\bar{B}\,\bar{C}D+\bar{A}BCD+\bar{A}BC\bar{D}$的卡诺图如图 B-3 所示。

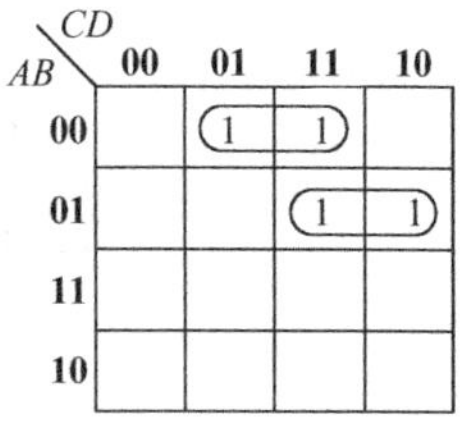

图 B-3　卡诺图

在逻辑函数与或表达式中，如果两乘积项仅有一个因子不同，而这一因子又是同一变量的原变量和反变量，则两项可合并为一项，消除其不同的因子，合并后的项为这两项的公因子。而在卡诺图中，这两项几何相邻，很直观，可以把它们圈为一个方格群，直接提取其公因子。如图 B-3 中所画包围圈，经分析可得到 $Y=\bar{A}\bar{B}D+\bar{A}BC$。

在画包围圈时必须注意：

① 包围圈越大越好；

② 包围圈个数越少越好；

③ 同一个“1”方块可以被圈多次（$A+A=A$）；

④ 每个包围圈要有新成分；

⑤ 画包围圈时，先圈大，后圈小；

⑥ 不要遗漏任何“1”方块。

【实例 B-3】 卡诺图化简如图 B-4 所示。

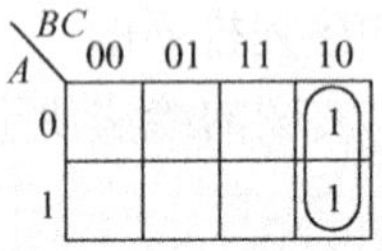

(a) $Y(A,B,C)=\sum m(2,6)=\bar{A}B\bar{C}+AB\bar{C}=B\bar{C}$

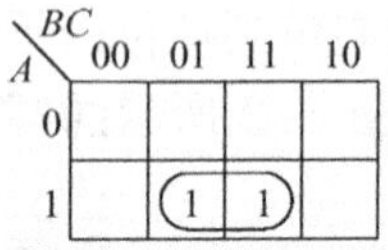

(b) $Y(A,B,C)=\sum m(5,7)=A\bar{B}C+ABC=AC$

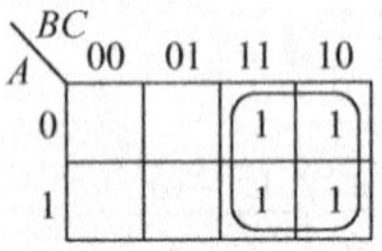

(c) $Y(A,B,C)=\sum m(2,3,6,7)=\bar{A}BC+\bar{A}B\bar{C}+ABC+AB\bar{C}=B$

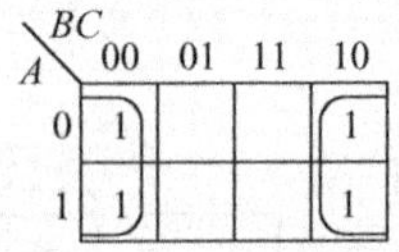

(d) $Y(A,B,C)=\sum m(0,2,4,6)=\bar{A}\bar{B}\bar{C}+\bar{A}B\bar{C}+A\bar{B}\bar{C}+AB\bar{C}=\bar{C}$

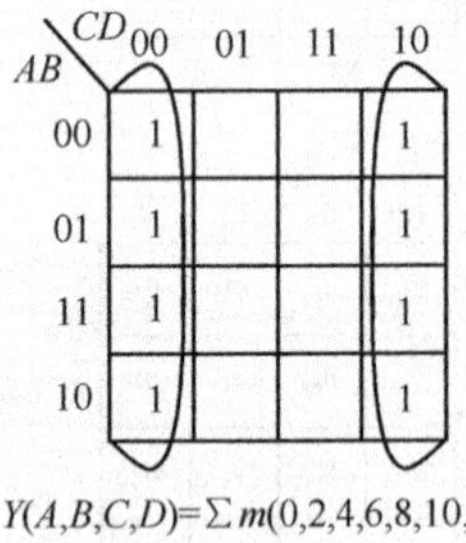

(e) $Y(A,B,C,D)=\sum m(0,2,4,6,8,10,12,14)=D$

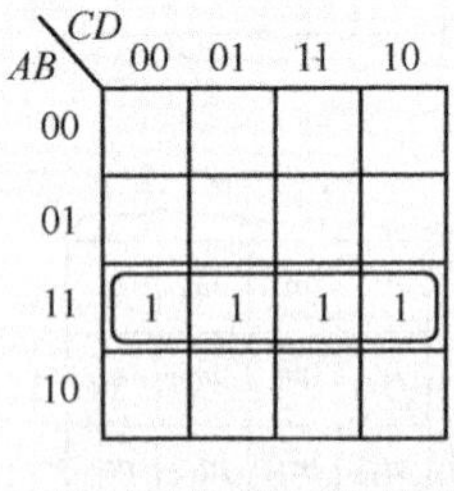

(f) $Y(A,B,C,D)=\sum m(12,13,14,15)=AB$

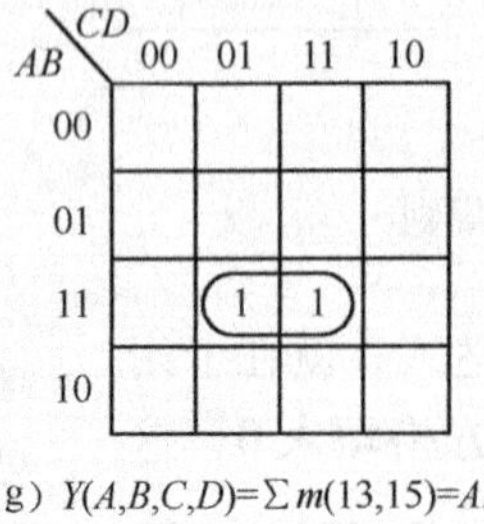

(g) $Y(A,B,C,D)=\sum m(13,15)=ABD$

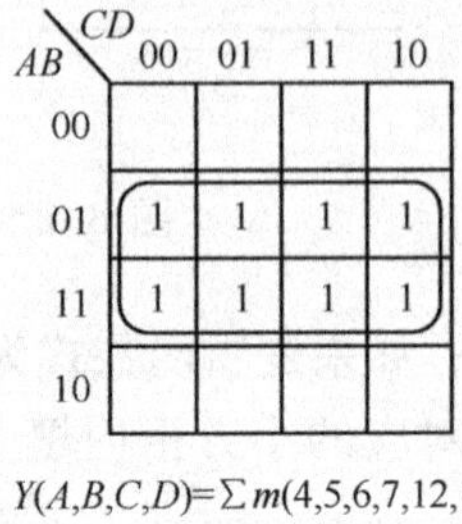

(h) $Y(A,B,C,D)=\sum m(4,5,6,7,12,13,14,15)=B$

图 B-4　卡诺图化简

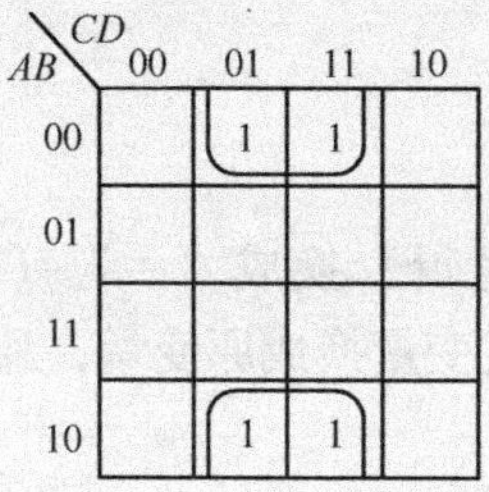

(i) $Y(A,B,C,D)=\sum m(1,3,8,11)=\bar{B}D$

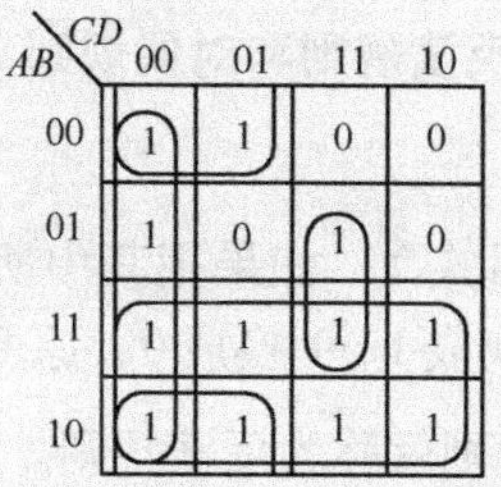

(j) $Y(A,B,C,D)=\sum m(0,1,4,7,8,9,10,11,12,13,14,15)=A+\bar{C}\bar{D}+\bar{B}\bar{C}+BCD$

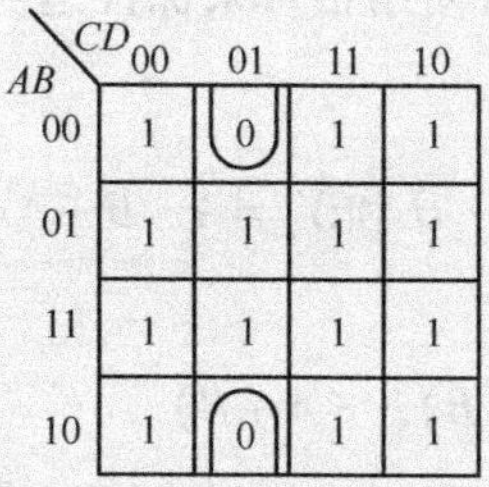

(k) $Y(A,B,C,D)=\sum m(0,2,3,4,5,6,7,8,10,11,12,13,14,15)=\overline{\sum m(1,9)}$

$=\overline{\bar{A}\bar{B}\bar{C}D+A\bar{B}\bar{C}D}=\overline{\bar{B}\bar{C}D}=B+C+\bar{D}$

图 B-4 卡诺图化简（续）

你能看出以下卡诺图的最简逻辑与或式吗?

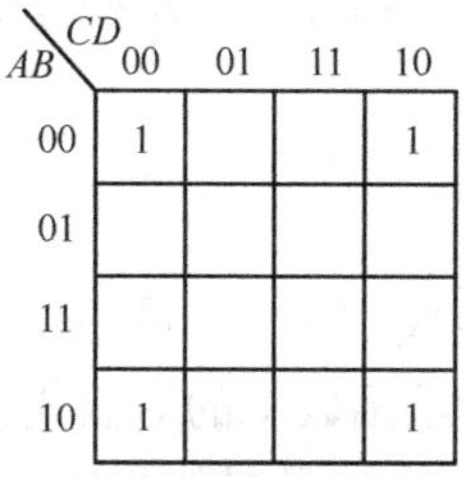

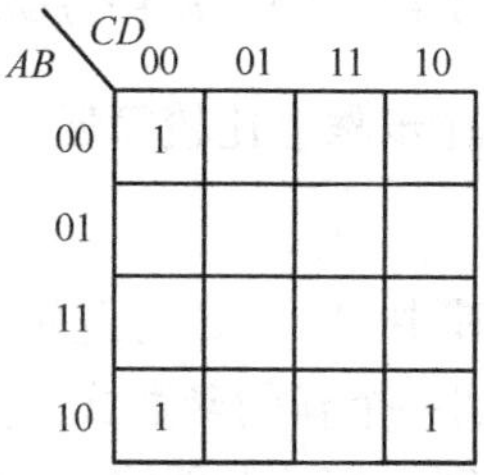

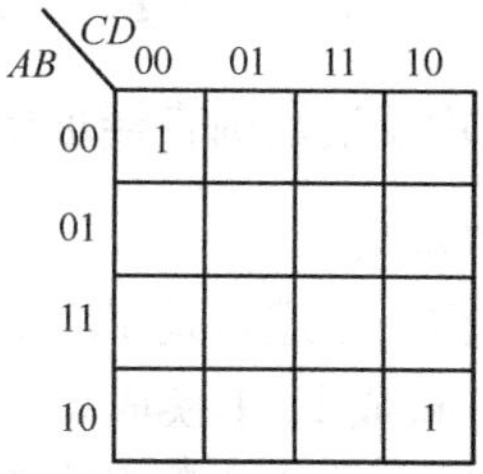

（5）具有无关项的逻辑函数的卡诺图化简：若在逻辑关系中，某些逻辑最小项为“1”时，逻辑输出为任意状态，或逻辑变量间存在约束关系，使某些取值不可能出现，则称这些与函数逻辑值无关的最小项为无关项，又称随意项或约束项，一般用“d”或“×”表示。

利用无关项化简的原则：

① 无关项既可看成“1”，也可看成“0”；

② 在卡诺图中，圈组内的“×”视为“1”，圈组外的视为“0”。

【实例 B-4】 化简具有约束项的函数 $Z(A, B, C, D)=\sum m(4, 6, 10, 12, 15)+\sum d(0, 1, 2, 5, 7, 8)$，按化简原则将 m 项和 d 项填入卡诺图后如图 B-5 所示。

按规则画方格群，得到化简后的函数为 $Z=\bar{C}\bar{D}+\bar{A}B+\bar{B}\bar{D}+BCD$。

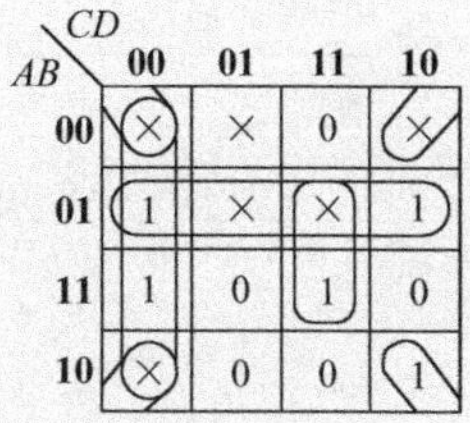

图 B-5 带约束项函数的卡诺图

4. 逻辑代数中的反演规则和对偶规则

1）反演规则

对于任意一个逻辑式 Y，如果把其中所有的“·”（与逻辑）换成“+”（或逻辑）、“+”换成“·”，0 换成 1、1 换成 0、原变量换成反变量、反变量换成原变量，那么得到的函数式就是 $\overline{Y}$，这个规则就称为反演规则。

使用反演规则必须注意：运算顺序为“先括号、后与、最后或”，在原函数中先运算的部分，在反函数中也要先运算，必要时可使用括号来保证运算顺序不变；不属于单个变量上的反号应保留不变。

【实例 B–5】 求函数 $Y_1=A\cdot B+\overline{A}\cdot\overline{B}$ 和 $Y_2=\overline{A}\cdot B+A\overline{B}C+\overline{CD}$ 的反函数。

解　按反演规则可直接写出：

$$\overline{Y_1}=(\overline{A}+\overline{B})\cdot(A+B)$$

$$\overline{Y_2}=(A+\overline{B})\cdot(\overline{A}+B+\overline{C})\cdot\overline{\overline{C}+\overline{D}}$$

验算：

$$\overline{Y_1}=\overline{A\cdot B+\overline{A\cdot B}}=\overline{A}B+A\overline{B};\overline{Y_1}=(\overline{A}+\overline{B})\cdot(A+B)=\overline{A}\cdot B+A\cdot\overline{B}$$

$$\overline{Y_2}=\overline{\overline{A}\cdot B+A\overline{B}C+\overline{CD}}=(A+\overline{B})(\overline{A}+B+\overline{C})CD=(A+\overline{B})(\overline{A}+B+\overline{C})\overline{\overline{C}+\overline{D}}$$

可见，用反演规则直接求反函数在步骤上比较简便。

2）对偶规则

对于任何一个逻辑式 Y，如果将其中“·”（与逻辑）换成“+”（或逻辑）、“+”换成“·”、0 换成 1、1 换成 0，则得到一个新的函数式，这就是函数 Y 的对偶式，记作 Y'。

可以证明，若两个逻辑式相等，则它们的对偶式也相等，这就是对偶规则。运用对偶规则可使人们要证明的公式大大减少。反演律就是对偶规则最好的证明。

【实例 B–6】 求函数 $Y=A\cdot(B+C)=AB+AC$ 的对偶式。

解：$Y'=A+B\cdot C=(A+B)\cdot(A+C)$（分配律）

附录C 示波器的使用

示波器是一种用途很广的电子测量仪器，它既能直接显示电信号的波形，又能对电信号进行各种参数的测量。与电子设备分为模拟设备和数字设备一样，示波器也分为模拟和数字类型。模拟和数字示波器都能够胜任大多数的应用，但是对于一些特定应用场合，由于两者具备的不同特性，每种类型都有适合和不适合的地方。

1. 模拟示波器的工作原理

在本质上，模拟示波器的工作方式是直接测量信号电压，并通过从左到右穿过示波器屏幕的电子束在垂直方向描绘电压。示波器屏幕通常是阴极射线管（CRT）。电子束投到荧幕的某处，屏幕后面总会有明亮的荧光物质。当电子束水平扫过显示器时，信号的电压使电子束发生上下偏转，跟踪波形直接反映到屏幕上。在屏幕同一位置电子束投射的频率越大，显示也就越亮。CRT 限制着示波器显示的频率范围。在频率非常低的地方，信号呈现出明亮而缓慢移动的点，很难分辨出波形。在高频处，起局限作用的是 CRT 的写速度。当信号频率超过 CRT 的写速度时，显示出来时过于暗淡，难于观察。模拟示波器的极限频率约为 1 GHz。

当把示波器的探头和电路连接到一起后，电压信号通过探头到达 CRT 的垂直翻转板，产生亮点的垂直移动；信号也经过触发系统，启动或触发水平扫描，使亮点以水平时基为基准，依照特定的时间间隔从左到右移动，许多快速移动的亮点融合到一起，形成实心线条，从而在屏幕上产生波形，如图 C-1（a）所示。

水平扫描和垂直偏转共同作用，形成显示在屏幕上的信号图像。触发器能够稳定实现重复的信号，确保扫描总是从重复信号的同一点开始，目的是使呈现的图像清晰，其效果如图 C-2 所示。

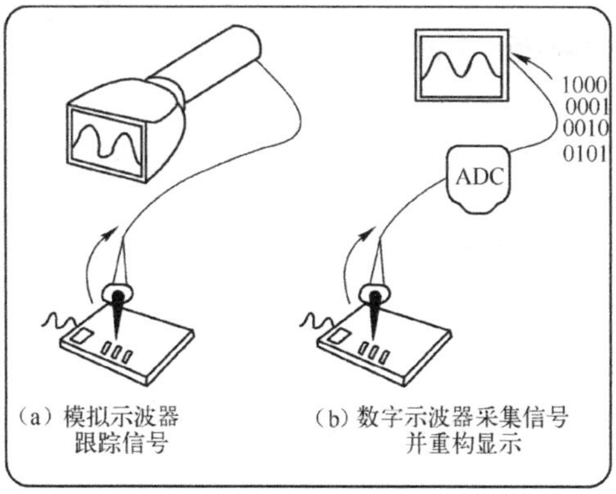

图 C-1　示波器工作示意图

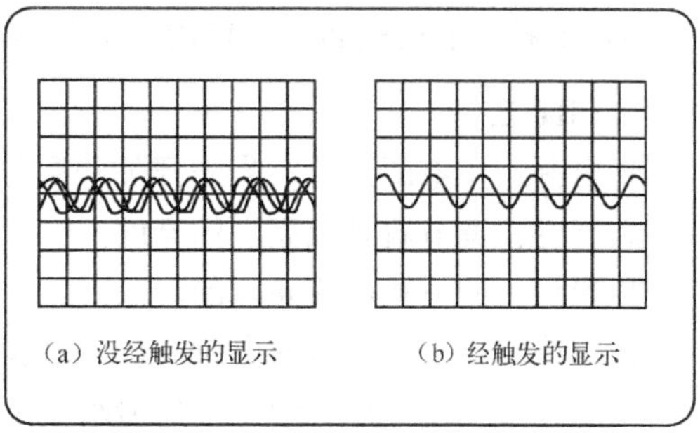

图 C-2　触发器作用效果示意图

模拟示波器还有对聚焦和亮度的控制，可调节出锐利和清晰的现实结果。

2. 数字示波器的工作原理

与模拟示波器不同，数字示波器通过模数转换器（ADC）把被测电压转换为数字信息。

它捕获的是波形的一系列采样值，并对采样值进行存储，存储限度是判断累计的采样值是否能描绘出波形为止，随后数字示波器重构波形，如图 C-1（b）所示。

3. 模拟示波器的面板结构和功能

以 MOS－620 双踪示波器为例，简要介绍示波器的使用。如图 C-3所示为 MOS－620 双踪示波器。

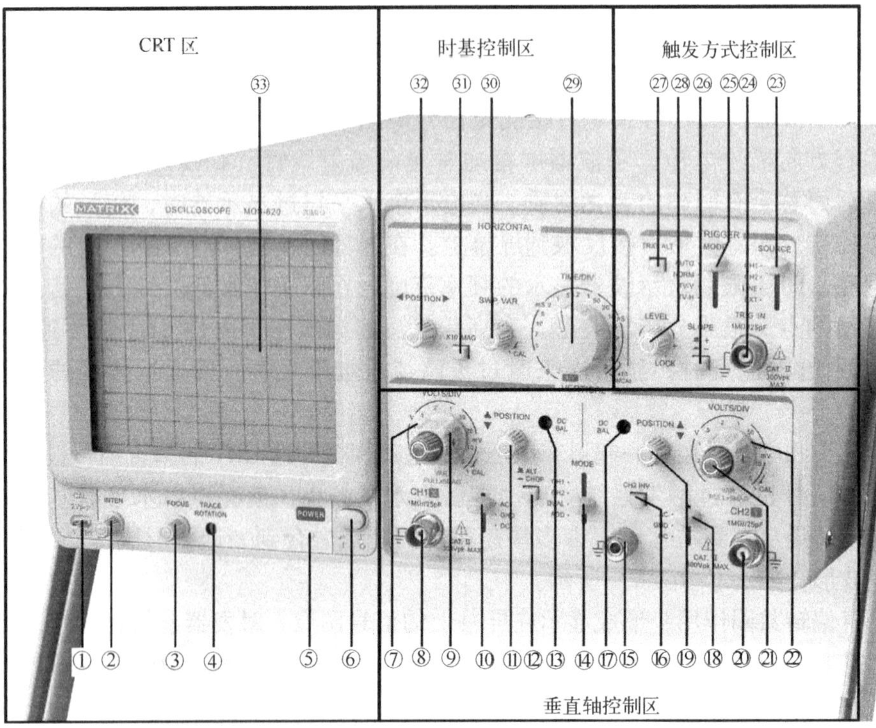

图 C-3　MOS－620 示波器面板示意图

面板上各功能键的名称及作用如下所示。

1）CRT 区

⑥ 电源：主电源开关，当此开关开启时发光二极管⑤发亮。

② 亮度：调节轨迹或亮点的亮度。

③ 聚焦：调节轨迹或亮点的聚焦。

④ 轨迹旋转：半固定的电位器，用来调整水平轨迹与刻度线平行。

㉝ 滤色片：使波形看起来更加清晰。

2）垂直轴控制区

⑧ CH1（X）输入：在 *X—Y* 模式下，作为 X 轴输入端。

⑳ CH2（Y）输入：在 *X—Y* 模式下，作为 Y 轴输入端。

⑩、⑱ AC—GND—DC：选择垂直轴输入信号的输入方式。

- AC：交流耦合，直流信号被滤除。

- GND：接地，垂直放大器的输入接地，输入端断开。
- DC：直流耦合，将显示交直流叠加信号。

⑦、㉒ 垂直衰减开关：调节垂直偏转灵敏度，从5 mV/div ～ 5 V/div 分10 挡。

⑨、㉑ 垂直微调：微调灵敏度大于或等于1/2.5 标示值。校正位置时，灵敏度校正为标示值。当该旋钮拉出后（×5MAG 状态），放大器的灵敏度应乘以5。

⑬、⑰ CH1 和 CH2 的 DC BAL：用于衰减器的平衡调试。

⑪、⑲ ▼▲垂直位移：调节光迹在屏幕上的垂直位置。

⑭ 垂直方式：选择 CH1 与 CH2 放大器的工作模式。

- CH1 或 CH2：通道1 或通道2 均单独显示。
- DUAL：两个通道同时显示。
- ADD：显示两个通道的代数和 CH1 + CH2。若按下⑯按钮 CH2 INV，将显示两个通道的代数差 CH1 - CH2。

⑫ ALT/CHOP：在双踪显示时，放开此键，表示通道1 与通道2 交替显示（通常用在扫描速度较快的情况下）；当此键按下时，通道1 与通道2 同时断续显示（通常用于扫描速度较慢的情况下）。

⑯ CH2 INV：通道2 的信号反向。当此键按下时，通道2 的信号及通道2 的触发信号同时反向。

3）触发方式控制区

㉔ 外触发输入端子：用于外部触发信号。当使用该功能时，开关㉓应设置在 EXT 位置上。

㉓ 触发源选择：选择内（INT）或外（EXT）触发。

- CH1/CH2：当垂直方式选择开关⑭设定在 DUAL 或 ADD 状态时，选择通道1/通道2 作为内部触发信号源。
- LINE：选择交流电源作为触发信号。
- EXT：外部触发信号接于㉔作为触发信号源。

㉗ TRIG. ALT：当垂直方式选择开关⑭设定在 DUAL 或 ADD 状态，而且触发源开关㉔选在通道1 或通道2 上，按下㉗时，它会交替选择通道1 和通道2 作为触发信号。

㉖ 极性：触发信号的极性选择。“+”表示上升沿触发，“-”表示下降沿触发。

㉘ 触发电平：显示一个同步稳定的波形，并设定一个波形的起始点。向“+”旋转显示触发电平向上移，向“-”旋转表示触发电平向下移。

㉕ 触发方式。

- AUTO：自动。当没有触发信号输入时，扫描处在自由模式下。
- NORM：常态。当没有触发信号时，踪迹处在待命状态且并不显示。
- TV - V：电视场。当想要观察一场的电视信号时，可选择此方式。
- TV - H：电视行。当想要观察一行的电视信号时（仅当同步信号为负脉冲时，方可同步电视场和电视行），可选择此方式。

㊴ 触发电平锁定：将触发电平旋钮㉘向顺时针方向转到底听到“咔嗒”一声后，触发电平被锁定在一固定电平上，这时改变扫描速度或信号幅度，不再需要调节触发电平即可获

得同步信号。

4）时基控制区

㉙ 水平扫描速度开关：扫描速度可以分20挡，为0.2μs/div～0.5s/div。当设置到*X*—*Y*位置时可用做X—Y示波器。

㉚ 水平微调：微调水平扫描时间，使扫描时间被校正到与面板上TIME/DIV指示的一致。TIME/DIV扫描速度可连续变化，当反时针旋转到底为校正位置。整个延时可达原来延时的2.5倍以上。

㉜ →水平位移：调节光迹在屏幕上的水平位置。

㉛ 扫描扩展开关：按下时扫描速度会提高10倍。

5）其他

① CAL：提供幅度为$2V_{p-p}$，频率为1kHz的方波信号，用于校正10:1探头的补偿电容器和检测示波器垂直与水平的偏转因数。

⑮ GNDA：示波器机箱的接地端子。

4. 数字示波器的面板结构和功能

以TDS1001双通道示波器为例，介绍数字示波器的使用。图C-4为TDS1001双通道示波器的面板示意图。

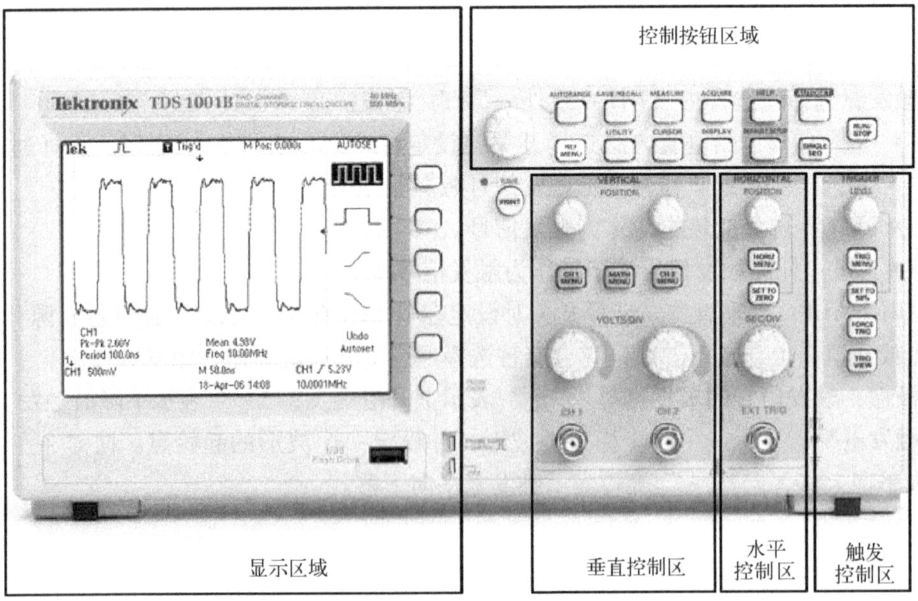

图C-4　TDS1001双通道示波器

1）显示区域

除显示波形外，显示屏上还有很多关于波形和示波器控制设置的详细信息。屏幕功能示例如图C-5所示。

① 图标表示波形获取方式，分三种，如图 C-6 所示。

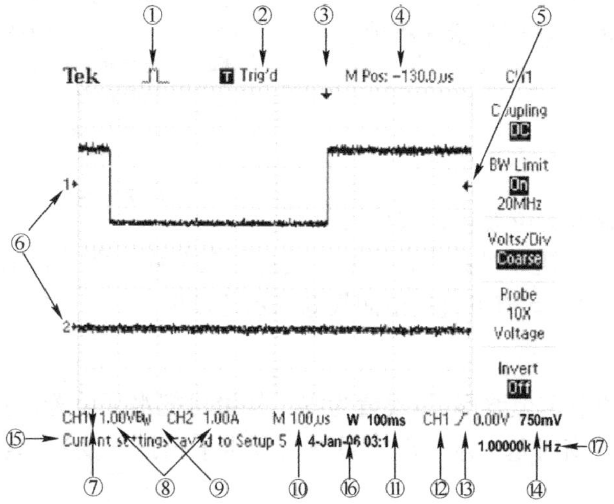

图 C-5　屏幕功能示意图

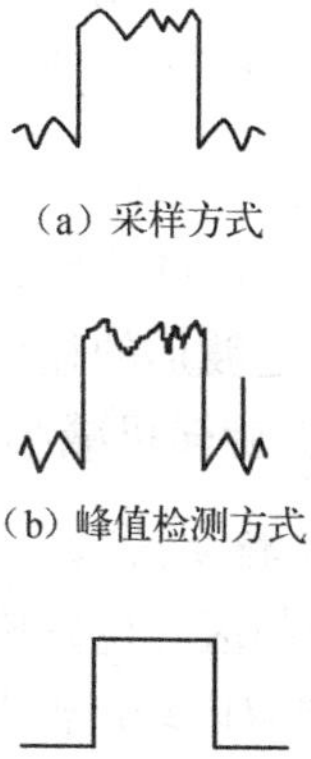

(a) 采样方式

(b) 峰值检测方式

(c) 平均值方式

图 C-6　波形获取方式

② 触发状态显示，具体意义如图 C-7 所示。

□ Armed.	示波器正在采集预触发数据。在此状态下忽略所有触发。
R Ready.	示波器已采集所有预触发数据并准备接受触发。
T Trig'd	示波器已发现一个触发，并正在采集触发后的数据。
● Stop.	示波器已停止采集波形数据。
● Acq. Complete	示波器已经完成“单次序列”采集。
R Auto.	示波器处于自动方式并在无触发状态下采集波形。
□ Scan.	在扫描模式下示波器连续采集并显示波形。

图 C-7　触发状态

③ 箭头位置显示水平触发位置，旋转“水平位置”旋钮可调整标记位置。

④ 显示中心刻度处时间的读数。触发时间为零。

⑤ 显示边沿或脉冲宽度触发电平的标记。

⑥ 屏幕上的标记指明所显示波形的地线基准点。如果没有标记，则不会显示该通道波形。

⑦ 箭头图标表示波形是反相的。

⑧ 读数显示通道的垂直刻度系数。

⑨ B_W 图标表示通道带宽受限制。

⑩ 读数显示主时基设置。

⑪ 如果使用视窗时基，读数将显示视窗时基设置。

⑫ 读数显示触发使用的触发源。

⑬ 图标显示触发类型，具体意义如图 C-8 所示。

⑭ 读数显示边沿或脉冲宽度触发电平。

⑮ 显示区：显示有用信息，有些信息仅显示 3 秒钟。

⑯ 读数显示日期和时间。

⑰ 读数显示触发频率。

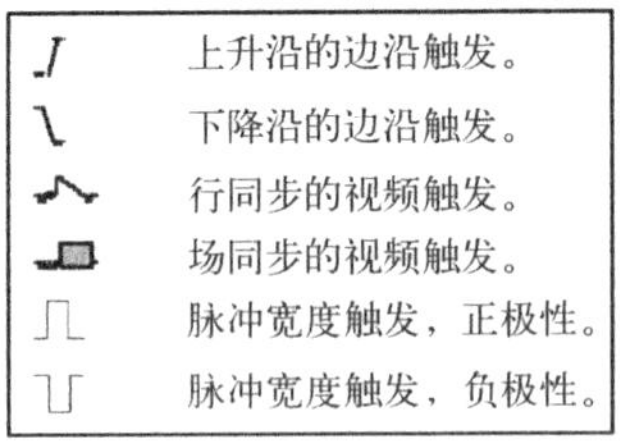

图 C-8　触发类型

2）垂直控制区

垂直控制区的位置旋钮可垂直调节定位波形，按键可打开或关闭对通道波形的显示，“伏/格”旋钮顺时针旋转可增大垂直刻度系数（即垂直偏转灵敏度），逆时针旋转可减小垂直刻度系数，其值可直接由面板⑧的示值读取。

3）水平控制区

水平控制区的位置旋钮可水平调节定位波形，“设置为零”按键可把水平位置设置为零。“秒/格”旋钮旋转可调节主时基或视窗时基的水平刻度系数（即水平扫描速度），其值可直接由面板⑩的示值读取。

4）触发控制区

①“电平”旋钮：在使用边沿触发或脉冲触发时，可设置采集波形时信号所必须越过的幅值电平。

②“设为 50%”按键：用于将触发电平设置为触发信号峰值的垂直中点。

③“强制触发”按键：按下时，不管触发信号是否适当，都完成采集。如采集停止，该按键无作用。

5）控制按钮区域

①“MEASURE”测量按键：显示“自动测量”菜单。

②“CURSOR”光标按键：显示“光标”菜单。

③“自动设置”按键：自动设置示波器控制状态，以产生适用于输出信号的显示图形。

④“RUN/STOP”运行/停止按键：连续采集波形或停止采集。

5. 信号的测量

1）探头

示波器的探头如图 C-9 所示。

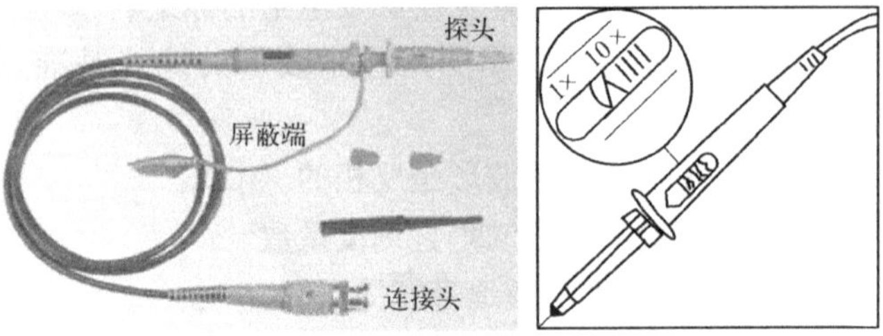

图 C-9　示波器探头

测量前应把连接头稳定固定在对应通道的连接器上，屏蔽端连接参考地端，探头端连接信号端，不可接反。通常衰减开关应选择 1×挡时，信号是没经过衰减进入示波器的，若选择 10×挡时，信号是经过衰减到 1/10 再进入示波器的。

当选择 10×时，应将示波器上的读数也扩大 10 倍，这就需要在示波器端选择 10×挡，以配合探头使用，否则读数会相差 10 倍。

当需要测量较高电压时，就可先利用探头的 10 × 挡功能，将较高电压衰减后进入示波器。10 × 挡的输入阻抗比 1 × 挡要高得多，在测试驱动能力较弱的信号波形时，把探头打到 1 × 挡能进行更好测量。

2）接线

电压信号测量的接线方式如图 C-10 所示。

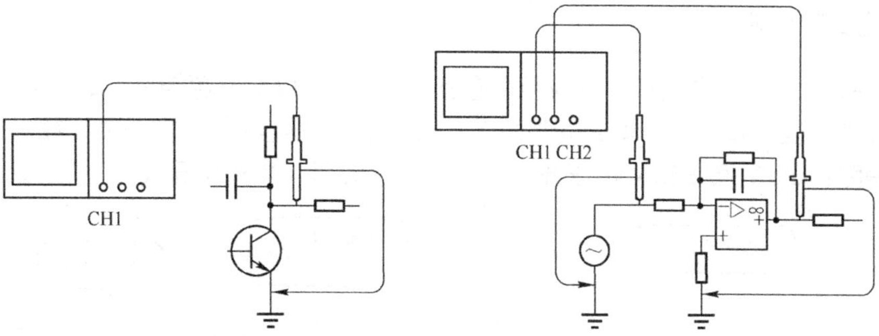

（a）测量单一信号　　（b）测量两路信号

图 C-10　示波器与电路连接示意图

3）读数

通常在进行信号测试时，应预先了解信号的大致范围，便于选择合适的“垂直刻度”和“水平刻度”。如不了解信号参数，可调节坐标零点于屏幕中部，自最大刻度起依次减小，使波形完整显示于屏幕为止，要求屏幕中应至少显示一个完整变化周期的波形。如图 C-11 所示示例波形幅度占 2.4 格，周期占 5 格，若“垂直偏转灵敏度”为 2 V/格，“水平扫描速度”为 1 ms/格，则该波形为幅值 4.8 V、频率 200 Hz 的矩形波。

4）测量方式

数字示波器与模拟示波器相比，除常规的刻度测量外，还具有光标测量和自动测量两种方式。这里着重了解一下光标测量。

使用光标进行测量时，需按下“CURSE”光标按键，此时，屏幕上将出现光标测量的菜单，有两类光标“幅度”和“时间”，可通过移动总是成对出现的光标获得需要测量的信息。

(1)“幅度”光标：“幅度”光标在显示屏上以水平线出现，可测量垂直参数，如图 C-12 所示。

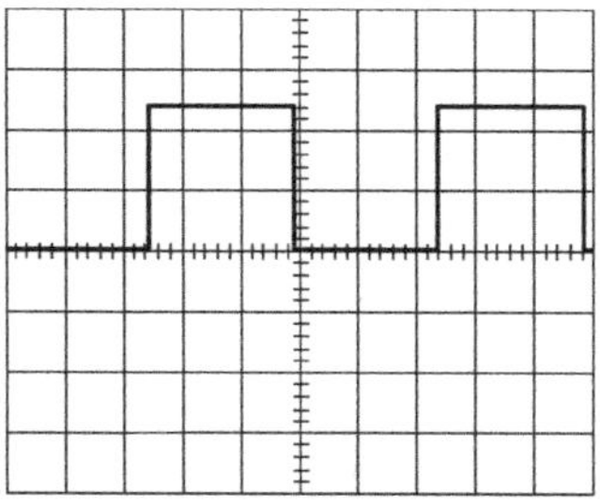

图 C-11　示例波形

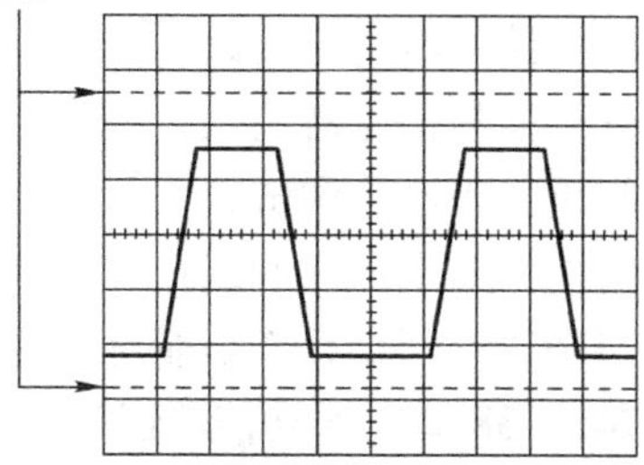

图 C-12　“幅度”光标显示示意图

(2)“时间”光标：“时间”光标在显示屏上以垂直线出现，可测量水平参数。“时间”光标包含在波形和光标的交叉点处的波形幅度的读数。

附录D 实践环境

实践环境应包括以下几部分（以浙江求是科教设备有限公司电子创新综合实训平台为例进行说明）。

1. 数电实验环境

如图 D-1 所示，数电实验环境应至少包括 ±5 V 和 ±12 V 电源插座、数据开关（12 位）、发光二极管指示区（12 位）、集成电路插座、数字信号发生器、逻辑开关、数码管显示区等部分。另需配：±5 V 和 ±12 V 恒压源、万用表、示波器、连接用导线。

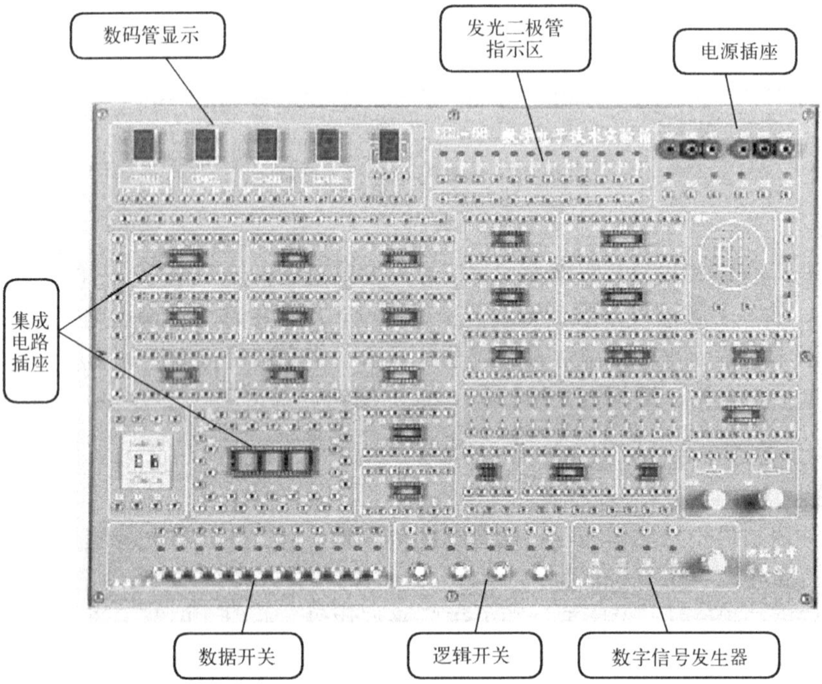

图 D-1　数电实验箱结构示意图

要完成的项目如下：

（1）门电路逻辑功能测试；

（2）三位简易抢答器调试；

（3）举重裁判电路调试；

（4）血型匹配指示器调试；

（5）74LS148、CD4532 功能对比测试；

（6）74LS138 译码器功能测试；

（7）74HC48 显示译码器功能测试；

（8）三位加法器电路调试；

（9）RS 触发器和同步 RS 触发器功能测试；

（10）边沿触发 D 触发器 CD4013 和 JK 触发器 74LS112 功能测试；

（11）基于触发器的八进制计数显示器调试；

（12）基于集成计数器的八进制计数显示器调试；

（13）双音报警声响器电路调试。

2. 模电实验环境

如图 D-2 所示，模电实验环境应至少包括 ±5 V 和 ±12 V 电源插座、多抽头变压器、大功率三极管、三端稳压器、继电器、蜂鸣器、大功率电阻等元件组、可调电位器、喇叭和尽可能大的自由布线区。另需配：±5 V 和 ±12 V 恒压源、0 ～ 30 V 可调直流电源、函数信号发生器、万用表和示波器。

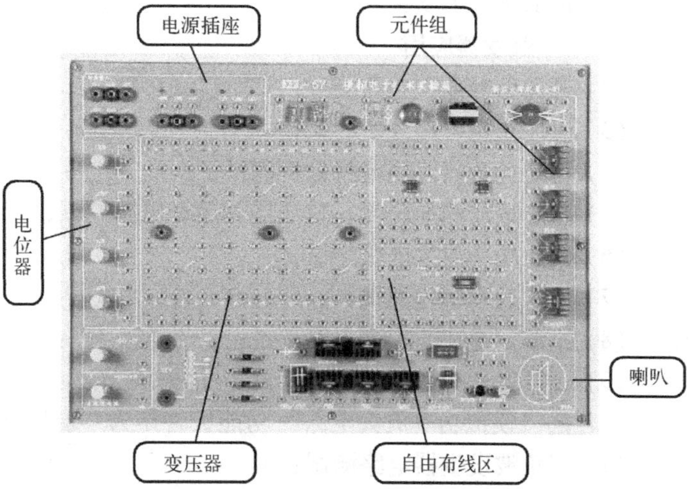

图 D-2　模电实验箱结构示意图

要完成的项目如下：

（1）桥式整流电容滤波电路测试；

（2）单管放大电路测试；

（3）基于运放的比例放大器、加法器调试；

（4）RC 文氏桥正弦波振荡电路调试；

（5）单值比较器和滞回比较器测试。

3. 控制对象与功能板

1）有轨运动小车

如图 D-3 所示，有轨运动小车是由导轨、滑块等组成的简易往复运动机构，由直流电机驱动。检测元件有行程开关、接近开关、光电码盘。

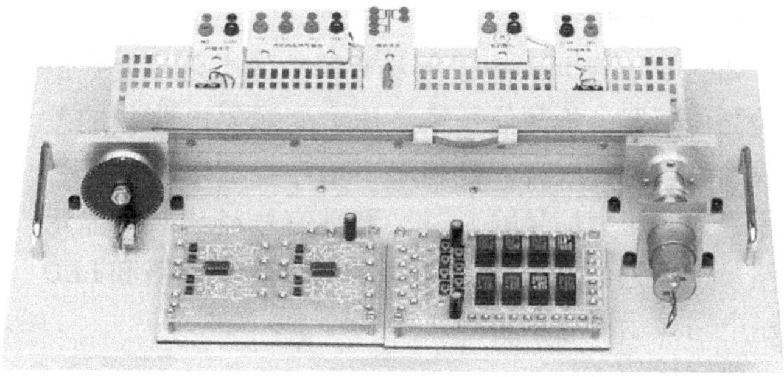
图 D-3　有轨运动小车外形图

利用“RS 触发器”和“功率输出电路”功能板配合小车可实现“自动定速往返控制”。其中导轨两侧的行程开关信号送入 RS 触发器实现状态翻转，触发器输出的开关量通过功率输出电路驱动继电器，利用继电器触点实现电机电源的换向，从而实现电机正反转。

利用“RS 触发器”、“信号叠加电路”、“光电码盘检测电路”、“D/A 转换电路”和“模拟功率放大电路”功能板配合小车可实现“自动变速往返控制”。其中安装在小车对象上的光电编码已带鉴相电路，即当光电编码器顺时针旋转时，通道 A 输出波形超前通道 B 输出波形 90°；当光电编码器逆时针旋转时，通道 A 输出波形比通道 B 输出波形延迟 90°，波形如图 D-4 所示。该信号由“光电码盘检测电路”、“D/A 转换电路”处理转换后，与行程开关送至 R - S 触发器的信号叠加调整，再由功率放大电路驱动电机。

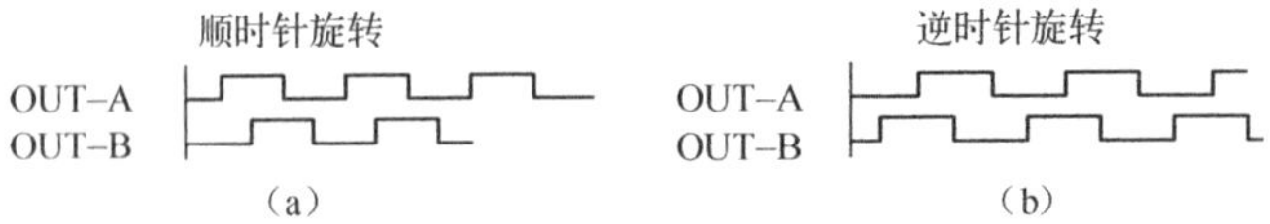

图 D-4　光电编码器鉴相输出波形图

要完成的项目如下：

(1) RS 触发器应用；

(2) 开关信号放大电路测试；

(3) 时序逻辑电路分析测试；

(4) 可逆计数器应用电路分析测试；

(5) 基于运放的加法器、减法器等运算电路调试；

(6) 集成功率放大电路测试；

(7) D/A 转换器电路测试；

(8) 小车定速往返控制电路调试；

(9) 小车变速往返控制电路调试。

＊若把“模拟功率放大电路”功能板替换为“脉宽调制电路”，还可完成以下项目：

(1) 三角波发生器电路测试；

(2) 脉宽调制电路测试；

(3) 分立式甲类功率放大电路测试；

(4) 分立式甲乙类功率放大电路（复合管）测试。

2) 电子秤

如图 D-5 所示，电子秤具有精准的电阻应变式压力检测传感器，检测信号经“压力变送器电路”的差动放大电路进行放大，再利用“信号叠加电路”进行调零，在有压力信号输入时，测量信号经“数字显示电路”的低通滤波电路、双积分 A/D 转换电路和 LED 显示电路显示对应重量。

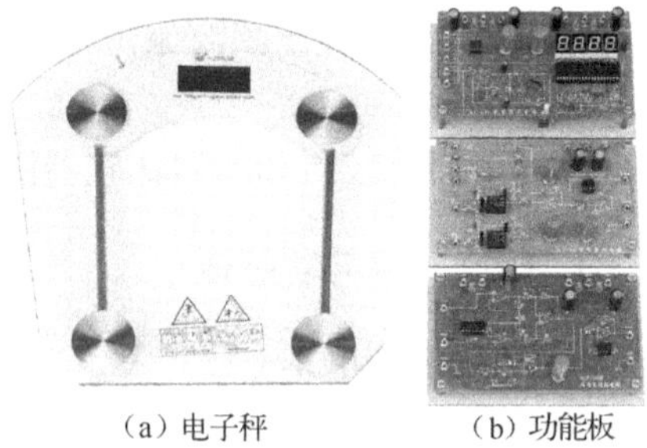

（a）电子秤　　（b）功能板

图 D-5　电子秤及功能板外形图

要完成的项目如下：

(1) 差动放大电路调试；

(2) 基于运放的信号叠加电路调试（调零）；

(3) 电子秤功能测试。

3. 水箱的水位控制和水温控制

如图 D-6 所示，水箱上部可实现水位控制，下部可实现水温控制。水箱进水由水泵控制，出水由电磁阀控制。

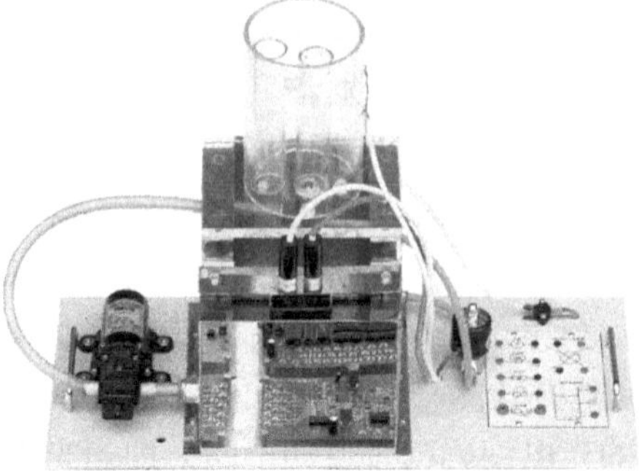

图 D-6　水箱及控制板外形图

水位控制系统由“接近开关及液位检测电路”配合水泵和电磁阀进行。

要完成的项目如下：

（1）555定时器应用电路调试；

（2）水位控制电路调试。

水温控制系统由“可控硅移相触发电路”和“热电阻及半导体测温变送电路”配合水箱中的热电阻及加热棒实现控制。热电阻PT100是温度与电阻值成线性变化的温度测量元件，其信号送入由LM358构成的电压比较器电路，通过设定电位器RW_1的电阻值，可以设定继电器动作的温度值。当温度没有到该设定值时，则热电阻上的分压较小，此时电压比较器的同相输入端电压大于反相输入端电压，发光二极管发光，继电器的常开触点闭合，常闭触点断开；当温度达到该设定值时，热电阻上的电阻值增大，因此热电阻上的分压增大，此时反相输入端的电压大于同相输入端的电压，电压比较器输出电压为零，继电器的常开触点断开，常闭触点闭合。继电器信号控制加热过程。加热过程可通过调节直流电压进而调节晶闸管触发角实现加热交流电压大小调节的模式，获得加热速度的调节。

要完成的项目如下：

（1）加热温度的调节测试；

（2）晶闸管触发电路移相范围的测试；

（3）水温控制系统调试。

这里仅对“电子创新综合实训平台”中与本课程有关的内容进行了简单介绍，利用更多功能板和控制对象，可实现更为灵活、功能更强的控制系统。利用功能板组合进行系统调试，是为了提醒各位同学，只要端口参数合适，就可以利用各种小电路为我们工作。

参考文献

[1] 周良权，方向乔．数字电子技术基础（第3版）．北京：高等教育出版社，2008.

[2] 陈梓城．模拟电子技术基础（第2版）．北京：高等教育出版社，2007.

[3] 沈任元，吴勇．常用电子元器件简明手册（第1版）．北京：机械工业出版社，2005.

[4] 姜萍萍，孙虹．数字电子技术习题与解析（第1版）．北京：科学出版社，2008.

[5] 罗国强，罗伟．实用模拟电子技术项目教程（第1版）．北京：科学出版社，2009.

[6] 阎石．数字电子技术基础．北京：高等教育出版社，1998.